教育部高等学校电子信息类专业教学指导委员会规划教材
高等学校电子信息类专业系列教材·新形态教材

电磁场与电磁波

（第3版）

张洪欣　沈远茂　韩宇南　编著

清華大學出版社
北京

内 容 简 介

本书面向"三全育人"教育目标组织内容，以基本电磁现象的普遍规律为基础，系统论述电磁场与电磁波的基本概念、基本原理及基本应用。全书共分9章：第1章介绍正交坐标系和矢量分析，为后续章节奠定数学知识基础；第2章介绍静电场与恒定电场，详细论述了基本电场方程、电场边界条件、电偶极子、介质极化、电容、电场能量及电场力等；第3章介绍恒定磁场，详细论述了基本磁场方程、磁场边界条件、矢量磁位、介质磁化、电感、磁场能量及磁场力等；第4章介绍静态场的边值问题及其解法，详细论述了分离变量法、镜像法、有限差分法及其应用等；第5章介绍时变电磁场的性质，详细论述了麦克斯韦方程组、坡印亭矢量、交变场的位等；第6章介绍无界媒质中的均匀平面波，详细论述了平面波的性质、电磁波的极化、平面波在良介质及良导体中的传播特性等；第7章介绍电磁波的反射和折射，详细论述了平面波在理想导体表面、理想介质分界面及导电媒质分界面反射和折射的性质；第8章介绍导行电磁波，详细论述了双导体传输线、波导等导波传输系统和谐振腔的性质及其基本应用；第9章介绍电磁辐射，详细论述了电磁辐射过程、电偶极子、磁偶极子、电磁场的对偶性、对称振子天线、天线基本参数及应用等。

本书可以作为高等院校电子信息类与电气信息类专业"电磁场基础"相关课程的教材，也可作为从事电波传播、电磁兼容、射频与微波技术的科研和工程技术人员的参考工具书。

图书在版编目(CIP)数据

电磁场与电磁波/张洪欣，沈远茂，韩宇南编著. —3版. —北京：清华大学出版社，2022.1(2023.8重印)
高等学校电子信息类专业系列教材·新形态教材
ISBN 978-7-302-58316-5

Ⅰ.①电… Ⅱ.①张… ②沈… ③韩… Ⅲ.①电磁场－高等学校－教材 ②电磁波－高等学校－教材 Ⅳ.①O441.4

中国版本图书馆CIP数据核字(2021)第107310号

责任编辑：盛东亮
封面设计：李召霞
责任校对：时翠兰
责任印制：沈 露

出版发行：清华大学出版社
网　　址：http://www.tup.com.cn，http://www.wqbook.com
地　　址：北京清华大学学研大厦A座　　**邮　　编**：100084
社 总 机：010-83470000　　**邮　　购**：010-62786544
投稿与读者服务：010-62776969，c-service@tup.tsinghua.edu.cn
质量反馈：010-62772015，zhiliang@tup.tsinghua.edu.cn
课件下载：http://www.tup.com.cn，010-83470236
印 装 者：三河市龙大印装有限公司
经　　销：全国新华书店
开　　本：185mm×260mm　　**印　　张**：20　　**字　　数**：490千字
版　　次：2013年1月第1版　2022年1月第3版　　**印　　次**：2023年8月第4次印刷
印　　数：5501～7500
定　　价：59.00元

产品编号：088568-01

第3版前言

PREFACE

信息技术日新月异，物联网及人工智能将使人们的生活、生产方式发生重大变化。“电磁场基础”课程是电子、通信、微波及生物医学等众多学科领域的基础；同时，“电磁场与电磁波”又是工科院校电子信息类、电气信息类专业的基础课程。随着移动通信、大数据、物联网、人工智能、网络安全等信息技术的发展和进步，“新工科”和“新经济”对人才培养和课程建设提出了新的要求。电磁场理论与“新经济”技术应用的结合越来越密切，暴露出我国传统课程教育与新兴产业和“新经济”发展有所脱节的短板，存在“工科教学理科化”及“理工融合不足”等问题。

本书在编写过程中，按照《高等学校电子信息科学与工程类本科专业指导性专业规范》的要求，落实教育部教高函〔2018〕8 号文件精神，参照《普通高等学校本科专业目录》，面向“三全育人”的教育目标，以学生为中心组织内容和题材，结合“新工科”对“电磁场基础”课程的教学改革需求和教育教学研究成果，将知识、能力和素质有机融合，注重创新意识训练，培养学生解决复杂电磁问题的综合能力和高级思维。本书从学生认识的角度出发处理教学内容，学思结合，突出科学方法、科学历史观、价值观和课程思政，强调理工融合，结合趣味性对数学公式进行通俗化处理，例如，赋予“三度”、边界条件、镜像法、电磁辐射过程等形象的物理描述，提出了“追赶法”“不等式法”等对电磁波极化和波导模式进行分析。本书在写作中结合作者多年从事电磁场与电磁波的教学经验，在叙述方法上打上作者自己理解的“标签”，将抽象的问题形象化，将复杂的问题简单化，将零散的问题系统化。

电磁波是电磁场的一种运动形式，本书以“场与波”为主线，以“麦克斯韦方程”为纽带，对知识层次按照静态场、边界条件、时变场、电磁场与物质的相互作用、电磁场应用等进行划分，形成知识的梯度化；各章节内容按主线展开，环环相扣，在叙述上由浅入深、循序渐进。在内容组织结构上，强调知识内容的连贯性，保持理论体系的系统性和完整性。在选材上结合科技发展和科教融合提升内容的先进性，结合电磁环境可持续发展培养学生的职业道德和伦理规范。

第 1 章介绍常用正交坐标系和矢量分析，重点介绍通量、环量、方向导数与“三度”的概念和计算方法；第 2 章介绍静态电场的基本性质，重点介绍静电场、恒定电场基本方程的积分和微分形式及其应用，讨论静态电场的边界条件，电位、电场能量及电场力的计算等；第 3 章介绍恒定磁场的基本性质，重点介绍恒定磁场基本方程的积分和微分形式，讨论恒定磁场的边界条件、矢量磁位、电感、磁场能量及磁场力的计算等；第 4 章介绍静态场的边值问题及其解法，结合典型示例和物理规律介绍镜像法、分离变量法的应用；第 5 章介绍时变电磁场的性质，重点介绍麦克斯韦方程组，并分析时变电磁场的性质和变化规律，讨论坡印亭矢量、交变场位的计算等；第 6 章介绍平面电磁波在无界媒质中的传播，重点介绍平面波的性质、波动的本质、电磁波的极化,讨论平面波在良介质及良导体中的传播特性、趋肤效应、功率损耗等;第7章介绍电磁波在理想导体表面、理想介质分界面的反射和折射,重点介绍入射空间及透射空间场的性质,讨论反射系数、折射系数、行波、驻波,以及能量分配等;第8章介绍导行电磁波,重点介绍同轴线、波导管及谐振器的性质,阐述导波传输系统的截止参数和传播特性参数等;第9章介绍电磁辐射,主要介绍电磁辐射过程、电偶极子、磁偶极子的辐射特性,讨论近场区和远场区的性质、对称振子天线、天线基本参数及应用等。

本书总教学时数为64学时左右(部分章节可根据需要节选),可以作为高等院校相关专业的本科生教材或者教学参考用书,也可以作为职业技术学院相关专业的教材和教学参考用书。本书配有《电磁场与电磁波教学、学习与考研指导》辅导用书、《电磁场与微波技术测量及仿真》实验指导书和教学课件。通过学习,使读者建立"场"与"波"的概念,建立解决问题的抽象模型,学会"场"与"路"的分析方法,学会用"场"的观点去观察、分析、计算一些典型和比较复杂的电磁问题,为培养实践能力强、创新能力强、具备国际竞争力的高素质复合型"新工科"人才打下基础。

本书由张洪欣、沈远茂与韩宇南编写,其中韩宇南编写了第1章与第9章;沈远茂编写了第2章、第6章与第7章;张洪欣编写了第3～5章、第8章及前言、绪论、附录等内容,并完成全书统稿工作。本书得到了北京邮电大学电子工程学院、北京化工大学信息科学与技术学院及清华大学出版社的大力支持,在此一并表示诚挚的感谢。

由于编著者学识有限,书中难免存在一些缺点、疏漏和不足,敬请广大读者批评指正。

编著者

2021年8月于北京邮电大学

第2版前言

PREFACE

本书第1版自2013年出版以来，以明晰的物理概念、简练的公式推导、形象的规律描述、先进的技术导向赢得了广大读者的欢迎。2014年和2015年，作者又相继组织编写了《电磁场与微波技术测量及仿真》与《电磁场与电磁波教学、学习与考研指导》教学参考用书，与主教材《电磁场与电磁波》组成了完整的配套教材系列，在理论、实验实践和练习巩固三方面紧密配合并支撑各个教学和学习环节。该系列教材也由此获得了北京邮电大学教学成果奖(教材类)。

本次修订在采纳部分高校教师使用该教材后提出的意见和建议的基础上，改正了第1版的错误和不当之处，主要改进有以下几方面：

(1) 为便于直观分析，在第7章增补了电磁波斜入射到理想介质分界面时反射系数和透射系数与入射角的关系；

(2) 为深入理解电磁波的反射和折射，在第7章增补了平面波在多层媒质分界面垂直入射的情况作为选学内容；

(3) 在第9章增补了对方向性系数的分析；

(4) 为便于查阅梯度、散度和旋度的计算公式，增补了附录H；

(5) 对习题答案进行了修订。

在本书的修订过程中得到了北京邮电大学吕英华教授的关心和指导，在此表示衷心感谢。同时，一并感谢北京邮电大学电子工程学院和清华大学出版社的支持。

对于本书中的缺点和不足之处，希望广大读者不吝批评指正。

编著者

2016年7月于北京邮电大学

第1版前言

PREFACE

电磁场理论是电子、通信、微波及生物医学工程等众多学科领域的基础；同时，电磁场与电磁波又是工科院校电子科学与技术、信息与通信工程、电磁场与无线技术等本科电类专业的重要专业基础课程。随着计算机、通信及微电子等技术的迅速发展，电磁场与其他学科交叉发展、交相辉映，新的专业和技术不断涌现；并且，电路的集成化程度越来越高，电子设备的体积越来越小，电磁兼容、电磁干扰等电磁场问题也越来越突出，对电磁场理论和微波技术提出了更大的挑战。

电磁波是电磁场的一种运动形式，通过这门课程，应当使学生建立起"场"与"波"的概念，学会"场"与"路"的分析方法，学会用"场"的观点去观察、分析、计算一些基本、典型的问题。培养学生正确的逻辑思维方法，提高分析、解决问题的能力；从科学前沿的战略高度出发培养学生的创新思维能力和创造力，为处理实际电磁场问题打下坚实的理论基础。本书总教学时数为68学时左右（部分章节可根据需要节选），可以作为高等院校相关专业的本科生教材或者教学参考用书，也可以作为职业技术学院相关专业的教材和教学参考用书。

本书在编写过程中参照工科院校新修订培养计划的教学要求，认真贯彻执行教育部教高〔2007〕1号、2号文件精神，参照教育部高等学校电子信息科学与工程类专业教学指导分委会《高等学校电子信息科学与工程类本科指导性专业规范（试行）》及2011年高等学校本科专业目录的修订意见，密切结合工科院校电子科学与技术、通信工程、信息工程等专业的特点，研究和阐述电磁现象的基本原理、电磁场的基本规律及其在科学研究和工程中的应用。本书的编写思想是从学生认识和理解的角度出发，明确电磁场理论及发展的历史脉络；突出理论叙述、推导与趣味性的融合；强调数学方法与物理规律的有机结合，将数学工具"工程化"，既避免繁杂的数学推导，又阐明电磁场理论的基本概念和规律。本书在作者多年从事电磁场与电磁波教学经验的基础上，结合典型问题的应用，突出电磁场理论中的概念及物理意义，将抽象的问题具体化，将复杂的问题简单化，将零散的问题系统化，打上作者自己理解的"标签"。本书以"场与波"为主线，以"麦克斯韦方程"为纽带，对知识层次按照静态场、边界条件、时变场、电磁场与物质的相互作用、电磁场应用等进行划分；各章节内容按主线展开，环环相扣，在叙述上由浅入深、循序渐进；在内容组织结构上，强调前后内容的连贯性，保持理论体系的系统性和完整性。本书还注重介绍电磁场领域的最新科技成果及其应用，激发学生对电磁场的学习兴趣，起到抛砖引玉的作用，为进一步的学习和研究因势利导，打下牢固的理论基础。

本书还选编了部分例题和习题，并在书后附有参考答案，便于学生自学和复习。本书由张洪欣、沈远茂、韩宇南编写，其中韩宇南编写了第1章与第9章；沈远茂编写了第2章、第

6 章与第 7 章；张洪欣编写了第 3～5 章与第 8 章以及绪论、附录等内容，并最后完成统稿。在本书的编写过程中得到了北京邮电大学电子工程学院、北京化工大学信息科学与技术学院以及清华大学出版社的大力支持，在此一并表示诚挚的感谢。

由于编者学识有限，电磁场与电磁波技术发展迅速，书中难免存在一些疏漏和不足，恳请广大读者不吝斧正。

编著者

2012 年 8 月于北京邮电大学

目录

CONTENTS

绪　论

微课视频

电磁场是内在彼此联系、相互依存的电场和磁场的总称。随时间变化的电场产生磁场，随时间变化的磁场产生电场，两者互为因果，形成一个统一的整体，即电磁场。电磁场是电磁作用的媒介，具有能量和动量，是物质存在的一种形式。电磁场可由变速运动的带电粒子引起，也可由强弱变化的电流引起，在自由空间中以光速向四周传播，形成电磁波。电磁波是电磁场的运动形式。电磁场的性质、特征及其运动变化规律可由麦克斯韦方程组来表述。

20 世纪以来，电磁理论及雷达、天线、微波器件、射频电路等技术发展迅猛，电磁场应用已经涉及通信、遥感、导航、探测、成像、生物医学、天气预报、航空航天等众多领域。民用多在手机终端、无线通信、射频识别(RFID)技术等领域；军用则涉及国家安全、军事装备的方方面面，例如雷达、导航、卫星等。通信是公民的基本权利，也是物物相联(物联网)的基本方式，有通信存在及需要的地方，无论海、陆、空、天，就有电磁场及电磁波技术出现。如今，随着电子技术、计算机及信息科学的发展，电磁理论及工程技术也正面临着更多的挑战，新型研究领域不断涌现，例如毫米波及亚毫米波技术、微波单片集成电路、智能天线、可穿戴设备、新型人工电磁材料、计算电磁学、电磁兼容、太赫兹技术、生物电磁学等。

1. 电磁场理论的建立与发展

据《黄帝内经》记载，中国人在公元前 2700 年就开始了对宇宙的研究，并且认识到地球磁场的存在。公元前 4 世纪，中国人发现了磁石吸铁现象，并在公元初制造出了世界上第一个指南针。1600 年，英国人吉尔伯特出版了名著《论磁》，介绍了对磁学的研究，成为历史上第一个对电磁现象进行系统研究的学者。

1733 年，法国人迪费发现所有物体都可摩擦起电，还认识到同性电荷互相排斥，异性电荷彼此吸引。1747 年，美国的富兰克林定义了正电和负电，并总结出了电荷守恒定律。1780 年，伽伐尼发现了动物电；1785 年，法国物理学家库仑借助扭秤实验得出静电作用和磁极之间的平方反比关系，这一定律使电学和磁学进入了定量研究的阶段。

1800 年，伏打发明电堆。在此基础上，1820 年，丹麦物理学家奥斯特发现了电流的磁效应。同年，在电流磁效应的启发下，法国物理学家安培通过实验总结出了安培定律。也是在 1820 年，法国物理学家毕奥和萨伐尔通过实验总结出了毕奥-萨伐尔定律，并在数学家拉普拉斯的帮助下给出了数学表示公式。人们认识到了电学与磁学的联系，从此开始了电磁学的新阶段。电流磁效应的发现，还使得电流的测量成为可能，1826 年，欧姆据此确定了电路的基本规律——欧姆定律。1823 年，斯特金发明了电磁铁。1831 年，英国物理学家法拉第发现了电磁感应现象，证实了电现象与磁现象的统一性，并制造出了第一台发电机，开创了能源开发与利用的新时代。1837 年,摩尔斯发明有线电报,人类开始了电通信阶段;1861 年,贝尔发明了电话。人类在 19 世纪末实现了电能的远距离输送,电力的广泛应用直接推动了世界第二次工业革命。

1855—1873 年,麦克斯韦在继承和发展库仑、高斯、欧姆、法拉第、安培、毕奥、萨伐尔等人思想和观点的基础上建立了电磁场理论体系。

1855 年,麦克斯韦在第一篇重要论文《论法拉第的力线》中,引入了一种新的矢量函数来描述电磁场,由该函数的各种微分运算,推导出电流的力线与磁力之间的关系,通过矢量微分方程表示出电流和磁场之间的定量关系,以及电流间的作用力和电磁感应定律的定量公式。他将法拉第的力线由一种直观的概念上升为科学的理论,法拉第大为赞扬:“我惊讶地看到,这个主题居然处理得如此之好!”

1861—1862 年,麦克斯韦发表了第二篇重要论文《论物理力线》。在论文的第一部分,他设计了电磁作用的力学模型,讨论了磁体之间、能够产生磁感应的物质之间以及电流之间的作用力。在论文的第二部分,麦克斯韦设想了一个“分子涡旋和电粒子”模型,讨论了电磁感应现象。在论文的第三部分,麦克斯韦将他的涡旋假设用于静电现象,并引入了“位移电流”的概念,由此得到了两个惊人的结论:导体周围的电粒子可以做弹性位移;变化的电流能够以一定的形式进入导线周围空间。在论文的第四部分,麦克斯韦重新讨论了磁光效应。

1864 年,麦克斯韦发表了第三篇重要论文《电磁场的动力学理论》。他明确地提出了电磁场的概念,认为电磁场可以存在于物质及真空之中,并对电磁场的能量做了定量计算,导出了电磁场能量密度公式和总能量方程。随后,麦克斯韦根据电磁学的实验定律和普遍原理建立了电磁场方程,包括电位移方程、电弹性方程、全电流方程、磁力方程、电流方程、电动力方程、电弹力方程、电阻方程、自由电荷方程、连续性方程等 20 个方程。1865 年,他把电磁近距作用和电动力学规律结合在一起,用方程组概括了电磁规律,建立了电磁场理论,并预测了光的电磁性质,继牛顿力学之后,物理学实现了第二次理论大综合。

1873 年,麦克斯韦出版了科学名著《电磁学通论》,系统、全面、完美地阐述了电磁场理论。他提出了“涡旋电场”和“位移电流”假说,预言了电磁波的存在,计算出了电磁波的传播速度,从理论上证明了光是一种电磁波。1888 年,德国物理学家赫兹在实验室实现了电磁波的发送和接收,证明了电磁波具有反射、折射、干涉、衍射等性质,并验证了麦克斯韦理论。至此,物理学实现了电、磁、光的综合,即第三次理论大综合,为近代电力工业和无线电通信的发展奠定了理论基础。

电磁场理论是 19 世纪物理学中最伟大的成就,爱因斯坦在纪念麦克斯韦 100 周年诞辰时说,这是继牛顿力学之后物理学史上又一次划时代的伟大贡献。在历史上,赫兹对电磁场理论的贡献也举足轻重。他不仅证实了电磁波的存在,使得电磁场理论被普遍接受,还重新推导和论证了麦克斯韦理论中的静态电磁学基本方程组,整理了基本概念并消除了混乱。另外他还建立了运动物体的电磁学基本方程组,引申和拓展了麦克斯韦电磁场理论。1890 年前后,赫维赛德、吉布斯及赫兹等,以矢量分析的形式重新表达了麦克斯韦方程组,并给出了麦克斯韦方程组简化的对称形式,包括四个矢量方程,其基本形式一直沿用至今。

电磁场理论的建立标志着电磁学的发展进入了一个新阶段,为电工、电子和电能等技术的产生、应用及发展提供了强劲支撑,对人类生产实践和社会进步起到了巨大的推动作用。电磁场理论使人们认识到“场”是物质存在的一种形式；发电机和电动机的发明，实现了机械能和电能间的相互转化，使人类生活方式从机械化变为电气化。1893 年，美国物理学家特斯拉发明了无线电信号传输系统，1895 年他又发明了电振荡发生器。1895 年，俄国物理学家波波夫发明了无线电收发报机。同年，意大利物理学家马可尼成功地利用电磁波进行了通信试验，开创了无线电波应用的新纪元。

2. 电磁场理论在现代科学技术中的应用

现代科学技术的许多方面都与电磁场，尤其是高频电磁场有关。电子信息系统都以电磁波来传递信息，电磁场理论已经应用到了通信、雷达、物探、电磁防护、电磁兼容、医疗诊断、战略防御、工农业生产和日常生活的各个领域。

历史上最初用铜线传输电能与信号，产生了电工类的多个行业。后来采用波导传输线传送微波信号，开创了雷达、通信、导航等应用技术。目前利用光纤进行通信系统的信号传输，更是一次革命性的发展。光纤传输具有容量大、低损耗、体积小、重量轻等特点，光器件也在迅速发展并投入应用。随着通信技术的发展和网络的普及，光端机将很快会成为家庭和办公场所信息传输必备的设备。红外技术、毫米波技术、激光技术的发展，显示了它们在工业、国防、交通运输、医疗等领域的广阔应用前景。全息图像技术、遥感技术、射频识别技术、太赫兹技术的完善及应用也是当今发展的主要热点。外层空间太阳能发电、电力传输、卫星通信与跟踪等技术的发展也都与空间电磁波应用密切相关。

在近代通信发展史上，1899 年，美国的柯林斯达造出了第一个无线电话系统；1906 年，费森登在美国建立了第一个无线电话发射台；1908 年，英国的肯培尔等提出电子扫描原理，奠定了现代电视技术的基础。1919 年，英国建立了第一座无线电台；1921 年，人类实现了短波跨洋传播；1925 年，英国的贝尔德发明了第一台实用电视机；1930 年，微波通信实现；1938 年，电视广播开播；1958 年，人类发射第一颗通信卫星；20 世纪 70 年代，移动通信系统和终端设备出现；1982 年，国际海事通信组织开通由四颗地球同步卫星组成的国际海事卫星电话（INMARSAT）系统，实现了全球移动通信；1999 年，国际卫星组织发射电视直播卫星，应用于高速信息公路。20 世纪 90 年代，蜂窝电话系统开通，光纤通信迅速发展，无线广域网（WWAN）、无线城域网（WMAN）、无线局域网（WLAN）、无线个域网（WPAN）、无线传感网（WSN）等各种无线通信标准的技术和制式不断涌现，并且共同存在、相互补充。信息技术发展日新月异，随着大数据、云计算和物联网加速渗透与融合，第五代移动通信（5G）加速商用，人工智能（AI）加速成熟，社会经济正在向数字化、网络化和智能化加速发展。2019 年，我国 5G 低频段（Sub-6GHz）已经开始商用，并且业已批准了 24.75～27.5 GHz 和 37～42.5 GHz 的毫米波 5G 频谱作为实验频段。基于大规模 MIMO 的 5G 毫米波技术趋于成熟，预计于 2022 年开始商用。第六代移动通信（6G）的研究也已启动，6G 将是一个由大量中低轨卫星与地面 5G 融合的网络，从而使得人类第一次实现对整个地球表面及其近空间全覆盖，6G 将是人类移动通信历史上的一次革命。

继微波技术应用于雷达、通信之后，在 20 世纪中叶微波加热技术开始用于工、农业生产。目前微波技术已在食品、材料、塑料、陶瓷、医疗领域得到广泛普及和应用，例如微波加热与烘干、微波与激光治疗、微波消毒等。

将电磁学原理和计算方法应用到生物医学工程领域，出现了如骨电磁重建、核磁共振成像、X 射线层析成像、数字减影造影等，提供了电磁场用于组织损伤和临床应用的理论基础。

电磁式生物芯片技术有效地将电场和磁场的作用结合在一起，通过计算机可控制芯片上任一点的生化反应，可用于医疗中的早期诊断。电磁仿生技术则是基于仿生机制和模型的新型电磁防护模式，将生物系统的构造和生物活动的过程、机理恰当地运用并融合至电磁防护领域。

电磁场可用于各种材料的加工过程，实现对过程的控制，达到材料组织和性能改善的目的，在材料科学研究和加工中得到了广泛应用。电磁处理具有无污染、操作方便和效果显著等优点，受到了人们的高度重视，已逐渐成为金属材料熔炼、熔体提纯、组织细化、控制熔体凝固与成型以及制造复合材料的一种重要手段。

20 世纪初以来，电磁法勘察广泛应用于工程地质勘探中。目前正在开发和研究利用大功率人工电磁场源的电磁法勘探方法。电磁法正在成为既能在地面观测，又能在空间观测，实现立体、四维探测的地球物理方法，并广泛应用于地壳上地幔深部结构探测，可为地壳、岩石圈结构、演化和动力学研究提供重要数据，其研究和应用前景非常可观。

电磁感应无极灯综合运用了功率电子学、等离子学、磁性材料学等领域的最新科技成果，是近几年国内外电光源界着力研发的高新技术产品。它不设电极，通过以高频感应磁场的方式将能量耦合到灯泡内，使灯泡的气体雪崩电离形成等离子体，再辐射出紫外线，灯泡内壁的荧光粉受紫外线激发而发出可见光。这种新光源的寿命理论上可达 10 万小时，是高压钠灯与带电极荧光灯的 10 倍以上，且光通量不易衰减。无极灯还可采用智能控制技术实现自身调光控制以节约能源。

左手材料是介电常数和磁导率同时为负的一种人工电磁材料，具有负相速度、负折射率、反常切伦科夫效应、逆多普勒效应等多种奇异特性。在 2000 年后，人们设计出了各种左手材料结构单元，能够实现平板聚焦、天线波束汇聚、完美透镜、超薄谐振腔、后向波天线、微波器件小型化、电磁波隐身等功能，在光学、材料、微波、微电子、通信、医学、国防等领域有着巨大的潜在应用价值。

太赫兹是连接微波和光波之间的一个频带(0.1～10 THz)，具有瞬态性、宽带性、低能性、相干性及强穿透性等特点。太赫兹对于皮肤等人体组织有很强的穿透能力而不会对人体组织造成损害，而且是热辐射中十分丰富的辐射频段，在生物、遥感、检测、热成像等领域的应用前景十分广阔。太赫兹频段左手材料的实现将与成熟的太赫兹光源、探测器一起，对太赫兹技术的工业推广起到十分积极的影响。

随着第三次科技革命的发生，军事和国防领域越来越多地受科技因素的影响，甚至使传统武器装备发生了革命性的变化。电子对抗技术便是利用专门的设备和器材，以电磁波为武器阻碍对方电磁波信号的发射和接收，保证己方信号的发射和接收。电磁炸弹是一种能释放出 γ 射线的高频率电磁波炸弹，γ 射线通过冲击大气层内的氧气和氮气，可以制造出高电压的电磁脉冲，其能量在扩散时可被电子设备吸收，使得电子信息系统被摧毁。电磁枪、电磁炮是运用电磁力加速弹丸的电磁发射装置，电磁炮可用于摧毁空间的卫星和导弹，还可以拦截由舰只和装甲车发射的导弹。激光武器可以利用激光束来直接攻击敌方目标。采用微波产生热量的“热枪”武器，可使人体体温升高至 40.6～41.7℃，让敌人不舒服、发烧甚至死亡。使用频率非常低的电磁辐射，还可以使人及动物处于昏迷状态，达到作战效果。电磁波无线传能技术使传统的飞行器推进技术发生变革，加拿大科学家已试制出世界上第一架无人驾驶的微波飞机，实现了无油空中飞行。美国也研制出以微波为动力的大型无人驾驶飞机。据报道，日本正在研究利用微波向宇宙飞船输送电能。另外，通过采用隐形材料和隐形设计，可以制造出隐形飞机，躲过雷达探测。

随着现代科学技术的发展，电子、电气系统的应用越来越广泛。大量的电子、电气设备发射和辐射的电磁能构成了极其复杂的电磁环境，出现了电磁干扰和电磁污染，从而诞生了电磁兼容这门学科。现代电磁场工程中，高频电磁场问题的主要特点是电磁系统具有高度复杂性。随着电子设备工作频率的不断升高，小结构变成了电大尺寸，电磁兼容得到了越来越高的重视。

计算机技术的飞速发展为复杂电磁工程问题的数值计算提供了有效的解决途径，由此出现了计算电磁学这门学科。计算电磁学主要包括矩量法、时域有限差分法、有限元法等。并且它与射线跟踪法等高频近似的方法相互结合，还出现了一些混合数值计算方法。

现代科学技术表现出学科交叉融合发展的趋势，例如，电磁场、无线技术与其他学科的相互融合，形成了微波集成电路、智能天线、电磁兼容与环境电磁学、生物电磁学、材料电磁学、地震电磁学、太赫兹技术应用等新兴边缘学科。电磁理论的发展促进了科学技术的进步，例如，我国研制的世界最大单口径射电望远镜(FAST)，能够帮助人类探索宇宙起源、星际物质结构、对暗弱脉冲星搜索、地外理性生命搜索等，在未来20～30年将保持世界一流的地位。我国自主研发的电磁弹射系统处于世界领先地位，已经实现了舰载机的弹射起飞和电磁阻拦降落，系统成熟度高、性能稳定可靠。我国的北斗卫星系统和载人航天技术也处于国际先进水平。在科学技术和新型学科发展的推动下，电磁场理论及微波技术也正在以其独特的魅力不断地丰富和发展。

人类社会开始从物理世界向虚拟世界延伸，伴随着智能体的大量出现将形成智联网(智能体互联网)，信息服务、信息产品和信息消费将升级成新格局，生产生活方式面临重构。智联网可实现人与智能体，以及智能体之间的互联、交互和协作；虚拟空间则可以帮助人类摆脱物理空间的约束，极大地扩展人类的精神空间，推动社会结构的多元化发展；而AI与虚拟空间技术的融合会带来智能空间形态，基于信息物理系统和人机接口技术，实现物理空间和虚拟空间的深度融合，将深刻改变人类的生活和生产方式。

第1章 矢量分析

CHAPTER 1

矢量分析是研究电磁场在空间分布和变化规律的基本数学工具之一。本章首先介绍矢量代数，包括矢量加法、减法和乘法运算；然后讨论正交坐标系，包括直角坐标系、圆柱坐标系和球坐标系等；接着介绍矢量运算，重点分析标量场的梯度、矢量场的散度和旋度，以及矢量场的性质，并在此基础上介绍亥姆霍兹定理。

微课视频

1.1 矢量代数

1.1.1 标量和矢量

在物理学中，任一数量被赋予“物理单位”，则称为一个具有物理意义的标量，如质量、长度、面积、时间、温度、电压、电荷量、电流、能量等。而既有大小又有方向的量，称为矢量。在电磁理论中，要研究的某些物理量（如电荷、电流、能量等）是标量，另一些物理量（如电场强度、磁场强度等）是矢量。标量和矢量都是空间和时间的函数，并且在每一时刻，空间中的每一点，都有一个确定的值，它们分别构成了此空间中物理量的标量场和矢量场。

矢量 $\boldsymbol{A}$ 可以写成

$$\boldsymbol{A}=\boldsymbol{e}_A A \tag{1-1}$$

其中 A 为矢量 $\boldsymbol{A}$ 的模，即 $\boldsymbol{A}$ 的数值大小。

$$A=|\boldsymbol{A}| \tag{1-2}$$

$\boldsymbol{e}_A$ 表示与矢量 $\boldsymbol{A}$ 同方向的单位矢量（模为1的矢量）。

$$\boldsymbol{e}_A=\frac{\boldsymbol{A}}{|\boldsymbol{A}|}=\frac{\boldsymbol{A}}{A} \tag{1-3}$$

1.1.2 矢量的加法和减法

不同的矢量 $\boldsymbol{A}$ 和 $\boldsymbol{B}$，如图1-1(a)所示，确定了一个平面。它们的和为矢量 $\boldsymbol{C}$，并与 $\boldsymbol{A}$ 和 $\boldsymbol{B}$ 在同一个平面内。$\boldsymbol{C}=\boldsymbol{A}+\boldsymbol{B}$ 可以通过两种方法获得。

1. 平行四边形法则

两矢量之和 $\boldsymbol{C}$，是在同一点画出矢量 $\boldsymbol{A}$ 和 $\boldsymbol{B}$ 所构成的平行四边形的对角线矢量，如图1-1(b)所示。

2. 首尾法则

将矢量 $\boldsymbol{A}$ 的箭头末端（首）和矢量 $\boldsymbol{B}$ 的箭头首端（尾）相连，则两矢量之和 $\boldsymbol{C}$ 是 $\boldsymbol{A}$ 的始

点至 $\boldsymbol{B}$ 的终点的矢量。此时，矢量 $\boldsymbol{A}$、$\boldsymbol{B}$ 和 $\boldsymbol{C}$ 形成了一个三角形，故该法则又称为三角形法则，如图 1-1(c)所示。

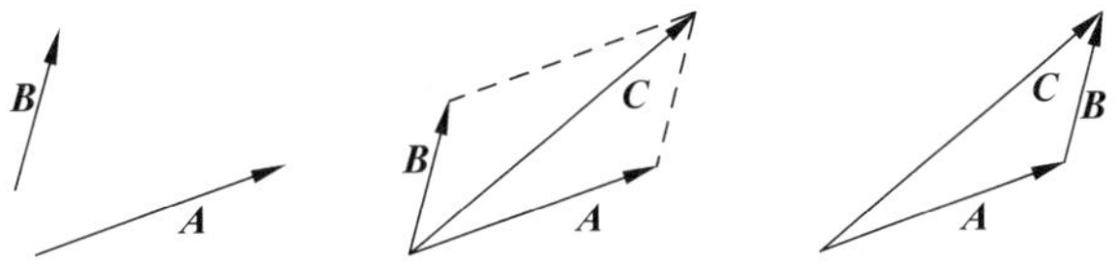

(a) 矢量$\boldsymbol{A}$和$\boldsymbol{B}$　(b) 平行四边形法则　(c) 三角形法则

图 1-1　矢量的加法

矢量加法服从交换律和结合律，即

交换律：

$$\boldsymbol{A}+\boldsymbol{B}=\boldsymbol{B}+\boldsymbol{A} \tag{1-4}$$

结合律：

$$\boldsymbol{A}+(\boldsymbol{B}+\boldsymbol{C})=(\boldsymbol{A}+\boldsymbol{B})+\boldsymbol{C} \tag{1-5}$$

矢量的减法可以定义为

$$\boldsymbol{A}-\boldsymbol{B}=\boldsymbol{A}+(-\boldsymbol{B}) \tag{1-6}$$

其中 $-\boldsymbol{B}$ 与 $\boldsymbol{B}$ 大小相等，方向相反。

1.1.3　矢量的乘法

一个标量 k 与一个矢量 $\boldsymbol{A}$ 的乘积仍然是矢量，其大小为 kA。

$$k\boldsymbol{A}=\boldsymbol{e}_A(kA) \tag{1-7}$$

若 $k>0$，则 $k\boldsymbol{A}$ 与 $\boldsymbol{A}$ 同方向；若 $k<0$，则 $k\boldsymbol{A}$ 与 $\boldsymbol{A}$ 反方向。

两个矢量 $\boldsymbol{A}$ 和 $\boldsymbol{B}$ 的乘法有两种：点积(标量积)$\boldsymbol{A}\cdot\boldsymbol{B}$ 和叉积(矢量积)$\boldsymbol{A}\times\boldsymbol{B}$。

1. 矢量的点积

两个矢量 $\boldsymbol{A}$ 和 $\boldsymbol{B}$ 的点积 $\boldsymbol{A}\cdot\boldsymbol{B}$ 是一个标量，定义为这两个矢量的模与它们之间夹角 θ_{AB} $(0\leqslant\theta\leqslant\pi)$ 的余弦之积，如图 1-2 所示。

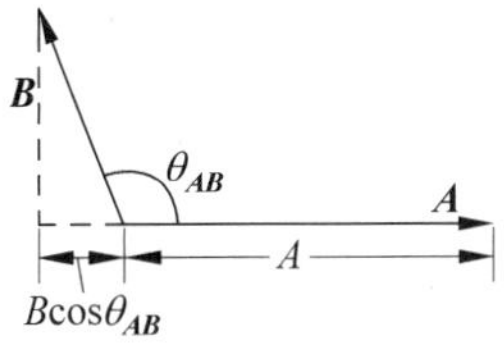

图 1-2　矢量 $\boldsymbol{A}$ 和 $\boldsymbol{B}$ 的点积

$$\boldsymbol{A}\cdot\boldsymbol{B}=AB\cos\theta_{AB} \tag{1-8}$$

两矢量的点积有如下物理意义：点积等于一个矢量的模与另一矢量在该矢量上投影的积。因此，点积可以表征两矢量间含有平行分量成分的多少。如果两矢量正交(垂直，又称为正交矢量)，则点积为零；如果两矢量平行，则其点积的绝对值取最大值。

明显有

$$\boldsymbol{A}\cdot\boldsymbol{A}=A^2 \tag{1-9}$$

或

$$A=\sqrt{\boldsymbol{A}\cdot\boldsymbol{A}} \tag{1-10}$$

通过式(1-10)，可以根据矢量在任何坐标系下的表示求得矢量的模值。

矢量的点积服从交换律和分配律，即

交换律：

$$\boldsymbol{A}\cdot\boldsymbol{B}=\boldsymbol{B}\cdot\boldsymbol{A} \tag{1-11}$$

分配律：

$$\boldsymbol{A}\cdot(\boldsymbol{B}+\boldsymbol{C})=\boldsymbol{A}\cdot\boldsymbol{B}+\boldsymbol{A}\cdot\boldsymbol{C} \tag{1-12}$$

2. 矢量的叉积

两个矢量 $\boldsymbol{A}$ 和 $\boldsymbol{B}$ 的叉积 $\boldsymbol{A}\times\boldsymbol{B}$ 是一个矢量，如图 1-3 所示，其大小定义为 $AB\sin\theta_{AB}$，方向为当右手四指从矢量 $\boldsymbol{A}$ 到 $\boldsymbol{B}$ 旋转 θ_{AB} 时大拇指的方向(θ_{AB} 为矢量 $\boldsymbol{A}$ 和 $\boldsymbol{B}$ 之间的夹角)。显然，$B\sin\theta_{AB}$ 为矢量 $\boldsymbol{A}$ 和 $\boldsymbol{B}$ 构成的平行四边形的高，因此可以认为 $\boldsymbol{A}\times\boldsymbol{B}$ 的模值等于矢量 $\boldsymbol{A}$ 和 $\boldsymbol{B}$ 所构成的平行四边形的面积。

$$\boldsymbol{A}\times\boldsymbol{B}=\boldsymbol{e}_{\mathrm{n}}AB\sin\theta_{AB} \tag{1-13}$$

显然，矢量的叉积可以表征两矢量间含有垂直分量(正交分量)成分的多少。如果两矢量正交，则其叉积有最大值；如果两矢量平行，则其叉积为零。根据叉积的定义，有

$$\boldsymbol{A}\times\boldsymbol{B}=-\boldsymbol{B}\times\boldsymbol{A} \tag{1-14}$$

因此，矢量的叉积不满足交换律。但是，叉积服从分配律

$$\boldsymbol{A}\times(\boldsymbol{B}+\boldsymbol{C})=\boldsymbol{A}\times\boldsymbol{B}+\boldsymbol{A}\times\boldsymbol{C} \tag{1-15}$$

三个矢量 $\boldsymbol{A}$、$\boldsymbol{B}$ 和 $\boldsymbol{C}$ 的三重积有两种：标量三重积和矢量三重积。

矢量 $\boldsymbol{A}$ 与矢量 $\boldsymbol{B}\times\boldsymbol{C}$ 的点积 $\boldsymbol{A}\cdot(\boldsymbol{B}\times\boldsymbol{C})$ 称为标量三重积，具有如下运算性质：

$$\boldsymbol{A}\cdot(\boldsymbol{B}\times\boldsymbol{C})=\boldsymbol{B}\cdot(\boldsymbol{C}\times\boldsymbol{A})=\boldsymbol{C}\cdot(\boldsymbol{A}\times\boldsymbol{B}) \tag{1-16}$$

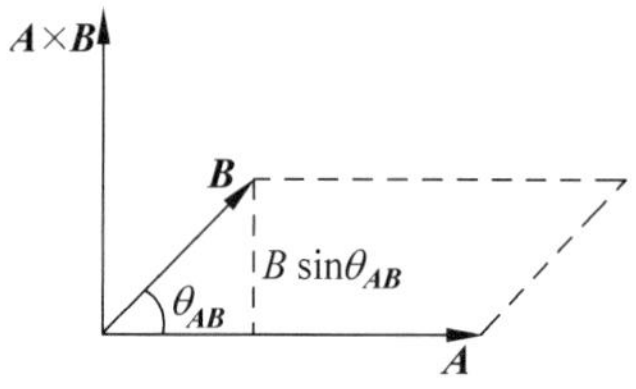

图 1-3 矢量 $\boldsymbol{A}$ 和 $\boldsymbol{B}$ 的叉积

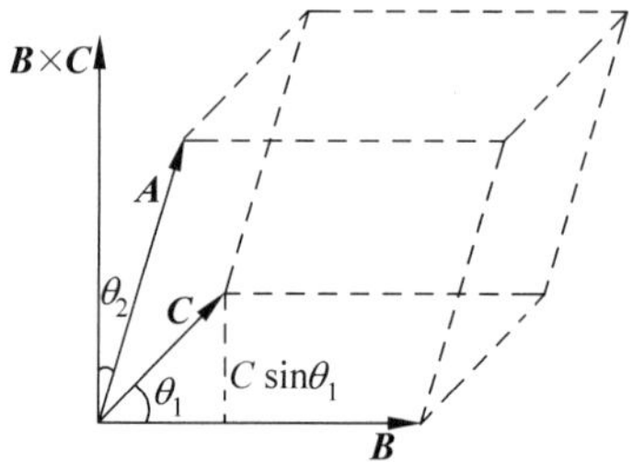

图 1-4 三重标量积 $\boldsymbol{A}\cdot(\boldsymbol{B}\times\boldsymbol{C})$

从图 1-4 中可以看到，式(1-16)的标量三重积表达式，数量上等于三个矢量 $\boldsymbol{A}$、$\boldsymbol{B}$ 和 $\boldsymbol{C}$ 构成的平行六面体的体积。平行六面体的底面积等于 $|\boldsymbol{B}\times\boldsymbol{C}|=BC\sin\theta_1$，高等于 $|A\cos\theta_2|$，因此体积为 $|ABC\sin\theta_1\cos\theta_2|$。

矢量 $\boldsymbol{A}$ 与矢量 $\boldsymbol{B}\times\boldsymbol{C}$ 的叉积 $\boldsymbol{A}\times(\boldsymbol{B}\times\boldsymbol{C})$ 称为矢量三重积，具有如下运算性质：

$$\boldsymbol{A}\times(\boldsymbol{B}\times\boldsymbol{C})=\boldsymbol{B}(\boldsymbol{A}\cdot\boldsymbol{C})-\boldsymbol{C}(\boldsymbol{A}\cdot\boldsymbol{B}) \tag{1-17}$$

矢量 $\boldsymbol{A}$ 又可以写成两个部分：

$$\boldsymbol{A}=\boldsymbol{A}_{\parallel}+\boldsymbol{A}_{\perp} \tag{1-18}$$

其中 $\boldsymbol{A}_{\parallel}$ 和 $\boldsymbol{A}_{\perp}$ 分别与矢量 $\boldsymbol{B}$ 和 $\boldsymbol{C}$ 构成的平面平行和垂直。因为矢量 $\boldsymbol{B}$ 和 $\boldsymbol{C}$ 的叉积与矢量 $\boldsymbol{B}$ 和 $\boldsymbol{C}$ 构成的平面垂直，因此 $\boldsymbol{A}_{\perp}$ 和 $(\boldsymbol{B}\times\boldsymbol{C})$ 的叉积为零，故 $\boldsymbol{A}\times(\boldsymbol{B}\times\boldsymbol{C})=\boldsymbol{A}_{\parallel}\times(\boldsymbol{B}\times\boldsymbol{C})$。

常用的基本矢量运算公式见附录 A.1。

1.2 三种常用的坐标系

微课视频

尽管电磁学的基本定律在任何坐标系下是不变的，但求解实际问题时往往需要根据几何结构引入合适的坐标系。在电磁理论中通常选择正交坐标系，而非正交坐标系会使问题

复杂化,往往不采用。最常用的正交坐标系有直角坐标系、圆柱坐标系和球坐标系等。

1.2.1 正交坐标系

在三维空间中,可以用 u_1、u_2、u_3 表示三个坐标变量。空间任一点可以通过相应的平行于三个坐标面的平面的交点确定,坐标轴可以通过任意两坐标面的交线确定,而三个坐标面簇可以分别确定如下:u_1=常数,u_2=常数和 u_3=常数。通常在直角坐标系、圆柱坐标系和球坐标系中,u_1、u_2、u_3 分别对应 x、y、z,ρ、ϕ、z 及 r、θ、ϕ。

通过 u_i=常数($i=1,2$ 或 3)表示的坐标面,在坐标系中可能是曲面而不是平面。令 $\boldsymbol{e}_{u_1}$、$\boldsymbol{e}_{u_2}$ 和 $\boldsymbol{e}_{u_3}$ 为三个坐标方向上的坐标单位矢量。在一般右手正交坐标系中,坐标单位矢量满足如下轮换关系:

$$\begin{cases}\boldsymbol{e}_{u_1}\times\boldsymbol{e}_{u_2}=\boldsymbol{e}_{u_3}\\ \boldsymbol{e}_{u_2}\times\boldsymbol{e}_{u_3}=\boldsymbol{e}_{u_1}\\ \boldsymbol{e}_{u_3}\times\boldsymbol{e}_{u_1}=\boldsymbol{e}_{u_2}\end{cases} \tag{1-19}$$

这三个方程并不独立,确定了其中一个方程,另外两个方程也就确定了,并且还有

$$\boldsymbol{e}_{u_1}\cdot\boldsymbol{e}_{u_2}=\boldsymbol{e}_{u_2}\cdot\boldsymbol{e}_{u_3}=\boldsymbol{e}_{u_3}\cdot\boldsymbol{e}_{u_1}=0 \tag{1-20}$$

和

$$\boldsymbol{e}_{u_1}\cdot\boldsymbol{e}_{u_1}=\boldsymbol{e}_{u_2}\cdot\boldsymbol{e}_{u_2}=\boldsymbol{e}_{u_3}\cdot\boldsymbol{e}_{u_3}=1 \tag{1-21}$$

任意矢量 $\boldsymbol{A}$ 可以写成三个正交分量的和:

$$\boldsymbol{A}=\boldsymbol{e}_{u_1}A_{u_1}+\boldsymbol{e}_{u_2}A_{u_2}+\boldsymbol{e}_{u_3}A_{u_3} \tag{1-22}$$

其中 A_{u_1}、A_{u_2} 和 A_{u_3} 分别为矢量 $\boldsymbol{A}$ 在 $\boldsymbol{e}_{u_1}$、$\boldsymbol{e}_{u_2}$ 和 $\boldsymbol{e}_{u_3}$ 方向上的投影。这样,$\boldsymbol{A}$ 的模为

$$A=|\boldsymbol{A}|=\sqrt{A_{u_1}^2+A_{u_2}^2+A_{u_3}^2} \tag{1-23}$$

在正交坐标系(u_1,u_2,u_3)中,三个矢量 $\boldsymbol{A}$、$\boldsymbol{B}$ 和 $\boldsymbol{C}$ 可以写成

$$\begin{cases}\boldsymbol{A}=\boldsymbol{e}_{u_1}A_{u_1}+\boldsymbol{e}_{u_2}A_{u_2}+\boldsymbol{e}_{u_3}A_{u_3}\\ \boldsymbol{B}=\boldsymbol{e}_{u_1}B_{u_1}+\boldsymbol{e}_{u_2}B_{u_2}+\boldsymbol{e}_{u_3}B_{u_3}\\ \boldsymbol{C}=\boldsymbol{e}_{u_1}C_{u_1}+\boldsymbol{e}_{u_2}C_{u_2}+\boldsymbol{e}_{u_3}C_{u_3}\end{cases} \tag{1-24}$$

两个矢量 $\boldsymbol{A}$ 与 $\boldsymbol{B}$ 的和等于对应分量之和,即

$$\boldsymbol{A}+\boldsymbol{B}=\boldsymbol{e}_{u_1}(A_{u_1}+B_{u_1})+\boldsymbol{e}_{u_2}(A_{u_2}+B_{u_2})+\boldsymbol{e}_{u_3}(A_{u_3}+B_{u_3}) \tag{1-25}$$

两个矢量 $\boldsymbol{A}$ 与 $\boldsymbol{B}$ 的点积为

$$\begin{aligned}\boldsymbol{A}\cdot\boldsymbol{B}&=(\boldsymbol{e}_{u_1}A_{u_1}+\boldsymbol{e}_{u_2}A_{u_2}+\boldsymbol{e}_{u_3}A_{u_3})\cdot(\boldsymbol{e}_{u_1}B_{u_1}+\boldsymbol{e}_{u_2}B_{u_2}+\boldsymbol{e}_{u_3}B_{u_3})\\ &=A_{u_1}B_{u_1}+A_{u_2}B_{u_2}+A_{u_3}B_{u_3}\end{aligned} \tag{1-26}$$

两个矢量 $\boldsymbol{A}$ 与 $\boldsymbol{B}$ 的叉积为

$$\begin{aligned}\boldsymbol{A}\times\boldsymbol{B}&=(\boldsymbol{e}_{u_1}A_{u_1}+\boldsymbol{e}_{u_2}A_{u_2}+\boldsymbol{e}_{u_3}A_{u_3})\times(\boldsymbol{e}_{u_1}B_{u_1}+\boldsymbol{e}_{u_2}B_{u_2}+\boldsymbol{e}_{u_3}B_{u_3})\\ &=\boldsymbol{e}_{u_1}(A_{u_2}B_{u_3}-A_{u_3}B_{u_2})+\boldsymbol{e}_{u_2}(A_{u_3}B_{u_1}-A_{u_1}B_{u_3})+\boldsymbol{e}_{u_3}(A_{u_1}B_{u_2}-A_{u_2}B_{u_1})\\ &=\begin{vmatrix}\boldsymbol{e}_{u_1}&\boldsymbol{e}_{u_2}&\boldsymbol{e}_{u_3}\\ A_{u_1}&A_{u_2}&A_{u_3}\\ B_{u_1}&B_{u_2}&B_{u_3}\end{vmatrix}\end{aligned} \tag{1-27}$$

三个矢量 $\boldsymbol{A}$、$\boldsymbol{B}$ 和 $\boldsymbol{C}$ 的标量三重积 $\boldsymbol{C}\cdot(\boldsymbol{A}\times\boldsymbol{B})$ 可以写为

$$\boldsymbol{C}\cdot(\boldsymbol{A}\times\boldsymbol{B})=C_{u_1}(A_{u_2}B_{u_3}-A_{u_3}B_{u_2})+C_{u_2}(A_{u_3}B_{u_1}-A_{u_1}B_{u_3})+C_{u_3}(A_{u_1}B_{u_2}-A_{u_2}B_{u_1})$$

$$=\begin{vmatrix} C_{u_1} & C_{u_2} & C_{u_3} \\ A_{u_1} & A_{u_2} & A_{u_3} \\ B_{u_1} & B_{u_2} & B_{u_3} \end{vmatrix} \tag{1-28}$$

在电磁计算中的矢量积分，经常需要描述线元、面积元和体积元，这就需要表述在坐标方向上的长度变化。然而，在一些正交坐标系中，u_i($i=1,2$ 或 3)并不总表示长度，这就需要通过一个变换系数将坐标元 $\mathrm{d}u_i$ 和长度元 $\mathrm{d}l_i$ 联系起来，即

$$\mathrm{d}l_i=h_i\mathrm{d}u_i \tag{1-29}$$

其中 h_i 称为度量系数(尺度因子，拉梅系数)，它可能是 u_1、u_2 和 u_3 的函数。任意方向上的线元可以写成三个坐标方向上的线元之和

$$\mathrm{d}\boldsymbol{l}=\boldsymbol{e}_{u_1}\mathrm{d}l_1+\boldsymbol{e}_{u_2}\mathrm{d}l_2+\boldsymbol{e}_{u_3}\mathrm{d}l_3 \tag{1-30}$$

或

$$\mathrm{d}\boldsymbol{l}=\boldsymbol{e}_{u_1}h_1\mathrm{d}u_1+\boldsymbol{e}_{u_2}h_2\mathrm{d}u_2+\boldsymbol{e}_{u_3}h_3\mathrm{d}u_3 \tag{1-31}$$

$\mathrm{d}\boldsymbol{l}$ 的模为

$$\mathrm{d}l=\sqrt{(\mathrm{d}l_1)^2+(\mathrm{d}l_2)^2+(\mathrm{d}l_3)^2}=\sqrt{(h_1\mathrm{d}u_1)^2+(h_2\mathrm{d}u_2)^2+(h_3\mathrm{d}u_3)^2} \tag{1-32}$$

面积元矢量的方向为垂直于面的单位矢量 $\boldsymbol{e}_\mathrm{n}$，大小为切向对应的两线元之积

$$\mathrm{d}\boldsymbol{S}=\boldsymbol{e}_\mathrm{n}\mathrm{d}S \tag{1-33}$$

面积元的单位矢量 $\boldsymbol{e}_\mathrm{n}$ 有两种情形：一种是 $\mathrm{d}\boldsymbol{S}$ 为开放面 $\boldsymbol{S}$ 上的一个面元，这个开放面由一条闭合曲线 C 围成，选择闭合曲线 C 的绕行方向后，按照右手螺旋法则规定 $\boldsymbol{e}_\mathrm{n}$ 的方向；另一种是 $\mathrm{d}\boldsymbol{S}$ 为闭合曲面 S 上的一个面元，则一般取 $\boldsymbol{e}_\mathrm{n}$ 的方向为闭合曲面的外法线方向。

在一般的正交坐标系中，与三个坐标单位矢量相垂直的面积元分别为

$$\mathrm{d}\boldsymbol{S}_i=\boldsymbol{e}_{u_i}(\mathrm{d}l_j\mathrm{d}l_k),\quad i,j,k=1,2,3 \tag{1-34}$$

即

$$\begin{cases} \mathrm{d}\boldsymbol{S}_1=\boldsymbol{e}_{u_1}(h_2h_3\mathrm{d}u_2\mathrm{d}u_3) \\ \mathrm{d}\boldsymbol{S}_2=\boldsymbol{e}_{u_2}(h_1h_3\mathrm{d}u_1\mathrm{d}u_3) \\ \mathrm{d}\boldsymbol{S}_3=\boldsymbol{e}_{u_3}(h_1h_2\mathrm{d}u_1\mathrm{d}u_2) \end{cases} \tag{1-35}$$

体积元 $\mathrm{d}V$ 是在 $\boldsymbol{e}_{u_1}$、$\boldsymbol{e}_{u_2}$ 和 $\boldsymbol{e}_{u_3}$ 方向上对应的线元之积，为

$$\mathrm{d}V=h_1h_2h_3\mathrm{d}u_1\mathrm{d}u_2\mathrm{d}u_3 \tag{1-36}$$

1.2.2 直角坐标系

在直角坐标系中，x、y、z 为三个坐标变量，与正交坐标系的对应关系为

$$(u_1,u_2,u_3)\Leftrightarrow(x,y,z) \tag{1-37}$$

x、y 和 z 的变化范围分别是 $-\infty<x<\infty$，$-\infty<y<\infty$，$-\infty<z<\infty$。空间任一点 $P(x_0,y_0,z_0)$ 是三个坐标曲面 $x=x_0$、$y=y_0$ 和 $z=z_0$ 的交点，如图 1-5 所示。单位矢量 $\boldsymbol{e}_x$、$\boldsymbol{e}_y$ 和 $\boldsymbol{e}_z$，分别沿 x、y 和 z 增加的方向，且遵循右手螺旋定则：

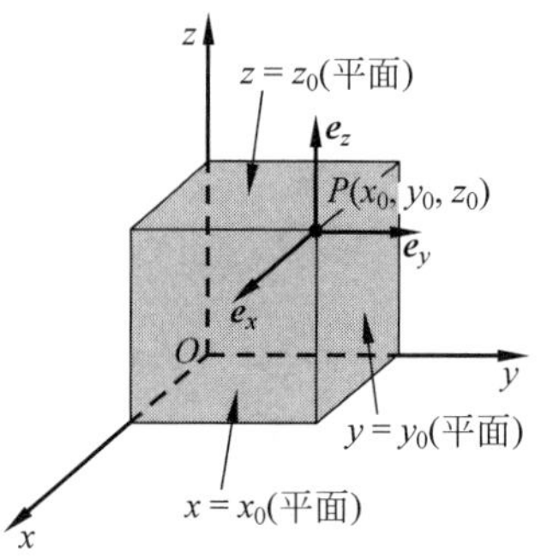

图 1-5　直角坐标系

$$\begin{cases} \boldsymbol{e}_x \times \boldsymbol{e}_y = \boldsymbol{e}_z \\ \boldsymbol{e}_y \times \boldsymbol{e}_z = \boldsymbol{e}_x \\ \boldsymbol{e}_z \times \boldsymbol{e}_x = \boldsymbol{e}_y \end{cases} \tag{1-38}$$

任意矢量 $\boldsymbol{A}$ 在直角坐标系中可以表示为

$$\boldsymbol{A} = \boldsymbol{e}_x A_x + \boldsymbol{e}_y A_y + \boldsymbol{e}_z A_z \tag{1-39}$$

其中 A_x、A_y 和 A_z 分别为矢量 $\boldsymbol{A}$ 在 $\boldsymbol{e}_x$、$\boldsymbol{e}_y$ 和 $\boldsymbol{e}_z$ 方向上的投影。这样，$\boldsymbol{A}$ 的模为

$$A = |\boldsymbol{A}| = \sqrt{A_x^2 + A_y^2 + A_z^2} \tag{1-40}$$

两个矢量 $\boldsymbol{A} = \boldsymbol{e}_x A_x + \boldsymbol{e}_y A_y + \boldsymbol{e}_z A_z$ 与 $\boldsymbol{B} = \boldsymbol{e}_x B_x + \boldsymbol{e}_y B_y + \boldsymbol{e}_z B_z$ 的和为

$$\boldsymbol{A} + \boldsymbol{B} = \boldsymbol{e}_x (A_x + B_x) + \boldsymbol{e}_y (A_y + B_y) + \boldsymbol{e}_z (A_z + B_z) \tag{1-41}$$

$\boldsymbol{A}$ 与 $\boldsymbol{B}$ 的点积为

$$\boldsymbol{A} \cdot \boldsymbol{B} = (\boldsymbol{e}_x A_x + \boldsymbol{e}_y A_y + \boldsymbol{e}_z A_z) \cdot (\boldsymbol{e}_x B_x + \boldsymbol{e}_y B_y + \boldsymbol{e}_z B_z) = A_x B_x + A_y B_y + A_z B_z \tag{1-42}$$

$\boldsymbol{A}$ 与 $\boldsymbol{B}$ 的叉积为

$$\begin{aligned} \boldsymbol{A} \times \boldsymbol{B} &= (\boldsymbol{e}_x A_x + \boldsymbol{e}_y A_y + \boldsymbol{e}_z A_z) \times (\boldsymbol{e}_x B_x + \boldsymbol{e}_y B_y + \boldsymbol{e}_z B_z) \\ &= \boldsymbol{e}_x (A_y B_z - A_z B_y) + \boldsymbol{e}_y (A_z B_x - A_x B_z) + \boldsymbol{e}_z (A_x B_y - A_y B_x) \\ &= \begin{vmatrix} \boldsymbol{e}_x & \boldsymbol{e}_y & \boldsymbol{e}_z \\ A_x & A_y & A_z \\ B_x & B_y & B_z \end{vmatrix} \end{aligned} \tag{1-43}$$

在直角坐标系中，三个坐标变量本身是长度，其拉梅系数 $h_1 = h_2 = h_3 = 1$。位置矢量为

$$\boldsymbol{r} = \boldsymbol{e}_x x + \boldsymbol{e}_y y + \boldsymbol{e}_z z \tag{1-44}$$

其线元对应的微分元为

$$\mathrm{d}\boldsymbol{r} = \boldsymbol{e}_x \mathrm{d}x + \boldsymbol{e}_y \mathrm{d}y + \boldsymbol{e}_z \mathrm{d}z \tag{1-45}$$

与三个坐标单位矢量相垂直的三个面积元分别为

$$\begin{cases} \mathrm{d}\boldsymbol{S}_x = \boldsymbol{e}_x (\mathrm{d}y \mathrm{d}z) \\ \mathrm{d}\boldsymbol{S}_y = \boldsymbol{e}_y (\mathrm{d}z \mathrm{d}x) \\ \mathrm{d}\boldsymbol{S}_z = \boldsymbol{e}_z (\mathrm{d}x \mathrm{d}y) \end{cases} \tag{1-46}$$

体积元为

$$\mathrm{d}V = \mathrm{d}x \mathrm{d}y \mathrm{d}z \tag{1-47}$$

1.2.3 圆柱坐标系

对于圆柱坐标系，有

$$(u_1, u_2, u_3) \Leftrightarrow (\rho, \phi, z) \tag{1-48}$$

三个坐标变量 ρ、ϕ 和 z 的变化范围分别是 $0 \leqslant \rho < \infty$，$0 \leqslant \phi \leqslant 2\pi$，$-\infty < z < \infty$。圆柱坐标系的轴线为 z 轴。空间任一点 $P(\rho_0, \phi_0, z_0)$ 是三个坐标曲面的交点：半径 $\rho = \rho_0$ 的圆柱面；包含 z 轴并与 xOz 平面构成夹角为 $\phi = \phi_0$ 的半平面；$z = z_0$ 的平面，如图 1-6 所示。在圆柱坐标系中，坐标单位矢量 $\boldsymbol{e}_\rho$、$\boldsymbol{e}_\phi$ 和 $\boldsymbol{e}_z$，分别沿 ρ、ϕ 和 z 增加的方向，且遵循右手螺旋定则：

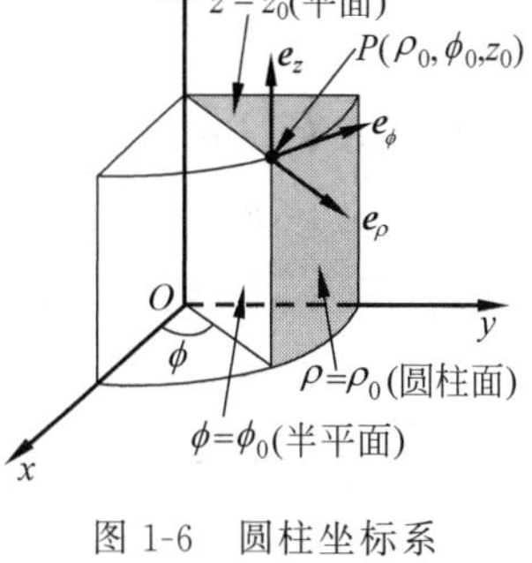

图 1-6　圆柱坐标系

$$\begin{cases} \boldsymbol{e}_\rho \times \boldsymbol{e}_\phi = \boldsymbol{e}_z \\ \boldsymbol{e}_\phi \times \boldsymbol{e}_z = \boldsymbol{e}_\rho \\ \boldsymbol{e}_z \times \boldsymbol{e}_\rho = \boldsymbol{e}_\phi \end{cases} \tag{1-49}$$

圆柱坐标系与直角坐标系之间的变换关系为

$$\rho = \sqrt{x^2 + y^2}, \quad \phi = \arctan\left(\frac{y}{x}\right), \quad z = z \tag{1-50-1}$$

或

$$x = \rho\cos\phi, \quad y = \rho\sin\phi, \quad z = z \tag{1-50-2}$$

必须强调指出,圆柱坐标系中的坐标单位矢量 $\boldsymbol{e}_\rho$ 和 $\boldsymbol{e}_\phi$ 都不是常矢量,因为其方向随空间坐标变化。它们与直角坐标系坐标单位矢量的变换关系为

$$\boldsymbol{e}_\rho = \boldsymbol{e}_x\cos\phi + \boldsymbol{e}_y\sin\phi, \quad \boldsymbol{e}_\phi = -\boldsymbol{e}_x\sin\phi + \boldsymbol{e}_y\cos\phi, \quad \boldsymbol{e}_z = \boldsymbol{e}_z \tag{1-51-1}$$

或

$$\boldsymbol{e}_x = \boldsymbol{e}_\rho\cos\phi - \boldsymbol{e}_\phi\sin\phi, \quad \boldsymbol{e}_y = \boldsymbol{e}_\rho\sin\phi + \boldsymbol{e}_\phi\cos\phi, \quad \boldsymbol{e}_z = \boldsymbol{e}_z \tag{1-51-2}$$

即任意矢量 $\boldsymbol{A}$ 在圆柱坐标系 $\boldsymbol{A} = \boldsymbol{e}_\rho A_\rho + \boldsymbol{e}_\phi A_\phi + \boldsymbol{e}_z A_z$ 与在直角坐标系 $\boldsymbol{A} = \boldsymbol{e}_x A_x + \boldsymbol{e}_y A_y + \boldsymbol{e}_z A_z$ 中的变换矩阵为

$$\begin{bmatrix} A_x \\ A_y \\ A_z \end{bmatrix} = \begin{bmatrix} \cos\phi & -\sin\phi & 0 \\ \sin\phi & \cos\phi & 0 \\ 0 & 0 & 1 \end{bmatrix} \begin{bmatrix} A_\rho \\ A_\phi \\ A_z \end{bmatrix} \tag{1-52}$$

可以看出 $\boldsymbol{e}_\rho$ 和 $\boldsymbol{e}_\phi$ 是随 ϕ 变化的,且

$$\begin{cases} \dfrac{\mathrm{d}\boldsymbol{e}_\rho}{\mathrm{d}\phi} = -\boldsymbol{e}_x\sin\phi + \boldsymbol{e}_y\cos\phi = \boldsymbol{e}_\phi \\ \dfrac{\mathrm{d}\boldsymbol{e}_\phi}{\mathrm{d}\phi} = -\boldsymbol{e}_x\cos\phi - \boldsymbol{e}_y\sin\phi = -\boldsymbol{e}_\rho \end{cases} \tag{1-53}$$

任意矢量 $\boldsymbol{A}$ 在圆柱坐标系中可以表示为

$$\boldsymbol{A} = \boldsymbol{e}_\rho A_\rho + \boldsymbol{e}_\phi A_\phi + \boldsymbol{e}_z A_z \tag{1-54}$$

其中 A_ρ、A_ϕ 和 A_z 分别为矢量 $\boldsymbol{A}$ 在 $\boldsymbol{e}_\rho$、$\boldsymbol{e}_\phi$ 和 $\boldsymbol{e}_z$ 方向上的投影。

两个矢量 $\boldsymbol{A} = \boldsymbol{e}_\rho A_\rho + \boldsymbol{e}_\phi A_\phi + \boldsymbol{e}_z A_z$ 与 $\boldsymbol{B} = \boldsymbol{e}_\rho B_\rho + \boldsymbol{e}_\phi B_\phi + \boldsymbol{e}_z B_z$ 的和为

$$\boldsymbol{A} + \boldsymbol{B} = \boldsymbol{e}_\rho(A_\rho + B_\rho) + \boldsymbol{e}_\phi(A_\phi + B_\phi) + \boldsymbol{e}_z(A_z + B_z) \tag{1-55}$$

$\boldsymbol{A}$ 与 $\boldsymbol{B}$ 的点积为

$$\begin{aligned} \boldsymbol{A} \cdot \boldsymbol{B} &= (\boldsymbol{e}_\rho A_\rho + \boldsymbol{e}_\phi A_\phi + \boldsymbol{e}_z A_z) \cdot (\boldsymbol{e}_\rho B_\rho + \boldsymbol{e}_\phi B_\phi + \boldsymbol{e}_z B_z) \\ &= A_\rho B_\rho + A_\phi B_\phi + A_z B_z \end{aligned} \tag{1-56}$$

$\boldsymbol{A}$ 与 $\boldsymbol{B}$ 的叉积为

$$\begin{aligned} \boldsymbol{A} \times \boldsymbol{B} &= (\boldsymbol{e}_\rho A_\rho + \boldsymbol{e}_\phi A_\phi + \boldsymbol{e}_z A_z) \times (\boldsymbol{e}_\rho B_\rho + \boldsymbol{e}_\phi B_\phi + \boldsymbol{e}_z B_z) \\ &= \boldsymbol{e}_\rho(A_\phi B_z - A_z B_\phi) + \boldsymbol{e}_\phi(A_z B_\rho - A_\rho B_z) + \boldsymbol{e}_z(A_\rho B_\phi - A_\phi B_\rho) \\ &= \begin{vmatrix} \boldsymbol{e}_\rho & \boldsymbol{e}_\phi & \boldsymbol{e}_z \\ A_\rho & A_\phi & A_z \\ B_\rho & B_\phi & B_z \end{vmatrix} \end{aligned} \tag{1-57}$$

在圆柱坐标系中，ρ、ϕ 和 z 增加方向上的长度元分别是 $d\rho$、$\rho d\phi$ 和 dz，如图 1-7 所示。通过长度元同各自坐标的微分之比可以得到拉梅系数，即

$$h_1=\frac{d\rho}{d\rho}=1,\quad h_2=\frac{\rho d\phi}{d\phi}=\rho,\quad h_3=\frac{dz}{dz}=1 \tag{1-58}$$

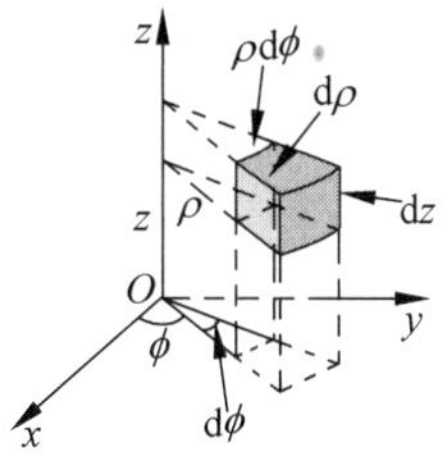

图 1-7　圆柱坐标系的长度元、面积元和体积元

在圆柱坐标系中，位置矢量为

$$\boldsymbol{r}=\boldsymbol{e}_\rho\rho+\boldsymbol{e}_z z \tag{1-59}$$

其由线元构成的微分元为

$$d\boldsymbol{r}=d(\boldsymbol{e}_\rho\rho)+d(\boldsymbol{e}_z z)=\boldsymbol{e}_\rho d\rho+\rho d\boldsymbol{e}_\rho+\boldsymbol{e}_z dz=\boldsymbol{e}_\rho d\rho+\boldsymbol{e}_\phi\rho d\phi+\boldsymbol{e}_z dz \tag{1-60}$$

圆柱坐标系中，与三个坐标单位矢量相垂直的三个面积元分别为

$$\begin{cases} d\boldsymbol{S}_\rho=\boldsymbol{e}_\rho\rho d\phi dz \\ d\boldsymbol{S}_\phi=\boldsymbol{e}_\phi d\rho dz \\ d\boldsymbol{S}_z=\boldsymbol{e}_z\rho d\rho d\phi \end{cases} \tag{1-61}$$

即对应的两个线元矢量的叉积。

体积元为

$$dV=\rho d\rho d\phi dz \tag{1-62}$$

即三个线元矢量的混合积(标量三重积)。

1.2.4　球坐标系

对于球坐标系，有

$$(u_1,u_2,u_3)\Leftrightarrow(r,\theta,\phi) \tag{1-63}$$

三个坐标变量 r、θ 和 ϕ 的变化范围分别是 $0\leqslant r<\infty$，$0\leqslant\theta\leqslant\pi$，$0\leqslant\phi\leqslant 2\pi$。空间任一点 $P(r_0,\theta_0,\phi_0)$ 是三个坐标曲面的交点：球心在原点、$r=r_0$ 的球面；顶点在原点，轴线与 z 轴重合且半顶角为 $\theta=\theta_0$ 的正圆锥面；包含 z 轴并与 xOz 平面构成夹角为 $\phi=\phi_0$ 的半平面，如图 1-8 所示。在球坐标系中，坐标单位矢量 $\boldsymbol{e}_r$、$\boldsymbol{e}_\theta$ 和 $\boldsymbol{e}_\phi$，分别沿 r、θ 和 ϕ 增加的方向，且遵循右手螺旋定则：

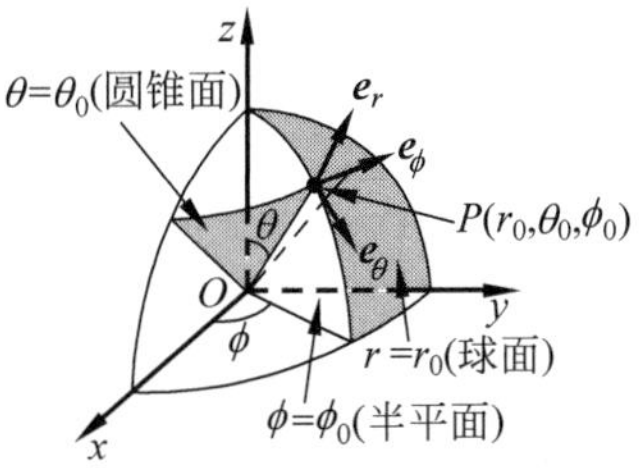

图 1-8　球坐标系

$$\begin{cases} \boldsymbol{e}_r\times\boldsymbol{e}_\theta=\boldsymbol{e}_\phi \\ \boldsymbol{e}_\theta\times\boldsymbol{e}_\phi=\boldsymbol{e}_r \\ \boldsymbol{e}_\phi\times\boldsymbol{e}_r=\boldsymbol{e}_\theta \end{cases} \tag{1-64}$$

球坐标系与直角坐标系之间的变换关系为

$$r=\sqrt{x^2+y^2+z^2},\quad \theta=\arccos\left(\frac{z}{\sqrt{x^2+y^2+z^2}}\right),\quad \phi=\arctan\left(\frac{y}{x}\right) \tag{1-65-1}$$

或

$$x=r\sin\theta\cos\phi,\quad y=r\sin\theta\sin\phi,\quad z=r\cos\theta \tag{1-65-2}$$

球坐标系中的坐标单位矢量 $\boldsymbol{e}_r$、$\boldsymbol{e}_\theta$ 和 $\boldsymbol{e}_\phi$ 与直角坐标系坐标单位矢量的变换关系为

$$\begin{bmatrix}\boldsymbol{e}_r\\ \boldsymbol{e}_\theta\\ \boldsymbol{e}_\phi\end{bmatrix}=\begin{bmatrix}\sin\theta\cos\phi & \sin\theta\sin\phi & \cos\theta\\ \cos\theta\cos\phi & \cos\theta\sin\phi & -\sin\theta\\ -\sin\phi & \cos\phi & 0\end{bmatrix}\begin{bmatrix}\boldsymbol{e}_x\\ \boldsymbol{e}_y\\ \boldsymbol{e}_z\end{bmatrix} \tag{1-66-1}$$

或

$$\begin{bmatrix} \boldsymbol{e}_x \\ \boldsymbol{e}_y \\ \boldsymbol{e}_z \end{bmatrix} = \begin{bmatrix} \sin\theta\cos\phi & \cos\theta\cos\phi & -\sin\phi \\ \sin\theta\sin\phi & \cos\theta\sin\phi & \cos\phi \\ \cos\theta & -\sin\theta & 0 \end{bmatrix} \begin{bmatrix} \boldsymbol{e}_r \\ \boldsymbol{e}_\theta \\ \boldsymbol{e}_\phi \end{bmatrix} \tag{1-66-2}$$

即任意矢量 $\boldsymbol{A}$ 在球坐标系 $\boldsymbol{A}=\boldsymbol{e}_r A_r+\boldsymbol{e}_\theta A_\theta+\boldsymbol{e}_\phi A_\phi$ 与在直角坐标系 $\boldsymbol{A}=\boldsymbol{e}_x A_x+\boldsymbol{e}_y A_y+\boldsymbol{e}_z A_z$ 中的变换矩阵为

$$\begin{bmatrix} A_x \\ A_y \\ A_z \end{bmatrix} = \begin{bmatrix} \sin\theta\cos\phi & \cos\theta\cos\phi & -\sin\phi \\ \sin\theta\sin\phi & \cos\theta\sin\phi & \cos\phi \\ \cos\theta & -\sin\theta & 0 \end{bmatrix} \begin{bmatrix} A_r \\ A_\theta \\ A_\phi \end{bmatrix} \tag{1-66-3}$$

球坐标系下的坐标单位矢量 $\boldsymbol{e}_r$、$\boldsymbol{e}_\theta$ 和 $\boldsymbol{e}_\phi$ 都不是常矢量,且

$$\begin{cases} \dfrac{\partial \boldsymbol{e}_r}{\partial \theta}=\boldsymbol{e}_\theta, & \dfrac{\partial \boldsymbol{e}_r}{\partial \phi}=\boldsymbol{e}_\phi \sin\theta \\ \dfrac{\partial \boldsymbol{e}_\theta}{\partial \theta}=-\boldsymbol{e}_r, & \dfrac{\partial \boldsymbol{e}_\theta}{\partial \phi}=\boldsymbol{e}_\phi \cos\theta \\ \dfrac{\partial \boldsymbol{e}_\phi}{\partial \theta}=0, & \dfrac{\partial \boldsymbol{e}_\phi}{\partial \phi}=-\boldsymbol{e}_r \sin\theta-\boldsymbol{e}_\theta \cos\theta \end{cases} \tag{1-67}$$

任意矢量 $\boldsymbol{A}$ 在球坐标系中可以表示为

$$\boldsymbol{A}=\boldsymbol{e}_r A_r+\boldsymbol{e}_\theta A_\theta+\boldsymbol{e}_\phi A_\phi \tag{1-68}$$

其中 A_r、A_θ 和 A_ϕ 分别为矢量 $\boldsymbol{A}$ 在 $\boldsymbol{e}_r$、$\boldsymbol{e}_\theta$ 和 $\boldsymbol{e}_\phi$ 方向上的投影。

两个矢量 $\boldsymbol{A}=\boldsymbol{e}_r A_r+\boldsymbol{e}_\theta A_\theta+\boldsymbol{e}_\phi A_\phi$ 与 $\boldsymbol{B}=\boldsymbol{e}_r B_r+\boldsymbol{e}_\theta B_\theta+\boldsymbol{e}_\phi B_\phi$ 的和为

$$\boldsymbol{A}+\boldsymbol{B}=\boldsymbol{e}_r(A_r+B_r)+\boldsymbol{e}_\theta(A_\theta+B_\theta)+\boldsymbol{e}_\phi(A_\phi+B_\phi) \tag{1-69}$$

$\boldsymbol{A}$ 与 $\boldsymbol{B}$ 的点积为

$$\begin{aligned} \boldsymbol{A}\cdot\boldsymbol{B} &= (\boldsymbol{e}_r A_r+\boldsymbol{e}_\theta A_\theta+\boldsymbol{e}_\phi A_\phi)\cdot(\boldsymbol{e}_r B_r+\boldsymbol{e}_\theta B_\theta+\boldsymbol{e}_\phi B_\phi) \\ &= A_r B_r+A_\theta B_\theta+A_\phi B_\phi \end{aligned} \tag{1-70}$$

$\boldsymbol{A}$ 与 $\boldsymbol{B}$ 的叉积为

$$\begin{aligned} \boldsymbol{A}\times\boldsymbol{B} &= (\boldsymbol{e}_r A_r+\boldsymbol{e}_\theta A_\theta+\boldsymbol{e}_\phi A_\phi)\times(\boldsymbol{e}_r B_r+\boldsymbol{e}_\theta B_\theta+\boldsymbol{e}_\phi B_\phi) \\ &= \boldsymbol{e}_r(A_\theta B_\phi-A_\phi B_\theta)+\boldsymbol{e}_\theta(A_\phi B_r-A_r B_\phi)+\boldsymbol{e}_\phi(A_r B_\theta-A_\theta B_r) \\ &= \begin{vmatrix} \boldsymbol{e}_r & \boldsymbol{e}_\theta & \boldsymbol{e}_\phi \\ A_r & A_\theta & A_\phi \\ B_r & B_\theta & B_\phi \end{vmatrix} \end{aligned} \tag{1-71}$$

在球坐标系中,位置矢量为

$$\boldsymbol{r}=\boldsymbol{e}_r r \tag{1-72}$$

其线元构成的微分元为

$$\mathrm{d}\boldsymbol{r}=\mathrm{d}(\boldsymbol{e}_r r)=\boldsymbol{e}_r \mathrm{d}r+r\mathrm{d}\boldsymbol{e}_r=\boldsymbol{e}_r \mathrm{d}r+\boldsymbol{e}_\theta r\mathrm{d}\theta+\boldsymbol{e}_\phi r\sin\theta\mathrm{d}\phi \tag{1-73}$$

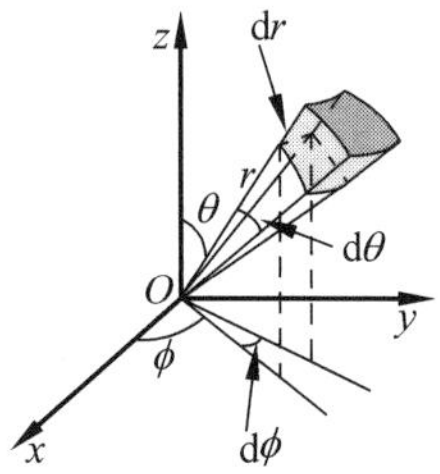

图 1-9 球坐标系的长度元、面积元和体积元

在球坐标系下,r、θ 和 ϕ 增加方向上的长度元分别是 $\mathrm{d}r$、$r\mathrm{d}\theta$ 和 $r\sin\theta\mathrm{d}\phi$,如图 1-9 所示。通过长度单元同各自坐标的微分之比可以得到拉梅系数,即

$$h_1=\frac{\mathrm{d}r}{\mathrm{d}r}=1,\quad h_2=\frac{r\,\mathrm{d}\theta}{\mathrm{d}\theta}=r,\quad h_3=\frac{r\sin\theta\,\mathrm{d}\phi}{\mathrm{d}\phi}=r\sin\theta \tag{1-74}$$

球坐标系中，与三个坐标单位矢量相垂直的三个面积元分别为

$$\begin{cases}\mathrm{d}\boldsymbol{S}_r=\boldsymbol{e}_r r^2\sin\theta\,\mathrm{d}\theta\,\mathrm{d}\phi\\ \mathrm{d}\boldsymbol{S}_\theta=\boldsymbol{e}_\theta r\sin\theta\,\mathrm{d}r\,\mathrm{d}\phi\\ \mathrm{d}\boldsymbol{S}_\phi=\boldsymbol{e}_\phi r\,\mathrm{d}r\,\mathrm{d}\theta\end{cases} \tag{1-75}$$

体积元为

$$\mathrm{d}V=r^2\sin\theta\,\mathrm{d}r\,\mathrm{d}\theta\,\mathrm{d}\phi \tag{1-76}$$

微课视频

1.3 标量场的梯度

某物理系统的状态可以用一个时间和空间位置的函数来描述(t,u_1,u_2,u_3)，即每一时刻的每一点都有一个确定值，则在此区域中就确立了该物理系统的一种场。场的一个重要属性是占有一个空间，并且在此空间区域中，除了有限个点或某些表面外，场函数是处处连续的。若物理状态与时间无关，则为静态场；反之，则为动态场或时变场。

若所研究的物理量是标量，则该物理量所确定的场为标量场。例如，温度场、密度场、电位场等都是标量场。在标量场中，由时间、空间构成的四个变量中有一个变量变化，标量场就发生改变。本节讨论的是标量场在某时刻随空间坐标变量变化的情况，因此一个标量场u可以写成$u(u_1,u_2,u_3)$。

1.3.1 标量场的等值面

在研究标量场时，常利用等值面来形象、直观地描述物理量在空间的分布状况。在标量场中，使标量函数$u=u(u_1,u_2,u_3)$取得相同数值的点构成一个空间曲面，称为标量场的等值面。例如，在地图中，由海拔高度相同的点构成等高面；在温度场中，温度相同的点构成等温面；在电位场中，由电位相同的点构成等位面。

对于任意给定的常数C，等值面方程为

$$u(u_1,u_2,u_3)=C \tag{1-77}$$

不难看出，标量场的等值面具有如下特点：

(1) 常数C取一系列不同的值，就得到一系列不同的等值面，因而形成等值面簇；

(2) 若$P(u_1',u_2',u_3')$是标量场中的任一点，显然曲面$u(u_1,u_2,u_3)=u(u_1',u_2',u_3')$是通过该点的等值面，因此标量场的等值面簇充满场所在的整个空间；

(3) 由于变量函数$u(u_1,u_2,u_3)$是单值的，一个点只能在一个等值面上，因此标量场的等值面互不相交。

1.3.2 方向导数

标量场$u(u_1,u_2,u_3)$的等值面只描述了场量u的分布情况，而研究标量场的另一个重要方面，就是还要研究它在场中任一点所在的区域内沿各个方向的变化规律。为此，引入标量场的方向导数和梯度的概念。

如图 1-10 所示,设 P_0 为给定标量场 $u(P)$ 中的一点,从点 P_0 出发引一条射线 $\boldsymbol{l}$(单位矢量为 $\boldsymbol{e}_l$),点 P_1 是射线 $\boldsymbol{l}$ 上的动点,到点 P_0 的距离为 Δl。当点 P_1 沿射线 $\boldsymbol{l}$ 趋近于 P_0 时,$\dfrac{u(P_1)-u(P_0)}{\Delta l}$ 的极限称为标量场 $u(P)$ 在点 P_0 处沿 $\boldsymbol{l}$ 方向的方向导数,记作 $\left.\dfrac{\mathrm{d}u}{\mathrm{d}l}\right|_{P_0}$,即

$$\left.\frac{\mathrm{d}u}{\mathrm{d}l}\right|_{P_0}=\lim_{\Delta l\to 0}\frac{u(P_1)-u(P_0)}{\Delta l} \tag{1-78}$$

由以上定义可知,方向导数是标量场 $u(P)$ 在点 P_0 处沿 $\boldsymbol{l}$ 方向对距离的变化率。当 $\dfrac{\mathrm{d}u}{\mathrm{d}l}>0$ 时,标量场 $u(P)$ 沿 $\boldsymbol{l}$ 方向是增加的;当 $\dfrac{\mathrm{d}u}{\mathrm{d}l}<0$ 时,标量场 $u(P)$ 沿 $\boldsymbol{l}$ 方向是减少的;当 $\dfrac{\mathrm{d}u}{\mathrm{d}l}=0$ 时,标量场 $u(P)$ 沿 $\boldsymbol{l}$ 方向无变化。

虽然方向导数的定义与坐标系无关,但方向导数的具体计算公式却与坐标系有关。根据复合函数的求导法则,在直角坐标系中,有

$$\frac{\mathrm{d}u}{\mathrm{d}l}=\frac{\partial u}{\partial x}\frac{\mathrm{d}x}{\mathrm{d}l}+\frac{\partial u}{\partial y}\frac{\mathrm{d}y}{\mathrm{d}l}+\frac{\partial u}{\partial z}\frac{\mathrm{d}z}{\mathrm{d}l} \tag{1-79}$$

$\boldsymbol{l}$ 的方向余弦是 $\cos\alpha$、$\cos\beta$ 和 $\cos\gamma$,$\boldsymbol{l}$ 与各坐标轴的夹角 α、β、γ 如图 1-11 所示,即

$$\frac{\mathrm{d}x}{\mathrm{d}l}=\cos\alpha,\quad \frac{\mathrm{d}y}{\mathrm{d}l}=\cos\beta,\quad \frac{\mathrm{d}z}{\mathrm{d}l}=\cos\gamma$$

其中,$\cos^2\alpha+\cos^2\beta+\cos^2\gamma=1$。因此,式(1-79)为

$$\frac{\mathrm{d}u}{\mathrm{d}l}=\frac{\partial u}{\partial x}\cos\alpha+\frac{\partial u}{\partial y}\cos\beta+\frac{\partial u}{\partial z}\cos\gamma \tag{1-80}$$

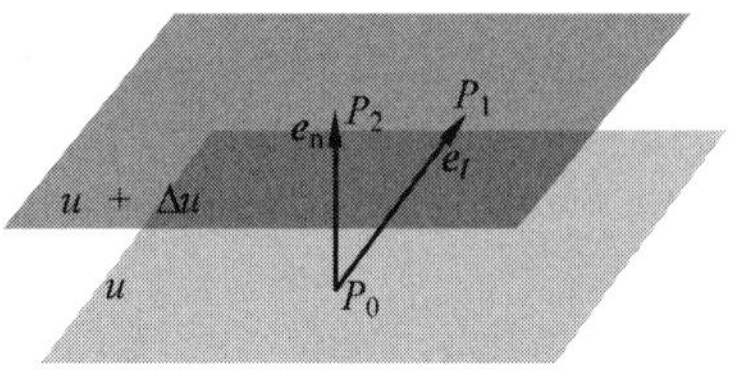

图 1-10 梯度和方向导数

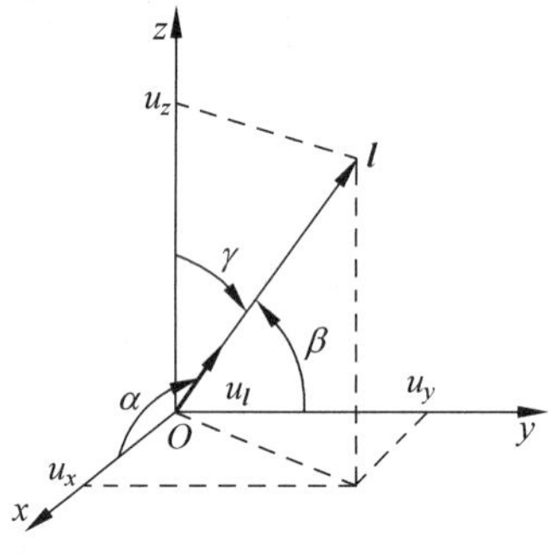

图 1-11 $\boldsymbol{l}$ 的方向角

1.3.3 梯度

1. 梯度的概念

标量场 $u(P)$ 从 P_0 点出发有无穷多个方向,而且一般来说沿各个方向的变化率不同;在某个方向上,变化率可能最大,由此引入梯度的概念。

从图 1-10 中可以看到,两个等值面分别对应于 u 和 $u+\Delta u$,P_0 是等值面 u 上的一点,等值面 u 在 P_0 点的法线方向(法向)为 $\boldsymbol{e}_n$,P_2 点是 P_0 点沿法向上的动点,到点 P_0 的距离为 Δn。显然 Δn 是等值面 u 和 $u+\Delta u$ 之间的最短距离,因此标量场 u 在 $\boldsymbol{e}_n$ 方向上取得最大变化率,并记作 $\mathrm{grad}u$,即梯度为

$$\mathrm{grad}u = \boldsymbol{e}_{\mathrm{n}} \frac{\mathrm{d}u}{\mathrm{d}n} \tag{1-81}$$

显然，梯度的模就是在给定点的最大方向导数，其方向就是在该点具有最大方向导数的方向。对于三维函数，梯度方向与外法向一致；在直角坐标系下，对于二元函数 $z=f(x,y)$，梯度的方向与法向矢量在 xOy 平面上投影的方向平行。

2. 梯度的计算

为简化写法，在式(1-81)中经常用哈密尔顿算符"∇"(读作"del"或"Nabla")表示梯度运算，其方向一般可以认为沿"梯度方向"。通过∇u 替换 $\mathrm{grad}u$，有

$$\nabla u = \boldsymbol{e}_{\mathrm{n}} \frac{\mathrm{d}u}{\mathrm{d}n} \tag{1-82}$$

哈密尔顿算符兼有矢量与微分运算的双重作用，这与普通矢量有所不同，即

$$\begin{gathered}\nabla \cdot \boldsymbol{F} \neq \boldsymbol{F} \cdot \nabla \\ \nabla \times \boldsymbol{F} \neq -\boldsymbol{F} \times \nabla\end{gathered} \tag{1-83}$$

在一般正交坐标系下，哈密尔顿算符满足

$$\nabla = \boldsymbol{e}_{u_1} \frac{\partial}{h_1 \partial u_1} + \boldsymbol{e}_{u_2} \frac{\partial}{h_2 \partial u_2} + \boldsymbol{e}_{u_3} \frac{\partial}{h_3 \partial u_3} \tag{1-84}$$

在直角坐标系中$(u_1,u_2,u_3)=(x,y,z)$，$h_1=h_2=h_3=1$，有

$$\nabla = \boldsymbol{e}_x \frac{\partial}{\partial x} + \boldsymbol{e}_y \frac{\partial}{\partial y} + \boldsymbol{e}_z \frac{\partial}{\partial z} \tag{1-85-1}$$

对于圆柱坐标系$(u_1,u_2,u_3)=(\rho,\phi,z)$，$h_1=1$，$h_2=\rho$，$h_3=1$，有

$$\nabla = \boldsymbol{e}_\rho \frac{\partial}{\partial \rho} + \boldsymbol{e}_\phi \frac{\partial}{\rho \partial \phi} + \boldsymbol{e}_z \frac{\partial}{\partial z} \tag{1-85-2}$$

对于球坐标系$(u_1,u_2,u_3)=(r,\theta,\phi)$，$h_1=1$，$h_2=r$，$h_3=r\sin\theta$，有

$$\nabla = \boldsymbol{e}_r \frac{\partial}{\partial r} + \boldsymbol{e}_\theta \frac{1}{r} \frac{\partial}{\partial \theta} + \boldsymbol{e}_\phi \frac{1}{r\sin\theta} \frac{\partial}{\partial \phi} \tag{1-85-3}$$

利用哈密尔顿算符，在正交坐标系、直角坐标系、圆柱坐标系及球坐标系下，标量场 u 的梯度表示式分别如下

$$\nabla u = \boldsymbol{e}_{u_1} \frac{\partial u}{h_1 \partial u_1} + \boldsymbol{e}_{u_2} \frac{\partial u}{h_2 \partial u_2} + \boldsymbol{e}_{u_3} \frac{\partial u}{h_3 \partial u_3} \tag{1-86-1}$$

$$\nabla u = \boldsymbol{e}_x \frac{\partial u}{\partial x} + \boldsymbol{e}_y \frac{\partial u}{\partial y} + \boldsymbol{e}_z \frac{\partial u}{\partial z} \tag{1-86-2}$$

$$\nabla u = \boldsymbol{e}_\rho \frac{\partial u}{\partial \rho} + \boldsymbol{e}_\phi \frac{\partial u}{\rho \partial \phi} + \boldsymbol{e}_z \frac{\partial u}{\partial z} \tag{1-86-3}$$

$$\nabla u = \boldsymbol{e}_r \frac{\partial u}{\partial r} + \boldsymbol{e}_\theta \frac{1}{r} \frac{\partial u}{\partial \theta} + \boldsymbol{e}_\phi \frac{1}{r\sin\theta} \frac{\partial u}{\partial \phi} \tag{1-86-4}$$

在直角坐标系下，射线 $\boldsymbol{l}$ 的单位矢量为 $\boldsymbol{e}_l=\boldsymbol{e}_x\cos\alpha+\boldsymbol{e}_y\cos\beta+\boldsymbol{e}_z\cos\gamma$，再利用式(1-86-2)，式(1-80)可以写作

$$\frac{\mathrm{d}u}{\mathrm{d}l} = \left(\boldsymbol{e}_x \frac{\partial u}{\partial x} + \boldsymbol{e}_y \frac{\partial u}{\partial y} + \boldsymbol{e}_z \frac{\partial u}{\partial z}\right) \cdot \boldsymbol{e}_l = \nabla u \cdot \boldsymbol{e}_l \tag{1-87}$$

式(1-87)表明，标量场 u 在 $\boldsymbol{l}$ 方向的方向导数等于该场的梯度在 $\boldsymbol{l}$ 方向的投影。显然，当 $\boldsymbol{l}$

的方向与梯度方向相同时，方向导数具有最大值，与式(1-81)给出的梯度的定义一致。

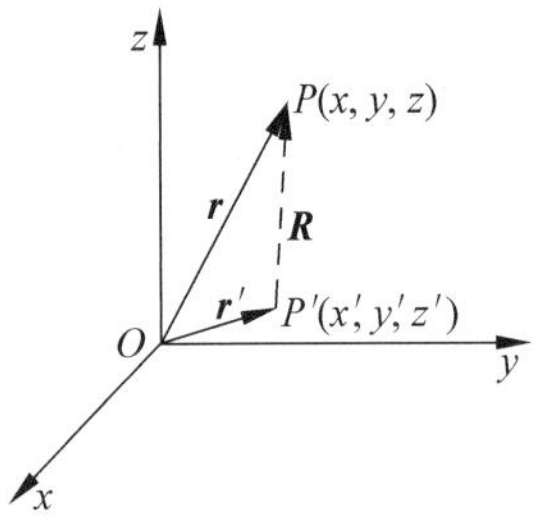

图 1-12　场点与源点的位置矢量图

梯度运算的基本公式见附录 A.2。

例题 1-1　如图 1-12 所示，场点 $P(x,y,z)$ 与源点 $P'(x',y',z')$ 间的距离为 R，试证

$$\nabla\left(\frac{1}{R}\right)=-\nabla'\left(\frac{1}{R}\right)$$

其中，∇' 表示对带撇坐标 (x',y',z') 作微分运算(将 P' 取为动点，P 为定点)，且

$$\nabla'=\boldsymbol{e}_x\frac{\partial}{\partial x'}+\boldsymbol{e}_y\frac{\partial}{\partial y'}+\boldsymbol{e}_z\frac{\partial}{\partial z'}$$

证明　点 $P(x,y,z)$ 和点 $P'(x',y',z')$ 间的距离矢量为

$$\boldsymbol{R}=\boldsymbol{r}-\boldsymbol{r}'=\boldsymbol{e}_x(x-x')+\boldsymbol{e}_x(y-y')+\boldsymbol{e}_z(z-z')$$

其模值为

$$R=\left[(x-x')^2+(y-y')^2+(z-z')^2\right]^{\frac{1}{2}}$$

因此

$$\nabla'\left(\frac{1}{R}\right)=\left(\boldsymbol{e}_x\frac{\partial}{\partial x'}+\boldsymbol{e}_y\frac{\partial}{\partial y'}+\boldsymbol{e}_z\frac{\partial}{\partial z'}\right)\left[(x-x')^2+(y-y')^2+(z-z')^2\right]^{-\frac{1}{2}}$$

$$=\frac{\boldsymbol{e}_x(x-x')+\boldsymbol{e}_y(y-y')+\boldsymbol{e}_z(z-z')}{\left[(x-x')^2+(y-y')^2+(z-z')^2\right]^{\frac{3}{2}}}=\frac{\boldsymbol{R}}{R^3}$$

同理

$$\nabla\left(\frac{1}{R}\right)=-\frac{\boldsymbol{R}}{R^3}$$

故有

$$\nabla\left(\frac{1}{R}\right)=-\nabla'\left(\frac{1}{R}\right)$$

微课视频

1.4　矢量场的通量与散度

若研究的物理量是一个矢量，则该物理量所确定的场称为矢量场，例如力场、速度场、电场、磁场等。在矢量场中，一般情况下各点的场量随空间位置和时间变化。本节讨论某时刻矢量场随空间坐标变量变化的情况，因此一个矢量场 $\boldsymbol{F}$ 可以用一个矢量函数来表示：

$$\boldsymbol{F}=\boldsymbol{F}(u_1,u_2,u_3)\tag{1-88}$$

对于矢量场 $\boldsymbol{F}(\boldsymbol{r})$，可用一些有向曲线来形象地描述矢量在空间的分布，这些有向曲线称为矢量线。在矢量线上，任一点的切线方向(切向)都与该点的场矢量方向相同，如图 1-13 所示。例如，静电场中的电场线、磁场中的磁感线等，都是矢量线的例子。一般来说，矢量场中的每一点都有矢量线通过，所以矢量线也充满矢量场所在的空间。

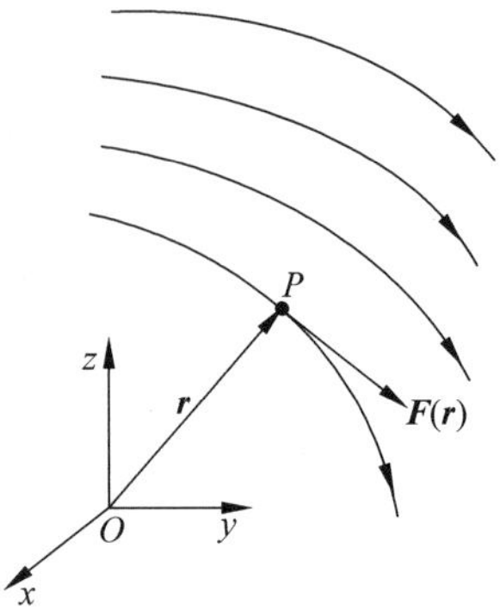

图 1-13　矢量线

在直角坐标系中,设矢量场 $\boldsymbol{F}=\boldsymbol{e}_xF_x+\boldsymbol{e}_yF_y+\boldsymbol{e}_zF_z$,$P(x,y,z)$是场中矢量线上的任意一点,则在该点处的切向线元矢量 $\mathrm{d}\boldsymbol{l}=\boldsymbol{e}_x\mathrm{d}x+\boldsymbol{e}_y\mathrm{d}y+\boldsymbol{e}_z\mathrm{d}z$ 与矢量线相切。根据矢量线的定义可知,在点 P 处 $\mathrm{d}\boldsymbol{l}$ 与 $\boldsymbol{F}$ 共线,即 $\mathrm{d}\boldsymbol{l}//\boldsymbol{F}$,于是有

$$\frac{\mathrm{d}x}{F_x}=\frac{\mathrm{d}y}{F_y}=\frac{\mathrm{d}z}{F_z} \tag{1-89}$$

这就是矢量线的微分方程组。解此微分方程组,即可得到矢量线方程,从而可绘制出矢量线。

1.4.1 通量

在矢量场 $\boldsymbol{F}$ 中,任取一面元矢量 $\mathrm{d}\boldsymbol{S}$,矢量 $\boldsymbol{F}$ 与该面元的标量积 $\boldsymbol{F}\cdot\mathrm{d}\boldsymbol{S}$ 定义为矢量 $\boldsymbol{F}$ 穿过面元矢量 $\mathrm{d}\boldsymbol{S}$ 的通量。如图 1-14 所示,将曲面 S 各面元的 $\boldsymbol{F}\cdot\mathrm{d}\boldsymbol{S}$ 相加,则可得到矢量 $\boldsymbol{F}$ 穿过曲面 S 的通量,即

$$\Psi=\iint_S\boldsymbol{F}\cdot\mathrm{d}\boldsymbol{S}=\iint_S\boldsymbol{F}\cdot\boldsymbol{e}_\mathrm{n}\mathrm{d}S=\iint_S F\mathrm{d}S\cos\theta \tag{1-90}$$

其中,θ 是 $\boldsymbol{F}$ 与 S 的法向 $\boldsymbol{e}_\mathrm{n}$ 的夹角。例如,在磁场中,磁感应强度 $\boldsymbol{B}$ 在某一曲面 S 上的面积分就是矢量 $\boldsymbol{B}$ 通过该曲面的磁通量。显然,通量描述了矢量场的发散性质,即穿越曲面的“突围”能力或“膨胀”能力,体现了矢量在曲面法线方向分量的量度。

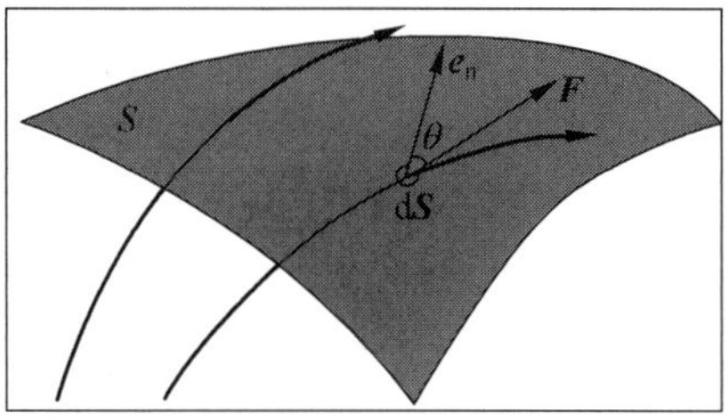

图 1-14　矢量场的通量

如果 S 是一个闭合曲面,则通过该闭合曲面的总通量表示为

$$\Psi=\oint\!\!\!\oint_S\boldsymbol{F}\cdot\mathrm{d}\boldsymbol{S}=\oint\!\!\!\oint_S\boldsymbol{F}\cdot\boldsymbol{e}_\mathrm{n}\mathrm{d}S \tag{1-91}$$

由通量的定义不难看出,若矢量 $\boldsymbol{F}$ 从面元矢量 $\mathrm{d}\boldsymbol{S}$ 的负侧穿到其正侧时,$\boldsymbol{F}$ 与 $\boldsymbol{e}_\mathrm{n}$ 相交成锐角,则通过面元 $\mathrm{d}\boldsymbol{S}$ 的通量为正值;若矢量 $\boldsymbol{F}$ 从面元矢量 $\mathrm{d}\boldsymbol{S}$ 的正侧穿到 $\mathrm{d}\boldsymbol{S}$ 的负侧时,$\boldsymbol{F}$ 与 $\boldsymbol{e}_\mathrm{n}$ 相交成钝角,则通过面元 $\mathrm{d}\boldsymbol{S}$ 的通量为负值。式(1-91)中的 Ψ 表示穿出闭合曲面 S 的正负通量的代数和,即净通量。当 $\Psi=\oint\!\!\oint_S\boldsymbol{F}\cdot\mathrm{d}\boldsymbol{S}>0$ 时表示有净通量流出,这说明闭合曲面 S 内必定有矢量场的源(正通量源);反之,$\Psi=\oint\!\!\oint_S\boldsymbol{F}\cdot\mathrm{d}\boldsymbol{S}<0$ 时表示有净通量流入,这说明闭合曲面 S 内必定有矢量场的洞(负通量源);当 $\Psi=\oint\!\!\oint_S\boldsymbol{F}\cdot\mathrm{d}\boldsymbol{S}=0$ 时,则表示穿出闭合曲面 S 的通量等于进入的通量,此时闭合曲面 S 内正负通量源的代数和为零,即闭合曲面内无通量源。

1.4.2 散度

矢量场穿过闭合曲面的通量是一个积分量,不能反映场域内的每一点的通量特性。为了研究矢量场在区域内的分布特性,需要引入矢量场的散度。

在矢量场 $\boldsymbol{F}$ 中的任一点 P 处作一个包围该点的任意闭合曲面 S,当 S 所包围的体积 ΔV 趋于零时,则比值 $\dfrac{\oint\!\!\oint_S\boldsymbol{F}\cdot\mathrm{d}\boldsymbol{S}}{\Delta V}$ 的极限称为矢量场 $\boldsymbol{F}$ 在点 P 处的散度,并记作 $\mathrm{div}\boldsymbol{F}$,即

$$\text{div}\boldsymbol{F} = \lim_{\Delta V \to 0} \frac{\oiint_S \boldsymbol{F} \cdot \mathrm{d}\boldsymbol{S}}{\Delta V} \tag{1-92}$$

由以上定义可知,矢量场 $\boldsymbol{F}$ 的散度是标量,是通过点 P 处单位体积的通量,所以 $\text{div}\boldsymbol{F}$ 描述了通量源的体密度。若 $\text{div}\boldsymbol{F} > 0$,则该点有发出矢量线的正通量源;若 $\text{div}\boldsymbol{F} < 0$,则该点有汇聚矢量线的负通量源;若 $\text{div}\boldsymbol{F} = 0$,则该点无通量源。若在矢量场 $\boldsymbol{F}$ 存在的全部区域中其散度处处为零,则称该场为无散场(无源场)或管形场,例如磁场即为无散场或管形场。

根据散度的定义,$\text{div}\boldsymbol{F}$ 与体积元 ΔV 的形状无关,只要在取极限的过程中,所有尺寸都趋于零即可。在直角坐标系中,以点 $P(x,y,z)$ 为顶点作一个很小的直角六面体,各面分别与各坐标面平行,三个边的长度分别为 Δx、Δy、Δz,如图 1-15 所示,分别计算矢量场 $\boldsymbol{F}$ 穿出该六面体各个表面的通量。

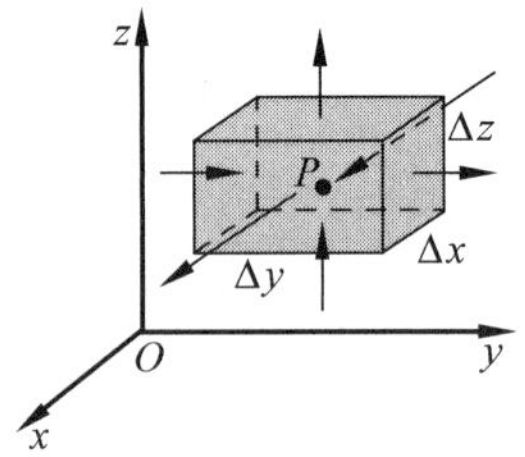

图 1-15 在直角坐标系中计算 $\text{div}\boldsymbol{F}$

通过前后一对表面的通量为

$$\left(F_x + \frac{\partial F_x}{\partial x}\Delta x\right)\Delta y \Delta z - F_x \Delta y \Delta z = \frac{\partial F_x}{\partial x}\Delta x \Delta y \Delta z$$

通过左右一对表面的通量为

$$\left(F_y + \frac{\partial F_y}{\partial y}\Delta y\right)\Delta x \Delta z - F_y \Delta x \Delta z = \frac{\partial F_y}{\partial y}\Delta x \Delta y \Delta z$$

通过上下一对表面的通量为

$$\left(F_z + \frac{\partial F_z}{\partial z}\Delta z\right)\Delta x \Delta y - F_z \Delta x \Delta y = \frac{\partial F_z}{\partial z}\Delta x \Delta y \Delta z$$

由以上三式,并根据散度定义得

$$\text{div}\boldsymbol{F} = \lim_{\Delta V \to 0}\frac{\oiint_S \boldsymbol{F}\cdot\mathrm{d}\boldsymbol{S}}{\Delta V} = \lim_{\Delta V \to 0}\frac{\left(\frac{\partial F_x}{\partial x}+\frac{\partial F_y}{\partial y}+\frac{\partial F_z}{\partial z}\right)\Delta x \Delta y \Delta z}{\Delta x \Delta y \Delta z} = \frac{\partial F_x}{\partial x}+\frac{\partial F_y}{\partial y}+\frac{\partial F_z}{\partial z}$$

由式(1-85-1),通过算符 ∇ 可将 $\text{div}\boldsymbol{F}$ 表示为

$$\text{div}\boldsymbol{F} = \left(\boldsymbol{e}_x\frac{\partial}{\partial x}+\boldsymbol{e}_y\frac{\partial}{\partial y}+\boldsymbol{e}_z\frac{\partial}{\partial z}\right)\cdot(\boldsymbol{e}_x F_x + \boldsymbol{e}_y F_y + \boldsymbol{e}_z F_z)$$

即

$$\nabla \cdot \boldsymbol{F} = \frac{\partial F_x}{\partial x}+\frac{\partial F_y}{\partial y}+\frac{\partial F_z}{\partial z} \tag{1-93-1}$$

这样,矢量场 $\boldsymbol{F}$ 的散度可表示为哈密尔顿算符 ∇ 与 $\boldsymbol{F}$ 的标量积。在圆柱坐标系、球坐标系及任意正交坐标系中,矢量场 $\boldsymbol{F}$ 的散度表达式分别为

$$\nabla \cdot \boldsymbol{F} = \frac{1}{\rho}\frac{\partial}{\partial \rho}(\rho F_\rho) + \frac{1}{\rho}\frac{\partial F_\phi}{\partial \phi} + \frac{\partial F_z}{\partial z} \tag{1-93-2}$$

$$\nabla \cdot \boldsymbol{F} = \frac{1}{r^2}\frac{\partial}{\partial r}(r^2 F_r) + \frac{1}{r\sin\theta}\frac{\partial}{\partial \theta}(\sin\theta F_\theta) + \frac{1}{r\sin\theta}\frac{\partial F_\phi}{\partial \phi} \tag{1-93-3}$$

$$\nabla \cdot \boldsymbol{F} = \frac{1}{h_1 h_2 h_3}\left[\frac{\partial}{\partial u_1}(h_2 h_3 F_1) + \frac{\partial}{\partial u_2}(h_3 h_1 F_2) + \frac{\partial}{\partial u_3}(h_1 h_2 F_3)\right] \tag{1-93-4}$$

散度运算的基本公式见附录 A.3。

1.4.3 散度定理

由散度的定义可知，散度表征的是通量体密度，散度的体积分等于该矢量穿过包围该体积的封闭面的总通量，即

$$\oint\!\!\!\oint_S \boldsymbol{F}\cdot \mathrm{d}\boldsymbol{S}=\iiint_V \nabla\cdot \boldsymbol{F}\mathrm{d}V \tag{1-94}$$

上式即散度定理，也称高斯(Gauss)定理。散度定理证明如下：

如图 1-16 所示，将闭合面 S 所包围的体积 V 分成许多体积元 $\mathrm{d}V_1$、$\mathrm{d}V_2$、…，并计算 $\boldsymbol{F}$ 在每个体积元的闭合面 $S_i(i=1,2,\cdots)$上穿出的通量，然后进行叠加。由于相邻的两个体积元有一个公共的表面，这个公共表面上的通量对这两个体积元来说恰好等值异号，求和时则互相抵消。除了邻近 S 面的那些体积元外，所有体积元都是由几个与相邻体积元间的公共表面包围而成的，故这些体积元的通量总和为零。而邻近 S 面的那些体积元，有部分表面是 S 面上的面元，只有这部分表面的通量没有被抵消，其总和恰好等于从闭合面 S 穿出的通量，因此有

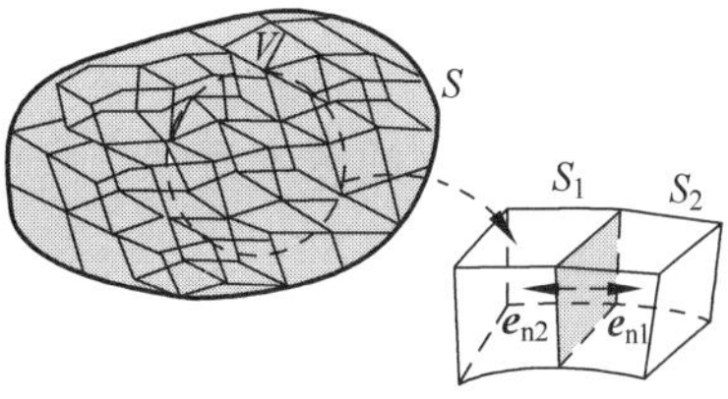

图 1-16 闭合曲面 S 包围体积 V 的剖分

$$\oint\!\!\!\oint_S \boldsymbol{F}\cdot \mathrm{d}\boldsymbol{S}=\oint\!\!\!\oint_{S_1} \boldsymbol{F}\cdot \mathrm{d}\boldsymbol{S}+\oint\!\!\!\oint_{S_2} \boldsymbol{F}\cdot \mathrm{d}\boldsymbol{S}+\cdots$$

由散度的定义，即式(1-92)得

$$\oint\!\!\!\oint_{S_i} \boldsymbol{F}\cdot \mathrm{d}\boldsymbol{S}=\nabla\cdot \boldsymbol{F}\mathrm{d}V_i,\quad i=1,2,3,\cdots$$

故得到

$$\oint\!\!\!\oint_S \boldsymbol{F}\cdot \mathrm{d}\boldsymbol{S}=\nabla\cdot \boldsymbol{F}\mathrm{d}V_1+\nabla\cdot \boldsymbol{F}\mathrm{d}V_2+\cdots=\iiint_V \nabla\cdot \boldsymbol{F}\mathrm{d}V$$

因此，式(1-94)即散度定理得证。

散度定理表明，矢量场 $\boldsymbol{F}$ 的散度在体积 V 的体积分，等于矢量场 $\boldsymbol{F}$ 在限定该体积的闭合面 S 上的面积分。利用散度定理可将矢量散度的体积分转化为该矢量的封闭曲面的面积分，或反之。散度定理是矢量分析中一个重要的恒等式，建立了联系矢量场的通量和散度之间关系的桥梁。

例题 1-2 点电荷 q 在距离其 $\boldsymbol{r}$ 处产生的电通量密度为

$$\boldsymbol{D}=\frac{q}{4\pi r^3}\boldsymbol{r},\quad \boldsymbol{r}=\boldsymbol{e}_x x+\boldsymbol{e}_y y+\boldsymbol{e}_z z,\quad r=(x^2+y^2+x^2)^{1/2}$$

求任意点处电通量密度的散度$\nabla\cdot\boldsymbol{D}$，并求穿出半径为 r 的球面的电通量 Ψ_e。

解 矢量 $\boldsymbol{D}$ 的 x 坐标分量的微分为

$$\frac{\partial D_x}{\partial x}=\frac{q}{4\pi}\frac{\partial}{\partial x}\left[\frac{x}{(x^2+y^2+z^2)^{3/2}}\right]=\frac{q}{4\pi}\left[\frac{1}{(x^2+y^2+z^2)^{3/2}}-\frac{3x^2}{(x^2+y^2+z^2)^{5/2}}\right]=\frac{q}{4\pi}\frac{r^2-3x^2}{r^5}$$

同样，有

$$\frac{\partial D_y}{\partial y}=\frac{q}{4\pi}\frac{r^2-3y^2}{r^5},\quad \frac{\partial D_z}{\partial z}=\frac{q}{4\pi}\frac{r^2-3z^2}{r^5}$$

所以

$$\nabla\cdot \boldsymbol{D}=\frac{\partial D_x}{\partial x}+\frac{\partial D_y}{\partial y}+\frac{\partial D_z}{\partial z}=\frac{q}{4\pi}\frac{3r^2-3(x^2+y^2+z^2)}{r^5}=0$$

可见,除点电荷所在源点($\boldsymbol{r}=0$)外,空间各点的电通量密度的散度均为零。穿出 $\boldsymbol{r}$ 为半径的球面的电通量 Ψ_e 为

$$\Psi_e=\oiint_S \boldsymbol{D}\cdot \mathrm{d}\boldsymbol{S}=\frac{q}{4\pi r^3}\oiint_S \boldsymbol{r}\cdot \boldsymbol{e}_r\mathrm{d}S=\frac{q}{4\pi r^2}\oiint_S \mathrm{d}S=\frac{q}{4\pi r^2}4\pi r^2=q$$

例题 1-3 球面 S 上任意一点的位置矢量为 $\boldsymbol{r}=\boldsymbol{e}_x x+\boldsymbol{e}_y y+\boldsymbol{e}_z z=\boldsymbol{e}_r r$,试利用散度定理计算 $\oiint_S \boldsymbol{r}\cdot \mathrm{d}\boldsymbol{S}$。

解 矢量 $\boldsymbol{r}$ 的散度为

$$\nabla\cdot \boldsymbol{r}=\frac{\partial x}{\partial x}+\frac{\partial y}{\partial y}+\frac{\partial z}{\partial z}=3$$

所以

$$\oiint_S \boldsymbol{r}\cdot \mathrm{d}\boldsymbol{S}=\iiint_V \nabla\cdot \boldsymbol{r}\,\mathrm{d}V=3\iiint_V \mathrm{d}V=3\cdot \frac{4}{3}\pi r^3=4\pi r^3$$

微课视频

1.5 矢量场的环量与旋度

矢量场的散度描述了通量源的分布情况,反映了矢量场的发散性质。矢量场还可能会存在旋涡源,旋涡源不发出或者汇聚矢量场线,而是产生闭合的矢量场线。反映矢量场旋涡源空间分布规律及性质的物理量是矢量场的环量和旋度。

1.5.1 环量

矢量场 $\boldsymbol{F}$ 沿场中任一条封闭曲线 C 的线积分

$$\Gamma=\oint_C \boldsymbol{F}\cdot \mathrm{d}\boldsymbol{l} \tag{1-95}$$

定义为 $\boldsymbol{F}$ 沿该封闭曲线 C 的环流量(旋涡量、环量)。其中 $\mathrm{d}\boldsymbol{l}$ 是路径上的线元矢量,其大小为 $\mathrm{d}l$,方向沿路径的切线方向,如图 1-17 所示。

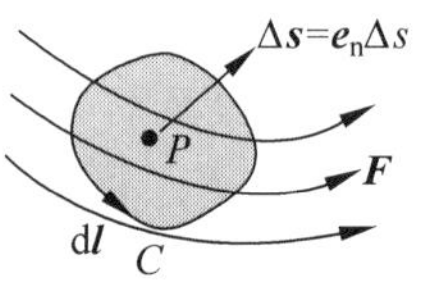

图 1-17 环量的计算

矢量场的环量是描述矢量场性质的重要物理量。如果 $\boldsymbol{F}$ 表示作用在某物体上的力,环量就表示沿闭曲线 C 移动一周所做的功。如果 $\boldsymbol{F}$ 表示电场强度,环量就表示在沿闭合曲线 C 的电动势。如果 $\boldsymbol{F}$ 表示磁场强度,环量就表示以闭合路径 C 为边界的通过曲面 S 的总电流。环量描述矢量场的涡旋性,即矢量场围绕曲线的"缠绕"或者"闭合"能力,体现了矢量在闭合路径切线方向分量的量度。

1.5.2 旋度

为反映给定点 P 附近的环量情况,把闭合曲线收缩,使它包围的面积 ΔS 趋于零,极限 $\lim\limits_{\Delta S\to 0}\dfrac{\oint_l \boldsymbol{F}\cdot \mathrm{d}\boldsymbol{l}}{\Delta \boldsymbol{S}}$ 称为矢量场 $\boldsymbol{F}$ 在点 P 处沿面元 $\Delta \boldsymbol{S}$ 法向 $\boldsymbol{e}_{\mathrm{n}}$ 的环量面密度,记作$\mathrm{rot}_{\mathrm{n}}\boldsymbol{F}$,即

$$\text{rot}_n\boldsymbol{F} = \lim_{\Delta S\to 0}\frac{\oint_l \boldsymbol{F}\cdot \mathrm{d}\boldsymbol{l}}{\Delta \boldsymbol{S}} \tag{1-96}$$

面元是有方向的，它与闭合曲线 C 的绕行方向成右手螺旋关系。矢量场 $\boldsymbol{F}$ 在点 P 处的环量面密度的大小及方向与选取的闭合曲线包围面元 $\Delta\boldsymbol{S}$ 的法线方向 $\boldsymbol{e}_n$ 有关，沿不同方向 $\boldsymbol{e}_n$ 的环量面密度的值一般是不同的。在某一个确定的方向上，其环量面密度可能取得最大值。这一点类似于方向导数，它的大小与 $\boldsymbol{e}_l$ 有关。为了描述这个问题，称矢量场 $\boldsymbol{F}$ 在点 P 处的环量面密度最大值为旋度，记作 curl$\boldsymbol{F}$（或记作 rot$\boldsymbol{F}$），即

$$\text{curl}\boldsymbol{F} = \boldsymbol{e}_n\left[\lim_{\Delta S\to 0}\frac{\oint_l \boldsymbol{F}\cdot \mathrm{d}\boldsymbol{l}}{\Delta \boldsymbol{S}}\right]_{\max} \tag{1-97}$$

旋度是一个矢量，其大小等于该点环流面密度的最大值，方向 $\boldsymbol{e}_n$ 为取得环量面密度最大值时的闭合曲线包围面元 $\Delta\boldsymbol{S}$ 的法线单位方向。显然，任一方向 $\boldsymbol{e}_\zeta$ 上的环量面密度 $\text{rot}_n\boldsymbol{F}$ 是旋度在该方向上的投影。即 $\text{rot}_n\boldsymbol{F}=\text{curl}\boldsymbol{F}\cdot\boldsymbol{e}_\zeta$。矢量场 $\boldsymbol{F}$ 的旋度描述了 $\boldsymbol{F}$ 在该点处沿 $\boldsymbol{e}_n$ 方向的旋涡源强度。若在矢量场 $\boldsymbol{F}$ 存在的全部区域中其旋度处处为零，则称该场为无旋场或保守场，例如静电场即无旋场或保守场。

旋度的定义与坐标系无关，但旋度的具体表达式却与坐标系有关。下面推导在直角坐标系中的旋度表达式。

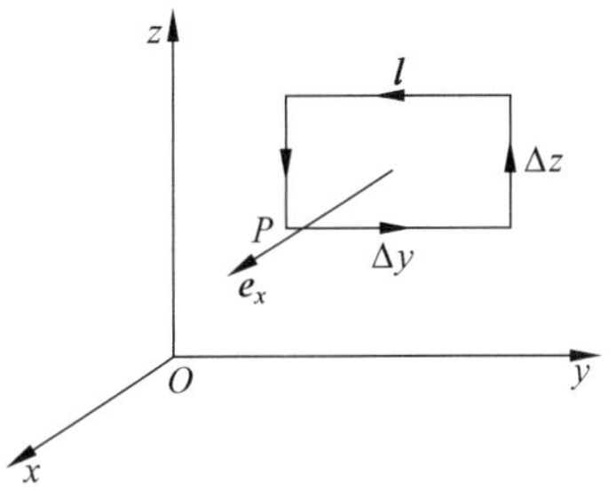

图 1-18　在直角坐标系中计算 rot$\boldsymbol{F}$

如图 1-18 所示，任取一点 P 为顶点，作平行于 yz 面的矩形面元，则面元矢量为 $\boldsymbol{e}_x\Delta S_x=\boldsymbol{e}_x\Delta y\Delta z$。在点 P 处的矢量 $\boldsymbol{F}=\boldsymbol{e}_xF_x+\boldsymbol{e}_yF_y+\boldsymbol{e}_yF_y$ 沿闭合曲线 $\boldsymbol{l}$ 的积分为

$$\oint_l \boldsymbol{F}\cdot\mathrm{d}\boldsymbol{l} = F_y\Delta y+\left(F_z+\frac{\partial F_z}{\partial y}\Delta y\right)\Delta z-\left(F_y+\frac{\partial F_y}{\partial z}\Delta z\right)\Delta y - F_z\Delta z = \frac{\partial F_z}{\partial y}\Delta y\Delta z-\frac{\partial F_y}{\partial z}\Delta y\Delta z$$

故

$$\lim_{\Delta S_x\to 0}\frac{1}{\Delta S_x}\oint_l \boldsymbol{F}\cdot\mathrm{d}\boldsymbol{l} = \frac{\partial F_z}{\partial y}-\frac{\partial F_y}{\partial z}=\text{rot}_x\boldsymbol{F}$$

此极限即 rot$\boldsymbol{F}$ 在 $\boldsymbol{e}_x$ 方向上的投影。

相似地，分别取面元矢量 $\boldsymbol{e}_y\Delta S_y=\boldsymbol{e}_y\Delta x\Delta z$、$\boldsymbol{e}_z\Delta S_z=\boldsymbol{e}_z\Delta x\Delta y$，可得到 rot$\boldsymbol{F}$ 分别在 $\boldsymbol{e}_y$ 和 $\boldsymbol{e}_z$ 方向上的投影为

$$\text{rot}_y\boldsymbol{F} = \lim_{\Delta S_y\to 0}\frac{1}{\Delta S_y}\oint_l \boldsymbol{F}\cdot\mathrm{d}\boldsymbol{l} = \frac{\partial F_x}{\partial z}-\frac{\partial F_z}{\partial x}$$

$$\text{rot}_z\boldsymbol{F} = \lim_{\Delta S_z\to 0}\frac{1}{\Delta S_z}\oint_l \boldsymbol{F}\cdot\mathrm{d}\boldsymbol{l} = \frac{\partial F_y}{\partial x}-\frac{\partial F_x}{\partial y}$$

因此，综合以上三式得到

$$\text{rot}\boldsymbol{F} = \boldsymbol{e}_x\left(\frac{\partial F_z}{\partial y}-\frac{\partial F_y}{\partial z}\right)+\boldsymbol{e}_y\left(\frac{\partial F_x}{\partial z}-\frac{\partial F_z}{\partial x}\right)+\boldsymbol{e}_z\left(\frac{\partial F_y}{\partial x}-\frac{\partial F_x}{\partial y}\right)$$

利用算符$\boldsymbol{\nabla}$，可将 rot$\boldsymbol{F}$ 表示为

$$\mathrm{rot}\boldsymbol{F}=\left(\boldsymbol{e}_x\frac{\partial}{\partial x}+\boldsymbol{e}_y\frac{\partial}{\partial y}+\boldsymbol{e}_z\frac{\partial}{\partial z}\right)\times(\boldsymbol{e}_xF_x+\boldsymbol{e}_yF_y+\boldsymbol{e}_zF_z)=\nabla\times\boldsymbol{F}$$

上式亦可写成

$$\nabla\times\boldsymbol{F}=\mathrm{rot}\boldsymbol{F}=\begin{vmatrix}\boldsymbol{e}_x & \boldsymbol{e}_y & \boldsymbol{e}_z\\ \dfrac{\partial}{\partial x} & \dfrac{\partial}{\partial y} & \dfrac{\partial}{\partial z}\\ F_x & F_y & F_z\end{vmatrix} \tag{1-98-1}$$

同样,在圆柱坐标系、球坐标系中和一般正交坐标系中,矢量场 $\boldsymbol{F}$ 旋度的表达式为

$$\nabla\times\boldsymbol{F}=\frac{1}{\rho}\begin{vmatrix}\boldsymbol{e}_\rho & \rho\boldsymbol{e}_\phi & \boldsymbol{e}_z\\ \dfrac{\partial}{\partial \rho} & \dfrac{\partial}{\partial \phi} & \dfrac{\partial}{\partial z}\\ F_\rho & \rho F_\phi & F_z\end{vmatrix} \tag{1-98-2}$$

$$\nabla\times\boldsymbol{F}=\frac{1}{r^2\sin\theta}\begin{vmatrix}\boldsymbol{e}_r & r\boldsymbol{e}_\theta & r\sin\theta\boldsymbol{e}_\phi\\ \dfrac{\partial}{\partial r} & \dfrac{\partial}{\partial \theta} & \dfrac{\partial}{\partial \phi}\\ F_r & rF_\theta & r\sin\theta F_\phi\end{vmatrix} \tag{1-98-3}$$

$$\nabla\times\boldsymbol{F}=\frac{1}{h_1h_2h_3}\begin{vmatrix}h_1\boldsymbol{e}_{u_1} & h_2\boldsymbol{e}_{u_2} & h_3\boldsymbol{e}_{u_3}\\ \dfrac{\partial}{\partial u_1} & \dfrac{\partial}{\partial u_2} & \dfrac{\partial}{\partial u_3}\\ h_1F_1 & h_2F_2 & h_3F_3\end{vmatrix} \tag{1-98-4}$$

注意,在圆柱坐标系和球坐标系下,由于 $\boldsymbol{e}_\rho$、$\boldsymbol{e}_r$、$\boldsymbol{e}_\theta$ 和 $\boldsymbol{e}_\phi$ 都不是常矢量,利用哈密尔顿算子直接对矢量作微分运算时过于复杂,因此,在圆柱坐标系和球坐标系下不便于使用下面的方式对∇和矢量 $\boldsymbol{F}$ 直接作点积运算求散度

$$\nabla\cdot\boldsymbol{F}=\left(\boldsymbol{e}_\rho\frac{\partial}{\partial \rho}+\boldsymbol{e}_\phi\frac{\partial}{\rho\partial \phi}+\boldsymbol{e}_z\frac{\partial}{\partial z}\right)\cdot(\boldsymbol{e}_\rho F_\rho+\boldsymbol{e}_\phi F_\phi+\boldsymbol{e}_zF_z)$$

$$\nabla\cdot\boldsymbol{F}=\left(\boldsymbol{e}_r\frac{\partial}{\partial r}+\boldsymbol{e}_\theta\frac{1}{r}\frac{\partial}{\partial \theta}+\boldsymbol{e}_\phi\frac{1}{r\sin\theta}\frac{\partial}{\partial \phi}\right)\cdot(\boldsymbol{e}_rF_r+\boldsymbol{e}_\theta F_\theta+\boldsymbol{e}_\phi F_\phi)$$

而应该按照式(1-93)计算散度。同理,求旋度时应按照式(1-98)计算。

旋度运算的基本公式见附录 A.4。

1.5.3 斯托克斯定理

根据旋度的定义,旋度代表单位面积上的环量,因此,旋度的面积分等于矢量场 $\boldsymbol{F}$ 在包围曲面 $\boldsymbol{S}$ 闭曲线 C 上的环量,即

$$\iint_S(\nabla\times\boldsymbol{F})\cdot\mathrm{d}\boldsymbol{S}=\oint_C\boldsymbol{F}\cdot\mathrm{d}\boldsymbol{l} \tag{1-99}$$

这就是斯托克斯(Stokes)定理的数学表示形式。可以看出矢量场 $\boldsymbol{F}$ 的旋度$\nabla\times\boldsymbol{F}$ 在曲面 S 上的面积分等于矢量场 $\boldsymbol{F}$ 在限定曲面的闭合曲线 C 上的线积分,是矢量场旋度的曲面积分与该矢量沿闭合曲线积分之间的一个变换关系,也是矢量分析中的一个重要的恒等式。斯托克斯定理是联系矢量场的环量和旋度的桥梁。斯托克斯定理证明如下。

如图 1-19 所示，将曲面 S 划分成许多小面元。对每一个小面元，沿包围它的小闭合路径取矢量场 $\boldsymbol{F}$ 的环量，路径的方向与闭合曲线 C 的绕向一致，并将所有的积分相加。可以看出，相邻面元公共边界上的方向相反，故在公共边界上的积分都相互抵消，只剩下最外边界的积分，这样所有沿小回路积分的总和等于沿大回路 C 的积分，即

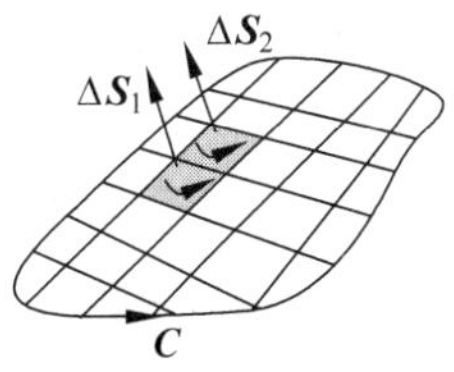

图 1-19 曲面的划分

$$\oint_C \boldsymbol{F} \cdot \mathrm{d}\boldsymbol{l} = \oint_{C_1} \boldsymbol{F} \cdot \mathrm{d}\boldsymbol{l} + \oint_{C_2} \boldsymbol{F} \cdot \mathrm{d}\boldsymbol{l} + \cdots$$

对每一个小回路的积分应用旋度的定义式(1-97)，得

$$\oint_C \boldsymbol{F} \cdot \mathrm{d}\boldsymbol{l} = \nabla \times \boldsymbol{F} \cdot \mathrm{d}\boldsymbol{S}_1 + \nabla \times \boldsymbol{F} \cdot \mathrm{d}\boldsymbol{S}_2 + \cdots = \iint_S (\nabla \times \boldsymbol{F}) \cdot \mathrm{d}\boldsymbol{S}$$

从而证明了式(1-99)，即斯托克斯定理。

例题 1-4 自由空间中的点电荷 q 所产生的电场强度为

$$\boldsymbol{E} = \frac{q}{4\pi\varepsilon_0 r^3}\boldsymbol{r} = \frac{q}{4\pi\varepsilon_0} \frac{\boldsymbol{e}_x x + \boldsymbol{e}_y y + \boldsymbol{e}_z z}{(x^2 + y^2 + z^2)^{3/2}}$$

求任意点处($\boldsymbol{r} \neq 0$)电场强度 $\boldsymbol{E}$ 的旋度 $\nabla \times \boldsymbol{E}$。

解 根据直角坐标系下旋度的计算表达式

$$\nabla \times \boldsymbol{E} = \frac{q}{4\pi\varepsilon_0} \begin{vmatrix} \boldsymbol{e}_x & \boldsymbol{e}_y & \boldsymbol{e}_z \\ \dfrac{\partial}{\partial x} & \dfrac{\partial}{\partial y} & \dfrac{\partial}{\partial z} \\ \dfrac{x}{r^3} & \dfrac{y}{r^3} & \dfrac{z}{r^3} \end{vmatrix}$$

$$= \frac{q}{4\pi\varepsilon_0} \left\{ \boldsymbol{e}_x \left[\frac{\partial}{\partial y}\left(\frac{z}{r^3}\right) - \frac{\partial}{\partial z}\left(\frac{y}{r^3}\right) \right] + \boldsymbol{e}_y \left[\frac{\partial}{\partial z}\left(\frac{x}{r^3}\right) - \frac{\partial}{\partial x}\left(\frac{z}{r^3}\right) \right] + \boldsymbol{e}_z \left[\frac{\partial}{\partial x}\left(\frac{y}{r^3}\right) - \frac{\partial}{\partial y}\left(\frac{x}{r^3}\right) \right] \right\}$$

因为

$$\frac{\partial}{\partial y}\left(\frac{z}{r^3}\right) = -\frac{3yz}{r^5}, \quad \frac{\partial}{\partial z}\left(\frac{y}{r^3}\right) = -\frac{3yz}{r^5}$$

可见，$\boldsymbol{E}$ 的旋度在 $\boldsymbol{e}_x$ 方向的分量为零，同样在 $\boldsymbol{e}_y$、$\boldsymbol{e}_z$ 方向的分量也为零。因此，$\nabla \times \boldsymbol{E} = 0$。这说明点电荷产生的静电场是无旋场。

1.6 无旋场与无散场

微课视频

矢量场的散度和旋度反映了产生矢量场的两种不同性质的源，因为不同性质的源产生的矢量场也具有不同的性质。

1.6.1 无旋场

如果一个矢量场 $\boldsymbol{F}$ 的旋度处处为零，即 $\nabla \times \boldsymbol{F} \equiv 0$，则称该矢量场为无旋场，那么该矢量场只能由散度源产生。例如，静电场就是旋度处处为零的无旋场，它由散度源电荷产生。

标量场的梯度有一个重要的性质，就是其旋度恒等于零，即

$$\nabla \times (\nabla u) \equiv 0 \tag{1-100}$$

在直角坐标系中很容易证明这一结论。即

$$\nabla\times(\nabla u)=\left(\frac{\partial}{\partial x}\boldsymbol{e}_x+\frac{\partial}{\partial y}\boldsymbol{e}_y+\frac{\partial}{\partial z}\boldsymbol{e}_z\right)\times\left(\frac{\partial u}{\partial x}\boldsymbol{e}_x+\frac{\partial u}{\partial y}\boldsymbol{e}_y+\frac{\partial u}{\partial z}\boldsymbol{e}_z\right)$$
$$=\left(\frac{\partial^2 u}{\partial y\partial z}-\frac{\partial^2 u}{\partial z\partial y}\right)\boldsymbol{e}_x+\left(\frac{\partial^2 u}{\partial z\partial x}-\frac{\partial^2 u}{\partial x\partial z}\right)\boldsymbol{e}_y+\left(\frac{\partial^2 u}{\partial x\partial y}-\frac{\partial^2 u}{\partial y\partial x}\right)\boldsymbol{e}_z=0$$

因为梯度和旋度的定义都与坐标系无关,所以式(1-100)是普遍的结论。对于一个旋度处处为零的矢量场,总可以把它表示为某一标量场的梯度,即如果$\nabla\times\boldsymbol{F}\equiv 0$,则存在标量函数$u$,使得

$$\boldsymbol{F}=-\nabla u \tag{1-101}$$

函数u称为无旋场$\boldsymbol{F}$的标量位函数,简称标量位。式中的负号是为了使矢量场和标量电位u的关系相一致。

由斯托克斯定理可知,无旋场$\boldsymbol{F}$的曲线积分$\int_{P_1}^{P_2}\boldsymbol{F}\cdot\mathrm{d}\boldsymbol{l}$与路径无关,只与起点$P_1$和终点$P_2$有关。因此

$$\int_{P_1}^{P_2}\boldsymbol{F}\cdot\mathrm{d}\boldsymbol{l}=-\int_{P_1}^{P_2}\nabla u\cdot\mathrm{d}\boldsymbol{l}=-\int_{P_1}^{P_2}\frac{\partial u}{\partial l}\mathrm{d}l=-\int_{P_1}^{P_2}\mathrm{d}u=u(P_1)-u(P_2)$$

设无穷远处为零电位参考点,若选定点P_2为不动的固定点,则上式可以看作是点P_1的函数,即

$$u(P_1)=\int_{P_1}^{P_2}\boldsymbol{F}\cdot\mathrm{d}\boldsymbol{l}+\int_{P_2}^{\infty}\boldsymbol{F}\cdot\mathrm{d}\boldsymbol{l}=\int_{P_1}^{P_2}\boldsymbol{F}\cdot\mathrm{d}\boldsymbol{l}+C$$

将式(1-101)代入,有

$$u(P_1)=-\int_{P_1}^{P_2}\nabla u\cdot\mathrm{d}\boldsymbol{l}+C \tag{1-102}$$

这表明,一个标量场可由它的梯度完全确定。

1.6.2 无散场

如果一个矢量场$\boldsymbol{F}$的散度处处为零,即$\nabla\cdot\boldsymbol{F}\equiv 0$,则称该矢量场为无散场,那么该矢量场由旋涡源产生。例如,恒定磁场就是散度处处为零的无散场,它由旋度源电流产生。

矢量场的旋度有一个重要性质,就是矢量场旋度的散度恒等于零,即

$$\nabla\cdot(\nabla\times\boldsymbol{A})=0 \tag{1-103}$$

在直角坐标系中证明这一结论时,直接取$\nabla\times\boldsymbol{A}$的散度,有

$$\nabla\cdot\nabla\times\boldsymbol{A}=\left(\frac{\partial}{\partial x}\boldsymbol{e}_x+\frac{\partial}{\partial y}\boldsymbol{e}_y+\frac{\partial}{\partial z}\boldsymbol{e}_z\right)\cdot\left[\left(\frac{\partial A_z}{\partial y}-\frac{\partial A_y}{\partial z}\right)\boldsymbol{e}_x+\left(\frac{\partial A_x}{\partial z}-\frac{\partial A_z}{\partial x}\right)\boldsymbol{e}_y+\left(\frac{\partial A_y}{\partial x}-\frac{\partial A_x}{\partial y}\right)\boldsymbol{e}_z\right]$$
$$=\frac{\partial}{\partial x}\left(\frac{\partial A_z}{\partial y}-\frac{\partial A_y}{\partial z}\right)+\frac{\partial}{\partial y}\left(\frac{\partial A_x}{\partial z}-\frac{\partial A_z}{\partial x}\right)+\frac{\partial}{\partial z}\left(\frac{\partial A_y}{\partial x}-\frac{\partial A_x}{\partial y}\right)=0$$

根据这一性质,对于一个散度处处为零的矢量场$\boldsymbol{F}$,总可以把它表示为某一矢量场的旋度,即如果$\nabla\cdot\boldsymbol{F}\equiv 0$,则存在矢量函数$\boldsymbol{A}$,使得

$$\boldsymbol{F}=\nabla\times\boldsymbol{A} \tag{1-104}$$

函数$\boldsymbol{A}$称为无散场$\boldsymbol{F}$的矢量位函数,简称矢量位。由散度定理可知,无散场$\boldsymbol{F}$通过任意闭合曲面$\boldsymbol{S}$的通量等于零,即

$$\oiint_S\boldsymbol{F}\cdot\mathrm{d}\boldsymbol{S}=0$$

1.7 拉普拉斯运算与格林定理

1.7.1 拉普拉斯运算

标量场的梯度∇u是一个矢量场，如果再对∇u求散度，即$\nabla \cdot (\nabla u)$，称为标量场u的拉普拉斯运算，记为

$$\nabla \cdot (\nabla u) = \nabla^2 u \tag{1-105}$$

这里∇^2称为拉普拉斯算符。

在正交坐标系中，标量场u的拉普拉斯运算为

$$\nabla^2 u = \frac{1}{h_1 h_2 h_3}\left[\frac{\partial}{\partial u_1}\left(\frac{h_2 h_3}{h_1}\frac{\partial u}{\partial u_1}\right) + \frac{\partial}{\partial u_2}\left(\frac{h_1 h_3}{h_2}\frac{\partial u}{\partial u_2}\right) + \frac{\partial}{\partial u_3}\left(\frac{h_1 h_2}{h_3}\frac{\partial u}{\partial u_3}\right)\right] \tag{1-106-1}$$

在直角坐标系、圆柱坐标系和球坐标系中，标量场u的拉普拉斯运算分别为

$$\nabla^2 u = \nabla \cdot \left(\frac{\partial u}{\partial x}\boldsymbol{e}_x + \frac{\partial u}{\partial y}\boldsymbol{e}_y + \frac{\partial u}{\partial z}\boldsymbol{e}_z\right) = \frac{\partial^2 u}{\partial x^2} + \frac{\partial^2 u}{\partial y^2} + \frac{\partial^2 u}{\partial z^2} \tag{1-106-2}$$

$$\nabla^2 u = \frac{1}{\rho}\frac{\partial}{\partial \rho}\left(\rho\frac{\partial u}{\partial \rho}\right) + \frac{1}{\rho^2}\frac{\partial^2 u}{\partial \phi^2} + \frac{\partial^2 u}{\partial z^2} \tag{1-106-3}$$

$$\nabla^2 u = \frac{1}{r^2}\frac{\partial}{\partial r}\left(r^2\frac{\partial u}{\partial r}\right) + \frac{1}{r^2 \sin\theta}\frac{\partial}{\partial \theta}\left(\sin\theta\frac{\partial u}{\partial \theta}\right) + \frac{1}{r^2 \sin^2\theta}\frac{\partial^2 u}{\partial \phi^2} \tag{1-106-4}$$

对于矢量场$\boldsymbol{F}$，由于拉普拉斯算符∇^2对矢量运算已经失去了梯度的散度的概念，因此将矢量场$\boldsymbol{F}$的拉普拉斯运算$\nabla^2 \boldsymbol{F}$定义为

$$\nabla^2 \boldsymbol{F} = \nabla(\nabla \cdot \boldsymbol{F}) - \nabla \times \nabla \times \boldsymbol{F} \tag{1-107}$$

在直角坐标系中

$$\nabla^2 \boldsymbol{F} = \boldsymbol{e}_x \nabla^2 F_x + \boldsymbol{e}_y \nabla^2 F_y + \boldsymbol{e}_z \nabla^2 F_z \tag{1-108}$$

注意，上式仅对直角坐标分量成立。

1.7.2 格林定理

将矢量场$\boldsymbol{F}$表示为某标量场ψ的梯度与另一个标量φ的乘积，且在体积V中具有连续的二阶偏导数，即

$$\nabla \cdot \boldsymbol{F} = \nabla \cdot (\varphi \nabla \psi) = \varphi \nabla^2 \psi + \nabla \psi \cdot \nabla \varphi$$

取上式在体积V内的积分，应用散度定理得

$$\iiint_V (\varphi \nabla^2 \psi + \nabla \psi \cdot \nabla \varphi) \mathrm{d}V = \oiint_S (\varphi \nabla \psi) \cdot \boldsymbol{e}_n \mathrm{d}S = \oint_S \varphi \frac{\partial \psi}{\partial n} \mathrm{d}S \tag{1-109}$$

于是得到格林第一恒等式。基于上式，将ψ和φ对调，还可得到

$$\iiint_V (\psi \nabla^2 \varphi + \nabla \psi \cdot \nabla \varphi) \mathrm{d}V = \oiint_S (\psi \nabla \varphi) \cdot \boldsymbol{e}_n \mathrm{d}S = \oint_S \psi \frac{\partial \varphi}{\partial n} \mathrm{d}S$$

将上式与式(1-109)相减，得到格林第二恒等式，即

$$\iiint_V (\psi \nabla^2 \varphi - \varphi \nabla^2 \psi) \mathrm{d}V = \oiint_S \left(\psi \frac{\partial \varphi}{\partial n} - \varphi \frac{\partial \psi}{\partial n}\right) \mathrm{d}S \tag{1-110}$$

式(1-109)及式(1-110)称为格林定理。无论格林定理为何种形式，均说明区域V中的

场与边界 S 上的场之间的关系。因此，利用格林定理可以将区域中场的求解问题转变为边界上场的求解问题。此外，格林定理还说明了两种标量场(或矢量场)之间应该满足的关系。因此，如果已知其中一种场的分布特性，即可利用格林定理求解出另一种场的分布特性。格林定理在电磁场中有着广泛的应用。

1.8 亥姆霍兹定理

若矢量场 $\boldsymbol{F}$ 在某空间区域中处处单值，且其导数连续有界，而源分布在有限区域中，则该矢量场由其散度和旋度，及其边界条件唯一确定。因此，矢量场可表示为一个标量函数的梯度和一个矢量函数的旋度之和，即

$$\boldsymbol{F} = -\nabla u + \nabla \times \boldsymbol{A} \tag{1-111}$$

其中

$$u(\boldsymbol{r}) = \frac{1}{4\pi}\iiint_{V'} \frac{\nabla' \cdot \boldsymbol{F}(\boldsymbol{r}')}{|\boldsymbol{r}-\boldsymbol{r}'|}\mathrm{d}V' - \frac{1}{4\pi}\oiint_{S'} \frac{\boldsymbol{e}_\mathrm{n} \cdot \boldsymbol{F}(\boldsymbol{r}')}{|\boldsymbol{r}-\boldsymbol{r}'|}\mathrm{d}S' \tag{1-112}$$

$$\boldsymbol{A}(\boldsymbol{r}) = \frac{1}{4\pi}\iiint_{V'} \frac{\nabla' \times \boldsymbol{F}(\boldsymbol{r}')}{|\boldsymbol{r}-\boldsymbol{r}'|}\mathrm{d}V' - \frac{1}{4\pi}\oiint_{S'} \frac{\boldsymbol{e}_\mathrm{n} \times \boldsymbol{F}(\boldsymbol{r}')}{|\boldsymbol{r}-\boldsymbol{r}'|}\mathrm{d}S' \tag{1-113}$$

这就是亥姆霍兹定理。它表明，矢量场 $\boldsymbol{F}$ 可以用一个标量函数的梯度和一个矢量函数的旋度之和来表示。此标量函数由 $\boldsymbol{F}$ 的散度和 $\boldsymbol{F}$ 在边界 S' 上的法向分量完全确定；而矢量函数则由 $\boldsymbol{F}$ 的旋度和 $\boldsymbol{F}$ 在边界面 S' 上的切向分量完全确定。

由亥姆霍兹定理可以推出，如果矢量场在某空间区域处处单值，且其导数连续有界，则该矢量场由它的散度、旋度以及边界上矢量场的切线分量或法线分量唯一确定。此即矢量场唯一性定理的主要内容，为后面电磁场的研究指明了方向。

由于 $\nabla \times [\nabla u(\boldsymbol{r})] \equiv 0$，$\nabla \cdot [\nabla \times \boldsymbol{A}(\boldsymbol{r})] \equiv 0$，因而一个矢量场可以表示为一个无旋场 $\boldsymbol{F}_l$ 和一个无散场 $\boldsymbol{F}_c$ 之和，即

$$\boldsymbol{F} = \boldsymbol{F}_l + \boldsymbol{F}_c \tag{1-114}$$

其中

$$\begin{cases} \nabla \cdot \boldsymbol{F}_l = \nabla \cdot \boldsymbol{F} \\ \nabla \times \boldsymbol{F}_l = 0 \end{cases}, \quad \begin{cases} \nabla \cdot \boldsymbol{F}_c = 0 \\ \nabla \times \boldsymbol{F}_c = \nabla \times \boldsymbol{F} \end{cases}$$

如果在区域 V 内矢量场 $\boldsymbol{F}$ 的散度与旋度均处处为零，则 $\boldsymbol{F}$ 由其在边界面 S 上的场分布完全确定。对于无界空间，只要矢量场满足

$$|\boldsymbol{F}| \propto \frac{1}{|\boldsymbol{r}-\boldsymbol{r}'|^{1+\delta}}, \quad \delta > 0$$

则式(1-112)和式(1-113)的面积分项为零。此时，矢量场由其散度和旋度完全确定。因此，在无界空间中，散度与旋度均处处为零的矢量场是不存在的，因为任何一个物理场必须有源，源是产生场的起因。

亥姆霍兹定理总结了矢量场的基本性质。分析矢量场时，总是从研究它的散度和旋度着手，通过散度方程和旋度方程等微分方程研究矢量场的基本性质；或者从矢量场的通量和环量着手，通过矢量场基本方程的积分形式研究其基本性质。需要指出的是，梯度、散度和旋度都是用来描述空间各点特性的微分量，只有场函数具有连续的一阶偏导数时它们才

有意义。例如，在研究电磁场量的边界条件时，在交界面上某些场量不连续，就不能用散度和旋度等微分方程的形式去分析，而只能用通量和环量等积分方程的形式。

1.9 冲激函数及其性质

单位冲激函数，或狄拉克(Delta)函数可定义如下：

$$\delta(\boldsymbol{r}-\boldsymbol{r}')=\begin{cases}0, & \boldsymbol{r}\neq\boldsymbol{r}' \\ \infty, & \boldsymbol{r}=\boldsymbol{r}'\end{cases} \tag{1-115}$$

δ 函数不同于传统意义上的函数，它是通过其积分性质定义的符号函数。

$$\iiint_V \delta(\boldsymbol{r}-\boldsymbol{r}')\mathrm{d}V=\begin{cases}0, & \boldsymbol{r}\neq\boldsymbol{r}' \\ 1, & \boldsymbol{r}=\boldsymbol{r}'\end{cases} \tag{1-116}$$

式中的位置矢量 $\boldsymbol{r}'$ 为坐标原点到源点(例如单位点电荷所在位置)的矢量，位置矢量 $\boldsymbol{r}$ 为坐标原点到场点的矢量(本书中用带撇的坐标表示与“源”有关的量，而不带撇的坐标表示与“场”有关的量)。如果 $\boldsymbol{r}=\boldsymbol{r}'$，表示体积分范围包含了源点所在的点，则 δ 函数的体积分等于 1。

冲击函数具有筛选性(抽样性)。若 $f(\boldsymbol{r})$ 为一个连续函数，则有

$$\iiint_V f(\boldsymbol{r})\delta(\boldsymbol{r}-\boldsymbol{r}')\mathrm{d}V=f(\boldsymbol{r}') \tag{1-117}$$

因为对 $\delta(\boldsymbol{r}-\boldsymbol{r}')$ 的体积分，除在源点所在处($\boldsymbol{r}=\boldsymbol{r}'$ 的奇点)积分值等于 1 之外，其余地方均为零。因而，对 $f(\boldsymbol{r})\delta(\boldsymbol{r}-\boldsymbol{r}')$ 进行体积分，就得到在奇点处该函数的值 $f(\boldsymbol{r}')$，即把奇点处的函数值 $f(\boldsymbol{r}')$ 筛选出来。

函数 $\nabla^2\left(\frac{1}{r}\right)$ 及 $\nabla^2\left(\frac{1}{R}\right)$ 可以用 δ 函数来描述，即

$$\begin{cases}\nabla^2\left(\dfrac{1}{r}\right)=-4\pi\delta(r) \\ \nabla^2\left(\dfrac{1}{R}\right)=-4\pi\delta(\boldsymbol{r}-\boldsymbol{r}')\end{cases} \tag{1-118}$$

其中，$R=|\boldsymbol{r}-\boldsymbol{r}'|$。

例题 1-5 试证明 $\nabla^2\left(\frac{1}{r}\right)=-4\pi\delta(r)$。

证明 利用散度定理，对等式左侧积分为

$$\begin{aligned}\iiint_V \nabla^2\left(\frac{1}{r}\right)\mathrm{d}V&=\iiint_V \nabla\cdot\nabla\left(\frac{1}{r}\right)\mathrm{d}V=\oint_S \nabla\left(\frac{1}{r}\right)\cdot\mathrm{d}\boldsymbol{S}\\&=-\oint_S \frac{\boldsymbol{e}_r}{r^2}\cdot\mathrm{d}\boldsymbol{S}=-\oint_S \frac{\mathrm{d}S\cos\theta}{r^2}=-\oint_S \frac{\mathrm{d}S'}{r^2}=-\oint_S \mathrm{d}\Omega=-4\pi\end{aligned}$$

其中，S 为包围积分区域 V 的闭合曲面。$\mathrm{d}\Omega$ 为 $\mathrm{d}S'$ 所张的立体角。而等式右侧的积分为

$$\iiint_V -4\pi\delta(r)\mathrm{d}V=-4\pi$$

由于积分是对任意体积区域进行的，故有

$$\nabla^2\left(\frac{1}{r}\right)=-4\pi\delta(r)$$

故原式得证。

习题

1-1 给定三个矢量 $\boldsymbol{A}$、$\boldsymbol{B}$ 和 $\boldsymbol{C}$ 如下：$\boldsymbol{A}=\boldsymbol{e}_x+\boldsymbol{e}_y2-\boldsymbol{e}_z3$，$\boldsymbol{B}=-\boldsymbol{e}_y4+\boldsymbol{e}_z$，$\boldsymbol{C}=\boldsymbol{e}_x5-\boldsymbol{e}_z2$

试求：

(1) $\boldsymbol{e}_A$；

(2) $|\boldsymbol{A}-\boldsymbol{B}|$；

(3) $\boldsymbol{A}\cdot\boldsymbol{B}$；

(4) θ_{AB}；

(5) $\boldsymbol{A}$ 在 $\boldsymbol{B}$ 上的分量；

(6) $\boldsymbol{A}\times\boldsymbol{C}$；

(7) $\boldsymbol{A}\cdot(\boldsymbol{B}\times\boldsymbol{C})$和$(\boldsymbol{A}\times\boldsymbol{B})\cdot\boldsymbol{C}$；

(8) $(\boldsymbol{A}\times\boldsymbol{B})\times\boldsymbol{C}$ 和 $\boldsymbol{A}\times(\boldsymbol{B}\times\boldsymbol{C})$。

1-2 试求点 $P'(-3,1,4)$到点 $P(2,-2,3)$的距离矢量 $\boldsymbol{R}$ 及 $\boldsymbol{R}$ 的方向。

1-3 证明：对于非零矢量 $\boldsymbol{A}$，如果 $\boldsymbol{A}\cdot\boldsymbol{B}=\boldsymbol{A}\cdot\boldsymbol{C}$ 和 $\boldsymbol{A}\times\boldsymbol{B}=\boldsymbol{A}\times\boldsymbol{C}$ 成立，则 $\boldsymbol{B}=\boldsymbol{C}$。

1-4 (1) 已知两个矢量 $\boldsymbol{A}$ 和 $\boldsymbol{B}$，证明平行于 $\boldsymbol{A}$ 的 $\boldsymbol{B}$ 之分量为

$$\boldsymbol{B}_{\parallel}=\frac{\boldsymbol{B}\cdot\boldsymbol{A}}{\boldsymbol{A}\cdot\boldsymbol{A}}\boldsymbol{A}$$

(2) 如果矢量 $\boldsymbol{A}$ 和 $\boldsymbol{B}$ 分别为 $\boldsymbol{A}=\boldsymbol{e}_x-\boldsymbol{e}_y2+\boldsymbol{e}_z$，$\boldsymbol{B}=3\boldsymbol{e}_x+\boldsymbol{e}_y5-\boldsymbol{e}_z5$，试计算平行于和垂直于 $\boldsymbol{A}$ 的 $\boldsymbol{B}$ 之分量分别等于多少？

1-5 已知矢量 $\boldsymbol{A}=\boldsymbol{e}_xA_x+\boldsymbol{e}_yA_y+\boldsymbol{e}_zA_z$，方向余弦定义为 $\boldsymbol{A}$ 与各直角坐标轴之间的夹角余弦，可参考图 1-11。试证明：

$$\cos^2\alpha+\cos^2\beta+\cos^2\gamma=1$$

1-6 有一个由 $\boldsymbol{A}$、$\boldsymbol{B}$ 和 $\boldsymbol{C}=\boldsymbol{A}-\boldsymbol{B}$ 三个矢量所构成的三角形。

(1) 利用 $\boldsymbol{A}$ 和 $\boldsymbol{B}$ 的长度及其内角 θ，求矢量 $\boldsymbol{C}$ 的长度，其结果称为余弦定理；

(2) 对于同样的三角形，试证明正弦定理：$\dfrac{\sin\theta_A}{A}=\dfrac{\sin\theta_B}{B}=\dfrac{\sin\theta_C}{C}$。

1-7 在圆柱坐标系中，一点的位置由$\left(4,\dfrac{2\pi}{3},3\right)$定出，试求该点在：

(1) 直角坐标系中的坐标；

(2) 球坐标系中的坐标。

1-8 用球坐标表示的场为 $\boldsymbol{E}=\boldsymbol{e}_r\dfrac{25}{r^2}$。

(1) 试求在直角坐标中点$(-3,4,-5)$处的$|\boldsymbol{E}|$和 E_x；

(2) 试求在直角坐标中点$(-3,4,-5)$处 $\boldsymbol{E}$ 与矢量 $\boldsymbol{B}=\boldsymbol{e}_x2-\boldsymbol{e}_y2+\boldsymbol{e}_z$ 构成的夹角。

1-9 球坐标中的两个点 $P_1(r_1,\theta_1,\phi_1)$和 $P_2(r_2,\theta_2,\phi_2)$定出两个位置矢量 $\boldsymbol{R}_1$ 和 $\boldsymbol{R}_2$。试证

明 $\boldsymbol{R}_1$ 和 $\boldsymbol{R}_2$ 间夹角的余弦 $\cos\gamma=\cos\theta_1\cos\theta_2+\sin\theta_1\sin\theta_2\cos(\phi_1-\phi_2)$。

1-10 试求下列各函数的梯度(其中 a 和 b 为常数):

(1) $f=axz+bx^3y$;

(2) $f=\left(\dfrac{a}{\rho}\right)\sin\phi+b\rho z^2\cos 3\phi$;

(3) $f=ar\cos\theta+\left(\dfrac{b}{r^2}\right)\sin\phi$。

1-11 已知标量函数 $u=x^2yz$,试求 u 在点(2,3,1)处沿指定方向 $\boldsymbol{e}_l=\boldsymbol{e}_x\dfrac{3}{\sqrt{50}}+\boldsymbol{e}_y\dfrac{4}{\sqrt{50}}+\boldsymbol{e}_z\dfrac{5}{\sqrt{50}}$的方向导数。

1-12 已知标量函数 $u=x^2+2y^2+3z^2+3x-2y-6z$。

(1) 试求∇u;

(2) 在哪些点上∇u 等于零?

1-13 方程 $u=\dfrac{x^2}{a^2}+\dfrac{y^2}{b^2}+\dfrac{z^2}{c^2}$给出一个椭球簇,试求椭球表面上任意点的单位方向矢量。

1-14 一个球面 $\boldsymbol{S}$ 的半径为 5,球心在原点上,试计算$\oint_S(\boldsymbol{e}_r 3\sin\theta)\cdot \mathrm{d}\boldsymbol{S}$ 的值。

1-15 试求下列矢量的散度:

(1) $\boldsymbol{A}=\boldsymbol{e}_x x+\boldsymbol{e}_y y+\boldsymbol{e}_z z=\boldsymbol{e}_r r$;

(2) $\boldsymbol{A}=(\boldsymbol{e}_x+\boldsymbol{e}_y+\boldsymbol{e}_z)(xy^2z^3)$;

(3) $\boldsymbol{A}=\boldsymbol{e}_r r\cos\phi+\left[\left(\dfrac{z}{r}\right)\sin\phi\right]\boldsymbol{e}_z$;

(4) $\boldsymbol{A}=r^2\sin\theta\cos\phi(\boldsymbol{e}_r+\boldsymbol{e}_\theta+\boldsymbol{e}_\phi)$。

1-16 试求下列矢量的旋度:

(1) $\boldsymbol{A}=\boldsymbol{e}_x x^2y+\boldsymbol{e}_y y^2z+\boldsymbol{e}_z xy$;

(2) $\boldsymbol{A}=\boldsymbol{e}_z r\cos\phi+\left[\left(\dfrac{z}{r}\right)\sin\phi\right]\boldsymbol{e}_r$;

(3) $\boldsymbol{A}=\boldsymbol{e}_r r\sin\theta\cos\phi+\boldsymbol{e}_\theta\dfrac{\cos\theta\sin\phi}{r^2}$。

1-17 (1) 试求矢量 $\boldsymbol{A}=\boldsymbol{e}_x x^2+\boldsymbol{e}_y x^2y^2+\boldsymbol{e}_z 24x^2y^2z^3$ 的散度;

(2) 试求$\nabla\cdot\boldsymbol{A}$ 对中心在原点的一个单位立方体的积分;

(3) 试求 $\boldsymbol{A}$ 对此立方体表面的积分,验证散度定理。

1-18 试求矢量 $\boldsymbol{A}=\boldsymbol{e}_x x+\boldsymbol{e}_y x^2+\boldsymbol{e}_z y^2z$ 沿 xOy 平面上一个边长为 2 的正方形回路的线积分,此正方形的两边分别与 x 轴和 y 轴相重合。再试求$\nabla\times\boldsymbol{A}$ 对此回路所包围的曲面的面积分,并验证斯托克斯定理。

1-19 试证明函数 $f=\dfrac{x^2\ln y}{y}$的混合二阶导数与求导顺序无关:

$$\frac{\partial}{\partial x}\left(\frac{\partial f}{\partial y}\right)=\frac{\partial}{\partial y}\left(\frac{\partial f}{\partial x}\right)$$

1-20 因为圆柱坐标和球坐标的一些单位矢量在空间改变方向，所以不同于直角坐标中的单位矢量为一常数。这意味着这些单位矢量的空间导数一般来说不为零。试求所有这些单位矢量的散度和旋度。

1-21 试求矢量 $\boldsymbol{A}=\boldsymbol{e}_x x+\boldsymbol{e}_y xy^2$ 沿圆周 $x^2+y^2=a^2$ 的线积分，再计算$\nabla\times\boldsymbol{A}$ 对此圆面积的积分。

1-22 试采用与推导直角坐标中$\nabla\cdot\boldsymbol{A}=\frac{\partial A_x}{\partial x}+\frac{\partial A_y}{\partial y}+\frac{\partial A_z}{\partial z}$相似的方法推导圆柱坐标系下的公式$\nabla\cdot\boldsymbol{A}=\frac{1}{\rho}\frac{\partial}{\partial\rho}(\rho A_\rho)+\frac{\partial A_\phi}{\rho\partial\phi}+\frac{\partial A_z}{\partial z}$。

1-23 给定矢量函数 $\boldsymbol{E}=\boldsymbol{e}_x y+\boldsymbol{e}_y x$，试求：(1)从点 $P_1(2,1,-1)$到点 $P_2(8,2,-1)$的线积分$\int\boldsymbol{E}\cdot\mathrm{d}\boldsymbol{l}$；(2)沿抛物线 $x=2y^2$ 或沿连接该两点的直线，矢量场 $\boldsymbol{E}$ 是保守场吗？

1-24 证明下列矢量恒等式：

(1) $\nabla(fg)=f\,\nabla(g)+g\,\nabla(f)$；

(2) $\nabla(\boldsymbol{A}\cdot\boldsymbol{B})=(\boldsymbol{A}\cdot\nabla)\boldsymbol{B}+(\boldsymbol{B}\cdot\nabla)\boldsymbol{A}+\boldsymbol{A}\times(\nabla\times\boldsymbol{B})+\boldsymbol{B}\times(\nabla\times\boldsymbol{A})$；

(3) $\nabla\cdot(f\boldsymbol{A})=f\,\nabla\cdot\boldsymbol{A}+\boldsymbol{A}\cdot\nabla f$；

(4) $\nabla\cdot(\boldsymbol{A}\times\boldsymbol{B})=\boldsymbol{B}\cdot(\nabla\times\boldsymbol{A})-\boldsymbol{A}\cdot(\nabla\times\boldsymbol{B})$；

(5) $\nabla\times(\boldsymbol{A}\times\boldsymbol{B})=\boldsymbol{A}(\nabla\cdot\boldsymbol{B})-\boldsymbol{B}(\nabla\cdot\boldsymbol{A})+(\boldsymbol{B}\cdot\nabla)\boldsymbol{A}-(\boldsymbol{A}\cdot\nabla)\boldsymbol{B}$；

(6) $\nabla\times(f\boldsymbol{A})=\nabla f\times\boldsymbol{A}+f\,\nabla\times\boldsymbol{A}$；

(7) $(\nabla\times\boldsymbol{A})\times\boldsymbol{A}=(\boldsymbol{A}\cdot\nabla)\boldsymbol{A}-\frac{1}{2}\nabla(\boldsymbol{A}\cdot\boldsymbol{A})$；

(8) $\nabla\times(\nabla\times\boldsymbol{A})=\nabla(\nabla\cdot\boldsymbol{A})-\nabla^2\boldsymbol{A}$。

第 2 章 静电场与恒定电场

CHAPTER 2

所谓静电场，就是相对于观察者静止且不随时间变化的静电荷所产生的电场；所谓恒定电场，就是在恒定电流区域由分布不随时间变化的电荷所产生的电场。静电场和恒定电场又称为静态电场。本章将从实验定律出发，逐步归纳出静电场的基本场矢量和基本方程，讨论静电场和恒定电场的性质，并分析电介质的极化、静态电场的边界条件、能量、静电力、电容和电导，以及静电比拟等基本问题。

2.1 库仑定律与电场强度

微课视频

1785 年，法国物理学家库仑通过实验总结出了真空（自由空间）中两静止点电荷之间的相互作用力所遵循的规律，即库仑定律。自此，对静电场的研究进入了定量阶段。

2.1.1 库仑定律

根据库仑定律，真空中两静止点电荷之间相互作用力的大小与两点电荷电量的乘积成正比，与两者之间距离 R 的平方成反比；该作用力的方向沿两点电荷的连线（同号电荷间表现为斥力，异号电荷间表现为引力），其表达式如下：

$$\boldsymbol{F}_{21}=\frac{q_1 q_2}{4\pi\varepsilon_0 R^2}\boldsymbol{e}_R=\frac{q_1 q_2}{4\pi\varepsilon_0 R^3}\boldsymbol{R} \tag{2-1}$$

式中，$\boldsymbol{F}_{21}$ 代表电量为 q_1 的点电荷对电量为 q_2 的点电荷的作用力，真空介电常数 $\varepsilon_0=\frac{1}{36\pi}\times10^{-9}$ 法/米(F/m)；$\boldsymbol{R}$ 代表点电荷 q_1 指向 q_2 的位移矢量，如图 2-1 所示。在直角坐标系下，该位移矢量大小 $R=\sqrt{(x-x')^2+(y-y')^2+(z-z')^2}$，其单位方向矢量为 $\boldsymbol{e}_R=\boldsymbol{R}/R$。另外，依据矢量加减法规则，该位移矢量 $\boldsymbol{R}$ 还可以表示为两点电荷位置矢量($\boldsymbol{r}$, $\boldsymbol{r}'$)之差，即 $\boldsymbol{R}=\boldsymbol{r}(x,y,z)-\boldsymbol{r}'(x',y',z')$。

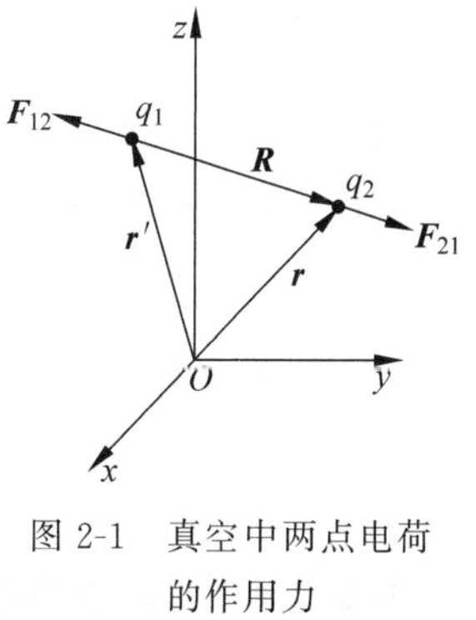

图 2-1 真空中两点电荷的作用力

显然，依据式(2-1)可知 $\boldsymbol{F}_{12}=-\boldsymbol{F}_{21}$（$\boldsymbol{F}_{12}$ 为 q_2 对 q_1 的作用力），即两点电荷间的相互作用力大小相等、方向相反。

2.1.2 电场强度及其叠加原理

作为电磁学的基本实验定律，库仑定律说明电荷周围必然存在着某种特殊形态的物质，电荷之间的相互作用就是通过该物质，即"电场"实现的。考虑到电场的基本特性是能够对处于其中的电荷产生库仑力的作用，所以可以利用单位正电荷(试验电荷)在电场中所受到的电场力，即电场强度，来反映电场的情况。电场强度 $\boldsymbol{E}$ 的表达式如下：

$$\boldsymbol{E}=\lim_{q\to 0}\frac{\boldsymbol{F}}{q}$$

式中"$\lim\limits_{q\to 0}$"的目的在于确保试验电荷的加入不会对原电场造成影响。另外，根据上式，电场强度的单位可为牛/库(N/C)，但常用单位是伏/米(V/m)。

根据库仑定律及电场强度的定义，真空中点电荷 q 在任一点 P 处所激发的电场强度 $\boldsymbol{E}$ 的表达式如下：

$$\boldsymbol{E}=\frac{q}{4\pi\varepsilon_0 R^2}\boldsymbol{e}_R=E\boldsymbol{e}_R=\frac{q}{4\pi\varepsilon_0 R^3}\boldsymbol{R} \tag{2-2}$$

式中，$\boldsymbol{R}$ 代表由 q 指向点 P 的位移矢量。可见，点电荷所产生的电场强度与该点电荷的电量成正比。对于由多个点电荷所产生的总电场强度，可以根据叠加原理得到，即

$$\boldsymbol{E}=\sum_i \frac{q_i}{4\pi\varepsilon_0 R_i^2}\boldsymbol{e}_{R_i} \tag{2-3}$$

同理，对于分布电荷(线电荷密度为 ρ_l 的线分布电荷，面电荷密度为 ρ_s 的面分布电荷，体电荷密度为 ρ 的体分布电荷等)而言，其电场强度则可以通过矢量积分得到，即

$$\begin{cases}\boldsymbol{E}=\int_{l'}\mathrm{d}\boldsymbol{E}=\int\dfrac{\rho_l\,\mathrm{d}l'}{4\pi\varepsilon_0 R^2}\boldsymbol{e}_R\\ \boldsymbol{E}=\iint_{S'}\mathrm{d}\boldsymbol{E}=\int\dfrac{\rho_s\,\mathrm{d}S'}{4\pi\varepsilon_0 R^2}\boldsymbol{e}_R\\ \boldsymbol{E}=\iiint_{V'}\mathrm{d}\boldsymbol{E}=\int\dfrac{\rho\,\mathrm{d}V'}{4\pi\varepsilon_0 R^2}\boldsymbol{e}_R\end{cases} \tag{2-4}$$

例题 2-1 如图 2-2 所示，真空中点电荷 q_1 和 q_2 在直角坐标系中的位置分别为(0,0,4)、(0,4,0)，且 $q_1=q_2=q$。求点 $P(3,0,0)$处的电场强度。

解 依据点电荷 q_1、q_2 以及 P 的位置坐标，可得其各自对应的位置矢量为

$$\boldsymbol{r}_1=4\boldsymbol{e}_z,\quad \boldsymbol{r}_2=4\boldsymbol{e}_y,\quad \boldsymbol{r}=3\boldsymbol{e}_x$$

因此，q_1、q_2 指向点 P 的位移矢量分别为

$$\boldsymbol{R}_1=\boldsymbol{r}-\boldsymbol{r}_1=3\boldsymbol{e}_x-4\boldsymbol{e}_z,\quad \boldsymbol{R}_2=\boldsymbol{r}-\boldsymbol{r}_2=3\boldsymbol{e}_x-4\boldsymbol{e}_y$$

依据式(2-3)可得点 P 处的电场强度为

$$\boldsymbol{E}=\boldsymbol{E}_1+\boldsymbol{E}_2=\frac{q_1}{4\pi\varepsilon_0 R_1^3}\boldsymbol{R}_1+\frac{q_2}{4\pi\varepsilon_0 R_2^3}\boldsymbol{R}_2$$

$$=\frac{q}{250\pi\varepsilon_0}(3\boldsymbol{e}_x-2\boldsymbol{e}_y-2\boldsymbol{e}_z)$$

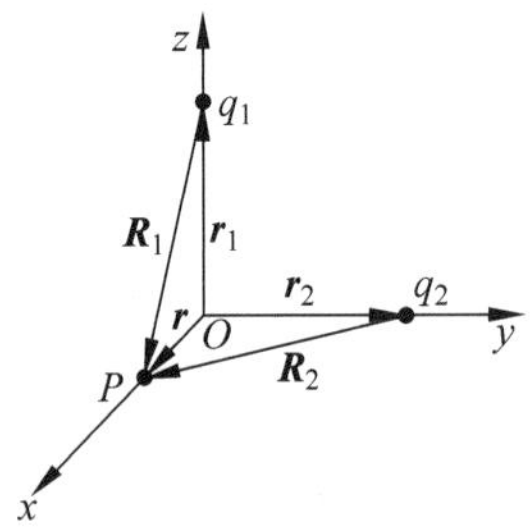

图 2-2 例题 2-1 图

例题 2-2 自由空间中某无限长均匀带电直线如图 2-3 所示，其均匀分布的线电荷密度为 ρ_l。求该直线外任意一点 P 的电场强度。

解 如图 2-3 所示，在圆柱坐标系中取带电直线与 z 轴重合。设线外任意一点 P 的坐标为(r,ϕ,z)，其电场强度等于带电直线上每个线元在 P 点所产生的电场强度的叠加。

对 z' 位置处的线元 $\mathrm{d}z'$ 而言，它在 P 点处所产生的电场强度为

$$\mathrm{d}\boldsymbol{E}=\frac{\rho_l \mathrm{d}z'}{4\pi\varepsilon_0 R^2}\boldsymbol{e}_R$$

假设线元 $\mathrm{d}z'$ 指向 P 点的位移矢量 $\boldsymbol{R}$ 与 z 轴之间的夹角为 θ，则

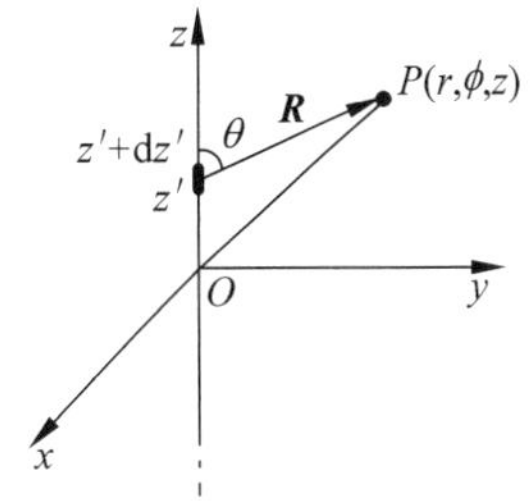

图 2-3　无限长均匀带电直线

$$R=\frac{r}{\sin\theta},\quad \boldsymbol{e}_R=\boldsymbol{e}_r\sin\theta+\boldsymbol{e}_z\cos\theta,\quad z'=z-R\cos\theta$$

由以上关系可得，$z'=z-r\text{ctan}\theta$，则

$$\mathrm{d}z'=\frac{r\mathrm{d}\theta}{\sin^2\theta}$$

分别将 R、$\mathrm{d}z'$ 和 $\boldsymbol{e}_R$ 的表达式代入 $\mathrm{d}\boldsymbol{E}$，可得

$$\mathrm{d}\boldsymbol{E}=\frac{\rho_l \mathrm{d}\theta}{4\pi\varepsilon_0 r}(\boldsymbol{e}_r\sin\theta+\boldsymbol{e}_z\cos\theta)$$

对无限长的带电直线而言，在 $z=-\infty$ 情况下有 $\theta=0$；在 $z=\infty$ 情况下有 $\theta=\pi$。因此，利用叠加原理可得带电直线在 P 点所产生的电场强度为

$$\boldsymbol{E}=\int_l \mathrm{d}\boldsymbol{E}=\int_0^{\pi}\frac{\rho_l}{4\pi\varepsilon_0 r}(\boldsymbol{e}_r\sin\theta+\boldsymbol{e}_z\cos\theta)\mathrm{d}\theta=\frac{\rho_l}{2\pi\varepsilon_0 r}\boldsymbol{e}_r$$

2.2　电场强度的通量和散度

微课视频

2.2.1　电场强度的通量

如图 2-4 所示，围绕真空中的点电荷 q 作一个封闭曲面 S。根据电场强度的表达式(2-2)，电场强度在封闭曲面 S 上的通量为

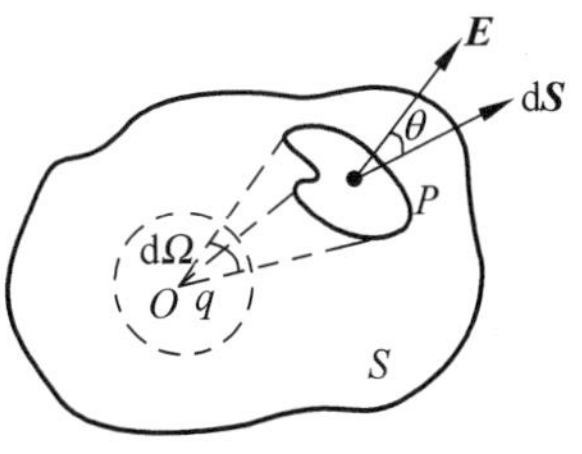

图 2-4　电场强度矢量的通量

$$\oint\!\!\!\oint_S \boldsymbol{E}\cdot\mathrm{d}\boldsymbol{S}=\oint\!\!\!\oint_S \frac{q}{4\pi\varepsilon_0 R^2}\boldsymbol{e}_R\cdot\boldsymbol{e}_n\mathrm{d}S=\frac{q}{4\pi\varepsilon_0}\oint\!\!\!\oint_S\frac{\mathrm{d}S\cos\theta}{R^2}$$

其中，θ 为电场强度 $\boldsymbol{E}$ 与积分面元法向的夹角。另外，上式最右端积分表达式中被积项等于积分面元 $\mathrm{d}S'=\mathrm{d}S\cos\theta$ 所对应的立体角 $\mathrm{d}\Omega$，因此

$$\oint\!\!\!\oint_S \boldsymbol{E}\cdot\mathrm{d}\boldsymbol{S}=\frac{q}{4\pi\varepsilon_0}\oint\!\!\!\oint_S\mathrm{d}\Omega=\frac{q}{\varepsilon_0}$$

另外，如果静电场是由多个点电荷产生的，则根据叠加原理可得

$$\oint\!\!\!\oint_S \boldsymbol{E}\cdot\mathrm{d}\boldsymbol{S}=\frac{\sum q}{\varepsilon_0}=\frac{Q}{\varepsilon_0}\tag{2-5}$$

同理，如果静电场是由分布电荷产生的，则需将式(2-5)中的电荷用电荷体密度的体积分代替，即

$$\oint_S \boldsymbol{E} \cdot \mathrm{d}\boldsymbol{S} = \frac{\iiint_V \rho \mathrm{d}V}{\varepsilon_0} = \frac{Q}{\varepsilon_0} \tag{2-6}$$

式(2-5)或者式(2-6)即真空中电场高斯定理(高斯定律)的积分形式。显然,如果电荷位于封闭曲面的外部(无包围电荷),则上述积分必然等于零。因此,对真空中的静电场而言,其电场强度穿过任一闭合曲面的通量就等于该闭合曲面所包围体积中所有电荷的带电量与 ε_0 之比。

例题 2-3 保持例题 2-2 的条件不变,试通过电场强度的通量来分析该直线外任意一点的电场强度。

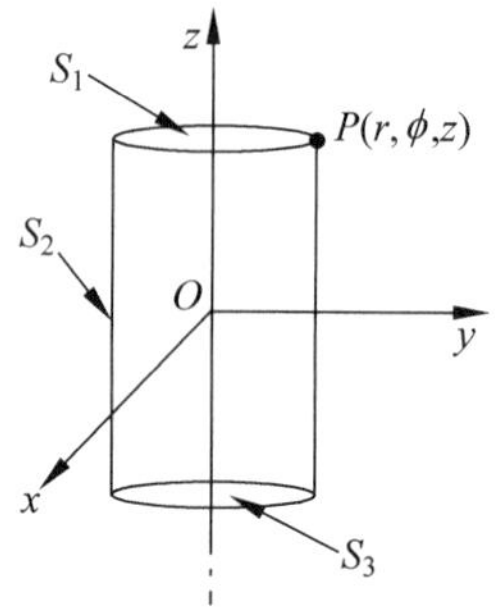

图 2-5 例题 2-3 图

解 根据无限长带电直线上均匀分布电荷的轴对称性可以判断,其外部电场强度没有 $\boldsymbol{e}_\phi$ 和 $\boldsymbol{e}_z$ 分量,其大小与坐标 z 和 ϕ 无关,即

$$\boldsymbol{E} = E(r)\boldsymbol{e}_r$$

如图 2-5 所示,经过点 P,以 z 轴为对称轴作一个半径为 r 的单位长度的圆柱面,根据高斯定理,则电场强度穿过该封闭圆柱面的通量为

$$\begin{aligned}\frac{\rho_l}{\varepsilon_0} &= \oint_S \boldsymbol{E} \cdot \mathrm{d}\boldsymbol{S} \\ &= \iint_{S_1} E(r)\boldsymbol{e}_r \cdot \boldsymbol{e}_{S_1} \mathrm{d}S_1 + \iint_{S_2} E(r)\boldsymbol{e}_r \cdot \boldsymbol{e}_{S_2} \mathrm{d}S_2 + \iint_{S_3} E(r)\boldsymbol{e}_r \cdot \boldsymbol{e}_{S_3} \mathrm{d}S_3 \\ &= 2\pi r \cdot E(r)\end{aligned}$$

因此

$$E(r) = \frac{\rho_l}{2\pi\varepsilon_0 r}$$

即

$$\boldsymbol{E} = E(r)\boldsymbol{e}_r = \frac{\rho_l}{2\pi\varepsilon_0 r}\boldsymbol{e}_r$$

显然,和例题 2-2 通过对电场强度进行积分得到的结果相比,上述方法要简单得多。注意:利用高斯定理分析静电场是有前提的,即高斯面上的电场大小均匀分布、方向与高斯面法向相同(相反)或者垂直;否则,其通量将很难计算。

2.2.2 电场强度的散度

考虑到分析静电场通量时对闭合积分曲面和体积没有限定,因此可以对式(2-6)左边的闭合曲面积分应用散度定理,即

$$\oint_S \boldsymbol{E} \cdot \mathrm{d}\boldsymbol{S} = \iiint_V \nabla \cdot \boldsymbol{E} \mathrm{d}V$$

将上式和式(2-6)联立,可得真空中静电场的散度方程为

$$\nabla \cdot \boldsymbol{E} = \frac{\rho}{\varepsilon_0} \tag{2-7}$$

式(2-7)即真空中电场高斯定理的微分形式。该式说明,对真空中的静电场而言,其电

场强度在任一点处的散度就等于该点处的电荷体密度 ρ 与 ε_0 之比。

根据真空中静电场电位移矢量 $\boldsymbol{D}$（详见 2.6 节）与电场强度 $\boldsymbol{E}$ 之间的关系 $\boldsymbol{D}=\varepsilon_0\boldsymbol{E}$，式(2-6)及式(2-7)所描述的高斯定理的积分形式和微分形式又可以分别表示为

$$\oint\!\!\!\oint_S \boldsymbol{D}\cdot \mathrm{d}\boldsymbol{S}=Q \tag{2-8}$$

$$\nabla\cdot \boldsymbol{D}=\rho \tag{2-9}$$

由高斯定理可知，静电场是个有源场，其散度源（通量源）就是电荷本身，即静电场的电场线总是源自于正电荷，汇聚于负电荷或无穷远处。

例题 2-4　已知在球坐标下自由空间中的电场分布如下所示，求各区域中的体电荷密度的分布。

$$\begin{cases}\boldsymbol{E}=E_0\left(\dfrac{r}{a}\right)^2\boldsymbol{e}_r & 0<r<a\\[2ex] \boldsymbol{E}=E_0\left(\dfrac{a}{r}\right)^2\boldsymbol{e}_r & r\geqslant a\end{cases}$$

解　在球坐标系下，利用电场强度的散度方程可得

$$\rho=\varepsilon_0\,\nabla\cdot\boldsymbol{E}=\varepsilon_0\left[\frac{1}{r^2}\frac{\partial}{\partial r}(r^2E_r)+\frac{1}{r\sin\theta}\frac{\partial}{\partial\theta}(\sin\theta E_\theta)+\frac{1}{r\sin\theta}\frac{\partial E_\phi}{\partial\phi}\right]$$

因此，根据电场强度的表达式，在 $0<r<a$ 区域中有

$$\rho=\frac{4\varepsilon_0E_0}{a^2}r$$

在 $r\geqslant a$ 区域中有

$$\rho=0$$

2.3　电场强度的环量及旋度

微课视频

2.3.1　电场强度的环量

如图 2-6 所示，真空中点电荷 q 在其周围产生静电场。该静电场的电场强度 $\boldsymbol{E}$ 沿有向曲线从 a 到 b 的积分如下：

$$\int_a^b \boldsymbol{E}\cdot\mathrm{d}\boldsymbol{l}=\int_a^b E\boldsymbol{e}_R\cdot\mathrm{d}\boldsymbol{l}=\int_a^b E\,\mathrm{d}R$$

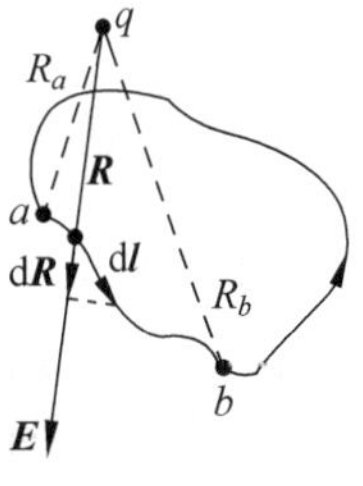

图 2-6　电场强度的环量

图 2-6 中，矢量 $\boldsymbol{R}$ 代表点电荷 q 到积分线上任意一点的位移矢量。将式(2-2)中电场强度的大小 E 代入上式可得

$$\int_a^b E\cdot\mathrm{d}R=\int_{R_a}^{R_b}\frac{q}{4\pi\varepsilon_0R^2}\mathrm{d}R=\frac{q}{4\pi\varepsilon_0}\left(\frac{1}{R_a}-\frac{1}{R_b}\right)$$

显然，上述积分结果仅取决于积分线起点、终点到 q 距离的大小。因此，对于沿闭合曲线的线积分（环量）而言，起点和终点重合，积分结果必然为零。另外，考虑到上述分析过程并没有对积分曲线作任何限定，因此该结果对于任意闭合积分曲线都是适用的，即

$$\oint_l \boldsymbol{E}\cdot\mathrm{d}\boldsymbol{l}=0 \tag{2-10}$$

2.3.2 电场强度的旋度

从式(2-10)出发，应用斯托克斯定理可得

$$\oint_l \boldsymbol{E} \cdot \mathrm{d}\boldsymbol{l} = \iint_S \nabla \times \boldsymbol{E} \cdot \mathrm{d}\boldsymbol{S} = 0$$

因为上式环量计算所对应的闭合积分曲线 $\boldsymbol{l}$ 是任意的，所以用于该闭合曲线的面积矢量 $\boldsymbol{S}$ 也是任意的。为确保上述等式对任意的积分曲线和积分曲面都成立，电场强度的旋度必须为零，即

$$\nabla \times \boldsymbol{E} = 0 \tag{2-11}$$

由式(2-11)可知，对真空中点电荷所产生的静电场而言，其电场强度的旋度处处为零。另外，考虑到静电场的电场强度满足矢量叠加原理，因此对多个点电荷或者分布电荷所产生的静电场而言，上述结论仍然成立。最后，通过本章 2.5 节的讨论还发现，对媒质填充区域中的静电场，其旋度也处处为零。

综上所述，静电场是电场强度的旋度处处为零的无旋场(保守场)。

例题 2-5 对如下所示直角坐标系和球坐标系中的电场强度，试分别判断其代表的电场可否为静电场。

(1) $\boldsymbol{E} = \boldsymbol{e}_x(z^2 + x) + \boldsymbol{e}_y(xz) + \boldsymbol{e}_z(x + y + z)$;

(2) $\boldsymbol{E} = \dfrac{Ba}{\varepsilon_0 r^2}\boldsymbol{e}_r$。

解 如上所述，静电场是一个保守场，即电场强度的旋度处处为零。因此，通过验证其旋度是否为零就可以判断上述表达式可否代表静电场的电场强度。

(1) $\nabla \times \boldsymbol{E} = \boldsymbol{e}_x(z^2 + x) + \boldsymbol{e}_y(xz) + \boldsymbol{e}_z(x + y + z) = \boldsymbol{e}_x(1 - x) + \boldsymbol{e}_y(2z - 1) + \boldsymbol{e}_z(z) \neq 0$;

(2) $\nabla \times \boldsymbol{E} = 0$。

显然，表达式(1)不可能代表静电场的电场强度，而表达式(2)可以。

微课视频

2.4 静电场的电位函数

本节将在静电场为无旋场的基础上，引入一个新的场量，即电位函数。

2.4.1 电场强度与电位函数

结合第 1 章的矢量分析和相关矢量恒等式可知：任意标量函数梯度的旋度恒等于零。由此，结合“静电场电场强度的旋度处处为零”的结论可以推断：静电场的电场强度可以用一个标量函数 φ 的梯度来表示。即

$$\boldsymbol{E} = -\nabla\varphi \tag{2-12}$$

其中 φ 定义为静电场的电位函数，又称标量电位。

由式(2-12)计算 $\boldsymbol{E}$ 沿有向曲线从 a 到 b 的积分，可得

$$\int_a^b \boldsymbol{E} \cdot \mathrm{d}\boldsymbol{l} = -\int_a^b \nabla\varphi \cdot \mathrm{d}\boldsymbol{l} = -\int_a^b \frac{\partial\varphi}{\partial l}\mathrm{d}l = -\int_a^b \mathrm{d}\varphi = \varphi_a - \varphi_b$$

由上式可见，静电场中两不同位置处的电位函数之差(电位差)与积分路径无关，只与积

分线的起点和终点有关。上述积分代表单位正电荷从 a 点移动到 b 点电场力对其所做的功。可见，静电场中电位差的物理意义就是电场力做的功。

如上所述，尽管静电场中的电位差是唯一确定的，而对式(2-12)积分的结果并不唯一(相差为某个常数)。为此，在计算电位时，常选择静电场中的某个固定点作为零电位参考点。例如，选择 $\varphi_b=0$，则任意一点 a 的电位为

$$\int_a^b \boldsymbol{E}\cdot \mathrm{d}\boldsymbol{l}=\varphi_a-\varphi_b=\varphi_a$$

严格来说，上式给出的电位是 a 点相对于零电位参考点(b 点)的电位(电位差)。对于零电位参考点而言，其选择是任意的；但对于同一个问题，只能选择一个零电位参考点，而且通常会选择一些能够简化电位函数表达式的点作为零电位参考点。例如，当电荷分布在有限范围内的时候，通常会选择无穷远处作为零电位参考点，即静电场中任意一点的电位函数为

$$\varphi_a=\int_a^\infty \boldsymbol{E}\cdot \mathrm{d}\boldsymbol{l} \tag{2-13}$$

综上所述，零电位参考点一旦确定，静电场中各点的电位分布也就被唯一确定。因此，除了电场强度之外，还可以用电位函数来对静电场的分布进行描述。

另外，所谓静电场中的等位线(面)就是静电场中电位相等的点连接起来所形成的线(面)。如式(2-12)所述，既然电场强度是电位函数的负梯度，那么根据梯度运算的物理意义不难理解：电场强度与电位线(面)处处正交，并且指向电位减小的方向。图 2-7 给出的是点电荷 q 所生成静电场的等位面和电场强度的示意图。

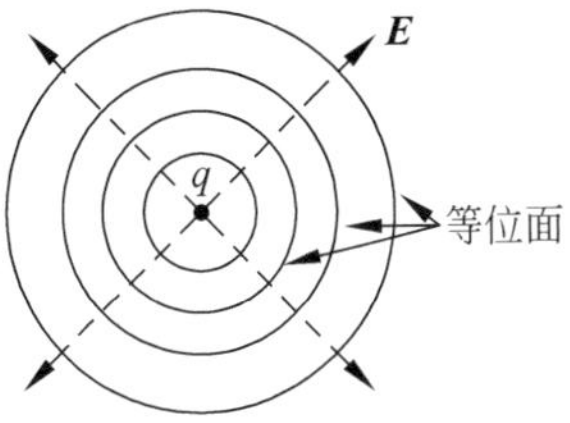

图 2-7　静电场及其等位面

2.4.2　电位函数的表达式

根据真空中点电荷 q 所产生的静电场，由式(2-13)可以计算出其在 a 点的电位(无穷远处为零电位参考点)如下

$$\begin{aligned}\varphi_a&=\int_a^\infty \boldsymbol{E}\cdot \mathrm{d}\boldsymbol{l}=\int_a^\infty \frac{q}{4\pi\varepsilon_0 R^2}\boldsymbol{e}_R\cdot \mathrm{d}\boldsymbol{l}\\&=\int_R^\infty \frac{q}{4\pi\varepsilon_0 R^2}\mathrm{d}R=\frac{q}{4\pi\varepsilon_0 R}\end{aligned} \tag{2-14}$$

其中，R 为 q 所在位置指向 a 点的位移矢量的大小。显然，真空中单个点电荷所产生的电位与该点电荷的电量也成正比。对于多个点电荷在某处所产生的总的电位，可以利用叠加原理进行分析，即

$$\varphi=\frac{1}{4\pi\varepsilon_0}\sum_i \frac{q_i}{R_i} \tag{2-15}$$

同理，对有限区域内的分布电荷(线电荷密度为 ρ_l 的线分布电荷，面电荷密度为 ρ_s 的面分布电荷，体电荷密度为 ρ 的体分布电荷)而言，其电位函数可以通过积分得到，即

$$\left.\begin{aligned}\varphi&=\frac{1}{4\pi\varepsilon_0}\int_{l'}\frac{\rho_l\,\mathrm{d}l'}{R}\\ \varphi&=\frac{1}{4\pi\varepsilon_0}\iint_{S'}\frac{\rho_s\,\mathrm{d}S'}{R}\\ \varphi&=\frac{1}{4\pi\varepsilon_0}\iiint_{V'}\frac{\rho\,\mathrm{d}V'}{R}\end{aligned}\right\}\tag{2-16}$$

例题 2-6 保持例题 2-1 的条件不变,试通过电位函数计算点 P 的电场强度。

解 如图 2-2 所示,点电荷 q_1、q_2 到任意一点(x,y,z)的距离为

$$R_1=\sqrt{x^2+y^2+(z-4)^2},\quad R_2=\sqrt{x^2+(y-4)^2+z^2}$$

因此,q_1、q_2 在该点处的电位可以分别表示为

$$\varphi_1=\frac{q_1}{4\pi\varepsilon_0R_1}=\frac{q_1}{4\pi\varepsilon_0\sqrt{x^2+y^2+(z-4)^2}},\quad \varphi_2=\frac{q_2}{4\pi\varepsilon_0R_2}=\frac{q_2}{4\pi\varepsilon_0\sqrt{x^2+(y-4)^2+z^2}}$$

依据叠加原理可得(x,y,z)处的总电位为

$$\varphi=\varphi_1+\varphi_2=\frac{q_1}{4\pi\varepsilon_0\sqrt{x^2+y^2+(z-4)^2}}+\frac{q_2}{4\pi\varepsilon_0\sqrt{x^2+(y-4)^2+z^2}}$$

因此,上述电位分布所对应的电场强度的分布为

$$\begin{aligned}\boldsymbol{E}=-\nabla\varphi=&\frac{1}{4\pi\varepsilon_0}\left\{q_1\frac{x}{[x^2+y^2+(z-4)^2]^{\frac{3}{2}}}+q_2\frac{x}{[x^2+(y-4)^2+z^2]^{\frac{3}{2}}}\right\}\boldsymbol{e}_x+\\&\frac{1}{4\pi\varepsilon_0}\left\{q_1\frac{y}{[x^2+y^2+(z-4)^2]^{\frac{3}{2}}}+q_2\frac{y-4}{[x^2+(y-4)^2+z^2]^{\frac{3}{2}}}\right\}\boldsymbol{e}_y+\\&\frac{1}{4\pi\varepsilon_0}\left\{q_1\frac{z-4}{[x^2+y^2+(z-4)^2]^{\frac{3}{2}}}+q_2\frac{z}{[x^2+(y-4)^2+z^2]^{\frac{3}{2}}}\right\}\boldsymbol{e}_y\end{aligned}$$

将 P 点的坐标$(x=3,y=0,z=0)$以及 $q_1=q_2=q$ 代入上式,可得

$$\boldsymbol{E}_P=-\nabla\varphi=\frac{q}{250\pi\varepsilon_0}(3\boldsymbol{e}_x-2\boldsymbol{e}_y-2\boldsymbol{e}_z)$$

例题 2-7 如图 2-8 所示,均匀带电的导体圆环半径为 a,线电荷密度为 ρ_l。试写出其轴线上任一点的电位并计算电场强度。

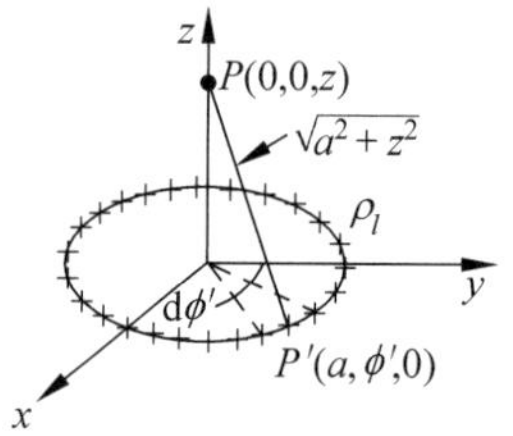

图 2-8 均匀带电的导体圆环

解 设带电圆环上点 $P'(a,\phi',0)$位置处的线元所带电量为 $\rho_la\,\mathrm{d}\phi'$;该线元到 z 轴上任一点 $P(0,0,z)$的距离为 $\sqrt{a^2+z^2}$。因此,线元在 P 点产生的电位为

$$\mathrm{d}\varphi=\frac{\rho_la\,\mathrm{d}\phi'}{4\pi\varepsilon_0\sqrt{a^2+z^2}}$$

通过对上式积分可得均匀带电导体圆环在点 P 处的电位,即

$$\varphi=\int_0^{2\pi}\frac{\rho_la\,\mathrm{d}\phi'}{4\pi\varepsilon_0\sqrt{a^2+z^2}}=\frac{\rho_la}{2\varepsilon_0\sqrt{a^2+z^2}}$$

其电场强度为

$$\boldsymbol{E}=-\nabla\varphi=\frac{\rho_laz}{2\varepsilon_0(a^2+z^2)^{\frac{3}{2}}}\boldsymbol{e}_z$$

微课视频

2.5 电偶极子

电偶极子是由等值异号、相距很近($l \ll r$)的两个点电荷(q，$-q$)所组成的电荷系统，如图 2-9 所示。电偶极子可以通过电偶极矩 $\boldsymbol{P}_{\mathrm{e}}$ 来描述，即

$$\boldsymbol{P}_{\mathrm{e}} = q\boldsymbol{l} \tag{2-17}$$

式中，电偶极矩的大小等于电荷量乘以电荷间距，而方向则由负电荷指向正电荷。

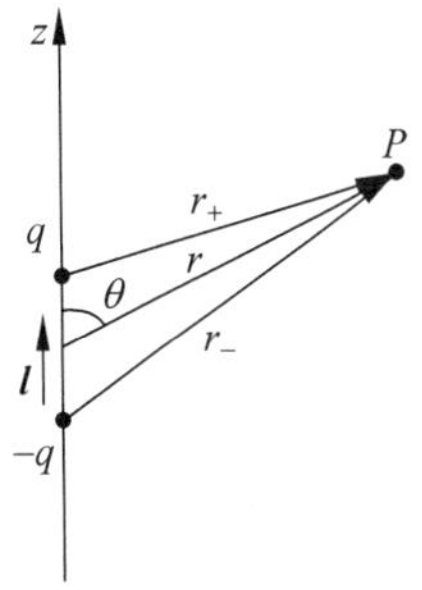

图 2-9 电偶极子

2.5.1 电偶极子的电位函数

根据式(2-15)可以给出电偶极子的电位函数(无穷远处为零电位参考点)。

$$\varphi = \frac{q}{4\pi\varepsilon_0}\left(\frac{1}{r_+} - \frac{1}{r_-}\right) = \frac{q(r_- - r_+)}{4\pi\varepsilon_0 r_+ \cdot r_-}$$

在观察点远离电偶极子的情况下，考虑到电偶极子的电荷间距很小，则

$$r \gg l, \quad r_+ \approx r - \frac{l}{2}\cos\theta, \quad r_- \approx r + \frac{l}{2}\cos\theta$$

因此

$$r_- - r_+ \approx l\cos\theta, \quad r_+ \cdot r_- \approx r^2$$

将上述结果代入电偶极子的电位函数表达式，有

$$\varphi = \frac{q(r_- - r_+)}{4\pi\varepsilon_0 r_+ \cdot r_-} = \frac{ql\cos\theta}{4\pi\varepsilon_0 r^2} \tag{2-18}$$

利用电偶极矩，上式可表达为

$$\varphi = \frac{ql\cos\theta}{4\pi\varepsilon_0 r^2} = \frac{\boldsymbol{P}_{\mathrm{e}} \cdot \boldsymbol{e}_r}{4\pi\varepsilon_0 r^2} \tag{2-19}$$

对比电偶极子和点电荷的电位表达式，即式(2-18)、式(2-19)和式(2-14)，不难看出：相对于点电荷的电位随距离的变化而言，电偶极子产生的静电场的电位随距离的二次方衰减，其衰减更快。考虑到电偶极子由等值异号、相距很近的两点电荷所组成，而两电荷各自产生的电位相互抵消，上述结论则不难理解。

另外，从式(2-18)、式(2-19)不难发现，球坐标系中电位函数的表达式仅为 r 和 θ 的函数，与坐标 ϕ 无关，即其电位依 z 轴对称分布。

2.5.2 电偶极子静电场的电场强度

将式(2-18)给出的电位函数 φ 代入式(2-12)可以计算出电偶极子静电场的电场强度，即

$$\boldsymbol{E} = -\nabla\varphi = \boldsymbol{e}_r \frac{P_{\mathrm{e}}\cos\theta}{2\pi\varepsilon_0 r^3} + \boldsymbol{e}_\theta \frac{P_{\mathrm{e}}\sin\theta}{4\pi\varepsilon_0 r^3} = \boldsymbol{e}_r E_r + \boldsymbol{e}_\theta E_\theta \tag{2-20}$$

式中的电位函数是在电偶极子电荷的间距足够小(观察点远离电偶极子)的前提下得到的，因此上述电场强度也仅描述远离电偶极子区域中静电场的分布。

另外，和前面通过分析电位函数所得到的结论类似：电偶极子静电场的电场强度随距离的三次方衰减，其衰减速度快于点电荷电场强度随距离的变化；电偶极子静电场的电场强度仅有 r 和 θ 方向的分量，也具有轴对称性。

2.5.3 电偶极子静电场的等位面和电场线

根据式(2-14)不难发现，单个点电荷所产生的静电场的等位面就是以该电荷为球心的球面。对电偶极子而言，可以由式(2-18)中给出的电位等于某个常数值 φ_0 而得到等位面方程，即

$$\varphi_0 = \frac{ql\cos\theta}{4\pi\varepsilon_0 r^2}$$

所以

$$r = \left(\frac{ql}{4\pi\varepsilon_0\varphi_0}\right)^{1/2}\sqrt{\cos\theta}$$

将若干不同的 φ_0 所对应的等位线画在一张图示中，其结果如图 2-10 中的实线所示。另外，根据式(2-12)给出的电位函数与电场强度之间的关系不难理解，电场强度必须垂直于等位面并指向电位降低的方向，即图 2-10 中各条等位线的法线连接形成的曲线可被用于表示电场强度的方向，并可以进一步得到电场线。

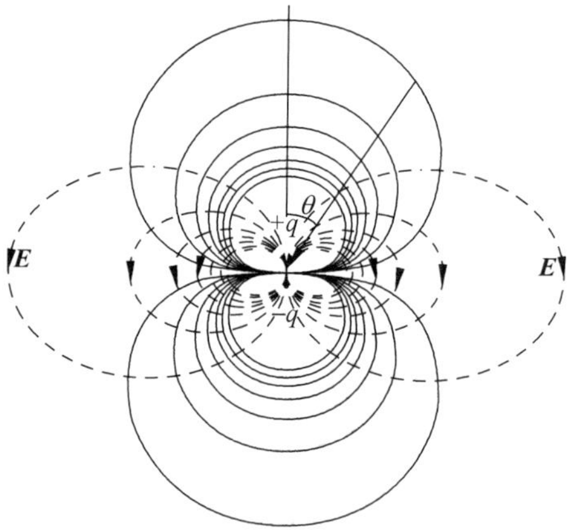

图 2-10 等位面和电场线

显然，对于单个点电荷所产生的静电场而言，其电场线可以利用聚敛或者源自于点电荷的一组射线来表示。而对电偶极子而言，其情况稍显复杂，但利用两平行矢量的矢量积等于零的特点，可以得到电偶极子静电场的电场线方程，即

$$\boldsymbol{E}\times \mathrm{d}\boldsymbol{l} = 0$$

将式(2-20)给出的电偶极子电场强度的表达式代入上式，并考虑到 $\mathrm{d}\boldsymbol{l}$ 仅含 r 和 θ 方向的分量，即

$$(\boldsymbol{e}_r E_r + \boldsymbol{e}_\theta E_\theta)\times(\boldsymbol{e}_r \mathrm{d}r + \boldsymbol{e}_\theta r\,\mathrm{d}\theta) = 0$$

因此

$$\frac{\mathrm{d}r}{r} = \frac{E_r}{E_\theta}\mathrm{d}\theta = \frac{2\cos\theta}{\sin\theta}\mathrm{d}\theta$$

通过对上式的积分可得电场线方程如下：

$$r = C\sin^2\theta$$

式中，C 代表积分常数。显然，不同常数 C 会对应不同的电场线，其具体形状如图 2-10 中的虚线所示。

最后，需要注意的是，上述有关电偶极子等位面和电场线的结论都是基于观察点远离电偶极子的前提之下得到的，因此上述结论和图形仅适用于远离电偶极子的区域，在电偶极子附近区域中并不准确。

2.6　静电场中的导体和介质

微课视频

前面基于库仑定律讨论了真空中静电场的性质。静电场也有可能分布于填充各种媒质的区域。虽然媒质可以在宏观上保持电中性，但其内部的各种微观带电系统不可避免地会与静电场相互作用。这种相互作用所导致的媒质内部微观状态的变化会对静电场的分布造成影响。因此，本节将重点讨论各种媒质中的静电场。

一般而言，媒质可以被分成三大类，即导体、介质（绝缘体）和半导体。考虑到静电场中半导体的特性和导体类似，本节将仅就导体和介质中的静电场展开具体分析。

2.6.1　静电场中的导体

导体内部包含大量的自由电子，理解导体的关键就是理解"自由电子"。自由电子不受原子核的束缚，能够在导体内部自由运动；如果没有外力的约束，则在极小的电场作用下，它们都会连续不断地运动。

在没有静电场存在的情况下，导体内部大量的自由电子做着无轨热运动。但如果有外电场存在，则自由电子在电场的作用下将向表面运动，直到在导体表面受到约束力的作用达到平衡后停止，其结果是在导体表面聚集的感应电荷在导体内部激发一个抵消原电场的附加电场，使得总电场为零。如图 2-11 所示，附加电场和原电场相互叠加，将使导体处于静电平衡的状态。静电场中的导体具有如下一些基本特性：

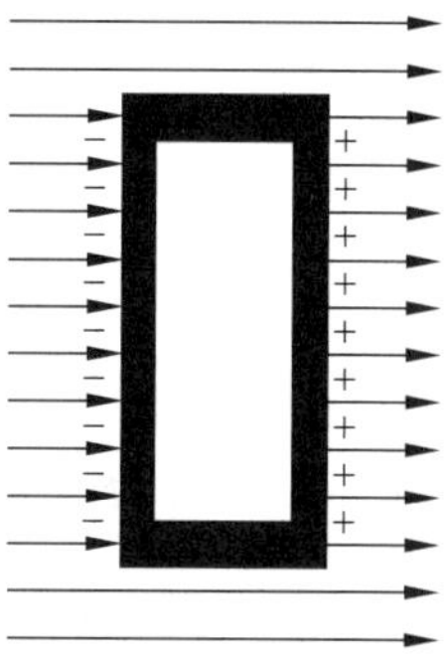

图 2-11　静电场中的导体

首先，导体内部的电场强度必然处处为零。否则导体内部的自由电子将在该电场的作用下继续运动，从而破坏导体静电平衡的条件。另外，导体内部不可能有净电荷存在，即导体内部的正负电荷必然相互抵消。否则导体内部同号电荷之间的相互排斥将导致其向导体表面分散，直至内部净电荷减少到零为止。最后，导体是一个等位体，导体表面是一个等位面，电场强度（电场线）垂直于导体表面（等位面）。

对导体表面上任意两点而言，电场强度沿连接两点的任意曲线积分的结果就等于其电位差。即

$$\int_a^b \boldsymbol{E}\cdot\mathrm{d}\boldsymbol{l}=-\int_a^b\frac{\partial\varphi}{\partial l}\mathrm{d}l=\varphi(a)-\varphi(b)$$

由于导体内部电场强度处处为零，因此电位差恒等于零。由此得出，静电场中的导体为等位体，其表面就是等位面。

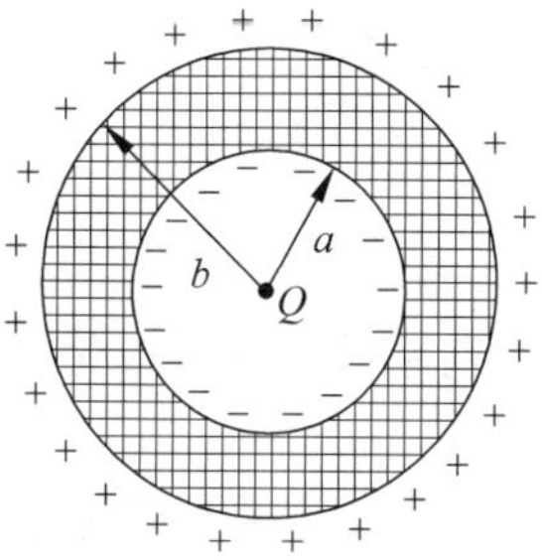

图 2-12　静电平衡中的导体球壳

例题 2-8　如图 2-12 所示，原本并不带电的厚导体球壳，其内半径为 a，外半径为 b。如果将点电荷 Q 置于该球壳的球心，试确定静电平衡状态下的空间电场强度和电位分布。

解　如图 2-12 所示，因为系统具有球对称性，因此该电场的分布也具有球对称性，即距离电荷 Q 相同半径的球

面上,其电场强度的大小相等,方向沿径向。下面将待求空间分成三个区域分别进行讨论:

(1) $r>b$:在该区域内以 Q 为球心作包围该电荷的球面,应用高斯定理可得其电场强度的大小为 $E_1=\dfrac{Q}{4\pi\varepsilon_0 r^2}$,即

$$\boldsymbol{E}_1=\frac{Q}{4\pi\varepsilon_0 r^2}\boldsymbol{e}_r$$

以无穷远处作为零电位参考点,则距离 Q 为 r 的球面上任一点的电位为

$$\varphi=\int_r^{\infty}\boldsymbol{E}_1\cdot \mathrm{d}\boldsymbol{r}=\int_r^{\infty}\frac{Q}{4\pi\varepsilon_0 r^2}\boldsymbol{e}_r\cdot\boldsymbol{e}_r\mathrm{d}r=\frac{Q}{4\pi\varepsilon_0 r}$$

显然,该结论和仅有点电荷 Q 存在、没有厚导体球壳情况下的结论完全相同,即球壳的存在并不影响该区域中电场的分布。

(2) $a<r<b$:该区域中为导体,导体在静电平衡时其内部电场为零,即

$$\boldsymbol{E}_2=0$$

在静电平衡时,导体内表面上均匀分布着电荷 $-Q$,外表面上均匀分布着电荷 Q,如图 2-12 所示。该区域中距离电荷 Q 为 r 的球面上任一点的电位为

$$\varphi=\int_r^{\infty}\boldsymbol{E}\cdot\mathrm{d}\boldsymbol{r}=\int_r^{b}\boldsymbol{E}_2\cdot\mathrm{d}\boldsymbol{r}+\int_b^{\infty}\boldsymbol{E}_1\cdot\mathrm{d}\boldsymbol{r}=\int_b^{\infty}\frac{Q}{4\pi\varepsilon_0 r^2}\boldsymbol{e}_r\cdot\boldsymbol{e}_r\mathrm{d}r=\frac{Q}{4\pi\varepsilon_0 b}$$

(3) $r<a$:和情况 1 类似,对本区域应用高斯定理可得其电场强度为

$$\boldsymbol{E}_3=\frac{Q}{4\pi\varepsilon_0 r^2}\boldsymbol{e}_r$$

其中任一点的电位为

$$\begin{aligned}\varphi&=\int_r^{\infty}\boldsymbol{E}\cdot\mathrm{d}\boldsymbol{r}=\int_r^{a}\boldsymbol{E}_3\cdot\mathrm{d}\boldsymbol{r}+\int_a^{b}\boldsymbol{E}_2\cdot\mathrm{d}\boldsymbol{r}+\int_b^{\infty}\boldsymbol{E}_1\cdot\mathrm{d}\boldsymbol{r}\\&=\int_r^{a}\frac{Q}{4\pi\varepsilon_0 r^2}\boldsymbol{e}_r\cdot\boldsymbol{e}_r\mathrm{d}r+\int_b^{\infty}\frac{Q}{4\pi\varepsilon_0 r^2}\boldsymbol{e}_r\cdot\boldsymbol{e}_r\mathrm{d}r=\frac{Q}{4\pi\varepsilon_0}\left(\frac{1}{r}+\frac{1}{b}-\frac{1}{a}\right)\end{aligned}$$

2.6.2 静电场中的介质

介质(本节考虑电介质)与导体不同,其电子被牢牢束缚在其微观结构中,无法自由移动,无法导电,因此也被称为绝缘体。介质分子按结构可以分为无极分子(例如 H_2、N_2、CCL_4 等)和有极分子(例如 H_2O),它们都呈无规则排列状态,在没有外电场的作用下介质不显电性。尽管如此,在外电场的作用下介质仍然会被极化,即如图 2-13 所示,有极分子在外电场的作用下会重新取向,称为取向极化;而原本正负电荷相互重合、显电中性的无极分子会在外部电场 $\boldsymbol{E}_0$ 的作用下出现正负电荷中心分离而形成电偶极子,也会产生附加电偶极矩,称为位移极化。因此导致介质内部出现大量排列方向大致相同的类似于电偶极子的电荷系统。这些极化电荷形成的二次场 $\boldsymbol{E}'$ 将与原电场相互叠加,在介质内部形成新的电场分布。

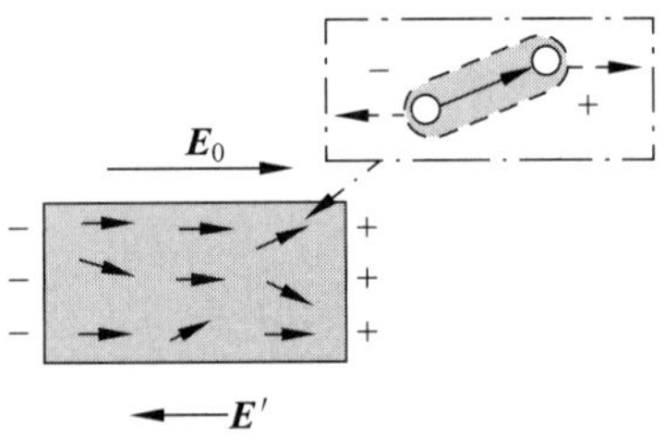

图 2-13 介质极化所产生的附加场

对介质极化所形成的二次场而言,逐个分析电偶极子所产生的电场并进行累加显然是不可行的。为此,可以考虑利用微积分的思想,将介质的微分体积元视为等效的电偶极子,

然后利用电偶极子的静电场性质来分析介质极化的二次场分布。

首先定义极化强度矢量 $\boldsymbol{P}$,即极化介质内部单位体积内所有电偶极子之电偶极矩的矢量和,其表达式如下

$$\boldsymbol{P}=\lim_{\Delta V\to 0}\frac{\sum_{i=1}^{N}\boldsymbol{P}_i}{\Delta V} \tag{2-21}$$

式中,N 为 ΔV 体积内所有电偶极子的个数,$\boldsymbol{P}_i$ 为第 i 个电偶极子的电偶极矩。显然,极化强度的实质就是介质极化产生的电偶极子之电偶极矩的体密度。注意,极化强度是宏观统计量,而电偶极矩为微观量。

利用极化强度 $\boldsymbol{P}$ 可以表示极化介质内部任意体积元 $\mathrm{d}V'$ 中电偶极矩的情况。如图 2-14 所示,如果将该电偶极矩视为一个等效的电偶极子,则其位函数可以参考式(2-19)写出,即

$$\mathrm{d}\varphi=\frac{\boldsymbol{P}\mathrm{d}V'\cdot\boldsymbol{e}_R}{4\pi\varepsilon_0R^2}$$

其中,R 代表源点($\mathrm{d}V'$)到场点的距离。对上式积分可得介质内部因介质极化而产生的总电位,即

$$\varphi=\iiint_{V'}\frac{\boldsymbol{P}\cdot\boldsymbol{e}_R}{4\pi\varepsilon_0R^2}\mathrm{d}V' \tag{2-22}$$

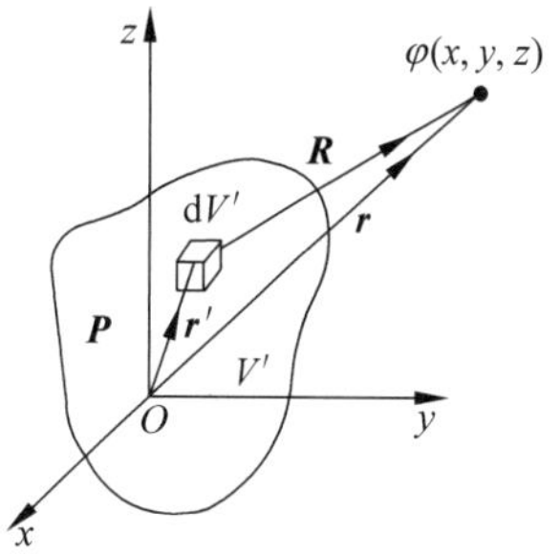

图 2-14 介质极化

由于

$$\nabla'\left(\frac{1}{R}\right)=\nabla'\left(\frac{1}{|\boldsymbol{r}-\boldsymbol{r}'|}\right)=\frac{\boldsymbol{r}-\boldsymbol{r}'}{|\boldsymbol{r}-\boldsymbol{r}'|^3}=\frac{1}{R^2}\boldsymbol{e}_R$$

将上式代入式(2-22)可得

$$\varphi=\frac{1}{4\pi\varepsilon_0}\iiint_{V'}\boldsymbol{P}\cdot\nabla'\left(\frac{1}{R}\right)\mathrm{d}V' \tag{2-23}$$

再利用矢量恒等式

$$\nabla\cdot(f\boldsymbol{A})=f\,\nabla\cdot\boldsymbol{A}+\boldsymbol{A}\cdot\nabla f$$

则式(2-23)的积分可以分为两部分,即

$$\varphi=\frac{1}{4\pi\varepsilon_0}\iiint_{V'}\nabla'\cdot\left(\frac{\boldsymbol{P}}{R}\right)\mathrm{d}V'-\frac{1}{4\pi\varepsilon_0}\iiint_{V'}\frac{\nabla'\cdot\boldsymbol{P}}{R}\mathrm{d}V'$$

对上式等号右侧的第一项应用散度定理,可得

$$\varphi=\frac{1}{4\pi\varepsilon_0}\oint\!\!\!\oint_{S'}\frac{\boldsymbol{P}\cdot\boldsymbol{e}_\mathrm{n}\mathrm{d}S'}{R}-\frac{1}{4\pi\varepsilon_0}\iiint_{V'}\frac{\nabla'\cdot\boldsymbol{P}}{R}\mathrm{d}V'$$

将上式与面电荷产生的电位函数表达式、体电荷产生的电位函数表达式(2-16)对比发现,$-\nabla'\cdot\boldsymbol{P}$ 和 $\boldsymbol{P}\cdot\boldsymbol{e}_\mathrm{n}$ 分别与 ρ 和 ρ_s 的作用相当,分别被称为极化电荷(束缚电荷)体密度 ρ_p 和极化电荷面密度 ρ_ps,即

$$\rho_\mathrm{p}=-\nabla'\cdot\boldsymbol{P} \tag{2-24}$$

$$\rho_\mathrm{ps}=\boldsymbol{P}\cdot\boldsymbol{e}_\mathrm{n} \tag{2-25}$$

注意:在上述分析过程中,为区分源所在区域(束缚电荷所在区域)和场点所在的区域的不同,特意在源区域坐标及其相关运算符的右上角加了一撇进行区别,即式(2-24)中的散度运算是针对极化强度 $\boldsymbol{P}$ 的空间自变量 $r'(x',\ y',\ z')$进行的。在具体应用过程中,如果

无须区分不同的区域，就可以将式(2-24)直接写为

$$\rho_{\mathrm{p}}=-\nabla\cdot\boldsymbol{P} \tag{2-26}$$

对极化电荷体密度 ρ_{p} 和极化电荷面密度 ρ_{ps} 而言，因为它们作为分布电荷所形成的静电场也是一个无旋场，所以在填充介质的情况下，总场的旋度仍然保持处处为零。另外，由图 2-13 可知，虽然极化电荷产生的二次场(附加电场)$\boldsymbol{E}'$ 与外电场 $\boldsymbol{E}_0$ 相反，但是不足以完全抵消掉外电场的作用(不同于导体)，只能在介质区域起到消弱原场的作用。

2.6.3 介质中电位移矢量的通量和散度

如前所述，介质极化产生的二次场会影响原电场的分布。下面讨论极化电荷对静电场的通量和散度的影响。

作为原电场和介质极化产生的二次场的叠加，电场强度的散度源不仅应该包括自由电荷密度，还应该包括极化电荷密度，即

$$\nabla\cdot\boldsymbol{E}=\frac{\rho+\rho_{\mathrm{p}}}{\varepsilon_0} \tag{2-27}$$

将式(2-26)给出的极化电荷体密度的表达式代入式(2-27)，可得

$$\nabla\cdot\boldsymbol{E}=\frac{\rho-\nabla\cdot\boldsymbol{P}}{\varepsilon_0}$$

即

$$\nabla\cdot(\varepsilon_0\boldsymbol{E}+\boldsymbol{P})=\rho$$

上式和式(2-9)类似，即左端矢量的散度仅取决于自由电荷的体密度。这对于分析介质中静电场的分布问题非常有利，因为极化电荷体密度及极化强度往往是未知的。令

$$\boldsymbol{D}=\varepsilon_0\boldsymbol{E}+\boldsymbol{P} \tag{2-28}$$

则称 $\boldsymbol{D}$ 为电位移矢量，也称为电通量密度，其单位为库/米^2($\mathrm{C/m^2}$)。利用电位移矢量 $\boldsymbol{D}$ 表示的静电场的散度方程如下：

$$\nabla\cdot\boldsymbol{D}=\rho \tag{2-29}$$

式(2-29)即介质中高斯定理(律)的微分形式。该式说明，静电场电位移矢量在任一点处的散度就等于该点处的自由电荷体密度 ρ。

至于介质中静电场的通量，可通过对上式两边同时进行体积分得到，即

$$\iiint_V\nabla\cdot\boldsymbol{D}\,\mathrm{d}V=\iiint_V\rho\,\mathrm{d}V=Q \tag{2-30}$$

对式(2-30)左端应用散度定理可得

$$\oiint_S\boldsymbol{D}\cdot\mathrm{d}\boldsymbol{S}=Q \tag{2-31}$$

式(2-31)即介质中高斯定理的积分形式。该式说明，静电场电位移矢量穿过任一闭合曲面的通量就等于该闭合曲面所包围体积中所有自由电荷的带电量。

注意：虽然电位移矢量 $\boldsymbol{D}$ 的净通量和散度只与自由电荷分布有关，但是，一般情况下电位移矢量 $\boldsymbol{D}$ 不仅与自由电荷分布有关，还与极化电荷分布有关。本书只讨论线性、均匀、各向同性介质的情况，此时 $\boldsymbol{D}$ 只与自由电荷分布有关。

2.6.4　电位移矢量与电场强度的关系

如上所述，电位移矢量作为一个新的辅助物理量，仅取决于自由电荷（体密度）；而电场强度作为静电场的基本场矢量，不仅取决于自由电荷，也取决于介质的极化情况；两者之间的关系如式(2-28)所示。

对真空中的静电场而言，因为不存在极化的问题（极化强度等于零），所以由式(2-28)可得电位移矢量和电场强度的关系为 $\boldsymbol{D}=\varepsilon_0\boldsymbol{E}$。

处于静电场中的介质，其极化程度取决于电场强度和介质自身的电特性。实验表明，极化强度 $\boldsymbol{P}$ 正比于电场强度，而比例系数与介质的电特性有关，即

$$\boldsymbol{P}=\varepsilon_0\chi_e\boldsymbol{E} \tag{2-32}$$

式中，ε_0 代表真空中的介电常数，χ_e 代表介质的极化率（无量纲）。对于线性介质，χ_e 与 $\boldsymbol{E}$ 无关；对于非线性介质，χ_e 是 $\boldsymbol{E}$ 的函数。对于各向同性的介质，χ_e 是一个无量纲的比例系数；对于各向异性的介质，χ_e 是一个张量。对于均匀介质，χ_e 与空间位置无关，是个常量；对于非均匀介质，χ_e 是空间位置的函数。本书仅讨论线性、均匀、各向同性的介质的情况。

将式(2-32)代入式(2-28)可得

$$\boldsymbol{D}=\varepsilon_0\boldsymbol{E}+\varepsilon_0\chi_e\boldsymbol{E}=\varepsilon_0(1+\chi_e)\boldsymbol{E}=\varepsilon_0\varepsilon_r\boldsymbol{E}=\varepsilon\boldsymbol{E} \tag{2-33}$$

式中，ε_r 通常称为介质的相对介电常数，无量纲；$\varepsilon=\varepsilon_0\varepsilon_r$ 为介质的介电常数，单位为法/米(F/m)，其中 $\boldsymbol{E}$ 包括外加电场 $\boldsymbol{E}_0$ 和介质极化后产生的附加电场 $\boldsymbol{E}'$。介电常数和相对介电常数反映的是介质的极化特性，属于物质的三个基本电磁参数（介电常数、磁导率、电导率）之一。式(2-33)也称为介质中的电场物质（本构）方程。另外，各种材料的 ε_r 可以通过实验测定（大于 1），相关数据可以通过查表获取。例如，真空中的相对介电常数等于 1。

对于线性、均匀、各向同性的介质，$\boldsymbol{D}$、$\boldsymbol{E}$、$\boldsymbol{P}$ 之间为线性关系。$\boldsymbol{D}$ 线由正的自由电荷发出，终止于负的自由电荷；$\boldsymbol{E}$ 线的起点与终点既可以在自由电荷上，又可以在极化电荷上；而 $\boldsymbol{P}$ 线由负的极化电荷发出，终止于正的极化电荷，如图 2-15 所示。

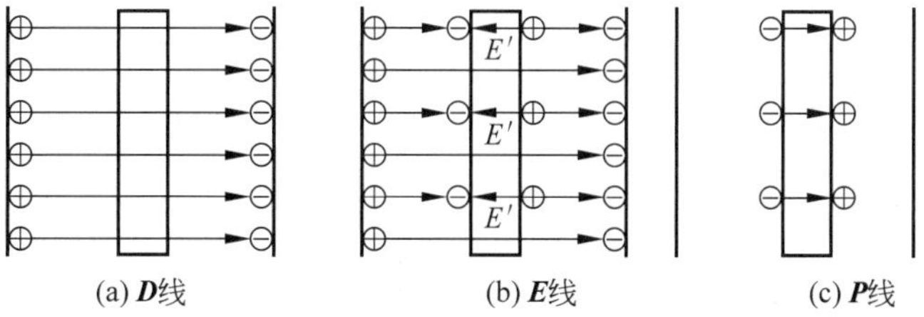

图 2-15　**D** 线、**E** 线与 **P** 线三者之间的关系

由于 $\boldsymbol{P}=\varepsilon_0\chi_e\boldsymbol{E}=\varepsilon_0(\varepsilon_r-1)\boldsymbol{E}=\dfrac{\varepsilon_r-1}{\varepsilon_r}\boldsymbol{D}$，因此极化电荷的体密度和面密度可以分别表示为

$$\rho_p=-\nabla\cdot\boldsymbol{P}=-\frac{\varepsilon_r-1}{\varepsilon_r}\nabla\cdot\boldsymbol{D}-\boldsymbol{D}\cdot\nabla\frac{\varepsilon_r-1}{\varepsilon_r}=-\frac{\varepsilon_r-1}{\varepsilon_r}\rho-\boldsymbol{D}\cdot\nabla\frac{\varepsilon_r-1}{\varepsilon_r}$$

$$\rho_{ps}=\boldsymbol{P}\cdot\boldsymbol{e}_n=\varepsilon_0(\varepsilon_r-1)\boldsymbol{E}\cdot\boldsymbol{e}_n=\frac{\varepsilon_r-1}{\varepsilon_r}\boldsymbol{D}\cdot\boldsymbol{e}_n$$

由上式可见，没有自由电荷的均匀介质内部不存在极化电荷，而自由电荷所在地会

有极化电荷出现。在均匀极化时介质内部不会出现体极化电荷，而面极化电荷只会出现在介质表面上。另外，对极化面电荷而言，当电位移矢量与介质表面平行时，其极化电荷面密度也为零。

例题 2-9 保持例题 2-2 的其他条件不变，仅将自由空间变成填充介电常数为 ε 的介质空间。试对比分析该直线外任意一点电场强度的变化情况。

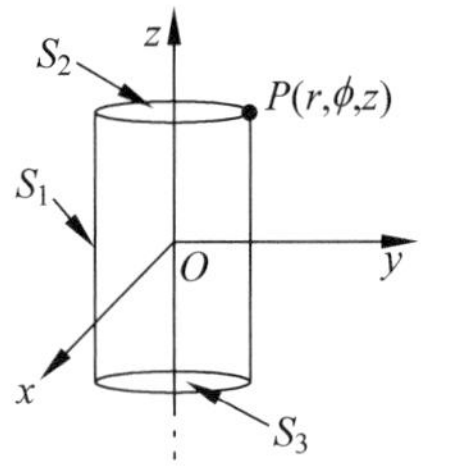

图 2-16 例题 2-9 图

解 根据研究对象的轴对称性可知其电位移矢量的分布也应具备轴对称性，即只有径向分量，并且在图 2-16 所示的 S_1 面上的电位移矢量的大小相等。因此，对单位长度的圆柱体利用介质中的高斯定理可得

$$\rho_l = \oint_S \boldsymbol{D} \cdot \mathrm{d}\boldsymbol{S} = \iint_{S_1} D(r)\boldsymbol{e}_r \cdot \boldsymbol{e}_{S_1}\mathrm{d}S_1 + \iint_{S_2} D(r,\varphi)\boldsymbol{e}_r \cdot \boldsymbol{e}_{S_2}\mathrm{d}S_2 + \iint_{S_3} D(r,\varphi)\boldsymbol{e}_r \cdot \boldsymbol{e}_{S_3}\mathrm{d}S_3$$
$$= 2\pi r \cdot D(r)$$

即

$$D(r) = \frac{\rho_l}{2\pi r}, \quad \boldsymbol{D} = D(r)\boldsymbol{e}_r = \frac{\rho_l}{2\pi r}\boldsymbol{e}_r$$

其电场强度为

$$\boldsymbol{E} = \frac{\boldsymbol{D}}{\varepsilon} = \frac{\rho_l}{2\pi\varepsilon r}\boldsymbol{e}_r = \frac{1}{\varepsilon_r}\frac{\rho_l}{2\pi\varepsilon_0 r}\boldsymbol{e}_r$$

显然，和例题 2-2 所得的结论相比，介质中的电场强度是自由空间中电场强度的 $\frac{1}{\varepsilon_r}$。这是由于介质内部极化电荷所生成的二次场消弱了原场造成的。

例题 2-10 真空中某半径为 a、介电常数为 ε 的介质球内体电荷均匀分布，密度为 ρ。(1)试计算介质球内外的电场强度和电位移矢量的分布；(2)证明介质球的总束缚电荷为零。

解 (1) 考虑到研究对象的球对称性，因此可以判断其电场分布也具有球对称性，即在球面上场量均匀分布，方向沿径向。利用介质中的高斯定理可得

$$\oint_S \boldsymbol{D} \cdot \mathrm{d}\boldsymbol{S} = q$$

球内：上式可化为 $D \cdot 4\pi r^2 = \frac{4}{3}\pi r^3 \rho$，因此其电位移矢量为 $\boldsymbol{D} = D\boldsymbol{e}_r = \frac{r\rho}{3}\boldsymbol{e}_r$，其电场强度为 $\boldsymbol{E} = \frac{\boldsymbol{D}}{\varepsilon} = \frac{r\rho}{3\varepsilon}\boldsymbol{e}_r$；

球外：上式可化为 $D \cdot 4\pi r^2 = \frac{4}{3}\pi a^3 \rho$，因此其电位移矢量为 $\boldsymbol{D} = D\boldsymbol{e}_r = \frac{a^3\rho}{3r^2}\boldsymbol{e}_r$；其电场强度为 $\boldsymbol{E} = \frac{\boldsymbol{D}}{\varepsilon_0} = \frac{a^3\rho}{3\varepsilon_0 r^2}\boldsymbol{e}_r$。

(2) 对球内介质填充的区域而言，其极化强度矢量为

$$\boldsymbol{P} = \frac{\varepsilon_r - 1}{\varepsilon_r}\boldsymbol{D} = \frac{\varepsilon_r - 1}{3\varepsilon_r} r\rho \boldsymbol{e}_r$$

因此，其极化体电荷密度为

$$\rho_{\mathrm{p}} = -\nabla \cdot \boldsymbol{P} = \frac{(1-\varepsilon_r)\rho}{\varepsilon_r}$$

既然介质球中的极化体电荷（如上式所示）是均匀分布的，则其总的极化体电荷的电量为

$$Q_{\mathrm{p}} = \rho_{\mathrm{p}} \cdot V = \frac{(1-\varepsilon_r)\rho}{\varepsilon_r} \cdot \frac{4}{3}\pi a^3$$

另外，其极化面电荷密度为

$$\rho_{\mathrm{ps}} = \boldsymbol{P} \cdot \boldsymbol{e}_{\mathrm{n}} = \boldsymbol{P} \cdot \boldsymbol{e}_r \big|_{r=a} = \frac{(\varepsilon_r - 1)a\rho}{3\varepsilon_r}$$

既然介质球表面的极化面电荷（如上式所示）也是均匀分布的，则其总的极化面电荷的电量为

$$Q_{\mathrm{ps}} = \rho_{\mathrm{ps}} \cdot S = \frac{(\varepsilon_r - 1)a\rho}{3\varepsilon_r} \cdot 4\pi a^2 = -\frac{(1-\varepsilon_r)\rho}{\varepsilon_r} \cdot \frac{4}{3}\pi a^3 = -Q_{\mathrm{p}}$$

因此介质球的总束缚电荷量为零，得证。

2.7　泊松方程与拉普拉斯方程

微课视频

前面介绍了描述静电场分布的常用场量，即电场强度、电位移矢量和电位函数。其中，前两个都是矢量，最后一个是标量。考虑到标量运算要比矢量简单，因此在处理问题的时候，常常首先分析静电场的标量电位分布，然后再通过电位来分析电场强度。

为了分析静电场的标量电位分布，必须找出标量电位函数与场源之间的关系。下面结合静电场的电位移矢量、电场强度、电位函数及场源之间的关系推导出电位函数所满足的微分方程。

将式(2-33)代入式(2-29)得

$$\nabla \cdot (\varepsilon \boldsymbol{E}) = \rho$$

然后，将式(2-12)表示的电场强度代入上式，可得

$$\nabla \cdot (-\varepsilon \nabla \varphi) = \rho$$

对于线性、均匀、各向同性的介质材料，ε 为常数，因此有

$$\nabla^2 \varphi = -\frac{\rho}{\varepsilon} \tag{2-34}$$

式(2-34)称为泊松方程。当然，如果所研究区域中没有电荷存在（电荷体密度等于零），则式(2-34)变为

$$\nabla^2 \varphi = 0 \tag{2-35}$$

式(2-35)通常称为拉普拉斯方程，∇^2 也被称为拉普拉斯算符。

其实，式(2-16)给出的三个电位函数的表达式也揭示出了电位函数和场源之间的关系，而且可以证明三个电位函数的表达式就是泊松方程的解（有限空间中的分布电荷所形成的静电场，取无穷远处为零电位参考点）。因此，可以认为：式(2-16)和泊松方程（拉普拉斯方程）是通过积分和微分两种不同形式描述的场源和电位函数之间的关系。

例题 2-11 球坐标系中某区域填充介电常数为 ε 的介质材料，已知其电位分布函数为 $\varphi=r^2+\dfrac{1}{r}$，试计算该区域中体电荷密度和电场强度的分布。

解 将题设中电位函数的表达式代入如式(2-34)所示的泊松方程，可得其体电荷密度及电场强度为

$$\rho=-\varepsilon\,\nabla^2\varphi=-6\varepsilon$$

$$\boldsymbol{E}=-\nabla\varphi=(1/r^2-2r)\boldsymbol{e}_r$$

顺便指出，有关更为复杂的泊松方程(拉普拉斯方程)的求解问题，第 4 章会专门予以系统讨论，在此不再具体展开。

微课视频

2.8 静电场的边界条件

前面所讨论的静电场，无论是处于真空还是导体或者介质中，其所处区域填充的总是同一种均匀的媒质(真空也可以看作一种特殊的媒质)。此时，从各自的函数表达式可以看出，诸场量分布都是连续的，即各个场量并不发生突变。但在很多实际问题中，经常会出现静电场所处区域(场域)中有几种不同媒质共存的情况。由于此时场域中所填充媒质的特性各不相同，其电磁参数(例如介电常数 ε)会在媒质分界面处发生突变，因此无法保证静电场的各个场量在分界面处仍然保持连续，静电场在整个区域中的具体分布也无从得知。

为此，本节将具体讨论两种不同媒质所填充区域之分界面两侧静电场诸场量的连续性，即静电场的边界条件。另外，根据亥姆霍兹定理，边界条件是确定一个矢量场分布的重要因素之一，因此了解边界条件具有十分重要的意义。

2.8.1 电位移矢量的法向边界条件

如 2.2 节所述，静电场是一个有散场，其散度源为静电荷。考虑到场量在媒质分界面处的连续性无法得到保证，因此利用散度方程(微分方程)分析边界条件是不合适的；相反，上述问题对积分方程则不会产生影响。通量体现了矢量在曲面法向分量的量度，本节利用静电场的通量特性分析电位移矢量的法向边界条件。

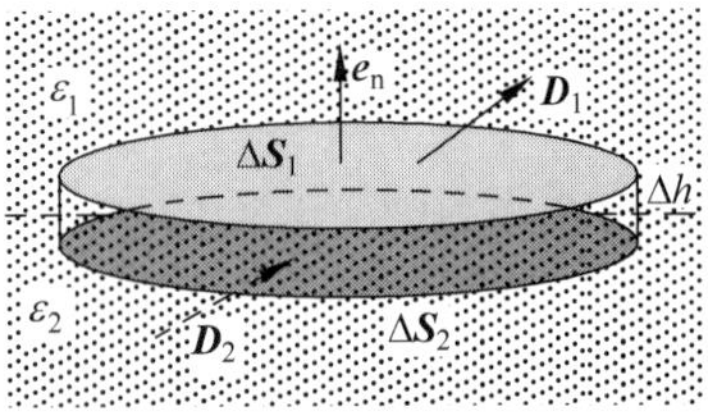

图 2-17 通量与电位移矢量的边界条件

如图 2-17 所示，在媒质分界面两侧构建一个闭合圆柱面作为积分曲面。设该圆柱面足够小，圆柱面的两底面与分界面平行，并且圆柱面各处的静电场可以被视为均匀分布。因为边界条件讨论的是分界面两侧、无限靠近分界面、两相对位置处场量之间的连续性，所以可令圆柱面的高度 Δh 趋于零，则其侧面积也趋于零。考虑到场量的大小是有限的，因此场量在侧面上的积分结果也会趋于零，即如式(2-8)所示的通量计算结果将仅取决于场量穿过上、下两底平面 $\Delta\boldsymbol{S}_1$、$\Delta\boldsymbol{S}_2$(面矢量)的通量结果。

令介电常数为 ε_1 的媒质 1 中 $\Delta\boldsymbol{S}_1$ 处分布的电位移矢量为 $\boldsymbol{D}_1$，介电常数为 ε_2 的媒质 2 中 $\Delta\boldsymbol{S}_2$ 处分布的电位移矢量为 $\boldsymbol{D}_2$。因此，式(2-8)所对应的通量计算式如下：

$$\oint\!\!\!\oint_S \boldsymbol{D}\cdot\mathrm{d}\boldsymbol{S}\overset{\Delta h\to 0}{=}\boldsymbol{D}_1\cdot\Delta\boldsymbol{S}_1+\boldsymbol{D}_2\cdot\Delta\boldsymbol{S}_2=q$$

式中 $\Delta\boldsymbol{S}_1$、$\Delta\boldsymbol{S}_2$ 分别代表圆柱体上、下底面，其大小相等，方向相反，即

$$\Delta\boldsymbol{S}_1=-\Delta\boldsymbol{S}_2=\Delta\boldsymbol{S}=\boldsymbol{e}_{\mathrm{n}}\Delta S$$

另外，考虑到该圆柱体的高度趋于零，因此圆柱体内的电荷分布只能是面电荷；又因该圆柱面足够小，故其面电荷可被视为均匀分布。设面电荷密度为 ρ_{s}，则

$$q=\rho_{\mathrm{s}}\Delta S$$

综合上述分析可得

$$\boldsymbol{e}_{\mathrm{n}}\cdot(\boldsymbol{D}_1-\boldsymbol{D}_2)=\rho_{\mathrm{s}} \tag{2-36}$$

式(2-36)即静电场电位移矢量边界条件的矢量形式，其中 $\boldsymbol{e}_{\mathrm{n}}$ 代表的是垂直于分界面、由媒质2指向媒质1的法向单位矢量。

在明确 $\boldsymbol{e}_{\mathrm{n}}$ 具体方向的前提下，也可以将上式转化为标量形式，即

$$D_{1\mathrm{n}}-D_{2\mathrm{n}}=\rho_{\mathrm{s}} \tag{2-37}$$

由于以上两式仅涉及场量的法向分量，故也称为电位移矢量的法向边界条件，即当媒质分界面上有自由面电荷分布时，电位移矢量的法向分量在分界面处是不连续的，其变化量正好等于该处的自由面电荷密度，只有在媒质分界面上没有自由面电荷分布时 $D_{1\mathrm{n}}=D_{2\mathrm{n}}$。

根据式(2-33)及式(2-37)，得

$$\varepsilon_1E_{1\mathrm{n}}-\varepsilon_2E_{2\mathrm{n}}=\rho_{\mathrm{s}}$$

由式(2-37)，如果在媒质分界面上 $\rho_{\mathrm{s}}=0$，虽然 $D_{1\mathrm{n}}=D_{2\mathrm{n}}$，但是由于在分界面两侧 $\varepsilon_1\neq\varepsilon_2$，故 $E_{1\mathrm{n}}\neq E_{2\mathrm{n}}$，可见，电场强度 $\boldsymbol{E}$ 的法向分量一般不连续。

如果两媒质中有一个是导体(其内部没有静电场存在，电位移矢量的法向分量必然为零)，则其边界条件为

$$D_{\mathrm{n}}=\rho_{\mathrm{s}} \tag{2-38}$$

由式(2-38)可知，如果导体表面有自由面电荷存在，则它将产生与导体表面垂直的电场。

例题 2-12　已知真空中半径为 a 的球形区域内、外电场的分布如下：

$$\begin{cases}\boldsymbol{E}_1=\boldsymbol{e}_r\dfrac{Ba^2}{\varepsilon_0r^2}, & r>a\\[2ex] \boldsymbol{E}_2=\boldsymbol{e}_rA\left(\dfrac{r}{3\varepsilon_0}-\dfrac{r^3}{3a^2\varepsilon_0}\right), & r<a\end{cases}$$

试分析产生此电场的电荷分布情况。

解　对 $r>a$ 的区域而言，由高斯定理的微分形式得自由电荷体密度为

$$\rho_1=\nabla\cdot\boldsymbol{D}_1=\nabla\cdot(\varepsilon_0\boldsymbol{E}_1)=0$$

同理，对 $r<a$ 的区域，其自由电荷体密度为

$$\rho_2=\nabla\cdot\boldsymbol{D}_2=\nabla\cdot(\varepsilon_0\boldsymbol{E}_2)=A\left(1-\frac{5r^2}{3a^2}\right)$$

除此之外，对分界面($r=a$)而言，电位移矢量的法向分量也不连续，即

$$\boldsymbol{D}_1|_{r=a}=\varepsilon_0\cdot\boldsymbol{e}_r\frac{Ba^2}{\varepsilon_0r^2}\bigg|_{r=a}=\boldsymbol{e}_rB,\quad \boldsymbol{D}_2|_{r=a}=\varepsilon_0\cdot\boldsymbol{e}_rA\left(\frac{r}{3\varepsilon_0}-\frac{r^3}{3a^2\varepsilon_0}\right)\bigg|_{r=a}=0$$

根据电位移矢量的法向边界条件可知，分界面处有面电荷密度存在，即

$$\rho_s = \boldsymbol{e}_n \cdot (\boldsymbol{D}_1 - \boldsymbol{D}_2) = \boldsymbol{e}_r \cdot (\boldsymbol{D}_1 - \boldsymbol{D}_2) = B$$

综上所述,产生此电场分布的不仅有体电荷也有面电荷,其具体分布情况为

$$\begin{cases} \rho_1 = 0, & r > a \\ \rho_s = B, & r = a \\ \rho_2 = A\left(1 - \dfrac{5r^2}{3a^2}\right), & r < a \end{cases}$$

2.8.2 电场强度的切向边界条件

静电场沿任一闭合环路的环量为零,并且其旋度处处为零。如前所述,微分方程不适合于分析媒质分界面的情况;而环量体现了矢量在闭合路径切向分量的量度,因此可以通过设定恰当的积分回路将分界面两侧的场量同时包含在积分式中,利用环量来分析电场的切向边界条件。

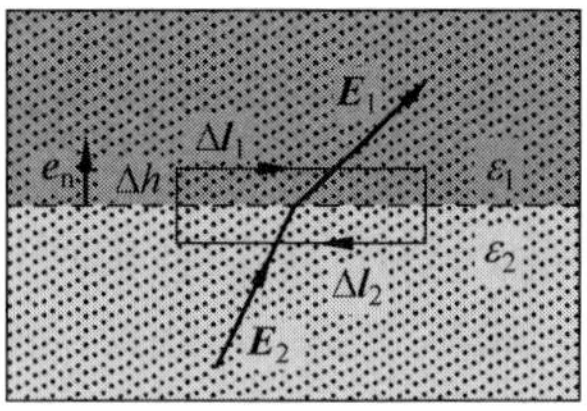

图 2-18 环量与电场强度的边界条件

如图 2-18 所示,在分界面两侧构建矩形积分回路。设该矩形积分回路足够小,其高度部分 Δh 趋于零,两长边与分界面平行,并且积分回路沿线的静电场可以被视为均匀分布。考虑到场量的大小是有限的,因此场量沿 Δh 积分的结果趋于零,此时环量将仅取决于场量沿 $\Delta \boldsymbol{l}_1$、$\Delta \boldsymbol{l}_2$(矢量)积分的结果。

令介电常数为 ε_1 的媒质中电场强度为 $\boldsymbol{E}_1$,介电常数为 ε_2 的媒质中电场强度为 $\boldsymbol{E}_2$。此时,环量计算式如下

$$\oint \boldsymbol{E} \cdot d\boldsymbol{l} \overset{\Delta h \to 0}{=} \boldsymbol{E}_1 \cdot \Delta \boldsymbol{l}_1 + \boldsymbol{E}_2 \cdot \Delta \boldsymbol{l}_2 = 0$$

考虑到矩形积分回路中 $\Delta \boldsymbol{l}_1 = -\Delta \boldsymbol{l}_2 = \Delta \boldsymbol{l} = \boldsymbol{e}_t \Delta l$,因此上式表示为

$$(\boldsymbol{E}_1 - \boldsymbol{E}_2) \cdot \boldsymbol{e}_t = 0$$

式中 $\boldsymbol{e}_t$ 代表分界面的切向单位矢量。由于切向单位矢量不是常矢量,不失一般性,上式又可以用法向单位矢量 $\boldsymbol{e}_n$ 表示为

$$\boldsymbol{e}_n \times (\boldsymbol{E}_1 - \boldsymbol{E}_2) = 0 \tag{2-39}$$

式(2-39)即静电场电场强度边界条件的矢量形式,在明确 $\boldsymbol{e}_t$ 具体方向的前提下,可以将式(2-39)转化为标量形式,即

$$E_{1t} = E_{2t} \tag{2-40}$$

由于以上两式仅涉及场量的切向分量,所以也称为电场强度的切向分量边界条件,即在媒质分界面两侧电场强度的切向分量连续。由式(2-33)及式(2-39)可得

$$\frac{D_{1t}}{\varepsilon_1} = \frac{D_{2t}}{\varepsilon_2}$$

由于在分界面两侧 $\varepsilon_1 \neq \varepsilon_2$,则 $D_{1t} \neq D_{2t}$,可见分界面处 $\boldsymbol{D}$ 的切向分量不连续。

如果两媒质中有一个是导体(其内部没有静电场存在,电场强度的切向分量必然为零),则其边界条件为

$$E_t = 0$$

根据上式可知,导体表面没有电场的切向分量存在。

例题 2-13 如图 2-19 所示,某球形电容器的内导体球半径为 b,与之同心的外导体薄

球壳的半径为 a，其间填充两种理想介质，介电常数分别为 ε_1 和 ε_2。如果内导体球所带电荷为 q，试分析：

（1）电容器内的电场分布情况；

（2）内导体球上的电荷具体分布情况。

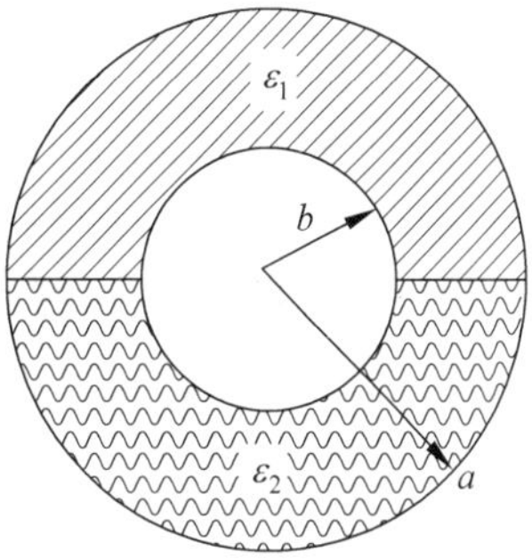

图 2-19 球形电容器结构

解 根据结构的对称性，虽然电容器上、下部分填充的介质不同，但仍然可以认为其电场 $\boldsymbol{E}_1$、$\boldsymbol{E}_2$ 沿径向，而且电场在各自区域的半球面上均匀分布。

另外，对两种不同介质所构成的分界面而言，径向电场是分界面的切向分量；根据电场的边界条件可知，电场强度的切向分量必须连续，即

$$\boldsymbol{E}_1=\boldsymbol{E}_2=E(r)\boldsymbol{e}_r=\boldsymbol{E}$$

通过上述电场强度可得其电位移矢量的表达式如下：

$$\boldsymbol{D}_1=\varepsilon_1\boldsymbol{E}_1=\varepsilon_1 E(r)\boldsymbol{e}_r,\quad \boldsymbol{D}_2=\varepsilon_2\boldsymbol{E}_2=\varepsilon_2 E(r)\boldsymbol{e}_r$$

对球形电容器内半径为 r 的闭合球面应用介质内的高斯定理，可得

$$q=\oint\!\!\!\oint_S \boldsymbol{D}\cdot\mathrm{d}\boldsymbol{S}=\oint\!\!\!\oint_S D\boldsymbol{e}_r\cdot\boldsymbol{e}_r\mathrm{d}S=(D_1+D_2)\cdot 2\pi r^2=(\varepsilon_1+\varepsilon_2)E\cdot 2\pi r^2$$

即电容器内的电场强度为

$$\boldsymbol{E}=\frac{q}{2\pi(\varepsilon_1+\varepsilon_2)r^2}\boldsymbol{e}_r$$

其电位移矢量的分布情况为

$$\boldsymbol{D}_1=\varepsilon_1\boldsymbol{E}=\frac{q\varepsilon_1}{2\pi(\varepsilon_1+\varepsilon_2)r^2}\boldsymbol{e}_r$$

$$\boldsymbol{D}_2=\varepsilon_2\boldsymbol{E}=\frac{q\varepsilon_2}{2\pi(\varepsilon_1+\varepsilon_2)r^2}\boldsymbol{e}_r$$

对内导体球，其面电荷密度的大小等于电位移矢量在球面处的法向分量，即

$$\rho_1=\boldsymbol{e}_\mathrm{n}\cdot\boldsymbol{D}_1|_{r=b}=\boldsymbol{e}_r\cdot\frac{q\varepsilon_1}{2\pi(\varepsilon_1+\varepsilon_2)b^2}\boldsymbol{e}_r=\frac{\varepsilon_1}{2\pi(\varepsilon_1+\varepsilon_2)b^2}q$$

$$\rho_2=\boldsymbol{e}_\mathrm{n}\cdot\boldsymbol{D}_2|_{r=b}=\boldsymbol{e}_r\cdot\frac{q\varepsilon_2}{2\pi(\varepsilon_1+\varepsilon_2)b^2}\boldsymbol{e}_r=\frac{\varepsilon_2}{2\pi(\varepsilon_1+\varepsilon_2)b^2}q$$

2.8.3 电位函数的边界条件

考虑到电场强度的积分等于电位差（电压），可以在分界面两侧、无限靠近分界面的相对位置取两个点，通过分析两点间的电位差来了解电位函数的边界条件。

考虑到分界面两侧两点的间隔距离趋于零，而且电场强度的大小为有限值，根据式(2-12)，$\boldsymbol{E}=-\nabla\varphi$，即媒质分界面上静电场的电位函数必须是连续的，否则电场会趋于无穷大；或者由于两点的间隔距离趋于零，根据式(2-13)对电场的积分结果为零，即电位差为零，因此电位函数连续。故有

$$\varphi_1=\varphi_2 \tag{2-41}$$

在介质分界面上电荷密度为零时，由式(2-37)和式(2-12)及电介质的本构方程得

$$\varepsilon_1 \frac{\partial \varphi_1}{\partial n} = \varepsilon_2 \frac{\partial \varphi_2}{\partial n}$$

可见,电位函数的法向导数一般不连续。

微课视频

2.9 导体系统的电容

作为表征导体系统特性的一个参量,电容反映了静电场中各导体所带电量与电位之间的关系,反映了静电系统的储能。本节将逐步展开有关导体系统的电容、电容系数、部分电容等概念的分析和介绍。另外,本节所涉及的带电导体系统都属于孤立系统,其电场分布与系统外的带电体无关。

2.9.1 双导体及孤立导体的电容

对双导体构成的静电独立系统,两导体携带等量异号的电荷(q 和 $-q$)。此时,电量 q 与两导体间电位差(电压)U 的比值被定义为双导体间的电容,即

$$C = \frac{q}{U} \tag{2-42}$$

对孤立导体而言,为满足静电独立的要求,可以将无穷远处的零电位参考面作为系统的一部分,即电场线源自(或者终结)在无穷远处。孤立导体的电容定义为其所带电量 q 与其自身电位 φ 之比,即

$$C = \frac{q}{\varphi} \tag{2-43}$$

可见,孤立导体的电容可以被视为双导体电容的一个特例。在国际单位制中,电容的单位为法(F)=库/伏(C/V)。而工程上更多采用的是微法(1 μF=10^{-6} F)、皮法(1 pF=10^{-12} F)等更小的单位。

尽管从定义上看,双导体及孤立导体的电容与电荷量、电位差有关,但实际上电容的大小并不取决于上述两个因素。一般来说,在线性媒质中,电容的大小仅取决于导体的尺寸、形状、相对位置以及其间所填充的媒质。

既然电容与电荷量、电位无关,其具体计算就可以采用如下两种方法:

第一,首先假设导体的带电量(等量异号),然后据此求出其静电场的分布,再通过对电场强度的积分获得电位(差),最后依据式(2-42)计算电容;

第二,首先假设电位(差),然后据此求出其电位函数,通过电位函数的负梯度计算出导体表面电场强度、电位移矢量的法向分量,获取导体表面的面电荷密度和电荷量,最后依据式(2-42)计算电容。

例题 2-14 对内外导体半径分别为 a、b 的同轴电容器,如果所填充介质的介电常数为 ε,试计算其单位长度的电容。

解 如图 2-20 所示,假设单位长度同轴电容器的内导体所带电量为 q。考虑到系统的轴对称性,可以判断其电场沿径向,在半径为 r 的圆柱体的侧面上均匀分布,即

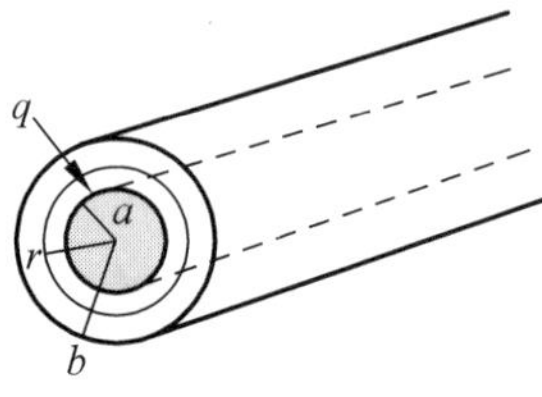

图 2-20 同轴电容器

$$\boldsymbol{D} = D(r)\boldsymbol{e}_r$$

对同轴电容器中半径为 r、单位长度的圆柱面应用高斯定理，可得

$$q=\oint\!\!\oint_S \boldsymbol{D}\cdot\mathrm{d}\boldsymbol{S}=D\cdot 2\pi r$$

即电容器内的电位移矢量和电场强度分别为

$$\boldsymbol{D}=\frac{q}{2\pi r}\boldsymbol{e}_r,\quad \boldsymbol{E}=\frac{q}{2\pi\varepsilon r}\boldsymbol{e}_r$$

将电场强度沿径向从内导体表面积分到外导体表面可得到其电压，即

$$U=\int_a^b \boldsymbol{E}\cdot\mathrm{d}\boldsymbol{r}=\int_a^b\frac{q}{2\pi\varepsilon r}\boldsymbol{e}_r\cdot\boldsymbol{e}_r\,\mathrm{d}r=\frac{q}{2\pi\varepsilon}\ln\frac{b}{a}$$

因此其电容为

$$C=\frac{q}{U}=\frac{2\pi\varepsilon}{\ln\dfrac{b}{a}}$$

例题 2-15　真空中两半径分别为 a、b 的理想导体小球构成静电独立系统，其相隔距离为 $c(c\gg a,c\gg b)$。试分析两球之间的电容，如图 2-21 所示。

解　既然导体系统属于静电独立系统，不妨假设其所带电量分别为 q 和 $-q$。另外，考虑两小球的间隔距离远大于其自身的半径($c\gg a,c\gg b$)，因此可以忽略对方所带电荷对自身电荷分布的影响，即电荷可被近似认为均匀分布在各自球体的表面。

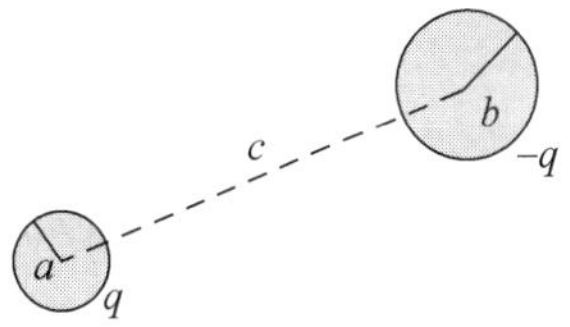

图 2-21　理想导体小球系统

对均匀分布在球体表面的电荷而言，它在球体外部所产生的电场与电荷集中分布在球体中心处所得到的电场是完全一样的，因此可以利用式(2-14)的结论写出球体的电位。

半径为 a 的导体球的电位

$$\varphi_1=\frac{q}{4\pi\varepsilon_0 a}+\frac{-q}{4\pi\varepsilon_0(c-a)}\approx\frac{q}{4\pi\varepsilon_0 a}-\frac{q}{4\pi\varepsilon_0 c}$$

其中，前者代表导体球自身所带电荷 q 在导体表面所产生的电位，而后者则代表另一个导体球所带电荷 $-q$ 在该导体表面所产生的电位。

同理，半径为 b 的导体球的电位为

$$\varphi_2=\frac{-q}{4\pi\varepsilon_0 b}+\frac{q}{4\pi\varepsilon_0(c-b)}\approx-\frac{q}{4\pi\varepsilon_0 b}+\frac{q}{4\pi\varepsilon_0 c}$$

显然，其电位差(电压)为

$$U=\varphi_1-\varphi_2=\frac{q}{4\pi\varepsilon_0 a}-\frac{q}{4\pi\varepsilon_0 c}+\frac{q}{4\pi\varepsilon_0 b}-\frac{q}{4\pi\varepsilon_0 c}=\frac{q}{4\pi\varepsilon_0}\left(\frac{1}{a}+\frac{1}{b}-\frac{2}{c}\right)$$

故其电容为

$$C=\frac{q}{U}=\frac{4\pi\varepsilon_0}{\dfrac{1}{a}+\dfrac{1}{b}-\dfrac{2}{c}}$$

2.9.2　多导体的电容系数与部分电容

如上所述，双导体和孤立导体系统中导体的带电量和电位相互影响、相互制约。与此类似，对于由两个以上的导体构成的多导体系统，系统中各导体的带电量和电位也会相互影

响。但考虑到多导体系统中每个导体的电位都要受到所有导体带电量的影响(每个导体的带电量也都会与所有导体的电位有关),每个导体的带电量将不再仅与自身的电位成正比(还与其他导体的电位成正比),因此上述有关电容的定义将会失效。为此,接下来将通过对一个多导体系统电位与带电量问题的分析,引入电容系数和部分电容的概念。

对一个由 $n+1$ 个导体构成的多导体系统而言,如果假设各导体的带电量分别为 q_0,$q_1,\cdots,q_n$,而且带电量为 q_0 的 0 号导体为零电位参考(例如:接地体或者无限远处的导体,$\varphi_0=0$),则导体 k 的带电量与电位之间的关系为

$$q_k=\sum_{s=1}^{n}\beta_{sk}\varphi_s \tag{2-44}$$

其中,系数 β_{sk} 称为电容系数(当 $s=k$ 时,称为自电容系数;当 $s\neq k$ 时,称为互电容系数)。因为该多导体系统属静电孤立系统,q_0 可以用 $q_1,q_2,\cdots,q_n$ 表示,所以式(2-44)的电量仅涉及 $q_1,q_2,\cdots,q_n$。另外,因为 $\varphi_0=0$,所以式(2-44)的电位仅涉及 $\varphi_1,\varphi_2,\cdots,\varphi_n$。

另外,为了进一步分析多导体系统中每个导体上的带电量与导体之间电位差的关系,可将式(2-44)右端各导体的电位进行修改,即

$$q_k=\sum_{s=1}^{k-1}C_{ks}(\varphi_k-\varphi_s)+C_{kk}\varphi_k+\sum_{s=k+1}^{n}C_{ks}(\varphi_k-\varphi_s) \tag{2-45}$$

其中,系数 C_{ks} 被称为部分电容(当 $s=k$ 时,被称为自部分电容,是导体 k 与地之间的部分电容;当 $s\neq k$ 时,被称为互部分电容)。显然,某导体所带电荷量与该导体相对于其他导体的电位差有关(φ_k 可被视为是导体 k 相对于参考点的电位差),而每个电位差所对应的电荷量恰好等于该电位差和部分电容的乘积。部分电容有以下特点:

(1) C_{kk} 的值为全部导体的电位都为一个单位时,第 k 个导体上的总电荷量值;

(2) $C_{ks}(s\neq k)$的值为第 s 个导体上的电位为一个单位,而其余导体都接地时,第 k 个导体上感应电荷的大小;

(3) 所有的 $C_{ks}>0$;

(4) $C_{ks}=C_{sk}$,即部分电容具有对称性。

注意,尽管多导体系统中的部分电容和相应导体之间的电位差密切相关,但它和相应导体之间的等效电容是不同的概念;多导体系统中某两个导体之间的等效电容会受到其他导体的影响(如图 2-22 所示),其大小可以根据实际情况利用部分电容来计算。例如,对如图 2-23 所示的接近地面的双线传输线而言,两线间的等效电容等于部分电容 C_{11} 与 C_{22} 串联后再与 C_{12} 并联。

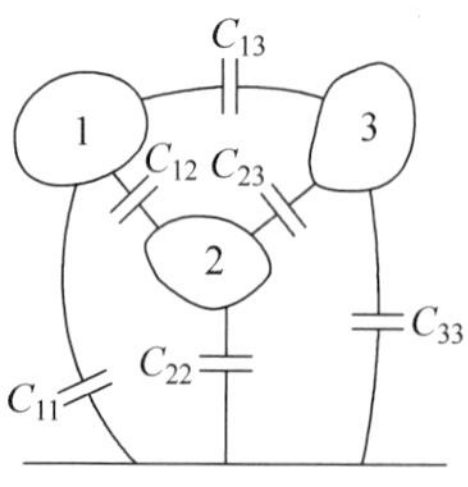

图 2-22 多导体系统的部分电容

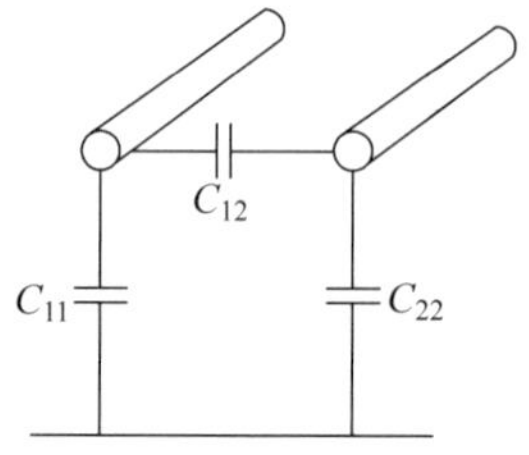

图 2-23 地面附近双线传输线间的等效电容

微课视频

2.10　静电场的能量与静电力

如前所述，静电场对电荷有库仑作用力。如果该电荷在库仑力的作用下发生了位移，静电场就对该电荷做了功。既然静电场会对电荷做功，那么静电场必定具有能量。不仅如此，依据能量守恒定理，该静电场所做功的大小必然等于其自身能量的变化。另外，在将单位正电荷从所在位置移动到零电位参考点的过程中，静电场所做的功不仅等于静电场能量的变化，也等于该位置处的电位。因此，静电场的这种能量也称为电位能。本节将就静电场中的能量问题展开讨论。

2.10.1　静电场的能量

根据能量守恒，静电场的能量来源于静电场及其相应的电荷系统建立过程中外界所提供的能量。下面讨论线性、各向同性介质中静电场的能量。

设电荷系统中的电荷连续分布，就其建立过程而言，可以作如下假设：设所有元电荷(微分电荷)相互之间的间隔距离足够远，以至于可以忽略其相互作用力的存在，即电荷在初始阶段都是通过外力做功的方式独立积累电量的。因此，将各个元电荷依次从无限远处缓慢、匀速地移动到其最终位置的过程中，外力所做的功也会逐渐转化为电荷系统静电场所具备的能量。

考虑将点电荷 q 从无限远处移到电位为 φ 的位置 r 处(设移动路径沿电场相反方向)，外力所做的功为

$$W=-\int_{-\infty}^{r} q\boldsymbol{E}\,\mathrm{d}\boldsymbol{r}=\int_{-\infty}^{r} q\cdot\frac{\partial\varphi}{\partial r}\mathrm{d}r=q\varphi \tag{2-46}$$

然后根据式(2-46)讨论通过移动元电荷建立电荷系统所具备的能量。假设静电系统从零开始被充电，充电结束后最终电荷密度为 ρ，电位函数为 φ。考虑到电荷系统是独立形成的，因此电荷密度按照比例因子 α(从 0 到 1)逐渐形成，并且与电量成正比的电位也会相应地按照该比例因子 α 从 0 逐步增长。即在某一时刻的电荷密度为 $\alpha\rho$ 时，其电位为 $\alpha\varphi$。由式(2-46)可知，对于某体积元 $\mathrm{d}V$，将元电荷 $(\mathrm{d}\alpha\rho)\mathrm{d}V$ 送入电位 $\alpha\varphi$ 处外电源需要做的功为 $\alpha\varphi(\mathrm{d}\alpha\rho)\mathrm{d}V$。因此，对于整个空间，外电源需要做的功(也即系统增加的电场能量)为

$$\mathrm{d}W_{\mathrm{e}}=\iiint_V \alpha\varphi(\mathrm{d}\alpha\rho)\mathrm{d}V$$

在充电完成后，系统的总能量为

$$W_{\mathrm{e}}=\int_0^1\alpha\,\mathrm{d}\alpha\iiint_V\rho\varphi\,\mathrm{d}V=\frac{1}{2}\iiint_V\rho\varphi\,\mathrm{d}V \tag{2-47}$$

其中，φ 为电荷元 $\rho\mathrm{d}V$ 所在处的电位，积分遍及整个电荷分布区域，能量的单位为焦耳(J)。如果电荷以面密度 ρ_S 分布在曲面上，则式(2-47)为

$$W_{\mathrm{e}}=\frac{1}{2}\iint_S\rho_S\varphi\,\mathrm{d}S \tag{2-48}$$

对于 N 个带电导体所构成的静电系统而言，则式(2-47)为

$$W_{\mathrm{e}}=\frac{1}{2}\sum_{i=1}^{N}\varphi_i\iiint_V\rho\,\mathrm{d}V=\frac{1}{2}\sum_{i=1}^{N}\varphi_i q_i \tag{2-49}$$

其中，φ_i 为第 i 个导体的电位。式(2-49)说明，对由多个导体所构成的电荷系统，所储存的静电能为系统所有导体的电位与自身电量乘积的和除以 2。注意，此时所谓的导体电位不仅包括自身电荷所产生的电位，也包括其他所有电荷对其所在位置所产生的电位。

2.10.2 静电场的能量密度

对分布电荷系统而言，将式(2-29)中的体电荷密度表达式代入静电场的能量表达式(2-47)，可得

$$W_e=\frac{1}{2}\iiint_V \varphi\,\nabla\cdot\boldsymbol{D}\,\mathrm{d}V$$

参考矢量恒等式：$\varphi\,\nabla\cdot\boldsymbol{D}=\nabla\cdot\varphi\boldsymbol{D}-\boldsymbol{D}\cdot\nabla\varphi$，则上式可转化为

$$W_e=\frac{1}{2}\iiint_V(\nabla\cdot\varphi\boldsymbol{D}-\boldsymbol{D}\cdot\nabla\varphi)\,\mathrm{d}V=\frac{1}{2}\iiint_V(\nabla\cdot\varphi\boldsymbol{D})\,\mathrm{d}V-\frac{1}{2}\iiint_V(\boldsymbol{D}\cdot\nabla\varphi)\,\mathrm{d}V$$

对上式右端的第一项应用散度定理，对第二项应用 $\boldsymbol{E}=-\nabla\varphi$，则

$$W_e=\frac{1}{2}\oint_S\varphi\boldsymbol{D}\cdot\mathrm{d}\boldsymbol{S}+\frac{1}{2}\iiint_V\boldsymbol{D}\cdot\boldsymbol{E}\,\mathrm{d}V$$

对于上式右端的第一项而言，因为 $\varphi\propto\frac{1}{r}$，$\boldsymbol{D}\propto\frac{1}{r^2}$，而 $\mathrm{d}\boldsymbol{S}\propto r^2$，所以其积分结果与 $1/r$ 成比例关系。由于开放空间中电场存在的区域为无限大空间，考虑到上式中的闭合积分曲面 S 为无限大空间 V 的外表面，即 $r\to\infty$，因此上述表达式中的面积分的结果必然为零，故有

$$W_e=\frac{1}{2}\iiint_V\boldsymbol{D}\cdot\boldsymbol{E}\,\mathrm{d}V \tag{2-50}$$

显然，上述表达式将静电场的能量表示成了体积分的形式，即该表达式中的被积项所代表的将是静电场的能量体密度，即

$$\omega_e=\frac{1}{2}\boldsymbol{D}\cdot\boldsymbol{E} \tag{2-51}$$

在各向同性的线性媒质中，将式(2-33)代入上式可得

$$\omega_e=\frac{1}{2}\varepsilon E^2=\frac{1}{2}\frac{D^2}{\varepsilon} \tag{2-52}$$

能量密度的单位是焦耳/米^3(J/m^3)。

例题 2-16 平板电容器的极板间距为 d，极板面积为 S，填充介质的介电常数为 ε，如图 2-24 所示。如果两极板间的电位差为 U，并忽略两极板的边缘效应，试计算该电容器内的静电场的总能量。

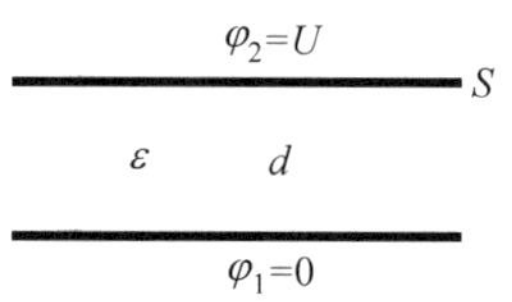

图 2-24 平板电容器

解法 1 因为极板边缘效应被忽略，所以电容器内的电场可以被看作均匀分布，即

$$E=\frac{U}{d}$$

根据式(2-52)可得其静电场的能量密度为

$$\omega_e=\frac{1}{2}\varepsilon E^2=\frac{1}{2}\varepsilon\left(\frac{U}{d}\right)^2$$

显然，电容器内的静电场能量也是均匀分布的，因此其总能量为

$$W_e = V\omega_e = Sd \cdot \frac{1}{2}\varepsilon\left(\frac{U}{d}\right)^2 = \frac{1}{2}\varepsilon\frac{S}{d}U^2$$

解法 2 填充介质的平板电容器也可以被看作是双导体（极板）静电系统，其静电场的总能量可以按照式(2-49)来计算，即

$$W_e = \frac{1}{2}\sum_{i=1}^{N}\varphi_i q_i = \frac{1}{2}\varphi_1 q_1 + \frac{1}{2}\varphi_2 q_2 = \frac{1}{2}\varphi_2 q_2$$

式中，q_2 代表上极板的电荷量。考虑到电容器内电场均匀分布，根据静电场的边界条件可知，极板上的电荷也是均匀分布的，其面电荷密度的大小为

$$\rho_s = D = \varepsilon E = \varepsilon\frac{U}{d}$$

因此

$$q_2 = \rho \cdot S = \varepsilon\frac{U}{d} \cdot S$$

显然，电容器内总的静电场能量为

$$W_e = \frac{1}{2}\varphi_2 q_2 = \frac{1}{2}U \cdot \varepsilon\frac{U}{d} \cdot S = \frac{1}{2}\varepsilon\frac{S}{d}U^2$$

解法 3 根据电路理论可知，电容器内静电场的总能量的计算表达式为

$$W_e = \frac{1}{2}CU^2$$

对简单的平板电容器而言，其电容为

$$C = \varepsilon\frac{S}{d}$$

因此，其总能量为

$$W_e = \frac{1}{2}CU^2 = \frac{1}{2}\varepsilon\frac{S}{d}U^2$$

2.10.3 静电力

如果已知带电体的电荷分布，原则上可以根据库仑定律计算带电体电荷之间的电场力。但对于电荷分布复杂的带电系统，根据库仑定律计算电场力往往是非常困难的，因此通常采用虚位移法来计算静电力。

虚位移法：在由 N 个导体组成的系统中，假设第 i 个带电导体在电场力 $\boldsymbol{F}$ 的作用下发生了虚位移 $\mathrm{d}x$，则电场力做功为 $\mathrm{d}A = F\mathrm{d}x$，系统的静电能量改变为 $\mathrm{d}W_e$。根据能量守恒定律，该系统的功能关系为

$$\mathrm{d}W = F\mathrm{d}x + \mathrm{d}W_e \tag{2-53}$$

其中 $\mathrm{d}W$ 是与各带电体相连接的外电源所提供的能量。具体计算中，可假定各带电导体的电位不变，或假定各带电导体的电荷不变。

1. 各带电导体的电位不变

设 N 个带电导体的电位都各自保持不变，此时它们应分别与外电压源连接，外电压源向系统提供的能量为

$$dW = \sum_{i=1}^{N} d(q_i\varphi_i) = \sum_{i=1}^{N} \varphi_i dq_i$$

根据式(2-49)，系统所改变的静电能量为

$$dW_e = \frac{1}{2}\sum_{i=1}^{N} \varphi_i dq_i$$

可见，外电压源向系统提供的能量有一半用于静电系统能量的增加，而另一半则用于电场力做功。故电场力做功等于静电能量的增加，由式(2-53)得

$$F dx = dW_e \Big|_{\varphi=常量}$$

因此电场力为

$$F = \frac{\partial W_e}{\partial x}\Big|_{\varphi=常量} \tag{2-54}$$

2. 各带电导体的电荷不变

在各带电导体维持电荷不变的情况下，当第 i 个带电导体发生虚位移 dx 时，所有带电体都不和外电源相连接，则 $dW=0$，因此由式(2-53)得

$$F dx = -dW_e \Big|_{q=常量}$$

故电场力为

$$F = -\frac{\partial W_e}{\partial x}\Big|_{q=常量} \tag{2-55}$$

由于外电源没有提供能量，式中的“－”号表示电场力做功依靠减少系统的静电能量予以实现。

例题 2-17 某平行金属板电容器，极板面积为 $l\times b$，板间距离为 d，用一块介质片(宽度为 b，厚度为 d，介电常数为 ε)部分填充在两极板之间($x<l$)，如图 2-25 所示。假设极板间外加电压为 U_0，忽略边缘效应，求介质片所受的静电力。

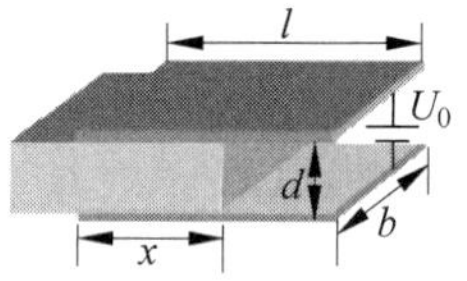

图 2-25 平行金属板电容器

解 平行板电容器的电容为

$$C = \varepsilon_0 \frac{(l-x)b}{d} + \varepsilon \frac{bx}{d}$$

所以电容器内的电场能量为

$$W_e = \frac{1}{2}CU_0^2 = \frac{bU_0^2}{2d}[\varepsilon_0(l-x)+\varepsilon x]$$

设外加电压 U_0 保持不变，介质位移为 x，由式(2-54)可求得介质片受到的静电力为

$$F = \frac{\partial W_e}{\partial x}\Big|_{\varphi=常量} = \frac{bU_0^2}{2d}(\varepsilon-\varepsilon_0)$$

设电容器充电后与电源断开，则极板上保持总电荷 q 不变，此时电容器储能为

$$W_e = \frac{1}{2}\frac{q^2}{C} = \frac{dq^2}{2b[\varepsilon_0(l-x)+\varepsilon x]}$$

由式(2-55)可求得介质片受到的静电力为

$$F = -\frac{\partial W_e}{\partial x}\Big|_{q=常量} = \frac{d(\varepsilon-\varepsilon_0)q^2}{2b[\varepsilon_0(l-x)+\varepsilon x]^2}$$

考虑到 $q=CU_0=\frac{bU_0}{d}[\varepsilon_0(l-x)+\varepsilon x]$，以上两种方法得到的电场力大小相同。

2.11 恒定电场

如 2.6 节所述，导体内部没有静电场存在。但如果在导体两端接上理想的直流电源构成闭合回路，此时在导体中将形成恒定的电流，并在导体内部建立电场。这与静电场中的导体不同，导体表面的感应电荷激发的感应电场无法抵消原电场，故内部电场不为零。显然，电源两极上的电荷分布不会发生变化，因此在导体内部所建立的电场也不会发生变化，将这种恒定电流空间中存在的电场称为恒定电场。对恒定电场而言，虽然其电荷总是在不断地定向运动，但电荷的分布却不随时间变化，即处于动态平衡之中。因此，这种分布不变的电荷所产生的恒定电场和静电场一样都属于静态场的范畴。

另外，对于恒定电场中处于动态平衡状态下的电荷分布而言，它们在导体之外的区域中所建立的电场与静电场无异，其基本性质与静电场完全相同；但对于它们在导体中所建立的电场来说，与静电场有些区别。例如：导体不再是等位体，导体表面也不再是等位面。本节将就导体中恒定电场的基本性质、边界条件及其应用等问题展开详细的讨论。

2.11.1 电流与电流密度矢量

微课视频

恒定电场有两个基本的场量，即电场强度 $\boldsymbol{E}$ 和电流密度矢量 $\boldsymbol{J}$。

自由电荷的宏观运动形成电流，也称为自由电流。自由电流又包括传导电流和运流电流。如果是导体中的自由电子、导电溶液中的带电离子、半导体中的电子及空穴等在外加电场作用下做宏观运动所形成的电流，就是传导电流；如果是真空或者气体中的带电粒子做宏观运动所形成的电流，则被称为运流电流。本节所讨论的对象是传导电流。

电流强度 I 为单位时间内通过任一横截面的电荷量。如果在 Δt 时间内，通过某个横截面的电量为 Δq，则

$$I=\lim_{\Delta t\to 0}\frac{\Delta q}{\Delta t}=\frac{\mathrm{d}q}{\mathrm{d}t} \tag{2-56}$$

其单位为安培(A)，即库仑/秒(C/s)。虽然 I 可以描述电流的大小，但是有两点不足：第一，电流强度归根到底反映的是电荷量的变化，属于标量，而不是矢量，因此它无法反映电流的方向；第二，电流强度所对应的是一个横截面上的电荷运动的情况，因此它无法具体表示空间各点处的电流情况。为了能够表达出空间各点处电流的大小和方向信息，引入电流密度矢量 $\boldsymbol{J}$。

设电流为体分布，电流密度 $\boldsymbol{J}$ 表示与电流方向垂直的单位面积上的电流强度，其方向沿正电荷运动的方向。若通过某垂直于电流方向面积元 $\Delta\boldsymbol{S}$ 的电流强度为 ΔI，则电流密度大小为

$$J=|\boldsymbol{J}|=\lim_{\Delta S\to 0}\left|\frac{\Delta I}{\Delta\boldsymbol{S}}\right|=\left|\frac{\mathrm{d}I}{\mathrm{d}\boldsymbol{S}}\right| \tag{2-57}$$

显然，体电流密度的单位为安培/米^2(A/m^2)。另外，由于 $\mathrm{d}q=\rho\mathrm{d}V=\rho\boldsymbol{S}\cdot\mathrm{d}\boldsymbol{l}=\rho\boldsymbol{S}\cdot\boldsymbol{v}\mathrm{d}t$，$I=\frac{\mathrm{d}q}{\mathrm{d}t}=\rho\boldsymbol{S}\cdot\boldsymbol{v}$，电流密度 $\boldsymbol{J}$ 又可以表示为

$$\boldsymbol{J}=\rho\boldsymbol{v} \tag{2-58}$$

其中,$\boldsymbol{v}$ 是电荷的平均运动速度。

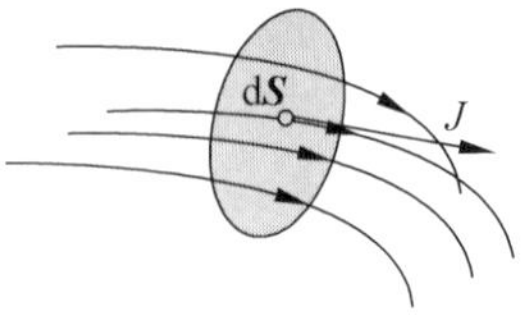

图 2-26 体电流密度

根据体电流密度的定义不难知道:电流强度就等于电流密度矢量的通量,因此,电流强度 I 又被称为电流密度通量。如图 2-26 所示,电流强度为

$$I=\iint_S \boldsymbol{J}\cdot \mathrm{d}\boldsymbol{S} \tag{2-59}$$

与体电流类似,对于面电流分布,通过观察流过某横向长度元 Δl 的电流可以得到面电流密度的定义。该长度元与观察点处电流的方向垂直,此时如果通过该横向长度元的电流强度为 ΔI,则该观察点处的面电流密度的表达式如下

$$J_s=|\boldsymbol{J}_s|=\lim_{\Delta l\to 0}\frac{\Delta I}{\Delta l}=\frac{\mathrm{d}I}{\mathrm{d}l}$$

另外,面电流密度的方向与观察点处正电荷运动的方向一致。从上述定义不难看出,面电流密度的单位为安培/米(A/m)。如图 2-27 所示,面电流分布的电流强度等于面电流密度大小沿横向线段的线积分,即

$$I=\int_l J_s\mathrm{d}l \tag{2-60}$$

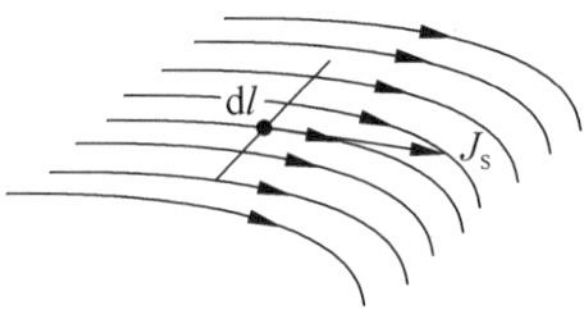

图 2-27 面电流密度

注意区分线电流、面电流密度和体电流密度等概念。存在体电流分布的区域是一个立体,而面电流分布存在于一个面上。体电流密度的实质是电流在立体横截面的面分布密度,而面电流密度的实质是电流在其横向线段的线分布密度。线电流则是电流沿轴线的分布,通常认为线电流(密度)就是电流强度本身。

例题 2-18 在直角坐标系中 $z=0$ 的平面内有均匀电流薄层(面电流)存在,而且该电流沿从原点指向(4,3,0)的方向流动。如果在 $z=0$ 的平面内,则通过单位宽度的最大电流为 10A。试求:

(1) 该面电流密度的表达式;

(2) 流过(1,2,0)和(3,2,0)连线、沿 y 轴正方向流动的电流大小。

解 (1) 根据式(2-60)可知,当线元与面电流密度垂直时,电流最大,即单位宽度上流过的最大电流就等于电流面密度的大小,因此

$$J_s=10\mathrm{A/m}$$

另外,根据题设可知沿电流流动方向的单位矢量为

$$\boldsymbol{e}_J=\frac{4}{5}\boldsymbol{e}_x+\frac{3}{5}\boldsymbol{e}_y$$

综合上述分析可得面电流密度矢量的表达式如下:

$$\boldsymbol{J}_s=J_s\boldsymbol{e}_J=8\boldsymbol{e}_x+6\boldsymbol{e}_y$$

(2) 由于电流沿 y 轴正方向,则式(2-60)中的线元积分方向可取为沿 x 轴,即

$$I=\int_l \boldsymbol{J}\cdot\boldsymbol{e}_y\mathrm{d}x$$

将(1)所得面电流密度矢量代入上式可得

$$I=\int_1^3 6\mathrm{d}x=12\mathrm{A}$$

需要说明的是，在静电场中介绍的几个与电场相关的其他场量在恒定电场中仍然有效。例如：其电位移矢量与电场强度之间仍然满足式(2-33)；另外，其电位函数与电场强度之间的关系仍然满足式(2-12)。

2.11.2 恒定电场的基本性质

1. 电流连续性方程

电流连续性方程源自电荷守恒定律，即电荷既不能产生也不能被消灭。既然如此，单位时间内迁移出任意闭合曲面的电荷量必然等于同一时间段内该闭合曲面中所包围的总电荷量的减少量。即体电流密度在闭合曲面上的通量就等于单位时间内该封闭曲面中电荷减少的量，因此

$$\oint\!\!\!\oint_S \boldsymbol{J}\cdot \mathrm{d}\boldsymbol{S} = -\frac{\partial q}{\partial t} = -\frac{\partial}{\partial t}\iiint_V \rho \mathrm{d}V \tag{2-61}$$

式(2-61)即一般电流连续性方程的积分形式。其中，V 是闭合曲面 S 所包围的体积，q 和 ρ 分别代表该体积内自由电荷的电量和体密度，而负号则意味着电荷量的减少。如果在等式的左端应用散度定理，在等式的右端将对电荷体密度的积分、求导运算次序颠倒，则有

$$\iiint_V \nabla\cdot \boldsymbol{J}\,\mathrm{d}V = -\iiint_V \frac{\partial \rho}{\partial t}\mathrm{d}V$$

考虑到上述分析过程中未对体积作任何限定，因此上述积分等式的成立必然意味着被积函数的严格相等，即

$$\nabla\cdot \boldsymbol{J} = -\frac{\partial \rho}{\partial t} \tag{2-62}$$

式(2-62)即一般电流连续性方程的微分形式。对恒定电场而言，其电荷分布不随时间变化，因此式(2-61)和式(2-62)中对时间的偏导数都等于零，即

$$\nabla\cdot \boldsymbol{J} = 0 \tag{2-63-1}$$

$$\oint\!\!\!\oint_S \boldsymbol{J}\cdot \mathrm{d}\boldsymbol{S} = 0 \tag{2-63-2}$$

上述两式分别为恒定电场中电流连续性方程的微分形式和积分形式。从中不难发现，恒定电场中电流密度的散度处处为零，而该电流密度穿过任意闭合曲面的通量也等于零。因此，与以电荷作为散度源的静电场不同，恒定电场没有散度源，其电流无头无尾，必须在回路中流动，自行闭合。

另外，如果将式(2-63-2)中闭合曲面所包围区域视为某电路中的一个节点，则积分形式的电流连续性方程就可以等效视为电路理论中的基尔霍夫电流定律：在任意时刻流入某节点的电流必然等于流出该节点的电流，即流入(或流出)该节点电流的代数和为零。

2. 恒定电场的无旋性及欧姆定律

如前所述，对导体中的恒定电场而言，电源在导体内部建立起了稳定的电场分布。该特征和静态电荷所建立的静电场类似，因此其电场强度的环量为零，旋度也处处为零，即导体中的恒定电场和静电场一样都属于无旋场(保守场)。

$$\nabla \times \boldsymbol{E} = 0 \tag{2-64-1}$$

$$\oint_l \boldsymbol{E} \cdot \mathrm{d}\boldsymbol{l} = 0 \tag{2-64-2}$$

上述无旋特性方程也可以等效视为电路理论中的基尔霍夫电压定律。

类似于式(2-33)所示 $\boldsymbol{D}$ 与 $\boldsymbol{E}$ 的关系,实验表明恒定电场中的电场强度与电流密度满足如下关系式

$$\boldsymbol{J} = \sigma \boldsymbol{E} \tag{2-65}$$

其中,σ 代表物质的电导率,单位为 S/m。和介电常数一样,电导率也是物质的基本电磁参数之一,反映了物质的导电能力。另外,从式(2-65)出发可以导出电路理论中的欧姆定律,所以式(2-65)也被称为微分形式的欧姆定律。

恒定电场的无旋性是处于动态平衡的电荷所产生的库仑电场的性质。为了保持导体中的恒定电场,必须有恒定电源来维持回路中的恒定电流。但在电源内部,除了恒定电场 $\boldsymbol{E}$ 外,还存在非静电力(化学力等)形成的非库仑场 $\boldsymbol{E}'$,该场与库仑电场 $\boldsymbol{E}$ 方向相反,促使正电荷从电源的负极向正极运动。非库仑场将单位正电荷从电源的负极移到正极所做的功即感应电动势 $\mathscr{E}$。因此,电源内部微分形式的欧姆定律为

$$\boldsymbol{J} = \sigma(\boldsymbol{E} + \boldsymbol{E}') \tag{2-66}$$

设回路截面积为 S,应用上式及式(2-64-2),包含电源在内的回路电场积分为

$$\oint_l \frac{I}{\sigma S} \mathrm{d}l = \oint_l \frac{\boldsymbol{J}}{\sigma} \cdot \mathrm{d}\boldsymbol{l} = \oint_l \boldsymbol{E} \cdot \mathrm{d}\boldsymbol{l} + \oint_l \boldsymbol{E}' \cdot \mathrm{d}\boldsymbol{l} = \oint_l \boldsymbol{E}' \cdot \mathrm{d}\boldsymbol{l} = \mathscr{E} \tag{2-67}$$

式(2-67)左端可以表示为 IR,其中 R 为包括电源内阻在内的回路直流电阻;而右端为电源电动势。因此,式(2-67)表示回路的电压降等于电动势,即基尔霍夫电压定律。

另外,对于 σ 趋于无穷大的理想导体而言,即使其中有电流存在,由于 $\boldsymbol{J}$ 为有限值,电场强度 $\boldsymbol{E}$ 必须为零。显然,和静电场中所有导体内的电场强度都等于零不同,在恒定电场中只有理想导体内部的电场才等于零。

例题 2-19 如图 2-28 所示,某均匀导电媒质所填充的圆柱体中有电流 I 流过。该圆柱体的长度为 l,截面积为 S,导电媒质的电导率为 σ。试从微分形式的欧姆定律出发导出电路理论中反映电压和电流关系的欧姆定律。

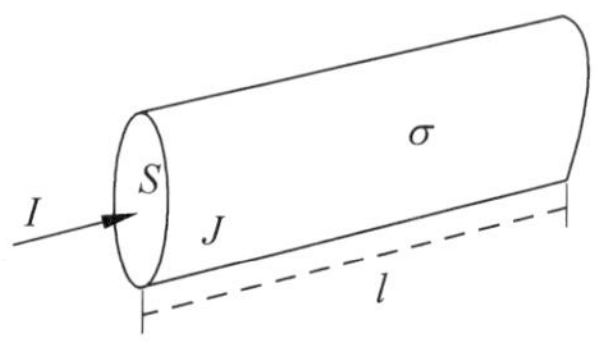

图 2-28 导电圆柱体

解 对填充均匀导电媒质的均匀圆柱导体而言,其流过的电流与截面垂直,因此该电流密度矢量的大小为

$$J = \frac{I}{S}$$

将上式代入微分形式的欧姆定律,可得

$$E = \frac{I}{\sigma S}$$

考虑到电场强度的线积分等于电位差(电压),因此对题设的均匀导体圆柱而言,其电场强度可以表示为单位长度的电压降,即

$$\frac{U}{l} = \frac{I}{\sigma S}$$

整理上式可得

$$U=\frac{l}{\sigma S}I=RI$$

其中,R 为电阻,上式即电路理论中的欧姆定律表达式。

3. 均匀导电媒质中恒定电场的无散性

将式(2-65)微分形式的欧姆定律,代入式(2-63-1)电流连续性方程,得

$$\nabla\cdot\boldsymbol{J}=\nabla\cdot(\sigma\boldsymbol{E})=\sigma\nabla\cdot\boldsymbol{E}+\boldsymbol{E}\cdot\nabla\sigma=0$$

所以

$$\nabla\cdot\boldsymbol{E}=-\boldsymbol{E}\cdot\frac{\nabla\sigma}{\sigma}$$

并由此得到导电媒质中自由电荷的体密度为

$$\rho=\nabla\cdot\boldsymbol{D}=\nabla\cdot\varepsilon\boldsymbol{E}=\varepsilon\nabla\cdot\boldsymbol{E}+\boldsymbol{E}\cdot\nabla\varepsilon=\boldsymbol{E}\cdot\left(\nabla\varepsilon-\frac{\varepsilon}{\sigma}\nabla\sigma\right)$$

对于线性均匀媒质$\nabla\sigma=0$,$\nabla\varepsilon=0$,因此

$$\nabla\cdot\boldsymbol{E}=0 \tag{2-68-1}$$

$$\rho=0 \tag{2-68-2}$$

以上公式表明,均匀导电媒质中的恒定电场是无散场。在均匀导电媒质内部虽然有恒定电流,但是净电荷的体密度为零,所有恒定电荷(静电荷)只能分布在导电媒质的表面上。

4. 均匀导电媒质中恒定电场的电位方程

考虑到恒定电场为保守场,其电场与电位函数的关系仍为 $\boldsymbol{E}=-\nabla\varphi$。基于恒定电场的无散性,即式(2-68-1),可以得到均匀媒质中恒定电场的电位函数满足拉普拉斯方程,即

$$\nabla^2\varphi=\nabla\cdot\nabla\varphi=-\nabla\cdot\boldsymbol{E}=0 \tag{2-69}$$

2.11.3 恒定电场的边界条件

微课视频

与 2.8 节中讨论静电场的边界条件类似,对恒定电场中边界条件的讨论也需要从其积分形式的通量和环量方程出发。

通过对比式(2-63-2)和式(2-31)发现,两者有类似的地方,参考静电场相关边界条件的分析方法不难得到恒定电场电流密度矢量的法向边界条件如下:

$$J_{1n}-J_{2n}=0 \tag{2-70-1}$$

$$(\boldsymbol{J}_1-\boldsymbol{J}_2)\cdot\boldsymbol{e}_n=0 \tag{2-70-2}$$

同理,考虑到恒定电场的无旋性,其边界条件也应与静电场的情况完全相同,即恒定电场的切向边界条件如下:

$$E_{1t}=E_{2t} \tag{2-71-1}$$

$$\boldsymbol{e}_n\times(\boldsymbol{E}_1-\boldsymbol{E}_2)=0 \tag{2-71-2}$$

最后,因为恒定电场和静电场一样都是无旋场,故两点间的电位差等于电场强度沿两点间任一连线的线积分。例如,取分界面两侧两点间的距离趋于零,则该积分结果必然等于零。所以,媒质分界面上恒定电场的电位函数也是连续的。

例题 2-20 如图 2-29 所示，某平板电容器内填充的两层媒质的电导率和厚度分别为 σ_1、σ_2 和 d_1、d_2。如果两极板间的电位差为 U_0，并忽略两极板的边缘效应，试计算：

(1) 电容器内的 $\boldsymbol{E}$、$\boldsymbol{J}$ 分布；

(2) 上、下极板和介质分界面上的自由电荷面密度。

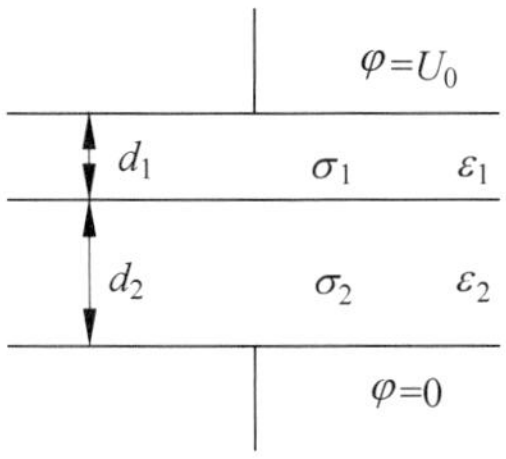

图 2-29 平板电容器

解 (1) 因为极板边缘效应被忽略，所以电容器内电场和电流密度的方向与极板及分界面垂直。另外，根据恒定电场的边界条件和系统的对称性易知，电流密度在整个电容器内是均匀分布的，即

$$J_1 = J_{1n} = J = J_{2n} = J_2$$

对各层媒质应用微分形式的欧姆定律可得其电场强度如下：

$$E_1 = \frac{J_1}{\sigma_1} = \frac{J}{\sigma_1} = E_{1n}$$

$$E_2 = \frac{J_2}{\sigma_2} = \frac{J}{\sigma_2} = E_{2n}$$

显然，各层媒质内的电场也是均匀分布的，因此电容器两极板间的电位差为

$$U_0 = E_1 d_1 + E_2 d_2 = J\left(\frac{d_1}{\sigma_1} + \frac{d_2}{\sigma_2}\right)$$

即

$$J = U_0 \Big/ \left(\frac{d_1}{\sigma_1} + \frac{d_2}{\sigma_2}\right)$$

故其电场强度分别为

$$E_1 = \frac{J}{\sigma_1} = U_0 \Big/ \left(d_1 + d_2 \frac{\sigma_1}{\sigma_2}\right)$$

$$E_2 = \frac{J}{\sigma_2} = U_0 \left(d_1 \frac{\sigma_2}{\sigma_1} + d_2\right)$$

(2) 对上、下极板而言，其面电荷密度与电位移矢量的法向分量有关，即

$$\rho_1 = D_{1n} = D_1 = \varepsilon_1 E_1 = U_0 \varepsilon_1 \Big/ \left(d_1 + d_2 \frac{\sigma_1}{\sigma_2}\right)$$

$$\rho_2 = -D_{2n} = -D_2 = -\varepsilon_2 E_2 = -U_0 \varepsilon_2 \Big/ \left(d_1 \frac{\sigma_2}{\sigma_1} + d_2\right)$$

对媒质分界面而言，其面电荷密度等于两侧电位移矢量法向分量的变化，即

$$\rho_s = D_{2n} - D_{1n} = U_0 \varepsilon_2 \Big/ \left(d_1 \frac{\sigma_2}{\sigma_1} + d_2\right) - U_0 \varepsilon_1 \Big/ \left(d_1 + d_2 \frac{\sigma_1}{\sigma_2}\right) = \frac{\varepsilon_2 \sigma_1 - \varepsilon_1 \sigma_2}{d_1 \sigma_2 + d_2 \sigma_1} U_0$$

2.11.4 静电场比拟法与电导

通过前面对恒定电场的分析不难发现，静电场和恒定电场之间有很多相似之处。如果将电源以外导体区域中的恒定电场与无源均匀介质区域中的静电场进行对比(如表 2-1 所示)可以发现，除有些场量和系数有变化之外，两种场的基本方程和边界条件都非常相似。即只需将静电场中的 $\boldsymbol{D}$、ε、q 换成相应的 $\boldsymbol{J}$、σ、I，静电场的方程和边界条件就变成恒定电场

的方程和边界条件了。

表 2-1 静电场和恒定电场的比拟

	电源以外导体区域中的恒定电场	无源均匀介质区域中的静电场
场量及其所满足的方程	$\nabla\times\boldsymbol{E}=0\left(\oint_l \boldsymbol{E}\cdot \mathrm{d}\boldsymbol{l}=0\right)$ $\nabla\cdot\boldsymbol{J}=0\left(\oint\!\!\oint_S \boldsymbol{J}\cdot \mathrm{d}\boldsymbol{S}=0\right)$ $\boldsymbol{J}=\sigma\boldsymbol{E}$ $\boldsymbol{E}=-\nabla\varphi$ $\nabla^2\varphi=0$ $I=\iint_S \boldsymbol{J}\cdot \mathrm{d}\boldsymbol{S}$	$\nabla\times\boldsymbol{E}=0\left(\oint_l \boldsymbol{E}\cdot \mathrm{d}\boldsymbol{l}=0\right)$ $\nabla\cdot\boldsymbol{D}=0\left(\oint\!\!\oint_S \boldsymbol{D}\cdot \mathrm{d}\boldsymbol{S}=0\right)$ $\boldsymbol{D}=\varepsilon\boldsymbol{E}$ $\boldsymbol{E}=-\nabla\varphi$ $\nabla^2\varphi=0$ $q=\iint_S \boldsymbol{D}\cdot \mathrm{d}\boldsymbol{S}$
边界条件	$E_{1t}=E_{2t}$ $J_{1n}-J_{2n}=0$ $\varphi_1=\varphi_2$	$E_{1t}=E_{2t}$ $D_{1n}-D_{2n}=0$ $\varphi_1=\varphi_2$
场量间的对应关联关系	$\boldsymbol{E}$ $\boldsymbol{J}$ σ φ I	$\boldsymbol{E}$ $\boldsymbol{D}$ ε φ q

考虑到两者的电位函数满足相同的微分方程(拉普拉斯方程),因此在边界条件相同的情况下,其电位函数 φ 的解以及与电位函数相关的电场强度 $\boldsymbol{E}$ 也应该相同。另外,考虑到场量 $\boldsymbol{D}$、q、$\boldsymbol{J}$、I 等也都由电位函数唯一确定,因此 $\boldsymbol{D}$ 与 $\boldsymbol{J}$、q 与 I 必然具有形式相似的解。既然如此,完全可以利用两种场之间存在的这种关联关系,通过对应物理量的置换,将一种场的解直接转换为另一种场的解。上述方法也称为静电场比拟法。

另外,静电场中的电容作为反映导体系统特性的参量,在双导体情况下等于电荷量 q 与电位差 $\Delta\varphi$(电压 U)之比,即

$$C=\frac{q}{U}$$

按照静电比拟法,如果将上式中的电荷量 q 置换为电流强度 I,则可得双导体系统中电导的定义式如下

$$G=\frac{I}{U}=\frac{1}{R} \tag{2-72}$$

其中,G 称为电导,R 称为电阻,其单位分别为西门子(S)和欧姆(Ω)。显然,和电容反映静电场中的导体系统容纳电荷的情况对应,电导作为参量所反映的是恒定电场中导电媒质流过电流的情况。

将 $q=\iint_S \boldsymbol{D}\cdot \mathrm{d}\boldsymbol{S}$,$I=\iint_S \boldsymbol{J}\cdot \mathrm{d}\boldsymbol{S}$,$\boldsymbol{D}=\varepsilon\boldsymbol{E}$,$\boldsymbol{J}=\sigma\boldsymbol{E}$ 代入电容和电导的表达式得

$$C=\frac{\iint_S \boldsymbol{D}\cdot \mathrm{d}\boldsymbol{S}}{U}=\frac{\varepsilon\iint_S \boldsymbol{E}\cdot \mathrm{d}\boldsymbol{S}}{U}$$

$$G=\frac{\iint_S \boldsymbol{J}\cdot d\boldsymbol{S}}{U}=\frac{\sigma\iint_S \boldsymbol{E}\cdot d\boldsymbol{S}}{U}$$

显然,电容和电导之间也存在着对应的关联关系,即

$$\frac{G}{C}=\frac{\sigma}{\varepsilon} \tag{2-73}$$

同理,结合式(2-72)可知,电阻与电容之间的关联关系如下:

$$CR=\frac{\varepsilon}{\sigma} \tag{2-74}$$

另外,如果是多导体之间的电导,其讨论方法与对多导体系统中电容的讨论方法一样,需要引入部分电导的概念。而且,根据静电比拟法可知,相同的多导体系统的部分电容和部分电导之间也存在着对应的关联关系。

综合上述有关静电场和恒定电场的分析不难发现:静电场一般指的是绝缘理想介质中的静态电场,而恒定电场则指的是导体中的静态电场,二者从本质上没有什么区别。介质对静电场的影响主要是介质的极化,而导电媒质对恒定电场的影响则主要是电流;对于静电场,因为其自身并不消耗能量,所以无须从外部补充能量就能维持静电场的存在;但对于恒定电场,因为有焦耳损耗存在,所以为维持恒定电场及恒定电流,必须从外部不断补充能量。

例题 2-21 对例题 2-14 而言,如果在同轴电容器内填充电导率为 σ 的导电媒质,试计算其单位长度的电导。

解法 1 假设单位长度同轴电容器的泄漏电流为 I。考虑到系统的轴对称性,可以判断其泄漏电流密度沿径向、在半径为 r 的圆柱体侧面上均匀分布,即

$$\boldsymbol{J}=J(r)\boldsymbol{e}_r$$

对同轴电容器内半径为 r、单位长度的圆柱侧面,其电流密度矢量为

$$\boldsymbol{J}=\frac{I}{2\pi r}\boldsymbol{e}_r$$

对上式应用微分形式的欧姆定律,可得其对应的电场强度为

$$\boldsymbol{E}=\frac{I}{2\pi\sigma r}\boldsymbol{e}_r$$

将该电场强度沿径向从内导体表面积分到外导体表面可得其电位差,即

$$U=\int_a^b \boldsymbol{E}\cdot d\boldsymbol{r}=\int_a^b \frac{I}{2\pi\sigma r}\boldsymbol{e}_r\cdot\boldsymbol{e}_r dr=\frac{I}{2\pi\sigma}\ln\frac{b}{a}$$

因此其电导为

$$G=\frac{I}{U}=2\pi\sigma/\ln\frac{b}{a}$$

解法 2 利用静电场和恒定电场的比拟法。在例题 2-14 中同轴电容器单位长度电容的表达式为

$$C=\frac{q}{U}=2\pi\varepsilon/\ln\frac{b}{a}$$

将上式中的介电常数 ε 替换为电导率 σ 就可以得到其单位长度的漏电导,即

$$G=\frac{I}{U}=2\pi\sigma/\ln\frac{b}{a}$$

该结果和方法 1 所得结果完全一致。而且,比拟法显然更加简单。

例题 2-22 某半径为 a 的导体球作为接地体被深埋地下(忽略地面以上部分对接地电阻的影响),假设均匀土壤的电导率为 σ,则接地体的接地电阻是多少?

解 由题意可知,该导体球可以被视为置于电导率为 σ 的无限大导电媒质中。显然,根据静电比拟法,该接地电阻和无限大媒质中导体球的电容有关。

易知,静电场中半径为 a 的导体球在介电常数为 ε 的无限大媒质中的电位 U 与所带电荷量 q 之间的关系为

$$U = \frac{q}{4\pi\varepsilon a}$$

其电容为

$$C = 4\pi\varepsilon a$$

将上式中的介电常数 ε 替换为电导率 σ 就可以得到其电导,即

$$G = 4\pi\sigma a$$

因此其接地电阻为

$$R = \frac{1}{4\pi\sigma a}$$

另外,如果接地体是一个被埋于地表的半导体球,则其相同电位下的泄漏电流只有球形接地体泄漏电流的 1/2,故其接地电阻相当于上述情况的 2 倍,即

$$R' = \frac{1}{2\pi\sigma a}$$

2.11.5 损耗功率与焦耳定律

恒定电场中的自由电子在电场作用下做定向运动形成传导电流的过程中,不断与导体中的其他粒子碰撞,从而导致导体温度升高。该过程从能量转化的角度来看,自由电子通过电场力对其做功的形式从电场中吸收能量并转化为其自身的动能,其间不断发生的碰撞还会导致能量的交换与传递,即自由电子将其自身的动能转交给导体中的其他粒子,导致其热运动加剧,温度升高。显然,碰撞过程所导致的自由电子动能的减少是不可逆的,这种能量损耗通常也称为电流的热效应。在恒定电场的前提下,热效应所对应的能量损耗必然与外部电源提供的能量取得平衡,否则将无法保证电流的恒定。因此,可以通过分析恒定电场对自由电荷所做的功来讨论其热效应所带来的能量损耗情况。

具体而言,如果假设在 $\mathrm{d}t$ 时间段里,电荷 $\mathrm{d}q$ 在电场 $\boldsymbol{E}$ 的作用下移动了距离 $\mathrm{d}\boldsymbol{l}$,则电场在此过程中对电荷所做的功为

$$\mathrm{d}W = \mathrm{d}q\boldsymbol{E} \cdot \mathrm{d}\boldsymbol{l}$$

既然上述做功与同一时间段内的热损耗是平衡的,那么其单位时间内的损耗功率为

$$P = \frac{\mathrm{d}W}{\mathrm{d}t} = \frac{\mathrm{d}q\boldsymbol{E} \cdot \mathrm{d}\boldsymbol{l}}{\mathrm{d}t} = \frac{\mathrm{d}q}{\mathrm{d}t}\boldsymbol{E} \cdot \mathrm{d}\boldsymbol{l} = I\boldsymbol{E} \cdot \mathrm{d}\boldsymbol{l}$$

如果假设电流 I 在与电荷运动方向垂直的平面上所对应的截面积为 $\mathrm{d}\boldsymbol{S}$,则

$$I = \boldsymbol{J} \cdot \mathrm{d}\boldsymbol{S}$$

其中,矢量面积元的大小为 $\mathrm{d}S$,方向与 $\mathrm{d}\boldsymbol{l}$ 相同。因此,由以上两式得

$$P = (\boldsymbol{J} \cdot \mathrm{d}\boldsymbol{S})(\boldsymbol{E} \cdot \mathrm{d}\boldsymbol{l})$$

因此

$$P=(\boldsymbol{J}\cdot\boldsymbol{E})(\mathrm{d}\boldsymbol{S}\cdot\mathrm{d}\boldsymbol{l})=\boldsymbol{J}\cdot\boldsymbol{E}\,\mathrm{d}V$$

显然,据上式可得其单位体积内的损耗功率,即损耗功率密度为

$$p=\frac{P}{\mathrm{d}V}=\boldsymbol{J}\cdot\boldsymbol{E}=\sigma E^2=\frac{J^2}{\sigma} \tag{2-75}$$

从式(2-75)出发,可导出电路理论中的焦耳定律,因此上式也被称为微分形式的焦耳定律。

例题 2-23 以例题 2-19 所涉及的均匀导体圆柱为对象,试从微分形式的焦耳定律出发导出电路理论中用电压和电流表示的焦耳定律。

解 如式(2-75)所示,导体圆柱中单位体积内的损耗功率为

$$p=\boldsymbol{J}\cdot\boldsymbol{E}$$

因此,导体圆柱的损耗功率为

$$P=p\cdot V=(\boldsymbol{J}\cdot\boldsymbol{E})\cdot Sl=(\boldsymbol{J}\cdot\boldsymbol{E})\cdot(\boldsymbol{S}\cdot\boldsymbol{l})=(\boldsymbol{J}\cdot\boldsymbol{S})\cdot(\boldsymbol{E}\cdot\boldsymbol{l})=UI$$

例题 2-24 如例题 2-20 所述,如果两层媒质损耗功率相等,则其各参数间所满足的关系式如何?

解 根据例题 2-20 的分析,各层媒质中的电流密度和电场强度分别为

$$J_1=J_2=J,\quad E_1=\frac{J}{\sigma_1},\quad E_2=\frac{J}{\sigma_2}$$

因此,各层媒质中的损耗功率密度分别为

$$p_1=E_1J_1=\frac{J^2}{\sigma_1},\quad p_2=E_2J_2=\frac{J^2}{\sigma_2}$$

既然要求两层媒质的损耗功率相等,则 $p_1V_1=p_2V_2$,故

$$\frac{J^2}{\sigma_1}Sd_1=\frac{J^2}{\sigma_2}Sd_2$$

因此,相关参数需要满足的关系式为

$$\frac{d_1}{\sigma_1}=\frac{d_2}{\sigma_2}$$

例题 2-25 分析均匀线性导电媒质内部自由电荷密度 ρ 所满足的方程,并据此说明导体内部的自由电荷密度为零的原因。

解 根据电流连续性方程 $\nabla\cdot\boldsymbol{J}+\frac{\partial\rho}{\partial t}=0$、欧姆定律 $\boldsymbol{J}=\sigma\boldsymbol{E}$ 及高斯定理 $\nabla\cdot\boldsymbol{E}=\frac{\rho}{\varepsilon}$,可以得到关于电荷密度 ρ 的方程如下:

$$-\frac{\partial\rho}{\partial t}=\frac{\sigma}{\varepsilon}\rho$$

其解为

$$\rho=\rho_0\mathrm{e}^{-(\sigma/\varepsilon)t}=\rho_0\mathrm{e}^{-t/\tau}$$

其中,$\tau=\frac{\varepsilon}{\sigma}$ 称作弛豫时间,单位为秒。弛豫时间为电荷密度由 ρ_0 减少为 ρ_0/e 所用的时间。在导体中 σ 极大,因此 τ 极短。显然,对带电导体而言,其内部体电荷衰减极快,一般认为导体内的自由电荷密度 ρ 等于零,而其所带电荷都以面电荷的形式分布在导体表面。

习题

2-1　自由空间中点电荷 q 位于(−5,0,0)，点电荷 $-\frac{q}{2}$ 位于(0,5,0)。试确定坐标原点位置处的电场强度。

2-2　在空气中 xOy 平面上有一半径为 1 的圆环，其上有电荷分布，该圆环的圆心与坐标原点重合，线电荷密度为 $\rho_l(\phi)=\cos\phi$。试计算此时 z 轴上任一点处电场强度的表达式。

2-3　自由空间中有体密度为 ρ 的电荷均匀分布在 $a<r<b$ 的区域中。试分析空间各区域中的电场分布情况。

2-4　自由空间中半径分别为 3、4、5 米的无限长同轴圆柱面上有面电荷均匀分布，而且已知前两个圆柱的面电荷密度分别为 4 nC/m^2 和 −6 nC/m^2。如果观察发现半径为 5 米的圆柱体之外的电场为零，试确定最外侧圆柱面上的面电荷密度。

2-5　如习题 2-5 图所示，自由空间中两偏心球的半径分别为 a、b，球心距离为 c，其间均匀分布着密度为 ρ 的体电荷，试分析半径为 a 的小球体空腔中的电场强度。

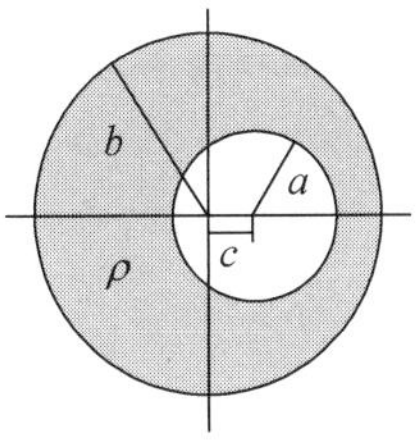

习题 2-5 图

2-6　对矢量 $e^{4x}e^{-5y}e^{-4z}(2\boldsymbol{e}_x-2.5\boldsymbol{e}_y-2\boldsymbol{e}_z)$ 而言，首先判断其是否有可能代表自由空间中某静电场的电场强度。如果有可能，试求出与之相应的电荷和电位分布。

2-7　自由空间中某个半径为 a 的球形区域内电场强度为 $\boldsymbol{E}=\boldsymbol{e}_r 90r^3$ V/m。求该球体内的自由电荷体密度和球体外的电场强度。

2-8　下列函数中哪些有可能代表静电场无源区域的电位？

(1) $e^{-y}\cos x$；

(2) $e^{-\sqrt{2}y}\cos x\cdot\sin x$；

(3) $\sin x\cdot\sin y\cdot\sin z$。

2-9　某介质立方体中心位于坐标原点，边长为 L，极化强度 $\boldsymbol{P}=x\boldsymbol{e}_x+y\boldsymbol{e}_y+z\boldsymbol{e}_z$。

(1) 计算该介质立方体内的束缚电荷体密度、束缚电荷面密度；

(2) 证明总的束缚电荷等于零。

2-10　已知半径为 a、介电常数为 ε 的介质球的带电量为 q。

(1) 如果电荷均匀分布在球体内，试分析球体内外的电场强度分布、球体内外的束缚电荷体密度分布、球体表面的束缚电荷面密度分布；

(2) 如果电荷均匀分布在球体表面，试分析球体内外的电场强度分布、球体内外的束缚电荷体密度分布、球体表面的束缚电荷面密度分布；

(3) 如果电荷集中于球心位置，试分析球体内外的电场强度分布、球体内外的束缚电荷体密度分布、球体表面的束缚电荷面密度分布、球心处束缚电荷的电量。

2-11　某同轴线内外导体的半径分别为 a 和 b，电位差为 U，其间填充相对介电常数分布为 $\varepsilon_r=\frac{r}{a}$ 的电介质。求介质内的电场强度、电位移矢量和电位的分布。

2-12 内外半径分别为 a 和 b 的同心导体球壳间所加电压为 U，其间填充相对介电常数分布为 $\varepsilon_r=\dfrac{r}{a}$ 的电介质。求介质内的电场强度、电位移矢量和电位的分布。

2-13 平板电容器两导体板均可近似视为无限大，其中 $x=0$ 位置处的极板电位为零，$x=d$ 位置处极板电位为 φ。假设两极板间均匀填充介电常数为 ε 的理想介质，而且其中有体电荷 $\rho=\rho_0 x$ 分布，求两极板间的电位和电场强度分布。

2-14 如习题 2-14 图所示，半径为 a 的导体球带电荷 q，球心位于两种介质的分界面上。求：

(1) 空间各区域中的电场分布；

(2) 导体球面上的电荷分布；

(3) 导体球的电容；

(4) 总的静电场能量。

2-15 如习题 2-15 图所示，介电常数分别为 ε_1 和 ε_2 的两种理想介质交界面两侧的电场强度分别为 $\boldsymbol{E}_1$ 和 $\boldsymbol{E}_2$。如果分界面上没有自由面电荷存在，试分析角度 θ_1 和 θ_2 所满足的关系式。

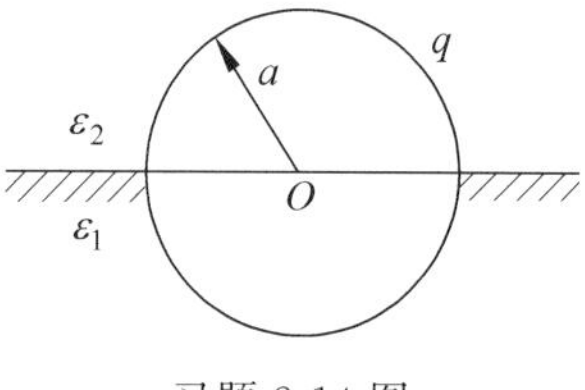

习题 2-14 图

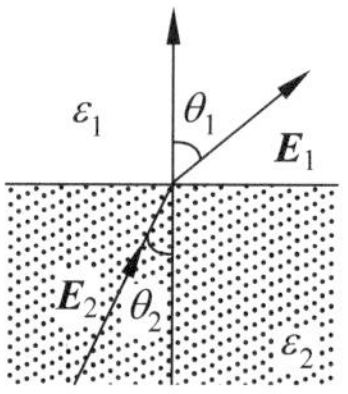

习题 2-15 图

2-16 已知静电场中半径为 a 的介质球内外的电位函数如下：

$$\varphi_1=-E_0 r\cos\theta+\frac{\varepsilon-\varepsilon_0}{\varepsilon+2\varepsilon_0}a^3 E_0\,\frac{\cos\theta}{r^2},\quad r\geqslant a$$

$$\varphi_2=-\frac{3\varepsilon_0}{\varepsilon+2\varepsilon_0}E_0 r\cos\theta,\quad r\leqslant a$$

试验证：介质球表面的电位、电场强度和电位移矢量所满足的边界条件。

2-17 在面积为 S 的平行板电容器内填充介电常数线性变化的介质，即从极板($y=0$)处的 ε_1 线性变化到另一个极板($y=d$)处的 ε_2。求该平板电容器的电容。

2-18 同轴电容器的内导体半径为 a，电位为 0；外导体半径为 b，电位为 U。如果在内外导体间 $0<\varphi<\dfrac{U}{2}$ 的部分填充了介电常数为 ε_1 的理想介质，而其他部分则填充介电常数为 ε_2 的理想介质。试计算该同轴电容器单位长度的电容。

2-19 同轴线内导体半径为 a，外导体半径为 b。试证明单位长度同轴线所储存的静电场能量中有一半分布在 $a<\rho<\sqrt{ab}$ 的区域中。

2-20 同轴线内导体半径为 a，外导体半径为 b，长度为 l，所加电压为 U。如果在内外导体之间插入一根长度为 d、介电常数为 ε 的电介质，如习题 2-20 图所示。在忽略边缘效应的前提下，试分析电介质所受到的电场力的大小和方向。

2-21 已知 $\boldsymbol{J}=\boldsymbol{e}_x 10y^2-\boldsymbol{e}_y 2x^2+\boldsymbol{e}_z 2yz\ \mathrm{A/m^2}$。试求：穿过面积 $y=3$，$2\leqslant x\leqslant 3$，$1\leqslant z\leqslant 2$ 的总电流大小，并指明该电流流动的方向。

2-22 半径分别为 a 和 $b(a<b)$ 的两同心球面之间填充了电导率为 $\sigma=\sigma_0\left(1+\frac{1}{r}\right)$ 的损耗媒质，其中 σ_0 为常数。试求两导体球面之间的电阻。

2-23 在一块厚度为 d 的漏电媒质板上，由两个半径为 r_1 和 r_2 的圆弧割出的一块夹角为 α 的扇形体，如习题 2-23 图所示。假设该漏电介质的电导率为 σ，介电常数为 ε。试求：

(1) 沿厚度方向的漏电阻；

(2) 两圆弧面之间的漏电阻；

(3) 沿 α 方向的两电极之间的漏电阻。

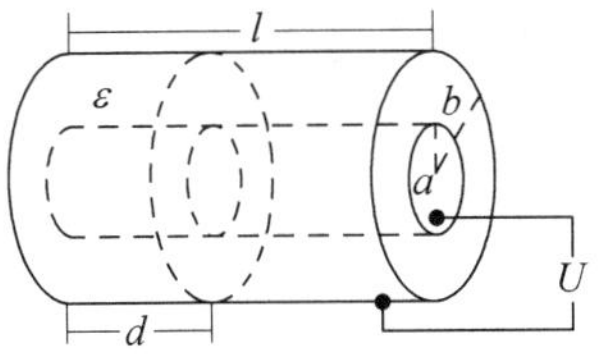

习题 2-20 图

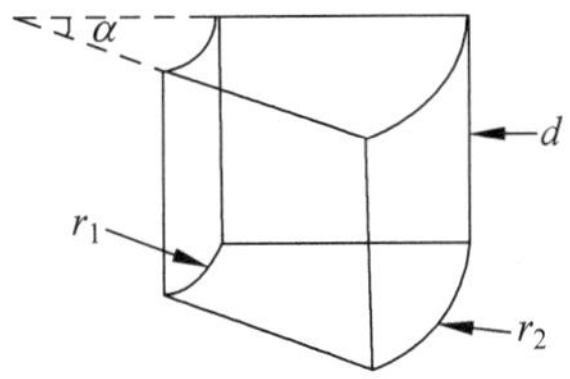

习题 2-23 图

2-24 填充电导率为 σ 的损耗媒质的无限大空间中有两个半径分别为 a 和 b 的理想导体小球，球间距离 d 远远大于两球的半径。试求两球之间的电阻。

2-25 同心球电容器的内外球半径分别为 a 和 b，其中填充两种漏电媒质，其分界面为 $r=c$ $(a<c<b)$，内、外层介质的介电常数及电导率分别为 ε_1、σ_1 和 ε_2、σ_2。如果内、外球之间的电压为 U_0，试求：

(1) 电流密度的分布；

(2) $r=a$，b，c 处的自由电荷密度；

(3) 电容器的漏电阻；

(4) 电容器的电容。

2-26 同轴线内外导体的半径分别为 a 和 b，其间填充两种漏电媒质，其分界面半径为 $c(a<c<b)$，内、外层介质的介电常数及电导率分别为 ε_1、σ_1 和 ε_2、σ_2。如果内、外导体之间的电压为 U_0，试求此时单位长度同轴线的损耗功率。

第3章 恒定磁场

CHAPTER 3

第2章讨论了在恒定电流条件下分布不变的电荷所产生的恒定电场的性质。实验表明,恒定电流会产生恒定磁场,或者称为静态磁场。静态电场与静态磁场又统称为静态电磁场(静态场)。本章将从基本实验定律出发,描述恒定磁场的基本场矢量和基本场方程,讨论恒定磁场的性质,确立恒定磁场的边界条件,分析磁偶极子、磁介质的磁化、矢量磁位、电感、磁场能量和磁场力等基本问题。

微课视频

3.1 恒定磁场的基本定律

3.1.1 安培力定律

实验表明,两个恒定电流回路之间存在着相互作用力。1820年,法国物理学家安培通过实验总结出这个相互作用力所遵循的规律,即安培力定律。

如图3-1所示,根据安培力定律,在真空中有分别载有恒定电流 $\boldsymbol{I}$、$\boldsymbol{I}_1$(线电流)的两个回路 C_0 和 C_1,则 C_0 对 C_1 的作用力为

$$\boldsymbol{F}_{10}=\frac{\mu_0}{4\pi}\oint_l\oint_{l'}\frac{I_1\mathrm{d}\boldsymbol{l}\times(I\mathrm{d}\boldsymbol{l}'\times\boldsymbol{e}_R)}{R^2} \tag{3-1}$$

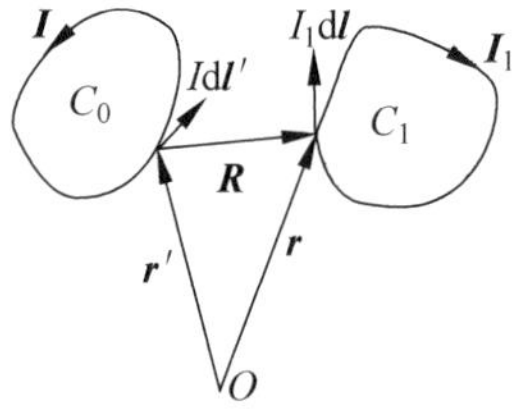

图3-1 电流回路之间的相互作用力

其中,l'、l 分别为对两个回路 C_0 和 C_1 的积分路径,$\mu_0=4\pi\times10^{-7}$ H/m(亨/米)为真空中的磁导率;$\boldsymbol{r}'$ 和 $\boldsymbol{r}$ 分别为电流元 $I\mathrm{d}\boldsymbol{l}'$ 与 $I_1\mathrm{d}\boldsymbol{l}$ 的位置矢量,R 为两个电流元之间的距离。$\boldsymbol{R}=\boldsymbol{r}-\boldsymbol{r}'=R\boldsymbol{e}_R$,$\boldsymbol{e}_R=\boldsymbol{R}/R$。

同样,回路 C_1 对 C_0 的作用力为 $\boldsymbol{F}_{01}=-\boldsymbol{F}_{10}$,即两个回路之间的相互作用力满足牛顿第三定律。

由式(3-1)可以得到两个电流元 $I\mathrm{d}\boldsymbol{l}'$ 与 $I_1\mathrm{d}\boldsymbol{l}$ 之间的相互作用力为

$$\mathrm{d}\boldsymbol{F}_{10}=-\mathrm{d}\boldsymbol{F}_{01}=\frac{\mu_0}{4\pi}\frac{I_1\mathrm{d}\boldsymbol{l}\times(I\mathrm{d}\boldsymbol{l}'\times\boldsymbol{e}_R)}{R^2} \tag{3-2}$$

注意,实际上孤立的电流元并不存在,在此主要用于电流闭合回路安培力的计算。

3.1.2 毕奥-萨伐尔定律

实验表明,电流元在磁场中会受到力的作用,该力的大小与磁场、电流的大小及磁场与

电流方向夹角的正弦成正比，其方向与电流方向和磁场方向均垂直。由此得到该力与电流元 $I\mathrm{d}\boldsymbol{l}$、磁感应强度 $\boldsymbol{B}$ 的关系为

$$\mathrm{d}\boldsymbol{f}=I\mathrm{d}\boldsymbol{l}\times\boldsymbol{B} \tag{3-3}$$

对于闭合回路，其在磁场中受到的力为

$$\boldsymbol{f}=\oint_l I\mathrm{d}\boldsymbol{l}\times\boldsymbol{B} \tag{3-4}$$

类似于静电场中电场强度的定义，恒定电流回路在某点产生的磁感应强度可定义为单位电流元在该点所受到的最大磁场力。由此比较式(3-3)与式(3-2)，此时式(3-3)中的 $I\mathrm{d}\boldsymbol{l}$ 相当于式(3-2)中的 $I_1\mathrm{d}\boldsymbol{l}$，可以得到电流元 $I\mathrm{d}\boldsymbol{l}'$ 在距离其 $\boldsymbol{R}$ 的场点处产生的磁场为

$$\mathrm{d}\boldsymbol{B}=\frac{\mu_0}{4\pi}\frac{I\mathrm{d}\boldsymbol{l}'\times\boldsymbol{e}_R}{R^2}=\frac{\mu_0}{4\pi}\frac{I\mathrm{d}\boldsymbol{l}'\times\boldsymbol{R}}{R^3} \tag{3-5-1}$$

其中，磁感应强度 $\boldsymbol{B}$ 为一个矢量函数，其单位为特斯拉(T)，或者韦伯/米^2($\mathrm{Wb/m^2}$)。在工程上还用较小的单位高斯(Gs)，其中，$1\mathrm{T}=10^4\ \mathrm{Gs}$。

对于面电流分布，由于 $I\mathrm{d}\boldsymbol{l}'=\boldsymbol{J}_s\mathrm{d}y'\mathrm{d}l'=\boldsymbol{J}_s\mathrm{d}S'$，其中 $\boldsymbol{J}_s$ 为面电流密度，$\mathrm{d}y'$ 为垂直于电流方向的横向长度。因此，面电流元产生的磁感应强度为

$$\mathrm{d}\boldsymbol{B}=\frac{\mu_0}{4\pi}\frac{\boldsymbol{J}_s\times\boldsymbol{R}}{R^3}\mathrm{d}S' \tag{3-5-2}$$

同理，对于体电流分布，$I\mathrm{d}\boldsymbol{l}'=\boldsymbol{J}(r')\cdot\mathrm{d}\boldsymbol{S}'\cdot\mathrm{d}\boldsymbol{l}'=\boldsymbol{J}(r')\mathrm{d}V'$，$\boldsymbol{J}(r')$ 为体电流密度，$\mathrm{d}S'$ 为垂直于电流方向的横截面，体电流元产生的磁感应强度为

$$\mathrm{d}\boldsymbol{B}=\frac{\mu_0}{4\pi}\frac{\boldsymbol{J}(r')\times\boldsymbol{R}}{R^3}\mathrm{d}V' \tag{3-5-3}$$

对式(3-5)各式积分可以得到线电流分布、面电流分布和体电流分布时产生的磁场分别为

$$\boldsymbol{B}=\frac{\mu_0}{4\pi}\oint_{l'}\frac{I\mathrm{d}\boldsymbol{l}'\times\boldsymbol{R}}{R^3} \tag{3-6-1}$$

$$\boldsymbol{B}=\frac{\mu_0}{4\pi}\iint_{S'}\frac{\boldsymbol{J}_s\times\boldsymbol{R}}{R^3}\mathrm{d}S' \tag{3-6-2}$$

$$\boldsymbol{B}=\frac{\mu_0}{4\pi}\iiint_{V'}\frac{\boldsymbol{J}(r')\times\boldsymbol{R}}{R^3}\mathrm{d}V' \tag{3-6-3}$$

其中，S' 为面电流分布区域，V' 为体电流分布区域。

以上各式称为毕奥-萨伐尔定律，几乎与安培力定律同时，于 1820 年由法国物理学家毕奥、萨伐尔根据闭合电流回路的实验结果，通过理论分析总结出来。

由于 $I\mathrm{d}\boldsymbol{l}=\frac{\mathrm{d}q}{\mathrm{d}t}\cdot\boldsymbol{v}\mathrm{d}t=\boldsymbol{v}\mathrm{d}q$，因此磁场对电流的作用可认为是对运动电荷的作用。将此表达式代入式(3-3)可得

$$\mathrm{d}\boldsymbol{f}=\mathrm{d}q\boldsymbol{v}\times\boldsymbol{B} \tag{3-7}$$

对上式两边积分可得

$$\boldsymbol{f}=q\boldsymbol{v}\times\boldsymbol{B} \tag{3-8}$$

上式为运动速度为 $\boldsymbol{v}$ 的电荷 q 在磁场 $\boldsymbol{B}$ 中受到的洛伦兹力的表达式。

电荷 q 被放置到电场 $\boldsymbol{E}$ 中受到的电场作用力为 $q\boldsymbol{E}$。结合式(3-8)可知，运动速度为 $\boldsymbol{v}$ 的电荷 q 在电场 $\boldsymbol{E}$ 和磁场 $\boldsymbol{B}$ 中受到的作用力为

$$\boldsymbol{f}=q\boldsymbol{E}+q\boldsymbol{v}\times\boldsymbol{B}$$

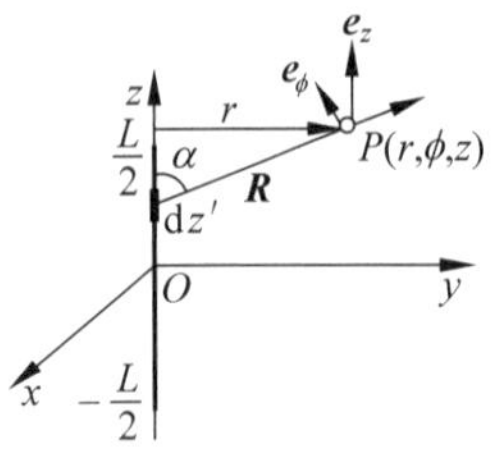

图 3-2 长直载流导线

例题 3-1 直流电流 I 通过长为 L 的直导线。求空间任一点处的磁感应强度 $\boldsymbol{B}$。

解 如图 3-2 所示，取圆柱坐标系，设带电线段沿 z 轴排列。取电流元为 $I\mathrm{d}z'\boldsymbol{e}_z$，源点和场点分别为 $(0,0,z')$、$P(r,\phi,z)$。应用毕奥-萨伐尔定律，得到 $I\mathrm{d}z'\boldsymbol{e}_z$ 在场点的磁感应强度 $\boldsymbol{B}$ 为

$$\mathrm{d}\boldsymbol{B}=\frac{\mu_0}{4\pi}\frac{I\mathrm{d}z'\boldsymbol{e}_z\times\boldsymbol{e}_R}{R^2}=\frac{\mu_0}{4\pi}\frac{I\sin\alpha\,\mathrm{d}z'}{R^2}\boldsymbol{e}_\phi$$

由图 3-2 可知，$R=[r^2+(z-z')^2]^{1/2}$，$\sin\alpha=\dfrac{r}{[r^2+(z-z')^2]^{1/2}}$。所以，长直载流导线在观察点产生的磁场为(注：利用积分递推公式)

$$\boldsymbol{B}=\frac{\mu_0 I\boldsymbol{e}_\phi}{4\pi}\int_{-\frac{L}{2}}^{\frac{L}{2}}\frac{r\,\mathrm{d}z'}{[r^2+(z-z')^2]^{3/2}}=\frac{\mu_0 I\boldsymbol{e}_\phi}{4\pi r}\left\{\frac{z+L/2}{[r^2+(z+L/2)^2]^{1/2}}-\frac{z-L/2}{[r^2+(z-L/2)^2]^{1/2}}\right\}$$

当长直载流导线区域无穷长时

$$\lim_{L\to\infty}\boldsymbol{B}=\frac{\mu_0 I\boldsymbol{e}_\phi}{2\pi r}$$

例题 3-2 计算半径为 a、电流为 I 的电流圆环在轴线上的磁感应强度。

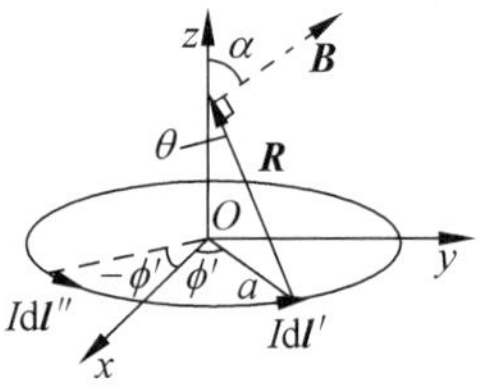

图 3-3 电流圆环

解 如图 3-3 所示，取圆柱坐标系，场点和源点坐标分别为 $(0,0,z)$、$(a,\phi',0)$。电流元 $I\mathrm{d}\boldsymbol{l}'=Ia\,\mathrm{d}\phi'\boldsymbol{e}_\phi$，应用毕奥-萨伐尔定律，考虑到 $I\mathrm{d}\boldsymbol{l}'$ 与其对称位置 $(a,-\phi',0)$ 处电流元 $I\mathrm{d}\boldsymbol{l}''$ 产生的 $\boldsymbol{B}$ 矢量在 xOy 平面的分量抵消，只剩下 $\boldsymbol{e}_z$ 方向的分量，因此

$$\mathrm{d}\boldsymbol{B}=\frac{\mu_0}{4\pi}\frac{I\mathrm{d}\boldsymbol{l}'\times\boldsymbol{e}_R}{R^2}=\frac{\mu_0}{4\pi}\frac{I\cos\alpha\,\mathrm{d}l'}{R^2}\boldsymbol{e}_z=\frac{\mu_0}{4\pi}\frac{I\sin\theta\,\mathrm{d}l'}{R^2}\boldsymbol{e}_z$$

由于 $\mathrm{d}l'=a\,\mathrm{d}\phi'$、$R=(z^2+a^2)^{1/2}$，$\sin\theta=\dfrac{a}{[z^2+a^2]^{1/2}}$，对上式积分得

$$\boldsymbol{B}=\frac{\mu_0\boldsymbol{e}_z}{4\pi}\int_0^{2\pi}\frac{I\sin\theta a\,\mathrm{d}\phi'}{R^2}=\frac{\mu_0 I\boldsymbol{e}_z}{4\pi}\int_0^{2\pi}\frac{a^2\,\mathrm{d}\phi'}{(z^2+a^2)^{3/2}}=\frac{\mu_0 Ia^2}{2(z^2+a^2)^{3/2}}\boldsymbol{e}_z$$

微课视频

3.2 真空中的恒定磁场方程

与静电场类似，恒定磁场的性质也由其散度和旋度决定，本节基于恒定磁场方程讨论真空中磁场的基本性质。

3.2.1 恒定磁场的散度及磁通连续性原理

将矢量恒等式 $\nabla\dfrac{1}{R}=-\dfrac{R}{R^3}$ 代入式(3-6-3)得

$$\boldsymbol{B}=\frac{\mu_0}{4\pi}\iiint_{V'}\frac{\boldsymbol{J}(r')\times R}{R^3}\mathrm{d}V'=-\frac{\mu_0}{4\pi}\iiint_{V'}\boldsymbol{J}(r')\times\nabla\frac{1}{R}\mathrm{d}V'$$

再利用矢量恒等式 $\nabla\times\left(\dfrac{\boldsymbol{J}(r')}{R}\right)=\dfrac{1}{R}\nabla\times\boldsymbol{J}(r')+\nabla\dfrac{1}{R}\times\boldsymbol{J}(r')$，考虑到 $\boldsymbol{J}(r')$ 仅为源点坐标 $\boldsymbol{r}'$ 的函数，并且 $\nabla\times\boldsymbol{J}(r')=0$，代入上式，并整理得

$$\boldsymbol{B}=\frac{\mu_0}{4\pi}\iiint_{V'}\left(\nabla\times\frac{\boldsymbol{J}(r')}{R}\right)\mathrm{d}V'=\frac{\mu_0}{4\pi}\nabla\times\iiint_{V'}\frac{\boldsymbol{J}(r')}{R}\mathrm{d}V' \tag{3-9}$$

利用矢量恒等式$\nabla\cdot\nabla\times\boldsymbol{F}=0$，显然上式的散度为零，即

$$\nabla\cdot\boldsymbol{B}=0 \tag{3-10}$$

上式表明，恒定磁场的散度处处为零，磁场为无散场，也即无通量源的矢量场。

磁感应强度 $\boldsymbol{B}$ 可以用磁感线形象地描述，其通量称为磁通量，单位为韦伯(Wb)，因此 $\boldsymbol{B}$ 又称为磁通量密度。

对于任意一闭合曲面 S 包围的体积 V，应用散度定理可得

$$\iiint_V \nabla\cdot\boldsymbol{B}\,\mathrm{d}V=\oiint_S \boldsymbol{B}\cdot\mathrm{d}\boldsymbol{S}$$

应用式(3-10)，上式为

$$\oiint_S \boldsymbol{B}\cdot\mathrm{d}\boldsymbol{S}=0 \tag{3-11}$$

式(3-11)称为磁通连续性原理(方程)，又称为磁场高斯定理，式(3-10)是其微分形式。由于上式积分是对任意闭合曲面进行的，因此表明自然界中没有孤立的磁荷存在，磁感线是封闭的，也没有磁流源。式(3-11)也表示磁通量守恒，因为它表明通过任一闭合曲面的净磁通量为零。

3.2.2 矢量磁位及其方程

类似于在静电场中，可以引入标量电位 φ，恒定磁场也可以用位函数，即矢量磁位 $\boldsymbol{A}$ 来描述。令

$$\boldsymbol{B}=\nabla\times\boldsymbol{A} \tag{3-12}$$

式中，$\boldsymbol{A}$ 为磁场中的矢量磁位。

显然，根据矢量恒等式$\nabla\cdot(\nabla\times\boldsymbol{A})=0$，由矢量磁位得到的磁感应强度 $\boldsymbol{B}$ 满足式(3-10)所表述的恒定磁场的散度处处为零的条件。对比式(3-9)、(3-12)可得矢量磁位 $\boldsymbol{A}$ 的计算表达式为

$$\boldsymbol{A}=\frac{\mu_0}{4\pi}\iiint_{V'}\frac{\boldsymbol{J}(r')}{R}\mathrm{d}V' \tag{3-13}$$

与式(3-13)对应，电流元产生的矢量磁位为

$$\mathrm{d}\boldsymbol{A}=\frac{\mu_0}{4\pi}\frac{\boldsymbol{J}(r')}{R}\mathrm{d}V' \tag{3-14}$$

在面电流分布和线电流分布的情况下，矢量磁位 $\boldsymbol{A}$ 的计算形式为

$$\begin{cases}\boldsymbol{A}=\dfrac{\mu_0}{4\pi}\iint_{S'}\dfrac{\boldsymbol{J}_s}{R}\mathrm{d}S' \\ \boldsymbol{A}=\dfrac{\mu_0}{4\pi}\int_{l'}\dfrac{\boldsymbol{I}}{R}\mathrm{d}l'\end{cases} \tag{3-15}$$

可见对矢量磁位 $\boldsymbol{A}$ 的计算比直接计算磁感应强度 $\boldsymbol{B}$ 更简便。$\boldsymbol{A}$ 的引入方便了对某些问题的分析。

根据式(3-13)，并且考虑到 $J'_x(r')$ 仅为源点坐标 r' 的函数($J'_x(r')$，对∇而言相当于常数)，则

$$\nabla^2 A_x=\frac{\mu_0}{4\pi}\iiint_{V'}\nabla^2\frac{J'_x(r')}{R}\mathrm{d}V'=\frac{\mu_0}{4\pi}\iiint_{V'}J'_x(r')\,\nabla^2\frac{1}{R}\mathrm{d}V'$$

利用式(1-118)，$\nabla^2\frac{1}{R}=-4\pi\delta(\boldsymbol{r}-\boldsymbol{r}')$，并代入上式，根据 δ 函数的筛选性可得

$$\nabla^2 A_x=\frac{\mu_0}{4\pi}\iiint_{V'}J'_x(r')[-4\pi\delta(\boldsymbol{r}-\boldsymbol{r}')]\mathrm{d}V'=-\mu_0 J_x(r)$$

注意，为了方便，在上式中将 $J'_x(r)$ 换成了 $J_x(r)$。同理有

$$\nabla^2 A_y=-\mu_0 J_y(r)$$

$$\nabla^2 A_z=-\mu_0 J_z(r)$$

由于 $\boldsymbol{J}=J_x(r)\boldsymbol{e}_x+J_y(r)\boldsymbol{e}_y+J_z(r)\boldsymbol{e}_z$，将 $\nabla^2 A_x$、$\nabla^2 A_y$ 及 $\nabla^2 A_z$ 的表达式代入式

$$\boldsymbol{\nabla}^2\boldsymbol{A}=\nabla^2 A_x\boldsymbol{e}_x+\nabla^2 A_y\boldsymbol{e}_y+\nabla^2 A_z\boldsymbol{e}_z$$

可得

$$\boldsymbol{\nabla}^2\boldsymbol{A}=-\mu_0\boldsymbol{J} \tag{3-16}$$

可见，矢量磁位 $\boldsymbol{A}$ 满足矢量形式的泊松方程。由式(3-16)可知，对于无源区域($\boldsymbol{J}=0$)，$\boldsymbol{A}$ 满足矢量形式的拉普拉斯方程

$$\boldsymbol{\nabla}^2\boldsymbol{A}=0 \tag{3-17}$$

3.2.3 恒定磁场的旋度及安培环路定理

对式(3-12)两边取旋度得

$$\boldsymbol{\nabla}\times\boldsymbol{B}=\boldsymbol{\nabla}\times\boldsymbol{\nabla}\times\boldsymbol{A}$$

利用矢量恒等式 $\boldsymbol{\nabla}\times\boldsymbol{\nabla}\times\boldsymbol{A}=\boldsymbol{\nabla}(\boldsymbol{\nabla}\cdot\boldsymbol{A})-\boldsymbol{\nabla}^2\boldsymbol{A}$，并代入上式得

$$\boldsymbol{\nabla}\times\boldsymbol{B}=\boldsymbol{\nabla}(\boldsymbol{\nabla}\cdot\boldsymbol{A})-\boldsymbol{\nabla}^2\boldsymbol{A}$$

利用静态场中的库仑规范(见附录B)$\boldsymbol{\nabla}\cdot\boldsymbol{A}=0$，再将式(3-16)代入上式得

$$\boldsymbol{\nabla}\times\boldsymbol{B}=\mu_0\boldsymbol{J} \tag{3-18}$$

式(3-18)表明，磁场为有旋场，它的旋度源为电流密度矢量，即恒定电流是产生恒定磁场的旋涡源。与自由空间中静电场的散度公式(2-7)相比较，因为 $\boldsymbol{\nabla}\cdot\boldsymbol{E}=\rho/\varepsilon_0$，因此电荷密度 ρ 没有磁相似性。

对式(3-18)两边同时进行面积分，可以得到磁场旋度方程的积分形式

$$\iint_S(\boldsymbol{\nabla}\times\boldsymbol{B})\cdot\mathrm{d}\boldsymbol{S}=\mu_0\iint_S\boldsymbol{J}\cdot\mathrm{d}\boldsymbol{S}=\mu_0 I$$

再应用斯托克斯定理，得

$$\oint_l\boldsymbol{B}\cdot\mathrm{d}\boldsymbol{l}=\mu_0 I \tag{3-19}$$

其中，闭合积分路径 l 是非闭合曲面 S 的边界，I 是通过曲面 S 的总电流。l 的积分路径和电流方向满足右手螺旋定则，磁场和电流的方向服从安培定则。式(3-19)称为真空中安培环路定理的积分形式，表明自由空间中磁通量密度沿任一闭合路径的环量等于该环路围成曲面电流总量的 μ_0 倍；而式(3-18)称为真空中安培环路定理的微分形式。

3.2.4 标量磁位

在无源区域，由式(3-18)得 $\boldsymbol{\nabla}\times\boldsymbol{B}=0$，即此时磁通量密度 $\boldsymbol{B}$ 是无旋的。根据自由空间中磁场变量的关系式 $\boldsymbol{B}=\mu_0\boldsymbol{H}$(见3.3节)，其中 $\boldsymbol{H}$ 为磁场强度。类似于静电场中的电位函数，引入标量磁位 φ_m，即

$$\boldsymbol{H} = -\nabla \varphi_m \tag{3-20}$$

显然对于上式有：$\nabla \times \boldsymbol{B} = \mu_0 \nabla \times \boldsymbol{H} = 0$。

标量磁位 φ_m 满足的位函数方程为

$$\nabla \cdot \boldsymbol{B} = \mu_0 \nabla \cdot \boldsymbol{H} = -\mu_0 \nabla \cdot \nabla \varphi_m = -\mu_0 \nabla^2 \varphi_m = 0$$

因此，φ_m 满足拉普拉斯方程

$$\nabla^2 \varphi_m = 0 \tag{3-21}$$

虽然在无源区域标量磁位和标量电位均满足拉普拉斯方程，但是标量电位和标量磁位 φ_m 的性质却不相同。由于在实际问题中并不存在磁荷，φ_m 必须通过给定的电流分布得到。而 $\boldsymbol{B}$ 的无旋性仅在没有电流的点存在，φ_m 又是通过 $\boldsymbol{H}$ 来定义的，因此，当区域中存在电流时，磁场是非保守场，标量磁位不是一个单值函数，故式(3-20)中的 φ_m 是由积分路径决定的。由于这些原因，在研究磁介质的磁场时，要用矢量法代替对标量的计算。

例题 3-3 求例题 3-1 真空中长为 L，电流为 I 的载流直导线产生的矢量磁位 $\boldsymbol{A}$。

解 仍取圆柱坐标系，选取源点和场点如图 3-2 所示。

$$A_z = \frac{\mu_0 I}{4\pi}\int_{\frac{-L}{2}}^{\frac{L}{2}} \frac{\mathrm{d}z'}{[r^2 + (z - z')^2]^{1/2}} = \frac{\mu_0 I}{4\pi}\ln\left\{\frac{[r^2 + (L/2 - z)^2]^{1/2} + (L/2 - z)}{[r^2 + (L/2 + z)^2]^{1/2} - (z + L/2)}\right\}$$

在 $L \gg z, L \gg r$ 时

$$A_z \approx \frac{\mu_0 I}{4\pi}\ln\left(\frac{L}{r}\right)^2 = \frac{\mu_0 I}{2\pi}\ln\left(\frac{L}{r}\right) \xrightarrow{L \to \infty} \frac{\mu_0 I}{2\pi}\ln\left(\frac{r_0}{r}\right)$$

其中 r_0 为矢量磁位 $\boldsymbol{A}$ 在无穷远处的参考距离。可以进一步根据矢量磁位 $\boldsymbol{A}$ 计算磁感应强度 $\boldsymbol{B}$，结果与例题 3-1 一致。

例题 3-4 求真空中，电流为 I，传输方向相反的无限长平行双线产生的矢量磁位 $\boldsymbol{A}$，如图 3-4 所示。

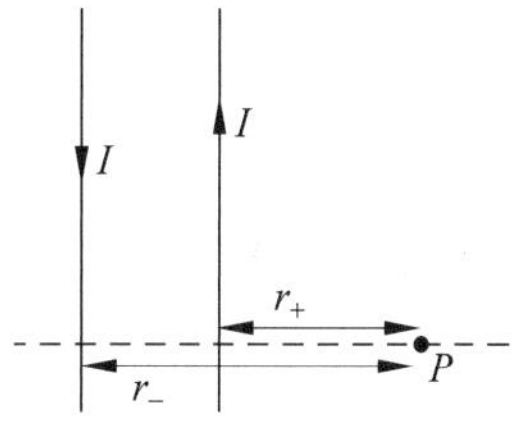

图 3-4 平行双线

解 真空中任一点 P 的矢量磁位 $\boldsymbol{A}$ 是由两个载流直导线分别产生的矢量磁位叠加而成。设电流正方向沿 z 方向，根据例题 3-3 给出的单个无限长载流直导线产生的矢量磁位，可得

$$A_z = A_+ + A_- = \frac{\mu_0 I}{2\pi}\ln\left(\frac{r_-}{r_+}\right)$$

其中 r_+、r_- 为点 P 分别到两条直导线的垂直距离。

例题 3-5 在空气中，有载有恒定电流密度为 $\boldsymbol{K}_0$ 的无限大平面，求其产生的磁感应强度 $\boldsymbol{B}$。如果无限大平面的厚度为 d，电流密度为 $\boldsymbol{J}_0$，求空间磁感应强度 $\boldsymbol{B}$ 的分布。

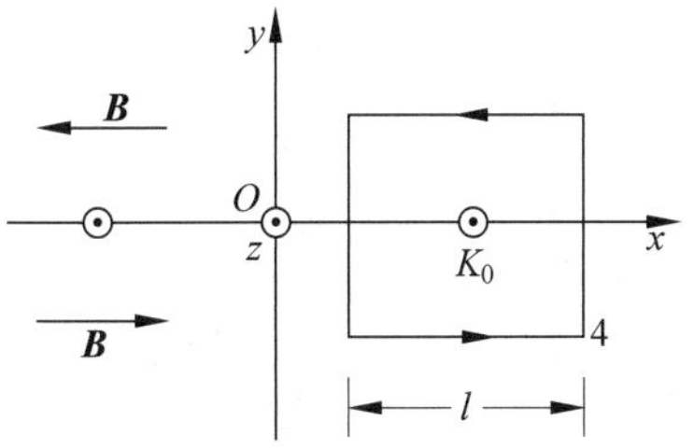

图 3-5 无限大载流导电平面

解 如图 3-5 所示，设无限大载流平面位于 xOz 平面，电流方向沿 z 轴，$\boldsymbol{K} = K_0 \boldsymbol{e}_z$。根据电流方向和对称性可知，在 $y > 0$ 区域，$\boldsymbol{B}$ 沿 $-\boldsymbol{e}_x$ 方向，$y < 0$ 区域，$\boldsymbol{B}$ 沿 $\boldsymbol{e}_x$ 方向，$\boldsymbol{B}$ 的大小与 x、z 无关，且在到平面距离相同处 $\boldsymbol{B}$ 的大小相等。取长度为 l 的矩形闭合回路，根据安培环路定理得

$$\oint_C \boldsymbol{B} \cdot \mathrm{d}\boldsymbol{l} = \mu_0 K_0 l$$

其中,C 为积分环路。由于在 y 方向上 $\boldsymbol{B}$ 的积分为零,所以

$$2Bl=\mu_0 k_0 l,\quad B=\frac{\mu_0 K_0}{2}$$

即

$$\boldsymbol{B}=\begin{cases}-\boldsymbol{e}_x\dfrac{\mu_0 K_0}{2}, & y>0\\ \boldsymbol{e}_x\dfrac{\mu_0 K_0}{2}, & y<0\end{cases}$$

如果无限大平面的厚度为 d,则导体板的两平面分别位于 $y=d/2$ 及 $y=-d/2$ 处,此时体电流密度为 $\boldsymbol{J}=J_0\boldsymbol{e}_z$。同样取长度为 l 的矩形闭合回路,根据安培环路定理得:

(1) 在导体板外部

$$\oint_C \boldsymbol{B}\cdot \mathrm{d}\boldsymbol{l}=\mu_0\iint_S J_0\boldsymbol{e}_z\cdot \mathrm{d}\boldsymbol{S}=\int_{-\frac{d}{2}}^{\frac{d}{2}}\mu_0 J_0 l\,\mathrm{d}y$$

两边积分得

$$2Bl=\mu_0 J_0 dl,\quad B=\frac{\mu_0 J_0 d}{2}$$

即

$$\boldsymbol{B}=\begin{cases}-\boldsymbol{e}_x\dfrac{\mu_0 J_0 d}{2}, & y>d/2\\ \boldsymbol{e}_x\dfrac{\mu_0 J_0 d}{2}, & y<-d/2\end{cases}$$

(2) 在导体板内部距离位于 xOz 平面为 y 处

$$\oint_C \boldsymbol{B}\cdot \mathrm{d}\boldsymbol{l}=\mu_0\iint_S J_0\boldsymbol{e}_z\cdot \mathrm{d}\boldsymbol{S}=\int_{-y}^{y}\mu_0 J_0 l\,\mathrm{d}y$$

两边积分得

$$2Bl=2\mu_0 J_0 yl,\quad B=\mu_0 J_0 y$$

即

$$\boldsymbol{B}=\begin{cases}-\boldsymbol{e}_x\mu_0 J_0 y, & 0<y<d/2\\ \boldsymbol{e}_x\mu_0 J_0 y, & -d/2<y<0\end{cases}$$

例题 3-6 真空中半径为 a 的无限长导体圆柱上沿轴方向均匀电流密度为 J_0,求导体内外的磁场。

解 如图 3-6 所示,取圆柱坐标系,导体轴沿 z 轴,根据对称性则磁场大小只与径向 ρ 有关,且方向为 $\boldsymbol{e}_\phi$。取半径为 ρ 的积分回路,根据安培环路定理得

$$\oint_l \boldsymbol{B}\cdot \mathrm{d}\boldsymbol{l}=\int_0^{2\pi}B_\phi\rho\,\mathrm{d}\phi=\mu_0 I$$

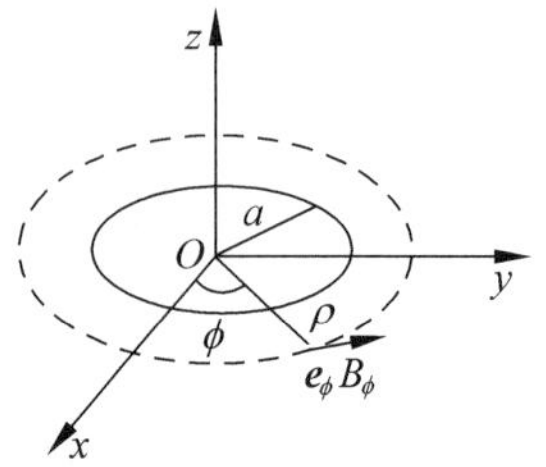

图 3-6 载流导体圆柱

所以

$$B_\phi=\frac{\mu_0 I}{2\pi\rho}$$

由于当 $\rho\geqslant a$ 时,$I=J_0\pi a^2$;当 $\rho<a$ 时,$I=J_0\pi\rho^2$。因此有

$$B_{\phi}=\begin{cases}\dfrac{\mu_0 J_0 \rho}{2}, & \rho<a \\ \dfrac{\mu_0 J_0 a^2}{2\rho}, & \rho \geqslant a\end{cases}$$

微课视频

3.3 磁偶极子与介质的磁化

3.3.1 磁偶极子及其矢量磁位

一个小载流圆环称为磁偶极子。设载流圆环的电流为 i，面积为 $\Delta \boldsymbol{S}$，则此磁偶极子的磁偶极矩（简称磁矩）为 $\boldsymbol{m}=i\Delta \boldsymbol{S}$，其中 $\boldsymbol{m}$ 和 $\Delta \boldsymbol{S}$ 的方向与电流方向满足右手螺旋定则，如图 3-7 所示。

类似于电偶极子会产生电位（标量位），磁偶极子也会产生矢量磁位。下面计算如图 3-8 所示半径为 a，电流为 I 的小电流环在远处（$r\gg a$）产生的矢量磁场位 $\boldsymbol{A}$。

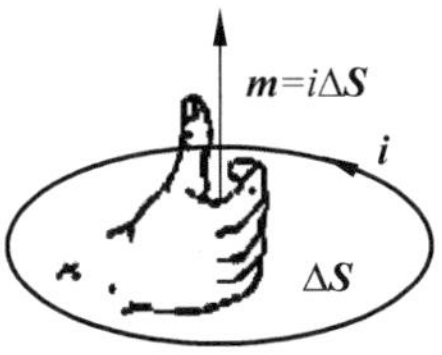

图 3-7 磁偶极子

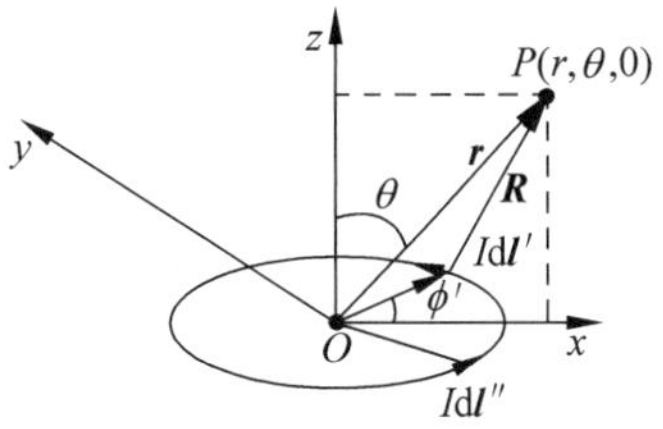

图 3-8 磁偶极子

如图 3-8 所示，选用球坐标系，使电流环在 xOy 平面，且中心在坐标原点。由于电流环结构的对称性，其在空间产生的矢量磁位 $\boldsymbol{A}$ 具有轴对称性，即 $\boldsymbol{A}$ 与角度 ϕ 无关。不失一般性，取观察点位于 $P(r,\theta,0)$ 点，电流元 $I\mathrm{d}\boldsymbol{l}'$ 位于 $\left(a,\dfrac{\pi}{2},\phi'\right)$ 处。由上节可知，线分布电流在观察点 P 产生的矢量磁位为

$$\boldsymbol{A}=\frac{\mu_0}{4\pi}\int_{l'}\frac{I}{R}\mathrm{d}\boldsymbol{l}'$$

结合图 3-8 可知，此时 $\mathrm{d}l'=a\,\mathrm{d}\phi'$，$\boldsymbol{R}=r\boldsymbol{e}_r-a\boldsymbol{e}_\rho$，其中 $\boldsymbol{e}_\rho$ 为 xOy 平面的径向单位矢量；根据矢量的叠加性，电流元 $I\mathrm{d}\boldsymbol{l}'$ 与其对称位置 $\left(a,\dfrac{\pi}{2},-\phi'\right)$ 处电流元 $I\mathrm{d}\boldsymbol{l}''$ 产生的矢量磁位 $\boldsymbol{A}$ 在 $\boldsymbol{e}_x$ 方向的分量相互抵消，只存在 $\boldsymbol{e}_y$ 方向的分量 $\boldsymbol{A}_y$，在 $r-\theta$ 平面即 $\boldsymbol{A}_\phi$。因此

$$\boldsymbol{A}=\boldsymbol{A}_\phi=\boldsymbol{e}_\phi\frac{\mu_0}{4\pi}\oint_{l'}\frac{I\cos\phi'}{R}\mathrm{d}l'=\boldsymbol{e}_\phi\frac{\mu_0}{4\pi}\int_0^{2\pi}\frac{Ia\cos\phi'}{R}\mathrm{d}\phi'$$

与直角坐标系相对应，观察点 P 和电流元 $I\mathrm{d}\boldsymbol{l}'$ 的坐标分别为 $(r\sin\theta,0,r\cos\theta)$、$(a\cos\phi',a\sin\phi',0)$，因此，$R=\sqrt{(r\sin\theta-a\cos\phi')^2+(a\sin\phi')^2+(r\cos\theta)^2}$，进一步整理得

$$R=r\left[1+\left(\frac{a}{r}\right)^2-\frac{2a}{r}\sin\theta\cos\phi'\right]^{1/2}$$

利用小变量近似 $(1+x)^{-1/2}=1-\dfrac{x}{2}+\dfrac{3}{8}x^2-\cdots$，并忽略高阶小项，由上式得

$$\frac{1}{R}\approx\frac{1}{r}\left[1-\frac{2a}{r}\sin\theta\cos\phi'\right]^{-1/2}\approx\frac{1}{r}\left[1+\frac{a}{r}\sin\theta\cos\phi'\right]$$

再将上式代入 $\boldsymbol{A}_\phi$ 的表达式，即得

$$\boldsymbol{A}=\boldsymbol{A}_\phi=\boldsymbol{e}_\phi\frac{\mu_0 I}{4\pi r}\int_0^{2\pi}\left(1+\frac{a}{r}\sin\theta\cos\phi'\right)\cos\phi' a\,\mathrm{d}\phi'=\boldsymbol{e}_\phi\frac{\mu_0 I a^2\sin\theta}{4\pi r^2}\int_0^{2\pi}\cos^2\phi'\,\mathrm{d}\phi'=\boldsymbol{e}_\phi\frac{\mu_0 I a^2\sin\theta}{4r^2}$$

利用磁偶极矩 $\boldsymbol{m}=I\pi a^2\boldsymbol{e}_z$，上式可以表示为

$$\boldsymbol{A}=\frac{\mu_0}{4\pi r^2}\boldsymbol{m}\times\boldsymbol{e}_r \tag{3-22}$$

根据前面 $\boldsymbol{A}_\phi$ 的表达式，又 $A_r=0$、$A_\theta=0$，故在球坐标系下磁感应强度 $\boldsymbol{B}$ 为

$$\boldsymbol{B}=\nabla\times\boldsymbol{A}=\begin{vmatrix}\dfrac{1}{r^2\sin\theta}\boldsymbol{e}_r & \dfrac{1}{r\sin\theta}\boldsymbol{e}_\theta & \dfrac{1}{r}\boldsymbol{e}_\phi\\ \dfrac{\partial}{\partial r} & \dfrac{\partial}{\partial\theta} & \dfrac{\partial}{\partial\phi}\\ A_r & rA_\theta & r\sin\theta A_\phi\end{vmatrix}=\frac{\mu_0 m}{4\pi r^3}(\boldsymbol{e}_r 2\cos\theta+\boldsymbol{e}_\theta\sin\theta) \tag{3-23}$$

显然，上式与电偶极子的电场强度 $\boldsymbol{E}$ 的表达式(2-20)互为对偶关系。由式(3-22)还可得空间任意点磁偶极子的矢量磁位为

$$\boldsymbol{A}=\frac{\mu_0}{4\pi R^2}\boldsymbol{m}\times\boldsymbol{e}_R=\frac{\mu_0}{4\pi\boldsymbol{R}^3}\boldsymbol{m}\times\boldsymbol{R} \tag{3-24}$$

其中，$\boldsymbol{R}$ 为观察场点到磁偶极子中心的位移矢量。注意，上述矢量磁位 $\boldsymbol{A}$ 和磁感应强度 $\boldsymbol{B}$ 的表达式是在 $r\gg a$ 的条件下得到的。

3.3.2 介质的磁化

当研究物质的磁效应时，物质被视为磁介质。根据物质的基本原子模型，物质由原子或者分子构成，而原子由一个带正电的原子核和大量绕其环绕的带负电的电子构成。环绕轨道旋转的电子产生环路分子电流和微观的磁偶极子。此外，原子的电子和原子核以确定的磁偶极矩围绕各自的轴旋转。相对而言，原子核的质量很大而角速度很小，原子自旋产生的磁偶极矩通常可以被忽略，电子自旋的磁偶极矩也可忽略。这样，每个磁介质分子(或者原子)等效为一个分子电流环。当不存在外磁场时，大多数材料分子磁矩的取向是杂乱无章的，故导致合成磁矩(净磁矩)为零，介质对外不显磁性。当存在外磁场时，分子磁矩会沿外磁场方向重新取向，合成磁矩不为零，对外显示磁性，即介质的磁化，如图 3-9 所示。

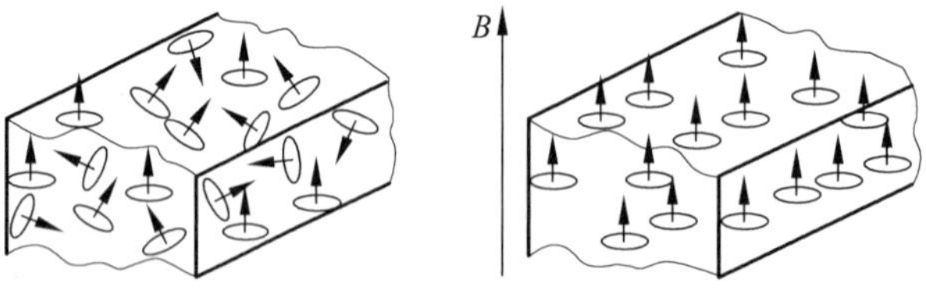

(a) 对外不显磁性　　(b) 对外显磁性

图 3-9　介质的磁化

介质磁化后将出现磁化电流(束缚电流)，并作为二次源产生附加磁场。如果附加磁场与外磁场方向相反，使总磁场减弱，则物质被称为抗磁质；如果附加磁场与外磁场同向，使

总磁场增强，则物质被称为顺磁质。而对于铁磁性物质，能够产生显著的磁性，有剩磁和磁滞现象，存在磁畴。磁介质中的磁感应强度 $\boldsymbol{B}$ 可以看作是真空中传导电流产生的磁感应强度 $\boldsymbol{B}_0$ 与磁化电流产生的磁感应强度 $\boldsymbol{B}'$ 的叠加，即

$$\boldsymbol{B}=\boldsymbol{B}_0+\boldsymbol{B}'$$

为了描述介质的磁化效应对磁感应强度 $\boldsymbol{B}$ 产生的影响，下面引入磁化强度矢量 $\boldsymbol{P}_{\mathrm{m}}$，即单位体积中的分子磁矩的矢量和。

$$\boldsymbol{P}_{\mathrm{m}}=\lim_{\Delta V\to 0}\frac{\sum_{k=1}^{N}\boldsymbol{m}_k}{\Delta V} \tag{3-25}$$

其中，$\boldsymbol{m}_k$ 为第 k 个分子的磁矩。$\boldsymbol{P}_{\mathrm{m}}$ 是一个宏观的矢量点函数，表示单位体积中磁矩的统计平均值，单位为安培/米（A/m）。如果磁介质中某区域内各点的磁化强度相同，则称为均匀磁化，否则称为非均匀磁化。

介质被磁化后，在其内部及表面会出现磁化电流分布，这种磁化电流是分子电流叠加的整体效应。在第 2 章，曾利用电偶极子产生的电位与电荷密度之间的联系分析并得出了电介质中极化电荷的分布密度，而本节将基于磁化强度的定义计算磁化电流密度（也可以利用磁偶极子产生的矢量磁位与电流分布之间的关系式分析），即如图 3-10 所示，计算穿过由周界曲线 C 包围的曲面 S 的磁化电流。可见，只有环绕 C 的分子电流（磁偶极子）对穿越 S 的磁化电流有贡献。如图 3-10(a)所示，因为当分子环流在 C 以内，并不与 C 交链时，该电流会沿相反的方向两次穿过曲面 S 而使其作用抵消；当分子环流在 C 以外，不与 C 交链时，就不会穿越曲面 S，对磁化电流也没有贡献。即，在 C 上取积分元 $\mathrm{d}\boldsymbol{l}$，并以分子电流的环面积 $\Delta\boldsymbol{S}$ 为底，以 $\mathrm{d}\boldsymbol{l}$ 为斜高作一圆柱体，如图 3-10(b)所示，则只有分子电流中心在圆柱体内的分子电流才能与 $\mathrm{d}\boldsymbol{l}$（或 C）交链，才会对圆柱体的磁化电流有贡献。

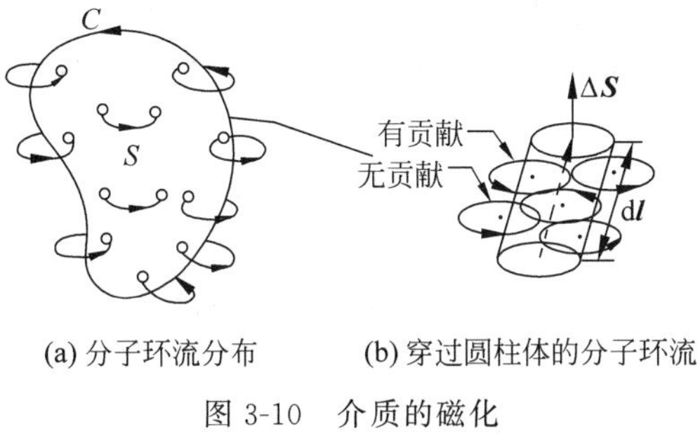

(a) 分子环流分布　　(b) 穿过圆柱体的分子环流

图 3-10　介质的磁化

设磁介质单位体积内的分子数为 N，每个分子的磁矩为 $\boldsymbol{m}=i\Delta\boldsymbol{S}$，根据磁化强度的定义，则在图 3-10(b)圆柱体内与 $\mathrm{d}\boldsymbol{l}$ 交链的磁化电流为

$$\mathrm{d}I_{\mathrm{m}}=Ni(\Delta\boldsymbol{S}\cdot\mathrm{d}\boldsymbol{l})=N\boldsymbol{m}\cdot\mathrm{d}\boldsymbol{l}=\boldsymbol{P}_{\mathrm{m}}\cdot\mathrm{d}\boldsymbol{l}$$

因此，穿越曲面 S 的磁化电流为

$$I_{\mathrm{m}}=\oint_C\mathrm{d}I_{\mathrm{m}}=\oint_C\boldsymbol{P}_{\mathrm{m}}\cdot\mathrm{d}\boldsymbol{l}$$

将磁化电流表示为磁化电流密度 $\boldsymbol{J}_{\mathrm{m}}$ 的通量形式，并对上式应用斯托克斯定理得

$$I_m=\iint_S \boldsymbol{J}_m\cdot d\boldsymbol{S}=\iint_S(\nabla\times\boldsymbol{P}_m)\cdot d\boldsymbol{S} \tag{3-26}$$

因为曲面 S 是任意的,故

$$\boldsymbol{J}_m=\nabla\times\boldsymbol{P}_m \tag{3-27}$$

式(3-27)中 $\boldsymbol{J}_m$ 为磁化体电流密度。同理,可以在磁介质内紧贴表面取一切向长度元 $d\boldsymbol{l}=\boldsymbol{e}_t dl$,其中 $\boldsymbol{e}_t$ 为介质表面的切向单位矢量。则与 $d\boldsymbol{l}$ 交链的磁化电流为 $dI_m=\boldsymbol{P}_m\cdot d\boldsymbol{l}=\boldsymbol{P}_m\cdot\boldsymbol{e}_t dl=P_{mt}dl$,故磁化面电流密度的大小为 $J_{sm}=P_{mt}$,其中 P_{mt} 是磁化强度的切向分量;由于磁化面电流密度的方向与 $\boldsymbol{P}_m$ 垂直(因分子电流方向与磁矩满足右手螺旋定则),也与介质表面法向垂直(因考虑的是磁化电流面分布),所以将磁化面电流密度写成矢量表示形式为

$$\boldsymbol{J}_{sm}=\boldsymbol{P}_m\times\boldsymbol{e}_n \tag{3-28}$$

其中 $\boldsymbol{e}_n$ 为介质表面的法向单位矢量。

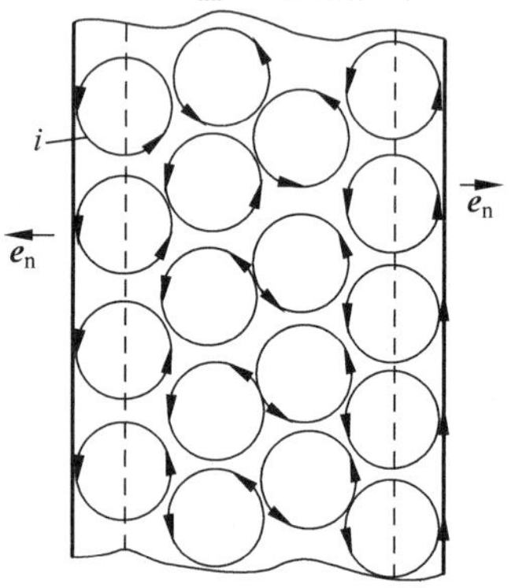

图 3-11 磁介质横截面

图 3-11 为磁介质的一个横截面,假设在外磁场的作用下该介质被磁化。在介质表面,面电流密度大小为 J_{sm},其方向由矢量积 $\boldsymbol{P}_m\times\boldsymbol{e}_n$ 确定。对于均匀极化,在介质中 $\boldsymbol{P}_m$ 的方向是统一的,那么沿相反方向流动的相邻分子电流 $\boldsymbol{i}$ 将被处处抵消,介质内部不存在净电流(磁化体电流密度)。这还可以从式(3-27)中看出,因为对恒定的 $\boldsymbol{P}_m$ 进行空间求导后为零。然而,对于非均匀极化,$\boldsymbol{P}_m$ 有空间变化,内部的分子电流不会完全抵消,这导致产生了磁化体电流密度 J_m。

3.3.3 介质中的恒定磁场方程

磁化电流具有与传导电流相同的磁效应。磁介质被磁化后,其中的磁感应强度 $\boldsymbol{B}$ 是真空中传导电流与磁化电流共同作用的结果,因此在磁介质中描述磁场旋度与磁场源的关系为

$$\nabla\times\boldsymbol{B}=\mu_0(\boldsymbol{J}+\boldsymbol{J}_m) \tag{3-29}$$

将式(3-27)代入上式得

$$\nabla\times\boldsymbol{B}=\mu_0\boldsymbol{J}+\mu_0\nabla\times\boldsymbol{P}_m$$

即

$$\nabla\times\left(\frac{\boldsymbol{B}}{\mu_0}-\boldsymbol{P}_m\right)=\boldsymbol{J}$$

令

$$\boldsymbol{H}=\frac{\boldsymbol{B}}{\mu_0}-\boldsymbol{P}_m \tag{3-30}$$

其中,$\boldsymbol{H}$ 称为磁场强度,单位为安/米(A/m)故有

$$\nabla\times\boldsymbol{H}=\boldsymbol{J} \tag{3-31}$$

上式即任意磁介质中安培环路定理的微分形式,表明磁介质中任一点磁场强度的旋度只与该点的自由电流密度有关。

电流密度的通量为电流。对式(3-31)两边进行任意曲面的面积分,并应用斯托克斯定

理得

$$\oint_l \boldsymbol{H} \cdot \mathrm{d}\boldsymbol{l} = \boldsymbol{I} \tag{3-32}$$

上式即磁介质中安培环路定理的积分形式，其中 l 的方向和电流 I 的方向满足右手螺旋定则。它表明在电流周围存在一个磁场的闭合路径，并且任意闭合路径中磁场强度的环量与该路径包围的自由电流相等。

注意：虽然磁场强度 $\boldsymbol{H}$ 的环量和旋度只与自由电流分布有关，但是，一般情况下磁场强度 $\boldsymbol{H}$ 不仅与传导电流分布有关，还与磁化电流分布有关。本书只讨论线性、均匀、各向同性介质的情况，此时 $\boldsymbol{H}$ 只与自由电流分布有关。

实验证明，除铁磁介质外，在各向同性、线性介质中，$\boldsymbol{P}_{\mathrm{m}}$ 和 $\boldsymbol{H}$ 成正比，即

$$\boldsymbol{P}_{\mathrm{m}} = \chi_{\mathrm{m}} \boldsymbol{H} \tag{3-33}$$

其中，χ_{m} 称为介质的磁化率，是一个无量纲常数，它取决于物质的物理、化学性质。在真空中 $\chi_{\mathrm{m}}=0$。一般对于非铁磁物质 $\chi_{\mathrm{m}} \approx 1$。

在顺磁介质中 $\chi_{\mathrm{m}}>0$，顺磁性主要由旋转电子的磁偶极矩引起。顺磁介质通常有很小的正磁化率，例如铝、镁、钛、钨等，其磁化率大约为 10^{-5}。温度会对顺磁性造成影响，在温度较低时，热撞击会减弱，顺磁性则会变强。

在抗磁介质中 $\chi_{\mathrm{m}}<0$，抗磁性的成因主要是由施加的外磁场在电子轨道上产生一个力，并引导磁化形成净磁矩，等效为负磁化。抗磁介质的磁导率也很小，例如铋、铜、铅、水银、锗、银、金、钻石等，其 χ_{m} 的大小约为 10^{-5}。抗磁性本质上与温度无关。

对于铁磁物质，$\boldsymbol{B}$ 和 $\boldsymbol{H}$ 呈非线性关系，其磁化本领要比顺磁性物质强很多。例如钴、镍、铁等，它们包含由电子旋转导致的被排列好的大量磁偶极子，其 χ_{m} 可以达到 50～5000，甚至到 10^6（对一些特殊的合金甚至更高）。这些材料的磁导率不仅与 $\boldsymbol{H}$ 的大小有关，还与材料的性质有关。

将式(3-33)代入式(3-30)得

$$\boldsymbol{B} = \mu_0 (1 + \chi_{\mathrm{m}}) \boldsymbol{H}$$

令

$$\mu_{\mathrm{r}} = 1 + \chi_{\mathrm{m}} = \frac{\mu}{\mu_0} \tag{3-34}$$

则

$$\boldsymbol{B} = \mu_0 \mu_{\mathrm{r}} \boldsymbol{H} = \mu \boldsymbol{H} \tag{3-35}$$

其中，μ_{r} 为介质的相对磁导率，是一个无量纲常数。而 $\mu=\mu_0\mu_{\mathrm{r}}$ 通常被称为介质的磁导率，单位为亨利/米(H/m)。磁导率和相对磁导率反映了磁介质的磁化特性，属物质的三个基本电磁参数之一。式(3-35)即磁介质中的磁场物质（本构）方程。

由于自然界中没有发现孤立的磁荷存在，因此式(3-11)描述的磁通连续性原理在磁介质中仍然成立，即

$$\oint\!\!\!\oint_S \boldsymbol{B} \cdot \mathrm{d}\boldsymbol{S} = 0 \tag{3-36}$$

$$\nabla \cdot \boldsymbol{B} = 0 \tag{3-37}$$

以上磁场基本方程表明,磁场是无源(无通量源)、有旋场;恒定电流是产生恒定磁场的旋涡源,磁感线是与源电流相交链的闭合曲线。

例题 3-7 磁导率为 μ,内外半径分别为 a、b 的无限长空心圆柱体,其中存在轴向均匀电流密度 J,求各处的磁场强度和磁化电流密度。

解 取半径为 r 的积分环路,根据式(3-32)安培环路定理得

$$\oint_l \boldsymbol{H} \cdot \mathrm{d}\boldsymbol{l} = \int_S \boldsymbol{J} \cdot \mathrm{d}\boldsymbol{S} = I$$

其中,l 为积分环路。磁场沿 $\boldsymbol{e}_\phi$ 方向。于是

当 $0<r<a$ 时,$J=0$,$I=0$,所以 $\boldsymbol{H}=0$;

当 $a<r\leqslant b$ 时,$I=J(\pi r^2-\pi a^2)$,所以 $\boldsymbol{H}=\dfrac{J(r^2-a^2)}{2r}\boldsymbol{e}_\phi$;

当 $r>b$ 时,$I=J(\pi b^2-\pi a^2)$,所以 $\boldsymbol{H}=\dfrac{J(b^2-a^2)}{2r}\boldsymbol{e}_\phi$。

由式(3-27)得

$$\boldsymbol{J}_\mathrm{m} = \nabla\times \boldsymbol{P}_\mathrm{m} = \nabla\times(\mu_r - 1)\boldsymbol{H} = (\mu_r - 1)\nabla\times\boldsymbol{H}$$

因此,磁化电流体密度为

$$\boldsymbol{J}_\mathrm{m} = \begin{cases}(\mu_r - 1)J\boldsymbol{e}_z, & a<r<b \\ 0, & 0<r<a, r>b\end{cases}$$

在边界处,由式(3-28)得

$$\boldsymbol{J}_\mathrm{m} = \boldsymbol{P}_\mathrm{m} \times \boldsymbol{e}_\mathrm{n} = (\mu_r - 1)\boldsymbol{H}\times\boldsymbol{e}_\mathrm{n}$$

故在 $r=a^+$ 处,磁化电流面密度为

$$\boldsymbol{J}_\mathrm{ms} = (\mu_r - 1)H\boldsymbol{e}_\phi \times (-\boldsymbol{e}_r)\big|_{r=a} = 0$$

在 $r=b^-$ 处,磁化电流面密度为

$$\boldsymbol{J}_\mathrm{ms} = (\mu_r - 1)H\boldsymbol{e}_\phi \times \boldsymbol{e}_r\big|_{r=b} = -(\mu_r - 1)\frac{J(b^2-a^2)}{2b}\boldsymbol{e}_z$$

例题 3-8 求被均匀磁化了的磁介质圆柱体轴上的磁通量密度。设圆柱的半径为 b,长为 L,轴向磁化强度为 $\boldsymbol{M}$。

解 如图 3-12 所示,在圆柱坐标系下,磁化圆柱体的轴与 z 轴重合。因为在柱内磁化强度 $\boldsymbol{M}$ 是定值,故 $\boldsymbol{J}_\mathrm{m}=\nabla'\times\boldsymbol{M}=0$,其中没有等效电流体密度。在圆柱侧面的磁化电流面密度 $\boldsymbol{J}_\mathrm{ms}=\boldsymbol{M}\times\boldsymbol{e}_\mathrm{n}=\boldsymbol{e}_z M\times\boldsymbol{e}_r=\boldsymbol{e}_\phi M$。

此时圆柱体被视为分布有面电流密度 $\boldsymbol{J}_\mathrm{ms}$ 的圆柱筒,在顶面和底面没有面电流。为了求出观察点 $P(0,0,z)$ 的 $\boldsymbol{B}$,考虑一段微分宽度为 $\mathrm{d}z'$ 的电流环,电流记为 $\boldsymbol{e}_\phi M\mathrm{d}z'$,由例题 3-2 结论,电流圆环在轴线上产生的磁感应强度为

$$\mathrm{d}B = \boldsymbol{e}_z \frac{\mu_0 M b^2 \mathrm{d}z'}{2[(z-z')^2+b^2]^{3/2}}$$

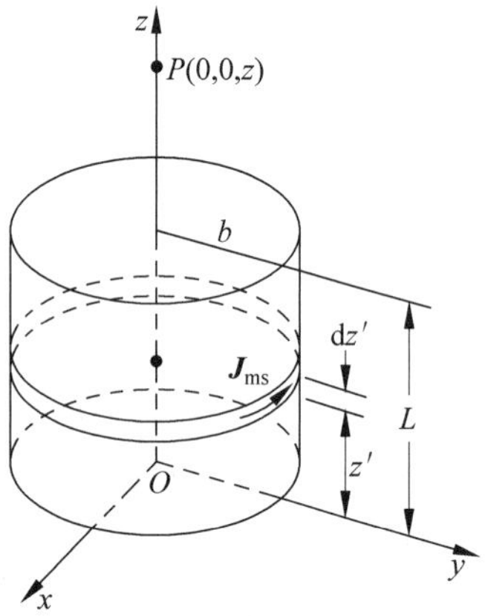

图 3-12 磁化的介质圆柱体

所以

$$B=\int \mathrm{d}\boldsymbol{B}=\boldsymbol{e}_z\int_0^L \frac{\mu_0 M b^2 \mathrm{d}z'}{2[(z-z')^2+b^2]^{3/2}}$$

$$=\boldsymbol{e}_z\frac{\mu_0 M}{2}\left[\frac{z}{\sqrt{z^2+b^2}}-\frac{z-L}{\sqrt{(z-L)^2+b^2}}\right]$$

3.4 恒定磁场的边界条件

微课视频

在描述媒质分界面两侧电磁场的变化情况时，由于媒质参数和场量不连续，微分不存在，故不能用微分方程。从数学上讲，用微分方程求解电磁场时必须有边界条件才能有确定解。而用积分方程求解不需要边界条件，事实上积分方程就包含了边界条件。因此，在第2章中用积分方程导出了静电场的边界条件。与其类似，本节将应用恒定磁场基本方程的积分形式，具体讨论磁介质分界面的磁场边界条件。正如第1章所述，通量体现了矢量在曲面法线方向分量的量度，而环量体现了矢量在闭合曲线切线方向分量的量度。因此，分析各场量边界条件的共同特点是，对于通量密度矢量(例如 $\boldsymbol{D}$、$\boldsymbol{B}$、$\boldsymbol{J}$ 等)，利用通量(闭合曲面积分)研究其法向分量的连续性；而对于场强度矢量(例如 $\boldsymbol{E}$、$\boldsymbol{H}$ 等)，利用环量(闭合曲线积分)研究其切向分量的连续性。

3.4.1 磁感应强度的法向边界条件

如图3-13所示，通过媒质分界面构建一个足够小的闭合圆柱面，圆柱体各表面处的恒定磁场可以视为均匀分布。令圆柱面的高度趋于零，则场量在侧面上的积分结果也会趋于零。设在磁导率为 μ_1 的媒质1中 $\Delta\boldsymbol{S}_1$ 处分布的磁感应强度为 $\boldsymbol{B}_1$，磁导率为 μ_2 的媒质2中 $\Delta\boldsymbol{S}_2$ 处分布的磁感应强度为 $\boldsymbol{B}_2$。因此，式(3-36)中磁通量的计算式如下：

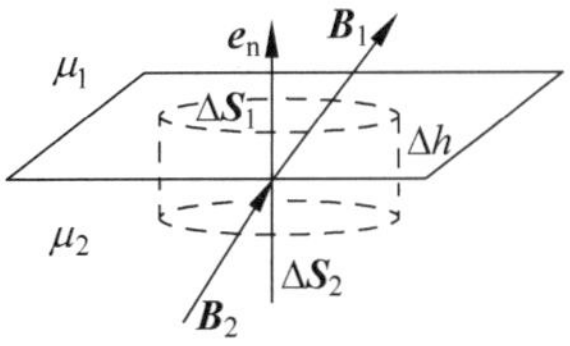

图3-13 磁感应强度的法向边界条件

$$\oint\!\!\!\oint_S \boldsymbol{B}\cdot \mathrm{d}\boldsymbol{S} \overset{\Delta h\to 0}{=} \boldsymbol{B}_1\cdot\Delta\boldsymbol{S}_1+\boldsymbol{B}_2\cdot\Delta\boldsymbol{S}_2=0$$

由于圆柱体上下底面的关系为 $\Delta\boldsymbol{S}_1=-\Delta\boldsymbol{S}_2=\boldsymbol{e}_n\Delta S$。因此可得

$$\boldsymbol{e}_n\cdot(\boldsymbol{B}_1-\boldsymbol{B}_2)=0 \tag{3-38}$$

上式即恒定磁场磁感应强度边界条件的矢量形式，其中 $\boldsymbol{e}_n$ 代表的是垂直于分界面、由媒质2指向媒质1的单位方向矢量。式(3-38)的标量形式为

$$B_{1n}=B_{2n} \tag{3-39}$$

以上两式也称为磁感应强度的法向分量边界条件，即媒质分界面两侧磁感应强度的法向分量是连续的。

根据式(3-35)及式(3-39)可得

$$\mu_1 H_{1n}=\mu_2 H_{2n}$$

由于分界面两侧 $\mu_1\neq\mu_2$，则 $H_{1n}\neq H_{2n}$，可见分界面处 $\boldsymbol{H}$ 的法向分量不连续。

如果两媒质中有一个是理想导体(其内部没有电磁场存在，也没有电流)，则其边界条

件为

$$B_n = 0$$

根据上式可知,导体表面没有恒定磁场的法向分量存在。

3.4.2 磁场强度的切向边界条件

如图 3-14 所示,在媒质分界面两侧构建矩形积分回路。设该矩形积分回路足够小,高度 Δh 趋于零,沿线的磁场可以被视为均匀分布。考虑到场量的大小有限,因此场量沿 Δh 的积分结果也会趋于零,此时环量将仅取决于场量沿 $\Delta \boldsymbol{l}_1$、$\Delta \boldsymbol{l}_2$ 积分的结果。令磁导率为 μ_1 的媒质中磁场强度为 $\boldsymbol{H}_1$,磁导率为 μ_2 的媒质中磁场强度为 $\boldsymbol{H}_2$。$\boldsymbol{J}_s$ 为交界面处的表面电流密度。右手四指沿回路方向弯曲,而拇指方向为 $\boldsymbol{J}_s$ 的方向。由式(3-32),此时环量为

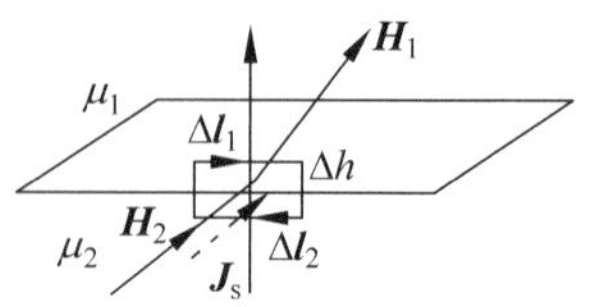

图 3-14 磁场强度的切向边界条件

$$\oint \boldsymbol{H} \cdot \mathrm{d}\boldsymbol{l} \overset{\Delta h \to 0}{=} \boldsymbol{H}_1 \cdot \Delta \boldsymbol{l}_1 + \boldsymbol{H}_2 \cdot \Delta \boldsymbol{l}_2 = J_s \Delta l$$

考虑到矩形积分回路中 $\Delta \boldsymbol{l}_1 = -\Delta \boldsymbol{l}_2 = \Delta \boldsymbol{l} = \boldsymbol{e}_t \Delta l$,因此上式表示为

$$(\boldsymbol{H}_1 - \boldsymbol{H}_2) \cdot \boldsymbol{e}_t = J_s$$

其中,$\boldsymbol{e}_t$ 为分界面的切向单位矢量。上式又可以用法向单位矢量 $\boldsymbol{e}_n$ 表示为

$$\boldsymbol{e}_n \times (\boldsymbol{H}_1 - \boldsymbol{H}_2) = \boldsymbol{J}_s \tag{3-40}$$

上式即恒定磁场中磁场强度边界条件的矢量形式,在明确 $\boldsymbol{e}_t$ 具体方向的前提下,上式的标量形式为

$$H_{1t} - H_{2t} = J_s \tag{3-41}$$

以上两式也被称为磁场强度的切向分量边界条件。通常对电导率有限的两种媒质而言,电流由体电流密度定义,所以自由表面电流不会在交界面处出现,此时 J_s 等于零。因此,穿过几乎所有物理介质边界的 $\boldsymbol{H}$ 切向分量是连续的。

根据式(3-35)及式(3-41)可以得到

$$\frac{B_{1t}}{\mu_1} - \frac{B_{2t}}{\mu_2} = J_s$$

由式(3-41),如果在媒质分界面上 $J_s = 0$,虽然 $H_{1t} = H_{2t}$,但是由于在分界面两侧 $\mu_1 \neq \mu_2$,根据上式 $B_{1t} \neq B_{2t}$,可见,磁感应强度 $\boldsymbol{B}$ 的切向分量 B_t 一般不连续。

只有当分界面为理想导体或超导体表面时,$\boldsymbol{H}$ 的切向分量可能不连续。如果媒质 2 为导体(其内部 $H_2 = 0$),则其边界条件为

$$H_t = J_s$$

根据上式可知,如果导体表面有自由面电流存在,它将产生与导体表面平行的磁场强度分量。

3.4.3 恒定磁场位函数的边界条件

1. 矢量磁位的边界条件

如图 3-15(a)所示,在媒质分界面两侧构建足够小的矩形积分回路,其高度 Δh 趋于零,

回路所包围的面积也趋于零，因此通过回路面积的磁通量 Φ_m 趋于零。类似于 3.4.2 节的分析，矢量磁位 $\boldsymbol{A}$ 的沿线积分结果为

$$\Phi_m = \iint_S \boldsymbol{B} \cdot d\boldsymbol{S} = \iint_S (\nabla \times A) \cdot d\boldsymbol{S} = \oint_l \boldsymbol{A} \cdot d\boldsymbol{l} \overset{\Delta h \to 0}{=} \boldsymbol{A}_1 \cdot \Delta \boldsymbol{l}_1 + \boldsymbol{A}_2 \cdot \Delta \boldsymbol{l}_2 = 0$$

因为 $\Delta \boldsymbol{l}_1 = -\Delta \boldsymbol{l}_2 = \Delta \boldsymbol{l} = \boldsymbol{e}_t \Delta l$，因此上式表示为

$$A_{1t} = A_{2t}$$

故矢量磁位 $\boldsymbol{A}$ 的切向分量连续。

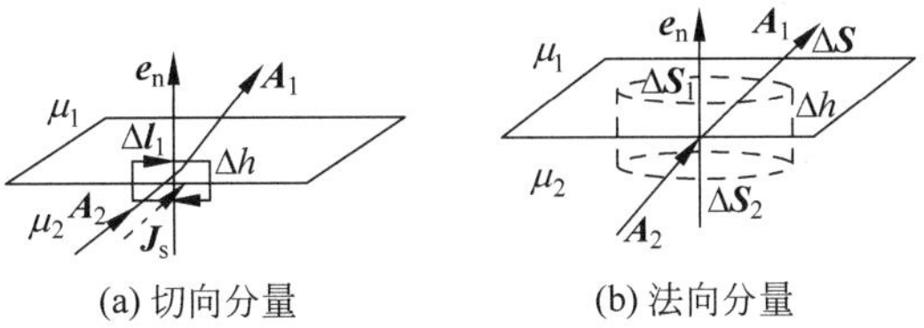

图 3-15 矢量磁位的边界条件

如图 3-15(b)所示，在媒质分界面两侧构建足够小的闭合圆柱面，其高度 Δh 趋于零，则圆柱面的侧面积也趋于零。由于圆柱体上下底面的关系为 $\Delta \boldsymbol{S}_1 = -\Delta \boldsymbol{S}_2 = \boldsymbol{e}_n \Delta S$，应用散度定理，并考虑到静态场中库仑规范 $\nabla \cdot \boldsymbol{A} = 0$，得

$$\iiint_V \nabla \cdot \boldsymbol{A} dV = \oiint_S \boldsymbol{A} \cdot d\boldsymbol{S} \overset{\Delta h \to 0}{=} \boldsymbol{A}_1 \cdot \Delta \boldsymbol{S}_1 + \boldsymbol{A}_2 \cdot \Delta \boldsymbol{S}_2 = 0$$

故

$$A_{1n} = A_{2n}$$

所以，矢量磁位 $\boldsymbol{A}$ 的法向分量连续。

综上所述，在媒质分界面两侧矢量磁位 $\boldsymbol{A}$ 是连续的，即

$$\boldsymbol{A}_1 = \boldsymbol{A}_2 \tag{3-42}$$

2. 标量磁位的边界条件

类似于电位函数 φ 的边界条件，考虑到媒质分界面两侧两点的间隔距离趋于零，而且磁场强度的大小是有限值，根据式(3-20)，$\boldsymbol{H} = -\nabla \varphi_m$，即媒质分界面上的标量磁位必须是连续的，否则磁场强度的大小将趋于无穷大。故有

$$\varphi_{m1} = \varphi_{m2} \tag{3-43}$$

根据磁感应强度的边界条件式(3-39)和式(3-20)，以及磁介质的物质方程，得

$$\mu_1 \frac{\partial \varphi_{m1}}{\partial n} = \mu_2 \frac{\partial \varphi_{m2}}{\partial n} \tag{3-44}$$

因此，在媒质分界面两侧，标量磁位的导数不连续。

例题 3-9 磁导率为 μ、气隙宽度为 d 的环形铁芯上密绕了 N 匝线圈，如图 3-16 所示。求线圈电流为 I 时，气隙中的磁感应强度。

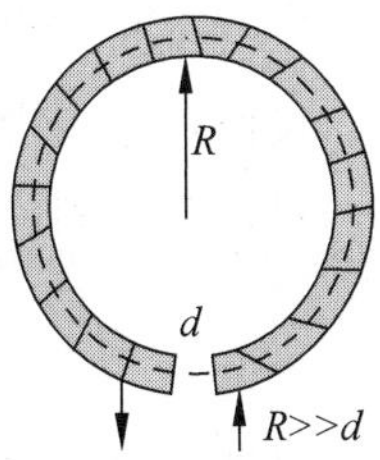

图 3-16 通电线圈

解 根据式(3-32)安培环路定理得

$$\oint_l \boldsymbol{H} \cdot d\boldsymbol{l} = NI$$

其中，$\boldsymbol{l}$ 为积分环路。磁场沿 $\boldsymbol{e}_\phi$ 方向。

在铁芯内：$\boldsymbol{B}_1 = \mu \boldsymbol{H}_1$；在铁芯外：$\boldsymbol{B}_2 = \mu_0 \boldsymbol{H}_2$。根据恒定磁场的边界条件有

$$\boldsymbol{B}_1=\boldsymbol{B}_2=\boldsymbol{B}=B\boldsymbol{e}_\phi$$

故有

$$\oint_l \boldsymbol{H}\cdot \mathrm{d}\boldsymbol{l}=H_1(2\pi r-d)+H_2 d=\frac{B}{\mu}(2\pi r-d)+\frac{B}{\mu_0}d=IN$$

即

$$\boldsymbol{B}=\frac{\mu\mu_0 NI}{\mu d+\mu_0(2\pi r-d)}\boldsymbol{e}_\phi$$

例题 3-10 在磁化率为 χ_m 的媒质与空气分界面上,已知靠近空气一侧的磁感应强度 $\boldsymbol{B}_0$ 与媒质表面的法线成 α 角。求靠近媒质一侧的 $\boldsymbol{B}$ 及 $\boldsymbol{H}$。

解 如图 3-17 所示,将 $\boldsymbol{B}_0$ 分解成沿法向和切向的分量 $\boldsymbol{B}_{0n}$、$\boldsymbol{B}_{0t}$,则其大小分别为

$$B_{0t}=B_0\sin\alpha,\quad B_{0n}=B_0\cos\alpha$$

根据恒定磁场的边界条件 $B_n=B_{0n}$,及 $\boldsymbol{B}=\mu\boldsymbol{H}$ 得

$$B_n=B_{0n}=B_0\cos\alpha,\quad H_n=B_n/\mu=\frac{B_0\cos\alpha}{(1+\chi_m)\mu_0}$$

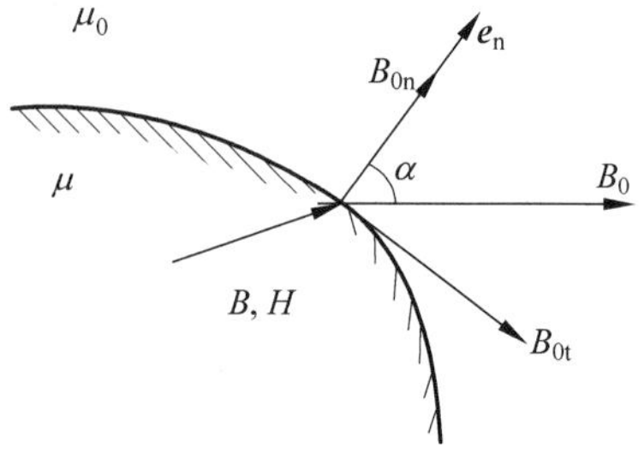

图 3-17 媒质与空气分界面

假设磁媒质材料的电导率有限,则界面上没有自由电流,故 $H_t=H_{0t}$,即

$$H_t=H_{0t}=\frac{B_0\sin\alpha}{\mu_0},\quad B_t=\mu H_t=\frac{\mu B_0\sin\alpha}{\mu_0}=(1+\chi_m)B_0\sin\alpha$$

因此,靠近媒质一侧的 $\boldsymbol{B}$ 及 $\boldsymbol{H}$ 为

$$\boldsymbol{B}=\boldsymbol{e}_n B_n+\boldsymbol{e}_t B_t=\boldsymbol{e}_n B_0\cos\alpha+\boldsymbol{e}_t(1+\chi_m)B_0\sin\alpha$$

$$\boldsymbol{H}=\boldsymbol{e}_n H_n+\boldsymbol{e}_t H_t=\boldsymbol{e}_n\frac{B_0\cos\alpha}{(1+\chi_m)\mu_0}+\boldsymbol{e}_t\frac{B_0\sin\alpha}{\mu_0}$$

微课视频

3.5 电感

根据毕奥-萨伐尔定律,在线性和各向同性介质中,磁场与其激发电流成正比。因此,穿过回路的磁通量(或磁链)也与电流有关。为了描述回路的磁通量与电流的关系,引入电感 L,即穿过回路的磁通量 Φ(或磁链 ψ)与产生该磁通的电流的比值。又根据法拉第电磁感应定律,变化的磁通量会产生感应电动势,因此通过电感还可以进一步由电流计算感应电动势。

3.5.1 自电感

设回路电流产生的磁场能够与该回路交链,该磁链 ψ 与电流 I 的比值称为自感(自电感),单位是亨利(H)。

$$L=\frac{\psi}{I}\tag{3-45}$$

自感又分为内自感 L_i 和外自感 L_0。内自感是导体内部的磁场仅与部分电流交链的磁链 ψ_i 与回路电流 I 的比值,如图 3-18(a)所示。

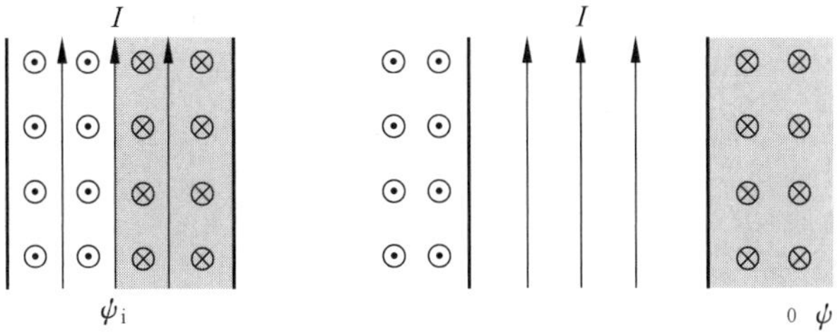

(a) 内自感现象　(b) 外自感现象

图 3-18　自感应现象

$$L_i = \frac{\psi_i}{I} \tag{3-46}$$

外自感是导体外部闭合的磁链 ψ_0 与回路电流 I 的比值，如图 3-18(b)所示。

$$L_0 = \frac{\psi_0}{I} \tag{3-47}$$

因此，回路的总自感为

$$L = L_i + L_0 \tag{3-48}$$

虽然自感可以用磁链和电流计算，但是在线性各向同性媒质中，L 仅与回路的几何尺寸、媒质参数有关，与回路的电流无关。

3.5.2　互电感

回路电流产生的磁场与其他回路交链，该磁链与电流的比值称为互感(互电感)。

如图 3-19 所示，回路 1 的电流 I_1 产生与回路 2 相交链的磁链 ψ_{21}，并与 I_1 成正比，则

$$\psi_{21} = M_{21} I_1$$

因此，定义回路 1 对回路 2 的互感为

$$M_{21} = \frac{\psi_{21}}{I_1} \tag{3-49}$$

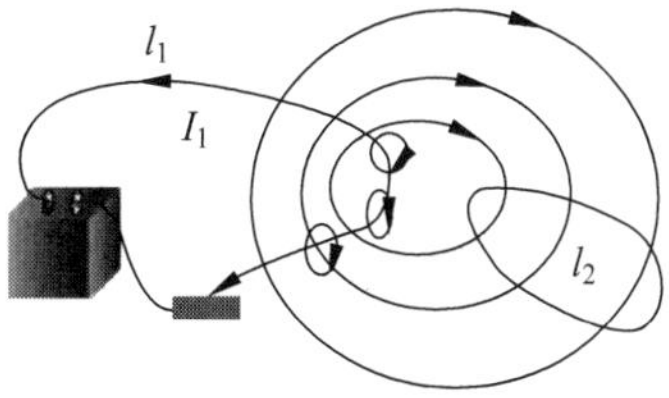

图 3-19　互感现象

互感的单位也是亨利(H)。

可以利用聂以曼公式(见下节)证明：$M_{12} = M_{21} = M$。互感是一个回路电流在另一个回路所产生的磁效应，与两个回路的几何尺寸和周围媒质，以及两个回路之间的相对位置有关，而与回路电流无关。

3.5.3　电感的计算

1. 互感的计算

如图 3-20 所示，设回路 1 通以电流 I_1，则在空间任一点产生的矢量磁位为

$$\boldsymbol{A} = \frac{\mu_0}{4\pi}\oint_{l_1} \frac{I_1}{R}\mathrm{d}\boldsymbol{l}_1$$

所以，回路 1 的电流在回路 2 产生的磁通为

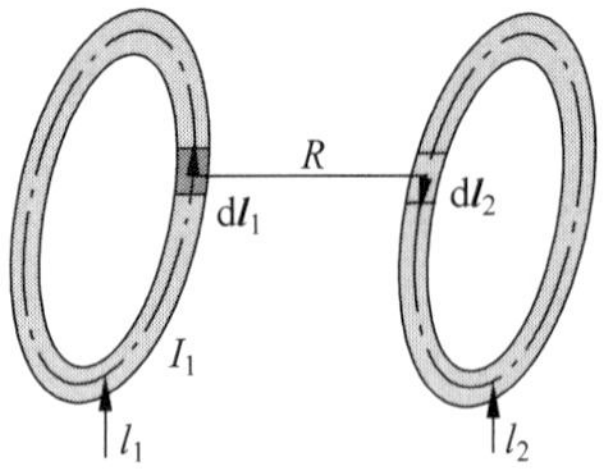

图 3-20 互感计算

$$\Phi_{21}=\iint_S \boldsymbol{B}\cdot d\boldsymbol{S}=\iint_S(\nabla\times\boldsymbol{A})\cdot d\boldsymbol{S}=\oint_{l_2}\boldsymbol{A}\cdot d\boldsymbol{l}$$
$$=\frac{\mu_0}{4\pi}\oint_{l_2}\left(\oint_{l_1}\frac{I_1 d\boldsymbol{l}_1}{R}\right)\cdot d\boldsymbol{l}_2$$

因此

$$M_{21}=\frac{\Phi_{21}}{I_1}=\frac{\mu_0}{4\pi}\oint_{l_2}\oint_{l_1}\frac{d\boldsymbol{l}_1\cdot d\boldsymbol{l}_2}{R}$$

同理

$$M_{12}=\frac{\mu_0}{4\pi}\oint_{l_1}\oint_{l_2}\frac{d\boldsymbol{l}_2\cdot d\boldsymbol{l}_1}{R} \tag{3-50}$$

因此

$$M_{12}=M_{21}=M \tag{3-51}$$

若回路 1、2 分别由 N_1、N_2 匝细线密绕，则互感为

$$M=\frac{N_1N_2\mu_0}{4\pi}\oint_{l_1}\oint_{l_2}\frac{d\boldsymbol{l}_2\cdot d\boldsymbol{l}_1}{R} \tag{3-52}$$

式(3-50)、式(3-52)称为聂以曼公式。

2. 外自感的计算

还可以利用聂以曼公式计算外自感，如图 3-21 所示。

在计算外磁通时，认为电流集中在导线的轴线 l_1 上，并考虑穿过导线外表面之内轮廓 l_2 所限定的面积。电流 I 产生的磁场与 l_2 交链的磁通为

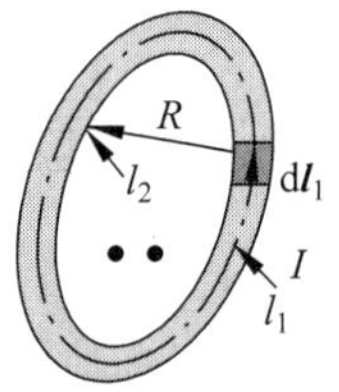

图 3-21 外自感计算模型

$$\Phi_0=\iint_S \boldsymbol{B}\cdot d\boldsymbol{S}=\oint_{l_2}\boldsymbol{A}\cdot d\boldsymbol{l}=\frac{\mu_0}{4\pi}\oint_{l_2}\left(\oint_{l_1}\frac{I d\boldsymbol{l}_1}{R}\right)\cdot d\boldsymbol{l}_2$$

因此，外自感为

$$L_0=\frac{\Phi_0}{I}=\frac{\mu_0}{4\pi}\oint_{l_2}\oint_{l_1}\frac{d\boldsymbol{l}_1\cdot d\boldsymbol{l}_2}{R} \tag{3-53}$$

如果导线为 N 匝，则

$$L_0=\frac{\psi_0}{I}=\frac{N^2\mu_0}{4\pi}\oint_{l_2}\oint_{l_1}\frac{d\boldsymbol{l}_1\cdot d\boldsymbol{l}_2}{R} \tag{3-54}$$

3. 内自感的计算

设长直导线半径为 a，载有均匀分布的电流 I，如图 3-22 所示，下面计算其内自感。

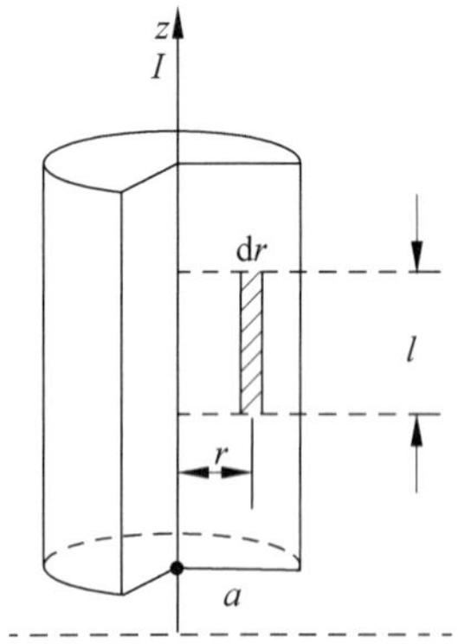

图 3-22 内自感计算模型

首先利用安培环路定理求出在距离轴线 r 处的磁场。此时，环路包围的电流为 I'，设对应的等效匝数为 N，则：$I'=\frac{I}{\pi a^2}\pi r^2$，$N=\frac{I'}{I}=\frac{r^2}{a^2}$。因此

$$\oint_l \boldsymbol{H}\cdot d\boldsymbol{l}=I'=\frac{I}{a^2}r^2$$

所以

$$H = \frac{I}{2\pi a^2} r$$

通过长度为 l 的面积元 $\mathrm{d}\boldsymbol{S} = \boldsymbol{e}_\phi l \mathrm{d}r$ 的磁通量为

$$\mathrm{d}\Phi = \boldsymbol{B} \cdot \mathrm{d}\boldsymbol{S} = \frac{\mu_0 I}{2\pi a^2} r l \mathrm{d}r$$

磁链为

$$\psi_i = \iint_S N \mathrm{d}\Phi = \int_0^a \frac{\mu_0 I l r}{2\pi a^2} \cdot \frac{r^2}{a^2} \mathrm{d}r = \frac{\mu_0 I l}{8\pi}$$

故内自感为

$$L_i = \frac{\psi_i}{I} = \frac{\mu_0 l}{8\pi} \tag{3-55}$$

如上所述，如果要确定两回路之间的电感，在选择合适的坐标系后，步骤为：假定 I→计算磁感应强度 $\boldsymbol{B}$→在面上对 $\boldsymbol{B}$ 积分得到磁通 Φ（或者通过对矢量磁位 $\boldsymbol{A}$ 进行闭合曲线积分）→由 $\psi = N\Phi$ 得到磁链 ψ→计算出互感 $M = \frac{\psi}{I}$。

例题 3-11 假设 N 匝线圈紧紧缠在尺寸如图 3-23(a)所示的环形框架的矩形截面上，线圈横截面的尺寸如图 3-23(b)所示，环形框架的内半径为 a，外半径为 b，高为 h。假定介质的磁导率为 μ_0，试求环形线圈的自感。

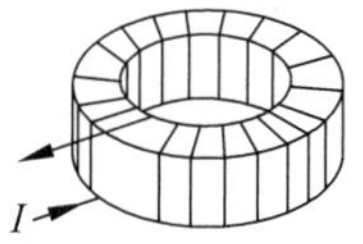

(a) 线圈回路

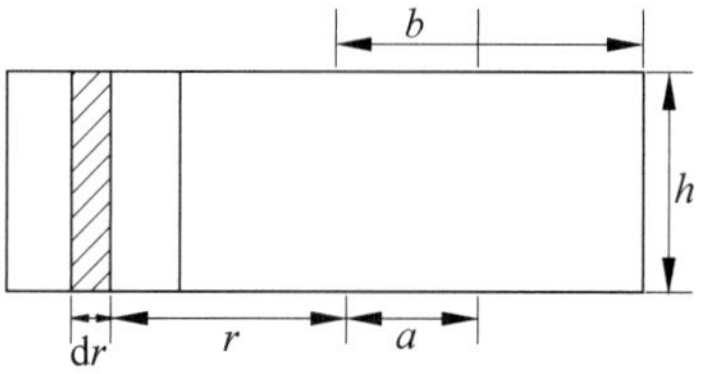

(b) 线圈横截面

图 3-23 线圈回路及其横截面

解 因为环形结构关于轴对称，故选取圆柱坐标系。假定导线中电流为 I，对于半径为 $r(a<r<b)$ 的环形路径，包围环路的总电流为 NI，根据安培环路定理有

$$\oint_c \boldsymbol{B} \cdot \mathrm{d}\boldsymbol{l} = \int_0^{2\pi} \boldsymbol{e}_\phi B \cdot r \boldsymbol{e}_\phi \mathrm{d}\phi = 2\pi r B = \mu_0 N I$$

所以

$$\boldsymbol{B} = \frac{\mu_0 N I}{2\pi r} \boldsymbol{e}_\phi$$

根据图 3-23(b)，穿过每匝线圈的磁通量为

$$\Phi = \iint_S \boldsymbol{B} \cdot \mathrm{d}\boldsymbol{S} = \iint_S \left(\boldsymbol{e}_\phi \frac{\mu_0 N I}{2\pi r}\right) \cdot (\boldsymbol{e}_\phi h \mathrm{d}r) = \frac{\mu_0 N I h}{2\pi} \int_a^b \frac{\mathrm{d}r}{r} = \frac{\mu_0 N I h}{2\pi} \ln \frac{b}{a}$$

故穿过 N 匝线圈的磁链为

$$\psi = \frac{\mu_0 N^2 I h}{2\pi} \ln \frac{b}{a}$$

因此，得到自感（单位：H）为

$$L=\frac{\psi}{I}=\frac{\mu_0 N^2 h}{2\pi}\ln\frac{b}{a}$$

例题 3-12 设空气同轴传输线的内导体半径为 a，有非常薄的外导体半径为 b。试求同轴线每单位长度的电感。

解 如图 3-24 所示，假设电流 I 流过内导体，从其他方向经由外导体返回。因为具有轴对称性，并且 B 只存在两个区域：(a)在内导体内；(b)在内导体和外导体之间。同样假定电流 I 在内导体的横截面是均匀分布的。

图 3-24 同轴传输线的电感计算

(1) 如图 3-24(a)所示，在内导体内部的磁链引起内自感，由式(3-55)可得单位长度的内自感为

$$L_i=\frac{\psi_i}{I}=\frac{\mu_0}{8\pi},\quad 0\leqslant r\leqslant a$$

(2) 如图 3-24(b)所示，在内导体和外导体之间($a\leqslant r\leqslant b$)

$$\boldsymbol{B}=\boldsymbol{e}_\phi B=\frac{\mu_0 I}{2\pi r}\boldsymbol{e}_\phi$$

首先考虑在半径 r 到 $r+\mathrm{d}r$ 单位长度的面积元被磁通交链，则穿过内外导体间的磁通为

$$\Phi=\int_a^b B\,\mathrm{d}r=\frac{\mu_0 I}{2\pi}\int_a^b\frac{\mathrm{d}r}{r}=\frac{\mu_0 I}{2\pi}\ln\frac{b}{a}$$

所以，外自感为

$$L_0=\frac{\Phi}{I}=\frac{\mu_0}{2\pi}\ln\frac{b}{a}$$

因此，单位长度的同轴线的电感为

$$L=\frac{\mu_0}{8\pi}+\frac{\mu_0}{2\pi}\ln\frac{b}{a}$$

例题 3-13 如图 3-25 所示，两个匝数分别为 N_1、N_2 的线圈，缠绕在半径为 a 的无磁同芯直圆柱上，绕组的长分别为 l_1、l_2。试求出两线圈间的互感。

解 根据安培环路定理 $H=\frac{N_1}{l_1}I_1$，假定流过内部线圈的电流为 I_1，可以得出螺线管芯处与外部线圈交链的磁通为

$$\Phi_{21}=\boldsymbol{B}\cdot\boldsymbol{S}=\mu_0 HS=\mu_0\left(\frac{N_1}{l_1}\right)(\pi a^2)I_1$$

外部线圈的匝数为 N_2，故通过它的磁链为

$$\psi_{21}=N_2\Phi_{21}=\frac{\mu_0}{l_1}N_1N_2\pi a^2 I_1$$

因此互感为

$$M=\frac{\psi_{21}}{I_1}=\frac{\mu_0}{l_1}N_1N_2\pi a^2$$

例题 3-14 如图 3-26 所示，试求直角三角形回路与长直导线间的互感。

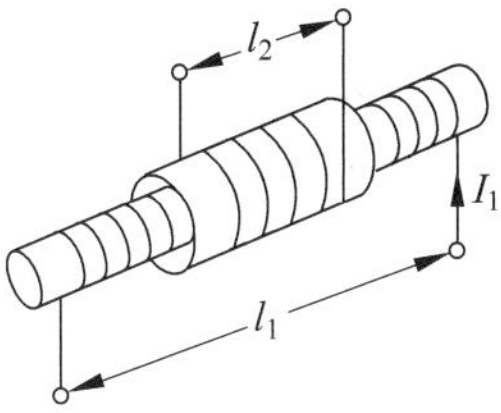

图 3-25　同芯绕组的螺线管

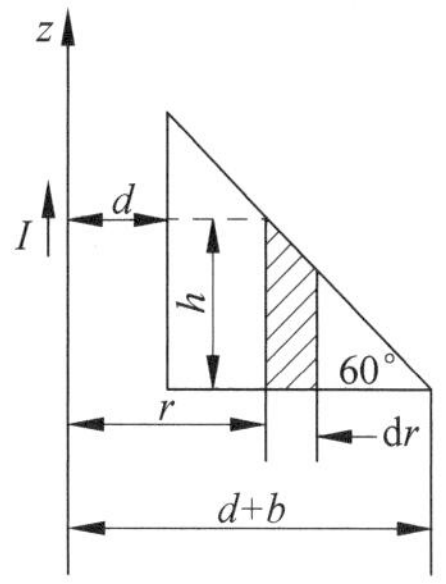

图 3-26　直角三角形回路和长直导线

解　根据直角三角形回路的电流很难求出各处的磁通量密度。但可以应用安培环路定理，写出由长直导线中沿 z 方向的电流 I 引起的 $\boldsymbol{B}$ 的表达式为

$$\boldsymbol{B}=\boldsymbol{e}_{\phi}B=\frac{\mu_0 I}{2\pi r}\boldsymbol{e}_{\phi}$$

因此，穿过三角形回路的磁链为

$$\psi=\iint_S \boldsymbol{B}\cdot \mathrm{d}\boldsymbol{S}=\frac{\mu_0 I}{2\pi}\int_d^{d+b}\frac{h\,\mathrm{d}r}{r}$$

而 h 与 r 的关系由三角形斜边得出

$$h=[(d+b)-r]\tan 60^\circ=\sqrt{3}[(d+b)-r]$$

故有

$$\psi=\iint_S \boldsymbol{B}\cdot \mathrm{d}\boldsymbol{S}=\frac{\sqrt{3}\mu_0 I}{2\pi}\int_d^{d+b}\frac{[(d+b)-r]\mathrm{d}r}{r}=\frac{\sqrt{3}\mu_0 I}{2\pi}\left[(d+b)\ln\left(1+\frac{b}{d}\right)-b\right]$$

因此，互感为

$$M=\frac{\psi}{I}=\frac{\sqrt{3}\mu_0}{2\pi}\left[(d+b)\ln\left(1+\frac{b}{d}\right)-b\right]$$

3.6　恒定磁场的能量和磁场力

3.6.1　恒定磁场的能量及能量密度

微课视频

磁场对运动电荷、电流等会产生作用力，这表明磁场存储着能量。一个载流系统的磁场能量是在建立电流的过程中由外电源供给的。在回路电流由初始零值增加到最终稳定值的过程中，回路中产生的感应电动势会阻止电流的增加。因此，外电源要克服感应电动势的阻止作用而做功，并由此供给载流回路能量，该能量就作为磁场能存储于磁场之中。假设整个过程没有机械功，并忽略热损耗，这样，外电源所做的功就全部转化为系统的磁场能。

根据法拉第电磁感应定律，设回路 j 中的感应电动势为

$$\mathscr{E}_j=-\frac{\mathrm{d}\psi_j}{\mathrm{d}t}$$

其中，ψ_j 为与回路 j 铰链的磁链。为克服此感应电动势的阻止作用，外加电压为

$$u_j=-\mathscr{E}_j=\frac{\mathrm{d}\psi_j}{\mathrm{d}t}$$

因此,外电源做的功为

$$\mathrm{d}W_j = u_j \mathrm{d}q_j = \frac{\mathrm{d}\psi_j}{\mathrm{d}t} i_j \mathrm{d}t = i_j \mathrm{d}\psi_j$$

其中,i_j 为回路 j 中的电流。对于 N 个回路的系统,则增加的磁场能为

$$\mathrm{d}W_\mathrm{m} = \sum_{j=1}^{N} i_j \mathrm{d}\psi_j \tag{3-56}$$

考虑到回路 j 的磁链为

$$\psi_j = \sum_{k=1}^{N} M_{jk} i_k$$

其中 M_{jk} 为互感,当 $k=j$ 时为自感。将上式代入式(3-56)得

$$\mathrm{d}W_\mathrm{m} = \sum_{j=1}^{N}\sum_{k=1}^{N} i_j M_{jk} \mathrm{d}i_k$$

不失一般性,假设回路中的电流按照相同的百分比 α 上升,即 $i_j=\alpha I_j$,故 $\mathrm{d}i_k = I_k \mathrm{d}\alpha$,于是有

$$\mathrm{d}W_\mathrm{m} = \sum_{j=1}^{N}\sum_{k=1}^{N} I_k I_j M_{jk} \alpha \mathrm{d}\alpha$$

对上式积分,即得系统的磁场能量为

$$W_\mathrm{m} = \sum_{j=1}^{N}\sum_{k=1}^{N} I_k I_j M_{jk} \int_0^1 \alpha \mathrm{d}\alpha = \frac{1}{2}\sum_{j=1}^{N}\sum_{k=1}^{N} I_j I_k M_{jk} = \frac{1}{2}\sum_{j=1}^{N} I_j \psi_j \tag{3-57}$$

其中 ψ_j 为与回路 j 相铰链的自磁链和互磁链之和。上式也可表示为

$$W_\mathrm{m} = \frac{1}{2}\sum_{i=1}^{N} L_i I_i^2 + \frac{1}{2}\sum_{\substack{i=1\\ j\neq k}}^{N}\sum_{k=1}^{N} M_{jk} I_k I_j \tag{3-58}$$

其中,L_i 为第 i 个回路的自感。

例如,对于两个回路的情况,式(3-58)可以表示为

$$W_\mathrm{m} = \frac{1}{2}L_1 I_1^2 + \frac{1}{2}L_2 I_2^2 + M I_1 I_2 = \frac{1}{2}L_1\left(I_1 + \frac{M}{L_1}I_2\right)^2 + \frac{1}{2}\left(L_2 - \frac{M^2}{L_1}\right) I_2^2$$

为了保证磁场能量总为正,由上式可得

$$L_2 - \frac{M^2}{L_1} \geqslant 0$$

即

$$M \leqslant \sqrt{L_1 L_2} \tag{3-59}$$

可由此定义耦合系数为

$$k = \frac{M}{\sqrt{L_1 L_2}} \tag{3-60}$$

由式(3-57)得

$$W_\mathrm{m} = \frac{1}{2}\sum_{j=1}^{N} I_j \oint_{l_j} \boldsymbol{A}\cdot \mathrm{d}\boldsymbol{l}_j = \frac{1}{2}\sum_{j=1}^{N}\oint_{l_j} I_j \boldsymbol{A}\cdot \mathrm{d}\boldsymbol{l}_j$$

将 $I_j \mathrm{d}\boldsymbol{l}_j = \boldsymbol{J}\cdot \mathrm{d}\boldsymbol{S}\cdot \mathrm{d}\boldsymbol{l}_j = \boldsymbol{J}\mathrm{d}V$ 代入上式,并利用$\nabla\times\boldsymbol{H}=\boldsymbol{J}$,将积分代替求和,得

$$W_\mathrm{m} = \frac{1}{2}\iiint_V \boldsymbol{A}\cdot\boldsymbol{J}\mathrm{d}V = \frac{1}{2}\iiint_V \boldsymbol{A}\cdot(\nabla\times\boldsymbol{H})\mathrm{d}V$$

再利用恒等式$\nabla\cdot(\boldsymbol{H}\times\boldsymbol{A})=\boldsymbol{A}\cdot(\nabla\times\boldsymbol{H})-\boldsymbol{H}\cdot\nabla\times\boldsymbol{A}$，及散度定理，上式可写为

$$W_{\mathrm{m}}=\frac{1}{2}\iiint_V\nabla\cdot(\boldsymbol{H}\times\boldsymbol{A})\mathrm{d}V+\frac{1}{2}\iiint_V\boldsymbol{H}\cdot\boldsymbol{B}\mathrm{d}V=\frac{1}{2}\oiint_S(\boldsymbol{H}\times\boldsymbol{A})\cdot\mathrm{d}\boldsymbol{S}+\frac{1}{2}\iiint_V\boldsymbol{B}\cdot\boldsymbol{H}\mathrm{d}V$$

在上式中，右端的第一项$A\propto\frac{1}{r}$，$H\propto\frac{1}{r^2}$，而$\mathrm{d}S\propto r^2$，所以其积分结果与$1/r$成比例关系。另外，考虑到上式中的闭合积分曲面S为无限大空间V的外表面，即$r\to\infty$，因此上述表达式中面积分的结果必然为零，故有

$$W_{\mathrm{m}}=\frac{1}{2}\iiint_V\boldsymbol{B}\cdot\boldsymbol{H}\mathrm{d}V \tag{3-61}$$

因此，磁场能量密度为

$$W_{\mathrm{m}}=\frac{1}{2}\boldsymbol{B}\cdot\boldsymbol{H} \tag{3-62}$$

能量密度的单位为焦耳/米^3（$\mathrm{J/m^3}$）。比较式(3-62)与式(2-51)可知，磁场能量密度与电场能量密度呈对偶关系。

在各向同性的线性媒质中，将式(3-35)代入式(3-62)可得

$$\omega_{\mathrm{m}}=\frac{1}{2}\mu H^2=\frac{1}{2}\frac{B^2}{\mu} \tag{3-63}$$

3.6.2 恒定磁场的磁场力

磁场能量的宏观效应就是对载流导体或运动电荷有力的作用，如式(3-4)所示。但是，在实际应用中，这种安培力的计算往往比较困难，下面介绍借助于虚位移法计算磁场力的方法。

对于有N个电流回路构成的系统，回路电流分别为$I_1,I_2,\cdots,I_n$，仿照2.10.3节静电场的情况，当回路仅有一个广义坐标发生位移$\mathrm{d}\boldsymbol{l}$时，系统发生的功能过程是

$$\mathrm{d}W=\mathrm{d}W_{\mathrm{m}}+\boldsymbol{F}\cdot\mathrm{d}\boldsymbol{l} \tag{3-64}$$

即，电源提供的能量$\mathrm{d}W$转化为系统磁场能量$\mathrm{d}W_{\mathrm{m}}$的增量以及磁场力所做的功$\boldsymbol{F}\mathrm{d}\boldsymbol{l}$。外电源克服感应电动势的阻止作用所做的功为

$$\mathrm{d}W=\sum_{j=1}^{N}I_j\frac{\mathrm{d}\psi_j}{\mathrm{d}t}\mathrm{d}t=\sum_{j=1}^{n}I_j\mathrm{d}\psi_j \tag{3-65}$$

下面针对两种情况进行讨论。

(1) 常电流系统（I_j为常数）

根据式(3-57)及式(3-65)可得

$$\mathrm{d}W_{\mathrm{m}}\Big|_{I_j=\text{常量}}=\frac{1}{2}\sum_{j=1}^{N}I_j\mathrm{d}\psi_j=\frac{1}{2}\mathrm{d}W$$

这表明，外源提供的能量一半用于增加磁场能量，另一半提供磁场力做功。即

$$\boldsymbol{F}\cdot\mathrm{d}\boldsymbol{l}=\mathrm{d}\boldsymbol{W}_{\mathrm{m}}\Big|_{I_j=\text{常量}}$$

由此得广义力，即磁场力为

$$F=\frac{\partial W_{\mathrm{m}}}{\partial l}\Big|_{I_j=\text{常量}} \tag{3-66}$$

(2) 常磁链系统(ψ_j 为常数)

由于各回路磁链 ψ_j 保持不变,故各回路没有感应电动势,外电源不提供能量,即 $dW=0$,所以,只有依靠减少磁场能量来提供磁场力做功,由式(3-64)得

$$\boldsymbol{F}d\boldsymbol{l}=-dW_m\Big|_{\psi_j=\text{常量}}$$

所以,磁场力为

$$F=-\frac{\partial W_m}{\partial l}\Big|_{\psi_j=\text{常量}} \tag{3-67}$$

例题 3-15 一对宽为 a 相距为 h 的平行带传输线,其中电流方向相反。设带线宽 $a\gg h$,如图 3-27 所示。忽略边缘效应,求带线间单位长度上的作用力。

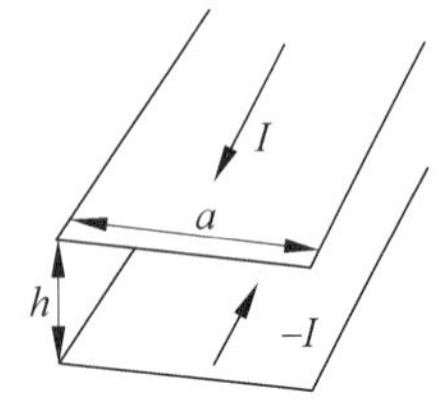

图 3-27 平行带传输线

解 忽略边缘效应,可认为带间磁场均匀。

由安培环路定理得

$$\oint\boldsymbol{H}\cdot d\boldsymbol{l}=Ha=I$$

所以

$$H=\frac{I}{a}$$

由式(3-63)可得带线间单位长度磁场能量为

$$W_m=\frac{1}{2}\iiint_V\mu_0H^2dV=\frac{\mu_0}{2}\left(\frac{I}{a}\right)^2ah=\frac{\mu_0}{2}\frac{I^2}{a}h$$

故,代入式(3-66)计算带线间单位长度上磁场力的大小为

$$F=\frac{dW_m}{dh}=\frac{\mu_0}{2}\frac{I^2}{a}$$

显然,根据安培力定律可知该力为排斥力。

例题 3-16 如图 3-28 所示的电磁铁,其上绕有 N 匝线圈并通有电流 I,在磁路产生一个磁通为 Φ 的磁场,下面有一电枢。磁芯的横截面积为 S。试确定对该电枢的升力。

解 设电枢有虚位移 dy,并保持磁通量连续不变。电枢位移变化引起空气间隙长度的变化,并导致两个空气间隙中的磁场能量发生改变。由式(3-63)得

$$dW_m=d(W_m)_{air}=2\left(\frac{B^2}{2\mu_0}Sdy\right)=\frac{\Phi^2}{\mu_0S}dy$$

因此,根据式(3-67)得到电枢的升力为

$$F=-\frac{dW_m}{dy}=-\frac{\Phi^2}{\mu_0S}$$

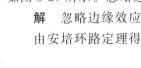

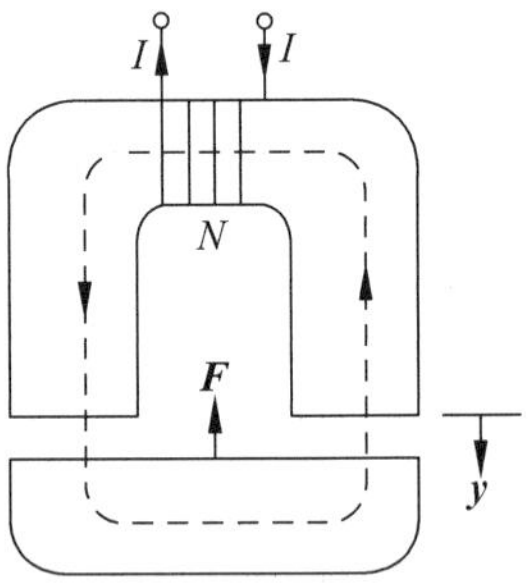

图 3-28 电磁铁的作用力

这里,负号表示该力趋于减少空气间隙的长度。也就是说,这个力是引力。

习题

3-1 设点电荷的运动速度为 $\boldsymbol{v}$,证明磁感应强度 $\boldsymbol{B}=\mu_0\varepsilon_0\boldsymbol{v}\times\boldsymbol{E}$,其中 $\boldsymbol{E}$ 为点电荷产生的电场强度。

3-2　在 xOy 平面有一宽度为 W 的无限长导电板，其上电流密度为 $\boldsymbol{J}_S=J_0\boldsymbol{e}_y$，求 xOz 平面任一点的磁感应强度，如习题 3-2 图所示。

3-3　在真空中，电流分布如下，求磁感应强度。

$$\boldsymbol{J}=0,\quad 0\leqslant\rho\leqslant a$$

$$\boldsymbol{J}=\frac{\rho}{b}\boldsymbol{e}_z,\quad a<\rho<b$$

$$\boldsymbol{J}_S=J_0\boldsymbol{e}_z,\quad \rho=b$$

$$\boldsymbol{J}=0,\quad \rho>b$$

3-4　一个半径为 a 的导体球带电量为 q，当球体以均匀角速度 ω 绕直径（z 轴）旋转时，试求球心处的磁感应强度。

3-5　已知无限长导体圆柱半径为 a，其内部有一半径为 b 的圆柱形空腔，导体圆柱的轴线与圆柱形空腔的轴线相距为 c，如习题 3-5 图所示。若导体中均匀分布的电流密度为 $\boldsymbol{J}=J_0\boldsymbol{e}_z$，试求空腔中的磁感应强度。

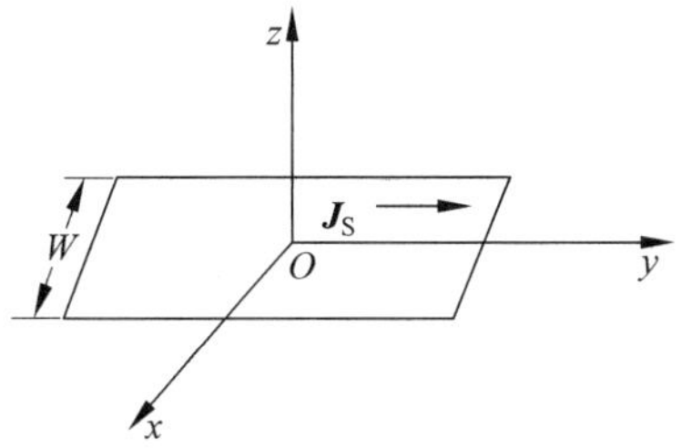

习题 3-2 图

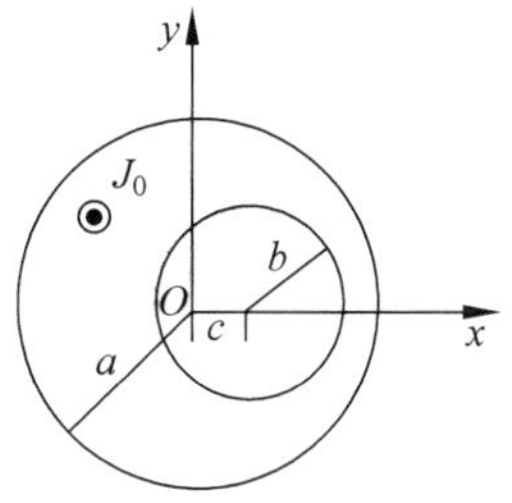

习题 3-5 图

3-6　两个平行无限长直导线的距离为 a，分别载有同向的电流 I_1、I_2，求单位长度导线所受到的力。

3-7　在圆柱坐标系中，已知电流密度为 $\boldsymbol{J}=kr^2\boldsymbol{e}_z(r\leqslant a)$。

（1）求磁感应强度；

（2）证明 $\nabla\times\boldsymbol{B}=\mu_0\boldsymbol{J}$。

3-8　一个沿 z 方向分布的电流为 $J_z=r^2+4r$，$(r\leqslant a)$，求磁感应强度。

3-9　空心长直导体管的内半径为 R_0，管壁厚度为 d，管中电流为 I。试求空间（$0\leqslant r<\infty$）中的磁感应强度 $\boldsymbol{B}$ 和磁场强度 $\boldsymbol{H}$，并验证分别满足的边界条件。

3-10　无线长直电流 I 垂直于磁导率分别为 μ_1（$z>0$ 空间）、μ_2（$z<0$ 空间）的两种磁介质的分界面（$z=0$），试求两种媒质中的磁感应强度 $\boldsymbol{B}_1$ 和 $\boldsymbol{B}_2$。

3-11　间距为 d 的相互平行的无限大金属板，分别流过大小相同、方向相反的均匀电流密度 $\boldsymbol{J}_S$。设电流沿 z 轴方向，试求空间各处的磁场强度 $\boldsymbol{H}$。

3-12　在 $x<0$ 的半空间中充满磁导率为 μ 的均匀介质，$x>0$ 的半空间为真空，如习题 3-12 图所示。今有一电流沿 z 轴流动，求磁场强度 $\boldsymbol{H}$。

3-13　已知圆柱坐标系中磁感应强度 $\boldsymbol{B}$ 的分布为 $\boldsymbol{B}=0(0<r<a)$，$\boldsymbol{B}=\dfrac{\mu_0 I}{2\pi r}\boldsymbol{e}_\phi(r>b)$，$\boldsymbol{B}=\dfrac{\mu_0 I}{2\pi r}[(r^2-a^2)/(b^2-a^2)]\boldsymbol{e}_\phi(a<r<b)$。求空间各处的电流密度。

3-14 证明在两种媒质界面上的磁化电流面密度为 $J_{ms}=\boldsymbol{e}_n\times(\boldsymbol{M}_1-\boldsymbol{M}_2)$。其中,$\boldsymbol{e}_n$ 的方向为从媒质 2 指向媒质 1 的单位法向矢量,$\boldsymbol{M}_1$、$\boldsymbol{M}_2$ 分别为两种媒质的磁化强度。

3-15 由两层电导率不同的导体构成无限长同轴导电圆柱体,其中内层半径为 a,外层半径为 b,内外导体的电导率分别为 σ_1、σ_2,如习题 3-15 图所示。导体中总的轴向电流为 I,求导体圆柱内外的磁场分布。

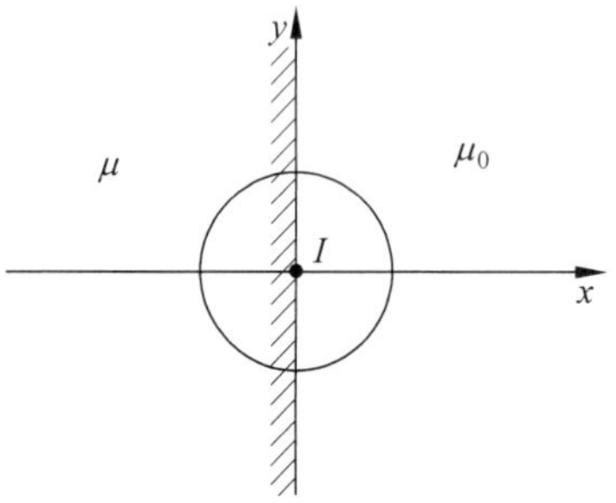

习题 3-12 图

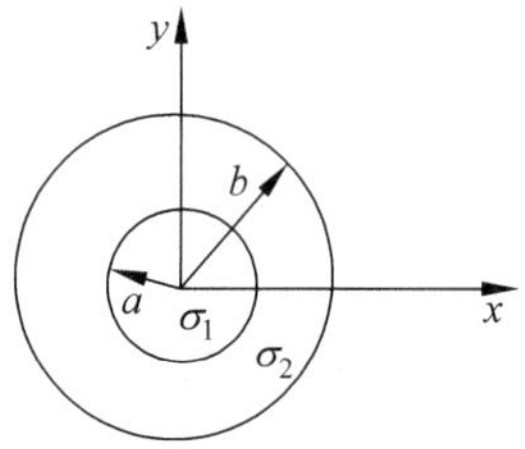

习题 3-15 图

3-16 一根很细的圆铁杆和一个很薄的圆铁盘样品放在磁场 $\boldsymbol{B}_0$ 中,并使它们的轴与 $\boldsymbol{B}_0$ 平行(铁的磁导率为 μ)。求两样品的 $\boldsymbol{B}$、$\boldsymbol{H}$ 和磁化强度 $\boldsymbol{M}$。

3-17 设双线传输线的半径为 a,长度为 l,间距为 D,试求双线传输线的自感。

3-18 如习题 3-18 图所示,两个互相平行且共轴的圆线圈,半径分别为 a_1,a_2,中心相距为 d。设 $a_1\ll d$,或者 $a_2\ll d$。求两线圈之间的互感。

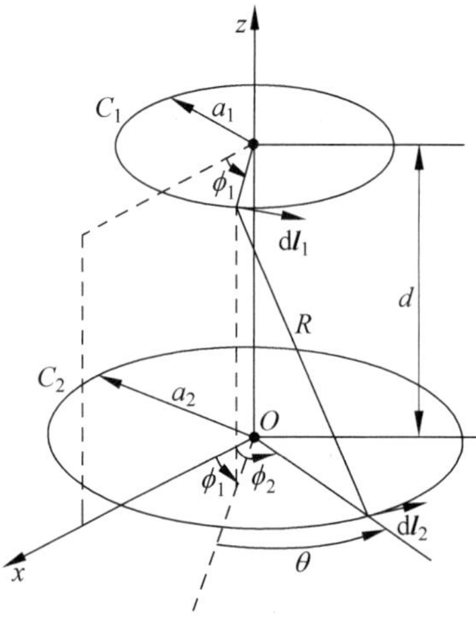

习题 3-18 图

3-19 利用磁场储存能量,试确定具有内导体半径 a 和一层很薄的外导体内半径 b 的空气同轴传输线的单位长度电感。

3-20 一个铁磁芯环,内半径为 30 cm,外半径为 40 cm,截面为矩形,高为 5 cm,相对磁导率为 500,均匀绕线圈 500 匝,电流强度为 1 A。分别计算磁芯中的最大和最小磁感应强度,以及穿过磁芯截面的磁通量。

3-21 在截面为正方形 $a\times a$,半径为 $R(R\gg a)$的磁环上,密绕了两个线圈,一个线圈为 m

匝，另一个为 n 匝。磁芯的磁导率为 μ。试分别近似计算两个线圈的自感及互感。

3-22 两个长的矩形线圈，放置于同一平面上，长度分别为 l_1 和 l_2，宽度分别为 w_1 和 w_2，两个线圈最近的边之间的距离为 S，如习题 3-22 图所示。设 $l_1 \gg l_2$，$l_1 \gg S$，证明两线圈的互感为 $M=\dfrac{\mu_0 l_2}{2\pi}\ln\dfrac{S+w_2}{S\left(1+\dfrac{w_2}{S+w_1}\right)}$。

3-23 已知两个相互平行，间隔为 d 的共轴线圈，其中一个线圈的半径为 $a(a \ll d)$，另一个线圈的半径为 b，如习题 3-23 图所示。求两线圈的互感。

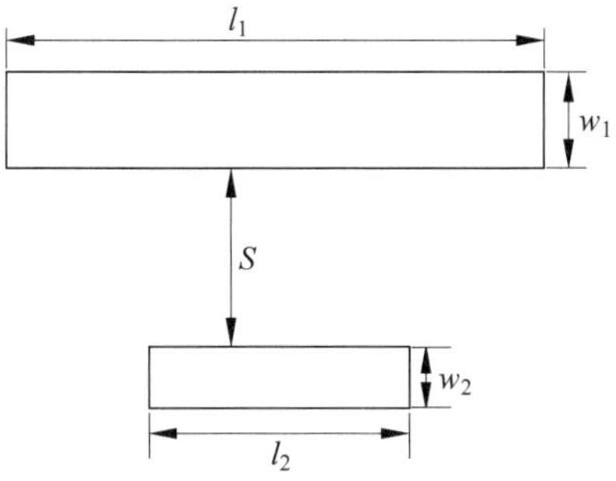

习题 3-22 图

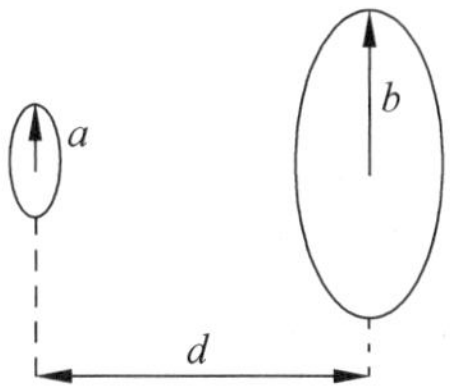

习题 3-23 图

3-24 一无限长直导线与一半径为 a 的圆环共面，圆环圆心到直导线的距离为 $d(a \ll d)$，如习题 3-24 图所示。求直导线与圆环之间的互感。（提示：用圆环产生的矢量磁位在直导线回路的磁通计算更为方便）

3-25 在上题中，假设长直导线的电流为 I_1，线圈的电流为 I_2，试证明两电流间的相互作用力为 $F_m=\mu_0 I_1 I_2(\sec\alpha-1)$。其中 α 是圆环对直线最接近圆环的点所张的角，如习题 3-24 图所示。

3-26 设一无限长直细导线与一矩形回路共面，其尺寸及电流方向如习题 3-26 图所示，其中电流单位为 A，D、b、a 单位均为 m。试利用虚位移法计算直导线和矩形回路之间的力。

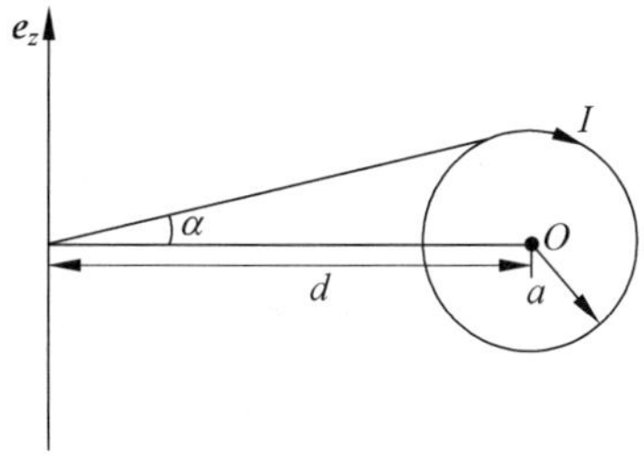

习题 3-24 图

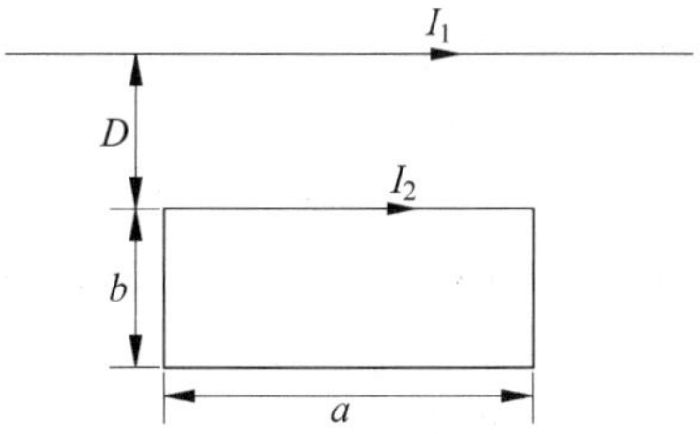

习题 3-26 图

第4章 静态场的边值问题及其解法

CHAPTER 4

在前面两章讨论了无界空间中静态电磁场问题的求解方法。高斯定理、安培环路定理等方法固然使用方便，但是受限制较多，例如要求电荷或者电流分布具有对称性等。而在实际电磁工程中，通常需要求解有界空间中给定源分布和复杂边界条件下的电磁场问题，即边值问题。本章将阐明，可以将边值问题转化为在给定的边界条件下求解位函数的泛定方程(泊松方程或者拉普拉斯方程)之定解问题。

对边值问题的求解方法，通常可以分为解析法和数值法两大类。解析法主要包括分离变量法、镜像法、复变函数法、格林函数法等。数值法主要包括有限差分法、矩量法、有限元法等。本章主要讨论分离变量法、镜像法、有限差分法等在求解静态场边值问题中的应用。当然，这些方法在某些情况下也适合于时变电磁场的分析。

微课视频

4.1 边值问题的类型及唯一性定理

4.1.1 边值问题的分类

用微分方程求解一个电磁场问题，必须知道方程本身以及边界条件，两者构成了一个定解问题。边值问题就是利用边界上(导体表面、介质分界面等)的电位、电荷，或者位函数在边界上的法向导数等边界条件，根据给定区域的电荷分布，通过泊松(Poisson)方程或者拉普拉斯(Laplace)方程求解有界区域中的电位或者电磁场分布问题。以位函数的求解为例，边值问题通常分为三类。

1. 第一类边值问题

所给定的边界条件为已知所有边界 S 上的电位 φ 值，即

$$\varphi\big|_S = u_1(S) \tag{4-1}$$

第一类边值问题又称为狄里赫利(Dirichlet)问题。例如在静电场中，已知各导体表面的电位，求解空间电位的问题。

2. 第二类边值问题

所给定的边界条件为已知边界 S 上电位 φ 的法向导数值，即

$$\left.\frac{\partial\varphi}{\partial n}\right|_S = u_2(S) \tag{4-2}$$

第二类边值问题又称聂曼(Neumann)问题。例如在静电场中，已知各导体表面的电荷密度 σ 的分布，求解空间电位的问题。此时，$\sigma=-\varepsilon\dfrac{\partial\varphi}{\partial n}$。

3. 第三类边值问题

所给定的边界条件为在部分区域边界 S_1 上给定电位 φ 的值，在另一部分区域边界 S_2 上给定电位 φ 的法向导数值。

$$\varphi\big|_{S_1}=u_3(S_1),\quad \frac{\partial\varphi}{\partial n}\bigg|_{S_2}=u_4(S_2) \tag{4-3}$$

第三类边值问题又称混合问题。

通常所说的边界条件不仅包括电位、电荷密度、位函数的法向导数等，还包括不同媒质分界面上的连接边界条件(例如 $E_{1t}=E_{2t}$，$D_{1n}=D_{2n}$，$\varphi_1=\varphi_2$)、周期边界条件(例如圆柱坐标系下二维场中径向长度给定时，角度相差 2π 的整数倍的点场相等)，以及自然边界条件($\lim\limits_{r\to\infty} r\varphi=$有限值)等。

边值问题解析法求解的特点是，将求解过程转化为求解泊松方程或者拉普拉斯方程的定解问题，即数学上偏微分方程的求解问题。求解步骤为：

(1) 求泛定方程的通解；

(2) 用边界条件求特解；

(3) 讨论解的适定性，包括存在性、稳定性和唯一性等。

存在性是指对于电磁工程中抽象出的边值问题，其解是一定存在的；稳定性是讨论当定解条件略微改变时解的变化；而唯一性是讨论在什么定解条件下，边值问题才有唯一解。

通过解析法可以得到位或者场严格解的解析表达式，但是只能解决规则边界的边值问题；而数值法则属于近似计算方法，它对于大量不规则边界的复杂电磁工程问题是很有用的方法，并且可以结合计算机编程实现数值计算。

4.1.2 静电场解的唯一性定理

在静电场中，对于每一类边界条件的边值问题都可以归结为求解泊松方程或者拉普拉斯方程的定解问题。采用不同的求解方法，可能解的形式不同；但是，当电位满足泊松方程或拉普拉斯方程，并且在边界上满足三类边界条件之一时，问题的解是唯一的，这就是静电场解的唯一性定理。唯一性定理是分离变量法、镜像法等边值问题求解方法的依据。

下面根据式(1-109)格林第一定理，利用反证法证明静电场解的唯一性定理。

假设在场域中满足泊松方程或拉普拉斯方程，并且在边界上满足三类边界条件之一的电位有两个解：φ_1、φ_2。令 $\delta\varphi=\varphi_1-\varphi_2$，由于 φ_1、φ_2 满足泊松方程

$$\nabla^2\varphi_1=\nabla^2\varphi_2=-\frac{\rho}{\varepsilon}$$

因此，$\nabla^2\delta\varphi=0$。

由格林第一定理得 $\iiint_V(\nabla\psi\cdot\nabla\varphi+\psi\nabla^2\varphi)\mathrm{d}V=\oiint_S\psi\dfrac{\partial\varphi}{\partial n}\mathrm{d}S$，令 $\psi=\varphi=\delta\varphi$，则

$$\iiint_V(\nabla\delta\varphi)^2\,\mathrm{d}V=\oiint_S\delta\varphi\frac{\partial\delta\varphi}{\partial n}\mathrm{d}S \tag{4-4}$$

当在边界上满足第一类边界条件时，$\varphi|_S=u_1(S)$，因此 $\delta\varphi|_S=0$，所以由式(4-4)得

$$\oiint_S\delta\varphi\frac{\partial\delta\varphi}{\partial n}\mathrm{d}S=0$$

故有$\iiint_V (\nabla\delta\varphi)^2 \mathrm{d}V \equiv 0$，因此，$\nabla\delta\varphi\equiv 0$。那么，$\delta\varphi$ 只能为常数，令 $\delta\varphi=C_1$。再考虑到在边界上的电位是确定的，因此 $C_1=\delta\varphi|_S=(\varphi_1-\varphi_2)|_S=0$，故 $\delta\varphi=\varphi_1-\varphi_2=0$，所以 $\varphi_1=\varphi_2$，唯一性定理得证。

当在边界上满足第二类边界条件时，$\left.\dfrac{\partial\varphi}{\partial n}\right|_S=u_2(S)$，因此$\left.\dfrac{\partial\delta\varphi}{\partial n}\right|_S=0$。所以仍由式(4-4)得 $\oiint_S \delta\varphi\dfrac{\partial\delta\varphi}{\partial n}\mathrm{d}S=0$，此时令 $\delta\varphi=C_2$；而差值为常数的电位代表的是同一电场(只是电位参考点选取不同)，故唯一性定理也得证。

同理，在边界上满足第三类边界条件时，唯一性定理同样得证。

对于一些简单、对称的静电场问题(例如平面对称、轴对称、球对称等)，通常可以通过选择适当的坐标系，将三维拉普拉斯方程变化成一维拉普拉斯方程，偏微分方程就变成了常微分方程，这样可以利用直接积分法求得问题的解。求解过程为：

(1) 求解偏微分方程；

(2) 寻找边界条件，求出场的解。

不同的区域，一般对应不同的解，还需要寻找边界区域的连接边界条件。

例题 4-1 已知在直角坐标系下真空中电荷密度分布为 $\rho=\begin{cases} x, & |x|\leqslant a \\ 0, & |x|>a \end{cases}$，如图 4-1 所示。求空间中的电位分布。

解 根据电荷密度分布，可得到各个区域的泊松方程及其解的形式。

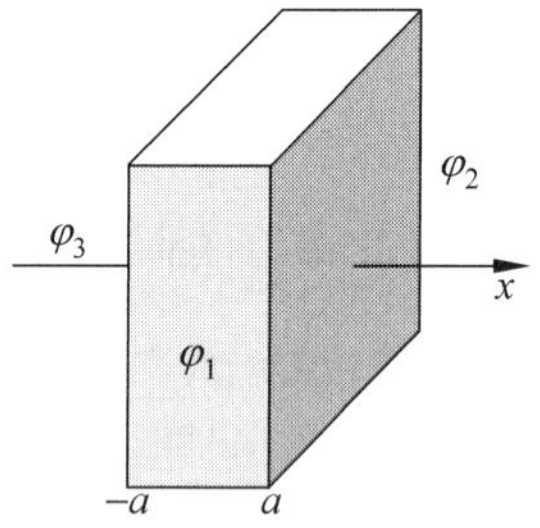

图 4-1 求解空间区域

(1) 当$|x|\leqslant a$ 时，$\dfrac{\mathrm{d}^2\varphi_1(x)}{\mathrm{d}x^2}=-\dfrac{x}{\varepsilon_0}$，积分得

$$\varphi_1(x)=-\frac{x^3}{6\varepsilon_0}+C_1x+C_2,\quad |x|\leqslant a$$

(2) 当 $x>a$ 时，$\dfrac{\mathrm{d}^2\varphi_2(x)}{\mathrm{d}x^2}=0$，积分得

$$\varphi_2(x)=C_3x+C_4,\quad x>a$$

(3) 当 $x<-a$ 时，$\dfrac{\mathrm{d}^2\varphi_2(x)}{\mathrm{d}x^2}=0$，积分得

$$\varphi_3(x)=C_5x+C_6,\quad x<-a$$

其中 C_1、C_2、C_3、C_4、C_5、C_6 为待定积分常数。选取 $x=0$ 处为零电位参考点，所以 $C_2=0$；利用自然边界条件$\left.\dfrac{\partial\varphi}{\partial n}\right|_{x\to\infty}\to 0$，可得 $C_3=C_5=0$。

再利用在 $x=\pm a$ 边界上的电位 φ 及电位移矢量 D 的边界条件：$\varphi_1=\varphi_2|_{x=a}$，$\varphi_1=\varphi_3|_{x=-a}$ 及$\left.\left(-\varepsilon_0\dfrac{\mathrm{d}\varphi_2}{\mathrm{d}x}+\varepsilon_0\dfrac{\mathrm{d}\varphi_1}{\mathrm{d}x}\right)\right|_{x=a}=a$，或者$\left.\left(-\varepsilon_0\dfrac{\mathrm{d}\varphi_1}{\mathrm{d}x}+\varepsilon_0\dfrac{\mathrm{d}\varphi_3}{\mathrm{d}x}\right)\right|_{x=-a}=-a$ 得

$$C_1=\frac{a}{\varepsilon_0}\left(1+\frac{a}{2}\right),\quad C_4=\frac{a^3}{3\varepsilon_0}+\frac{a^2}{\varepsilon_0},\quad C_6=-\frac{a^3}{3\varepsilon_0}-\frac{a^2}{\varepsilon_0}$$

所以，各区域的电位分布为

$$\begin{cases}\varphi_1=-\dfrac{x^3}{6\varepsilon_0}+\left(\dfrac{a^2}{2\varepsilon_0}+\dfrac{a}{\varepsilon_0}\right)x, & |x|\leqslant a\\ \varphi_2=\dfrac{a^3}{3\varepsilon_0}+\dfrac{a^2}{\varepsilon_0}, & x>a\\ \varphi_3=-\dfrac{a^3}{3\varepsilon_0}-\dfrac{a^2}{\varepsilon_0}, & x<-a\end{cases}$$

例题 4-2　在无限大、电位为零的导体平板上方垂直放置一个无限长、张角为 2α 的导电圆锥，电位为 V，如图 4-2 所示。求导电圆锥与导电平板之间区域中的电位。

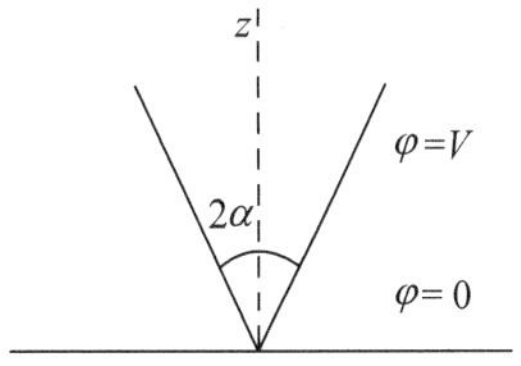

图 4-2　导电圆锥

解　由题意可知，该种结构具有轴对称性。选用球坐标系，显然电位与方位角 ϕ 无关；又由于无限大的电位边界与径向矢量长度 r 无关，因此电位仅是极角 θ 的函数，故电位满足的拉普拉斯方程简化为

$$\nabla^2\varphi=\frac{1}{r^2\sin\theta}\frac{\mathrm{d}}{\mathrm{d}\theta}\left(\sin\theta\frac{\mathrm{d}\varphi}{\mathrm{d}\theta}\right)=0$$

直接积分两次即得其解为

$$\varphi(\theta)=C\ln\left(\tan\frac{\theta}{2}\right)+C'$$

其中，C、C'为待定积分常数。利用边界条件，当 $\theta=\alpha$ 时，$\varphi(\alpha)=V$；当 $\theta=\pi/2$ 时，$\varphi(\pi/2)=0$，得

$$C=\frac{V}{\ln\left(\tan\dfrac{\alpha}{2}\right)},\quad C'=0$$

所以

$$\varphi(\theta)=\frac{V}{\ln\left(\tan\dfrac{\alpha}{2}\right)}\ln\left(\tan\frac{\theta}{2}\right)$$

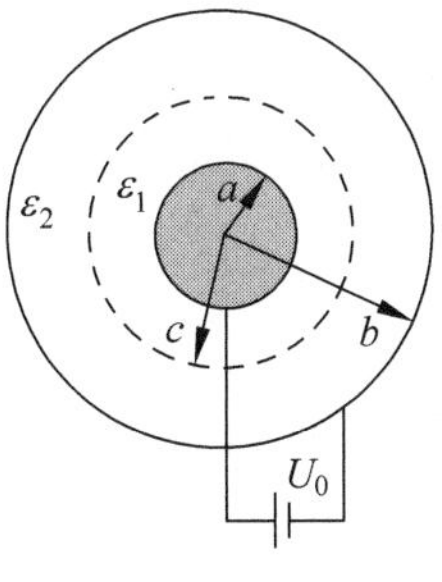

图 4-3　无限长同轴圆柱截面

例题 4-3　无限长同轴圆柱的内外半径分别为 a，b，其间填充两种不同介质 ε_1、ε_2，分界面为半径为 c 的柱面。外导体接地，内导体电位为 U_0，如图 4-3 所示。求同轴圆柱内外导体间的电位分布规律。

解　选取圆柱坐标系。由于同轴圆柱无限长，具有轴对称性，因此电位与 z、φ 无关，仅是 r 的函数。于是，圆柱坐标系下的拉普拉斯方程为

$$\nabla^2\varphi=\frac{1}{r}\frac{\partial}{\partial r}\left(r\frac{\partial\varphi}{\partial r}\right)=0$$

直接积分两次即得其解为

$$\varphi=C\ln r+C'$$

其中，C、C'为待定积分常数。在两种电介质区域，拉普拉斯方程的解为

$$a\leqslant r\leqslant c:\quad \varphi_1=C_1\ln r+C_2$$
$$c\leqslant r\leqslant b:\quad \varphi_2=C_3\ln r+C_4$$

其中 $C_1 \sim C_4$ 为待定积分常数。利用边界条件，当 $r=a$ 时，$\varphi_1=U_0$；当 $r=b$ 时，$\varphi_2=0$；当 $r=c$ 时，$\varphi_1=\varphi_2$，并且 $\varepsilon_1 E_{1n}=\varepsilon_2 E_{2n}$，即 $\varepsilon_1 \dfrac{\partial\varphi_1}{\partial r}=\varepsilon_2 \dfrac{\partial\varphi_2}{\partial r}$；可得到如下四个方程：

$$
\begin{aligned}
&U_0 = C_1 \ln a + C_2\\
&C_4 = -C_3 \ln b\\
&C_1 \ln c + C_2 = C_3 \ln c + C_4\\
&C_1 \varepsilon_1 = C_3 \varepsilon_2
\end{aligned}
$$

通过以上四个方程可以解出四个待定积分常数为

$$
C_1=-\frac{U_0}{N},\quad C_2=U_0\left[1+\ln\frac{a}{N}\right],\quad C_3=-\frac{\varepsilon_1}{\varepsilon_2}\frac{U_0}{N},\quad C_4=\frac{\varepsilon_1}{\varepsilon_2}U_0\ln\frac{b}{N}
$$

式中，$N=\ln\dfrac{c}{a}-\dfrac{\varepsilon_1}{\varepsilon_2}\ln\dfrac{c}{b}$。因此两种电介质区域中的电位为

$$
\begin{cases}
\varphi_1=U_0\left(1-\dfrac{\ln\dfrac{r}{a}}{N}\right), & a\leqslant r\leqslant c\\[2ex]
\varphi_2=U_0\left(\dfrac{\dfrac{\varepsilon_1}{\varepsilon_2}\ln\dfrac{b}{r}}{N}\right), & c\leqslant r\leqslant b
\end{cases}
$$

进一步求得两种电介质区域中的电场强度分别为

$$
\boldsymbol{E}_1=-\nabla\varphi_1=\frac{U_0}{rN}\boldsymbol{e}_r,\quad a\leqslant r\leqslant c
$$

$$
\boldsymbol{E}_2=-\nabla\varphi_2=\frac{\dfrac{\varepsilon_1}{\varepsilon_2}U_0}{rN}\boldsymbol{e}_r,\quad c\leqslant r\leqslant b
$$

微课视频

4.2 分离变量法

对于含有两个或两个以上自变量的函数，可以通过分离变量法将其分离成多个函数的乘积，而每个函数仅与一个坐标变量有关。这样，一个多维拉普拉斯方程的求解就转化为求解多个一维常微分方程的问题。在直角、圆柱、球等坐标系下都可以应用分离变量法。

4.2.1 直角坐标系中的分离变量法

若位函数满足拉普拉斯方程 $\dfrac{\partial^2\varphi}{\partial x^2}+\dfrac{\partial^2\varphi}{\partial y^2}+\dfrac{\partial^2\varphi}{\partial z^2}=0$，则将位函数写为 $\varphi(x,y,z)=X(x)Y(y)Z(z)$ 的形式，并代入拉普拉斯方程得

$$
YZ\frac{\mathrm{d}^2 X}{\mathrm{d}x^2}+XZ\frac{\mathrm{d}^2 Y}{\mathrm{d}y^2}+XY\frac{\mathrm{d}^2 Z}{\mathrm{d}z^2}=0 \tag{4-5}
$$

然后用 XYZ 除上式，得

$$
\frac{X''}{X}+\frac{Y''}{Y}+\frac{Z''}{Z}=0 \tag{4-6}
$$

将式(4-6)两边对 x 求一次微分，可得

$$\frac{\partial}{\partial x}\left(\frac{1}{X}\frac{\mathrm{d}^2X}{\mathrm{d}x^2}\right)=0$$

因此

$$\frac{X''}{X}=\alpha^2 \tag{4-7}$$

同理可得

$$\frac{Y''}{Y}=\beta^2 \tag{4-8}$$

$$\frac{Z''}{Z}=\gamma^2 \tag{4-9}$$

其中，α、β、γ 为分离常数，可以为实数或者虚数，且 $\alpha^2+\beta^2+\gamma^2=0$。这样，就将拉普拉斯方程化为三个常微分方程。

下面求式(4-7)的解，而式(4-8)、式(4-9)的求解方法类似。

当 $\alpha^2=0$ 时，由式(4-7)得$\frac{X''}{X}=0$，则其解的形式为

$$X(x)=a_0x+b_0 \tag{4-10}$$

当 $\alpha^2<0$ 时，令 $\alpha=\mathrm{j}k_x$(k_x 为正实数)，则$\frac{1}{X}\frac{\mathrm{d}^2X}{\mathrm{d}x^2}+k_x^2=0$，式(4-7)解的形式为

$$X(x)=b_1\mathrm{e}^{\mathrm{j}k_xx}+b_2\mathrm{e}^{-\mathrm{j}k_xx} \tag{4-11}$$

或者表示为三角函数的形式

$$X(x)=a_1\cos k_xx+a_2\sin k_xx \tag{4-12}$$

当 $\alpha^2>0$ 时，令 $\alpha=k_x$，则$\frac{1}{X}\frac{\mathrm{d}^2X}{\mathrm{d}x^2}-k_x^2=0$，式(4-7)解的形式为

$$X(x)=d_1\mathrm{e}^{k_xx}+d_2\mathrm{e}^{-k_xx} \tag{4-13}$$

或者表示为双曲函数的形式

$$X(x)=c_1\mathrm{ch}k_xx+c_2\mathrm{sh}k_xx \tag{4-14}$$

以上各式中 a_0、b_0、a_1、a_2、b_1、b_2、c_1、c_2、d_1、d_2 等均为待定常数。同理可以得到函数 $Y(y)$、$Z(z)$解的类似形式。因此，位函数定解的形式可以表示为

$$\varphi(x,y,z)=(B_1\mathrm{ch}\alpha x+B_2\mathrm{sh}\alpha x)(B_3\mathrm{ch}\beta y+B_4\mathrm{sh}\beta y)(B_5\mathrm{ch}\gamma z+B_6\mathrm{sh}\gamma z) \tag{4-15}$$

或者

$$\varphi(x,y,z)=(C_1\mathrm{e}^{\alpha x}+C_2\mathrm{e}^{-\alpha x})(C_3\mathrm{e}^{\beta y}+C_4\mathrm{e}^{-\beta y})(C_5\mathrm{e}^{\gamma z}+C_6\mathrm{e}^{-\gamma z}) \tag{4-16}$$

其中，$B_1\sim B_6$，$C_1\sim C_6$ 均为待定常数。若取 $\alpha=\mathrm{j}k_x$，$\beta=\mathrm{j}k_y$，$\gamma=k_z=\sqrt{k_x^2+k_y^2}$，则

$$\varphi(x,y,z)=[C_1'\cos k_xx+C_2'\sin k_xx]\,[C_3'\cos k_yy+C_4'\sin k_yy]\,(C_5'\mathrm{ch}k_zz+C_6'\mathrm{sh}k_zz) \tag{4-17}$$

其中，$C_1'\sim C_6'$均为待定常数。由式(4-10)～式(4-17)可知，$\varphi(x,y,z)=X(x)Y(y)Z(z)$具有不同的解的组合形式，解的形式可由边界条件来确定。同样，选择不同的坐标系一般解的形式也不同。然而，根据唯一性定理，在给定的边界条件下，拉普拉斯方程的解是唯一的。

式(4-5)解的形式通常由如下边界条件确定：若在某一方向的边界条件具有周期性，则该方向对应坐标的分离常数是虚数，其解应选用三角函数的形式；若在某一方向的边界条件是非周期的，则该方向对应坐标的分离常数是实数，其解应选用双曲函数或者指数函数的

形式；在有限区域应选择双曲函数，在无限区域应选择指数函数；若位函数与某一坐标无关，则沿该方向的分离常数为零，其解为常数。例如，直角坐标系下 x 方向解的形式的选择如表 4-1 所示。

表 4-1 直角坐标中解的形式(k_x 为正实数)

α^2	α	指数函数	其他函数	应用场合
−	jk_x	$b_1 e^{jk_x x}+b_2 e^{-jk_x x}$	$a_1\cos k_x x+a_2\sin k_x x$	周期边界条件
+	k_x	$d_1 e^{k_x x}+d_2 e^{-k_x x}$	$c_1\operatorname{ch}k_x x+c_2\operatorname{sh}k_x x$	非周期边界条件
0	0	—	$a_0 x+b_0$	常数解等
应用区域		无限区域	有限区域	

分离变量法的使用条件是边界面与坐标面平行，且对应的坐标系可分离变量。应用分离变量法求解拉普拉斯方程的步骤是：

(1) 根据求解场域边界的几何形状选择适当的坐标系，写出拉普拉斯方程的表达式；

(2) 对待求电位函数分离变量，即将函数分离成多个一维函数的乘积，并代入拉普拉斯方程得到多个一维常微分方程；

(3) 求解一维常微分方程，根据边界条件的类型，选择特定形式的一般解(三角函数、双曲函数、指数函数等)；

(4) 利用边值条件确定位函数的待定常数，最终求得待求解的电位函数。

当分离变量法用于二维位函数 $\varphi(x,y)=X(x)Y(y)$时，拉普拉斯方程为

$$\frac{X''}{X}+\frac{Y''}{Y}=0 \tag{4-18}$$

即

$$\frac{X''}{X}=\alpha^2,\quad \frac{Y''}{Y}=\beta^2$$

其定解形式为

$$\varphi(x,y)=(A\operatorname{ch}\alpha x+B\operatorname{sh}\alpha x)(C\operatorname{ch}\beta y+D\operatorname{sh}\beta y) \tag{4-19}$$

或者

$$\varphi(x,y)=(A'e^{\alpha x}+B'e^{-\alpha x})(C'e^{\beta y}+D'e^{-\beta y})$$

其中，A、B、C、D、A'、B'、C'、D'均为待定常数，并且 $\alpha^2+\beta^2=0$。

若 $\alpha=k$，$\beta=jk$(k 为正实数)，则

$$\varphi(x,y)=(A\operatorname{ch}kx+B\operatorname{sh}kx)(C\cos ky+D\sin ky) \tag{4-20}$$

或者

$$\varphi(x,y)=(A'e^{kx}+B'e^{-kx})(C'\cos ky+D'\sin ky) \tag{4-21}$$

若 $\alpha=jk$，$\beta=k$，则

$$\varphi(x,y)=(A\cos kx+B\sin kx)(C\operatorname{ch}ky+D\operatorname{sh}ky) \tag{4-22}$$

或者

$$\varphi(x,y)=(A'\cos kx+B'\sin kx)(C'e^{ky}+D'e^{-ky}) \tag{4-23}$$

例题 4-4 两个半无限大接地导体平面，间距为 d，一端接电位为 V 的导体面，如图 4-4 所示。求中间区域的电位。

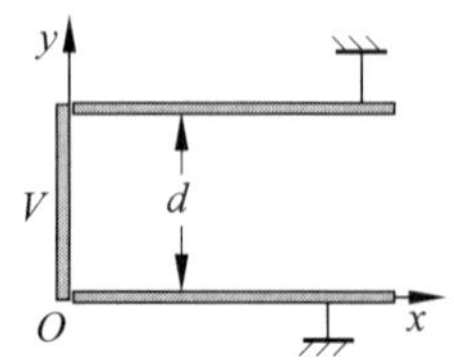

图 4-4 导体平面围成的空间区域

解 由于无限大的电位边界与 z 坐标无关，故该问题的拉

普拉斯方程为

$$\nabla^2\varphi(x,y)=\frac{\partial^2\varphi}{\partial x^2}+\frac{\partial^2\varphi}{\partial y^2}=0$$

该问题的边值条件是

$$\varphi(0,y)=V,\quad 0<y<d$$
$$\varphi(\infty,y)=0,\quad 0<y<d$$
$$\varphi(x,0)=0,\quad 0<x<\infty$$
$$\varphi(x,d)=0,\quad 0<x<\infty$$

利用分离变量法，设 $\varphi(x,y)=X(x)Y(y)$，则

$$Y(y)\frac{\mathrm{d}^2X}{\mathrm{d}x^2}+X(x)\frac{\mathrm{d}^2Y}{\mathrm{d}y^2}=0$$

即

$$\frac{1}{X}\frac{\mathrm{d}^2X}{\mathrm{d}x^2}+\frac{1}{Y}\frac{\mathrm{d}^2Y}{\mathrm{d}y^2}=0$$

分离变量得

$$\frac{1}{X}\frac{\mathrm{d}^2X}{\mathrm{d}x^2}=k_x^2,\quad \frac{1}{Y}\frac{\mathrm{d}^2Y}{\mathrm{d}y^2}=k_y^2$$

其中，$k_x^2+k_y^2=0$。由于 $y=0$ 及 $y=d$ 时电位重复为零，因此取 $k_y=\mathrm{j}k$（k 为正实数），则 $k_x=k$。依据表 4-1，二阶常系数常微分方程通解的形式选择为

$$X(x)=A\mathrm{e}^{k_x x}+B\mathrm{e}^{-k_x x}$$
$$Y(y)=C\sin ky+D\cos ky$$

故电位方程的通解为

$$\varphi(x,y)=(A\mathrm{e}^{kx}+B\mathrm{e}^{-kx})(C\sin ky+D\cos ky)$$

应用边界条件 $\varphi(x,0)=0$ 得，$D=0$；由 $\varphi(x,d)=0$ 得，$\sin kd=0$；所以，$k=\frac{m\pi}{d}$，$m=(1,2,\cdots)$，其中 m 不能取零，否则位函数为零。由 $\varphi(\infty,y)=0$ 得，$A=0$。

上述所有 m 均表示电位的解，其线性组合亦为电位的解，即

$$\varphi(x,y)=\sum_{m=1}^{\infty}C_m\mathrm{e}^{-\frac{m\pi}{d}x}\sin\frac{m\pi}{d}y$$

其中，C_m 为 B、C 的组合，由 $\varphi(0,y)=V$ 得

$$\varphi(0,y)=\sum_{m=1}^{\infty}C_m\sin\left(\frac{m\pi}{d}y\right)=V$$

求上式傅里叶级数的展开系数得

$$C_m=\frac{2}{d}\int_0^d V\sin\left(\frac{m\pi}{d}\xi\right)\mathrm{d}\xi=-\frac{2V}{m\pi}[\cos(m\pi)-1]$$

上式中 m 需取奇数。因此，电位函数的定解为

$$\varphi(x,y)=\frac{4V}{\pi}\sum_{n=1}^{\infty}\frac{1}{2n-1}\mathrm{e}^{-\frac{2n-1}{d}\pi x}\sin\frac{2n-1}{d}\pi y$$

例题 4-5 求如图 4-5 中截面积为 $a\times b$ 的二维区域的电位分布。

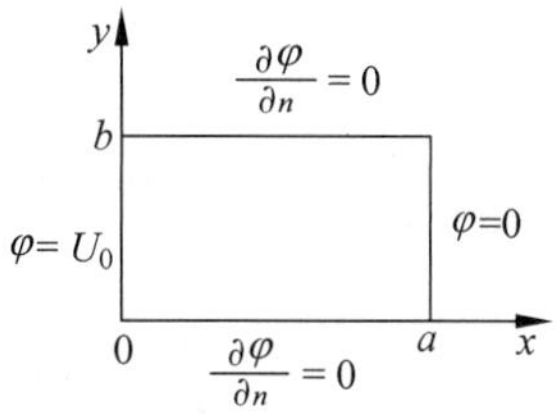

图 4-5 二维求解区域

解 由于在 $y=0$，$y=b$ 两个面上无自由电荷，并且$\frac{\partial\varphi}{\partial n}=0$，

所以 $D_y=-\varepsilon\dfrac{\partial\varphi}{\partial y}=0$。根据电位移矢量的连续边界条件，$D_y=0$，因此电场及电位分布沿 x 方向。区域内的一维拉普拉斯方程为

$$\frac{\partial^2\varphi}{\partial x^2}=0$$

其解为

$$\varphi(x)=Ax+B$$

利用边界条件 $\varphi|_{x=0}=U_0$，$\varphi|_{x=a}=0$，代入上式得 $B=U_0$，$A=-U_0/a$，所以

$$\varphi(x)=-\frac{U_0}{a}x+U_0$$

例题 4-6 设一横截面积为 $a\times b$ 的矩形无限长金属盒，四条棱线处均有无穷小的缝隙相互绝缘，边界电位分布如图 4-6 所示。试求金属盒内的电位分布函数。

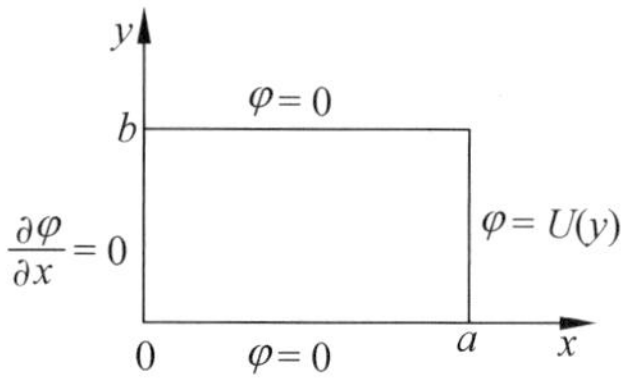

图 4-6 无限长金属盒截面

解 因为金属盒沿 z 轴无限长，所以位函数与 z 无关。求解区域满足二维拉普拉斯方程，即

$$\frac{\partial^2\varphi}{\partial x^2}+\frac{\partial^2\varphi}{\partial y^2}=0$$

(1) 边界条件为

① $\left.\dfrac{\partial\varphi}{\partial x}\right|_{x=0}=0$；② $\varphi(a,y)=U(y)$；③ $\varphi(x,0)=0$；④ $\varphi(x,b)=0$。

根据边值条件可以写出电位 φ 的表示式。为满足 $y=0$、b 重复零点边值的条件，y 方向必须选择正弦或余弦形式，令 $\alpha=k$ 为实数，则 $\beta=\mathrm{j}k$ 为虚数，所以由式(4-20)得

$$\varphi(x,y)=\sum(A\operatorname{ch}kx+B\operatorname{sh}kx)(C\cos ky+D\sin ky)$$

(2) 由边界条件确定常数

① 由 $\left.\dfrac{\partial\varphi}{\partial x}\right|_{x=0}=0$ 得，$B=0$；

② 由 $\varphi(x,0)=0$ 得，$C=0$；

③ 由 $\varphi(x,b)=0$ 得，$k=\dfrac{n\pi}{b}$，$n=1,2,3,\cdots$；

因此，电位的解的形式为

$$\varphi(x,y)=\sum_{n=1}^{\infty}A_n\operatorname{ch}\frac{n\pi}{b}x\sin\frac{n\pi}{b}y$$

④ 由 $\varphi(a,y)=U(y)$得

$$U(y)=\sum_{n=1}^{\infty}A_n\operatorname{ch}\frac{n\pi a}{b}\sin\frac{n\pi y}{b}$$

上式两边都乘以 $\sin\dfrac{n'\pi y}{b}$，并从 0 到 b 积分得

$$\int_0^b U(y)\sin\frac{n'\pi y}{b}\mathrm{d}y=\int_0^b\sin\frac{n'\pi y}{b}\sum_{n=1}^{\infty}A_n\operatorname{ch}\frac{n\pi a}{b}\sin\frac{n\pi y}{b}\mathrm{d}y$$

利用三角函数的正交归一性，有

$$A_n=\frac{2}{b\,\mathrm{ch}\,\dfrac{n\pi a}{b}}\int_0^b U(y)\sin\frac{n\pi y}{b}\,\mathrm{d}y$$

此处为表示方便起见，将 n'用 n 表示。

所以

$$\varphi(x,y)=\sum_{n=1}^{\infty}\frac{2}{b\,\mathrm{ch}\,\dfrac{n\pi a}{b}}\mathrm{ch}\,\frac{n\pi}{b}x\sin\frac{n\pi}{b}y\int_0^b U(y)\sin\frac{n\pi y}{b}\,\mathrm{d}y$$

例题 4-7　沿 x、z 方向都极大的两块金属板，板间距离为 b。在 $z=0$ 处板间有极薄金属片从 $y=d$ 到 $y=b$ $(-\infty<x<+\infty)$。上板电位为 U_0，下板电位为零。在薄平面上，从 $y=0$ 到 $y=d$ 处 $\varphi=U_0y/d$，如图 4-7(a)所示。试求金属槽内的电位。

解　金属板沿 x 方向无限长，所以位函数与 x 无关。求解区域满足二维拉普拉斯方程 $\dfrac{\partial^2\varphi}{\partial z^2}+\dfrac{\partial^2\varphi}{\partial y^2}=0$。

应用叠加原理，将原问题等效为图 4-7(b)与图 4-7(c)问题的叠加，其解为 $\varphi=\varphi_1+\varphi_2$。其中 φ_1 为金属片不存在时平行板间的电位，$\varphi_1=U_0y/b$；φ_2 为金属片和两个电位为零的平行板间之电位。

根据唯一性定理，原问题和等效问题的边界条件相同。图 4-7(c)的边界条件为

①$\varphi_2|_{y=0}=0$；②$\varphi_2|_{y=b}=0$；③$\varphi_2|_{z\to\infty}=0$，$\varphi_2|_{z\to-\infty}=0$；④在 $z=0$ 处的边界条件是：

$$\varphi_2=\begin{cases}U_0\,y/d-U_0y/b, & 0\leqslant y<d\\ U_0-U_0y/b, & d\leqslant y<b\end{cases}$$

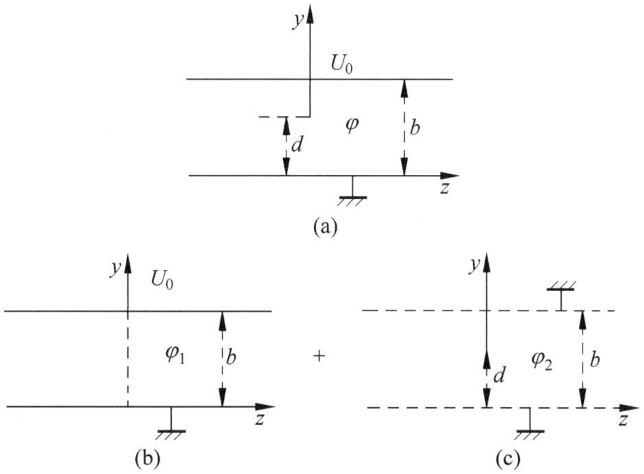

图 4-7　金属槽结构

对于图 4-7(c)中 $z>0$ 的部分，由于在 y 方向上 $y=0$ 和 $y=b$ 处电位为重复零点，因此取 $k_y=\mathrm{j}k$(k 为正实数)，$k_z=k$。根据表 4-1 及式(4-21)，φ_2 解的形式可设为

$$\varphi_2=(A'\mathrm{e}^{-kz}+B'\mathrm{e}^{kz})(C'\cos ky+D'\sin ky)$$

由上述边界条件①$\varphi_2|_{y=0}=0$ 得 $C'=0$；由②$\varphi_2|_{y=b}=0$ 得 $k=\dfrac{n\pi}{b}$；而在 z 方向上利用自然边界条件③$\varphi_2|_{z\to\infty}=0$ 得 $B'=0$。所以 φ_2 可以表示为

$$\varphi_2=\sum_{n=1}^{\infty}A_n\mathrm{e}^{-\frac{n\pi z}{b}}\sin\left(\frac{n\pi}{b}y\right),\quad n=1,2,3,\cdots$$

其中,系数 A_n 由 $z=0$ 处的边界条件④确定。

$$\sum_{n=1}^{\infty}A_n\sin\left(\frac{n\pi}{b}y\right)=\frac{U_0y}{d}-\frac{U_0y}{b},\quad 0<y<d$$

$$\sum_{n=1}^{\infty}A_n\sin\left(\frac{n\pi}{b}y\right)=U_0-\frac{U_0y}{b},\quad d<y<b$$

将上式两边同乘以 $\sin\left(\frac{m\pi}{b}y\right)$ 并从 $0\sim b$ 积分,有

$$\int_0^b A_n\sin\frac{n\pi}{b}y\sin\frac{m\pi}{b}y\,\mathrm{d}y=\int_0^d\left(\frac{U_0y}{d}-\frac{U_0y}{b}\right)\sin\frac{m\pi}{b}y\,\mathrm{d}y+\int_d^b\left(U_0-\frac{U_0y}{b}\right)\sin\frac{m\pi}{b}y\,\mathrm{d}y$$

利用三角函数的正交归一性,有

$$\begin{aligned}A_n&=\frac{2}{b}\left[\int_0^d\left(\frac{U_0y}{d}-\frac{U_0y}{b}\right)\sin\frac{n\pi}{b}y\,\mathrm{d}y+\int_d^b\left(U_0-\frac{U_0y}{b}\right)\sin\frac{n\pi}{b}y\,\mathrm{d}y\right]\\&=\frac{2U_0}{(n\pi)^2}\frac{b}{d}\sin\frac{n\pi}{b}d\end{aligned}$$

故

$$\varphi=\varphi_1+\varphi_2=\frac{U_0}{b}y+\sum_{n=1}^{\infty}\frac{2U_0}{(n\pi)^2}\frac{b}{d}\sin\frac{n\pi d}{b}\sin\frac{n\pi y}{b}\mathrm{e}^{-\frac{n\pi z}{b}},\quad z\geqslant 0$$

同理可得 $z<0$ 区域的解为

$$\varphi=\varphi_1+\varphi_2=\frac{U_0}{b}y+\sum_{n=1}^{\infty}\frac{2U_0}{(n\pi)^2}\frac{b}{d}\sin\frac{n\pi d}{b}\sin\frac{n\pi y}{b}\mathrm{e}^{\frac{n\pi z}{b}},\quad z<0$$

例题 4-8 一个长方形导体盒,各边尺寸分别是 a、b、c,其四周和底部为零电位,顶部与其他周界相互绝缘,电位函数是 $U(x,y)$,如图 4-8 所示。试求导体盒内部的电位函数。

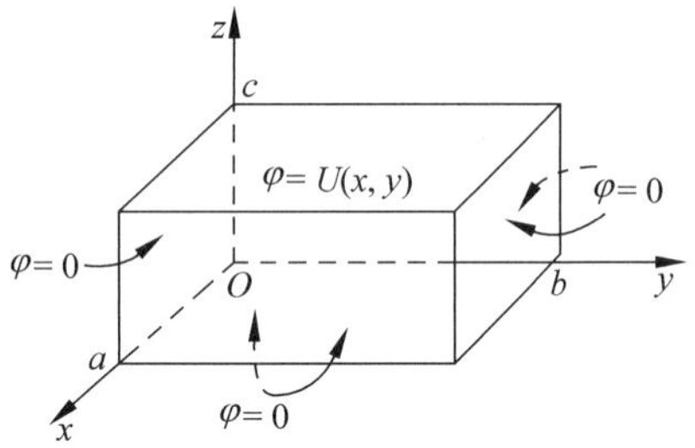

图 4-8 长方形导体盒

解 该区域电位为三维场的问题,其拉普拉斯方程为

$$\frac{\partial^2\varphi}{\partial x^2}+\frac{\partial^2\varphi}{\partial y^2}+\frac{\partial^2\varphi}{\partial z^2}=0$$

(1) 边界条件:

①$\varphi(0,y,z)=0$;②$\varphi(a,y,z)=0$;③$\varphi(x,0,z)=0$;④$\varphi(x,b,z)=0$;⑤$\varphi(x,y,0)=0$;⑥$\varphi(x,y,c)=U(x,y)$。

(2) 解的形式:

为了满足 $x=0$、a 及 $y=0$、b 电位重复零点的边值条件,由式(4-17)得其解的形式为

$$\varphi(x,y,z)=\sum(A\cos k_xx+B\sin k_xx)(C\cos k_yy+D\sin k_yy)(F\mathrm{ch}\,|k_z|\,z+G\mathrm{sh}\,|k_z|\,z)$$

(3) 由边界条件确定常数:

①由 $\varphi(0,y,z)=0$,得 $A=0$;由 $\varphi(a,y,z)=0$,得 $k_x=\dfrac{m\pi}{a}$ $m=1,2,3,\cdots$;②由 $\varphi(x,

$0,z)=0$,得 $C=0$;由 $\varphi(x,b,z)=0$,得 $k_y=\dfrac{n\pi}{b}$　$n=1,2,3,\cdots$;③由 $\varphi(x,y,0)=0$,得 $F=0$。

因此,电位解可表示为

$$\varphi(x,y,z)=\sum_{m=1}^{\infty}\sum_{n=1}^{\infty}B_mD_nG\sin\frac{m\pi}{a}x\sin\frac{n\pi}{b}y\,\mathrm{sh}\sqrt{\left(\frac{m\pi}{a}\right)^2+\left(\frac{n\pi}{b}\right)^2}z$$

其中,

$$|k_z|=\sqrt{k_x^2+k_y^2}=\sqrt{\left(\frac{m\pi}{a}\right)^2+\left(\frac{n\pi}{b}\right)^2}$$

(4) 由 $\varphi(x,y,c)=U(x,y)$得

$$U(x,y)=\sum_{m=1}^{\infty}\sum_{n=1}^{\infty}B_mD_nG\,\mathrm{sh}\sqrt{\left(\frac{m\pi}{a}\right)^2+\left(\frac{n\pi}{b}\right)^2}c\sin\frac{m\pi}{a}x\sin\frac{n\pi}{b}y$$

令 $C_{mn}=B_mD_nG\,\mathrm{sh}\sqrt{\left(\frac{m\pi}{a}\right)^2+\left(\frac{n\pi}{b}\right)^2}c$ 得

$$U(x,y)=\sum_{m=1}^{\infty}\sum_{n=1}^{\infty}C_{mn}\sin\frac{m\pi}{a}x\sin\frac{n\pi}{b}y$$

为确定常数 C_{mn},上式两边各乘以 $\sin\dfrac{m'\pi}{a}x\sin\dfrac{n'\pi}{b}y$,并从 0 到 a 对 x 积分,从 0 到 b 对 y 积分,同时利用三角函数的正交归一性得

$$\int_0^a\int_0^b U(x,y)\sin\frac{m\pi}{a}x\sin\frac{n\pi}{b}y\,\mathrm{d}x\,\mathrm{d}y=\int_0^a\int_0^b C_{mn}\sin^2\frac{m\pi}{a}x\sin^2\frac{n\pi}{b}y\,\mathrm{d}x\,\mathrm{d}y$$

上式中习惯上将 m',n'用 m,n 表示

于是

$$C_{mn}=\frac{4}{ab}\int_0^a\int_0^b U(x,y)\sin\frac{m\pi}{a}x\sin\frac{n\pi}{b}y\,\mathrm{d}x\,\mathrm{d}y$$

如果 $U(x,y)=U_0\sin\dfrac{\pi x}{a}$,则显然所有 C_{mn} 中除 $m=1$ 的项外,都等于零,所以

$$C_{1n}=\frac{4U_0}{n\pi}\quad n=1,3,5,\cdots$$

于是,导体盒内电位 φ 的解是

$$\varphi(x,y,z)=\sum_{n=1,3,5,\cdots}^{\infty}\frac{4U_0}{n\pi\,\mathrm{sh}\sqrt{\left(\frac{\pi}{a}\right)^2+\left(\frac{n\pi}{b}\right)^2}c}\sin\frac{\pi x}{a}\sin\frac{n\pi y}{b}\mathrm{sh}\sqrt{\left(\frac{\pi}{a}\right)^2+\left(\frac{n\pi}{b}\right)^2}z$$

如果 $U(x,y)=U_0$,则

$$C_{mn}=\frac{4}{ab}\int_0^a U_0\sin\frac{m\pi}{a}x\sin\frac{n\pi}{b}y\,\mathrm{d}x\,\mathrm{d}y=\frac{16U_0}{mn\pi^2}\quad m=1,3,5,\cdots,\quad n=1,3,5,\cdots$$

此时导体盒中电位 φ 的解为

$$\varphi(x,y,z)$$

$$=\sum_{m=1,3,5,\cdots}^{\infty}\sum_{n=1,3,5,\cdots}^{\infty}\frac{16U_0}{mn\pi^2\,\mathrm{sh}\sqrt{\left(\frac{m\pi}{a}\right)^2+\left(\frac{n\pi}{b}\right)^2}c}\sin\frac{m\pi x}{a}\sin\frac{n\pi y}{b}\mathrm{sh}\sqrt{\left(\frac{m\pi}{a}\right)^2+\left(\frac{n\pi}{b}\right)^2}z$$

4.2.2 圆柱坐标系中的分离变量法

圆柱坐标系中的拉普拉斯方程为

$$\frac{1}{r}\frac{\partial}{\partial r}\left(r\frac{\partial\varphi}{\partial r}\right)+\frac{1}{r^2}\frac{\partial^2\varphi}{\partial\varphi^2}+\frac{\partial^2\varphi}{\partial z^2}=0 \tag{4-24}$$

其一维边值问题如例题4-3所示,对应的拉普拉斯方程为

$$\nabla^2\varphi=\frac{1}{r}\frac{\partial}{\partial r}\left(r\frac{\partial\varphi}{\partial r}\right)=0$$

上式可用直接积分法求解。本节只讨论二维的情况。

1. 电位与坐标变量 z 无关

此时,电位 $\varphi(r,\phi)$满足二维拉普拉斯方程

$$r\frac{\partial}{\partial r}\left(r\frac{\partial\varphi}{\partial r}\right)+\frac{\partial^2\varphi}{\partial\phi^2}=0 \tag{4-25}$$

运用分离变量法解之,令 $\varphi=R(r)\Phi(\phi)$,代入上式得

$$\frac{r}{R}\frac{\mathrm{d}}{\mathrm{d}r}\left(r\frac{\mathrm{d}R}{\mathrm{d}r}\right)+\frac{1}{\Phi}\frac{\mathrm{d}^2\varphi}{\mathrm{d}\phi^2}=0$$

由于第一项仅为 r 的函数,第二项仅为 ϕ 的函数,上式可分解为两个常微分方程

$$r^2\frac{\mathrm{d}^2R}{\mathrm{d}r^2}+r\frac{\mathrm{d}R}{\mathrm{d}r}-n^2R=0 \tag{4-26}$$

$$\frac{\mathrm{d}^2\Phi}{\mathrm{d}\phi^2}+n^2\Phi=0 \tag{4-27}$$

式(4-26)称为欧拉(Euler)方程,可用变量代换法求解。设 $r=\mathrm{e}^t$,则

$$\frac{\mathrm{d}R}{\mathrm{d}r}=\frac{\mathrm{d}R}{\mathrm{d}t}\cdot\frac{\mathrm{d}t}{\mathrm{d}r}=\mathrm{e}^{-t}\frac{\mathrm{d}R}{\mathrm{d}t}=\frac{1}{r}\frac{\mathrm{d}R}{\mathrm{d}t}$$

$$\frac{\mathrm{d}^2R}{\mathrm{d}r^2}=\frac{\mathrm{d}R}{\mathrm{d}t}\left(\mathrm{e}^{-t}\frac{\mathrm{d}R}{\mathrm{d}t}\right)\cdot\frac{\mathrm{d}t}{\mathrm{d}r}=\frac{1}{r^2}\left(\frac{\mathrm{d}^2R}{\mathrm{d}t^2}-\frac{\mathrm{d}R}{\mathrm{d}t}\right)$$

将以上两式代入式(4-26)得

$$\frac{\mathrm{d}^2R}{\mathrm{d}t^2}-n^2R=0$$

其解为

$$R(t)=A'_n\mathrm{e}^{nt}+B'_n\mathrm{e}^{-nt}$$

即

$$R(r)=A'_nr^n+B'_nr^{-n}$$

其中,A'_n、B'_n为待定常数。

式(4-27)的解为

$$\Phi=A_n\cos n\phi+B_n\sin n\phi$$

在许多问题中,位函数是以 2π 为周期的,于是 $\varphi(\phi)=\varphi(k\phi+2k\pi)$,$k$ 为整数。

因此,$\varphi(r,\phi)$的解为

$$\varphi(r,\phi)=\sum_{n=1}^{\infty}r^{n}(A_n\cos n\phi+B_n\sin n\phi)+\sum_{n=1}^{\infty}r^{-n}(C_n\cos n\phi+D_n\sin n\phi) \tag{4-28}$$

其中，A_n、B_n、C_n、D_n 均为待定常数，由边界条件决定。

2. 电位与坐标变量 ϕ 无关

此时，电位 $\varphi(r,z)$ 的拉普拉斯方程为

$$\frac{\partial^2\varphi}{\partial r^2}+\frac{1}{r}\frac{\partial\varphi}{\partial r}+\frac{\partial^2\varphi}{\partial z^2}=0 \tag{4-29}$$

令 $\varphi=R(r)Z(z)$，利用分离变量法求解式(4-29)得

$$\frac{1}{R}\frac{\mathrm{d}^2R}{\mathrm{d}r^2}+\frac{1}{rR}\frac{\mathrm{d}R}{\mathrm{d}r}+\frac{1}{Z}\frac{\mathrm{d}^2Z}{\mathrm{d}z^2}=0$$

由于等式左边前两项仅为 r 的函数，第三项仅为 z 的函数，因此上式可分解为两个常微分方程

$$\frac{1}{R}\frac{\mathrm{d}^2R}{\mathrm{d}r^2}+\frac{1}{rR}\frac{\mathrm{d}R}{\mathrm{d}r}=-T^2 \tag{4-30}$$

$$\frac{1}{Z}\frac{\mathrm{d}^2Z}{\mathrm{d}z^2}=T^2 \tag{4-31}$$

其中，T 为常数。式(4-30)的解为第一类贝塞尔(Bessel)函数

$$R(r)=C_1J_0(Tr)+C_2N_0(Tr)$$

式(4-31)的解为第二类贝塞尔函数

$$Z(z)=C_3\operatorname{sh}Tz+C_4\operatorname{ch}Tz$$

因此，$\varphi(r,z)$ 的解为

$$\varphi(r,z)=[C_1J_0(Tr)+C_2N_0(Tr)]\,[C_3\operatorname{sh}Tz+C_4\operatorname{ch}Tz] \tag{4-32}$$

当 $T=\mathrm{j}\tau$，且 τ 为实数时，上式变为

$$\varphi(r,z)=[C'_1I_0(\tau r)+C'_2k_0(\tau r)][C'_3\sin\tau z+C'_4\cos\tau z] \tag{4-33}$$

其中，$I_0(\tau r)$、$k_0(\tau r)$ 分别为零阶的第一类和第二类变形贝赛尔函数。

例题 4-9 若在电场强度为 $\boldsymbol{E}_0$ 的均匀静电场中放入一个半径为 a 的电介质圆柱，柱的轴线与电场互相垂直，介质柱的介电常数为 ε，柱外为真空，如图 4-9(a)所示，求柱内、柱外的电场。

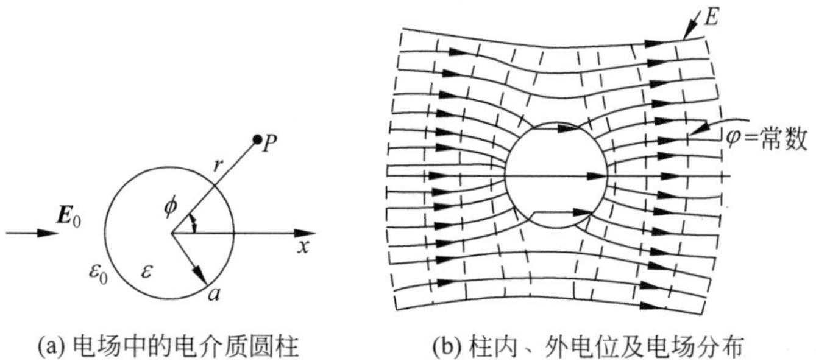

(a) 电场中的电介质圆柱　　(b) 柱内、外电位及电场分布

图 4-9　电介质圆柱的电场分布

解 设柱内电位为 φ_1，柱外电位为 φ_2，φ_1 和 φ_2 均与 z 无关，是圆柱坐标系二维场问题。取坐标原点为电位参考点，边界条件如下：

①$r\to\infty,\varphi_2=-E_0x=-E_0r\cos\phi$；②$r=0,\varphi_1=0$；③$r=a$，$\varphi_1=\varphi_2$；④$r=a,\varepsilon\dfrac{\partial\varphi_1}{\partial r}=\varepsilon_0\dfrac{\partial\varphi_2}{\partial r}$。

于是，根据式(4-28)，圆柱内、外电位的通解为

$$\varphi_1(r,\phi)=\sum_{n=1}^{\infty}r^n(A_n\cos n\phi+B_n\sin n\phi)+\sum_{n=1}^{\infty}r^{-n}(C_n\cos n\phi+D_n\sin n\phi)$$

$$\phi_2(r,\phi)=\sum_{n=1}^{\infty}r^n(A'_n\cos n\phi+B'_n\sin n\phi)+\sum_{n=1}^{\infty}r^{-n}(C'_n\cos n\phi+D'_n\sin n\phi)$$

由外加电场的形式及问题的几何形状可知圆柱内外电位、极化面电荷均关于 x 轴对称，进一步考虑到边界条件①的形式，柱内、柱外的电位解只有余弦项，则

$$B_n=D_n=B'_n=D'_n=0$$

于是

$$\varphi_1(r,\phi)=\sum_{n=1}^{\infty}A_nr^n\cos n\varphi+\sum_{n=1}^{\infty}C_nr^{-n}\cos n\phi$$

$$\varphi_2(r,\phi)=\sum_{n=1}^{\infty}A'_nr^n\cos n\varphi+\sum_{n=1}^{\infty}C'_nr^{-n}\cos n\phi$$

由边界条件①得，$n\geqslant2$ 时 $A'_n=0$，且 $A'_1=-E_0$；由边界条件②得 $C_n=0$。故有

$$\varphi_1(r,\phi)=\sum_{n=1}^{\infty}r^nA_n\cos n\phi$$

$$\varphi_2(r,\phi)=-E_0r\cos\phi+\sum_{n=1}^{\infty}C'_nr^{-n}\cos n\phi$$

由边界条件③和④，同幂次比较可得

$$\begin{cases}\displaystyle\sum_{n=1}^{\infty}A_na^n\cos n\phi=-E_0a\cos\phi+\sum_{n=1}^{\infty}C'_na^{-n}\cos n\phi\\ \displaystyle\varepsilon\sum_{n=1}^{\infty}nA_na^{n-1}\cos n\phi=-\varepsilon_0E_0\cos\phi-\varepsilon_0\sum_{n=1}^{\infty}nC'_na^{-n-1}\cos n\phi\end{cases}$$

$$A_1=-\frac{2E_0}{\varepsilon_r+1},\quad C'_1=E_0a^2\frac{\varepsilon_r-1}{\varepsilon_r+1}$$

$$A_n=0,C'_n=0\quad(n\geqslant2)$$

其中 $\varepsilon_r=\varepsilon/\varepsilon_0$ 是介质圆柱的相对介电常数。因此，柱内、柱外电位为

$$\varphi_1=-\frac{2}{\varepsilon_r+1}E_0r\cos\phi$$

$$\varphi_2=-\left(1-\frac{\varepsilon_r-1}{\varepsilon_r+1}\frac{a^2}{r^2}\right)E_0r\cos\phi$$

由此得柱内、柱外电场为

$$\boldsymbol{E}_1=-\boldsymbol{\nabla}\varphi_1=\frac{2}{\varepsilon_r+1}E_0(\boldsymbol{e}_r\cos\phi-\boldsymbol{e}_\varphi\sin\phi)=\boldsymbol{e}_x\frac{2}{\varepsilon_r+1}E_0$$

$$\boldsymbol{E}_2=-\boldsymbol{\nabla}\varphi_2=\boldsymbol{e}_r\left(1+\frac{\varepsilon_r-1}{\varepsilon_r+1}\frac{a^2}{r^2}\right)E_0\cos\varphi+\boldsymbol{e}_\phi\left(-1+\frac{\varepsilon_r-1}{\varepsilon_r+1}\frac{a^2}{r^2}\right)E_0\sin\phi$$

柱内、外电位及电场分布如图4-9(b)所示。柱内电场受到介质内与外场反向的极化电场的作用而减弱，介电常数越大，柱内电场越小；在柱外，明显地看到总场是外电场 $\boldsymbol{E}_0$ 和介质极化后产生的感应电场的叠加。

4.2.3 球坐标系中的分离变量法

球坐标系中的拉普拉斯方程为

$$\frac{r}{r^2}\frac{\partial}{\partial r}\left(r^2\frac{\partial\varphi}{\partial r}\right)+\frac{1}{r^2\sin\theta}\frac{\partial}{\partial r}\left(\sin\theta\frac{\partial\varphi}{\partial\theta}\right)+\frac{1}{r^2\sin^2\theta}\frac{\partial^2\varphi}{\partial\phi^2}=0 \tag{4-34}$$

本节只讨论二维的情况，即

$$\frac{1}{r^2}\frac{\partial}{\partial r}\left(r^2\frac{\partial\varphi}{\partial r}\right)+\frac{1}{r^2\sin\theta}\frac{\partial}{\partial\theta}\left(\sin\theta\frac{\partial\varphi}{\partial\theta}\right)=0 \tag{4-35}$$

令 $\varphi=R(r)\Theta(\theta)$，将其代入上式，并用 $r^2/(R\Theta)$ 乘以该式的两边，得

$$\frac{1}{R}\frac{\mathrm{d}}{\mathrm{d}r}\left(r^2\frac{\mathrm{d}R}{\mathrm{d}r}\right)+\frac{1}{\Theta\sin\theta}\frac{\mathrm{d}}{\mathrm{d}\theta}\left(\sin\theta\frac{\mathrm{d}\Theta}{\mathrm{d}\theta}\right)=0$$

上式第一项只是 r 的函数，第二项只是 θ 的函数。要其对空间任意点成立，必须使每一项为常数。令第一项等于 k，于是有

$$\frac{1}{R}\frac{\mathrm{d}}{\mathrm{d}r}\left(r^2\frac{\mathrm{d}R}{\mathrm{d}r}\right)=k \tag{4-36}$$

$$\frac{1}{\Theta\sin\theta}\frac{\mathrm{d}}{\mathrm{d}\theta}\left(\sin\theta\frac{\mathrm{d}\Theta}{\mathrm{d}\theta}\right)=-k \tag{4-37}$$

令 $x=\cos\theta$，代入式(4-37)得

$$\frac{\mathrm{d}}{\mathrm{d}x}\left[(1-x^2)\frac{\mathrm{d}\Theta}{\mathrm{d}x}\right]+k\Theta=0$$

上式称为勒让德(Legendre)方程，它的解具有幂级数形式，且在 $-1<x<1$ 收敛。如果选择 $k=n(n+1)$，其中 n 为正整数，解的收敛域扩展为 $-1\leqslant x\leqslant 1$。当 $k=n(n+1)$ 时，勒让德方程的解为 n 阶勒让德多项式 $P_n(x)$

$$P_n(x)=\frac{1}{2^n n!}\frac{\mathrm{d}^n}{\mathrm{d}x^n}[(x^2-1)^n]$$

勒让德多项式的前几项为

$$P_0(\cos\theta)=1$$

$$P_1(\cos\theta)=\cos\theta$$

$$P_2(\cos\theta)=\frac{1}{2}(3\cos^2\theta-1)$$

$$P_3(\cos\theta)=\frac{1}{2}(5\cos^3\theta-3\cos\theta)$$

勒让德多项式也是正交函数系，正交关系为

$$\int_{-1}^{1}P_m(x)P_n(x)\mathrm{d}x=\int_0^{\pi}P_m(\cos\theta)P_n(\cos\theta)\sin\theta\mathrm{d}\theta=\frac{2}{2n+1}\delta_{mn}$$

其中 δ_{mn} 为 δ 函数，将 $k=n(n+1)$ 代入式(4-36)得

$$\frac{1}{R}\frac{\mathrm{d}}{\mathrm{d}r}\left(r^2\frac{\mathrm{d}R}{\mathrm{d}r}\right)=n(n+1)$$

上式为欧拉方程，采用试探法解得

$$R_n(r)=A_n r^n+B_n r^{-n-1}$$

其中 A_n、B_n 是待定系数。将取不同的 n 值对应的基本解进行叠加，得到球坐标系中二维拉普拉斯方程的通解为

$$\varphi(r,\theta)=\sum_{n=0}^{\infty}(A_n r^n+B_n r^{-(n+1)})P_n(\cos\theta) \tag{4-38}$$

例题 4-10 设在均匀电场 $\boldsymbol{E}_0$ 中放置一半径为 a 的导体球，试计算导体球放入后的电场分布。

解 导体球内电场为零，球外电场为感应电荷产生的电场与原均匀电场之和。

(1) 选择极轴与 $\boldsymbol{E}_0$ 平行，则电位在球坐标系中满足二维拉普拉斯方程，即

$$\frac{1}{r^2}\frac{\partial}{\partial r}\left(r^2\frac{\partial\varphi}{\partial r}\right)+\frac{1}{r^2\sin\theta}\frac{\partial}{\partial\theta}\left(\sin\theta\frac{\partial\varphi}{\partial\theta}\right)=0$$

(2) 由式(4-38)写出通解表示式

$$\varphi(r,\theta)=\sum_{m=0}^{\infty}[A_m r^m P_m(\cos\theta)+B_m r^{-(m+1)}P_m(\cos\theta)]$$

(3) 边界条件

①设金属导体电位为零，则 $\varphi(a,\theta)=0$；②在 $r\to\infty$ 处，由 $\boldsymbol{E}=-\nabla\varphi=-\boldsymbol{e}_z\dfrac{\partial\varphi}{\partial z}=-\boldsymbol{e}_z\dfrac{\partial(-E_0 z)}{\partial z}=\boldsymbol{e}_z E_0$，则

$$\varphi(\infty,\theta)=-E_0 z=-E_0 r\cos\theta$$

(4) 由边界条件确定常数

首先采用直接比较法：

① 由 $r\to\infty$，$\varphi(\infty,\theta)=-E_0 r\cos\theta$，且 $P_1(\cos\theta)=\cos\theta$，则 $m=1$，$A_1=-E_0$，因此

$$\varphi=-E_0 r\cos\theta+B_1 r^{-2}\cos\theta$$

② 由 $\varphi(a,\theta)=0$，得 $-E_0 a\cos\theta+B_1 a^{-2}\cos\theta=0$，则

$$B_1=E_0 a^3$$

于是导体球外的电位函数为

$$\varphi(r,\theta)=-E_0 r\cos\theta+E_0 a^3\frac{\cos\theta}{r^2}$$

根据式 $E=-\nabla\varphi$ 得到导体球外的电场强度为

$$\boldsymbol{E}=-\left(\boldsymbol{e}_r\frac{\partial\varphi}{\partial r}+\boldsymbol{e}_\theta\frac{1}{r}\frac{\partial\varphi}{\partial\theta}\right)$$

$$=\boldsymbol{e}_r E_0\left[\left(1+\frac{2a^3}{r^3}\right)\right]\cos\theta+\boldsymbol{e}_\theta E_0\left(-1+\frac{a^3}{r^3}\right)\sin\theta$$

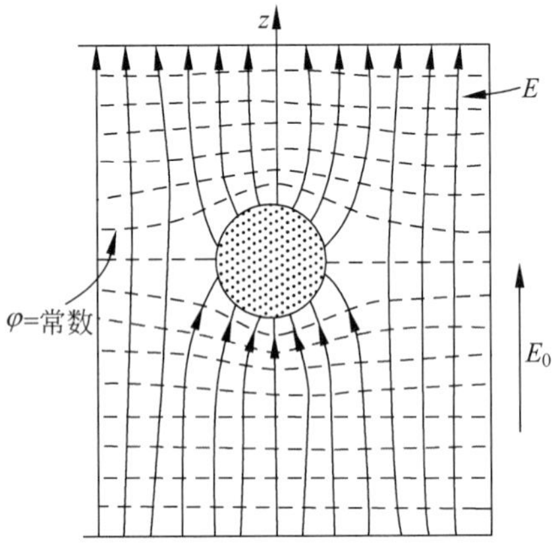

图 4-10 均匀电场中导体球外的电场分布

导体球外的电位、电场分布如图 4-10 所示。显然，球外总场是外电场 $\boldsymbol{E}_0$ 和感应电场叠加的结果。

微课视频

4.3　镜像法

当导体表面或者介质分界面附近存在电荷时，在边界面上会出现感应电荷或者极化电荷。这时为了计算求解区域的场，需要同时考虑原电荷与感应电荷（或极化电荷）产生的场，由于感应电荷（或极化电荷）的分布未知，用分离变量法直接求解拉普拉斯方程或者泊松方程比较困难，而用镜像法却可以方便地解决这一类问题。

镜像法就是在求解域外的某些适当位置，用一些虚拟的镜像电荷等效替代导体分界面上的感应电荷或介质分界面上的极化电荷的影响，使边界上的函数（电位/电场/磁位/磁场）值，或其法向导数值保持不变，即边界条件不变，也可以理解为电场线或磁感线在求解区域保持不变。依据唯一性定理，只要镜像电荷与实际电荷的共同作用能够满足给定的边界条件，又在求解区域内满足场量原来的方程，则用镜像法就能得到唯一解，即等效问题与原问题有相同的解。

应用镜像法时，一方面要保持求解域内源的分布不变，另一方面假想去掉场域边界，镜像空间（镜像电荷所在空间）也充满求解域内的均匀介质，并在镜像空间的适当位置用镜像电荷代替实际边界上的原有电荷分布，维持边界条件不变。这样就可以把电荷分布未知的问题化简为已知电荷分布的问题。镜像法比较简单，通常用于一些特殊的边界情况，例如平面、球面、柱面等。镜像电荷一般为点电荷或者线电荷。在镜像空间由于源分布及物质结构已经改变，上述等效性不存在，故镜像电荷一定在求解域外，即镜像法不能用来求解镜像空间的位和场。

4.3.1　平面镜像

1. 导体平面镜像

如图 4-11(a)所示，在无限大接地的导体平面上方 h 处放一点电荷 q，求导体上方的电位分布。

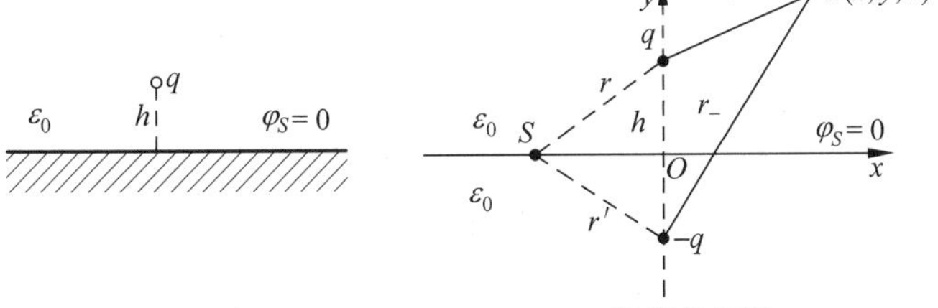

(a) 原问题　　(b) 等效问题

图 4-11　导体平面镜像

利用镜像法，将导体平面上的感应电荷用镜像电荷 $-q$ 代替，如图 4-11(b)所示，q 及 $-q$ 到 xOz 平面的垂直距离均为 h，它们到边界上点 S 的距离 r 及 r' 相等；此时，导体不复存在，导体更换为 q 空间的空气介质。点 S 的电位为

$$\varphi_S = \frac{q}{4\pi\varepsilon_0}\left(\frac{1}{r} - \frac{1}{r'}\right) = 0$$

可见，q 及 $-q$ 维持了 xOz 平面的零电位面，等效问题与原问题边界条件相同，有相同的解。

上半空间任一点 P 的电位满足拉普拉斯方程,其解为

$$\varphi=\frac{q}{4\pi\varepsilon_0}\left(\frac{1}{r_+}-\frac{1}{r_-}\right) \tag{4-39}$$

其中,$r_+=\sqrt{x^2+(y-h)^2+z^2}$,$r_-=\sqrt{x^2+(y+h)^2+z^2}$。注意,在 $y<0$ 的半空间(镜像空间)是接地导体,电场和电位为零,φ 的解仅适用于 $y>0$ 的半空间。

根据静电场的边界条件,可由电位分布求得导体表面($y=0$)上的感应面电荷密度为

$$\rho_s=\varepsilon_0 E=-\varepsilon_0\left.\frac{\partial\varphi}{\partial n}\right|_{y=0}=-\varepsilon_0\left.\frac{\partial\varphi}{\partial y}\right|_{y=0}=-\frac{qh}{2\pi(x^2+z^2+h^2)^{3/2}}$$

令 $\rho^2=x^2+z^2$,则

$$\rho_s=-\frac{qh}{2\pi}(\rho^2+h^2)^{-3/2}$$

所以,感应电荷为

$$q'=\int_S\rho_s\,\mathrm{d}S=\int_0^{2\pi}\mathrm{d}\phi\int_0^{\infty}\left(-\frac{qh}{2\pi}\right)\frac{\rho\,\mathrm{d}\rho}{(\rho^2+h^2)^{3/2}}=\left.\frac{qh}{\sqrt{\rho^2+h^2}}\right|_0^{\infty}=-q$$

可见,感应电荷与镜像电荷相等。点电荷与无限大接地导体平面之间的电场线及等位线分布如图 4-12 所示。

点电荷 q 与无限大接地导体平面上感应电荷之间的静电力,就等于 q 与镜像电荷 $-q$ 之间的作用力。

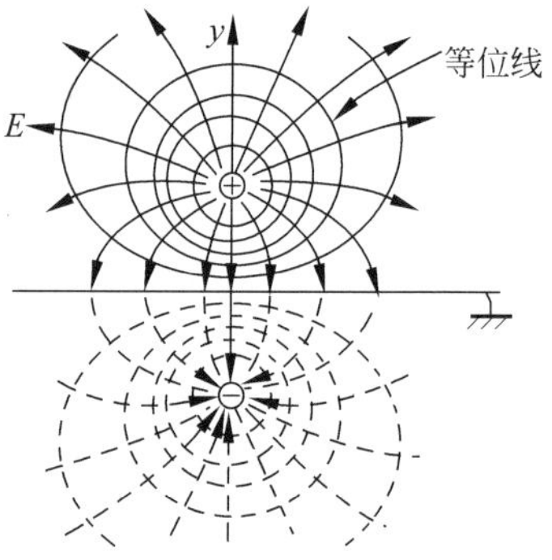

图 4-12 点电荷与无限大导体平面之间的位场

当一点电荷置于两平行的导电平面之间时,其镜像电荷数将趋于无穷。但是,对于两个夹角为 θ 的相交平面,如果能够轮流地找出镜像电荷,以及镜像电荷的镜像电荷,并直到最后一个镜像电荷与原电荷重合,则镜像电荷的数目有限,该问题可以用镜像法求解。显然,满足这样的条件对 θ 提出了要求。当夹角 θ 为 2π 的约数,且 $n=2\pi/\theta$ 为偶数时能够满足这一点。这时,镜像电荷数为 $n-1$,电荷总数为 n。对于平面边界,在这些电荷的分布中,相应的电荷位置关于边界对称,大小相等,且符号相反。

例如,如图 4-13 (a)所示,无限大电位为零的导体折成角度 $\pi/4$,其中有一点电荷 q,则需要 $n=2\pi/(\pi/4)-1=7$ 个镜像电荷才能维持边界条件。原电荷及镜像电荷的分布如图 4-13 (b)所示。其中关于两个边界对称的电荷对为:q_0 与 $-q_1$,q_3 与 $-q_2$,q_4 与 $-q_5$,q_7 与 $-q_6$;及 q_0 与 $-q_2$,q_4 与 $-q_1$,q_3 与 $-q_6$,q_7 与 $-q_5$。

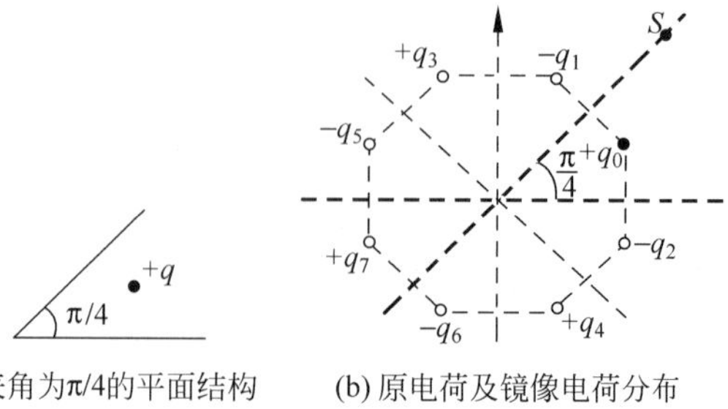

(a) 夹角为π/4的平面结构 (b) 原电荷及镜像电荷分布

图 4-13 导体平面夹角为 π/4 时的平面镜像问题

根据对称性，边界上任一点 S 的电位为零，即

$$\varphi_S(\boldsymbol{r})=\frac{1}{4\pi\varepsilon_0}\sum_{i=0}^{7}\frac{q_i}{r_i}=\frac{1}{4\pi\varepsilon_0}\left(\frac{q_0}{r_0}-\frac{q_1}{r_1}+\frac{q_3}{r_3}-\frac{q_2}{r_2}+\frac{q_4}{r_4}-\frac{q_5}{r_5}+\frac{q_7}{r_7}-\frac{q_6}{r_6}\right)=0$$

其中，$r_0\sim r_7$ 为 $q_0\sim q_7$ 等电荷分别到点 S 的距离，并且 $r_0=r_1,r_2=r_3,r_4=r_5,r_6=r_7$。显然，等效问题与原问题的边界条件相同，有相同的解。

注意，由以上分析可以看出，原电荷与镜像电荷，以及镜像电荷与其镜像电荷都是成对出现的，并且电荷量等量异号。每一对电荷都使得原边界条件保持不变。

例题 4-11 求单导线的对地电容。一根极长的单导线与地面平行，导线半径为 a，离地高度为 $h(h\gg a)$，求单位长度导线的对地电容。

解 设导线的线电荷密度为 ρ_l，单位长度导线的对地电容可表示为

$$C_0=\frac{\rho_l}{\varphi(M)-\varphi(0)}$$

其中，$\varphi(M)$为导线电位，$\varphi(0)=0$ 为地电位。

利用镜像法，由于 $h\gg a$，地面上的感应电荷可用线电荷密度为$-\rho_l$ 的镜像单导线代替，距离地面的距离为 h，在单导线的正下方，如图 4-14 所示。

在地面上方任意一点 P 的电位为

$$\varphi_P=\frac{\rho_l}{2\pi\varepsilon_0}\ln\frac{r_-}{r_+}$$

其中，r_+、r_-分别表示 P 到原导线及镜像单导线的垂直距离。对于图 4-14 中的双导线系统，原导线表面上任意一点 M 的电位为

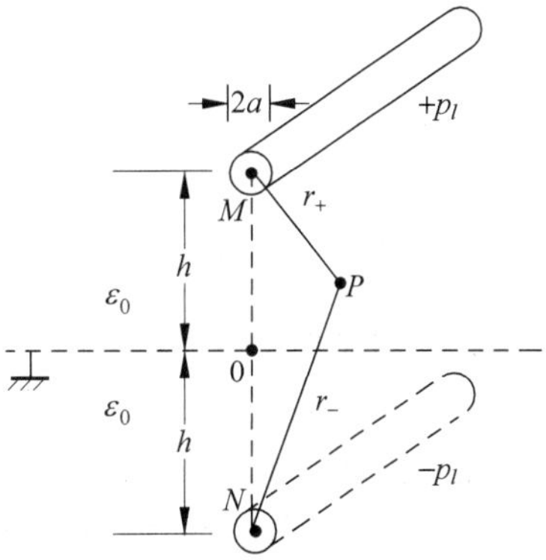

图 4-14 单导线镜像结构

$$\varphi_M=\frac{\rho_l}{2\pi\varepsilon_0}\ln\frac{2h-a}{a}$$

因此，单导线的对地电容为

$$C_0=\frac{2\pi\varepsilon_0}{\ln\dfrac{2h-a}{a}}\approx\frac{2\pi\varepsilon_0}{\ln\dfrac{2h}{a}}$$

根据上式，还可以给出不考虑大地影响时相距为 D 的平行双线的电容

$$C_0'=\frac{\pi\varepsilon_0}{\ln\dfrac{D-a}{a}}\approx\frac{\pi\varepsilon_0}{\ln\dfrac{D}{a}}=\frac{C_0}{2}$$

其中，$D=2h$。

例题 4-12 无限大电位为零的导电平面折成的直角区域中放一点电荷 q，坐标为 (a,b,c)，如图 4-15 (a)所示，求直角域中的电位。设直角区域的介电常数为 ε_0

解 利用镜像法，等效问题如图 4-15(b)所示，需要 $n=2\pi/(\pi/2)-1=3$ 个镜像电荷才能满足边界电位为零的条件。这 3 个镜像电荷的大小及位置分别为$-q(-a,b,c)$、$q(-a,-b,c)$及$-q(a,-b,c)$。

等效边界上任一点 S 到原电荷及 3 个镜像电荷的距离分别为 r_1、r_2、r_3、r_4。根据对称

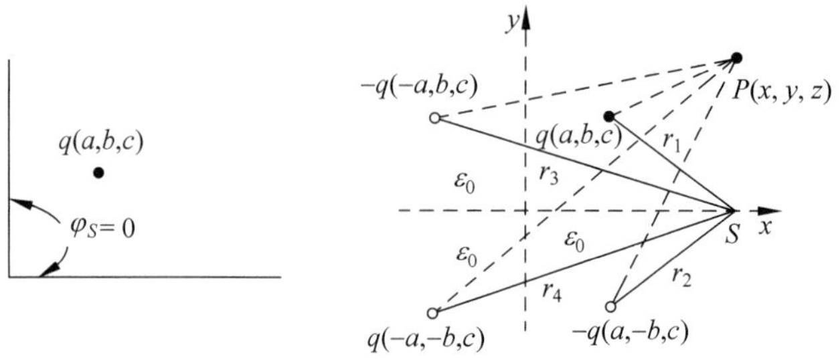

(a) 原问题　　　(b) 等效问题

图 4-15　无限大导电平面构成直角区域中的电位

性，$r_1=r_2$，$r_3=r_4$，因此点 S 的电位为

$$\varphi_S=\frac{q}{4\pi\varepsilon_0}\left(\frac{1}{r_1}-\frac{1}{r_2}-\frac{1}{r_3}+\frac{1}{r_4}\right)=0$$

可见，等效问题与原问题边界条件相同，有相同的解。直角域中任意一点 P 的电位为

$$\varphi_P=\frac{q}{4\pi\varepsilon_0}\left(\frac{1}{r_1'}-\frac{1}{r_2'}-\frac{1}{r_3'}+\frac{1}{r_4'}\right)$$

其中，$r_1'=\sqrt{(x-a)^2+(y-b)^2+(z-c)^2}$，　$r_2'=\sqrt{(x-a)^2+(y+b)^2+(z-c)^2}$，

$r_3'=\sqrt{(x+a)^2+(y-b)^2+(z-c)^2}$，　$r_4'=\sqrt{(x+a)^2+(y+b)^2+(z-c)^2}$。

2. 介质镜像

镜像法还可以用于求解介质平面边界的问题。如图 4-16(a)所示，两种无限大介质的介电常数分别为 ε_1 和 ε_2，其分界面上方 h 处放一点电荷 q。设 ε_1 所在的区域为 1 区，ε_2 所在的区域为 2 区，下面利用镜像法分析两区域内的镜像电荷。

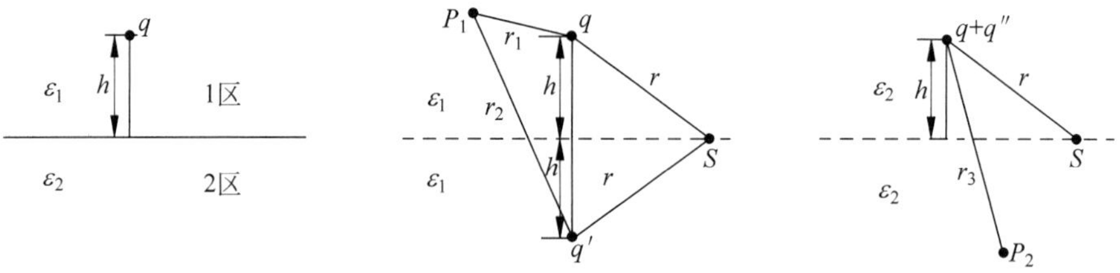

(a) 原问题　　　(b) 1区求解模型　　　(c) 2区求解模型

图 4-16　介质镜像

两无限大介质空间的场由点电荷 q 和介质分界面的束缚电荷共同产生。求解 1 区的电位 φ_1，应在 2 区放置镜像电荷代替分界面上的束缚电荷 q'，并且 2 区充满介电常数为 ε_1 的均匀介质，其中 q' 与 q 关于分界面对称；求解 2 区的电位 φ_2，应在 1 区放置镜像电荷代替分界面上的束缚电荷 q''，并且 1 区充满介电常数为 ε_2 的均匀介质，其中 q'' 与 q 的位置重合，如图 4-16(b)、(c)所示。

设 P_1 及 P_2 为两求解区域中的任意两点，其电位为

$$\varphi_1(r)=\frac{1}{4\pi\varepsilon_1}\left(\frac{q}{r_1}+\frac{q'}{r_2}\right) \tag{4-40}$$

$$\varphi_2(r)=\frac{q+q''}{4\pi\varepsilon_2 r_3} \tag{4-41}$$

其中，r_1、r_2 分别为 q 和 q' 到点 P_1 的距离，r_3 为 q 和 q'' 到 P_2 的距离。对于介质分界面上的任一点 S，利用电位的边界条件 $\varphi_{1S}=\varphi_{2S}$ 得

$$\frac{1}{4\pi\varepsilon_1}\left(\frac{q}{r}+\frac{q'}{r}\right)=\frac{1}{4\pi\varepsilon_2}\frac{q+q''}{r}$$

其中，r 为 q、q' 及 q'' 到 S 的距离。由上式得

$$\frac{1}{\varepsilon_1}(q+q')=\frac{1}{\varepsilon_2}(q+q'') \tag{4-42}$$

再利用电位移矢量的边界条件 $D_{1n}=D_{2n}$ 得

$$\varepsilon_1\frac{\partial\varphi_{1S}}{\partial n}=\varepsilon_2\frac{\partial\varphi_{2S}}{\partial n},\quad \varepsilon_1 E_{1n}=\varepsilon_2 E_{2n}$$

由于

$$E_{1n}=\frac{1}{4\pi\varepsilon_1}\left(\frac{q}{r^2}-\frac{q'}{r^2}\right)\cos\theta,\quad E_{2n}=\frac{1}{4\pi\varepsilon_2}\frac{q+q''}{r^2}\cos\theta$$

其中，θ 为分界面上电场与界面法线方向的夹角，如图 4-17(a)、(b)所示。所以

$$\frac{1}{4\pi}\left(\frac{q}{r^2}-\frac{q'}{r^2}\right)\cos\theta=\frac{1}{4\pi}\frac{q+q''}{r^2}\cos\theta$$

即

$$q''=-q' \tag{4-43}$$

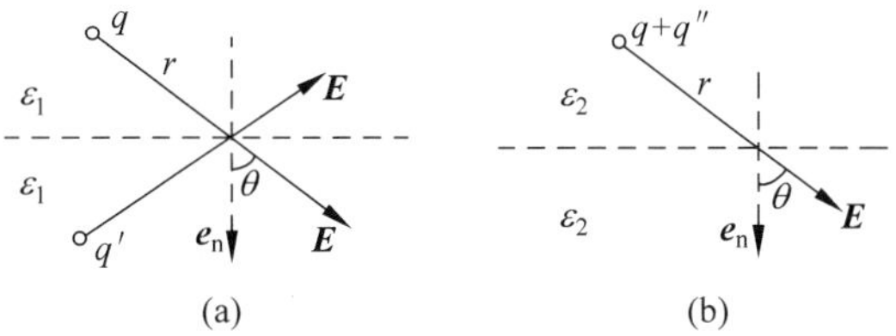

图 4-17 分界面上的电场与法线方向

由式(4-42)及式(4-43)得

$$q'=\frac{\varepsilon_1-\varepsilon_2}{\varepsilon_1+\varepsilon_2}q,\quad q''=-\frac{\varepsilon_1-\varepsilon_2}{\varepsilon_1+\varepsilon_2}q$$

将以上两式代入式(4-40)及式(4-41)即可求出两介质空间中的电位。

4.3.2 球面镜像与柱面镜像

对于曲面边界的情形，也可以利用镜像法求解。但是，镜像电荷与原电荷的量值不一定相等，其位置一般也不再关于界面对称。

1. 点电荷位于接地导体球附近

假设有一个接地金属球体，其半径为 a，球外 A 点处有一点电荷 q，离球心的距离为 D，球外为空气，如图 4-18 所示。显然，球外任一点的电位由 q 和感应电荷共同产生。下面应用镜像法求解该问题。

该问题求解的关键是如何找到镜像电荷。在去掉镜像面(球面)后，在原球内空间填充空气，并在距离球心为 d 的位置点 B 放置镜像电荷 q'，等效问题如图 4-19 所示。

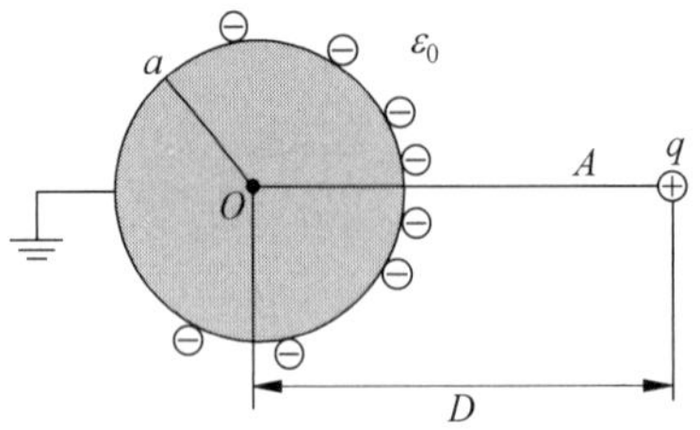

图 4-18 接地金属球体与其外部的电荷

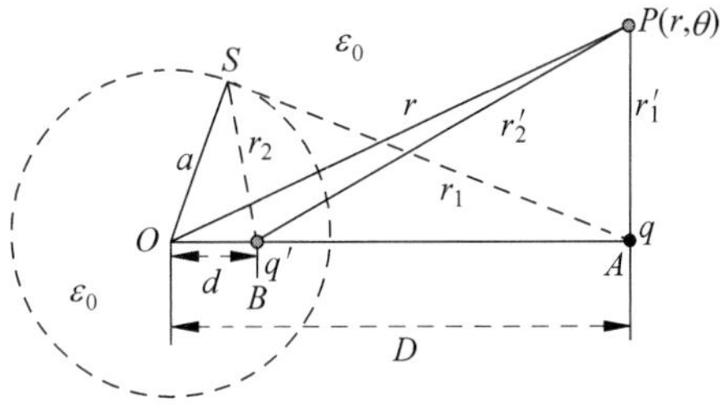

图 4-19 接地金属球体镜像法

在球面上任意取一点 S，该点的电位由 q 和 q' 共同维持，且电位为零，即

$$\frac{q}{4\pi\varepsilon_0}\frac{1}{r_1}+\frac{q'}{4\pi\varepsilon_0}\frac{1}{r_2}=0 \tag{4-44}$$

其中，r_1、r_2 分别为 q 和 q' 到点 S 的距离。由上式得

$$\frac{-q'}{q}=\frac{r_2}{r_1}$$

因为电荷量值一定，故上式应为常数。可选择 d 使△SOB 与△AOS 相似，有

$$\frac{r_2}{r_1}=\frac{a}{D}=\frac{d}{a}$$

所以

$$d=\frac{a^2}{D} \tag{4-45}$$

$$q'=-\frac{a}{D}q \tag{4-46}$$

事实上，在满足式(4-44)的情况下，对于球面上的任一点 S，△SOB 与△AOS 都相似。令 $\angle SOB=\alpha$，则在△AOS 中，$r_1=\sqrt{D^2+a^2-2aD\cos\alpha}$；在△$SOB$ 中，$r_2=\sqrt{d^2+a^2-2ad\cos\alpha}$。将 r_1、r_2 代入式(4-44)得

$$q^2(d^2+a^2)-q'^2(D^2+a^2)+2a\cos\alpha(q'^2D-q^2d)=0$$

由于上式对任意的 α 都成立，因此

$$\begin{cases} q^2(d^2+a^2)-q'^2(D^2+a^2)=0 \\ q'^2D-q^2d=0 \end{cases}$$

求解以上方程组可得到一组有效解，即式(4-45)与式(4-46)。因此，对任一点 S 都有△SOB 与△AOS 相似。

这样，镜像电荷 q' 的量值及位置由式(4-45)、式(4-46)即可确定。所以，对于球外任一点 P 的电位为

$$\varphi=\frac{1}{4\pi\varepsilon_0}\left(\frac{q}{r_1'}+\frac{q'}{r_2'}\right)=\frac{q}{4\pi\varepsilon_0}\left(\frac{1}{r_1'}-\frac{a}{r_2'D}\right)$$

其中，$r_1'=\sqrt{D^2+r^2-2rD\cos\theta}$，$r_2'=\sqrt{d^2+r^2-2rd\cos\theta}$，$\angle POB=\theta$，$r$ 为点 P 到球心的距离。

还可以根据电位求出球面感应电荷的面密度及总电荷量分别为

$$\rho_s=D_n=-\varepsilon_0\left.\frac{\partial\varphi}{\partial r}\right|_{r=a}=\frac{q(a^2-D^2)}{4\pi a(D^2+a^2-2Da\cos\theta)^{\frac{3}{2}}}$$

$$q_{\text{in}} = \int \rho_s \mathrm{d}S = \int_0^{\pi}\int_0^{2\pi} \rho_s a^2 \sin\theta \mathrm{d}\theta \mathrm{d}\varphi = -\frac{a}{D}q$$

可见，球面感应电荷与镜像电荷相等。镜像法的本质就是用集中电荷代替分布的感应电荷来计算求解区域的电位和场分布。

当接地导体球壳内有距离球心为 d 的电荷 q 时，如图 4-20 所示，求球内的电位分布时可作类似的处理。此时镜像电荷 q' 的电量值和距离球心的位置 D 为

$$q' = -\frac{D}{a}q, \quad D = \frac{a^2}{d}$$

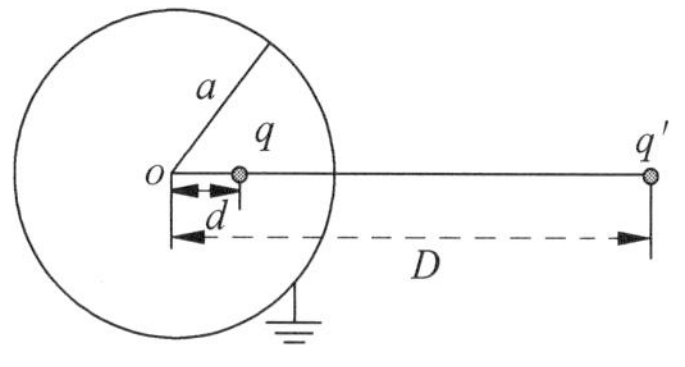

图 4-20　球内有点电荷的接地球壳

2. 点电荷位于不接地导体球附近

当导体球不接地且不带电时，球外有点电荷 q，可用镜像法和叠加定理求球外的电位。此时球面必然是等位面，且导体球上的总感应电荷为零。与前面的情况类似，先用镜像电荷 q' 及原电荷 q 维持球面为零电位，q' 的位置和大小仍由式(4-45)、式(4-46)确定；为了保证导体球为等位面，而电位又不为零，可用另一个位于球心的点电荷 q'' 满足该条件。球外任一点的电位可分解为球心处点电荷 q'' 产生的电位，与电位为零的导体和点电荷 q 共同作用产生的电位之和。由于导体球上的总感应电荷为零，此时

$$q'' = -q' = qa/D$$

在确定了 q' 和 q'' 的大小和位置后，根据叠加原理，球外任一点的电位由 q、q' 和 q'' 分别产生的电位叠加而成。

如果导体球不接地，且带电荷 Q，在利用镜像法求解时，q' 的位置和大小同上，q'' 的位置也在原点，但 $q''=Q-q'$，即

$$q'' = Q + qa/D$$

例题 4-13　半径为 a，电位为 V 的导体球附近距离球心 f 处 A 有一点电荷 q，如图 4-21 所示。试计算导体球外的电位。

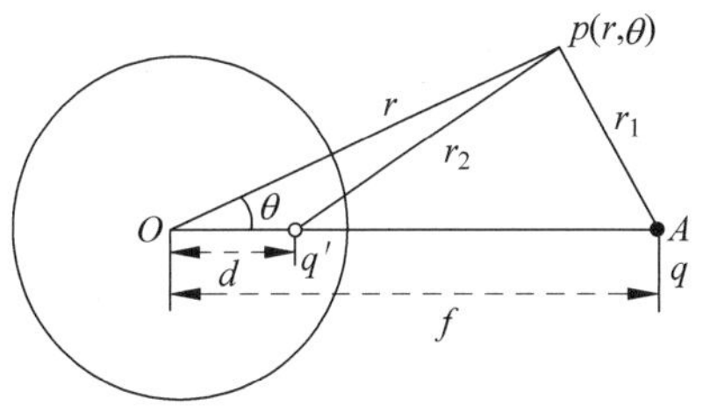

图 4-21　导体球

解　导体电位不为零，球外任一点 P(到球心 O 距离为 r)的电位 φ 可分解为一个电位为 V 的导体产生的电位 φ_1，以及电位为零的导体的感应电荷 q'(镜像电荷)与点电荷 q 共同产生的电位 φ_2。即

$$\varphi(r) = \varphi_1(r) + \varphi_2(r)$$

设导体带电量为 Q，则其在 $r=a$ 处产生的电位，即导体球电位为

$$\varphi_1(a) = \frac{Q}{4\pi\varepsilon_0 a} = V$$

所以

$$\varphi_1(r) = \frac{Q}{4\pi\varepsilon_0 r} = \frac{a}{r}V$$

如图 4-21 所示，点 P 到 q 与 q' 的距离为 r_1、r_2。根据式(4-45)、式(4-46)，有

$$q' = -\frac{a}{f}q, \quad d = \frac{a^2}{f}$$

因此

$$\varphi_2(r)=\frac{1}{4\pi\varepsilon_0}\left(\frac{q}{r_1}+\frac{q'}{r_2}\right)$$

所以

$$\varphi(r)=\frac{a}{r}V+\frac{q}{4\pi\varepsilon_0}\left(\frac{1}{r_1}-\frac{a}{r_2 f}\right)$$

其中，$r_1=\sqrt{f^2+r^2-2rf\cos\theta}$，$r_2=\sqrt{d^2+r^2-2rd\cos\theta}$，$\angle POA=\theta$。

例题 4-14 电位为零的无限大导电平面上有一个导电半球，球心位于坐标原点，半径为 a，在半球外位于$(x_0,\ 0,\ z_0)$处有一点电荷 q，如图 4-22(a)所示。试确定此电荷的镜像电荷。

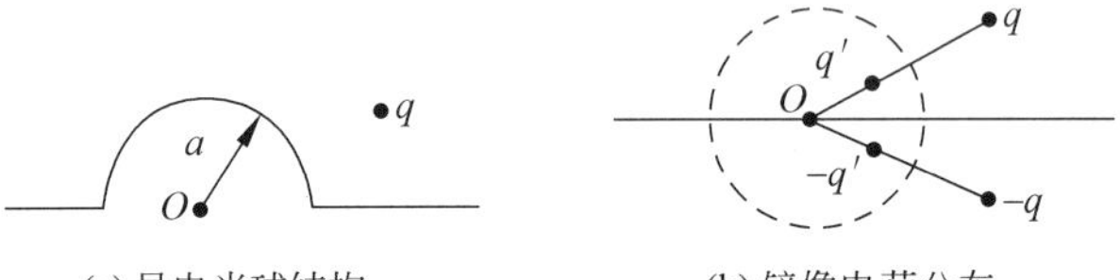

图 4-22 无限大导电平面上的导电半球

解 如图 4-22 (b)所示，要使得导体球面和平面的电位均为零，应有 3 个镜像电荷，第一个镜像电荷位于坐标原点和点电荷 q 的连线上，大小为 $q'=-\frac{a}{\sqrt{x_0^2+z_0^2}}q$，与原点的距离为 $d=\frac{a^2}{\sqrt{x_0^2+z_0^2}}$；第二个镜像电荷为$-q$，位于$(x_0,\ 0,\ -z_0)$；第三个镜像电荷$-q'$位于坐标原点和点电荷$-q$ 的连线上，与原点的距离为 $d=\frac{a^2}{\sqrt{x_0^2+z_0^2}}$。

3. 柱面镜像

无限长导体圆柱附近 A 处平行放置一线密度为 ρ_l 的无限长线电荷，距离轴心为 D。如图 4-23 所示，下面求其电位分布。

利用镜像法，考虑到感应电荷分布的上下对称性，假设镜像线电荷位于电轴 B 上，电轴距离导体圆柱轴线的距离为 d，电荷线密度为 ρ_l'。于是，原问题等效为两长直电荷电位分布的问题。

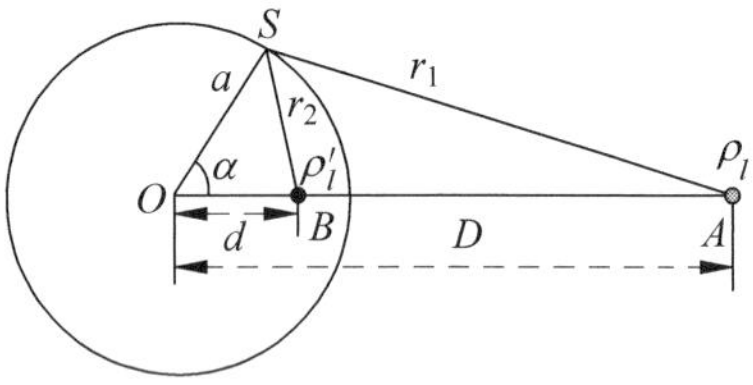

图 4-23 线电荷关于无限长导体圆柱的镜像

对于密度为 ρ_l 的无限长线电荷，在径向 r 处产生的电位为

$$\varphi(r)=\int_r^{r_0}E_r\,\mathrm{d}r=\frac{\rho_l}{2\pi\varepsilon_0}\ln\frac{r_0}{r}$$

其中，r_0 为零电位参考点的位置。由此得到线电荷 ρ_l 和 ρ_l'在导体圆柱表面任一点 S 处产生的电位为

$$\varphi_S=\frac{\rho_l}{2\pi\varepsilon_0}\ln\frac{r_0}{r_1}+\frac{\rho_l'}{2\pi\varepsilon_0}\ln\frac{r_0}{r_2}+C$$

其中，r_1、r_2 分别为点 S 到线电荷 ρ_l 及镜像电荷 ρ_l'的垂直距离。在$\triangle SOA$ 中，

$r_1=\sqrt{D^2+a^2-2aD\cos\alpha}$；在△$SOB$ 中，$r_2=\sqrt{d^2+a^2-2ad\cos\alpha}$，$\angle SOB=\alpha$，$C$ 为待定常数。上式中 φ_S 对于任意的 α 都成立，并且 φ_S 为常数，因此其两边对 α 求导得

$$\rho_l d(d^2+a^2)+\rho_l' d'(D^2+a^2)+2add'(\rho_l+\rho_l')\cos\alpha=0$$

考虑到 α 的任意性，所以有

$$\begin{cases}\rho_l d(d^2+a^2)+\rho_l' d'(D^2+a^2)=0\\ \rho_l+\rho_l'=0\end{cases}$$

通过解以上方程组可得其一组有效解为

$$\begin{cases}\rho_l'=-\rho_l\\ d=\dfrac{a^2}{D}\end{cases}\tag{4-47}$$

由式(4-47)即可确定镜像电荷的量值及电轴的位置。说明在线电荷的场中，导体圆柱表面上的感应电荷可用电轴上的线电荷代替；该式还表明△SOB 与△AOS 相似，即可以通过选择 d 使两个三角形相似得到电轴位置，这与球面镜像类似，即

$$\frac{r_2}{r_1}=\frac{a}{D}=\frac{d}{a}\tag{4-48}$$

所以

$$\varphi_S=\frac{\rho_l}{2\pi\varepsilon_0}\ln\frac{r_2}{r_1}+C=\frac{\rho_l}{2\pi\varepsilon_0}\ln\frac{a}{D}+C$$

对于导体圆柱接地的情况，有

$$C=\frac{\rho_l}{2\pi\varepsilon_0}\ln\frac{D}{a}$$

因此，导体圆柱外任一点 P 的电位为

$$\varphi=\frac{\rho_l}{2\pi\varepsilon_0}\ln\frac{r_2'}{r_1'}+C=\frac{\rho_l}{2\pi\varepsilon_0}\ln\frac{Dr_2'}{ar_1'}$$

其中，r_1'、r_2'分别为点 P 到原线电荷 ρ_l 及镜像电荷 ρ_l'的垂直距离。

同样可以证明导体圆柱面上单位长度的感应电荷与所设置的镜像电荷相等。

对于导体圆柱不接地的情况，与球面镜像类似，除在电轴位置加入镜像电荷 $-\rho_l$ 外，还应该在导体圆柱轴线位置加入 ρ_l，以保持圆柱面为等位面，并且净电荷为零。圆柱体外任一点的电位可分解为轴线处线电荷 ρ_l 产生的电位，与电位为零的圆柱导体和柱外线电荷 ρ_l 共同作用产生的电位之和。

如果导体圆柱不接地，且其上有线密度为 ρ_0 的电荷，则在轴线位置加入的电荷应为 $\rho_0+\rho_l$。

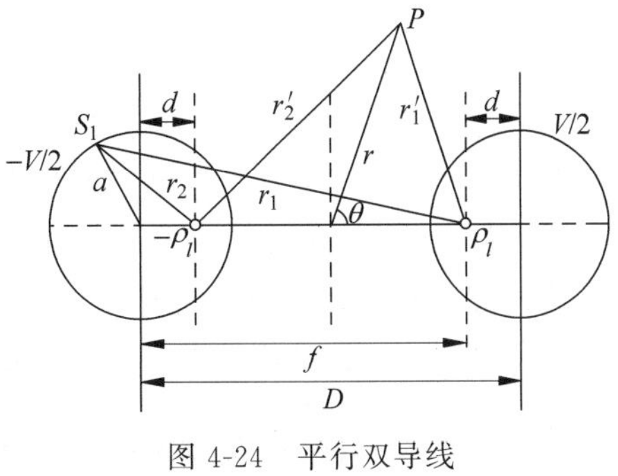

图 4-24　平行双导线

例题 4-15　一对平行导线，间距为 D，导线半径为 a，线间电位 V，如图 4-24 所示。求电位分布及平行双线间的电容。

解 由于两导线均为等位面，且对称，故取电位零点在两导线中心。该问题的关键是确定电轴的位置。设两镜像电荷$-\rho_l$及ρ_l到左边导线轴心的距离分别为d、f，由式(4-48)得到左、右两导线的电位为

$$\varphi_{S1}=\frac{\rho_l}{2\pi\varepsilon_0}\ln\frac{r_2}{r_1}=\frac{\rho_l}{2\pi\varepsilon_0}\ln\frac{a}{f}=-\frac{V}{2},\quad \varphi_{S2}=\frac{V}{2}$$

其中，r_1、r_2分别为左边导线上任一点S_1到线电荷ρ_l及$-\rho_l$的垂直距离，所以

$$\rho_l=\frac{\pi\varepsilon_0 V}{\ln\dfrac{f}{a}}$$

由式(4-47)得$d=\dfrac{a^2}{f}$，又$f+d=D$，因此

$$f=\frac{D+\sqrt{D^2-4a^2}}{2},\quad d=\frac{D-\sqrt{D^2-4a^2}}{2}$$

所以，导线外任一点P的电位为

$$\varphi=\frac{\rho_l}{2\pi\varepsilon_0}\ln\frac{r_2'}{r_1'}=\frac{V}{2\ln\dfrac{f}{a}}\ln\frac{r_2'}{r_1'}$$

其中，$r_1'=\sqrt{r^2+(D/2-d)^2-2r(D/2-d)\cos\theta}$，$r$为点$P$到两导线对称中心的极径，$\theta$为极角；$r_2'=\sqrt{r^2+(D/2-d)^2-2r(D/2-d)\cos(\pi-\theta)}$。因此，两导线之间的电容为

$$C_0=\frac{\rho_l}{U}=\frac{\rho_l}{\varphi_{S2}-\varphi_{S1}}=\pi\varepsilon_0/\ln\frac{f}{a}=\pi\varepsilon_0/\ln\frac{D+\sqrt{D^2-4a^2}}{2a}$$

4.4 有限差分法

前面讨论了以分离变量法和镜像法为代表的解析法求解静态场的边值问题，可以得到位或者场的解析表达式，这是解的精确表达式。但是对于实际问题的边界形状往往很复杂，用解析法难以求解，这时可以借助于数值解法得到电磁场问题的近似数值解。

随着计算机技术的发展，数值计算方法在计算电磁学领域得到了迅速发展和广泛应用。数值法的基本思想是将整个连续分布的求解域空间转换成离散点的集合。显然，离散点越多计算越精确，但是计算开销也越大。数值法主要包括有限差分法、有限元法、矩量法、边界元法等。本节主要针对静态场简要介绍有限差分法的原理及其实现。有限差分法既能用于求解静态场问题，也能用于求解时变场问题。在后面的章节将介绍由有限差分法派生出来的时域有限差分法，它已被广泛应用于分析电磁场的传播及散射等问题。

有限差分法的思路为：将整个求解区域划分成网格，把连续分布的场用网格节点上的离散场值代替，将微分方程转化为差分方程。

4.4.1 有限差分法基本原理

如图4-25所示，在一个边界为S的二维区域内，设电位满足第一类边界条件，即$\varphi(r)|_S=u_1(S)$，电位函数$\varphi(x,y)$满足泊松方程或者拉普拉斯方程。

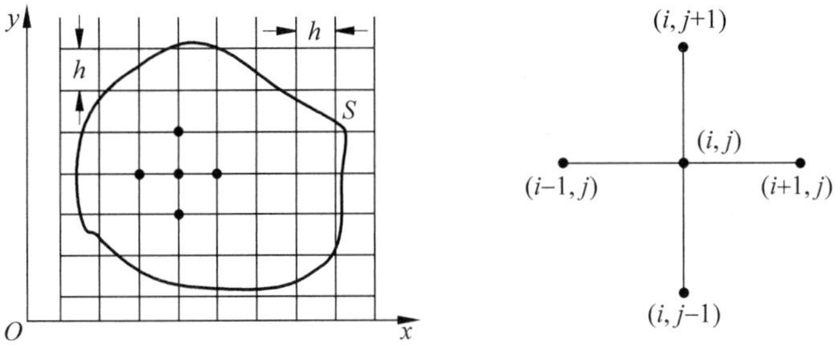

图 4-25 求解域的正方形网格划分

首先将求解区域沿 x、y 轴划分成许多正方形网格，网格线的交点称为节点，相邻网格之间的距离 h 称为步长。用 $\varphi_{i,j}$ 表示节点 (x_i, y_j) 处的电位值，并用二维函数的泰勒公式展开。则与节点 (x_i, y_j) 在 x 方向直接相邻的节点上的电位值表示为

$$\varphi_{i-1,j}=\varphi(x_i-h, y_j)=\varphi_{i,j}-h\left.\frac{\partial\varphi}{\partial x}\right|_{i,j}+\frac{h^2}{2}\left.\frac{\partial^2\varphi}{\partial x^2}\right|_{i,j}-\cdots$$

$$\varphi_{i+1,j}=\varphi(x_i+h, y_j)=\varphi_{i,j}+h\left.\frac{\partial\varphi}{\partial x}\right|_{i,j}+\frac{h^2}{2}\left.\frac{\partial^2\varphi}{\partial x^2}\right|_{i,j}+\cdots$$

将以上两式相加，并略去 h^2 以上的高阶项得

$$\left.\frac{\partial^2\varphi}{\partial x^2}\right|_{i,j}=\frac{\varphi_{i-1,j}+\varphi_{i+1,j}-2\varphi_{i,j}}{h^2} \tag{4-49}$$

同理，与节点 (x_i, y_j) 在 y 方向直接相邻的节点上的电位值表示为

$$\varphi_{i,j-1}=\varphi(x_i, y_j-h)=\varphi_{i,j}-h\left.\frac{\partial\varphi}{\partial y}\right|_{i,j}+\frac{h^2}{2}\left.\frac{\partial^2\varphi}{\partial y^2}\right|_{i,j}-\cdots$$

$$\varphi_{i,j+1}=\varphi(x_i, y_j+h)=\varphi_{i,j}+h\left.\frac{\partial\varphi}{\partial y}\right|_{i,j}+\frac{h^2}{2}\left.\frac{\partial^2\varphi}{\partial y^2}\right|_{i,j}+\cdots$$

将以上两式相加，并略去 h^2 以上的高阶项得

$$\left.\frac{\partial^2\varphi}{\partial y^2}\right|_{i,j}=\frac{\varphi_{i,j-1}+\varphi_{i,j+1}-2\varphi_{i,j}}{h^2} \tag{4-50}$$

如果 (x_i, y_j) 处无源分布，将式(4-49)、式(4-50)代入拉普拉斯方程 $\frac{\partial^2\varphi}{\partial x^2}+\frac{\partial^2\varphi}{\partial y^2}=0$，得

$$\varphi_{i,j}=\frac{1}{4}(\varphi_{i-1,j}+\varphi_{i,j-1}+\varphi_{i+1,j}+\varphi_{i,j+1}) \tag{4-51}$$

式(4-51)即为节点 (x_i, y_j) 处位函数的拉普拉斯方程的差分格式，它将求解域内无源分布的任一节点的位函数用其直接相邻的四个节点上的位函数的平均值表示。

如果 (x_i, y_j) 处有源分布，将式(4-49)、式(4-50)代入泊松方程 $\frac{\partial^2\varphi}{\partial x^2}+\frac{\partial^2\varphi}{\partial y^2}=-\frac{\rho_S}{\varepsilon_0}$，得

$$\varphi_{i,j}=\frac{1}{4}\left(\varphi_{i-1,j}+\varphi_{i,j-1}+\varphi_{i+1,j}+\varphi_{i,j+1}+\frac{\rho_S}{\varepsilon_0}h^2\right) \tag{4-52}$$

式(4-52)即为节点 (x_i, y_j) 处位函数的泊松方程的差分格式，它将求解域内有源分布的任一节点的位函数用其直接相邻的四个节点上的位函数的平均值和分布源密度表示。

对求解域内每个节点的位函数都按照式(4-51)或者式(4-52)作类似处理，就可以得到联立的差分方程组。将已知边界条件离散化成边界节点上的已知数值，则即可求解整个求

解域的场。如果边界正好落在网格节点上,可以对这些节点直接赋予边界值;如果边界不落在网格节点上,可以通过近似处理的方法,例如将最靠近边界的节点作为边界节点赋值。

4.4.2 有限差分法的基本实现方法

求解有限差分方程最常用的方法是迭代法。

1. 简单迭代法

以式(4-51)拉普拉斯差分方程为例,利用简单迭代法求解有限差分方程时,先对求解域内的节点赋予迭代初值 $\varphi_{i,j}^{0}$,初值可以设为0,也可以根据经验设置以加快收敛速度;然后再按照如下的公式反复迭代,直到迭代值之间的误差小于给定的迭代阈值 V_{T} 为止。

$$\varphi_{i,j}^{k+1}=\frac{1}{4}(\varphi_{i-1,j}^{k}+\varphi_{i,j-1}^{k}+\varphi_{i+1,j}^{k}+\varphi_{i,j+1}^{k}),\quad i,j=1,2,\cdots$$

其中,k 表示第 k 次迭代。在每一次迭代的开始,都利用上次的迭代值作为初值。若迭代 N 次后,如果 $\max|\varphi_{i,j}^{N}-\varphi_{i,j}^{N-1}|<V_{\mathrm{T}}$,则终止迭代,得到最终的近似数值解。

2. 超松弛迭代法

简单迭代法往往收敛速度较慢,在实际中可以利用超松弛迭代法加快迭代速度,其迭代过程为

$$\varphi_{i,j}^{k+1}=\varphi_{i,j}^{k}+\gamma(\tilde{\varphi}_{i,j}^{k+1}-\varphi_{i,j}^{k})\tag{4-53}$$

其中,γ 为松弛因子,$\tilde{\varphi}_{i,j}^{k+1}=\dfrac{1}{4}(\varphi_{i-1,j}^{k+1}+\varphi_{i,j-1}^{k+1}+\varphi_{i+1,j}^{k}+\varphi_{i,j+1}^{k})$。超松弛迭代法的特点是引入了 γ 加快收敛速度,并且把新近得到的临近节点电位值,即 $\tilde{\varphi}_{i,j}^{k+1}$ 中的前两项,代入迭代方程计算。γ 的取值范围通常在1~2。对某一求解问题,可能会存在一个最佳松弛因子 γ_{opt},使得收敛速度最快,称为最佳收敛因子。

$$\gamma_{\mathrm{opt}}=2\Big/\left[1+\sin\left(\frac{\pi}{M-1}\right)\right]\tag{4-54}$$

其中,M 为节点数。

例题 4-16 设有一个截面为正方形的无限长接地金属槽,如图4-26 (a)所示,其导体盖板电位为10V,并与侧壁绝缘。求其槽内电位分布。

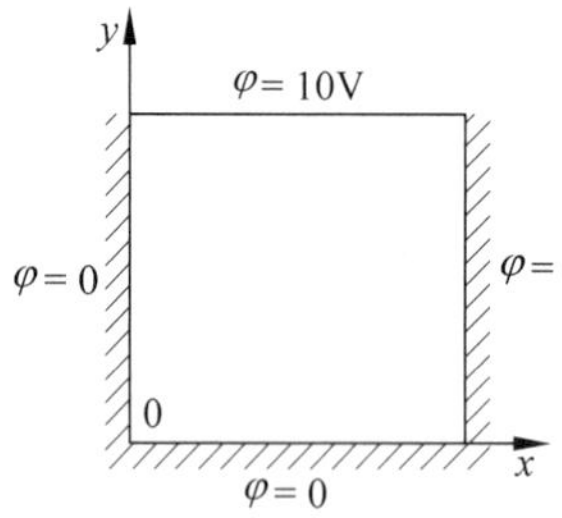

(a) 金属槽结构

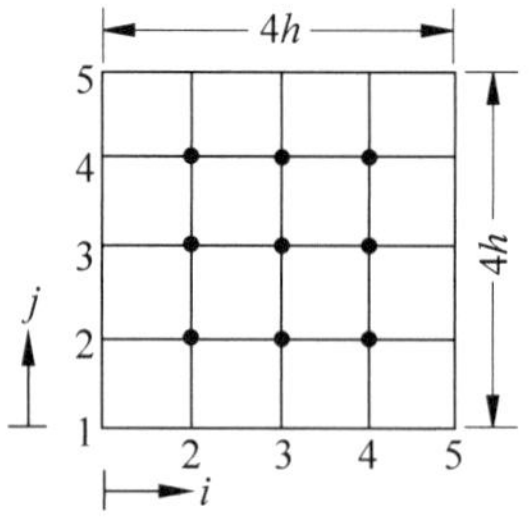

(b) 金属槽网格划分

图 4-26 无限长接地金属槽

解 这是一个二维问题,可用分离变量法得到严格解,下面用超松弛迭代法求解其有限差分解。

如图4-26(b)所示,将槽体截面用正方形网格划分为4×4的16个正方形网格,共有25个

节点，其中沿边界的16个节点的电位是已知的，即 $\varphi_{1,1\sim5}=\varphi_{1\sim5,1}=\varphi_{5,1\sim5}=0\ \text{V}$，$\varphi_{2\sim4,5}=10\ \text{V}$。所求解的节点电位为 $\varphi_{i,j}$，$i=2\sim4$，$j=2\sim4$。

设初值为零，利用式(4-53)给出的超松弛迭代法进行迭代计算，取收敛因子 $\gamma=1.18$，并设定迭代阈值 $V_T=10^{-4}$。经过 $k=16$ 次的迭代运算，电位的数值解如表4-2所示。

表4-2　槽型电位的数值解

i	$\varphi_{i,j}$		
	$j=2$	$j=3$	$j=4$
2	0.7144	0.9823	0.7144
3	1.8751	2.5002	1.8751
4	4.2857	5.2680	4.2857

习题

4-1　同轴线的内外导体半径分别为 a、b，并沿轴线方向无限伸长。设外导体接地，内导体电位为 U_0，求同轴线间的电位分布及电场分布。

4-2　如习题4-2图所示的导体槽沿 y、z 方向无限长，底面电位保持为 U_0，其余两面电位为零，求其槽内电位。

4-3　导体槽沿 y、z 方向无限延伸，其截面及边界上的电位如习题4-3图所示，一面电位保持为 U_0，其余两面电位为零。试求：

(1) 槽内电位；

(2) 导体板上的面电荷密度。

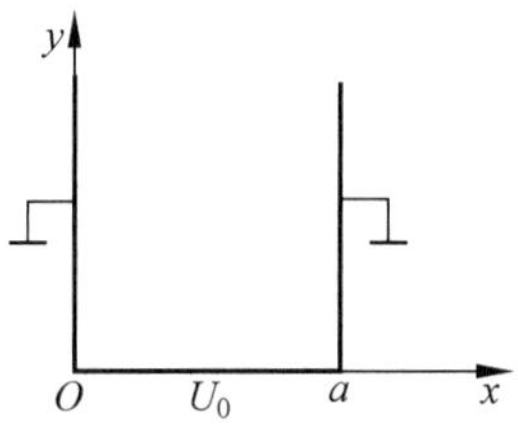

习题4-2图

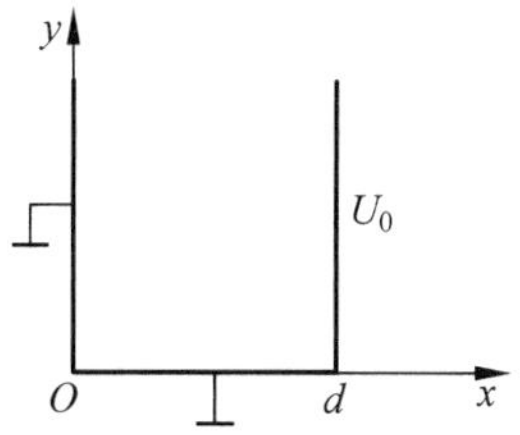

习题4-3图

4-4　有一个截面为矩形($a\times b$)的无限长金属槽，其三面接地，另一面与其他三面绝缘且保持电位为 $V=U_0\sin\left(\dfrac{\pi}{a}x\right)$，如习题4-4图所示。求槽内电位的分布。

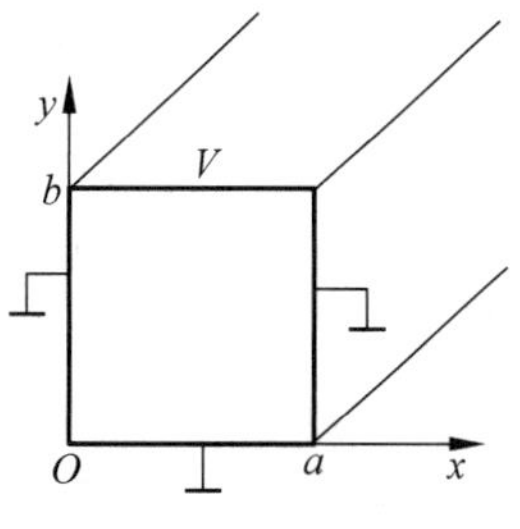

习题4-4图

4-5　一对无限大接地金属平行导体板，板间有一与 z 轴平行的线电荷，位置为$(0,d)$，如习题4-5图所示。求板间电位。

4-6　无限长的同心导体柱，内外半径分别为 a、b，若在内外导体之间加100 V的电压(外导体接地)。

(1) 证明 $U_1=A/r+B$ 和 $U_2=C\ln r+D$ 均可满足边界条件，其中 A、B、C、D 为待定常数；

(2) U_1 和 U_2 是否为该问题的正确解?

4-7 一个半圆环区域的内、外半径为 a、b,边界条件如习题 4-7 图所示。求半圆环区域内的电位分布。

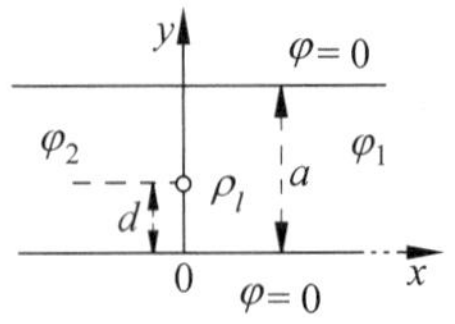

习题 4-5 图

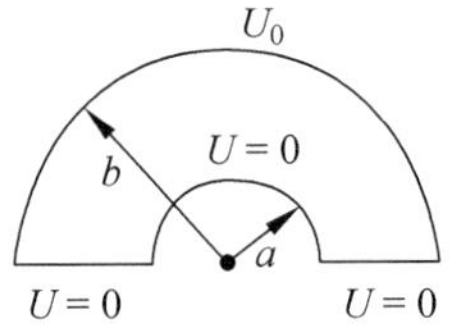

习题 4-7 图

4-8 半径为 a 的无限长圆柱面被分割成两半,其上的电位为

$$U(a,\phi)=\begin{cases}-U_0, & 0<\phi<\pi \\ U_0, & \pi<\phi<2\pi\end{cases}$$

求 $r<a$ 的电位分布。

4-9 在电场强度为 $\boldsymbol{e}_x E_0$ 的均匀静电场中放入一个半径为 a 的导体圆柱,柱的轴线与电场互相垂直。求圆柱外的电位函数和柱面的感应电荷密度。

4-10 半径为 a 的球面上的电位为 $U_1\cos\theta$,与之同心的另一半径为 b 的球面的电位为 U_2,其中 U_1、U_2 为常量。求两球面之间区域的电位分布。

4-11 在磁场强度为 $\boldsymbol{e}_z H_0$ 的均匀磁场中放入一个半径为 a 的磁介质球(相对磁导率为 μ_r)。求球内外的标量磁位和磁场强度。

4-12 试画出如习题 4-12 图所示的几种不同方向放置的短天线对地面的镜像。

4-13 一点电荷 q 与无限大导体平面距离为 h,如果把它移到无穷远处,需要做多少功?

4-14 一点电荷 q 放在成 60°夹角的导体板内的 $x=1,y=1$ 点。

(1) 求出所有镜像电荷的位置和大小;

(2) 求 $x=2,y=1$ 点的电位。

4-15 在两无限大均匀介质 ε_1 和 ε_2 的分界面两边,放置两个点电荷 q_1 和 q_2,它们的连线与界面垂直,到分界面的距离分别是 h_1 和 h_2。求 q_1 和 q_2 分别受到的静电力。

4-16 地下埋一个半径为 a 的金属球,地面上有一点电荷 q,如习题 4-16 图所示。求 P 点的电位及 O 点的感应电荷密度。

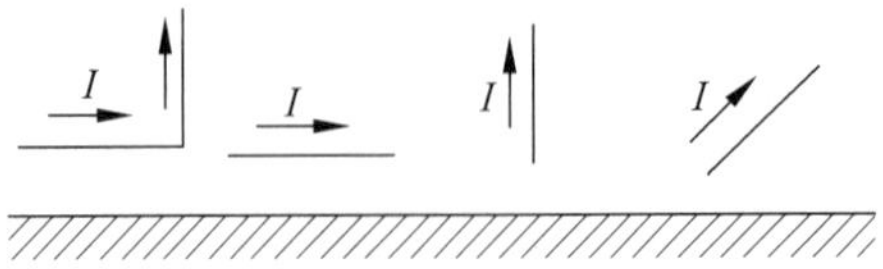

习题 4-12 图

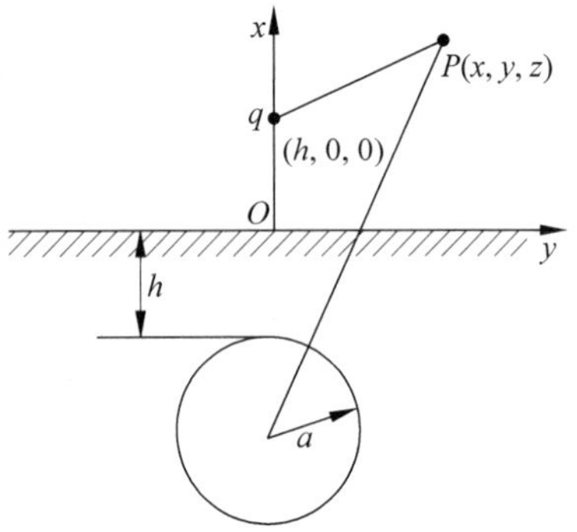

习题 4-16 图

4-17 一个半径为 R 的导体球带电量为 Q，在球外距离球心 D 处放一点电荷 q。

(1) 求点电荷 q 与球体之间的静电力；

(2) 证明当 q 与 Q 同号且 $\dfrac{Q}{q}<\dfrac{RD^3}{(D^2-R^2)^2}-\dfrac{R}{D}$ 成立时，静电力表现为吸引力。

4-18 求金属球的对地电容——无穷镜像问题。一个半径为 a 的金属球，带电荷 q，球心离地为 h，求金属球的对地电容。

4-19 在真空中有一个半径为 R_0 的导体球壳，且原来不带电。另有一个与导体球壳同心的带电圆环，环的半径为 R_1，电荷线密度为 τ，如习题 4-19 图所示。试求导体球壳的电位。

4-20 在一个半径为 a 的接地空心导体球壳内，点电荷 $q_1=q$，$q_2=-q$，分别位于 $z=a/3$ 和 $z=-a/3$ 处，如习题 4-20 图所示。试求球壳内的电位分布。

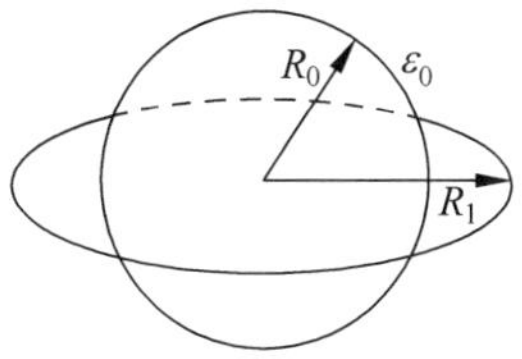

习题 4-19 图

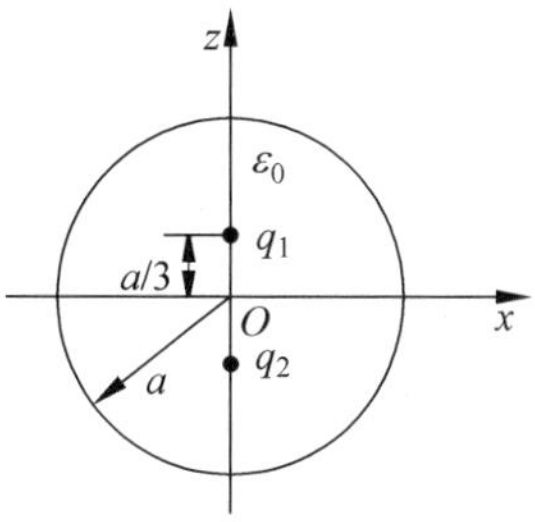

习题 4-20 图

4-21 设一对平行于大地的双导体传输线，距地面高度为 h，导体半径为 a，二轴线间的距离为 $d(a\ll d, a\ll h)$。考虑地面影响时，试计算两导线的单位长度电容。

4-22 长为 h 的圆柱形接地器埋在地中，圆柱体直径为 d，其中 $h\gg d/2$，如习题 4-22 图所示。设大地的电导率为 σ，试求其接地电阻。

4-23 半径为 a 的长直导线架在空中，导线与地面和墙都垂直，离地面和墙面的距离分别为 b 和 c，且有 $a\ll b$，$a\ll c$，如习题 4-23 图所示。如果将地面和墙都视为理想导体，试求导线与地面之间的单位长度电容。

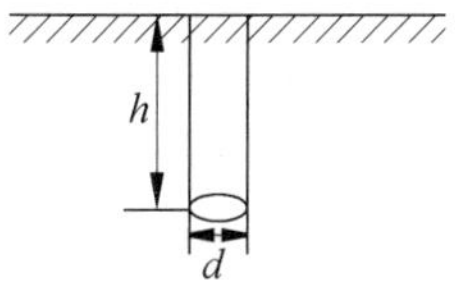

习题 4-22 图

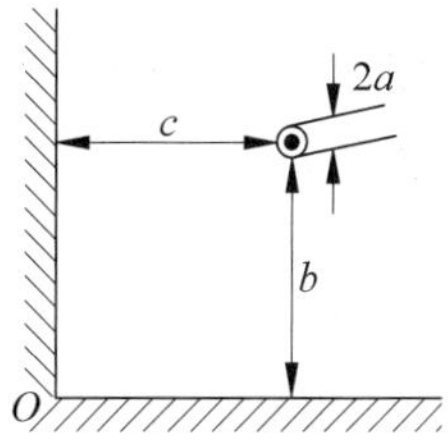

习题 4-23 图

第5章 时变电磁场

CHAPTER 5

前面几章研究了静态场的基本性质和规律，并认识到静电场由静止电荷产生，恒定磁场由恒定电流产生；而维持恒定电流的恒定电场与静电场相似。静态场中的电场和磁场之间没有相互激发、相互依存的关系，它们可以被独立地分开研究，这是特定情况下的电磁现象。研究表明，当电荷、电流随时间变化时，电场和磁场之间存在着相互作用、赖以依存的关系。磁场变化时会感应出电场；而电场变化时也会产生磁场；电场和磁场就不可分割地成为统一的电磁现象，称为时变电磁场。本章以麦克斯韦方程为核心阐述电场和磁场的相互作用规律，讨论时变电磁场的复数形式、边界条件、能量守恒和转换关系及波动方程等。

微课视频

5.1 麦克斯韦方程组

1831 年，英国物理学家法拉第发现了电磁感应现象，变化的磁场能够产生电场。1862 年，英国物理学家麦克斯韦发表了论文《论物理力线》，引出位移电流的概念，并指出变化的电场也能产生磁场；1864 年他在论文《电磁场的动力学理论》中，运用场论的观点演绎了系统的电磁理论，预见了电磁波的存在；1873 年他的《电磁学通论》一书全面总结了 19 世纪中叶之前库仑、高斯、欧姆、安培、毕奥、萨伐尔、法拉第等人的一系列发现和实验成果，通过科学的假设和合理的逻辑分析，第一个完整地建立了电磁理论体系，将电磁场理论用简洁、对称、完美的数学形式表示出来，后经赫兹等人整理成为经典电动力学主要基础的麦克斯韦方程组。1888 年德国物理学家赫兹用实验验证了电磁波的存在。

麦克斯韦电磁理论的基础是三大实验定律——库仑定律、毕奥-萨伐尔定律(或安培定律)及法拉第电磁感应定律。其主要内容包括法拉第电磁感应定律、广义安培环路定律、高斯定律、磁通连续性原理及一些本构关系等。麦克斯韦方程组表明，空间某处只要有变化的磁场就能激发出涡旋电场，而变化的电场又能激发涡旋磁场。交变的电场和磁场互相激发就形成了连续不断的电磁振荡，并向空间传播，即电磁波。电磁波是电磁场的运动形式。麦克斯韦方程还说明，电磁波的速度随介质的电磁性质而变化，并证明电磁波在真空中传播的速度等于光速，揭示了光的电磁本质。

5.1.1 麦克斯韦第一方程

在第 3 章中讨论了电荷守恒定律，其数学表达式为

$$\oint_S \boldsymbol{J} \cdot \mathrm{d}\boldsymbol{S} = -\frac{\mathrm{d}Q}{\mathrm{d}t}$$

应用散度定理于上式,并考虑到 $Q=\iiint_V \rho\,\mathrm{d}V$,得

$$\iiint_V \nabla\cdot \boldsymbol{J}\,\mathrm{d}V=-\iiint_V \frac{\partial \rho}{\partial t}\mathrm{d}V$$

将上式移项,并考虑到积分对任意体积 V 均成立,故有

$$\nabla\cdot \boldsymbol{J}+\frac{\partial \rho}{\partial t}=0 \tag{5-1a}$$

这就是电荷守恒定律(电流连续性方程)的微分形式。

顺便指出,在媒质分界面上的电流连续性方程为

$$\nabla_t\cdot \boldsymbol{J}_S+(\boldsymbol{J}_{1n}-\boldsymbol{J}_{2n})=-\frac{\partial \rho_S}{\partial t} \tag{5-1b}$$

其中,∇_t 为分界面上的二维哈密尔顿算符,$\boldsymbol{J}_{1n}$,$\boldsymbol{J}_{2n}$ 分别为分界面两侧电流密度的法向分量。

又因为静态场中安培环路定理的微分形式为

$$\nabla\times \boldsymbol{H}=\boldsymbol{J}$$

对上式两边取散度,并考虑到矢量恒等式 $\nabla\cdot(\nabla\times \boldsymbol{A})=0$,则有

$$\nabla\cdot(\nabla\times \boldsymbol{H})=\nabla\cdot \boldsymbol{J}=0$$

比较上式与式(5-1a),可见它与电荷守恒定律相矛盾。说明 $\nabla\times \boldsymbol{H}=\boldsymbol{J}$ 只适用于静态磁场和均匀导电媒质的稳恒电场,而不适用于时变场。即静态场的安培环路定理(定律)不具有普适性,在应用于时变场时需要修正。

为了解决上述矛盾,麦克斯韦提出了第一个基本假设,即关于位移电流的假设,并假设高斯定理(定律)也适用于时变场,即 $\nabla\cdot \boldsymbol{D}=\rho$ 具有普适性。将 $\nabla\cdot \boldsymbol{D}=\rho$ 代入式(5-1a),并考虑到安培环路定理及矢量恒等式 $\nabla\cdot(\nabla\times \boldsymbol{H})=0$,有

$$\nabla\cdot \boldsymbol{J}+\frac{\partial}{\partial t}(\nabla\cdot \boldsymbol{D})=\nabla\cdot(\nabla\times \boldsymbol{H})=0$$

对上式交换对空间和时间的微分次序得

$$\nabla\cdot\left(\boldsymbol{J}+\frac{\partial \boldsymbol{D}}{\partial t}\right)=\nabla\cdot(\nabla\times \boldsymbol{H})=0$$

由于上式对空间的任意场点都成立,因此,静态场中的安培环路定理修正为

$$\nabla\times \boldsymbol{H}=\boldsymbol{J}+\frac{\partial \boldsymbol{D}}{\partial t} \tag{5-2}$$

其中,$\boldsymbol{D}$ 为电位移矢量,$\boldsymbol{J}$ 应包括外加电流密度 $\boldsymbol{J}_i$(存在源时)、传导电流密度 $\boldsymbol{J}_c=\sigma \boldsymbol{E}$、运流电流密度 $\boldsymbol{J}_v=\rho \boldsymbol{v}$。将 $\boldsymbol{J}_d=\dfrac{\partial \boldsymbol{D}}{\partial t}$ 称为位移电流密度,它是磁场的旋涡源,表明时变电场能够产生磁场;$\boldsymbol{J}+\boldsymbol{J}_d$ 称为全电流密度。式(5-2)即微分形式的麦克斯韦第一方程。

对式(5-2)两边进行闭合曲线积分,并应用斯托克斯定理,即得

$$\oint_l \boldsymbol{H}\cdot \mathrm{d}\boldsymbol{l}=\iint_S\left(\boldsymbol{J}+\frac{\partial \boldsymbol{D}}{\partial t}\right)\cdot \mathrm{d}\boldsymbol{S} \tag{5-3}$$

这就是修正后的安培环路定律,即广义安培环路定律,亦称积分形式的麦克斯韦第一方程。对安培环路定律的修正是麦克斯韦最重大的贡献之一,它导致了统一电磁场理论的建立。正是依据位移电流,麦克斯韦才预言了电磁波的存在,并在后来被证实。式(5-2)及式(5-3)表达的广义安培环路定律均具有普适性。

根据式(2-28)表述的电位移矢量与电场强度和极化强度矢量之间的关系,$\boldsymbol{D}=\varepsilon_0\boldsymbol{E}+\boldsymbol{P}$,

对其两边求导得

$$\boldsymbol{J}_{\mathrm{d}}=\frac{\partial \boldsymbol{D}}{\partial t}=\varepsilon_0\frac{\partial \boldsymbol{E}}{\partial t}+\frac{\partial \boldsymbol{P}}{\partial t}$$

由上式可见，位移电流由两部分组成，第一部分由变化的电场产生；第二部分由电介质极化后其变化的电偶极矩产生。位移电流密度 $\boldsymbol{J}_{\mathrm{d}}$ 与频率有关，频率越高，$\boldsymbol{J}_{\mathrm{d}}$ 越大。

5.1.2 麦克斯韦第二方程

1831 年，法拉第等人发现导体回路所包围面积的磁通量发生变化时，回路中会有感应电动势，并引起感应电流。实验表明，感应电动势与穿过回路所围面积的磁通量 Φ 的时间变化率成正比。感应电动势为

$$\mathscr{E}_{\mathrm{in}}=-\frac{\mathrm{d}\Phi}{\mathrm{d}t}=-\frac{\mathrm{d}}{\mathrm{d}t}\iint_S \boldsymbol{B}\cdot\mathrm{d}\boldsymbol{S} \tag{5-4}$$

这里假定回路的方向为感应电动势的方向，并与磁通的正方向呈右手螺旋关系，如图 5-1 所示。这就是法拉第电磁感应定律，其中的负号表示感应电动势 $\mathscr{E}_{\mathrm{in}}$ 阻止该磁通的变化。

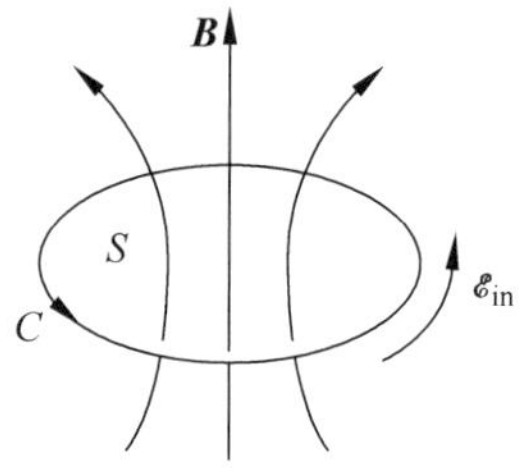

图 5-1 感应电动势与磁通变化的关系

考虑到导体内存在的感应电流必然伴随感应电场 $\boldsymbol{E}_{\mathrm{in}}$，因此，感应电动势 $\mathscr{E}_{\mathrm{in}}$ 可以表示为

$$\mathscr{E}_{\mathrm{in}}=\oint_l \boldsymbol{E}_{\mathrm{in}}\cdot\mathrm{d}\boldsymbol{l}$$

故，法拉第电磁感应定律又可以表示为

$$\oint_l \boldsymbol{E}_{\mathrm{in}}\cdot\mathrm{d}\boldsymbol{l}=-\frac{\mathrm{d}}{\mathrm{d}t}\iint_S \boldsymbol{B}\cdot\mathrm{d}\boldsymbol{S}$$

通常媒质中的总电场包括库仑电场 $\boldsymbol{E}_{\mathrm{C}}$ 和感应电场 $\boldsymbol{E}_{\mathrm{in}}$，即 $\boldsymbol{E}=\boldsymbol{E}_{\mathrm{C}}+\boldsymbol{E}_{\mathrm{in}}$。因为 $\oint_l \boldsymbol{E}_{\mathrm{C}}\cdot\mathrm{d}\boldsymbol{l}=0$，所以

$$\oint_l \boldsymbol{E}\cdot\mathrm{d}\boldsymbol{l}=-\frac{\mathrm{d}}{\mathrm{d}t}\iint_S \boldsymbol{B}\cdot\mathrm{d}\boldsymbol{S} \tag{5-5}$$

式(5-5)中的积分回路与材料的性质无关，可适用于任意回路。即，无论是导体回路还是非导体回路，只要回路所围面积的磁通发生变化，就会产生感应电动势，存在感应电场。式(5-5)就是积分形式的麦克斯韦第二方程，它给出了比法拉第电磁感应定律更为广义的回路构成条件，又称为推广了的法拉第电磁感应定律。对式(5-5)应用斯托克斯定理得到

$$\iint_S(\nabla\times\boldsymbol{E})\cdot\mathrm{d}\boldsymbol{S}=-\iint_S\frac{\partial \boldsymbol{B}}{\partial t}\cdot\mathrm{d}\boldsymbol{S}$$

由于上式对任意面积均成立，所以

$$\nabla\times\boldsymbol{E}=-\frac{\partial \boldsymbol{B}}{\partial t} \tag{5-6}$$

式(5-6)就是微分形式的麦克斯韦第二方程，其物理意义是时变磁场能够产生电场。可见，时变电场是有旋的，不再是保守场，其旋涡源为$\dfrac{\partial \boldsymbol{B}}{\partial t}$。该式表明了麦克斯韦关于有旋电场的第二个基本假设，即感应电场是有旋场，它移动电荷一周所做的功不为 0。对于静态场，式(5-5)和式(5-6)就退化成无旋静电场的基本方程，即

$$\begin{cases}\oint_l \boldsymbol{E}\cdot \mathrm{d}\boldsymbol{l}=0\\ \nabla\times \boldsymbol{E}=0\end{cases}$$

显然，它不具有普适性，而式(5-5)和式(5-6)表征的法拉第电磁感应定律的推广形式具有普适性。

5.1.3 麦克斯韦第三方程

高斯定律的积分及微分形式为

$$\oint_S \boldsymbol{D}\cdot \mathrm{d}\boldsymbol{S}=Q \tag{5-7}$$

$$\nabla\cdot \boldsymbol{D}=\rho \tag{5-8}$$

麦克斯韦提出假设，认为以上两式也适用于时变场。事实上，$\boldsymbol{D}$ 可以理解为由时变电荷和时变磁场共同产生，时变磁场产生的电场的散度为零，而时变电荷产生的电场之散度为该点的体电荷密度。因此高斯定律在时变场的条件下也适用，具有普适性。式(5-7)、式(5-8)分别称为麦克斯韦第三方程的积分形式与微分形式。

5.1.4 麦克斯韦第四方程

自然界中没有发现孤立的磁荷或者单独的磁极，因此，在时变场的条件下磁感线仍然是闭合的，磁通连续性原理仍然成立。即

$$\oint_S \boldsymbol{B}\cdot \mathrm{d}\boldsymbol{S}=0 \tag{5-9}$$

$$\nabla\cdot \boldsymbol{B}=0 \tag{5-10}$$

这样，磁通连续性原理具有普适性，式(5-9)、式(5-10)分别称为麦克斯韦第四方程的积分形式与微分形式。

5.1.5 麦克斯韦方程组的形式

由式(5-3)、式(5-5)、式(5-7)、式(5-9)得到麦克斯韦方程组的积分形式为

$$\begin{cases}\oint_l \boldsymbol{H}\cdot \mathrm{d}\boldsymbol{l}=\iint_S\left(\boldsymbol{J}+\dfrac{\partial \boldsymbol{D}}{\partial t}\right)\cdot \mathrm{d}\boldsymbol{S}\\ \oint_l \boldsymbol{E}\cdot \mathrm{d}\boldsymbol{l}=-\dfrac{\partial}{\partial t}\iint_S \boldsymbol{B}\cdot \mathrm{d}\boldsymbol{S}\\ \oint_S \boldsymbol{D}\cdot \mathrm{d}\boldsymbol{S}=\iiint_V \rho \mathrm{d}V=Q\\ \oint_S \boldsymbol{B}\cdot \mathrm{d}\boldsymbol{S}=0\end{cases} \tag{5-11}$$

由式(5-2)、式(5-6)、式(5-8)、式(5-10)得到麦克斯韦方程组的微分形式为

$$\begin{cases}\nabla\times \boldsymbol{H}=\boldsymbol{J}+\dfrac{\partial \boldsymbol{D}}{\partial t}\\ \nabla\times \boldsymbol{E}=-\dfrac{\partial \boldsymbol{B}}{\partial t}\\ \nabla\cdot \boldsymbol{D}=\rho\\ \nabla\cdot \boldsymbol{B}=0\end{cases} \tag{5-12}$$

麦克斯韦方程组描述了电磁场的变化规律，以及场与源的关系。散度定理和斯托克斯定理是建立联系麦克斯韦方程组微分和积分形式的桥梁。积分形式表示在一个区域中电磁场和源的关系；而微分形式表示在空间一点上电磁场和源的关系，时域有限差分(FDTD)法就是基于微分形式的麦克斯韦方程组求解时变电磁场问题的一种常用的数值计算方法。

式(5-12)表明，时变电场有旋也有散，电场线可以闭合，也可以不闭合；而时变磁场有旋无散，磁感线总是闭合的。闭合的电场线和闭合的磁感线相互铰链，不闭合的电场线从正电荷出发，而终止于负电荷。闭合的磁感线要么与电流铰链，要么与电场线铰链。在没有电荷及电流源的区域，时变电场和时变磁场都是有旋无散的，电场线和磁感线相互铰链，自行闭合；于是，变化的电场产生变化的磁场，而变化的磁场产生变化的电场。电场与磁场之间相互激发、相互转化，形成了电磁振荡，使能量向远处传播出去，即电磁波。

麦克斯韦方程组的物理意义如下：

(1) 电流和时变电场都会产生磁场，变化的电场和电流是磁场的旋涡源，变化的电场和电流与其激发的磁场之间符合右手螺旋关系；

(2) 电荷和时变磁场将产生电场，变化的磁场是电场的旋涡源，变化的磁场与其激发的电场之间符合左手螺旋关系；

(3) 电场是有通量源的场，即电场可以有散，其散度源(发散源)是电荷；

(4) 磁场无通量源，即磁场是无散场，不可能由磁荷产生，穿过任意一闭合曲面的磁通量为零。

另外，麦克斯韦方程组式(5-12)中的两个散度方程可以借助于电流连续性方程由两个旋度方程导出，因此只有两个旋度方程是独立的。当然，电流连续性方程相对于麦克斯韦方程组也不独立。尽管如此，却不能简单地认为麦克斯韦方程组中的两个散度方程不独立，因为一个矢量方程在两边取散度后得到的新方程与原方程是不等价的。式(5-1)及式(5-11)或式(5-12)中的各个方程都各自有明确的物理含义，都是基本物理定律的一种数学表示，不能轻易地丢掉任何一个。

由于自然界中没有孤立磁荷，故麦克斯韦方程组的形式是不对称的。有时，为了分析问题方便起见，引入虚拟的磁荷和磁流，此时麦克斯韦方程组具有对称的形式，如 9.4 节式(9-53)所示。

5.1.6 媒质的本构方程

借助于数学手段求解麦克斯韦方程时，式(5-11)或者式(5-12)尚不够完备，因为两个旋度方程仅提供 6 个标量方程，而麦克斯韦方程组含有 12 个未知数($\boldsymbol{E}$、$\boldsymbol{D}$、$\boldsymbol{B}$、$\boldsymbol{H}$ 各有 3 个分量)。因此，需要提供辅助方程，即描述媒质特性的物质(本构)方程来求解麦克斯韦方程组所包含的未知数。由式(2-28)、式(3-30)及式(2-65)可得这些方程为

$$\begin{cases}\boldsymbol{D}=\varepsilon_0\boldsymbol{E}+\boldsymbol{P}\\ \boldsymbol{B}=\mu_0(\boldsymbol{H}+\boldsymbol{P}_{\mathrm{m}})\\ \boldsymbol{J}=\sigma\boldsymbol{E}\end{cases}\tag{5-13}$$

上式给出了电场强度 $\boldsymbol{E}$ 和电位移矢量 $\boldsymbol{D}$，磁感应强度 $\boldsymbol{B}$ 和磁场强度 $\boldsymbol{H}$ 之间的关系。如式(2-2)及式(3-5-1)所示，$\boldsymbol{E}$ 和 $\boldsymbol{B}$ 是可以分别通过点电荷和电流元的受力情况而感知、测量的场量，是描述电磁场的基本物理量；而 $\boldsymbol{D}$ 和 $\boldsymbol{H}$ 是为了简化分析物质中的电磁场引入的混合型矢量，其中 $\boldsymbol{D}$ 混合了电介质中的场强和极化强度，$\boldsymbol{H}$ 混合了磁介质中的场强和磁化

强度。在媒质的本构方程中，介电常数 ε、磁导率 μ 和电导率 σ（统称为本构参数）是描述媒质中电磁场性质的最基本的三个媒质参数。通常，媒质参数与空间位置无关的媒质称为均匀媒质，媒质参数与场强大小无关的媒质称为线性媒质，媒质参数与场强方向无关的媒质称为各向同性媒质。对于均匀、线性、各向同性的媒质，根据式（2-33）、式（3-35），上式可简化为

$$\begin{cases}\boldsymbol{D}=\varepsilon\boldsymbol{E}\\ \boldsymbol{B}=\mu\boldsymbol{H}\\ \boldsymbol{J}=\sigma\boldsymbol{E}\end{cases}\tag{5-14}$$

最后需要说明的是，所有电磁过程均可以通过麦克斯韦方程组和物质的本构方程来描述。其中麦克斯韦方程组决定了电磁场的时空演化规律，而本构方程反映了物质本身的特性对于电磁场演化的影响。

例题 5-1 证明通过任意封闭曲面的传导电流和位移电流的总量为 0。

证明 根据微分形式的麦克斯韦第一方程

$$\nabla\times\boldsymbol{H}=\boldsymbol{J}+\frac{\partial\boldsymbol{D}}{\partial t}$$

通过任意封闭曲面的传导电流和位移电流的总量为

$$I=\int_S\left(\boldsymbol{J}+\frac{\partial\boldsymbol{D}}{\partial t}\right)\cdot\mathrm{d}\boldsymbol{S}=\oiint_S(\nabla\times\boldsymbol{H})\cdot\mathrm{d}\boldsymbol{S}$$

在上式右边应用散度定理，得

$$\oiint_S(\nabla\times\boldsymbol{H})\cdot\mathrm{d}\boldsymbol{S}=\iiint_V\nabla\cdot(\nabla\times\boldsymbol{H})\mathrm{d}V=0$$

所以

$$I=\int_S\left(\boldsymbol{J}+\frac{\partial\boldsymbol{D}}{\partial t}\right)\cdot\mathrm{d}\boldsymbol{S}=0$$

即通过任意封闭曲面的传导电流和位移电流的总量为零。

例题 5-2 在无源的自由空间中，已知磁场强度为 $\boldsymbol{H}=\boldsymbol{e}_y 2.63\times10^{-5}\cos(3\times10^9 t-10z)\mathrm{A/m}$，求位移电流密度 J_{d}。

解 根据题意，无源的自由空间中 $J=0$，所以麦克斯韦第一方程为

$$\nabla\times\boldsymbol{H}=\frac{\partial\boldsymbol{D}}{\partial t}$$

故位移电流密度为

$$\boldsymbol{J}_{\mathrm{d}}=\frac{\partial\boldsymbol{D}}{\partial t}=\nabla\times\boldsymbol{H}=\begin{vmatrix}\boldsymbol{e}_x & \boldsymbol{e}_y & \boldsymbol{e}_z\\ \dfrac{\partial}{\partial x} & \dfrac{\partial}{\partial y} & \dfrac{\partial}{\partial z}\\ H_x & H_y & H_z\end{vmatrix}=-\boldsymbol{e}_x\frac{\partial H_y}{\partial z}$$

$$=-\boldsymbol{e}_x 2.63\times10^{-4}\sin(3\times10^9 t-10z)\mathrm{A/m^2}$$

例题 5-3 证明麦克斯韦方程组的四个方程并不都独立，即两个散度方程可以由两个旋度方程导出。

证明 利用恒等式 $\nabla\cdot(\nabla\times\boldsymbol{A})=0$，对麦克斯韦第二方程 $\nabla\times\boldsymbol{E}=-\dfrac{\partial\boldsymbol{B}}{\partial t}$ 两边取散度，得

$$\nabla\cdot(\nabla\times\boldsymbol{E})=-\nabla\cdot\frac{\partial\boldsymbol{B}}{\partial t}=-\frac{\partial}{\partial t}(\nabla\cdot\boldsymbol{B})=0$$

所以,$\nabla \cdot \boldsymbol{B}$ 应为常数。显然,在时变场中,该常数为零。即

$$\nabla \cdot \boldsymbol{B}=0$$

即麦克斯韦第四方程。

同理,对麦克斯韦第一方程$\nabla \times \boldsymbol{H}=\boldsymbol{J}+\frac{\partial \boldsymbol{D}}{\partial t}$,两边取散度,得

$$\nabla \cdot (\nabla \times \boldsymbol{H})=\nabla \cdot \boldsymbol{J}+\nabla \cdot \frac{\partial \boldsymbol{D}}{\partial t}$$

上式左边恒为 0,利用电流连续性方程$\nabla \cdot \boldsymbol{J}=-\frac{\partial \rho}{\partial t}$,得

$$\nabla \cdot \frac{\partial \boldsymbol{D}}{\partial t}-\frac{\partial \rho}{\partial t}=\frac{\partial}{\partial t}(\nabla \cdot \boldsymbol{D})-\frac{\partial \rho}{\partial t}=\frac{\partial}{\partial t}(\nabla \cdot \boldsymbol{D}-\rho)=0$$

故$\nabla \cdot \boldsymbol{D}-\rho$ 为常数。在时变场中,实验证明该常数为 0,所以

$$\nabla \cdot \boldsymbol{D}=\rho$$

即麦克斯韦第三方程。

例题 5-4 在 $J=0$、$\rho=0$ 的无源电介质中,介电常数为 ε,磁导率为 μ,电导率 $\sigma=0$,若已知矢量 $\boldsymbol{E}=\boldsymbol{e}_x E_{\mathrm{m}}\cos(\omega t-kz)\mathrm{V/m}$。其中,$E_{\mathrm{m}}$ 为振幅、ω 为角频率、k 为相位常数。在什么条件下,$\boldsymbol{E}$ 才可能是电磁场的电场强度矢量?并求出其他的场矢量。

解 电磁场的场矢量均满足麦克斯韦方程组。因此,用麦克斯韦方程组可以确定$\boldsymbol{E}=\boldsymbol{e}_x E_{\mathrm{m}}\cos(\omega t-kz)$中的参数关系,并导出 $\boldsymbol{E}$ 为电场强度矢量的条件。

由题意,电场只存在 x 方向分量。在无源空间中,根据麦克斯韦第二方程得

$$\frac{\partial \boldsymbol{B}}{\partial t}=-\nabla \times \boldsymbol{E}=-\begin{vmatrix} \boldsymbol{e}_x & \boldsymbol{e}_y & \boldsymbol{e}_z \\ \frac{\partial}{\partial x} & \frac{\partial}{\partial y} & \frac{\partial}{\partial z} \\ E_x & E_y & E_z \end{vmatrix}=-\boldsymbol{e}_y \frac{\partial E_x}{\partial z}$$

$$=-\boldsymbol{e}_y \frac{\partial}{\partial z}[E_{\mathrm{m}}\cos(\omega t-kz)]=-\boldsymbol{e}_y k E_{\mathrm{m}}\sin(\omega t-kz)$$

对上式积分,并令积分常数为零得

$$\boldsymbol{B}=\boldsymbol{e}_y \frac{k}{\omega}E_{\mathrm{m}}\cos(\omega t-kz)$$

因此

$$\boldsymbol{H}=\frac{\boldsymbol{B}}{\mu}=\boldsymbol{e}_y \frac{k}{\omega \mu}E_{\mathrm{m}}\cos(\omega t-kz)$$

又因为

$$\nabla \times \boldsymbol{H}=\begin{vmatrix} \boldsymbol{e}_x & \boldsymbol{e}_y & \boldsymbol{e}_z \\ \frac{\partial}{\partial x} & \frac{\partial}{\partial y} & \frac{\partial}{\partial z} \\ H_x & H_y & H_z \end{vmatrix}=-\boldsymbol{e}_x \frac{\partial H_y}{\partial z}=-\boldsymbol{e}_x \frac{k^2}{\omega \mu}E_{\mathrm{m}}\sin(\omega t-kz)$$

而

$$\frac{\partial \boldsymbol{D}}{\partial t}=\boldsymbol{e}_x \varepsilon \frac{\partial E_x}{\partial t}=-\omega \varepsilon E_{\mathrm{m}}\sin(\omega t-kz)\boldsymbol{e}_x$$

当满足麦克斯韦第一方程$\nabla\times\boldsymbol{H}=\frac{\partial \boldsymbol{D}}{\partial t}$时，比较上面两式的系数得

$$k^2=\omega^2\mu\varepsilon$$

所以

$$k=\pm\omega\sqrt{\mu\varepsilon}$$

并且

$$\nabla\cdot\boldsymbol{D}=\frac{\partial D_x}{\partial x}+\frac{\partial D_y}{\partial y}+\frac{\partial D_z}{\partial z}=0$$

$$\nabla\cdot\boldsymbol{B}=\frac{\partial B_x}{\partial x}+\frac{\partial B_y}{\partial y}+\frac{\partial B_z}{\partial z}=0$$

由于$\rho=0$，故以上场量均满足麦克斯韦方程组的两个散度方程。因此$k=\pm\omega\sqrt{\mu\varepsilon}$是满足上述$\boldsymbol{E}$、$\boldsymbol{D}$、$\boldsymbol{B}$、$\boldsymbol{H}$为电磁场矢量的条件。

5.2 时变电磁场的边界条件

微课视频

麦克斯韦方程的微分形式描述了在均匀媒质或者连续变化的媒质中任意点诸场量之间的关系，即它在诸场量可微的点才适用。而实际电磁工程问题中往往会遇到不同的媒质分界面，在分界面上媒质参数会发生突变，从而导致电磁场量的不连续。因此，对于分界面上的点麦克斯韦方程的微分形式已失去意义，必须用边界条件描述诸场量各自满足的关系。

由于麦克斯韦方程组的积分形式可以应用在包括分界面在内的整个区域，因此可以由积分形式的麦克斯韦方程导出边界条件。

5.2.1 法向场的边界条件

由于高斯定理及磁通连续性原理的普适性，与静态场类似，在时变场情况下电位移矢量$\boldsymbol{D}$及磁感应强度$\boldsymbol{B}$的法向分量D_n、B_n的边界条件可由高斯定理及磁通连续性原理导出。即

$$\boldsymbol{e}_n\cdot(\boldsymbol{D}_1-\boldsymbol{D}_2)=\rho_s,\quad D_{1n}-D_{2n}=\rho_s \tag{5-15}$$

$$\boldsymbol{e}_n\cdot(\boldsymbol{B}_1-\boldsymbol{B}_2)=0,\quad B_{1n}=B_{2n} \tag{5-16}$$

式(5-15)表明，若媒质分界面上没有自由面电荷分布，则分界面两侧电位移矢量的法向分量D_n连续。但是媒质分界面两侧介电常数ε不同，由$D_n=\varepsilon E_n$可知，电场强度的法向分量E_n不连续；若分界面上有自由面电荷分布，那么电位移矢量$\boldsymbol{D}$的法向分量D_n越过分界面时不连续，有一等于面电荷密度ρ_s的突变。对于理想导体表面，由于理想导体一侧$D_{2n}=0$，因此界面另一侧$D_{1n}=\rho_s$。

同样由式(5-16)可知，媒质分界面两侧$\boldsymbol{B}$的法向分量连续，即$B_{1n}=B_{2n}$。但是媒质分界面两侧磁导率μ不同，由$B_n=\mu H_n$可知，磁场强度的法向分量H_n不连续；而对于理想导体表面，由于理想导体一侧$B_{2n}=0$，$H_{2n}=0$，则界面另一侧$B_{1n}=0$，$H_{1n}=0$，表明理想导体表面不存在与表面垂直的磁场。

5.2.2 切向场的边界条件

1. 电场强度矢量切向分量的连续性

如图 5-2 所示，媒质分界面两侧的介电常数分别为 ε_1、ε_2；电场强度 $\boldsymbol{E}_1$、$\boldsymbol{E}_2$ 与相应界面法向矢量的夹角分别为 α_1、α_2。包围点 P 做一矩形回路的线积分，矩形长为 Δl，高为 Δh，并且 Δh 趋于 0。

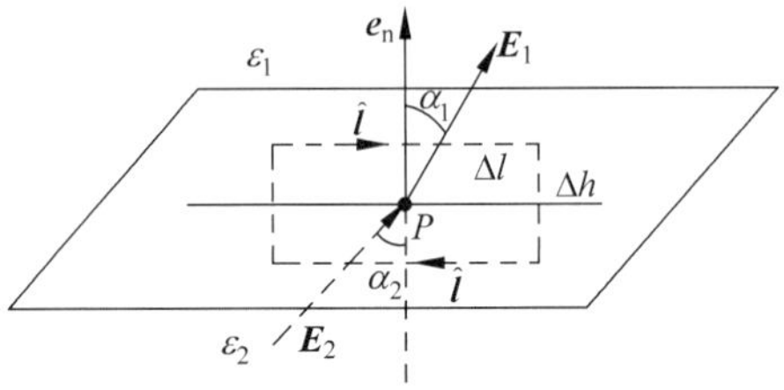

图 5-2 切向电场边界条件问题

根据麦克斯韦第二方程有

$$\oint_l \boldsymbol{E} \cdot \mathrm{d}\boldsymbol{l} = -\iint_S \frac{\mathrm{d}\boldsymbol{B}}{\mathrm{d}t} \cdot \mathrm{d}\boldsymbol{S}$$

由于 Δh 趋于 0，且 $\dfrac{\mathrm{d}\boldsymbol{B}}{\mathrm{d}t}$ 为有限值，故其面积分为 0。因此有

$$\oint_l \boldsymbol{E} \cdot \mathrm{d}\boldsymbol{l} \overset{\Delta h \to 0}{=} -\iint_S \frac{\mathrm{d}\boldsymbol{B}}{\mathrm{d}t} \cdot \mathrm{d}\boldsymbol{S} = 0$$

又由于 Δl 很小，故其上的切向场 E_t 可视为均匀分布；而当 $\Delta h \to 0$ 时，矩形回路高度上的电场积分可忽略不计。考虑到线积分的方向性，于是

$$E_{1t} = E_{2t}, \quad \boldsymbol{e}_n \times (\boldsymbol{E}_1 - \boldsymbol{E}_2) = 0 \tag{5-17}$$

由上式可知，媒质分界面两侧电场强度的切向分量 E_t 连续，但是媒质分界面两侧介电常数 ε 不同，根据 $D_t = \varepsilon E_t$，电位移矢量的切向分量 D_t 不连续；而对于理想导体表面，由于理想导体一侧 $D_{1t} = D_{2t} = 0$，故 $E_{1t} = E_{2t} = 0$，表明理想导体表面不存在与表面平行的电场。

2. 磁场强度矢量切向分量的连续性

如图 5-3 所示，媒质分界面两侧的磁导率分别为 μ_1、μ_2；磁场强度 $\boldsymbol{H}_1$、$\boldsymbol{H}_2$ 与相应界面法向矢量的夹角分别为 α_1、α_2。与分析 $\boldsymbol{E}$ 的切向分量类似，包围点 P 作一矩形回路的线积分，矩形长为 Δl，高为 Δh，并且 Δh 趋于 0。则根据麦克斯韦第一方程有

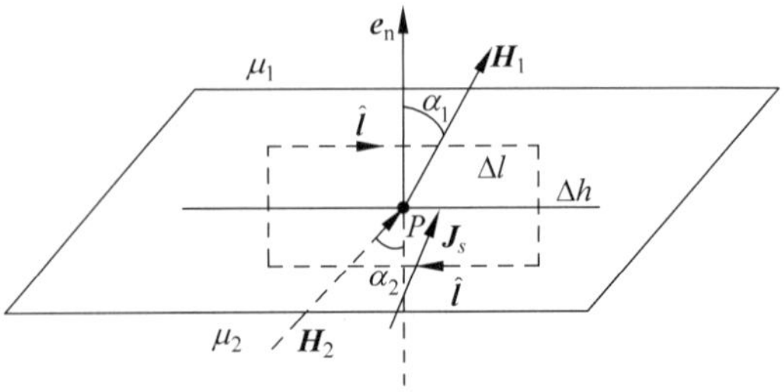

图 5-3 切向磁场边界条件问题

$$\oint_l \boldsymbol{H} \cdot \mathrm{d}\boldsymbol{l} = \iint_S \boldsymbol{J} \cdot \mathrm{d}\boldsymbol{S} + \iint_S \frac{\partial \boldsymbol{D}}{\partial t} \cdot \mathrm{d}\boldsymbol{S}$$

由于 Δh 趋于 0，且$\dfrac{\partial \boldsymbol{D}}{\partial t}$为有限值，故上式右侧第二项的面积分为 0（电流分布可以以面电流的形式存在，故第一项的积分不一定为 0），并且左侧矩形回路高度上的磁场积分可忽略不计。又由于 Δl 很小，故其上的切向场 H_t 可视为均匀分布。若分界面上的自由面电流密度为 J_s，则考虑到积分的方向性，有

$$(H_{1t} - H_{2t})\,\Delta l = J_s \Delta l$$

所以

$$H_{1t} - H_{2t} = J_s, \quad \boldsymbol{e}_n \times (\boldsymbol{H}_1 - \boldsymbol{H}_2) = \boldsymbol{J}_s \tag{5-18}$$

由上式可知，若媒质分界面上没有自由电流分布，则分界面两侧磁场强度的切向分量 H_t 连续，但是媒质分界面两侧磁导率 μ 不同，根据 $B_t = \mu H_t$，磁感应强度矢量的切向分量 B_t 不连续；若分界面上有自由电流分布，那么磁场强度 $\boldsymbol{H}$ 的切向分量 H_t 在分界面处不连续，有一等于面电流密度 J_s 的突变。对于理想导体表面，由于理想导体一侧 $H_{2t}=0$，因此 $H_{1t}=J_s$。

综上所述，对于没有自由电荷与电流分布的理想媒质分界面而言，其边界条件为

$$\begin{cases} \boldsymbol{e}_n \times (\boldsymbol{E}_1 - \boldsymbol{E}_2) = 0 \\ \boldsymbol{e}_n \times (\boldsymbol{H}_1 - \boldsymbol{H}_2) = 0 \\ \boldsymbol{e}_n \cdot (\boldsymbol{D}_1 - \boldsymbol{D}_2) = 0 \\ \boldsymbol{e}_n \cdot (\boldsymbol{B}_1 - \boldsymbol{B}_2) = 0 \end{cases} \tag{5-19}$$

对于理想导体表面而言，其边界条件为

$$\begin{cases} \boldsymbol{e}_n \times \boldsymbol{E}_1 = 0 \\ \boldsymbol{e}_n \times \boldsymbol{H}_1 = \boldsymbol{J}_s \\ \boldsymbol{e}_n \cdot \boldsymbol{D}_1 = \rho_s \\ \boldsymbol{e}_n \cdot \boldsymbol{B}_1 = 0 \end{cases} \tag{5-20}$$

导体表面是经常遇到的边界之一。由于在良导体与空气的分界面上，电磁场的情况与理想导体差别很小，因此通常利用理想导体表面代替良导体表面。理想导体是指电导率 σ 无穷大的媒质，根据欧姆定律的微分形式 $\boldsymbol{J}=\sigma\boldsymbol{E}$，很小的电场也会产生无穷大的电流，这与能量守恒定律矛盾，所以在理想导体内部不存在电场。

在无源（$\boldsymbol{J}=0$）的情况下，由于理想导体内部电场为零，根据麦克斯韦第一方程，其内部也不存在磁场，所有电磁场量均为零。这还可以理解为，当外磁场进入理想导体时，表面感应出足够大的感应电流，这一电流激发的磁场在导体内部完全抵消掉外磁场。

在有外加非时变电流源（$\boldsymbol{J}\neq 0$）的情况下，理想导体内部电场依然为 0，电流不需要电场来维持。因为理想导体的电导率趋于无穷大，而电流是有限值，根据 $\boldsymbol{J}=\sigma\boldsymbol{E}$，只有 $\boldsymbol{E}$ 为零才能使 $\boldsymbol{J}$ 保持有限。但是，根据麦克斯韦第一方程，该电流 $\boldsymbol{J}$ 作为旋涡源使得理想导体内部存在恒定磁场。通常所述的理想导体内部电磁场为零是指无源的情况。但是，理想导体内部不可能存在时变电磁场。

进一步，理想导体内部不可能存在时变电流，否则会产生时变磁场并引起时变电场，与麦克斯韦方程组矛盾。

例题 5-5 设 $z=0$ 的平面为空气与理想导体的分界面，$z<0$ 一侧为理想导体，分界面处的磁场强度为 $\boldsymbol{H}(x,y,0,t)=\boldsymbol{e}_x H_0 \sin ax\cos(\omega t-ay)$，其中 a 为常数。试求理想导体表面上的电流分布、电荷分布以及分界面处的电场强度。

解 利用理想导体的边界条件，可以得到理想导体表面上的电流分布为

$$\boldsymbol{J}_S=\boldsymbol{e}_{\mathrm{n}}\times\boldsymbol{H}=\boldsymbol{e}_z\times\boldsymbol{e}_x H_0\sin ax\cos(\omega t-ay)=\boldsymbol{e}_y H_0\sin ax\cos(\omega t-ay)$$

可见导体表面电流沿 $\boldsymbol{e}_y$ 方向，又

$$\nabla\times\boldsymbol{H}=\begin{vmatrix}\boldsymbol{e}_x & \boldsymbol{e}_y & \boldsymbol{e}_z\\ \dfrac{\partial}{\partial x} & \dfrac{\partial}{\partial y} & \dfrac{\partial}{\partial z}\\ H_x & H_y & H_z\end{vmatrix}=-\boldsymbol{e}_z\frac{\partial H_x}{\partial y}$$

导体表面的法向电场可以由导体外侧贴近表面的法向电场来近似。在上式中，$\nabla\times\boldsymbol{H}$ 没有 $\boldsymbol{e}_y$ 方向的分量，只存在 $-\boldsymbol{e}_z$ 方向的分量，而沿 $-\boldsymbol{e}_z$ 方向的分量就对应着位移电流；其实，沿 $\boldsymbol{e}_y$ 方向的表面电流使得 H_x 在 $\boldsymbol{e}_z$ 方向发生了突变(边界条件)，沿 $\boldsymbol{e}_y$ 方向的表面电流 J_S 和 $\nabla\times\boldsymbol{H}$ 没有匹配项，因此 J_S 无须纳入麦克斯韦方程中。根据麦克斯韦第一方程 $\nabla\times\boldsymbol{H}=\dfrac{\partial\boldsymbol{D}}{\partial t}$，因而在导体表面上有

$$\frac{\partial\rho_S}{\partial t}=\frac{\partial D_z}{\partial t}=-\frac{\partial H_x}{\partial y}$$

所以

$$\frac{\partial\rho_S}{\partial t}=-\frac{\partial}{\partial y}[H_0\sin ax\cos(\omega t-ay)]=-aH_0\sin ax\sin(\omega t-ay)$$

对上式积分，在时变场的情况下取积分常数为零，得

$$\rho(x,y,0,t)=\frac{aH_0}{\omega}\sin ax\cos(\omega t-ay)$$

$$\boldsymbol{D}(x,y,0,t)=\boldsymbol{e}_z\frac{aH_0}{\omega}\sin ax\cos(\omega t-ay)$$

$$\boldsymbol{E}(x,y,0,t)=\boldsymbol{e}_z\frac{aH_0}{\varepsilon\omega}\sin ax\cos(\omega t-ay)$$

例题 5-6 证明：在媒质分界面上，电磁场法向分量的边界条件已含于电磁场切向分量的边界条件之中，即只有两个切向边界条件独立。

证明 设媒质分界面为 xOy 平面，首先考虑电场强度 $\boldsymbol{E}$ 的切向分量和磁感应强度 $\boldsymbol{B}$ 的法向分量边界条件之间的关系。

根据 $\nabla\times\boldsymbol{E}=-\dfrac{\partial\boldsymbol{B}}{\partial t}$，在媒质分界面两侧于 z 方向上有

$$\left(\frac{\partial E_{1y}}{\partial x}-\frac{\partial E_{1x}}{\partial y}\right)\boldsymbol{e}_z=-\frac{\partial B_{1z}}{\partial t}\boldsymbol{e}_z$$

$$\left(\frac{\partial E_{2y}}{\partial x}-\frac{\partial E_{2x}}{\partial y}\right)\boldsymbol{e}_z=-\frac{\partial B_{2z}}{\partial t}\boldsymbol{e}_z$$

将以上两式相减得

$$\left(\partial\frac{E_{1y}-E_{2y}}{\partial x}-\partial\frac{E_{1x}-E_{2x}}{\partial y}\right)\boldsymbol{e}_z=-\partial\frac{B_{1z}-B_{2z}}{\partial t}\boldsymbol{e}_z$$

假设电场强度切向分量满足边界条件，即分界面两侧 $E_{1x}=E_{2x}$，$E_{1y}=E_{2y}$，则 $B_{1z}-B_{2z}=C$（常数），对于时谐场$\left(\frac{\partial}{\partial t}\leftrightarrow \mathrm{j}\omega\right)$，该常数取为零；对于非时谐场，只要初值为零也有相同结论。得

$$B_{1z}=B_{2z}$$

此即磁感应强度 $\boldsymbol{B}$ 法向分量的边界条件。

下面由磁场强度 $\boldsymbol{H}$ 的切向边界条件可以分析电位移矢量 $\boldsymbol{D}$ 法向分量的连续性。根据 $\nabla\times\boldsymbol{H}=\boldsymbol{J}+\frac{\partial\boldsymbol{D}}{\partial t}$，考虑在媒质分界面法向分量 D_z 的情况，显然等式右侧的电流为 J_z。因此，等式在媒质分界面两侧于 z 方向上有

$$\left(\frac{\partial H_{1y}}{\partial x}-\frac{\partial H_{1x}}{\partial y}\right)\boldsymbol{e}_z=J_{1z}\boldsymbol{e}_z+\frac{\partial D_{1z}}{\partial t}\boldsymbol{e}_z$$

$$\left(\frac{\partial H_{2y}}{\partial x}-\frac{\partial H_{2x}}{\partial y}\right)\boldsymbol{e}_z=J_{2z}\boldsymbol{e}_z+\frac{\partial D_{2z}}{\partial t}\boldsymbol{e}_z$$

将以上两式相减得

$$\left(\partial\frac{H_{1y}-H_{2y}}{\partial x}-\partial\frac{H_{1x}-H_{2x}}{\partial y}\right)\boldsymbol{e}_z=(J_{1z}-J_{2z})\boldsymbol{e}_z+\partial\frac{D_{1z}-D_{2z}}{\partial t}\boldsymbol{e}_z$$

利用磁场强度切向分量的边界条件 $H_{1x}-H_{2x}=J_{Sy}$ 及 $H_{1y}-H_{2y}=-J_{Sx}$，则有

$$-\left(\partial\frac{J_{Sx}}{\partial x}+\partial\frac{J_{Sy}}{\partial y}\right)=(J_{1z}-J_{2z})+\partial\frac{D_{1z}-D_{2z}}{\partial t}$$

即

$$\nabla_{\mathrm{t}}\cdot\boldsymbol{J}_S+(J_{1z}-J_{2z})=-\partial\frac{D_{1z}-D_{2z}}{\partial t}$$

其中∇_{t}表示对分界面上 x，y 坐标求微分的哈密顿算子。利用一般形式的时变电磁场在媒质分界面上的电流连续性方程

$$\nabla_{\mathrm{t}}\cdot\boldsymbol{J}_S+(\boldsymbol{J}_1-\boldsymbol{J}_2)\cdot\boldsymbol{e}_{\mathrm{n}}=-\partial\frac{\rho_S}{\partial t}$$

并代入上式得

$$\partial\frac{D_{1z}-D_{2z}-\rho_S}{\partial t}=0$$

对于时谐场$\left(\frac{\partial}{\partial t}\leftrightarrow \mathrm{j}\omega\right)$，$D_{1z}-D_{2z}=\rho_S$；对于非时谐场，只要初值为零也有相同结论。即得到电位移矢量法向分量的边界条件。

顺便指出，上述结论对于媒质分界面上无论是否有源，媒质的性质无论是线性或者非线性均成立。

例题 5-7 在直角坐标系中 $H_x=0$，$H_y=H_0\sin k'y\cdot\sin(\omega t-kz)$，其中 k、k'为常数，求磁场 H_z 分量。

解法一 因为$\nabla\cdot\boldsymbol{B}=\frac{\partial B_x}{\partial x}+\frac{\partial B_y}{\partial y}+\frac{\partial B_z}{\partial z}=\frac{\partial B_y}{\partial y}+\frac{\partial B_z}{\partial z}=0$，所以

$$\frac{\partial H_z}{\partial z}=-\frac{\partial H_y}{\partial y}=-H_0k'\cos k'y\cdot\sin(\omega t-kz)$$

将上式对 z 积分。在时变场中可取积分常数为零,因此

$$H_z = -H_0 k' \cos k' y \cdot \int \sin(\omega t - kz) \mathrm{d}z = -H_0 k' \cos k' y \cdot \frac{1}{k} \cos(\omega t - kz) + C$$

$$= -H_0 \frac{k'}{k} \cos k' y \cos(\omega t - kz)$$

解法二 由于 $H_x = 0$,并考虑到 H_y、H_z 仅是 y、z、t 的函数,根据麦克斯韦第一方程有

$$\frac{\partial \boldsymbol{D}}{\partial t} = \nabla \times \boldsymbol{H} = \boldsymbol{e}_x \left(\frac{\partial H_z}{\partial y} - \frac{\partial H_y}{\partial z} \right) - \boldsymbol{e}_y \frac{\partial H_z}{\partial x} + \boldsymbol{e}_z \frac{\partial H_y}{\partial x} = \boldsymbol{e}_x \left(\frac{\partial H_z}{\partial y} - \frac{\partial H_y}{\partial z} \right)$$

故电场只有 $\boldsymbol{e}_x$ 方向的分量。再根据麦克斯韦第二方程得

$$-\frac{\partial \boldsymbol{B}}{\partial t} = \left(\frac{\partial E_z}{\partial y} - \frac{\partial E_y}{\partial z} \right) \boldsymbol{e}_x + \left(\frac{\partial E_x}{\partial z} - \frac{\partial E_z}{\partial x} \right) \boldsymbol{e}_y + \left(\frac{\partial E_y}{\partial x} - \frac{\partial E_x}{\partial y} \right) \boldsymbol{e}_z = \frac{\partial E_x}{\partial z} \boldsymbol{e}_y - \frac{\partial E_x}{\partial y} \boldsymbol{e}_z$$

比较上式两边 $\boldsymbol{e}_y$ 方向的分量得

$$-\mu \frac{\partial H_y}{\partial t} = \frac{\partial E_x}{\partial z}$$

在时变场中可取积分常数为 0,所以

$$E_x = -\int \mu \frac{\partial H_y}{\partial t} \mathrm{d}z = \frac{H_0 \omega \mu}{k} \sin(\omega t - kz) \sin(k' y)$$

再比较 $\boldsymbol{e}_z$ 方向的分量,并利用上式,有

$$\mu \frac{\partial H_z}{\partial t} = \frac{\partial E_x}{\partial y}$$

所以

$$H_z = \frac{1}{\mu} \int \frac{\partial E_x}{\partial y} \mathrm{d}t = -\frac{H_0 k'}{k} \cos(\omega t - kz) \cos(k' y)$$

微课视频

5.3 时谐电磁场及麦克斯韦方程组的复数形式

由于任意形式的电磁波都可以分解为基波和高次谐波的组合,所以正弦(或者余弦)时间函数表示的时谐场在工程中占有很重要的地位。在线性系统中,任一正弦函数激励源仍然会产生相同频率的正弦响应,因此,为了运算方便,在电路理论中通常将随时间做正弦变化的电压、电流等矢量用相量表示。而在线性媒质中,一个任意的时变场都可以看成是一系列频率不发生变化的时谐场分量的叠加。同样,时谐电磁场也可以用复数形式(相量形式)来表示。

5.3.1 时谐电磁场的复数形式

在直角坐标系中,电场的瞬时值表达式为

$$\boldsymbol{E}(x,y,z,t) = \boldsymbol{E}_\mathrm{m}(x,y,z) \cos[\omega t + \phi(x,y,z)] \tag{5-21}$$

其中,$\boldsymbol{E}_\mathrm{m}(x, y, z)$为振幅,$\phi(x,y,z)$为空间相位,它们都只是空间位置的函数;$\omega$ 为角频率。式(5-21)可以用复数形式来表示,即

$$\boldsymbol{E}(x,y,z,t) = \mathrm{Re}[\boldsymbol{E}_\mathrm{m}(x,y,z) \mathrm{e}^{\mathrm{j}[\omega t + \phi(x,y,z)]}] = \mathrm{Re}[\boldsymbol{E}_\mathrm{m}(x,y,z) \mathrm{e}^{\mathrm{j}\phi(x,y,z)} \mathrm{e}^{\mathrm{j}\omega t}]$$

$$=\mathrm{Re}[\dot{\boldsymbol{E}}_{\mathrm{m}}(x,y,z)\mathrm{e}^{\mathrm{j}\omega t}]$$

其中，$\mathrm{e}^{\mathrm{j}\omega t}$ 称为时间因子，它反映了电场强度随时间的变化；$\dot{\boldsymbol{E}}_{\mathrm{m}}(x,y,z)=\boldsymbol{E}_{\mathrm{m}}(x,y,z)\mathrm{e}^{\mathrm{j}\phi(x,y,z)}$ 为电场强度的复振幅矢量，即电场强度的复数形式，或称为相量形式，它只是空间坐标的函数。由于同频率正弦量的线性运算仍为该频率的正弦量，并且采用复数运算比较方便，故在线性运算中可以暂不考虑时间因子，采用其复数形式来表示。电场矢量 $\boldsymbol{E}$ 的瞬时值形式和其复数形式的转换关系如下

$$\boldsymbol{E}(x,y,z,t)\leftrightarrow\dot{\boldsymbol{E}}_{\mathrm{m}}(x,y,z)=\boldsymbol{E}_{\mathrm{m}}(x,y,z)\mathrm{e}^{\mathrm{j}\phi(x,y,z)} \tag{5-22}$$

由于

$$\frac{\partial\boldsymbol{E}(x,y,z,t)}{\partial t}=-\boldsymbol{E}_{\mathrm{m}}(x,y,z)\omega\cdot\sin[\omega t+\phi(x,y,z)]=\mathrm{Re}[\mathrm{j}\omega\dot{\boldsymbol{E}}_{\mathrm{m}}(x,y,z)\mathrm{e}^{\mathrm{j}\omega t}]$$

因此电场对时间导数的瞬时值形式与其复数形式的关系为

$$\frac{\partial\boldsymbol{E}(x,y,z,t)}{\partial t}\leftrightarrow\mathrm{j}\omega\dot{\boldsymbol{E}}_{\mathrm{m}}(x,y,z)$$

可见，正弦量对时间 t 的偏导的复数形式为该正弦量的复数形式乘以 $\mathrm{j}\omega$。同样，正弦量对时间 t 的积分的复数形式为该正弦量的复数形式除以 $\mathrm{j}\omega$。这给运算过程带来极大的方便。对于 $\boldsymbol{E}$、$\boldsymbol{D}$、$\boldsymbol{B}$、$\boldsymbol{H}$、$\boldsymbol{J}$、$\boldsymbol{A}$、$\boldsymbol{P}$、$\boldsymbol{M}$ 等诸场量，以及其各坐标分量均可以用复数形式来表示。

5.3.2　麦克斯韦方程组的复数形式

根据前面的讨论，从形式上讲，只要把微分算子 $\frac{\partial}{\partial t}$ 用 $\mathrm{j}\omega$ 代替，就可以把时谐电磁场诸场量之间的线性关系，转换为等效的复矢量关系。习惯上为了方便起见，常忽略掉复数场量上面的点和下标 m。因此，麦克斯韦方程组之微分形式的复数形式为

$$\begin{cases}\nabla\times\boldsymbol{H}=\boldsymbol{J}+\mathrm{j}\omega\boldsymbol{D}\\ \nabla\times\boldsymbol{E}=-\mathrm{j}\omega\boldsymbol{B}\\ \nabla\cdot\boldsymbol{D}=\rho\\ \nabla\cdot\boldsymbol{B}=0\end{cases} \tag{5-23}$$

麦克斯韦方程组之积分形式的复数形式为

$$\begin{cases}\oint_l\boldsymbol{H}\cdot\mathrm{d}\boldsymbol{l}=\oiint_S\boldsymbol{J}\cdot\mathrm{d}\boldsymbol{S}+\mathrm{j}\omega\oiint_S\boldsymbol{D}\cdot\mathrm{d}\boldsymbol{S}\\ \oint_l\boldsymbol{E}\cdot\mathrm{d}\boldsymbol{l}=-\mathrm{j}\omega\oiint_S\boldsymbol{B}\cdot\mathrm{d}\boldsymbol{S}\\ \oiint_S\boldsymbol{D}\cdot\mathrm{d}\boldsymbol{S}=\iiint_V\rho\mathrm{d}V\\ \oiint_S\boldsymbol{B}\cdot\mathrm{d}\boldsymbol{S}=0\end{cases} \tag{5-24}$$

电流连续性方程微分形式的复数形式为

$$\nabla\cdot\boldsymbol{J}+\mathrm{j}\omega\rho=0 \tag{5-25}$$

电流连续性方程积分形式的复数形式为

$$\iiint_V\nabla\cdot\boldsymbol{J}\mathrm{d}V=-\mathrm{j}\omega\iiint_V\rho\mathrm{d}V \tag{5-26}$$

微课视频

5.4 时变电磁场的能量及功率

电磁场是一种物质，并且具有能量。时变电磁场随着时间的变化，其电磁能量在空间传播而形成电磁能流，并且其电场能量和磁场能量可以相互转化。本节以坡印亭定理为核心描述电磁场能量的转化与守恒关系。

5.4.1 坡印亭定理

假设电磁场在电导率为 σ 的有耗媒质中传播，电场会在导电媒质中引起传导电流 $J=\sigma E$。根据式(2-75)所示的焦耳定律的微分形式，由传导电流引起的单位体积内的损耗功率为 $p=\boldsymbol{J}\cdot\boldsymbol{E}$。因此，依据麦克斯韦第一方程式

$$\boldsymbol{J}=\nabla\times\boldsymbol{H}-\frac{\partial\boldsymbol{D}}{\partial t}$$

传导电流在体积 V 内引起的损耗功率为

$$P=\iiint_V\boldsymbol{J}\cdot\boldsymbol{E}\mathrm{d}V=\iiint_V\left[\boldsymbol{E}\cdot(\nabla\times\boldsymbol{H})-\boldsymbol{E}\cdot\frac{\partial\boldsymbol{D}}{\partial t}\right]\mathrm{d}V \tag{5-27}$$

利用矢量恒等式 $\nabla\cdot(\boldsymbol{E}\times\boldsymbol{H})=\boldsymbol{H}\cdot(\nabla\times\boldsymbol{E})-\boldsymbol{E}\cdot(\nabla\times\boldsymbol{H})$ 及麦克斯韦第二方程得

$$\boldsymbol{E}\cdot(\nabla\times\boldsymbol{H})=\boldsymbol{H}\cdot(\nabla\times\boldsymbol{E})-\nabla\cdot(\boldsymbol{E}\times\boldsymbol{H})=\boldsymbol{H}\cdot\left(-\frac{\partial\boldsymbol{B}}{\partial t}\right)-\nabla\cdot(\boldsymbol{E}\times\boldsymbol{H})$$

将上式代入损耗功率表达式(5-27)得

$$P=\iiint_V\boldsymbol{J}\cdot\boldsymbol{E}\mathrm{d}V=-\iiint_V\left[\boldsymbol{H}\cdot\left(\frac{\partial\boldsymbol{B}}{\partial t}\right)+\nabla\cdot(\boldsymbol{E}\times\boldsymbol{H})+\boldsymbol{E}\cdot\frac{\partial\boldsymbol{D}}{\partial t}\right]\mathrm{d}V$$

设包围体积 V 的闭合曲面为 S'，利用散度定理上式可改写为

$$-\oint_{S'}(\boldsymbol{E}\times\boldsymbol{H})\cdot\mathrm{d}\boldsymbol{S}'=\iiint_V\left(\boldsymbol{H}\cdot\frac{\partial\boldsymbol{B}}{\partial t}+\boldsymbol{E}\cdot\frac{\partial\boldsymbol{D}}{\partial t}+\boldsymbol{J}\cdot\boldsymbol{E}\right)\mathrm{d}V \tag{5-28}$$

考虑到

$$\frac{\mathrm{d}}{\mathrm{d}t}(\boldsymbol{A}\cdot\boldsymbol{A})=\boldsymbol{A}\cdot\frac{\mathrm{d}}{\mathrm{d}t}\boldsymbol{A}+\frac{\mathrm{d}}{\mathrm{d}t}\boldsymbol{A}\cdot\boldsymbol{A}$$

因此

$$\boldsymbol{H}\cdot\frac{\partial\boldsymbol{B}}{\partial t}=\mu\boldsymbol{H}\cdot\frac{\partial\boldsymbol{H}}{\partial t}=\frac{\mu}{2}\frac{\partial}{\partial t}(\boldsymbol{H}\cdot\boldsymbol{H})=\frac{\partial}{\partial t}\left(\frac{1}{2}\boldsymbol{B}\cdot\boldsymbol{H}\right)$$

以及

$$\boldsymbol{E}\cdot\frac{\partial\boldsymbol{D}}{\partial t}=\frac{\partial}{\partial t}\left(\frac{1}{2}\boldsymbol{D}\cdot\boldsymbol{E}\right)$$

将以上两式代入式(5-28)得

$$-\oint_{S'}(\boldsymbol{E}\times\boldsymbol{H})\cdot\mathrm{d}\boldsymbol{S}'=\frac{\partial}{\partial t}\iiint_V\left(\frac{1}{2}\boldsymbol{B}\cdot\boldsymbol{H}+\frac{1}{2}\boldsymbol{D}\cdot\boldsymbol{E}\right)\mathrm{d}V+\iiint_V(\boldsymbol{J}\cdot\boldsymbol{E})\mathrm{d}V \tag{5-29}$$

在上式中，等式右边第一项中的 $\frac{1}{2}\boldsymbol{B}\cdot\boldsymbol{H}$ 和 $\frac{1}{2}\boldsymbol{D}\cdot\boldsymbol{E}$ 分别表示磁场和电场的能量体密度，它们的体积分为该体积内存储的总电磁能量，因而右边第一项表示体积 V 内单位时间内存储的总电磁能量(电磁功率)。式(5-29)第二项表示传导电流引起的损耗功率。根据能

量守恒定律，若体积 V 内无外加源，则式(5-29)右边表示在体积 V 内单位时间内存储的总能量和损耗的功率应该是从外部进入体积 V 内的，因此式(5-29)左边代表了通过封闭面 S' 进入体积 V 内的总功率。式(5-29)称为坡印亭定理，它描述了电磁能量的流动和转化的关系。

坡印亭定理的物理意义是：穿过闭合面 S' 流入体积 V 内的电磁功率，等于体积 V 内单位时间内增加的电磁能量与传导电流损耗的功率之和，是电磁场能量守恒的具体体现。

在式(5-29)中，令 $\boldsymbol{S}=\boldsymbol{E}\times\boldsymbol{H}$，则 $\boldsymbol{S}$ 的大小代表了封闭曲面上任一点通过单位面积的功率，即功率密度，$\boldsymbol{S}$ 称为坡印亭矢量，其方向是能量流动的方向，单位是 $\mathrm{W/m^2}$。$\boldsymbol{S}$ 表示单位时间内通过垂直于电磁能量流动方向的单位面积的电磁能量，又称能量流密度(功率密度)。

显然，$\oiint_{S'}(\boldsymbol{E}\times\boldsymbol{H})\cdot\mathrm{d}\boldsymbol{S}'$ 表示流出包围体积 V 的封闭面 S' 的总电磁功率。

在静电场和恒定磁场的情况下，电流为 0，且 $\frac{\partial}{\partial t}\iiint_V\left(\frac{1}{2}\boldsymbol{B}\cdot\boldsymbol{H}+\frac{1}{2}\boldsymbol{D}\cdot\boldsymbol{E}\right)\mathrm{d}V=0$，因此，根据坡印亭定理，$\oiint_{S'}(\boldsymbol{E}\times\boldsymbol{H})\cdot\mathrm{d}\boldsymbol{S}'=0$，这表示在场中任何一点，单位时间内流出包围体积 V 表面的总能量为零，即没有电磁能量流动。由此可见，在静电场和恒定磁场的情况下，$\boldsymbol{S}=\boldsymbol{E}\times\boldsymbol{H}$ 并不代表电磁功率密度。

在恒定电场和恒定磁场的情况下，$\frac{\partial}{\partial t}\iiint_V\left(\frac{1}{2}\boldsymbol{B}\cdot\boldsymbol{H}+\frac{1}{2}\boldsymbol{D}\cdot\boldsymbol{E}\right)\mathrm{d}V=0$，根据坡印亭定理，$-\oiint_{S'}(\boldsymbol{E}\times\boldsymbol{H})\cdot\mathrm{d}S'=\iiint_V(\boldsymbol{J}\cdot\boldsymbol{E})\mathrm{d}V$。因此，在恒定电流的场中，$\boldsymbol{S}=\boldsymbol{E}\times\boldsymbol{H}$ 代表电磁功率密度。说明在无源区域中，通过 S' 面流入 V 内的电磁功率等于 V 内的损耗功率。

在时变电磁场中，$\boldsymbol{S}=\boldsymbol{E}\times\boldsymbol{H}$ 代表瞬时功率密度，它通过任意截面的面积分代表瞬时功率 P，即

$$P=\oiint_{S'}(\boldsymbol{E}\times\boldsymbol{H})\cdot\mathrm{d}\boldsymbol{S}'$$

5.4.2 复坡印亭矢量及平均坡印亭矢量

对正弦电磁场，当场矢量用复数形式表示时

$$\boldsymbol{E}(x,y,z,t)=\mathrm{Re}[\boldsymbol{E}\mathrm{e}^{\mathrm{j}\omega t}]=\frac{1}{2}[\boldsymbol{E}\mathrm{e}^{\mathrm{j}\omega t}+\boldsymbol{E}^*\mathrm{e}^{-\mathrm{j}\omega t}]$$

$$\boldsymbol{H}(x,y,z,t)=\mathrm{Re}[\boldsymbol{H}\mathrm{e}^{\mathrm{j}\omega t}]=\frac{1}{2}[\boldsymbol{H}\mathrm{e}^{\mathrm{j}\omega t}+\boldsymbol{H}^*\mathrm{e}^{-\mathrm{j}\omega t}]$$

从而坡印亭矢量的瞬时值可以写为

$$\begin{aligned}
\boldsymbol{S}(x,y,z,t)&=\boldsymbol{E}(x,y,z,t)\times\boldsymbol{H}(x,y,z,t)\\
&=\frac{1}{2}[\boldsymbol{E}\mathrm{e}^{\mathrm{j}\omega t}+\boldsymbol{E}^*\mathrm{e}^{-\mathrm{j}\omega t}]\times\frac{1}{2}[\boldsymbol{H}\mathrm{e}^{\mathrm{j}\omega t}+\boldsymbol{H}^*\mathrm{e}^{-\mathrm{j}\omega t}]\\
&=\frac{1}{2}\cdot\frac{1}{2}[\boldsymbol{E}\times\boldsymbol{H}^*+\boldsymbol{E}^*\times\boldsymbol{H}]+\frac{1}{2}\cdot\frac{1}{2}[\boldsymbol{E}\times\boldsymbol{H}\mathrm{e}^{\mathrm{j}2\omega t}+\boldsymbol{E}^*\times\boldsymbol{H}^*\mathrm{e}^{-\mathrm{j}2\omega t}]\\
&=\frac{1}{2}\mathrm{Re}[\boldsymbol{E}\times\boldsymbol{H}^*]+\frac{1}{2}\mathrm{Re}[\boldsymbol{E}\times\boldsymbol{H}\mathrm{e}^{\mathrm{j}2\omega t}]
\end{aligned}$$

它在一个周期 $T=2\pi/\omega$ 内的平均值为

$$S_{av}=\frac{1}{T}\int_0^T S(x,y,z,t)\mathrm{d}t=\mathrm{Re}\left[\frac{1}{2}\boldsymbol{E}\times\boldsymbol{H}^*\right]=\mathrm{Re}[\boldsymbol{S}] \tag{5-30}$$

式中，$\boldsymbol{S}=\frac{1}{2}\boldsymbol{E}\times\boldsymbol{H}^*$ 称为复坡印亭矢量，它与时间无关，表示复功率密度，其实部为平均功率密度(有功功率密度)，虚部为无功功率密度。注意式中的电场强度和磁场强度是复振幅值而不是有效值；$\boldsymbol{E}^*$、$\boldsymbol{H}^*$ 是 $\boldsymbol{E}$、$\boldsymbol{H}$ 的共轭复数，$\boldsymbol{S}_{av}$ 称为平均能流密度矢量或平均坡印亭矢量。

例题 5-8 如图 5-4 所示，试求一段半径为 b，电导率为 σ，载有直流电流 I 的长直导线表面的坡印亭矢量，并验证坡印亭定理。

解 取长为 l 的一段直导线进行研究，其轴线与圆柱坐标系的 z 轴重合，直流电流将均匀分布在导线的横截面上，于是电流密度、电场强度分别为

$$\boldsymbol{J}=\boldsymbol{e}_z\frac{I}{\pi b^2},\quad \boldsymbol{E}=\frac{\boldsymbol{J}}{\sigma}=\boldsymbol{e}_z\frac{I}{\pi b^2\sigma}$$

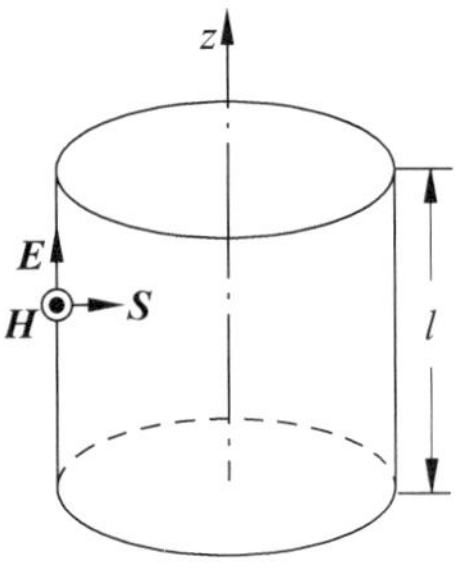

图 5-4 载流圆柱体

在导线表面上，$\boldsymbol{H}=\boldsymbol{e}_\phi\frac{I}{2\pi b}$，因此，导线表面的坡印亭矢量为

$$\boldsymbol{S}=\boldsymbol{E}\times\boldsymbol{H}=-\boldsymbol{e}_r\frac{I^2}{2\sigma\pi^2b^3}$$

其方向处处指向导线的表面。将坡印亭矢量沿导线段表面积分，有

$$-\oint\!\!\!\oint_{S'}\boldsymbol{S}\cdot\mathrm{d}\boldsymbol{S}'=-\oint\!\!\!\oint_{S}\boldsymbol{S}\cdot\boldsymbol{e}_r\mathrm{d}S'=\left(\frac{I^2}{2\sigma\pi^2b^3}\right)2\pi bl$$

$$=I^2\left(\frac{l}{\sigma\pi b^2}\right)=I^2R$$

可见，能量沿垂直于表面方向流入导体内部，这部分能量正好等于导体中的热损耗，而稳恒电流的情况下没有电磁能量被储存起来，这与坡印亭定理是一致的。

例题 5-9 一个同轴线的内导体半径为 a，外导体半径为 b，内、外导体间为空气，且内、外导体均为理想导体，载有直流电流 I，内、外导体间的电压为 U。求同轴线的传输功率和能量流密度矢量。

解 设同轴线的单位长度线电荷密度为 ρ，可根据高斯定理可求出同轴线内、外导体间的电场为

$$\boldsymbol{E}=\boldsymbol{e}_r\frac{\rho}{2\pi\varepsilon_0 r}$$

又 $\int_a^b E\mathrm{d}r=U$，所以电场可表示为

$$\boldsymbol{E}=\frac{U}{r\ln\frac{b}{a}}\boldsymbol{e}_r,\quad a<r<b$$

根据安培环路定律，可以求得磁场为

$$\boldsymbol{H}=\frac{I}{2\pi r}\boldsymbol{e}_\phi,\quad a<r<b$$

所以，坡印亭矢量为

$$\boldsymbol{S}=\boldsymbol{E}\times\boldsymbol{H}=\frac{UI}{2\pi r^2\ln\dfrac{b}{a}}\boldsymbol{e}_z$$

上式说明电磁能量沿 z 轴方向流动，由电源向负载端传输。则通过同轴线内、外导体间任一横截面的功率为

$$P=\oiint_{S'}\boldsymbol{S}\cdot \mathrm{d}\boldsymbol{S}'=\int_a^b\frac{UI}{2\pi r^2\ln\dfrac{b}{a}}\cdot 2\pi r\,\mathrm{d}r=UI$$

这一结果与利用电路理论计算出来的同轴线传输功率的结果一样。

例题 5-10 已知无源自由空间中，时变电磁场电场强度的复数形式为 $\boldsymbol{E}(z)=\boldsymbol{e}_yE_0\mathrm{e}^{-\mathrm{j}kz}$，其中 k、E_0 均为常数。求：

(1) 磁场的复数形式；

(2) 坡印亭矢量的瞬时值；

(3) 平均坡印亭矢量。

解 (1) 根据$\nabla\times\boldsymbol{E}=-\mathrm{j}\omega\mu_0\boldsymbol{H}$，则

$$\boldsymbol{H}=-\frac{1}{\mathrm{j}\omega\mu_0}\nabla\times\boldsymbol{E}=\frac{1}{\mathrm{j}\omega\mu_0}\boldsymbol{e}_x\frac{\partial}{\partial z}E_0\mathrm{e}^{-\mathrm{j}kz}=-\frac{k}{\omega\mu_0}\boldsymbol{e}_xE_0\mathrm{e}^{-\mathrm{j}kz}$$

(2) 电场和磁场的瞬时值

$$\boldsymbol{E}(z,t)=\mathrm{Re}[\boldsymbol{E}\mathrm{e}^{\mathrm{j}\omega t}]=\boldsymbol{e}_yE_0\cos(\omega t-kz)$$

$$\boldsymbol{H}(z,t)=\mathrm{Re}[\boldsymbol{H}\mathrm{e}^{\mathrm{j}\omega t}]=-\boldsymbol{e}_x\frac{k}{\omega\mu_0}E_0\cos(\omega t-kz)$$

因此，坡印亭矢量的瞬时值为

$$\boldsymbol{S}(x,y,z,t)=\boldsymbol{E}(x,y,z,t)\times\boldsymbol{H}(x,y,z,t)=\boldsymbol{e}_z\frac{k}{\omega\mu_0}E_0^2\cos^2(\omega t-kz)$$

(3) 平均坡印亭矢量为

$$S_{\mathrm{av}}=\mathrm{Re}\left[\frac{1}{2}\boldsymbol{E}\times\boldsymbol{H}^*\right]=\frac{1}{2}\mathrm{Re}\left[\boldsymbol{e}_yE_0\mathrm{e}^{-\mathrm{j}kz}\times\left(-\frac{k}{\omega\mu_0}\boldsymbol{e}_xE_0\mathrm{e}^{\mathrm{j}kz}\right)\right]=\boldsymbol{e}_z\frac{k}{2\omega\mu_0}E_0^2$$

5.5 时变电磁场的唯一性定理

微课视频

在上一章讨论了静电场的唯一性定理。现在讨论在有界区域中时变电磁场的唯一性定理，即关于麦克斯韦方程之解的唯一性问题。

时变电磁场的唯一性定理为：在以闭合曲面 S'为边界的有界区域 V 中，如果给定 $t=0$ 时的电场强度和磁场强度的初始值，并且在 $t\geqslant 0$ 时，给定边界上电场强度的切向分量或者磁场强度的切向分量，那么在 $t>0$ 时，区域 V 中的电磁场由麦克斯韦方程唯一地确定。

下面仍采用反证法来证明唯一性定理。设在区域 V 内无源，媒质为线性和各向同性，并且有两组解 $\boldsymbol{E}_1$、$\boldsymbol{H}_1$ 和 $\boldsymbol{E}_2$、$\boldsymbol{H}_2$ 均满足麦克斯韦方程组。令

$$\boldsymbol{E}'=\boldsymbol{E}_1-\boldsymbol{E}_2,\quad \boldsymbol{H}'=\boldsymbol{H}_1-\boldsymbol{H}_2$$

因为 $t=0$ 时电场强度和磁场强度的初始值已知，故 $t=0$ 时，$\boldsymbol{E}'=0$，$\boldsymbol{H}'=0$；并且在 $t\geqslant 0$ 时，根据电磁场切向分量的边界条件，边界 S'上电场强度 $\boldsymbol{E}'$的切向分量或者磁场强度 $\boldsymbol{H}'$的

切向分量为0。根据叠加原理，$\boldsymbol{E}'$、$\boldsymbol{H}'$也满足麦克斯韦方程组，即

$$\nabla\times\boldsymbol{H}'=\sigma\boldsymbol{E}'+\varepsilon\frac{\partial\boldsymbol{E}'}{\partial t}$$

$$\nabla\times\boldsymbol{E}'=-\mu\frac{\partial\boldsymbol{H}'}{\partial t}$$

$$\nabla\cdot(\varepsilon\boldsymbol{E}')=0$$

$$\nabla\cdot(\mu\boldsymbol{H}')=0$$

由于区域 V 内无源，因此，根据坡印亭定理公式(5-29)，以及线性各向同性媒质的本构方程 $\boldsymbol{D}=\varepsilon\boldsymbol{E}$，$\boldsymbol{B}=\mu\boldsymbol{H}$，$\boldsymbol{J}=\sigma\boldsymbol{E}$，有

$$-\oint\!\!\!\oint_{S'}(\boldsymbol{E}'\times\boldsymbol{H}')\cdot\mathrm{d}\boldsymbol{S}=\frac{\partial}{\partial t}\iiint_V\left(\frac{1}{2}\mu|\boldsymbol{H}'|^2+\frac{1}{2}\varepsilon|\boldsymbol{E}'|^2\right)\mathrm{d}V+\iiint_V(\sigma|\boldsymbol{E}'|^2)\mathrm{d}V$$

考虑到边界 S' 上 $\boldsymbol{E}'$的切向分量或者 $\boldsymbol{H}'$的切向分量为零，故$(\boldsymbol{E}'\times\boldsymbol{H}')\cdot\boldsymbol{e}_{\mathrm{n}}=(\boldsymbol{e}_{\mathrm{n}}\times\boldsymbol{E}')\cdot\boldsymbol{H}'=\boldsymbol{E}'\cdot(\boldsymbol{H}'\times\boldsymbol{e}_{\mathrm{n}})=0$；所以上式左边为0。因此上式右边亦为0，即

$$\frac{\partial}{\partial t}\iiint_V\left(\frac{1}{2}\mu|\boldsymbol{H}'|^2+\frac{1}{2}\varepsilon|\boldsymbol{E}'|^2\right)\mathrm{d}V+\iiint_V(\sigma|\boldsymbol{E}'|^2)\mathrm{d}V=0$$

由于 $t=0$ 时，$\boldsymbol{E}'=0$，$\boldsymbol{H}'=0$，将上式在$(0,t)$内对 t 积分得

$$\iiint_V\left(\frac{1}{2}\mu|\boldsymbol{H}'|^2+\frac{1}{2}\varepsilon|\boldsymbol{E}'|^2\right)\mathrm{d}V+\int_0^t\iiint_V(\sigma|\boldsymbol{E}'|^2)\mathrm{d}V=0$$

上式中被积函数均非负，要使得积分成立，必须有

$$\boldsymbol{E}'=0,\quad \boldsymbol{H}'=0$$

即

$$\boldsymbol{E}_1=\boldsymbol{E}_2,\quad \boldsymbol{H}_1=\boldsymbol{H}_2$$

故时变电磁场的唯一性定理得证。

该定理也可以推广到区域 V 内有源以及包含各向异性媒质的情况，它是求解时变电磁场问题的理论依据。但是，对于非线性电磁场问题一般不存在唯一解。

5.6 电磁场的位函数及波动方程

在静态场中引入了标量电位 φ、矢量磁位 $\boldsymbol{A}$ 等来描述静电场及恒定磁场，对问题的分析和求解带来极大的方便。对于时变(交变)场，也可以通过引入位函数使得电磁问题得以简化。

1. 交变场的位函数

在交变场的情况下，也引入矢量磁位 $\boldsymbol{A}$，即 $\boldsymbol{B}=\nabla\times\boldsymbol{A}$，代入麦克斯韦第二方程得

$$\nabla\times\boldsymbol{E}=-\frac{\partial\boldsymbol{B}}{\partial t}=-\frac{\partial}{\partial t}\nabla\times\boldsymbol{A}$$

即

$$\nabla\times\left(\boldsymbol{E}+\frac{\partial\boldsymbol{A}}{\partial t}\right)=0$$

根据矢量恒等式$\nabla\cdot(\nabla\times\boldsymbol{A})=0$，在上式中可令

$$-\nabla\varphi=\boldsymbol{E}+\frac{\partial\boldsymbol{A}}{\partial t}$$

即

$$\boldsymbol{E}=-\nabla\varphi-\frac{\partial \boldsymbol{A}}{\partial t} \tag{5-31}$$

上式即交变场与标量电位 φ、矢量磁位 $\boldsymbol{A}$ 等位函数的关系。

2. 位函数的微分方程

在线性、各向同性的媒质中，麦克斯韦方程组的微分形式为

$$\begin{cases}\nabla\times \boldsymbol{H}=\boldsymbol{J}+\varepsilon\dfrac{\partial \boldsymbol{E}}{\partial t}\\ \nabla\times \boldsymbol{E}=-\mu\dfrac{\partial \boldsymbol{H}}{\partial t}\\ \nabla\cdot \boldsymbol{E}=\dfrac{\rho}{\varepsilon}\\ \nabla\cdot \boldsymbol{B}=0\end{cases}$$

利用矢量磁位，由本构方程式 $\boldsymbol{B}=\mu\boldsymbol{H}$ 及麦克斯韦第一方程得

$$\nabla\times \boldsymbol{H}=\frac{1}{\mu}\nabla\times(\nabla\times \boldsymbol{A})=\boldsymbol{J}+\varepsilon\frac{\partial \boldsymbol{E}}{\partial t}$$

将式(5-31)代入得

$$\frac{1}{\mu}\nabla\times(\nabla\times \boldsymbol{A})=\boldsymbol{J}-\varepsilon\frac{\partial}{\partial t}\left(\nabla\varphi+\frac{\partial \boldsymbol{A}}{\partial t}\right)$$

再将恒等式$\nabla\times(\nabla\times\boldsymbol{A})=\nabla\nabla\cdot\boldsymbol{A}-\nabla^2\boldsymbol{A}$ 代入上式，并整理得

$$\nabla^2\boldsymbol{A}-\mu\varepsilon\frac{\partial^2 \boldsymbol{A}}{\partial t^2}=-\mu\boldsymbol{J}+\nabla\left(\nabla\cdot\boldsymbol{A}+\mu\varepsilon\frac{\partial\varphi}{\partial t}\right)$$

根据亥姆霍兹定理，对于一个矢量场，必须知道它的旋度、散度及边界条件才能唯一确定。对于不同场合可以选择不同的规范条件，为使上式简化可以选择洛伦兹规范（见附录 B），即

$$\nabla\cdot\boldsymbol{A}=-\mu\varepsilon\frac{\partial\varphi}{\partial t} \tag{5-32}$$

因此，可得矢量磁位 $\boldsymbol{A}$ 的波动方程为

$$\nabla^2\boldsymbol{A}-\mu\varepsilon\frac{\partial^2 \boldsymbol{A}}{\partial t^2}=-\mu\boldsymbol{J} \tag{5-33}$$

上式为非齐次亥姆霍兹方程。

同理，将式(5-31)代入麦克斯韦第三方程$\nabla\cdot\boldsymbol{E}=\dfrac{\rho}{\varepsilon}$得

$$\nabla^2\varphi+\frac{\partial}{\partial t}(\nabla\cdot\boldsymbol{A})=-\frac{\rho}{\varepsilon}$$

将式(5-32)洛伦兹规范代入上式得

$$\nabla^2\varphi-\mu\varepsilon\frac{\partial^2\varphi}{\partial t^2}=-\frac{\rho}{\varepsilon} \tag{5-34}$$

上式就是标量电位 φ 的波动方程，为非齐次亥姆霍兹方程。

式(5-33)、式(5-34)就是在洛伦兹规范条件下描述矢量位磁 $\boldsymbol{A}$ 和标量电位 φ 的微分方

程，称为达朗贝尔方程。

对于时谐场，达朗贝尔方程可以表示为

$$\begin{cases}\nabla^2 \boldsymbol{A}+k^2 \boldsymbol{A}=-\mu \boldsymbol{J} \\ \nabla^2 \varphi+k^2 \varphi=-\dfrac{\rho}{\varepsilon}\end{cases} \tag{5-35}$$

其中，$k^2=\omega^2\mu\varepsilon$。

在时谐场条件下，式(5-32)为

$$\nabla\cdot \boldsymbol{A}=-\mathrm{j}\omega\mu\varepsilon\varphi \tag{5-36}$$

所以

$$\varphi=\frac{-\nabla\cdot \boldsymbol{A}}{\mathrm{j}\omega\mu\varepsilon}$$

将上式代入式(5 31)得

$$\boldsymbol{E}=\frac{\nabla\nabla\cdot \boldsymbol{A}}{\mathrm{j}\omega\mu\varepsilon}-\mathrm{j}\omega \boldsymbol{A}$$

因此，只要求出了位函数 $\boldsymbol{A}$ 或者 φ，电场 $\boldsymbol{E}$ 和磁场 $\boldsymbol{H}$ 可以方便地得到。

例题 5-11 已知时变电磁场中矢量磁位为 $\boldsymbol{A}=\boldsymbol{e}_x A_{\mathrm{m}}\sin(\omega t-kz)$，其中 A_{m} 为幅度、k 是常数，求电场强度、磁场强度和坡印亭矢量。

解

$$\boldsymbol{B}=\nabla\times \boldsymbol{A}=\boldsymbol{e}_y\frac{\partial A_x}{\partial z}=-\boldsymbol{e}_y kA_{\mathrm{m}}\cos(\omega t-kz)$$

$$\boldsymbol{H}=-\boldsymbol{e}_y\frac{k}{\mu}A_{\mathrm{m}}\cos(\omega t-kz)$$

因为

$$\mu\varepsilon\frac{\partial\varphi}{\partial t}=-\nabla\cdot \boldsymbol{A}=0$$

所以，$\varphi=C$(常数)。如果假设过去某一时刻，场还没有建立，则 $C=0$。

故有

$$\boldsymbol{E}=-\nabla\varphi-\frac{\partial \boldsymbol{A}}{\partial t}=-\boldsymbol{e}_x\omega A_{\mathrm{m}}\cos(\omega t-kz)$$

坡印亭矢量的瞬时值为

$$\begin{aligned}\boldsymbol{S}(t)&=\boldsymbol{E}(t)\times \boldsymbol{H}(t)\\&=[-\boldsymbol{e}_x\omega A_{\mathrm{m}}\cos(\omega t-kz)]\times\left[-\boldsymbol{e}_y\frac{k}{\mu}A_{\mathrm{m}}\cos(\omega t-kz)\right]\\&=\boldsymbol{e}_z\frac{\omega k}{\mu}A_{\mathrm{m}}^2\cos(\omega t-kz)\end{aligned}$$

习题

5-1 试根据麦克斯韦方程导出电流连续性方程 $\nabla\cdot \boldsymbol{J}=-\dfrac{\partial\rho}{\partial t}$。

5-2 试根据麦克斯韦方程导出静电场中点电荷的电场强度公式和泊松方程。

5-3 已知在空气中电场强度 $\boldsymbol{E}=\boldsymbol{e}_y 0.1\sin(10\pi x)\cos(6\pi\times10^9 t-kz)$，求磁场强度 $\boldsymbol{H}$ 和常数 k。

5-4 一个长为 l 的圆柱形电容器，其内外导体半径分别为 a、b，极板间理想介质的介电常数为 ε。当外加电压为 $U=U_{\mathrm{m}}\sin\omega t$ 时，求介质中的位移电流密度及穿过半径为 $r(a<r<b)$ 的圆柱面的位移电流。证明该位移电流等于电容器引线中的传导电流。

5-5 设在有耗色散媒质中的物质本构方程为 $\boldsymbol{D}(\omega)=\varepsilon(\omega)\boldsymbol{E}(\omega)$，$\boldsymbol{J}(\omega)=\sigma(\omega)\boldsymbol{E}(\omega)$；根据电荷守恒定律，试证明在时谐场的情况下有 $\varepsilon(\omega)=1-\dfrac{\mathrm{j}\sigma(\omega)}{\varepsilon_0\omega}$。

5-6 已知在金属铜中某处的电场强度为 $\boldsymbol{E}=\boldsymbol{e}_z\boldsymbol{E}_{\mathrm{m}}\cos(2\pi\times10^{10}t)$，设媒质电磁参数为 $\varepsilon_r=1$，$\sigma=5.8\times10^7$ S/m。试计算该点处的传导电流密度幅度与位移电流密度幅度之比；如果将铜换成淡水($\varepsilon_r=81$，$\sigma=4$ S/m)，重新计算传导电流密度幅度与位移电流密度幅度之比。

5-7 在线性、均匀、各向同性的导电媒质中，证明：$\nabla^2\boldsymbol{H}-\mu\varepsilon\dfrac{\partial^2\boldsymbol{H}}{\partial t^2}-\mu\sigma\dfrac{\partial\boldsymbol{H}}{\partial t}=0$。

5-8 设在法线方向为 $\boldsymbol{e}_{\mathrm{n}}=\boldsymbol{e}_x\cos\alpha+\boldsymbol{e}_y\sin\alpha$($\alpha$ 为法线与 x 轴的夹角)，介质参数为 ε_1，μ_1 和 ε_2，μ_2 的两种理想介质的分界面上：$\boldsymbol{E}_1=E_{x1}\boldsymbol{e}_x+E_{y1}\boldsymbol{e}_y+E_{z1}\boldsymbol{e}_z$，求 $\boldsymbol{E}_2$。

5-9 在法线方向为 $\boldsymbol{e}_z$ 的理想导体表面上，电流密度为 $\boldsymbol{J}_s=\boldsymbol{e}_xJ_{x0}\sin\omega t-\boldsymbol{e}_yJ_{y0}\cos\omega t$，求导体表面的切向磁场。

5-10 在真空中，已知电场强度的复数形式为 $\boldsymbol{E}=(E_{x0}\boldsymbol{e}_x+\mathrm{j}E_{y0}\boldsymbol{e}_y)\mathrm{e}^{\mathrm{j}kz}$，分别求出磁场强度和电场强度的瞬时表达式、能量密度及能量流密度的平均值。

5-11 半径为 a 的导线通以直流电流 I，导线单位长度的电阻为 R。试应用坡印亭矢量计算该导线单位长度的损耗功率。

5-12 已知无源($\rho=0$，$J=0$)自由空间($\mu_{\mathrm{r}}=\varepsilon_{\mathrm{r}}=1$，$\sigma=0$)中的电场为

$$\boldsymbol{E}=\boldsymbol{e}_yE_0\sin(\omega t-kz)$$

(1) 试证明 ω/k 等于光速 c；

(2) 求磁场强度；

(3) 求平均功率密度。

5-13 半径为 a 的圆形平行板电容器，电极距离为 d，其间填充电导率为 σ 的非理想均匀电介质，极板间的电压为 U_0，略去边缘效应。

(1) 计算极板间的电磁场及能流密度；

(2) 证明用坡印亭矢量和用电路理论计算出的损耗功率相同。

5-14 证明无源自由空间中仅随时间变化的场 $\boldsymbol{B}=\boldsymbol{B}_0\sin\omega t$ 不满足麦克斯韦方程。若将 t 换成 $(t-y/c)$，则它可以满足麦克斯韦方程。其中，c 为光速。

5-15 已知空气中某一区域的电场为 $\boldsymbol{E}=\boldsymbol{e}_y10\sin(\pi x)\cos(3\pi\times10^8t-\pi z)$ V/m。

(1) 求复坡印亭矢量及有功功率密度；

(2) 计算平均电能密度和平均磁能密度。

5-16 已知真空中正弦电磁场的磁场复矢量是 $\boldsymbol{H}=\boldsymbol{e}_\phi H_{\mathrm{m}}\dfrac{\sin\theta}{r}\mathrm{e}^{-\mathrm{j}kr}$，式中 $\boldsymbol{H}_{\mathrm{m}}$、$k$ 均为实常数。试求坡印亭矢量的瞬时值和平均值。

5-17 位于原点的天线所辐射的电磁场在球坐标系中表示为 $\boldsymbol{E}=\boldsymbol{e}_\theta \dfrac{120\pi}{r}\sin\theta \mathrm{e}^{-\mathrm{j}kr}$，$\boldsymbol{H}=\boldsymbol{e}_\phi \dfrac{\sin\theta}{r}\mathrm{e}^{-\mathrm{j}kr}$。求空间任一点的坡印亭矢量的瞬时值和穿过半球面($r=1$ km，$0\leqslant\theta\leqslant\pi/2$)的平均功率。

5-18 假设与 yOz 平面平行的相距为 d 的两无限大理想导体板之间的电场复数形式为 $\boldsymbol{E}=\boldsymbol{e}_x E_\mathrm{m}\mathrm{e}^{-\mathrm{j}kz}$。

(1) 求磁场强度；

(2) 求导体板上的分布电荷及分布电流的瞬时值。

5-19 已知在无限长理想导体板所围成的区域内($0\leqslant x\leqslant a$，$0\leqslant y\leqslant b$)电场复数形式为 $\boldsymbol{E}=\boldsymbol{e}_y E_\mathrm{m}\mathrm{e}^{-\mathrm{j}\pi/2}\sin\dfrac{m\pi x}{a}\mathrm{e}^{-\mathrm{j}\beta z}$。

(1) 求磁场强度复数形式；

(2) 坡印亭矢量的瞬时值和平均值；

(3) 穿过任一横截面的平均功率。

5-20 已知 $\sigma=0$ 的均匀媒质中的矢量磁位为 $\mathbf{A}=\boldsymbol{e}_z\cos kx\cos\omega t$，试求：

(1) 标量电位；

(2) 电场强度；

(3) 磁场强度。

5-21 已知球坐标系中任意点时谐场的矢量磁位为 $\mathbf{A}=(\boldsymbol{e}_r\cos\theta-\boldsymbol{e}_\theta\sin\theta)\dfrac{A_0}{r}\mathrm{e}^{-\mathrm{j}kr}$，其中 A_0 为常数。试求电场强度和磁场强度。

5-22 真空中有一点电荷 q 以速度 $v(v<c)$ 沿 z 轴匀速运动。试证明它产生的电磁场满足麦克斯韦方程组。

第6章 无界媒质中的均匀平面波

CHAPTER 6

根据麦克斯韦方程可知，时变电磁场的电场和磁场相互激发、互为依存，可以摆脱源的束缚而独立存在并向外传播形成电磁波。时变电磁场以电磁波的形式存在于时间和空间相统一的物理世界。本章将就无界媒质中均匀平面波的传播特性进行具体的讨论，即从麦克斯韦方程组出发，通过对亥姆霍兹方程的求解引入平面波的概念，然后依次分析均匀平面波在无限大理想介质、导电媒质中传播的一些特性和现象，最后介绍时域有限差分法在电磁波传播数值仿真中的应用。

本章所涉及的媒质如无特殊说明均属均匀、线性、各向同性的非时变媒质，而时变电磁场(电磁波)如无特殊说明均属随时间按余弦规律变化的时谐电磁场。

6.1 理想介质中的均匀平面波

微课视频

作为对基本电磁规律的全面概括，麦克斯韦方程组是研究时变电磁场的理论基础。本节将从理想介质中时谐电磁场(谐变电磁场、简谐波)所对应的麦克斯韦方程出发，详细介绍均匀平面波及其在理想介质中的传播情况。

6.1.1 亥姆霍兹方程与均匀平面波

根据式(5-23)，对于理想介质(线性、均匀、各向同性的无耗媒质)中无源区域内的时谐电磁场，其满足的复数麦克斯韦方程(组)的微分形式如下

$$\nabla\times\boldsymbol{H}=\mathrm{j}\omega\boldsymbol{D}$$

$$\nabla\times\boldsymbol{E}=-\mathrm{j}\omega\boldsymbol{B}$$

$$\nabla\cdot\boldsymbol{D}=0$$

$$\nabla\cdot\boldsymbol{B}=0$$

将 $\boldsymbol{D}=\varepsilon\boldsymbol{E}$、$\boldsymbol{B}=\mu\boldsymbol{H}$ 代入上式，可得

$$\begin{cases}\nabla\times\boldsymbol{H}=\mathrm{j}\omega\varepsilon\boldsymbol{E}\\ \nabla\times\boldsymbol{E}=-\mathrm{j}\omega\mu\boldsymbol{H}\\ \nabla\cdot\boldsymbol{E}=0\\ \nabla\cdot\boldsymbol{H}=0\end{cases}\tag{6-1}$$

显然，上述方程组中仅含有两个未知矢量，因此可以通过消元法去除其中的一个，得到关于另外一个矢量的偏微分方程。如果选择求取有关电场强度矢量所满足的方程，则可以

对电场强度的旋度方程(麦克斯韦第二方程)两边同时取旋度,得

$$\nabla\times\nabla\times\boldsymbol{E}=\nabla\times(-\mathrm{j}\omega\mu\boldsymbol{H})=-\mathrm{j}\omega\mu(\nabla\times\boldsymbol{H})$$

考虑到$\nabla\cdot\boldsymbol{E}=0$,将矢量恒等式$\nabla\times\nabla\times\boldsymbol{E}=\nabla(\nabla\cdot\boldsymbol{E})-\nabla^2\boldsymbol{E}=-\nabla^2\boldsymbol{E}$代入上式左端,并将式(6-1)中的$\nabla\times\boldsymbol{H}=\mathrm{j}\omega\varepsilon\boldsymbol{E}$代入上式右端,可得电场强度的齐次亥姆霍兹方程如下:

$$\nabla^2\boldsymbol{E}+k^2\boldsymbol{E}=0 \tag{6-2}$$

其中,$k=\omega\sqrt{\mu\varepsilon}$。同理,可得其磁场强度所满足的齐次亥姆霍兹方程如下

$$\nabla^2\boldsymbol{H}+k^2\boldsymbol{H}=0 \tag{6-3}$$

从以上推导可以看出,亥姆霍兹方程包含了时谐电磁场麦克斯韦方程及其辅助方程的基本信息,完整地反映了时谐电磁场中各场量之间的相互制约关系。因此,亥姆霍兹方程是揭示电磁波基本规律的关键。

同理,根据式(5-12)可以得到在无源($J=0$)的理想介质中,电场和磁场的波动方程如下

$$\nabla^2\boldsymbol{E}-\mu\varepsilon\frac{\partial^2\boldsymbol{E}}{\partial t^2}=0 \tag{6-4}$$

$$\nabla^2\boldsymbol{H}-\mu\varepsilon\frac{\partial^2\boldsymbol{H}}{\partial t^2}=0 \tag{6-5}$$

波动方程的解表示了时变电磁场将以波动的形式传播,即电磁波。式(6-2)和式(6-3)分别是式(6-4)和式(6-5)的复数形式,它们还表示了电场和磁场的解耦。研究电磁波的传播问题可以归结为在给定的边界条件和初始调节下求解式(6-4)和式(6-5)或式(6-2)和式(6-3)解的问题。

在直角坐标系下,式(6-2)或者式(6-3)所示的矢量二阶偏微分方程可以转化为对三个标量偏微分方程的求解,即对式(6-2)有

$$\nabla^2E_x+k^2E_x=0$$

$$\nabla^2E_y+k^2E_y=0$$

$$\nabla^2E_z+k^2E_z=0$$

为简化求解过程,先引入一种最基本的电磁波形式,即均匀平面波。

在同一时刻,电磁场量相位相同的点所构成的面为等相位面(波阵面);等相位面为无限大平面的电磁波称为平面波,而所谓均匀平面波就是等相位面上场量均匀分布的平面波。也就是说,对平面波而言,如果场量在等相位面上不仅相位相同,而且其幅度和方向也相同,则该平面波就是均匀平面波。等相位面的传播速度为相速度。

上述有关均匀平面波的定义虽然简单,但它仍然具备许多非常有利于亥姆霍兹方程求解的特性。

首先,根据波动的基本特点可知,在波的传播方向上,不同位置处的场量在同一时刻的相位是不同的,因此均匀平面波的等相位面必然与波的传播方向垂直。换句话说,在某一时刻,均匀平面波某场量的相位、方向、振幅只沿波的传播方向随空间位置而变化,在与传播方向垂直的无限大平面内则必然分别相等。

另外,将式(6-1)中的两旋度方程写成直角坐标系中各分量的标量形式为

$$\frac{\partial H_z}{\partial y}-\frac{\partial H_y}{\partial z}=\mathrm{j}\omega\varepsilon E_x,\quad \frac{\partial E_z}{\partial y}-\frac{\partial E_y}{\partial z}=-\mathrm{j}\omega\mu H_x$$

$$\frac{\partial H_x}{\partial z}-\frac{\partial H_z}{\partial x}=\mathrm{j}\omega\varepsilon E_y,\quad \frac{\partial E_x}{\partial z}-\frac{\partial E_z}{\partial x}=-\mathrm{j}\omega\mu H_y$$

$$\frac{\partial H_y}{\partial x}-\frac{\partial H_x}{\partial y}=\mathrm{j}\omega\varepsilon E_z,\quad \frac{\partial E_y}{\partial x}-\frac{\partial E_x}{\partial y}=-\mathrm{j}\omega\mu H_z$$

如果假设某均匀平面波沿 z 轴正方向传播，考虑到均匀平面波场量的相位、方向、振幅只会沿传播方向（z 轴方向）随空间位置而变化，上述表达式中诸场量对 x 和 y 的偏微分必然等于零，即

$$-\frac{\partial H_y}{\partial z}=\mathrm{j}\omega\varepsilon E_x,\quad -\frac{\partial E_y}{\partial z}=-\mathrm{j}\omega\mu H_x$$

$$\frac{\partial H_x}{\partial z}=\mathrm{j}\omega\varepsilon E_y,\quad \frac{\partial E_x}{\partial z}=-\mathrm{j}\omega\mu H_y$$

$$E_z=0,\quad H_z=0$$

显然，均匀平面波在传播方向上并没有纵向场分量存在。这种在传播方向上没有场分量存在的电磁波也被称为横电磁波（TEM）。

如上所述，均匀平面波具备许多优良特性，但从严格意义上讲，这种波其实并不存在，因为与传播方向垂直的无限大等相位平面上场量的均匀分布将导致能量的无限大，这显然是不合理的。尽管如此，通过它仍然可以了解到电磁波的许多性质，而且它对许多实际问题的分析也很有借鉴意义。例如，在距离波源足够远的地方所遇到的电磁波就可以被近似看作均匀平面波。

不失一般性，假设某均匀平面波沿 z 轴正方向传播，其等相位面与 xOy 平面平行，等相位面上均匀分布的电场仅有 x 分量。显然，该均匀平面波电场强度所满足的亥姆霍兹方程，可以从如式(6-2)所示的复数矢量偏微分方程简化为对 $E_x(z)$ 的复数标量常微分方程

$$\frac{\mathrm{d}^2E_x}{\mathrm{d}z^2}+k^2E_x=0$$

求解上述二阶常微分方程得其通解为

$$E_x=A\mathrm{e}^{-\mathrm{j}kz}+B\mathrm{e}^{\mathrm{j}kz}$$

因为待求量 E_x 为复数，所以上式中的系数 A、B 也应该是复数，因此可将其分别记为 $A=E_0\mathrm{e}^{\mathrm{j}\varphi}$、$B=E_0'\mathrm{e}^{\mathrm{j}\varphi'}$，即上述通解可转化为

$$E_x=E_0\mathrm{e}^{\mathrm{j}\varphi}\mathrm{e}^{-\mathrm{j}kz}+E_0'\mathrm{e}^{\mathrm{j}\varphi'}\mathrm{e}^{\mathrm{j}kz}$$

其中，E_0 和 E_0' 作为幅度都是不小于零的实数，而 φ 和 φ' 则是 $z=0$ 位置处的初始相位。可将上述复数形式的解转化为相应的瞬时值表达式，即

$$E_x=E_0\cos(\omega t-kz+\varphi)+E_0'\cos(\omega t+kz+\varphi') \tag{6-6}$$

式(6-6)也是式(6-4)的解。对上述表达式中的 $E_0\cos(\omega t-kz+\varphi)$ 而言，它在 t_1 时刻、z_1 位置处所对应的电场强度为

$$\boldsymbol{E}_1=\boldsymbol{e}_xE_0\cos(\omega t_1-kz_1+\varphi) \tag{6-7}$$

当经过 Δt 时间之后，上式所对应的等相位面的位置坐标变为 $z_1+\Delta z$，则

$$\omega t_1-kz_1+\varphi=\omega(t_1+\Delta t)-k(z_1+\Delta z)+\varphi$$

即

$$\Delta z=\frac{\omega}{k}\Delta t$$

显然，经过 Δt 时间之后，等相位面也沿 z 轴运动了 Δz，即式(6-7)所代表的电磁波是沿

z 轴方向传播的。另外，从式(6-7)不难发现，其指代的电场强度在任意一个垂直于 z 轴的无限大平面上都具有相同的相位、幅度和方向，即上述解完全符合之前对均匀平面波的描述。

同理，分析式(6-6)中的另一部分 $E_0'\cos(\omega t+kz+\varphi')$ 可知，其代表的是沿 $-z$ 轴方向传播的均匀平面波。显然，这与之前对均匀平面波沿 z 轴方向传播的假设不符，因此 E_0' 必须取为零，故沿 z 轴方向传播的均匀平面波的电场强度的复数形式和瞬时值表达式为

$$\boldsymbol{E}=\boldsymbol{e}_x E_0 \mathrm{e}^{\mathrm{j}\varphi}\mathrm{e}^{-\mathrm{j}kz}=\boldsymbol{e}_x E_x \tag{6-8}$$

$$\boldsymbol{E}=\boldsymbol{e}_x E_0\cos(\omega t-kz+\varphi) \tag{6-9}$$

其中，幅度 E_0 为不小于 0 的实数，而 φ 则是 $z=0$ 位置处的初始相位。将式(6-8)代入式(6-1)，通过电场强度的旋度方程可导出其对应的磁场强度的表达式，即

$$\boldsymbol{H}=\frac{\boldsymbol{\nabla}\times\boldsymbol{E}}{-\mathrm{j}\omega\mu}=\boldsymbol{e}_y\frac{k}{\omega\mu}E_0\mathrm{e}^{\mathrm{j}\varphi}\mathrm{e}^{-\mathrm{j}kz}$$

将 $k=\omega\sqrt{\mu\varepsilon}$ 代入上式可得

$$\boldsymbol{H}=\boldsymbol{e}_y\frac{E_0}{\sqrt{\mu/\varepsilon}}\mathrm{e}^{\mathrm{j}\varphi}\mathrm{e}^{-\mathrm{j}kz}=\boldsymbol{e}_y H_y \tag{6-10}$$

其对应的瞬时值表达式为

$$\boldsymbol{H}=\boldsymbol{e}_y\frac{E_0}{\sqrt{\mu/\varepsilon}}\cos(\omega t-kz+\varphi) \tag{6-11}$$

综上所述，沿 z 轴正方向传播的均匀平面波，其等相位面与 xOy 平面平行，等相位面上均匀分布的电场仅有 x 分量，磁场仅有 y 分量，如图 6-1 所示。但是，这种形式只是平面波的一个特例。

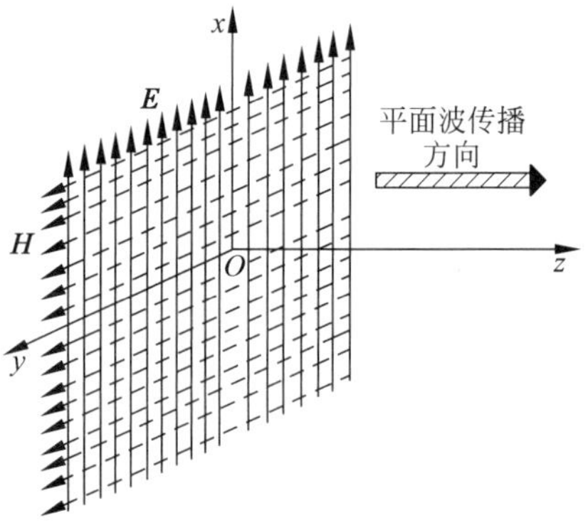

图 6-1　沿 z 轴方向传播的均匀平面波

6.1.2　理想介质中均匀平面波的特性

如上所述，对理想介质内无源区域中沿 z 轴方向传播的均匀平面波而言，其电场和磁场的表达式如式(6-8)～式(6-11)所示。下面以此为基础，分析均匀平面波在理想介质中传播的特性及相应的参数。

1. 周期性及其相应参数

在如式(6-9)、式(6-11)所示的场量表达式中，余弦函数的出现意味着场量会随着时间自变量 t 和空间自变量 z 作周期性的变化，对应的 ωt 和 kz 分别称为时间相位和空间相位。将场量的时间相位变化 2π 所经历的时间定义为波的时间周期 T(简称周期)，即

$$T=\frac{2\pi}{\omega} \tag{6-12}$$

其单位为秒(s)。根据周期的定义不难理解，其倒数为频率 f，即单位时间内场量变化所经历的周期的个数

$$f=\frac{1}{T}=\frac{\omega}{2\pi} \tag{6-13}$$

其单位为赫兹(Hz)。ω 作为角频率在数值上等于频率 f 的 2π 倍，从物理意义上则代表单位时间内场量相位的变化，即

$$\omega=2\pi f \tag{6-14}$$

其单位为弧度/秒(rad/s)。

同理,式(6-9)、式(6-11)中的余弦函数随空间自变量 z 作周期性的变化,其变化的快慢可以通过电磁波沿传播方向传播单位距离所引起的空间相位变化,即相位常数(又称相移常数)β 来表示

$$\beta = k \tag{6-15}$$

显然,理想介质中波的相位常数就等于参数 k,其单位为弧度/米(rad/m)。k 又称为波数。

另外,为了表征波随 z 变化的周期性,可将场量的空间相位变化 2π 所对应的传播方向上的位移定义为波长 λ,即

$$\lambda = \frac{2\pi}{\beta} \tag{6-16}$$

显然,波长又可以视为空间周期,其单位为米(m),而 β 又称为空间频率。将式(6-15)和 $k = \omega\sqrt{\mu\varepsilon}$ 代入上式,可得

$$\lambda = \frac{2\pi}{\omega\sqrt{\mu\varepsilon}} \tag{6-17}$$

将式(6-12)和式(6-13)代入上式,可得

$$\lambda = \frac{T}{\sqrt{\mu\varepsilon}} = \frac{1}{f\sqrt{\mu\varepsilon}} \tag{6-18}$$

2. 相速度

如 6.1.1 小节所述,在 t_1 时刻、z_1 位置处的电磁波经过 Δt 之后运动到了 $z_1 + \Delta z$ 位置,其中 $\Delta z = \frac{\omega}{k}\Delta t$,因此不难得到其等相位面沿传播方向($z$ 轴方向)传播运动的速度,即相速度

$$v = \frac{\mathrm{d}z}{\mathrm{d}t} = \frac{\omega}{k} = \frac{\omega}{\beta} \tag{6-19}$$

其单位为米/秒(m/s)。将 $k = \omega\sqrt{\mu\varepsilon}$ 代入上式,可得理想介质中均匀平面波相速度的表达式,即

$$v = \frac{1}{\sqrt{\mu\varepsilon}} \tag{6-20}$$

显然,如果理想介质的 ε、μ 不随频率变化,则在其中传播的平面波的相速度与频率(或波长)无关,即无色散现象;此时该理想介质属于非色散媒质。另外,如果将 μ_0、ε_0 代入上式,则

$$v = \frac{1}{\sqrt{\mu_0\varepsilon_0}} = 3\times 10^8 = c \tag{6-21}$$

即真空(自由空间)中均匀平面波的相速度等于光速。

一般认为在微波频率以下理想介质是近似无色散的,但是,在高频情况下,理想介质的 ε、μ 往往随频率变化,在其中传播的平面波的相速度与频率(或波长)有关,则存在散现象,该种介质为色散媒质。显然,在真空中都不会存在色散现象。

将式(6-20)代入式(6-18)可得速度、波长、频率之间的关系式为

$$v = \lambda f \tag{6-22}$$

3. 坡印亭矢量与能量密度

利用式(5-30)所示的复坡印亭矢量,可以计算上述理想介质中均匀平面波的平均功率密度,即

$$\boldsymbol{S}_{\mathrm{av}} = \frac{1}{2}\mathrm{Re}(\boldsymbol{E}\times\boldsymbol{H}^*)$$

将式(6-8)和式(6-10)代入上式可得

$$\boldsymbol{S}_{\text{av}}=\frac{1}{2}\text{Re}(E_x\boldsymbol{e}_x\times\boldsymbol{e}_yH_y^*)=\frac{1}{2}\frac{E_0^2}{\sqrt{\mu/\varepsilon}}\boldsymbol{e}_z \tag{6-23}$$

显然,理想介质中的均匀平面波在传播过程中不仅各场量的幅度没有发生变化,其平均坡印亭矢量也是常数。因此,理想介质中的均匀平面波是没有能量损失的等幅波。

除此之外,根据式(6-9)和式(6-11)还可以计算出该均匀平面波所对应的时谐电磁场中电场和磁场的能量密度的瞬时值表达式,即

$$w_e=\frac{1}{2}\varepsilon E^2=\frac{1}{2}\varepsilon E_0^2\cos^2(\omega t-kz+\varphi)$$

$$w_m=\frac{1}{2}\mu H^2=\frac{1}{2}\varepsilon E_0^2\cos^2(\omega t-kz+\varphi)$$

显然,对理想介质中的均匀平面波而言,其对应的时谐电磁场中任意位置处的电场和磁场的瞬时能量密度总是相等的(易理解,两者的时间平均值也相等)。

4. 波阻抗

为了能够直观地表达出电场强度和磁场强度之间的幅度和相位关系,可利用式(6-8)和式(6-10)计算出其复数振幅之比,即

$$\frac{E_x}{H_y}=\sqrt{\frac{\mu}{\varepsilon}}=\eta \tag{6-24}$$

显然,上述比值仅与媒质的电磁参数有关,因此被定义为媒质的波阻抗或者本征阻抗,其单位为欧姆(Ω)。

将 μ_0、ε_0 代入式(6-24)可得真空中波阻抗为

$$\eta_0=\sqrt{\frac{\mu_0}{\varepsilon_0}}=120\pi\Omega\approx 377\Omega \tag{6-25}$$

即真空中的波阻抗为 377Ω。

与真空中的情况类似,任一理想介质的波阻抗也都是实数。也就是说,对理想介质中传播的均匀平面波而言,其电场矢量和磁场矢量是同相位的。

推而广之,利用波阻抗反映电场、磁场之间幅度和相位关系的特点,并结合其具体的传播方向 $\boldsymbol{e}_\xi$,可对均匀平面波中的电场强度、磁场强度建立如下关系式

$$\boldsymbol{H}=\frac{1}{\eta}\boldsymbol{e}_\xi\times\boldsymbol{E} \tag{6-26}$$

$$\boldsymbol{E}=\eta\boldsymbol{H}\times\boldsymbol{e}_\xi \tag{6-27}$$

根据上式不难发现:对理想介质中沿 z 轴方向传播的均匀平面波而言,其电场矢量、磁场矢量和传播方向三者之间是相互正交的,如图 6-2 所示,这种波又称为横电磁波(TEM)。

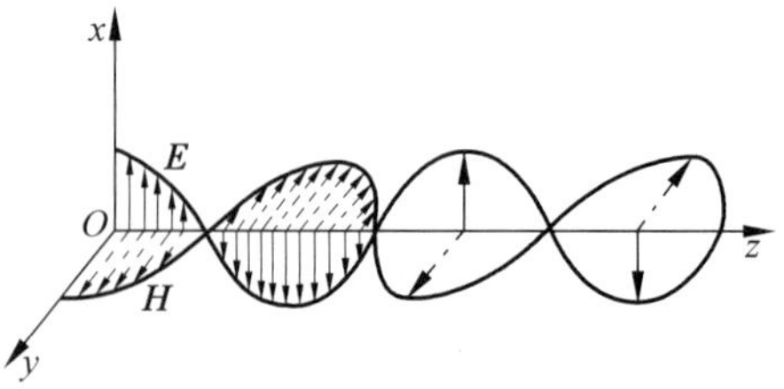

图 6-2 电场、磁场和传播方向相互正交

例题 6-1 自由空间中均匀平面波的电场强度表达式如下

$$\boldsymbol{E}=12\pi\cos(\omega t+\pi z)\boldsymbol{e}_x \quad \text{V/m}$$

试分析:

(1) 波的传播方向、相速度和波阻抗;

(2) 波长；

(3) 频率；

(4) 磁场强度；

(5) 平均坡印亭矢量。

解 (1) 等相位面(相位固定为 φ)上任意一点的相位相同，即

$$\omega t+\pi z=\text{常数}$$

显然，随着 t 的增大，z 必须逐渐减小才能确保相位不变，即该电磁波是沿 $-z$ 轴方向传播的。另外，由于该平面波在自由空间中传播，其相速度和波阻抗的大小分别等于

$$v=c=3\times10^{8}\ \mathrm{m/s}$$

$$\eta=\eta_0=120\pi\ \Omega$$

(2) 波的相位常数 $\beta=\pi$，因此其波长为

$$\lambda=\frac{2\pi}{\beta}=2\ \mathrm{m}$$

(3) 既然自由空间中均匀平面波的相位常数 $\beta=\pi$，而且

$$\beta=\omega\sqrt{\mu_0\varepsilon_0}$$

因此，频率为

$$f=\frac{\beta}{2\pi\sqrt{\mu_0\varepsilon_0}}=1.5\times10^{8}\ \mathrm{Hz}$$

(4) 因为平面波沿 $-z$ 轴方向传播，根据式(6-26)将磁场强度表示为

$$\boldsymbol{H}=\frac{1}{\eta}(-\boldsymbol{e}_z)\times\boldsymbol{E}=-\frac{1}{10}\cos(\omega t+\pi z)\boldsymbol{e}_y$$

(5) 根据平均坡印亭矢量的计算式可得

$$\boldsymbol{S}_{\mathrm{av}}=\frac{1}{2}\mathrm{Re}(\boldsymbol{E}\times\boldsymbol{H}^*)=-0.6\pi\boldsymbol{e}_z$$

例题 6-2 自由空间中均匀平面波的波长为 18 cm，如果将其置于某种理想介质中，发现其波长会变为 9 cm。假设该理想介质为不导电的非磁性介质，试确定该电介质的相对介电常数。

解 据式(6-18)可知，无限大空间中均匀平面波的波长与频率、材料的电磁参数有关，因此有

$$\lambda_0=\frac{1}{f\sqrt{\mu\varepsilon}}=\frac{1}{f\sqrt{\mu_0\varepsilon_0}}=0.18\ \mathrm{m}$$

$$\lambda=\frac{1}{f\sqrt{\mu\varepsilon}}=\frac{1}{f\sqrt{\mu_0\varepsilon_0\varepsilon_r}}=0.09\ \mathrm{m}$$

对比上述两式不难计算介质的相对介电常数，即

$$\varepsilon_r=4$$

6.1.3 理想介质中均匀平面波的一般表达式

前面讨论了在理想介质中沿 z 轴方向传播、电场强度和磁场强度矢量平行于坐标轴的均匀平面波的情况，如图 6-1 所示。接下来将就其一般表示形式展开具体分析。

1. 沿 z 轴方向传播的均匀平面波的一般形式

基于前面的讨论可知：理想介质中沿 z 方向传播的均匀平面波，其电场矢量和磁场矢量必须相互垂直，而且纵向分量为零。可见，如图 6-1 所示的均匀平面波只是符合上述要求的一个特例；一般情况下，其电场强度的复数形式为

$$\boldsymbol{E}=(\boldsymbol{e}_x E_{x0}\mathrm{e}^{\mathrm{j}\varphi_x}+\boldsymbol{e}_y E_{y0}\mathrm{e}^{\mathrm{j}\varphi_y})\mathrm{e}^{-\mathrm{j}kz}=\boldsymbol{E}_0\mathrm{e}^{-\mathrm{j}kz} \tag{6-28}$$

其中，$\boldsymbol{E}_0$ 所代表的就是坐标原点($z=0$)处的电场强度(包括幅度、相位和方向)，也称为复振幅。另外，上式所对应的瞬时值形式为

$$\boldsymbol{E}=\boldsymbol{e}_x E_{x0}\cos(\omega t-kz+\varphi_x)+\boldsymbol{e}_y E_{y0}\cos(\omega t-kz+\varphi_y) \tag{6-29}$$

注意：上式中的 E_{x0} 和 E_{y0} 分别作为电场强度在 x 和 y 轴上的幅度分量，都为不小于零的实数，而 φ_x 和 φ_y 则分别表示各分量在 $z=0$ 处的初始相位。

例题 6-3 频率为 100 MHz 的时谐均匀平面波在各向同性的均匀、理想介质中沿 $-z$ 轴方向传播，其介质特性参数分别为 $\varepsilon_r=4$、$\mu_r=1$、$\sigma=0$。设电场的取向与 x 和 y 轴的正方向都成 45°角，而且当 $t=0$，$z=1/8$ m 时，电场的大小等于其振幅值，即 $\sqrt{2}\times10^{-4}$ V/m。求：电场强度和磁场强度的表达式。

解 依据题意，并结合沿 $-z$ 轴方向传播的均匀平面波的一般形式可得

$$\boldsymbol{E}=(\boldsymbol{e}_x E_{x0}\mathrm{e}^{\mathrm{j}\varphi_x}+\boldsymbol{e}_y E_{y0}\mathrm{e}^{\mathrm{j}\varphi_y})\mathrm{e}^{\mathrm{j}kz}=\boldsymbol{E}_0\mathrm{e}^{\mathrm{j}kz}$$

其中，E_x 和 E_y 分量的初始相位和幅度都应该对应相等，否则其电场取向将无法保证与 x 和 y 轴的正方向都成 45°角，即

$$\varphi_x=\varphi_y=\varphi_0$$
$$E_{x0}=E_{y0}=E_0$$

因此，其电场强度的表达式可以简化为

$$\boldsymbol{E}=(\boldsymbol{e}_x+\boldsymbol{e}_y)E_0\mathrm{e}^{\mathrm{j}kz}\mathrm{e}^{\mathrm{j}\varphi_0}$$

根据媒质的电磁参数，得其相位常数和波阻抗分别为

$$\beta=k=\omega\sqrt{\mu\varepsilon}=2\pi f\sqrt{\mu_r\mu_0\varepsilon_r\varepsilon_0}=2\pi\times10^8\times2\times\frac{1}{3\times10^8}\ \mathrm{rad/m}=\frac{4}{3}\pi\ \mathrm{rad/m}$$

$$\eta=\sqrt{\frac{\mu}{\varepsilon}}=\sqrt{\frac{\mu_r\mu_0}{\varepsilon_r\varepsilon_0}}=\frac{\eta_0}{2}=60\pi\ \Omega$$

由于在 $t=0$，$z=\frac{1}{8}$ 时，电场强度的大小为 $\sqrt{2}\times10^{-4}$，因此

$$\sqrt{2}E_0=\sqrt{2}\times10^{-4},\quad (\omega t+kz+\varphi_0)\big|_{t=0,z=\frac{1}{8}}=0$$

将 $\beta=k=\frac{4}{3}\pi$ 代入上式可得

$$E_0=10^{-4},\quad \varphi_0=-\frac{\pi}{6}$$

即电场强度的表达式为

$$\boldsymbol{E}=(\boldsymbol{e}_x+\boldsymbol{e}_y)10^{-4}\mathrm{e}^{\mathrm{j}\frac{4}{3}\pi z}\mathrm{e}^{-\mathrm{j}\frac{\pi}{6}}\quad \mathrm{V/m}$$

由式(6-26)可得其磁场强度如下

$$\boldsymbol{H}=\frac{1}{\eta}(-\boldsymbol{e}_z)\times\boldsymbol{E}=(\boldsymbol{e}_x-\boldsymbol{e}_y)\frac{10^{-4}}{60\pi}\mathrm{e}^{\mathrm{j}\frac{4}{3}\pi z}\mathrm{e}^{-\mathrm{j}\frac{\pi}{6}}\quad \mathrm{A/m}$$

2. 沿任意方向传播的均匀平面波的一般形式

在周期、频率、波长、相位常数、相速度、波阻抗等方面，理想介质中沿任意方向传播的均匀平面波和沿 z 轴方向传播的均匀平面波没有区别。但是，传播方向的变化会在如下两个方面对场量的表达式产生影响。

第一，均匀平面波的场量与传播方向是垂直的，因此对沿任意方向传播的均匀平面波而言，其电场和磁场的方向将不再被限制在 xOy 平面内，即场量的一般表达式里会出现沿 x、y、z 轴的三个分量；

第二，因为均匀平面波的等相位面必须和传播方向垂直，所以对沿 z 轴方向传播的平面波来说，z 坐标相同的点构成的平面可用来表示等相位面；但是对于沿任意方向传播的均匀平面波，等相位面的表示必须随之做出修改，即等相位面与 x、y、z 坐标有关。

如图 6-3 所示，设理想介质中某均匀平面波沿任意方向 $\boldsymbol{e}_\xi$ 传播，经过坐标原点 O 沿传播方向矢量 $\boldsymbol{e}_\xi$ 的射线与任一观察点 P（位移矢量为 $\boldsymbol{r}$）所在的等相位面相交于 P' 点。考虑到 P 点所在的等相位面和波的传播方向 $\boldsymbol{e}_\xi$ 垂直，因此 OPP' 构成一个直角三角形。OP' 可以表示为

$$OP'=\boldsymbol{r}\cdot\boldsymbol{e}_\xi$$

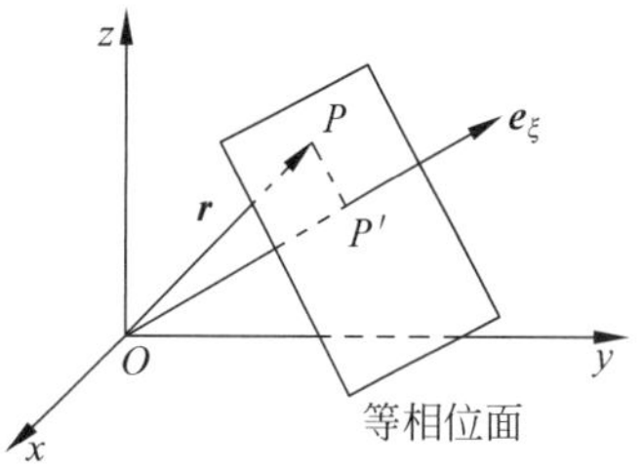

图 6-3　沿任意方向传播的均匀平面波

对理想介质中的均匀平面波而言，与上式对应的相位滞后量为

$$\Delta\varphi=k\cdot OP'=k\boldsymbol{e}_\xi\cdot\boldsymbol{r}=\boldsymbol{k}\cdot\boldsymbol{r}$$

式中，矢量 $\boldsymbol{k}$ 也称为波矢量，其大小等于相位常数，方向与波的传播方向一致。结合式(6-28)和上式可得沿任意方向传播的平面波的电场强度的复数形式如下

$$\boldsymbol{E}=\boldsymbol{E}_0\mathrm{e}^{-\mathrm{j}\boldsymbol{k}\cdot\boldsymbol{r}} \tag{6-30}$$

在直角坐标系中，假设上式中波矢量 $\boldsymbol{k}$、位移矢量 $\boldsymbol{r}$ 和复振幅 $\boldsymbol{E}_0$ 表示为 $\boldsymbol{k}=\beta\boldsymbol{e}_\xi=k\boldsymbol{e}_\xi=\boldsymbol{e}_xk_x+\boldsymbol{e}_yk_y+\boldsymbol{e}_zk_z$、$\boldsymbol{r}=\boldsymbol{e}_xx+\boldsymbol{e}_yy+\boldsymbol{e}_zz$、$\boldsymbol{E}_0=\boldsymbol{e}_xE_{x0}\mathrm{e}^{\mathrm{j}\varphi_x}+\boldsymbol{e}_yE_{y0}\mathrm{e}^{\mathrm{j}\varphi_y}+\boldsymbol{e}_zE_{z0}\mathrm{e}^{\mathrm{j}\varphi_z}$，将其代入式(6-30)可得

$$\boldsymbol{E}=\boldsymbol{E}_0\mathrm{e}^{-\mathrm{j}\boldsymbol{k}\cdot\boldsymbol{r}}=(\boldsymbol{e}_xE_{x0}\mathrm{e}^{\mathrm{j}\varphi_x}+\boldsymbol{e}_yE_{y0}\mathrm{e}^{\mathrm{j}\varphi_y}+\boldsymbol{e}_zE_{z0}\mathrm{e}^{\mathrm{j}\varphi_z})\mathrm{e}^{-\mathrm{j}(k_xx+k_yy+k_zz)}$$

如前所述，E_{x0}、E_{y0} 和 E_{z0} 分别为电场强度在 x、y 和 z 轴上的幅度分量，均为不小于零的实数，而 φ_x、φ_y 和 φ_z 则分别表示各分量在 $z=0$ 处的初始相位。其对应的瞬时值表达式为

$$\begin{aligned}\boldsymbol{E}=&\boldsymbol{e}_xE_{x0}\cos[\omega t-(k_xx+k_yy+k_zz)+\varphi_x]+\\&\boldsymbol{e}_yE_{y0}\cos[\omega t-(k_xx+k_yy+k_zz)+\varphi_y]+\\&\boldsymbol{e}_zE_{z0}\cos[\omega t-(k_xx+k_yy+k_zz)+\varphi_z]\end{aligned}$$

另外，理想介质中沿任意方向传播的均匀平面波的其他场量的表达式与上式类似，在此不再一一描述。

例题 6-4　自由空间中均匀平面波的磁场强度表达式如下

$$\boldsymbol{H}=(-\boldsymbol{e}_xA+\boldsymbol{e}_z4)\mathrm{e}^{-\mathrm{j}\pi(4x+3z)}\quad \mathrm{A/m}$$

试分析：

(1) 波矢量 $\boldsymbol{k}$ 和波长；

(2) 常数 A;

(3) 电场强度;

(4) 平均坡印亭矢量。

解 (1) 依据题设给出的磁场强度可得其空间相位为

$$\boldsymbol{k}\cdot\boldsymbol{r}=\pi(4x+3z)$$

显然,其波矢量为

$$\boldsymbol{k}=4\pi\boldsymbol{e}_x+3\pi\boldsymbol{e}_z$$

由于波矢量的大小等于相位常数,方向就是波传播的方向,因此

$$\beta=|\boldsymbol{k}|=5\pi\text{rad/m}$$

波长为

$$\lambda=\frac{2\pi}{\beta}=0.4\ \text{m}$$

(2) 波矢量的方向代表了电磁波传播的方向,因此传播方向为

$$\boldsymbol{e}_\xi=\frac{\boldsymbol{k}}{|\boldsymbol{k}|}=\frac{4}{5}\boldsymbol{e}_x+\frac{3}{5}\boldsymbol{e}_z$$

考虑到均匀平面波是横电磁波,磁场方向与传播方向垂直,因此

$$\boldsymbol{H}\cdot\boldsymbol{e}_\xi=(-\boldsymbol{e}_xA+\boldsymbol{e}_z4)\mathrm{e}^{-\mathrm{j}\pi(4x+3z)}\cdot\left(\frac{4}{5}\boldsymbol{e}_x+\frac{3}{5}\boldsymbol{e}_z\right)=0$$

由此可得

$$A=3$$

(3) 由于上述均匀平面波在自由空间中传播,因此波阻抗为 120π。由式(6-27)可得

$$\boldsymbol{E}=\eta_0\boldsymbol{H}\times\boldsymbol{e}_\xi=120\pi(-\boldsymbol{e}_x3+\boldsymbol{e}_z4)\mathrm{e}^{-\mathrm{j}\pi(4x+3z)}\times\left(\frac{4}{5}\boldsymbol{e}_x+\frac{3}{5}\boldsymbol{e}_z\right)=\boldsymbol{e}_y1.885\mathrm{e}^{-\mathrm{j}\pi(4x+3z)}\quad \text{V/m}$$

(4) 结合前面分析得到的电场强度和磁场强度,可得平均坡印亭矢量为

$$\boldsymbol{S}_{\text{av}}=\frac{1}{2}\text{Re}(\boldsymbol{E}\times\boldsymbol{H}^*)=(\boldsymbol{e}_x3.77+\boldsymbol{e}_z2.83)\times10^{-3}\quad \text{W/m}^2$$

微课视频

6.2 电磁波的极化

在 6.1 节介绍了平面波的一些特性参数,除此之外,场矢量随时间变化的特性也非常重要。为此,可以将电磁波场矢量随时间变化的规律定义为电磁波的极化。另外,在光学中,波的极化也称为偏振。电磁波的极化被广泛应用于电子工程和光学领域,例如,在雷达目标探测技术中,利用目标对电磁波散射过程中改变极化的特性实现对目标的识别;在无线电技术中,利用天线发射和接收电磁波的极化特性,可实现最佳无线电信号的发射和接收;在光学工程中,利用材料对于不同极化波的传播特性设计光学偏振片,等等。

考虑到同一平面波电场强度和磁场强度的关联性,可以利用电场强度来分析整个电磁波的极化特性。据此可将电磁波的极化具体定义为电磁波的电场强度的末端(大小和方向)随时间变化而形成的轨迹形状。

电磁波的极化状态一般都是椭圆极化,但在某些特殊条件下会形成线极化或者圆极化;在椭圆极化或者圆极化的情况下,不仅其轨迹随时间旋转的方向(顺时针或者逆时针)会有

所不同，而且该结果还会因观察角度的不同而异。下面以理想介质中沿 z 轴方向传播的均匀平面波为例，分析电磁波的极化特性。

6.2.1 线极化

如式(6-29)所示，均匀平面波的电场强度沿 x、y 轴方向分量的表达式分别为

$$E_x = E_{x0}\cos(\omega t - kz + \varphi_x)$$

$$E_y = E_{y0}\cos(\omega t - kz + \varphi_y)$$

当 $\varphi_x = \varphi_y$ 时，有

$$\frac{E_x}{E_y} = \frac{E_{x0}}{E_{y0}}$$

即此时电场强度沿 x、y 轴方向分量之间的比值不会随时间变化，电场强度与 x 轴的夹角为

$$\alpha = \arctan\frac{E_y}{E_x} = \arctan\frac{E_{y0}}{E_{x0}} \tag{6-31}$$

显然，α 为常数。电场强度末端的轨迹为一条与 x 轴成夹角为 α 的直线，如图 6-4 所示，因此该种极化方式也称为线极化(电场矢量方向在一、三象限)。

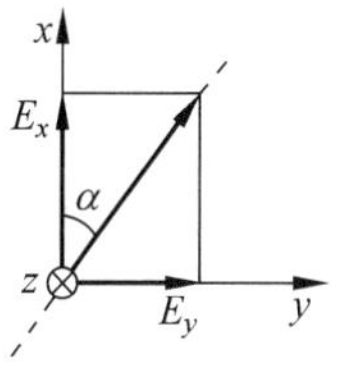

图 6-4　线极化

除此之外，当 $|\varphi_x - \varphi_y| = \pi$ 时，电场强度沿 x、y 轴方向分量之间的比值也不会随时间变化，即

$$\frac{E_x}{E_y} = -\frac{E_{x0}}{E_{y0}}$$

而该电场强度与 x 轴夹角为

$$\alpha = \arctan\frac{E_y}{E_x} = -\arctan\frac{E_{y0}}{E_{x0}} \tag{6-32}$$

显然，该电磁波也属于线极化波(电场矢量方向在二、四象限)。

综上所述，对沿 z 轴方向传播的均匀平面波而言，当 $|\varphi_x - \varphi_y| = 0$ 或者 $|\varphi_x - \varphi_y| = \pi$ 时，就可以认定它为线极化波。

6.2.2 圆极化

根据式(6-29)，如果 $|\varphi_x - \varphi_y| = \frac{\pi}{2}$ 且 $E_{x0} = E_{y0} = E$，则该电场强度的幅度为

$$|\boldsymbol{E}| = \sqrt{E_x^2 + E_y^2} = E$$

显然，上式表明该电场强度的幅度大小不会随时间变化。另外，该电磁波电场强度与 x 轴夹角 α 的正切值可以表示为

$$\tan\alpha = \frac{E_y}{E_x} = \frac{\cos(\omega t - kz + \varphi_y)}{\cos(\omega t - kz + \varphi_x)} \tag{6-33}$$

如果 $\varphi_x - \varphi_y = \frac{\pi}{2}$，即 E_x 分量超前 E_y 分量 90°，则由式(6-33)得

$$\alpha = \arctan\left[\frac{\sin(\omega t - kz + \varphi_x)}{\cos(\omega t - kz + \varphi_x)}\right] = \arctan[\tan(\omega t - kz + \varphi_x)] = \omega t - kz + \varphi_x$$

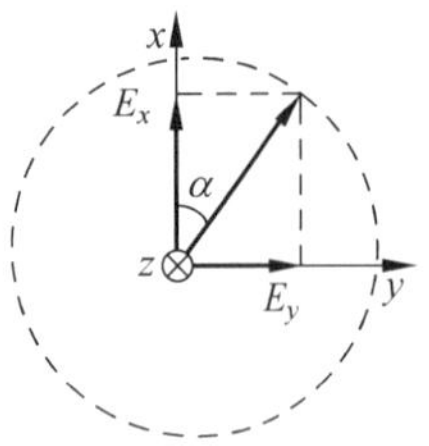

图 6-5　圆极化

可见,夹角 α 会随着时间 t 的增大而逐渐增大,即如果从如图 6-5 所示沿着电磁波传播的方向去观察,该电场强度以角频率 ω 作顺时针旋转;又因为电场强度的大小不变,故电场强度末端的轨迹为一个圆,称为右旋圆极化。

同理,如果 $\varphi_y-\varphi_x=\frac{\pi}{2}$,即 E_x 分量滞后 E_y 分量 90°,则由式(6-33)得

$$\alpha=\arctan\left[\frac{-\sin(\omega t-kz+\varphi_x)}{\cos(\omega t-kz+\varphi_x)}\right]=\arctan[-\tan(\omega t-kz+\varphi_x)]=-(\omega t-kz+\varphi_x)$$

可见,夹角 α 会随着时间 t 的增大而逐渐减小,即如果从如图 6-5 所示沿着电磁波传播的方向去观察,该电场强度以角频率 ω 作逆时针旋转;同样,电场强度的大小不变,电场强度末端的轨迹也为一个圆,称为左旋圆极化。

注意:上述规定适用的前提是从沿(顺)着波传播方向的视角去观察,否则结论正好相反(光学中,一般迎着波的传播方向观察)。也可以规定电场强度的旋转方向与传播方向呈右手螺旋关系为右旋极化,旋转方向与传播方向呈左手螺旋关系为左旋极化。

综上所述,对沿 z 轴方向传播的均匀平面波而言,$|\varphi_x-\varphi_y|=\frac{\pi}{2}$且 $E_{x0}=E_{y0}$ 是形成圆极化波的前提条件;而 φ_x 和 φ_y 之间的大小关系则更进一步地决定了其左旋和右旋的情况,即沿着波的传播方向去观察,如果 $\varphi_x>\varphi_y$($\boldsymbol{E}_x$ 超前 $\boldsymbol{E}_y$)对应右旋;如果 $\varphi_x<\varphi_y$($\boldsymbol{E}_y$ 超前 $\boldsymbol{E}_x$)对应左旋。考虑到三角函数的周期性,所谓相位超前或者滞后不应超过 π,即 $\varphi_x-\varphi_y=\varphi_0\in[-\pi,\pi]$。

6.2.3 椭圆极化

仍然以式(6-29)给出的沿 z 轴方向传播的均匀平面波为例,设 $E_{x0}\neq E_{y0}$,在 E_x、E_y 的表达式中消去 t,则其 E_x 分量和 E_y 分量满足如下的椭圆方程

$$\frac{E_x^2}{E_{x0}^2}-2\frac{E_xE_y}{E_{x0}E_{y0}}\cos\varphi_0+\frac{E_y^2}{E_{y0}^2}=\sin^2\varphi_0 \tag{6-34}$$

其中,$\varphi_x-\varphi_y=\varphi_0$。显然,在没有任何前提要求的情况下,上述电场强度末端的轨迹形状为椭圆(如图 6-6 所示),即该电磁波为椭圆极化波。

另外,当 $\varphi_0=0$ 或者 $\varphi_0=\pm\pi$ 时,式(6-34)可转化为直线方程,对应线极化;当 $\varphi_0=\pm\frac{\pi}{2}$且 $E_{x0}=E_{y0}$ 时,式(6-34)又可转化为圆方程,对应圆极化。可见,除某些特殊条件下会形成线极化和圆极化之外,一般的电磁波都属于椭圆极化波。

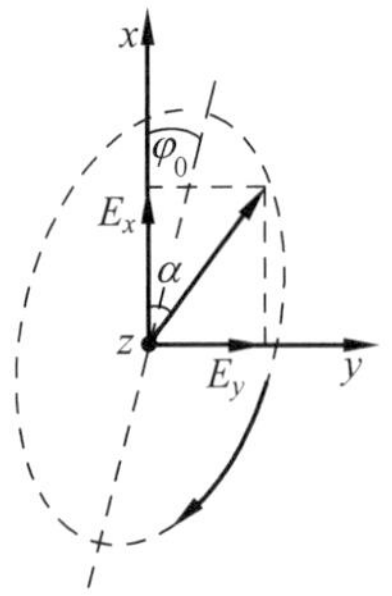

图 6-6　椭圆极化

最后,虽然上述对电磁波极化的分类及判断方法都是基于沿 z 轴方向传播的均匀平面波而展开的,但考虑到直角坐标系中三个坐标轴方向之间满足右手螺旋关系,因此对沿其他方向传播的均匀平面波,也可以类比、参照上述方法进行分析判断。

为便于对电磁波极化旋向的分析,下面介绍追赶法。

电磁波极化旋向判断的方法——追赶法：令拇指指向平面波的传播方向，四指由相位超前的分量向相位落后的分量弯曲（相位超前的分量追赶落后的分量，相位差小于180度），如果为右手关系则为右旋极化波，为左手关系则为左旋极化波。对于沿任意方向传播的平面波，规定一个参考入射面，其电场矢量可以分解为平行极化分量和垂直极化分量（或其他两个分量），仍然按照上述追赶法判断。

例题 6-5 指出下列各均匀平面波的极化方式：

(1) $\boldsymbol{E}=(\boldsymbol{e}_x\mathrm{e}^{\mathrm{j}\frac{\pi}{3}}+\boldsymbol{e}_y)\mathrm{e}^{-\mathrm{j}kz}$

(2) $\boldsymbol{E}=(\boldsymbol{e}_y-\mathrm{j}\boldsymbol{e}_z)\mathrm{e}^{-\mathrm{j}kx}$

(3) $\boldsymbol{E}=(3\boldsymbol{e}_x-\mathrm{j}2\boldsymbol{e}_y)\mathrm{e}^{\mathrm{j}kz}$

(4) $\boldsymbol{E}=(2\boldsymbol{e}_x+\boldsymbol{e}_y-\sqrt{3}\boldsymbol{e}_z)\mathrm{e}^{-\mathrm{j}k\left(x-y+\frac{z}{\sqrt{3}}\right)}$

解 (1) 该均匀平面波沿 z 轴正方向传播，虽然 E_x 和 E_y 分量的幅度相等且前者的相位超前后者的相位，但两者的相位差并不是$\frac{\pi}{2}$，因此该波属于右旋椭圆极化波；

(2) 该均匀平面波沿 x 轴正方向传播，其 E_y 和 E_z 分量的幅度相等，而且前者的相位超前后者$\frac{\pi}{2}$，因此该波属于右旋圆极化波；

(3) 该均匀平面波沿 $-z$ 轴方向传播，因为其 E_x 和 E_y 分量的幅度不同，前者的相位超前后者$\frac{\pi}{2}$，故该波属于左旋椭圆极化波；

(4) 该均匀平面波各分量间的相位相同或者相差 π，因此该波应该属于线极化波。

6.2.4 极化波的合成与分解

电磁波的极化有着重要的意义。例如，收音机的天线调整到与入射电场强度矢量平行的位置，才能获得最佳收听效果。此时，收音机天线的极化状态与入射电磁波的极化状态匹配。在很多情况下，系统必须利用圆极化才能进行正常工作，例如，飞行器在飞行过程中，其状态和位置在不断地改变，其天线的极化状态也在不断地改变，如果利用线极化的电磁信号来遥控飞行器，在某些情况下飞行器的天线可能会收不到地面的信号从而造成失控。因此，火箭、卫星等通信系统的天线和地面天线均采用圆极化方式工作。在现代战争中，也都是采用圆极化天线进行电子侦查和实施电子干扰。

任何一个线极化波也可以表示成旋向相反、振幅相等的两圆极化波的叠加，因此，不同取向的线极化波都可以利用圆极化天线收到。两个线极化波可以合成其他形式的波或新的线极化波，任意一个椭圆极化波或圆极化波可分解成两个线极化波的合成；任何一个椭圆极化波也可以表示成旋向相反、振幅不等的两圆极化波的叠加。

1. 线极化波的构成

两个彼此正交，时间相位相同的极化波，其合成仍为线极化波，即

$$\boldsymbol{E}=\boldsymbol{e}_xE_0\cos\theta+\boldsymbol{e}_yE_0\sin\theta=\boldsymbol{e}_xE_{x0}+\boldsymbol{e}_yE_{y0}$$

线极化波可以由旋转方向相反的两个相同的圆极化波构成，即

$$\boldsymbol{E}=(\boldsymbol{e}_x+\mathrm{j}\boldsymbol{e}_y)+(\boldsymbol{e}_x-\mathrm{j}\boldsymbol{e}_y)$$

2. 圆极化波的构成

两个彼此正交，时间相位相差90°，幅度相等的线极化波，其合成为圆极化波，即

$$\boldsymbol{E}=(\boldsymbol{e}_x+\mathrm{j}\boldsymbol{e}_y)/\sqrt{2}$$

3. 椭圆极化波的构成

两个彼此正交，时间相位相差 90°，幅度不等的线极化波，其合成为椭圆极化波。两个幅度不等，反方向旋转的圆极化波，可合成椭圆极化波；如果幅度相等，则构成线极化波，即

$$\boldsymbol{E}=\frac{1}{\sqrt{1+b^2}}\left(\frac{\boldsymbol{e}_x\pm\mathrm{j}\boldsymbol{e}_y}{\sqrt{2}}+b\,\frac{\boldsymbol{e}_x\mp\mathrm{j}\boldsymbol{e}_y}{\sqrt{2}}\right)$$

其中，b 为常数。

6.3 导电媒质中的均匀平面波

与理想介质不同，导电媒质在电磁场的作用下会形成传导电流，由此造成的焦耳热损耗会使得电磁波在导电媒质中传播时伴随着能量的衰减等特殊现象，相应的传播特性和参数也会与理想介质情况下有所区别。本节将以导电媒质中沿 z 轴方向传播的均匀平面波为例，讨论导电媒质中电磁波的传播问题。

微课视频

6.3.1 导电媒质中的波动方程与均匀平面波

对线性、均匀、各向同性的导电媒质而言，其无源区域内时谐电磁场所满足的复数麦克斯韦方程(组)的微分形式如下

$$\nabla\times\boldsymbol{H}=\boldsymbol{J}+\mathrm{j}\omega\boldsymbol{D}$$
$$\nabla\times\boldsymbol{E}=-\mathrm{j}\omega\boldsymbol{B}$$
$$\nabla\cdot\boldsymbol{D}=0$$
$$\nabla\cdot\boldsymbol{B}=0$$

将 $\boldsymbol{J}=\sigma\boldsymbol{E}$、$\boldsymbol{D}=\varepsilon\boldsymbol{E}$、$\boldsymbol{B}=\mu\boldsymbol{H}$ 等特征方程代入上式，可得

$$\begin{cases}\nabla\times\boldsymbol{H}=(\sigma+\mathrm{j}\omega\varepsilon)\boldsymbol{E}\\ \nabla\times\boldsymbol{E}=-\mathrm{j}\omega\mu\boldsymbol{H}\\ \nabla\cdot\boldsymbol{E}=0\\ \nabla\cdot\boldsymbol{H}=0\end{cases}\tag{6-35}$$

对比式(6-1)和式(6-35)发现，除了磁场强度旋度方程的右端有区别之外，其他方程都完全一样。因此，为方便求解，可将式(6-35)变形如下：

$$\begin{cases}\nabla\times\boldsymbol{H}=\mathrm{j}\omega\varepsilon^{\mathrm{e}}\boldsymbol{E}\\ \nabla\times\boldsymbol{E}=-\mathrm{j}\omega\mu\boldsymbol{H}\\ \nabla\cdot\boldsymbol{E}=0\\ \nabla\cdot\boldsymbol{H}=0\end{cases}\tag{6-36}$$

其中，ε^{e} 称为等效复介电常数，其表达式如下

$$\varepsilon^{\mathrm{e}}=\varepsilon-\mathrm{j}\,\frac{\sigma}{\omega}\tag{6-37}$$

显然，从形式上看式(6-36)与式(6-1)相同，因此对导电媒质中的时谐电磁场，其电场强度的复数形式所满足的亥姆霍兹方程与式(6-2)类似，有

$$\nabla^2\boldsymbol{E}+\omega^2\mu\varepsilon^{\mathrm{e}}\boldsymbol{E}=0\tag{6-38}$$

与6.1节类似，仍然假设上述时谐电磁场对应于沿 z 轴方向传播的均匀平面波，电场仅有 E_x 分量，则式(6-38)可简化为如下标量常微分方程

$$\frac{\mathrm{d}^2 E_x}{\mathrm{d}z^2}+k'^2 E_x=0 \tag{6-39}$$

其中，$k'=\omega\sqrt{\mu\varepsilon^{\mathrm{e}}}$，将式(6-37)代入 k' 的表达式可得

$$k'=\omega\sqrt{\mu\varepsilon^{\mathrm{e}}}=\sqrt{\omega^2\mu\varepsilon-\mathrm{j}\omega\mu\sigma}$$

如果令

$$k'=\omega\sqrt{\mu\varepsilon^{\mathrm{e}}}=-\mathrm{j}(\alpha+\mathrm{j}\beta) \tag{6-40}$$

则

$$\alpha=\omega\sqrt{\frac{\mu\varepsilon}{2}\left(\sqrt{1+\frac{\sigma^2}{\omega^2\varepsilon^2}}-1\right)} \tag{6-41}$$

$$\beta=\omega\sqrt{\frac{\mu\varepsilon}{2}\left(\sqrt{1+\frac{\sigma^2}{\omega^2\varepsilon^2}}+1\right)} \tag{6-42}$$

显然，上述 α 和 β 都是大于零的实数。式(6-39)的通解如下

$$E_x=A\mathrm{e}^{-\mathrm{j}k'z}+B\mathrm{e}^{\mathrm{j}k'z}$$

如果将式(6-40)代入上式可得

$$E_x=A\mathrm{e}^{-(\alpha+\mathrm{j}\beta)z}+B\mathrm{e}^{(\alpha+\mathrm{j}\beta)z}=A\mathrm{e}^{-\alpha z}\mathrm{e}^{-\mathrm{j}\beta z}+B\mathrm{e}^{\alpha z}\mathrm{e}^{\mathrm{j}\beta z}$$

考虑到上述表达式给出的是电场强度解的复数形式，因此其中的系数 A、B 也应该取为复数。如果将 A 和 B 分别表示为 $E_0\mathrm{e}^{\mathrm{j}\varphi}$、$E_0'\mathrm{e}^{\mathrm{j}\varphi'}$，则上式可转化为

$$E_x=E_0\mathrm{e}^{\mathrm{j}\varphi}\mathrm{e}^{-\alpha z}\mathrm{e}^{-\mathrm{j}\beta z}+E_0'\mathrm{e}^{\mathrm{j}\varphi'}\mathrm{e}^{\alpha z}\mathrm{e}^{\mathrm{j}\beta z}$$

其中，E_0 和 E_0' 为不小于零的实数，而 φ 和 φ' 则是 $z=0$ 位置处的初始相位。将上述复数形式的解转化为相应的瞬时值表达式，即

$$E_x=E_0\mathrm{e}^{-\alpha z}\cos(\omega t-\beta z+\varphi)+E_0'\mathrm{e}^{\alpha z}\cos(\omega t+\beta z+\varphi')$$

与6.1.1小节中的分析类似，上式右端第一项所代表的是沿 z 轴方向传播的波，而第二项则代表的是沿 $-z$ 轴方向传播的波。现仅取第一项，即沿 z 轴方向传播的均匀平面波的电场强度复数形式和瞬时值表达式为

$$\boldsymbol{E}=\boldsymbol{e}_x E_x=\boldsymbol{e}_x E_0\mathrm{e}^{\mathrm{j}\varphi}\mathrm{e}^{-\alpha z}\mathrm{e}^{-\mathrm{j}\beta z}=\boldsymbol{e}_x E_0\mathrm{e}^{\mathrm{j}\varphi}\mathrm{e}^{-(\alpha+\mathrm{j}\beta)z} \tag{6-43}$$

$$\boldsymbol{E}=\boldsymbol{e}_x E_x=\boldsymbol{e}_x E_0\mathrm{e}^{-\alpha z}\cos(\omega t-\beta z+\varphi) \tag{6-44}$$

将式(6-43)代入式(6-36)中的电场强度的旋度方程，可推导出其对应的磁场强度的表达式为

$$\boldsymbol{H}=\frac{\nabla\times\boldsymbol{E}}{-\mathrm{j}\omega\mu}=\boldsymbol{e}_y\frac{\alpha+\mathrm{j}\beta}{\mathrm{j}\omega\mu}E_0\mathrm{e}^{\mathrm{j}\varphi}\mathrm{e}^{-(\alpha+\mathrm{j}\beta)z}$$

将式(6-40)代入上式可得

$$\boldsymbol{H}=\boldsymbol{e}_y\frac{\mathrm{j}\omega\sqrt{\mu\varepsilon^{\mathrm{e}}}}{\mathrm{j}\omega\mu}E_0\mathrm{e}^{\mathrm{j}\varphi}\mathrm{e}^{-(\alpha+\mathrm{j}\beta)z}=\boldsymbol{e}_y\frac{E_0}{\sqrt{\mu/\varepsilon^{\mathrm{e}}}}\mathrm{e}^{\mathrm{j}\varphi}\mathrm{e}^{-(\alpha+\mathrm{j}\beta)z}=\boldsymbol{e}_y H_y \tag{6-45}$$

尽管上述分析过程是以沿 z 轴方向传播、电场仅有 x 轴分量的均匀平面波为基础展开的，但其所得结论对线性、均匀、各向同性的稳定媒质中传播的均匀平面波，甚至沿任意方向

传播的均匀平面波都具有参考价值，即补充其沿各坐标轴的其他可能分量以后，即可得到导电媒质中均匀平面波的一般表达式。

6.3.2 导电媒质中均匀平面波的特性

如上所述，对导电媒质内无源区域中沿 z 轴方向传播的均匀平面波而言，其电场和磁场的表达式如式(6-43)～式(6-45)所示。显然，导电媒质中的均匀平面波仍然具备时间周期性，其周期、频率、角频率等参数的分析和计算与理想介质中的情况类似。对其空间周期性而言，因为相位常数表达式的变化，导电媒质中电磁波的波长、相速度等也会发生相应的变化。不仅如此，因为导电媒质中传导电流的出现，焦耳热损耗所带来的衰减也必然会体现在场量的表达式中，波阻抗、坡印亭矢量、能量密度等也会随之发生变化。下面就导电媒质中均匀平面波的一些新的特性和参数变化展开具体的讨论。

1. 相位常数、相速度、群速度与波长

根据式(6-43)，β 作为反映空间相位变化的一个参数，其所代表的是电磁波在传播方向上传播单位距离的相位变化，称为相位常数。由式(6-42)可知，电磁波的频率越高，导电媒质的电导率越大，相位常数也会越大，电磁波的空间相位变化也越快。另外，根据式(6-44)不难得到导电媒质中电磁波的相速度为

$$v_{\mathrm{p}}=\frac{\omega}{\beta}=\frac{1}{\sqrt{\frac{\mu\varepsilon}{2}\left(\sqrt{1+\frac{\sigma^2}{\omega^2\varepsilon^2}}+1\right)}} \tag{6-46}$$

由式(6-42)可知，导电媒质中电磁波的相位常数与频率呈非线性关系，故其中电磁波的相速度会随频率而变。此时，导电媒质中的电磁波称为色散波，导电媒质也被称为色散媒质。对于由多个频率成分组成的信号，它在色散媒质中的传播速度无法用相速度来表征，而通常用群速度来描述。

设某复合信号由两个频率相近且振幅相等的平面电磁波构成，即

$$E=E_0\cos(\omega_1 t-\beta_1 z)+E_0\cos(\omega_2 t-\beta_2 z)$$

其中，$\omega_1=\omega+\delta\omega$，$\beta_1=\beta+\delta\beta$，$\omega_2=\omega-\delta\omega$，$\beta_2=\beta-\delta\beta$，$\delta\omega\ll\omega$，$\delta\beta\ll\beta$。利用三角函数关系，可将上式可改写为

$$E=E_{\mathrm{g}}\cos(\omega t-\beta z)$$

其中，$E_{\mathrm{g}}=2E_0\cos(t\delta\omega-z\delta\beta)$为振幅包络，是一个振幅缓慢变化的"简谐波"，如图6-7所示。

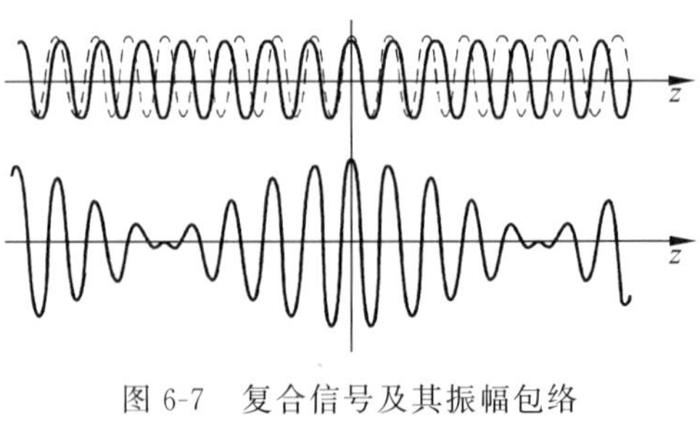

图6-7 复合信号及其振幅包络

由上式可得等振幅面方程为

$$t\delta\omega-z\delta\beta=常量$$

等振幅面的速度称为群速度，由上式可得群速度为

$$v_g=\frac{dz}{dt}=\frac{\delta\omega}{\delta\beta}=\frac{d\omega}{d\beta} \tag{6-47}$$

由式(6-46)和式(6-47)可以得群速度与相速度的关系为

$$v_g=\frac{d\omega}{d\beta}=\frac{d(v_p\beta)}{d\beta}=v_p+\beta\frac{dv_p}{d\beta}=v_p+\frac{\omega}{v_p}\frac{dv_p}{d\omega}v_g$$

因此

$$v_g=\frac{v_p}{1-\frac{\omega}{v_p}\frac{dv_p}{d\omega}}$$

根据上式，如果$\frac{dv_p}{d\omega}=0$，则 $v_g=v_p$，即群速度等于相速度，无色散；如果$\frac{dv_p}{d\omega}<0$，则 $v_g<v_p$，即群速度小于相速度，称为正常色散；如果$\frac{dv_p}{d\omega}>0$，则 $v_g>v_p$，即群速度大于相速度，称为反常色散。由于群速度是波群等振幅点的传播速度，因此在真空或者色散小的媒质中，群速度常常被认为是能(量)速度；但是，在强色散情况下，能速度与群速度显著不同，群速度已不再具有实际意义。

最后，根据式(6-16)可得波在导电媒质中波长的表达式如下

$$\lambda=\frac{2\pi}{\beta}=\frac{1}{f\sqrt{\frac{\mu\varepsilon}{2}\left(\sqrt{1+\frac{\sigma^2}{\omega^2\varepsilon^2}}+1\right)}} \tag{6-48}$$

将式(6-46)代入上式可得

$$v_p=\lambda\cdot f$$

显然，上式与式(6-22)的形式完全一致，即无论是导电媒质还是理想介质，其波长、相速度和频率三者之间的关系式不变。

2. 衰减常数与传播常数

由式(6-44)可以看出，由于 $e^{-\alpha z}$ 的出现，电场强度将随 z 的增大而逐渐减小，即导电媒质中的波为衰减波。为分析其衰减特性，可假设该平面波自 $z=z_0$ 传播到 $z=z_0+l$ 时，场强的振幅从 E_1 衰减为 E_2，则根据式(6-44)可得

$$E_1=|E_x|\Big|_{z_0}=E_0e^{-\alpha z_0}$$

$$E_2=|E_x|\Big|_{z_0+l}=E_0e^{-\alpha(z_0+l)}$$

计算上述衰减量，并用奈培(NP)表示，则

$$L=\ln\frac{E_1}{E_2}=\ln e^{\alpha l}=\alpha l\ \text{Np} \tag{6-49}$$

可见，波的衰减量不仅与传播距离 l 有关，与参数 α 的关系也很紧密，即 α 的取值越大，衰减就越快。另外，对 α 而言，其大小就等于波在传播方向上传播单位距离前后场强振幅之比的自然对数。因此，α 可以作为反映波的衰减特性的参数，即衰减常数，其单位为奈培/米(Np/m)。另外，根据式(6-41)可知，电磁波的频率越高、导电媒质的电导率越大，衰减常数也越大，波的衰减也越快。导电媒质中平面波的传播过程如图 6-8 所示。

除奈培以外，衰减量还可以采用分贝(dB)作为单位，即

$$L = 20\lg\frac{E_1}{E_2} = 20\lg e^{\alpha l} = 20\lg e \cdot \alpha l = 8.686\alpha l \tag{6-50}$$

显然，奈培和分贝的关系如下

$$1\ \mathrm{Np} = 8.686\ \mathrm{dB}$$

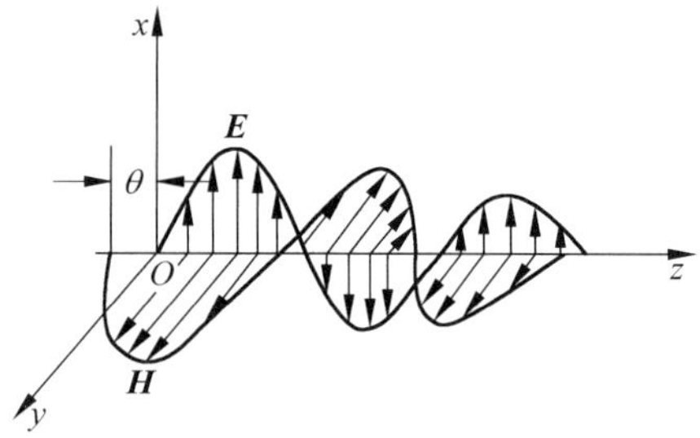

图 6-8 平面波在导电媒质中的传播

为了能够对导电媒质中波的传播特征进行统一的描述，定义传播常数 γ 如下

$$\gamma = \alpha + \mathrm{j}\beta \tag{6-51}$$

将上式代入式(6-43)可得其电场强度的复数形式如下

$$E_x = E_0 e^{\mathrm{j}\varphi} e^{-\gamma z} \tag{6-52}$$

3. 波阻抗

对导电媒质中的均匀平面波而言，式(6-43)和式(6-45)给出了其电场强度和磁场强度的复数形式；通过计算两者复数振幅之比可以得到其波阻抗如下

$$\eta^e = \frac{E_x}{H_y} = \sqrt{\frac{\mu}{\varepsilon^e}} \tag{6-53}$$

显然，导电媒质中的波阻抗是一个复数。此时，电场和磁场不再同相位。

将式(6-37)代入式(6-53)可得

$$\eta^e = \sqrt{\frac{\mu}{\varepsilon\left(1 - \mathrm{j}\dfrac{\sigma}{\omega\varepsilon}\right)}} = \sqrt{\frac{\mu}{\varepsilon}}\left[1 + \left(\frac{\sigma}{\omega\varepsilon}\right)^2\right]^{-\frac{1}{4}} e^{\mathrm{j}\phi} \tag{6-54}$$

其中，$\phi = \dfrac{1}{2}\arctan\left(\dfrac{\sigma}{\omega\varepsilon}\right)$。显然，该波阻抗呈现出类似电感的性质，即电场会超前磁场一个角度 ϕ。

另外，利用波阻抗反映电场、磁场之间幅度和相位关系的特点，并结合其具体的传播方向，可对均匀平面波中的电场强度、磁场强度之间建立关系式，类似于式(6-26)、式(6-27)所示。

4. 坡印亭矢量与能量密度

由式(6-43)、式(6-45)可得导电媒质中均匀平面波的平均坡印亭矢量为

$$\boldsymbol{S}_{av} = \frac{1}{2}\mathrm{Re}(\boldsymbol{E} \times \boldsymbol{H}^*) = \frac{1}{2}\mathrm{Re}(\boldsymbol{e}_x E_x \times \boldsymbol{e}_y H_y^*) = \frac{1}{2|\eta^e|}E_0^2 e^{-2\alpha z}\cos\phi\,\boldsymbol{e}_z \tag{6-55}$$

由上式可知，导电媒质中的均匀平面波，在传播过程中其平均功率流密度的大小按照 $e^{-2\alpha z}$ 衰减，显然其衰减速度较场量更快。

除此之外，根据式(6-43)还可以计算出均匀平面波所对应的时谐电磁场中电场能量密度的瞬时值表达式，即

$$w_e = \frac{1}{2}\varepsilon E_x^2 = \frac{1}{2}\varepsilon E_0^2 e^{-2\alpha z}\cos^2(\omega t - kz + \varphi)$$

显然，其时间平均值为

$$w_{e,av} = \frac{1}{4}\varepsilon E_0^2 e^{-2\alpha z} \tag{6-56}$$

同理，对如式(6-45)所示的磁场而言，其能量密度的时间平均值为

$$w_{m,av}=\frac{1}{4}\mid\varepsilon^{e}\mid E_0^2 e^{-2\alpha z} \tag{6-57}$$

将式(6-37)代入上式，则

$$w_{m,av}=\frac{1}{4}\varepsilon E_0^2 e^{-2\alpha z}\left|1-j\frac{\sigma}{\omega\varepsilon}\right|=w_{e,av}\sqrt{1+\left(\frac{\sigma}{\omega\varepsilon}\right)^2}>w_{e,av}$$

显然，对导电媒质中的均匀平面波而言，其对应的时谐电磁场中的平均磁场能量密度大于平均电场能量密度。

综上所述，对导电媒质中的均匀平面波而言，其时间和空间的周期特性与理想介质中的均匀平面波类似。但导电媒质中传导电流的出现使得波在传播过程中不仅相位会发生连续滞后，幅度也会不断衰减，即传播常数不仅包括相位常数也包括衰减常数。导电媒质中波的相速度会随频率变化(色散波)；衰减常数的出现意味着导电媒质中的波是衰减波，频率越高、电导率越大，衰减常数越大，衰减也越显著。另外，导电媒质中的波阻抗是复数，电场将超前磁场一个角度；从能量角度来看，其平均磁场能量密度大于平均电场能量密度。

例题 6-6 频率为 50 MHz 的均匀平面波在潮湿的土壤($\varepsilon_r=16,\mu_r=1,\sigma=0.02$)中传播。试计算：

(1) 传播常数；

(2) 相速度；

(3) 波长；

(4) 波阻抗；

(5) 功率密度衰减 90%所对应的传输距离。

解 根据题设可知：$\omega=2\pi f=100\pi\times10^6$，$\sigma=0.02$，$\varepsilon=\varepsilon_0\varepsilon_r=16\varepsilon_0$，$\mu=\mu_0\mu_r=\mu_0$，因此

$$\frac{\sigma}{\omega\varepsilon}=0.45$$

(1) 将上述结果和参数代入衰减常数和相位常数的表达式(6-41)、式(6-42)可得

$$\alpha=0.92\ \text{Np/m},\quad \beta=4.29\ \text{rad/m}$$

因此，其传播常数为

$$\gamma=0.92+j4.29$$

(2) 相速度等于角频率与相位常数之比，因此

$$v_p=\frac{\omega}{\beta}=7.3\times10^7\ \text{m/s}$$

(3) 波长等于常数 2π 与相位常数之比，因此

$$\lambda=\frac{2\pi}{\beta}=1.47\ \text{m}$$

(4) 将题设参数代入式(6-54)可计算其波阻抗为

$$\eta^{e}=\sqrt{\frac{\mu}{\varepsilon\left(1-j\frac{\sigma}{\omega\varepsilon}\right)}}=90\angle12^\circ\ \Omega$$

(5) 损耗媒质中平面波的功率密度按照 $e^{-2\alpha l}$ 的规律衰减，因此其衰减 90%所对应的距

离 d 满足如下的表达式

$$e^{-2\alpha d}=0.1$$

即

$$d=1.25\ \mathrm{m}$$

例题 6-7 海水的电导率、相对磁导率和相对介电常数分别取为 4、1 和 81。试计算不同频率(10 kHz、1 MHz、100 MHz、10 GHz、1000 GHz)电磁波在海水中传播的衰减常数。

解 在不同频率情况下将参数 $\sigma=4,\mu_r=1,\varepsilon_r=81$ 代入衰减常数表达式(6-41)即可直接计算出衰减常数如下：

$$10\ \mathrm{kHz}:\ \alpha=0.126\pi$$

$$1\ \mathrm{MHz}:\ \alpha=1.26\pi$$

$$100\ \mathrm{MHz}:\ \alpha=11.96\pi$$

$$10\ \mathrm{GHz}:\ \alpha=26.6\pi$$

$$1000\ \mathrm{GHz}:\ \alpha=26.7\pi$$

显然，在 10 kHz～100 MHz 的频率区间中，衰减常数随 $\sqrt{f}$ 近似线性变化，而在 100 MHz～1000 GHz 的频率区间中，上述规律被打破，衰减常数趋于固定的值(26.7π)，即与频率近似无关。

微课视频

6.3.3 良介质与良导体

如 6.3.2 小节所述，导电媒质中的均匀平面波为衰减波，其衰减常数如式(6-41)所示。显然，对某种材料而言，其衰减常数在不同的频率区间随频率的变化规律也会有所不同(如例题 6-7 所述)，下面将就此进行深入的分析。

当 $\dfrac{\sigma}{\omega\varepsilon}\gg 1$ 时，则

$$\alpha\approx\sqrt{\frac{1}{2}\omega\mu\sigma}=\sqrt{\pi f\mu\sigma} \tag{6-58}$$

当 $\dfrac{\sigma}{\omega\varepsilon}\ll 1$ 时，则

$$\alpha\approx\omega\sqrt{\frac{\mu\varepsilon}{2}\left(1+\frac{1}{2}\frac{\sigma^2}{\omega^2\varepsilon^2}-1\right)}=\frac{\sigma}{2}\sqrt{\frac{\mu}{\varepsilon}} \tag{6-59}$$

显然，$\dfrac{\sigma}{\omega\varepsilon}$ 的取值对导电媒质中波的传播和衰减特性有着直接的影响。例如，对某个电磁参数固定不变的导电媒质而言，随着频率的提高，其衰减常数将从起始阶段的随 $\sqrt{\omega}$ 线性增大逐步发展为趋于某固定值 $\dfrac{\sigma}{2}\sqrt{\dfrac{\mu}{\varepsilon}}$。

根据式(6-35)可知，$\dfrac{\sigma}{\omega\varepsilon}$ 是导电媒质中传导电流和位移电流的幅度之比；由于传导电流会引起焦耳热损耗，因此可以将 $\dfrac{\sigma}{\omega\varepsilon}$ 作为反映导电媒质相对损耗程度的因子。损耗会导致波的衰减，所以 $\dfrac{\sigma}{\omega\varepsilon}$ 会对衰减特性(衰减常数随频率变化)产生重要影响。另外，如式(6-37)所

示，$\frac{\sigma}{\omega\varepsilon}$也等于等效复介电常数的虚部和实部的幅度之比。正因如此，通常认为复介电常数的虚部与损耗有关。为方便表述，$\frac{\sigma}{\omega\varepsilon}$也称为损耗角正切，即

$$\tan\delta=\frac{\sigma}{\omega\varepsilon} \tag{6-60}$$

既然媒质的相对损耗程度可以通过其损耗角正切来反映，那么根据其取值范围的不同就可以对不同频率下的不同媒质进行分类，即

(1) $\tan\delta\to 0$：理想介质；

(2) $\tan\delta\ll 1$：良介质(低损耗介质)；

(3) $\tan\delta\gg 1$：良导体；

(4) $\tan\delta\to\infty$：理想导体。

不属于上述任何一类的媒质统称为一般损耗媒质，$0.01\leqslant\tan\delta\leqslant 100$ 是其通常的判断标准。另外，通过上述分类标准和式(6-60)可知，同一种媒质在不同频率下可能会属于不同的种类，因为媒质的损耗角正切不仅取决于媒质的电磁参数，也取决于频率的大小。例如，对例题 6-7 中所涉及的海水而言，不难通过式(6-60)计算其在不同频率下的损耗角正切，结果显示：在 10 kHz 和 1 MHz 频率下的海水属于良导体；在 100 MHz 频率下的海水属于一般的损耗媒质；而在 10 GHz 和 1000 GHz 频率下的海水则属于良介质。尽管如此，由于高频段衰减常数很大，故潜水艇进行水下通信时常选用低频段，例如 3 kHz。

常见的几种介质材料的介电常数及损耗角正切 $\tan\delta$ 如表 6-1 所示。

表 6-1　常见几种介质材料的 ε_r 及损耗角正切 $\tan\delta$

介质材料	ε_r			$\tan\delta$		
	60 Hz	1 MHz	10^4 MHz	60 Hz	1 MHz	10^4 MHz
泡沫聚苯乙烯	1.03	1.03	1.03	$<2\times10^{-4}$		10^{-4}
聚苯乙烯	2.55	2.55	2.54	$<3\times10^{-4}$		3×10^{-4}
聚四氟乙烯	2.10	2.10	2.10	$<5\times10^{-3}$		4×10^{-4}
聚乙烯	2.26	2.26	2.26	$<2\times10^{-4}$		5×10^{-4}
有机玻璃	3.45	2.76	2.50	6.4×10^{-2}	1.4×10^{-2}	5×10^{-3}
胶木板	4.87	4.74	3.68	8×10^{-2}	2.8×10^{-2}	4.1×10^{-2}

对理想导体而言，其内部没有任何电磁场存在，而理想介质和一般损耗媒质中波的情况在 6.1 节、6.3.1 节、6.3.2 节中进行了专门的讨论。因此，接下来将就良介质和良导体内波的传播情况进行具体展开。

对良介质而言，其损耗角正切远小于 1，因此其相对损耗程度很低，波在良介质中传播时的损耗也相对较小，其衰减常数如式(6-59)所示。另外，其近似的相位常数和波阻抗的表达式则如下：

$$\beta\approx\omega\sqrt{\mu\varepsilon}\left[1+\frac{1}{8}\left(\frac{\sigma^2}{\omega^2\varepsilon^2}\right)\right] \tag{6-61}$$

$$\eta^{e}\approx\sqrt{\frac{\mu}{\varepsilon}}\left[1+\mathrm{j}\,\frac{\sigma}{2\omega\varepsilon}\right] \tag{6-62}$$

利用式(6-61)给出的相位常数不难分析其波长和相速度。考虑到相位常数与频率之间并非简单的线性关系，因此良介质仍然是色散媒质，但其色散的程度很低。另外，通过式(6-62)可知，其电场和磁场间的相位偏差也很小，其波阻抗的大小则接近于理想介质中的情况。综上所述，良介质中波的传播特性接近于理想介质，即除衰减常数所表征的衰减特性之外，其他特性和参数都与理想介质中的情况非常接近。

对良导体而言，其损耗角正切远大于1，其衰减常数如式(6-58)所示，由式(6-40)，其相位常数和波阻抗则如下所示。因为

$$\gamma = \mathrm{j}\omega\sqrt{\mu\varepsilon\left(1-\mathrm{j}\frac{\sigma}{\omega\varepsilon}\right)} \approx \mathrm{j}\omega\sqrt{\frac{\mu\sigma}{\mathrm{j}\omega}} = \frac{1+\mathrm{j}}{\sqrt{2}}\sqrt{\omega\mu\sigma}$$

所以

$$\beta = \alpha \approx \sqrt{\pi f\mu\sigma} \tag{6-63}$$

$$\eta^{c} = \sqrt{\frac{\mu}{\varepsilon^{c}}} \approx \sqrt{\mathrm{j}\frac{\omega\mu}{\sigma}} = \sqrt{\frac{\omega\mu}{\sigma}}\mathrm{e}^{\mathrm{j}45^\circ} = \sqrt{\frac{\pi f\mu}{\sigma}} + \mathrm{j}\sqrt{\frac{\pi f\mu}{\sigma}} \tag{6-64}$$

显然，式(6-63)给出的良导体中的相位常数与衰减常数大小相等，而且良导体是明显的色散媒质。另外，根据式(6-46)、式(6-48)和式(6-63)很容易得到良导体中的波长和相速度的表达式。与良介质不同，良导体中波的上述参数很容易受到媒质电导率和角频率的影响。最后，从式(6-64)波阻抗来看，良导体波阻抗的相位固定为45°，即电场超前磁场45°。而从能量的角度来看，磁场的平均能量密度远大于电场的平均能量密度。

例题 6-8 导体($\sigma=6.17\times10^7$ S/m，ε_0，μ_0)中某均匀平面波沿$-z$轴方向传播，频率为$f=1.5$ MHz。如果在$z=0$处的电场强度$\boldsymbol{E}(0,t)=\boldsymbol{e}_y\sin\left(2\pi ft+\frac{\pi}{6}\right)$ V/m，试据此写出$z<0$区域中磁场强度$\boldsymbol{H}(z,t)$的表达式。

解 可以首先分析$z<0$区域中的电场强度，然后再写出其对应的磁场强度。

在导电媒质中沿$-z$方向传播的均匀平面波的电场强度表达式为

$$\boldsymbol{E}(z,t) = \boldsymbol{e}_y E_0 \mathrm{e}^{\alpha z}\sin(\omega t+\beta z+\varphi)\ \mathrm{V/m}$$

其中，角频率$\omega=2\pi f=3\pi\times10^6$(rad/s)，而幅度$E_0$和初始相位$\varphi$则可以根据$z=0$处的电场强度表达式来确定。将上式与$\boldsymbol{E}(0,t)=\boldsymbol{e}_y\sin\left(2\pi ft+\frac{\pi}{6}\right)$比较，有

$$E_0=1,\quad \varphi=\frac{\pi}{6}$$

在$f=1.5$ MHz频率下，导体($\sigma=6.17\times10^7$ S/m)的损耗角正切值为

$$\tan\delta = \frac{\sigma}{\omega\varepsilon_0} = \frac{6.17\times10^7}{3\pi\times10^6\times\frac{1}{36\pi}\times10^{-9}} \gg 1$$

显然，该导体属于良导体，其传播常数可以通过式(6-63)获得，即

$$\alpha=\beta=\sqrt{\pi f\mu\sigma}=1.9\times10^4$$

因此，$z<0$区域中的电场强度可以写为

$$\boldsymbol{E}(z,t) = \boldsymbol{e}_y\mathrm{e}^{1.9\times10^4 z}\sin\left(3\pi\times10^6 t+1.9\times10^4 z+\frac{\pi}{6}\right)\ \mathrm{V/m}$$

最后，根据式(6-64)可得良导体中波阻抗的表达式，即

$$\eta=\sqrt{\frac{\pi f\mu}{\sigma}}+\mathrm{j}\sqrt{\frac{\pi f\mu}{\sigma}}=\sqrt{\frac{\omega\mu}{\sigma}}\mathrm{e}^{\mathrm{j}\frac{\pi}{4}}=\frac{\mathrm{e}^{\mathrm{j}\frac{\pi}{4}}}{2.28\times10^{3}}\ \Omega$$

另外，结合波沿 $-z$ 轴方向传播的传播方向可以写出其磁场强度，即

$$\boldsymbol{H}=\frac{1}{\eta}(-\boldsymbol{e}_z)\times\boldsymbol{E}=\boldsymbol{e}_x 2.28\times10^{3}\mathrm{e}^{1.9\times10^{4}z}\sin\left(3\pi\times10^{6}t+1.9\times10^{4}z-\frac{\pi}{12}\right)\ \mathrm{A/m}$$

6.3.4 趋肤效应

微课视频

根据导电媒质中电磁波的衰减特性可知，波从表面进入导电媒质越深，场的幅度就会越小，电磁波的能量也就越弱。这种电磁波(场)的能量趋于导电媒质表面的现象称为趋肤效应。对良导体而言，因为其衰减常数大，损耗显著，所以趋肤效应也会更加显著。

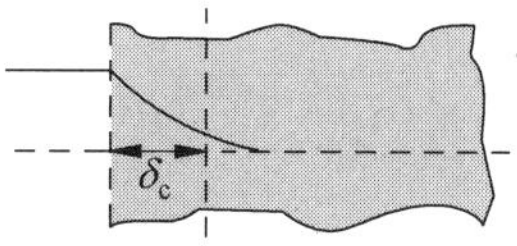

图 6-9 趋肤效应

为了对导电媒质趋肤效应的程度进行定量地表征，引入趋肤深度 δ_c，即场量幅度衰减到仅为初始值的 $1/\mathrm{e}$ 时所对应的传播距离，如图 6-9 所示。显然，根据上述趋肤深度的定义可知

$$\mathrm{e}^{-\alpha\delta_c}=\mathrm{e}^{-1}$$

因此

$$\delta_c=\frac{1}{\alpha} \tag{6-65}$$

对一般的损耗媒质而言，其衰减常数如式(6-41)所示，因此其趋肤深度为

$$\delta_c=\frac{1}{\alpha}=\frac{1}{\omega\sqrt{\frac{\mu\varepsilon}{2}\left(\sqrt{1+\frac{\sigma^2}{\omega^2\varepsilon^2}}-1\right)}} \tag{6-66}$$

对良导体而言，其衰减常数如式(6-63)所示，因此其趋肤深度为

$$\delta_c\approx\frac{1}{\sqrt{\pi f\mu\sigma}} \tag{6-67}$$

显然，对良导体而言，频率越高、磁导率越大、电导率越大，其趋肤深度也会越小。考虑到良导体中的相位常数和衰减常数相等，并应用式(6-16)得

$$\delta_c=\frac{1}{\alpha}=\frac{1}{\beta}=\frac{\lambda}{2\pi} \tag{6-68}$$

即电磁波在良导体中的波长是其趋肤深度的 2π 倍。而且，如果波在良导体中传播了一个波长的距离，则其产生的衰减量为

$$L=\alpha\lambda=2\pi\ \mathrm{Np}=54.5\ \mathrm{dB}$$

可见，其功率密度衰减约为初始值的三十万分之一。

例题 6-9 试计算例题 6-7 中 10 kHz 和 1 MHz 的平面波在海水中传播时的趋肤深度。

解 如 6.3.3 节所述，10 kHz 和 1 MHz 频率下的海水属于良导体，因此依据式(6-67)就可以计算趋肤深度，即

$$10\ \mathrm{kHz}:\ \delta_c=\frac{1}{\alpha}=\frac{1}{\sqrt{\pi f\mu\sigma}}=\frac{1}{0.126\pi}\ \mathrm{m}=2.53\ \mathrm{m}$$

$$1\ \text{MHz}: \delta_c = \frac{1}{\alpha} = \frac{1}{\sqrt{\pi f \mu \sigma}} = \frac{1}{1.26\pi}\ \text{m} = 0.253\ \text{m}$$

6.3.5 表面阻抗、交流电阻

电磁波在导电媒质中传播时，在电场的驱动下还会形成传导电流。通过式(6-43)可以得到其电流密度的表达式如下

$$\boldsymbol{J} = \sigma \boldsymbol{E} = \boldsymbol{e}_x \sigma E_0 \mathrm{e}^{\mathrm{j}\varphi} \mathrm{e}^{-(\alpha+\mathrm{j}\beta)z} = \boldsymbol{e}_x J_0 \mathrm{e}^{\mathrm{j}\varphi} \mathrm{e}^{-(\alpha+\mathrm{j}\beta)z} = \boldsymbol{e}_x J_x \tag{6-69}$$

其中，J_0 为良导体表面($z=0$)电流密度的幅度。显然，导电媒质中电流密度的幅度也按指数规律减小，如图 6-10 所示。

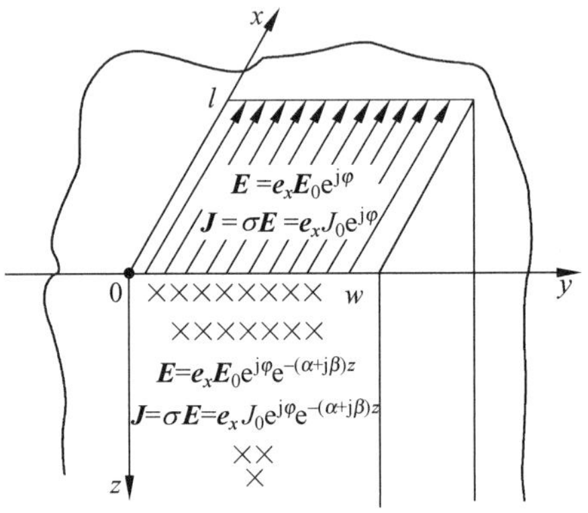

图 6-10 良导体的表面电流

考虑到良导体的衰减常数通常都很大，即良导体的厚度远大于其趋肤深度，所以电磁波在经过导体表层有限厚度的区域之后，传导电流就已经损耗殆尽，即该传导电流可以被看作是仅分布在良导体表面薄层中的(表)面电流。对厚度为 d 的良导体而言，如式(6-69)所示的传导电流在单位宽度截面上所形成的表面电流 J_s 为

$$J_s = \int_0^d \boldsymbol{J} \cdot \boldsymbol{e}_x \mathrm{d}z = \int_0^d J_0 \mathrm{e}^{\mathrm{j}\varphi} \mathrm{e}^{-(\alpha+\mathrm{j}\beta)z} \mathrm{d}z = \frac{J_0 \mathrm{e}^{\mathrm{j}\varphi}}{\alpha+\mathrm{j}\beta}\left[1-\mathrm{e}^{-(\alpha+\mathrm{j}\beta)d}\right]$$

考虑到该良导体的厚度 d 远大于其趋肤深度，即 $\left|\mathrm{e}^{-(\alpha+\mathrm{j}\beta)d}\right| = \mathrm{e}^{-\alpha d} \ll 1$，所以

$$J_s \approx \frac{J_0}{\alpha+\mathrm{j}\beta}\mathrm{e}^{\mathrm{j}\varphi} = \frac{J_0}{\gamma}\mathrm{e}^{\mathrm{j}\varphi} \tag{6-70}$$

如果将良导体的表面电流视为是其表面的电位差作用在某等效阻抗上形成的，则该阻抗也被称为表面阻抗；而所谓的表面阻抗率指的就是单位宽度、单位长度良导体的表面阻抗，即表面切向电场与切向磁场的比值，即 $Z_s = \dfrac{E_0}{H_0}$，另外，良导体表面单位长度的电位差等于其表面切向电场强度(E_t)，即根据式(6-43)、式(6-69)可得

$$E_t = E_x \big|_{z=0} = E_0 \mathrm{e}^{\mathrm{j}\varphi} = \frac{J_0}{\sigma}\mathrm{e}^{\mathrm{j}\varphi} \tag{6-71}$$

由式(6-71)、式(6-70)可得其表面阻抗(率)的表达式如下

$$Z_s = \frac{E_t}{J_s} = \frac{\gamma}{\sigma} = \frac{\alpha+\mathrm{j}\beta}{\sigma} = \frac{\alpha}{\sigma} + \mathrm{j}\,\frac{\beta}{\sigma} \tag{6-72}$$

将式(6-63)所示的衰减常数和相位常数代入上式可得

$$Z_s = \frac{\alpha}{\sigma} + \mathrm{j}\frac{\beta}{\sigma} = \sqrt{\frac{\pi f\mu}{\sigma}} + \mathrm{j}\sqrt{\frac{\pi f\mu}{\sigma}} \tag{6-73}$$

显然,上述良导体的表面阻抗(率)与式(6-64)表示的波阻抗完全一致。

对如式(6-72)、式(6-73)所示的表面阻抗(率)而言,其实部也称为表面电阻率(交流电阻率)R_s,即

$$R_s = \frac{\alpha}{\sigma} = \sqrt{\frac{\pi f\mu}{\sigma}} \tag{6-74}$$

将式(6-65)代入上式可得

$$R_s = \frac{1}{\sigma\delta_c} \tag{6-75}$$

显然,上述表面电阻率(交流电阻率)相当于厚度为 δ_c、电导率为 σ 的导体的单位长度单位宽度的直流电阻。和直流电阻情况下电流均匀分布在导体截面上不同,趋肤效应影响下的电流会集中分布在靠近良导体表面的有限区域内,因此其表面电阻(交流电阻)通常都会大于其直流电阻。

对长度为 l、宽度为 w 的矩形良导体(厚度远大于趋肤深度)而言,其表面电阻(交流电阻)为

$$R_{ac} = R_s\frac{l}{w} \tag{6-76}$$

对长度为 l、半径为 r 的圆柱形良导体(半径远大于趋肤深度)而言,其表面电阻(交流电阻)为

$$R_{ac} = R_s\frac{l}{2\pi r} \tag{6-77}$$

表 6-2 给出了一些金属材料的趋肤深度及表面电阻。

表 6-2 一些金属材料的趋肤深度及表面电阻

材料名称	电导率 σ/(S/m)	趋肤深度 δ/m	表面电阻 R_s/Ω
银	6.17×10^7	$0.064/\sqrt{f}$	$2.52\times10^{-7}/f$
紫铜	5.8×10^7	$0.066/\sqrt{f}$	$2.61\times10^{-7}/f$
铝	3.72×10^7	$0.083/\sqrt{f}$	$3.26\times10^{-7}/f$
钠	2.1×10^7	$0.11/\sqrt{f}$	
黄铜	1.6×10^7	$0.13/\sqrt{f}$	$5.01\times10^{-7}/f$
锡	0.87×10^7	$0.17/\sqrt{f}$	
石墨	0.01×10^7	$1.6/\sqrt{f}$	

例题 6-10 由金属铜($\sigma=5.8\times10^7$ S/m,$\varepsilon_r=1$,$\mu_r=1$)制成的、半径为 1.5 mm 的圆导线,试分别计算该导线单位长度的直流电阻和 100 MHz 频率下的单位长度的表面(交流)电阻。

解 对单位长度的圆导线而言,其直流电阻为

$$R_{dc} = \frac{l}{\sigma S} = \frac{1}{5.8\times10^7\times\pi\times(1.5\times10^{-3})^2}\ \Omega = 0.0024\ \Omega$$

对相同圆导线在 100 MHz 频率下的单位长度的表面(交流)电阻,可以利用式(6-77)和

式(6-74)来计算,即

$$R_s=\sqrt{\frac{\pi f\mu_0}{\sigma}}=\sqrt{\frac{\pi\times 100\times 10^6\times 4\pi\times 10^{-7}}{5.8\times 10^7}}\ \Omega=2.61\times 10^{-3}\ \Omega$$

$$R_{ac}=R_s\frac{l}{2\pi r}=2.61\times 10^{-3}\times\frac{1}{2\pi\times 1.5\times 10^{-3}}\ \Omega=0.277\ \Omega$$

显然,100 MHz 情况下良导体的趋肤效应导致其交流电阻比直流电阻大 100 多倍。

6.3.6 损耗功率

如前所述,导电媒质中的场量、传导电流等都会随着传播的深入而逐步衰减。尤其是良导体,其厚度远大于趋肤深度,波在经过导体表层有限厚度的区域之后,几乎损耗殆尽。在导电媒质中传播的电磁波,其能量几乎都可以被视为是通过焦耳热损耗的方式消耗在良导体内部的。

以沿 z 方向在良导体内传播的电磁波为例,其经良导体表面($z=0$)流入的平均功率密度应该等于该良导体的损耗功率,即

$$\boldsymbol{S}_{av}=\frac{1}{2}\mathrm{Re}(\boldsymbol{E}\mid_{z=0}\times\boldsymbol{H}^*\mid_{z=0})=\boldsymbol{e}_z\ \frac{1}{2}\mathrm{Re}\left[E_0\left(\frac{E_0}{\sqrt{\mu/\varepsilon^e}}\right)^*\right]=\boldsymbol{e}_z\ \frac{1}{2}\mathrm{Re}\left[E_0^2\left(\frac{1}{\eta^e}\right)^*\right] \tag{6-78}$$

由式(6-64),考虑到良导体波阻抗的大小为$\sqrt{\frac{\omega\mu}{\sigma}}$,相位为 45°,因此其表面($z=0$)处的磁场强度的大小为

$$H_0=E_0\Big/\sqrt{\frac{\omega\mu}{\sigma}}$$

将式(6-64)及上式先后代入式(6-78)可得其单位面积上损耗功率(p_L)的表达式如下

$$p_L=S_{av}=\frac{1}{2}E_0^2\Big/\sqrt{\frac{2\omega\mu}{\sigma}}=\frac{1}{2}H_0^2\sqrt{\frac{\pi f\mu}{\sigma}} \tag{6-79}$$

如果将良导体内的传导电流近似视为仅分布在良导体表面的表面电流,则根据边界条件可得

$$H_0\approx|J_s|$$

将上式与式(6-74)代入式(6-79)可得

$$p_L=\frac{1}{2}|J_s|^2R_s \tag{6-80}$$

显然,对良导体而言,其单位表面积上的损耗功率相当于表面电流密度流过表面电阻率(交流电阻率)所产生的焦耳损耗。如果是整个良导体表面上的损耗功率,则

$$p_L=\iint_S\left[\frac{1}{2}|J_s|^2R_s\right]\mathrm{d}S \tag{6-81}$$

还可以由式(2-75)证明,良导体表面单位面积吸收的平均功率即为式(6-79)所示,即

$$p_L=\frac{1}{2}\iiint_V\sigma|E|^2\mathrm{d}V=\frac{1}{2}\int_0^\infty\sigma E_0^2\mathrm{e}^{-2\alpha z}\mathrm{d}z=\frac{1}{2}E_0^2\sqrt{\frac{\sigma}{2\omega\mu}}$$

注意,在上式中用到了电场的有效值。

6.4 时域有限差分法

前面以麦克斯韦方程组为基础分析了平面电磁波在无界媒质中的传播。随着计算机技术的发展,已经发展出了许多求解麦克斯韦方程的有意义的数值解方法来解决实际工程中的电磁场问题,例如矩量法(MoM)、有限元法(FEM)、边界元法(BEM)以及时域有限差分(FDTD)方法等。在第4章已经讨论了有限差分法在求解静态场问题中的应用,本节对FDTD方法及其应用作简要的介绍。

FDTD方法是一种基于微分方程的数值计算方法,它于1966年由Yee提出并应用于研究电磁场的传播及散射问题。FDTD的主要思想是将求解区域离散为Yee氏网格,由麦克斯韦方程组的两个旋度方程得到空间及时间的中心差分方程,利用电场和磁场在时间和空间上的交替离散抽样来模拟电磁场的变化和传播。由于计算空间和计算能力的限制,不可能模拟无界空间,因此对于无界空间的辐射及散射问题,吸收边界条件的选择和设计尤为重要。到目前为止,吸收边界条件有外推法、外行波的模拟法、Mur边界条件、超吸收边界条件、完全匹配层(PML)吸收边界条件、UPML(单轴各向异性完全匹配层)和时域伪谱法(PSTD)等。

随着计算机技术的发展,FDTD在波导及传输线、天线、电磁场散射及生物医学工程等领域有着日益广泛的应用。FDTD能直接给出非常丰富的电磁场问题的时域信息。如果需要频域信息,则只需对时域信息进行傅里叶变换即可。FDTD最适宜分析瞬态响应问题,但是用于分析低频响应问题时计算时间很长;而矩量法在分析高频响应时往往误差过大,对于低频响应问题则存在优势。

6.4.1 麦克斯韦方程的差分格式

建立时域有限差分方程所采用的Yee氏网格如图6-11所示,可以是正方体或者立方体网格。一般粗网格对应的空间步长 $\Delta\approx\lambda/5$,中等网格为 $\Delta\approx\lambda/10$,细网格为 $\Delta<\lambda/20$。下面介绍采用二阶中心差分方法来推导麦克斯韦方程的FDTD差分格式。

在无源无耗媒质中,将式(5-12)中的麦克斯韦第一方程按照标量形式展开得

$$\begin{cases}\varepsilon\dfrac{\partial E_x}{\partial t}=\dfrac{\partial H_z}{\partial y}-\dfrac{\partial H_y}{\partial z}\\ \varepsilon\dfrac{\partial E_y}{\partial t}=\dfrac{\partial H_x}{\partial z}-\dfrac{\partial H_z}{\partial x}\\ \varepsilon\dfrac{\partial E_z}{\partial t}=\dfrac{\partial H_y}{\partial x}-\dfrac{\partial H_x}{\partial y}\end{cases}\tag{6-82}$$

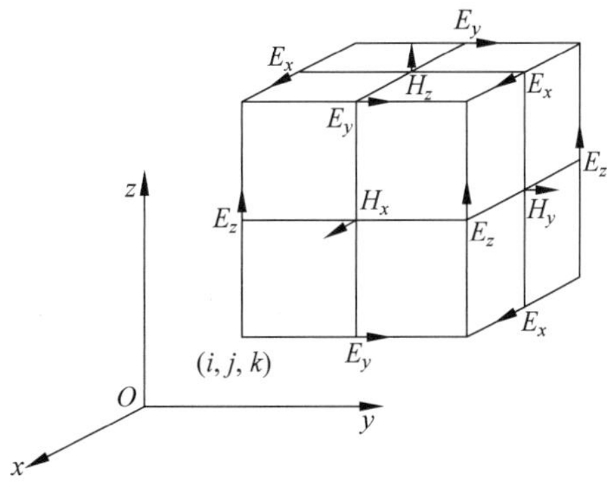

图6-11　Yee氏网格

采用图6-11所示的Yee氏网格对上式表示的麦克斯韦微分方程进行差分。设 Δx、Δy 和 Δz 分别代表在 x、y 和 z 坐标方向的空间步长,在第 n 步采用二阶中心差分形式。例如对于 E_z,则在 x 方向及时间 t 上的差分分别为

$$\frac{\partial E_z^n(i,j,k)}{\partial x}=\frac{E_z^n\left(i+\frac{1}{2},j,k\right)-E_z^n\left(i-\frac{1}{2},j,k\right)}{\Delta x}+o(\Delta x^2)$$

$$\frac{\partial E_z^n(i,j,k)}{\partial t}=\frac{E_z^{n+\frac{1}{2}}(i,j,k)-E_z^{n-\frac{1}{2}}(i,j,k)}{\Delta t}+o(\Delta t^2)$$

其中,i、j、k 分别表示计算空间沿 x、y 和 z 轴方向的步数。经过以上形式的差分近似,式(6-82)有如下形式

$$E_x^{n+1}\left(i+\frac{1}{2},j,k\right)=E_x^n\left(i+\frac{1}{2},j,k\right)+\frac{\Delta t}{\varepsilon}\left[\frac{H_z^{n+\frac{1}{2}}\left(i+\frac{1}{2},j+\frac{1}{2},k\right)-H_z^{n+\frac{1}{2}}\left(i+\frac{1}{2},j-\frac{1}{2},k\right)}{\Delta y}-\frac{H_y^{n+\frac{1}{2}}\left(i+\frac{1}{2},j,k+\frac{1}{2}\right)-H_y^{n+\frac{1}{2}}\left(i+\frac{1}{2},j,k-\frac{1}{2}\right)}{\Delta z}\right] \tag{6-83-1}$$

$$E_y^{n+1}\left(i,j+\frac{1}{2},k\right)=E_y^n\left(i,j+\frac{1}{2},k\right)+\frac{\Delta t}{\varepsilon}\left[\frac{H_x^{n+\frac{1}{2}}\left(i,j+\frac{1}{2},k+\frac{1}{2}\right)-H_x^{n+\frac{1}{2}}\left(i,j+\frac{1}{2},k-\frac{1}{2}\right)}{\Delta z}-\frac{H_z^{n+\frac{1}{2}}\left(i+\frac{1}{2},j+\frac{1}{2},k\right)-H_z^{n+\frac{1}{2}}\left(i-\frac{1}{2},j+\frac{1}{2},k\right)}{\Delta x}\right] \tag{6-83-2}$$

$$E_z^{n+1}\left(i,j,k+\frac{1}{2}\right)=E_z^n\left(i,j,k+\frac{1}{2}\right)+\frac{\Delta t}{\varepsilon}\left[\frac{H_y^{n+\frac{1}{2}}\left(i+\frac{1}{2},j,k+\frac{1}{2}\right)-H_y^{n+\frac{1}{2}}\left(i-\frac{1}{2},j,k+\frac{1}{2}\right)}{\Delta x}-\frac{H_x^{n+\frac{1}{2}}\left(i,j+\frac{1}{2},k+\frac{1}{2}\right)-H_x^{n+\frac{1}{2}}\left(i,j-\frac{1}{2},k+\frac{1}{2}\right)}{\Delta y}\right] \tag{6-83-3}$$

同理,将麦克斯韦第二方程的微分形式差分得

$$H_x^{n+\frac{1}{2}}\left(i,j+\frac{1}{2},k+\frac{1}{2}\right)=H_x^{n-\frac{1}{2}}\left(i,j+\frac{1}{2},k+\frac{1}{2}\right)+\frac{\Delta t}{\mu}\left[\frac{E_y^n\left(i,j+\frac{1}{2},k+1\right)-E_y^n\left(i,j+\frac{1}{2},k\right)}{\Delta z}-\frac{E_z^n\left(i,j+1,k+\frac{1}{2}\right)-E_z^n\left(i,j,k+\frac{1}{2}\right)}{\Delta y}\right] \tag{6-84-1}$$

$$H_y^{n+\frac{1}{2}}\left(i+\frac{1}{2},j,k+\frac{1}{2}\right)=H_y^{n-\frac{1}{2}}\left(i+\frac{1}{2},j,k+\frac{1}{2}\right)+$$

$$\frac{\Delta t}{\mu}\left[\frac{E_z^n\left(i+1,j,k+\frac{1}{2}\right)-E_z^n\left(i,j,k+\frac{1}{2}\right)}{\Delta x}-\right.$$

$$\left.\frac{E_x^n\left(i+\frac{1}{2},j,k+1\right)-E_x^n\left(i+\frac{1}{2},j,k\right)}{\Delta z}\right] \tag{6-84-2}$$

$$H_z^{n+\frac{1}{2}}\left(i+\frac{1}{2},j+\frac{1}{2},k\right)=H_z^{n-\frac{1}{2}}\left(i+\frac{1}{2},j+\frac{1}{2},k\right)+$$

$$\frac{\Delta t}{\mu}\left[\frac{E_x^n\left(i+\frac{1}{2},j+1,k\right)-E_x^n\left(i+\frac{1}{2},j,k\right)}{\Delta y}-\right.$$

$$\left.\frac{E_y^n\left(i+1,j+\frac{1}{2},k\right)-E_y^n\left(i,j+\frac{1}{2},k\right)}{\Delta x}\right] \tag{6-84-3}$$

6.4.2 UPML 吸收边界条件

设在吸收边界中采用 UPML 边界条件，在 UPML 层中麦克斯韦方程表示为

$$\boldsymbol{\nabla}\times \boldsymbol{H}=\mathrm{j}\omega\varepsilon_0\varepsilon_r\bar{\bar{\varepsilon}}\boldsymbol{E},\quad \boldsymbol{\nabla}\times \boldsymbol{E}=-\mathrm{j}\omega\mu_0\mu_r\bar{\bar{\mu}}\boldsymbol{H} \tag{6-85}$$

$$\bar{\bar{\boldsymbol{\varepsilon}}}=\bar{\bar{\boldsymbol{\mu}}}=\begin{bmatrix}\frac{s_y s_z}{s_x} & 0 & 0\\ 0 & \frac{s_x s_z}{s_y} & 0\\ 0 & 0 & \frac{s_x s_y}{s_z}\end{bmatrix}$$

其中，$\bar{\bar{\boldsymbol{\varepsilon}}}$ 为介电常数张量，$\bar{\bar{\boldsymbol{\mu}}}$ 为磁导率张量，$s_x=1+\frac{\sigma_x}{\mathrm{j}\omega\varepsilon_0}$，$s_y=1+\frac{\sigma_y}{\mathrm{j}\omega\varepsilon_0}$，$s_z=1+\frac{\sigma_z}{\mathrm{j}\omega\varepsilon_0}$，$\sigma_x$、$\sigma_y$、$\sigma_z$ 分别为沿 x、y、z 轴方向的电导率。经验表明，电导率在各个方向从由自由空间到最外层边界逐渐增加，可以减少由于电磁场量和电磁参数的离散近似导致的自由空间和 UPML 的边界处的阻抗不匹配而引起的反射。UPML 的二维横截面如图 6-12 所示，其中最外层用理想导体封闭。UPML 设置的特点：在"棱区域"中与坐标轴平行的电导率为 0，只存在与坐标轴垂直的电导率，并且随着进入 UPML 的深度增加而增大，在 UPML 与计算空间的交界处为最小值，在最外层达到最大值；在"角区域"中存在着沿两个方向变化的电导率。这样可以保证入射到 UPML 中的电磁波最大限度地被吸收。

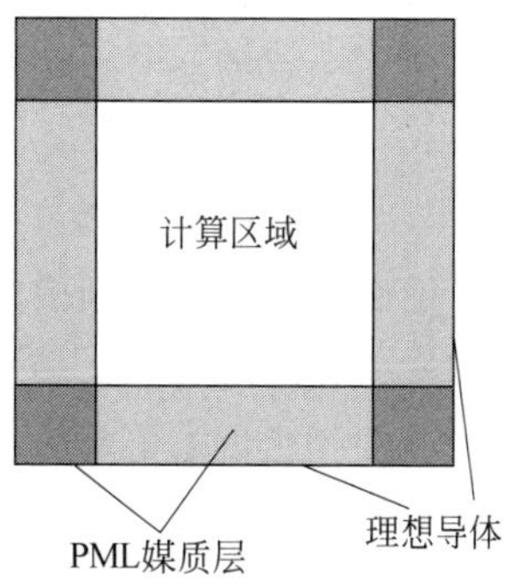

图 6-12 UPML 吸收边界中吸收媒质的放置

例如，对于沿 y 方向传播的 TEM 波，存在电场 E_z 和磁场 H_x。由于此时仅存在沿 y 方向传播的波，故在图 6-12 中可不考虑"角区域"，因此 $\sigma_x=\sigma_z=0$，在 UPML 中电场和磁场的差分格式为

$$E^{n+1}_{z|i,j,k+\frac{1}{2}}=\frac{2\varepsilon_0-\sigma_y\Delta t}{2\varepsilon_0+\sigma_y\Delta t}E^{n}_{z|i,j,k+\frac{1}{2}}-\frac{2\Delta t}{\varepsilon_r(2\varepsilon_0+\sigma_y\Delta t)}\left(\frac{H^{n+1/2}_{x|i,j+\frac{1}{2},k+\frac{1}{2}}-H^{n+1/2}_{x|i,j-\frac{1}{2},k+\frac{1}{2}}}{\Delta y}\right) \tag{6-86-1}$$

$$H^{n+1}_{x|i,j,k+\frac{1}{2}}=\frac{2\varepsilon_0-\sigma_y\Delta t}{2\varepsilon_0+\sigma_y\Delta t}H^{n}_{x|i,j,k+\frac{1}{2}}-\frac{2\varepsilon_0\Delta t}{\mu_0\mu_r(2\varepsilon_0+\sigma_y\Delta t)}\left(\frac{E^{n+1/2}_{z|i,j+1,k+\frac{1}{2}}-E^{n+1/2}_{z|i,j,k+\frac{1}{2}}}{\Delta y}\right) \tag{6-86-2}$$

UPML 吸收层中的电导率的选取可以依据经验公式

$$\sigma(r)=\sigma_{\max}\left(\frac{r}{\delta}\right)^m \tag{6-87}$$

其中，r 为进入 UPML 层的深度，δ 为 UPML 吸收层的厚度，$\sigma_{\max}$ 为固定参数，m 为层数，一般选为 3～4。σ 在 UPML 层与计算空间的交界处为零，在 UPML 层与 PEC 的交界处为最大值。

利用上述麦克斯韦方程在自由空间及边界中的差分格式，即可实现对电磁波传播的模拟，其一维 FDTD 程序的实现见附录 G。所模拟的直角坐标系中高斯脉冲沿 y 轴传播的情况如图 6-13 所示，可见高斯脉冲从 y 轴方向的一侧进入，从另一侧移出，其中 T 为时间步数。

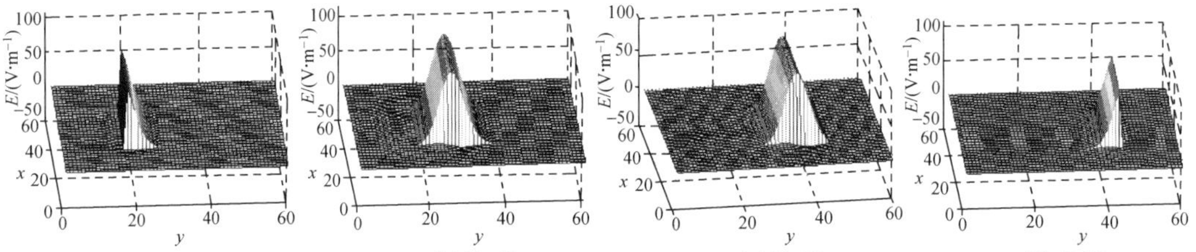

(a) T=50　(b) T=65　(c) T=75　(d) T=90

图 6-13　高斯脉冲沿 y 轴方向的传播

微课视频

习题

6-1　自由空间中某电磁波的电场强度表达式如下，试分析该波的传播方向并判断其是否属于均匀平面波。

$$\boldsymbol{E}=\left(\frac{3}{2}\boldsymbol{e}_x+\boldsymbol{e}_y+\boldsymbol{e}_z\right)\cos\left[\omega t+\pi\left(x-y-\frac{1}{2}z\right)\right]\quad \text{V/m}$$

6-2　电磁波在自由空间中的波长为 0.1 m，如果将其置于某种非磁性的理想介质($\varepsilon_r=9$)中，试计算其频率、相位常数、波长、相速度和波阻抗。

6-3　已知球坐标系下某区域中电场强度和磁场强度的表达式如下，试计算穿过上半球壳的平均功率。

$$\boldsymbol{E}=\boldsymbol{e}_\theta\left(\frac{100}{r}\right)\sin\theta\cos(\omega t-kr)\quad \text{V/m}$$

$$\boldsymbol{H}=\boldsymbol{e}_\phi\left(\frac{0.265}{r}\right)\sin\theta\cos(\omega t-kr)\quad \text{A/m}$$

6-4　自由空间中某均匀平面波的电场强度为 $\boldsymbol{E}=\boldsymbol{e}_x 100\sin(\omega t-ky)$ V/m。试计算穿过

$y=0$ 平面内边长为 10 cm 的矩形面积上的瞬时功率和平均功率。

6-5 已知均匀平面波在自由空间中的波长为 12 cm，如果将其置于某种理想介质中，其波长将缩短为 8 cm。如果理想介质中波的电场强度和磁场强度的幅度分别为 50 V/m 和 0.1 A/m，试求该平面波的频率和理想介质的相对磁导率、相对介电常数。

6-6 已知理想介质中均匀平面波的电场强度和磁场强度的表达式如下，求该介质的相对磁导率和相对介电常数。

$$\boldsymbol{E}=\boldsymbol{e}_x 10\cos(6\pi\times10^7 t-0.8\pi z)\ \mathrm{V/m}$$

$$\boldsymbol{H}=\boldsymbol{e}_y\left(\frac{1}{6\pi}\right)\cos(6\pi\times10^7 t-0.8\pi z)\ \mathrm{A/m}$$

6-7 真空中某均匀平面波的磁场强度为 $\boldsymbol{H}=\boldsymbol{e}_x 10^{-5}\cos(\omega t+\pi y)\,\mathrm{A/m}$。试求该平面波的波长、频率、相速度、波阻抗、电场强度矢量和平均坡印亭矢量。

6-8 某均匀平面波在无损耗媒质中沿正 z 轴方向传播，媒质的相对磁导率为 1，相对介电常数为 2.25。如果已知其电场强度为 $\boldsymbol{E}=\boldsymbol{e}_x \mathrm{e}^{\mathrm{j}(10^{10}t-kz)}$，试求：

(1) 频率；

(2) 相位常数；

(3) 磁场强度的瞬时值表达式；

(4) 坡印亭矢量的瞬时值表达式。

6-9 已知理想介质中传播的均匀平面波的电场强度表达式如下

$$\boldsymbol{E}=(\boldsymbol{e}_x+\boldsymbol{e}_y)\cos(4\pi\times10^8 t-2\pi z)\ \mathrm{V/m}$$

试计算：

(1) 该均匀平面波的相位常数、频率、相速度和波长；

(2) 若该介质的相对磁导率为 1，则求该介质的相对介电常数；

(3) 磁场强度表达式；

(4) 平均坡印亭矢量。

6-10 试计算习题 6-1 所涉及电磁波的相位常数、波长、频率、相速度、波阻抗、磁场强度和平均坡印亭矢量。

6-11 某均匀平面波在非磁性的理想介质中传播，频率为 50 kHz，其电场强度的复数振幅为 $\boldsymbol{E}=\boldsymbol{e}_x 4-\boldsymbol{e}_y+\boldsymbol{e}_z 2$ kV/m，其磁场强度的复数振幅为 $\boldsymbol{H}=\boldsymbol{e}_x 6+\boldsymbol{e}_y 18-\boldsymbol{e}_z 3$ A/m。试求：

(1) 波在传播方向上的单位矢量；

(2) 波的平均功率密度；

(3) 介质的相对介电常数。

6-12 自由空间中某均匀平面波的波矢量为 $\boldsymbol{k}=(\boldsymbol{e}_z 4-3\boldsymbol{e}_y)\pi$ rad/m，极化方向沿 x 轴方向。如果在 $t=0$ 时刻，发现该平面波的电场强度在原点处的大小正好等于其振幅 1 V/m，试写出：

(1) 频率、相位常数、波长、相速度、波阻抗和传播方向；

(2) 电场强度和磁场强度的瞬时值表达式；

(3) 平均坡印亭矢量。

6-13 指出下列各均匀平面波的极化方式：

(1) $\boldsymbol{E}=\boldsymbol{e}_x E_0 \sin(\omega t-kz)+\boldsymbol{e}_y E_0' \cos(\omega t-kz)$

(2) $\boldsymbol{E}=E_0(\boldsymbol{e}_x+\mathrm{j}\boldsymbol{e}_y)\mathrm{e}^{-\mathrm{j}kz}$

(3) $\boldsymbol{E}=\boldsymbol{e}_x E_0 \cos(\omega t-kz)+\boldsymbol{e}_y E_0 \sin\left(\omega t-kz+\dfrac{\pi}{4}\right)$

(4) $\boldsymbol{E}=E_0(\boldsymbol{e}_x+3\mathrm{j}\boldsymbol{e}_z)\mathrm{e}^{-\mathrm{j}ky}$

(5) $\boldsymbol{E}=E_0(\boldsymbol{e}_x-2\sqrt{3}\boldsymbol{e}_y+\sqrt{3}\boldsymbol{e}_z)\cos(\omega t+\sqrt{3}x+2y+3z)$

6-14 自由空间中传播的均匀平面波的电场强度矢量为：

$$\boldsymbol{E}=\boldsymbol{e}_x 10^{-4}\mathrm{e}^{-\mathrm{j}20\pi z}+\boldsymbol{e}_y 10^{-4}\mathrm{e}^{-\mathrm{j}\left(20\pi z-\frac{\pi}{2}\right)}$$

试求：

(1) 平面波的传播方向和频率；

(2) 波的极化方式；

(3) 磁场强度；

(4) 流过与传播方向垂直的单位面积的平均功率。

6-15 非磁性损耗媒质中某均匀平面波磁场的表达式如下

$$\boldsymbol{H}=\boldsymbol{e}_x \mathrm{e}^{-77.485y}\cos(2\pi\times 10^9 t-203.8y)\quad \mathrm{A/m}$$

试计算该损耗媒质的相对介电常数和电导率,并写出其对应的电场强度和平均坡印亭矢量的表达式。

6-16 频率为 20 MHz 的均匀平面波在非磁性损耗媒质中传播。如果该电磁波沿传播方向传播单位距离后电场幅度会衰减 20%,而且电场会超前磁场 20°。试计算：

(1) 波在该损耗媒质中的传播常数；

(2) 趋肤深度和波阻抗。

6-17 已知平面波在非磁性损耗媒质中传播的特性阻抗为 $60\pi\angle 30°\Omega$,相位常数为 1.2 rad/m。试计算：

(1) 该损耗媒质的相对介电常数；

(2) 频率；

(3) 衰减常数；

(4) 趋肤深度。

6-18 频率为 1.8 MHz 的均匀平面波在电磁参数分别为 $\mu_r=1.6$,$\varepsilon_r=25$,$\sigma=2.5$ S/m 的损耗媒质中传播,其电场强度的表达式如下

$$\boldsymbol{E}=0.1\mathrm{e}^{-\alpha z}\cos(2\pi ft-\beta z)\boldsymbol{e}_x\ \mathrm{V/m}$$

试计算：

(1) 相位常数、波长和相速度；

(2) 衰减常数和趋肤深度；

(3) 本征阻抗；

(4) 磁场强度；

(5) 平均坡印亭矢量。

6-19 频率为 50 MHz 的均匀平面波在潮湿土壤($\mu_r=1$,$\varepsilon_r=16$,$\sigma=0.02$ S/m)中传播。如

果地表电场强度的幅度为 120 V/m，试计算：

(1) 传播常数、相位常数和衰减常数；

(2) 相速度、趋肤深度和本征阻抗；

(3) 平均功率密度；

(4) 电场强度的幅度衰减到 1 V/m 所对应的传播距离。

6-20 频率为 3 GHz、沿 y 轴方向极化的均匀平面波在相对介电常数为 2.5、损耗角正切为 0.01 的非磁性损耗媒质中沿 x 轴正方向传播。如果 $x=0$ 处的电场强度为 $\boldsymbol{E}=\boldsymbol{e}_y 50\sin\left(60\pi\times10^8 t+\frac{\pi}{3}\right)$，试计算：

(1) 波振幅衰减 90%所对应的传播距离；

(2) 媒质的本征阻抗、波长和相速度；

(3) 电场强度和磁场强度的瞬时值表达式；

(4) 平均坡印亭矢量。

6-21 在非磁性的良导体内传播的均匀平面波的磁场表达式如下

$$\boldsymbol{H}=\boldsymbol{e}_y \mathrm{e}^{-15z}\cos(2\pi\times10^8 t-15z)\ \mathrm{A/m}$$

试计算：

(1) 导体的电导率；

(2) 电场强度的表达式；

(3) 该平面波从 $z=0$ 位置开始传播一个趋肤深度后，功率密度的损耗。

6-22 空气中某均匀平面波的波长为 0.1 m，当该平面波在另一种非磁性的良导体中传播的时候，其波长会变为 4×10^{-5} m。试求：

(1) 波在该良导体中传播的相位常数及相速度；

(2) 该良导体的电导率及相应的衰减常数。

6-23 工作在频率 10^8 Hz 下的半径为 2 mm 的金属圆导线(相对磁导率和相对介电常数都等于 1)，如果其电导率为 $\sigma=10^7$ S/m，试计算其表面电阻率和单位长度的交流、直流电阻。

6-24 平面波在非磁性良导体中的相速度是其在真空中相速度的 1/1000。如果已知该波在良导体中的波长为 0.3 mm，试求波的频率和良导体的电导率。

6-25 在空气中传播的线极化波的波长为 60 m，当其进入海水($\mu_r=1$，$\varepsilon_r=80$，$\sigma=4$ S/m)后沿正 z 轴方向传播。如果在海平面($z=0$)以下 1 m 深的位置处测量到的电场强度为 $\boldsymbol{E}=\boldsymbol{e}_x\cos\omega t$ V/m，试计算：

(1) 波在海水中的传播常数；

(2) 海水中电场强度和磁场强度的表达式。

第 7 章 CHAPTER 7 均匀平面波在不同媒质分界面的反射与折射

在无界均匀媒质中传播的电磁波，其各场量随空间和时间连续分布；但如果电磁波在传播过程中入射到了两种不同媒质所构成的分界面上，则这种连续性将无法保障，第 5 章还专门讨论了该种情况的边界条件问题。受到边界条件的制约，电磁波入射到媒质分界面上时会激发出时变电荷和电流，这些二次源在分界面两侧所激发出的电磁波通常也称为反射波和折射波，而原电磁波称为入射波。

本章将以两种不同媒质构成的无限大分界平面为例，讨论在线极化入射波激励下形成的反射波和折射波的情况，分析入射空间及透射空间场的性质，最后介绍人工电磁材料的概念。注意：如无特殊说明，本章所涉及的所有媒质都是均匀、线性、各向同性的非磁性媒质。

微课视频

7.1 平面波垂直入射到理想导体表面

如图 7-1 所示，假设理想介质(μ_0,ε)填充的半无限大区域 1 中有均匀平面波沿 z 轴方向传播，在 $z=0$ 处垂直入射到理想导体所在区域 2 的表面上。e^+ 表示入射波传播方向，而 e^- 表示反射波传播方向。因为理想导体内部电磁场为 0，所以只需结合理想导体表面的边界条件，分析区域 1 中出现的沿 $-z$ 轴方向传播的反射波。

如果将入射波电场和磁场的参考方向分别取为沿 x 轴、y 轴的方向，则其电场强度和磁场强度的表达式分别为

$$\boldsymbol{E}^+=\boldsymbol{e}_x E_0^+ \mathrm{e}^{-\mathrm{j}\beta z} \tag{7-1}$$

$$\boldsymbol{H}^+=\boldsymbol{e}_z\times\frac{\boldsymbol{E}^+}{\eta}=\boldsymbol{e}_y\frac{E_0^+}{\eta}\mathrm{e}^{-\mathrm{j}\beta z}=\boldsymbol{e}_y H_0^+\mathrm{e}^{-\mathrm{j}\beta z} \tag{7-2}$$

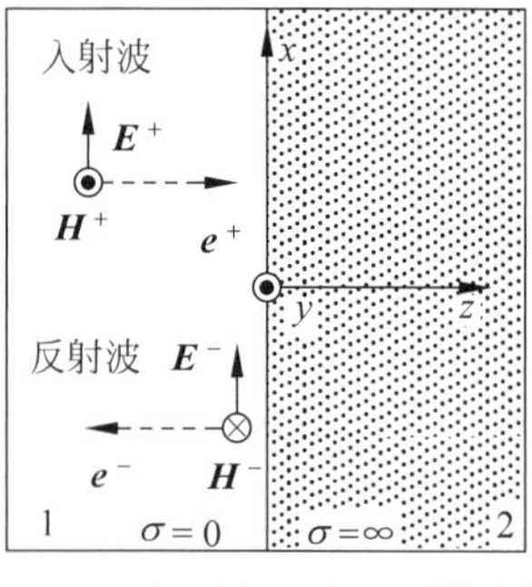

图 7-1 平面波垂直入射到理想导体表面

其中，E_0^+ 和 H_0^+ 分别表示入射波在分界面处的复振幅，而区域 1 中均匀平面波的相位常数和波阻抗则分别表示为 $\beta=\omega\sqrt{\mu_0\varepsilon}$，$\eta=\sqrt{\dfrac{\mu_0}{\varepsilon}}$。

如果将反射波电场和磁场的参考方向仍然取为沿 x 轴、y 轴的方向，则其电场强度和磁场强度可分别表示为

$$\boldsymbol{E}^-=\boldsymbol{e}_x E_0^- \mathrm{e}^{\mathrm{j}\beta z} \tag{7-3}$$

$$\boldsymbol{H}^{-}=-\boldsymbol{e}_{z}\times\frac{\boldsymbol{E}^{-}}{\eta}=\boldsymbol{e}_{y}\left(-\frac{E_{0}^{-}}{\eta}\right)\mathrm{e}^{\mathrm{j}\beta z}=\boldsymbol{e}_{y}H_{0}^{-}\mathrm{e}^{\mathrm{j}\beta z}\tag{7-4}$$

其中，E_0^- 和 H_0^- 称为反射波在分界面处的复振幅。另外，因为反射波仍处于区域 1 中，故上式中的相位常数和波阻抗仍然同前。

对区域 1 而言，其内部既有入射波也有反射波存在，因此其电磁场分布应该是两者的叠加，即区域 1 中的合成电场和合成磁场的表达式为

$$\boldsymbol{E}_{1}=\boldsymbol{E}^{+}+\boldsymbol{E}^{-}=\boldsymbol{e}_{x}(E_{0}^{+}\mathrm{e}^{-\mathrm{j}\beta z}+E_{0}^{-}\mathrm{e}^{\mathrm{j}\beta z})\tag{7-5}$$

$$\boldsymbol{H}_{1}=\boldsymbol{H}^{+}+\boldsymbol{H}^{-}=\boldsymbol{e}_{y}(H_{0}^{+}\mathrm{e}^{-\mathrm{j}\beta z}+H_{0}^{-}\mathrm{e}^{\mathrm{j}\beta z})=\boldsymbol{e}_{y}\left(\frac{E_{0}^{+}}{\eta}\mathrm{e}^{-\mathrm{j}\beta z}-\frac{E_{0}^{-}}{\eta}\mathrm{e}^{\mathrm{j}\beta z}\right)\tag{7-6}$$

根据场量的边界条件可知，理想导体表面切向电场强度必须等于 0，因此如式(7-5)所示的合成电场强度在边界($z=0$)处必须等于 0，即

$$\boldsymbol{E}_{1}\Big|_{z=0}=\boldsymbol{e}_{x}(E_{0}^{+}+E_{0}^{-})=0$$

所以

$$E_{0}^{+}=-E_{0}^{-}\tag{7-7}$$

显然，相对于入射波在边界处电场强度的复振幅而言，反射波电场在边界处的复振幅的大小没有发生变化，而相位则变化了 180°。为更加直接地反映这种变化，通常会将边界处反射波的切向电场强度与入射波的切向电场强度的复振幅之比定义为电场反射系数 R（反射系数与场矢量的参考方向有关，本书取切向场反射系数），即

$$R=\frac{E_{0}^{-}}{E_{0}^{+}}\tag{7-8}$$

将式(7-7)代入上式可得，理想导体分界面上的电场反射系数 $R=-1$。

仿照电场反射系数可以定义磁场反射系数，即边界处反射波的切向磁场强度与入射波的切向磁场强度的复数振幅之比，其表达式为

$$R_{H}=\frac{H_{0}^{-}}{H_{0}^{+}}\tag{7-9}$$

结合式(7-7)及式(7-4)可得

$$H_{0}^{-}=-\frac{E_{0}^{-}}{\eta}=\frac{E_{0}^{+}}{\eta}$$

由式(7-2)可知 $H_0^+=\dfrac{E_0^+}{\eta}$，将它与上式代入式(7-9)，得到理想导体分界面上的磁场反射系数为 $R_H=1$。

另外，将式(7-7)分别代入式(7-5)、式(7-6)可得区域 1 中合成电场强度和磁场强度的表达式如下

$$\boldsymbol{E}_{1}=-\boldsymbol{e}_{x}\mathrm{j}2E_{0}^{+}\sin(\beta z)\tag{7-10}$$

$$\boldsymbol{H}_{1}=\boldsymbol{e}_{y}2H_{0}^{+}\cos(\beta z)=\boldsymbol{e}_{y}2\frac{E_{0}^{+}}{\eta}\cos(\beta z)\tag{7-11}$$

显然，上述合成电场和磁场都是驻波，其波形在空间上会相差 1/4 个波长，而在时间上会相差 1/4 个周期，即相位相差 90°；分界面处合成电场的幅度为零，分界面处合成磁场的幅度等于入射波磁场幅度的两倍，即

$$\boldsymbol{H}_1\Big|_{z=0}=\boldsymbol{e}_y 2H_0^+=\boldsymbol{e}_y 2\frac{E_0^+}{\eta}$$

根据磁场的切向边界条件,理想导体表面的自由面电流密度为

$$\boldsymbol{J}_s=(-\boldsymbol{e}_z)\times\boldsymbol{H}_1\Big|_{z=0}=\boldsymbol{e}_x 2H_0^+=\boldsymbol{e}_x 2\frac{E_0^+}{\eta}$$

最后,使用式(7-10)和式(7-11)给出的合成电场和磁场的表达式还可以计算出区域 1 中平面波的平均功率,即

$$\boldsymbol{S}_{av}=\frac{1}{2}\mathrm{Re}(\boldsymbol{E}_1\times\boldsymbol{H}_1^*)=\frac{1}{2}\mathrm{Re}\left\{[\boldsymbol{e}_x(-\mathrm{j}2E_0^+\sin(\beta z))]\times\left[\boldsymbol{e}_y\left(\frac{2E_0^{+*}}{\eta}\cos(\beta z)\right)\right]\right\}=0$$

显然,均匀平面波入射到理想导体表面会引起全反射,即入射波和反射波的平均功率大小相等、方向相反,区域 1 中没有电磁场平均功率的定向传播,即该区域的波为驻波。

例题 7-1 频率为 1 GHz 的均匀平面波由空气垂直入射到铜导体(ε_0,μ_0,$\sigma=5.8\times10^7$ S/m)的表面。如果入射波电场强度的幅度为 1 V/m,试求每平方米铜导体表面所吸收的平均功率。

解 根据 6.3.5 节所述,每平方米导体铜表面所吸收的平均功率可以通过表面电阻率来进行计算,其中,表面电阻率可以通过式(6-74)计算,即

$$R_s=\sqrt{\frac{\pi f\mu}{\sigma}}=\sqrt{\frac{\pi\times10^9\times4\pi\times10^{-9}}{5.8\times10^7}}\,\Omega=8.25\times10^{-4}\,\Omega$$

铜导体可以视作理想导体。当均匀平面波从空气垂直入射到导体铜的表面时将发生全反射。入射波磁场幅度为

$$H_0^+=\frac{E_0^+}{\eta_0}=\frac{1}{120\pi}\mathrm{A/m}$$

由式(7-11)得分界面处合成磁场的幅度为

$$H_1^s=2H_0^+=\frac{1}{60\pi}\mathrm{A/m}$$

根据理想导体表面的边界条件可得其表面电流密度如下

$$J_S=H_1^s=\frac{1}{60\pi}\mathrm{A/m}$$

将上述分析所得的电流密度和表面电阻率代入式(6-80)可得

$$p_L=\frac{1}{2}|J_S|^2R_s=\frac{1}{2}\times\left(\frac{1}{60\pi}\right)^2\times8.25\times10^{-4}\,\mathrm{W/m^2}=1.16\times10^{-8}\,\mathrm{W/m^2}$$

7.2 平面波垂直入射到理想介质间的分界面

微课视频

如图 7-2 所示,理想介质 1(μ_0,ε_1)填充的半无限大区域 1 中有均匀平面波沿 z 轴方向传播,在 $z=0$ 处垂直入射到理想介质 2(μ_0,ε_2)所在的区域 2 中,e^T 表示透射波传播方向。如果将入射波、反射波、折射波的电场和磁场的参考方向都分别取为沿 x 轴、y 轴的方向,则其入射波、反射波、折射波的电场强度和磁场强度可分别表示为

$$\boldsymbol{E}^+=\boldsymbol{e}_xE_0^+\mathrm{e}^{-\mathrm{j}\beta_1 z}\tag{7-12}$$

$$\boldsymbol{H}^{+}=\boldsymbol{e}_z\times\frac{\boldsymbol{E}^{+}}{\eta_1}=\boldsymbol{e}_y\frac{E_0^{+}}{\eta_1}\mathrm{e}^{-\mathrm{j}\beta_1 z}=\boldsymbol{e}_y H_0^{+}\mathrm{e}^{-\mathrm{j}\beta_1 z} \tag{7-13}$$

$$\boldsymbol{E}^{-}=\boldsymbol{e}_x E_0^{-}\mathrm{e}^{\mathrm{j}\beta_1 z} \tag{7-14}$$

$$\boldsymbol{H}^{-}=-\boldsymbol{e}_z\times\frac{\boldsymbol{E}^{-}}{\eta_1}=\boldsymbol{e}_y\left(-\frac{E_0^{-}}{\eta_1}\right)\mathrm{e}^{\mathrm{j}\beta_1 z}$$

$$=\boldsymbol{e}_y H_0^{-}\mathrm{e}^{\mathrm{j}\beta_1 z} \tag{7-15}$$

$$\boldsymbol{E}^{\mathrm{T}}=\boldsymbol{e}_x E_0^{\mathrm{T}}\mathrm{e}^{-\mathrm{j}\beta_2 z} \tag{7-16}$$

$$\boldsymbol{H}^{\mathrm{T}}=\boldsymbol{e}_z\times\frac{\boldsymbol{E}^{\mathrm{T}}}{\eta_2}=\boldsymbol{e}_y\frac{E_0^{\mathrm{T}}}{\eta_2}\mathrm{e}^{-\mathrm{j}\beta_2 z}$$

$$=\boldsymbol{e}_y H_0^{\mathrm{T}}\mathrm{e}^{-\mathrm{j}\beta_2 z} \tag{7-17}$$

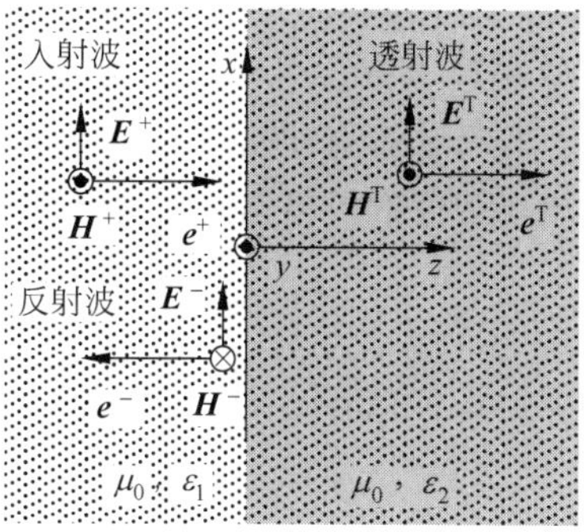

图 7-2　垂直入射到理想介质平面波间的分界面

其中，E_0^{+} 和 H_0^{+}、E_0^{-} 和 H_0^{-}、E_0^{T} 和 H_0^{T} 分别表示入射波、反射波和折射波在分界面处的电场强度和磁场强度的复振幅。另外，区域 1 和区域 2 中均匀平面波的相位常数和波阻抗则分别为 $\beta_1=\omega\sqrt{\mu_0\varepsilon_1}$，$\eta_1=\sqrt{\dfrac{\mu_0}{\varepsilon_1}}$；$\beta_2=\omega\sqrt{\mu_0\varepsilon_2}$，$\eta_2=\sqrt{\dfrac{\mu_0}{\varepsilon_2}}$。

对区域 2 而言，其内部只有折射波存在；而对区域 1 而言，其内部既有入射波也有反射波存在，因此其合成电场和合成磁场的表达式为

$$\boldsymbol{E}_1=\boldsymbol{E}^{+}+\boldsymbol{E}^{-}=\boldsymbol{e}_x(E_0^{+}\mathrm{e}^{-\mathrm{j}\beta_1 z}+E_0^{-}\mathrm{e}^{\mathrm{j}\beta_1 z}) \tag{7-18}$$

$$\boldsymbol{H}_1=\boldsymbol{H}^{+}+\boldsymbol{H}^{-}=\boldsymbol{e}_y(H_0^{+}\mathrm{e}^{-\mathrm{j}\beta_1 z}+H_0^{-}\mathrm{e}^{\mathrm{j}\beta_1 z})=\boldsymbol{e}_y\left(\frac{E_0^{+}}{\eta_1}\mathrm{e}^{-\mathrm{j}\beta_1 z}-\frac{E_0^{-}}{\eta_1}\mathrm{e}^{\mathrm{j}\beta_1 z}\right) \tag{7-19}$$

根据场量的边界条件可知，理想介质分界面两侧的切向电场强度必须连续，因此由式(7-18)及式(7-16)得

$$\boldsymbol{E}_1\Big|_{z=0}=\boldsymbol{E}^{\mathrm{T}}\Big|_{z=0}$$

所以

$$E_0^{+}+E_0^{-}=E_0^{\mathrm{T}} \tag{7-20}$$

另外，考虑到理想介质分界面处没有面电流分布，其切向磁场强度也必须连续，由式(7-19)及式(7-17)得

$$\boldsymbol{H}_1\Big|_{z=0}=\boldsymbol{H}^{\mathrm{T}}\Big|_{z=0}$$

所以

$$H_0^{+}+H_0^{-}=H_0^{\mathrm{T}}$$

即

$$\frac{E_0^{+}}{\eta_1}-\frac{E_0^{-}}{\eta_1}=\frac{E_0^{\mathrm{T}}}{\eta_2}$$

联立上式和式(7-20)可得电场、磁场的反射系数如下

$$R=\frac{E_0^{-}}{E_0^{+}}=\frac{\eta_2-\eta_1}{\eta_2+\eta_1} \tag{7-21}$$

$$R_H=\frac{H_0^{-}}{H_0^{+}}=\frac{-E_0^{-}/\eta_1}{E_0^{+}/\eta_1}=-\frac{E_0^{-}}{E_0^{+}}=\frac{\eta_1-\eta_2}{\eta_1+\eta_2}=-R \tag{7-22}$$

显然，平面波垂直入射到理想介质分界面情况下的电场反射系数与磁场反射系数大小相等，相位相差 180°。

为反映折射波相对入射波的变化，通常将边界处折射波的切向电场强度与入射波的切向电场强度的复振幅之比定义为电场折射(透射，传输)系数 T，即

$$T=\frac{E_0^{\mathrm{T}}}{E_0^{+}} \tag{7-23}$$

将式(7-20)代入上式可得

$$T=\frac{E_0^{+}+E_0^{-}}{E_0^{+}}=1+R \tag{7-24}$$

将式(7-21)代入上式，则

$$T=\frac{2\eta_2}{\eta_2+\eta_1} \tag{7-25}$$

同理，磁场的折射系数定义为边界处折射波的切向磁场强度与入射波的切向磁场强度的复振幅之比，即

$$T_H=\frac{H_0^{\mathrm{T}}}{H_0^{+}} \tag{7-26}$$

将 $H_0^{+}+H_0^{-}=H_0^{\mathrm{T}}$ 代入上式，则

$$T_H=\frac{H_0^{+}+H_0^{-}}{H_0^{+}}=1+R_H \tag{7-27}$$

将式(7-22)代入上式，并利用式(7-21)可得

$$T_H=\frac{2\eta_1}{\eta_1+\eta_2}=\frac{\eta_1}{\eta_2}T \tag{7-28}$$

此时，在区域 1 中的合成电场强度为

$$\begin{aligned}\boldsymbol{E}_1&=\boldsymbol{e}_xE_0^{+}(\mathrm{e}^{-\mathrm{j}\beta_1 z}+R\mathrm{e}^{\mathrm{j}\beta_1 z})=\boldsymbol{e}_xE_0^{+}[(1+R)\mathrm{e}^{-\mathrm{j}\beta_1 z}+R(\mathrm{e}^{\mathrm{j}\beta_1 z}-\mathrm{e}^{-\mathrm{j}\beta_1 z})]\\&=\boldsymbol{e}_xE_0^{+}[(1+R)\mathrm{e}^{-\mathrm{j}\beta_1 z}+\mathrm{j}2R\sin\beta_1 z]\end{aligned}$$

由上式不难发现，$\boldsymbol{E}_1$ 的第一项为行波，而第二项为驻波，这种由行波和纯驻波合成的波称为行驻波。由上式可得合成电场的振幅为

$$\begin{aligned}|\boldsymbol{E}_1|&=|E_0^{+}||1+R\mathrm{e}^{\mathrm{j}2\beta_1 z}|=|E_0^{+}||1+R\cos(2\beta_1 z)+\mathrm{j}R\sin(2\beta_1 z)|\\&=|E_0^{+}|\sqrt{1+R^2+2R\cos(2\beta_1 z)}\end{aligned}$$

由上式可知，当 $R>0$ 时，在 $z=-\dfrac{n\pi}{\beta_1}=-\dfrac{n\lambda_1}{2}$(即 $2\beta_1 z=-2n\pi,n=0,1,2,3,\cdots$)处有最大值，即 $|E_0^{+}||1+R|$；在 $z=-\dfrac{(2n+1)\pi}{2\beta_1}=-\dfrac{(2n+1)\lambda_1}{4}$(即 $2\beta_1 z=-(2n+1)\pi,n=0,1,2,3,\cdots$)处有最小值，即 $|E_0^{+}||1-R|$。当 $R<0$ 时，在 $z=-\dfrac{(2n+1)\pi}{2\beta_1}=-\dfrac{(2n+1)\lambda_1}{4}$(即 $2\beta_1 z=-(2n+1)\pi,n=0,1,2,3,\cdots$)处有最大值，即 $|E_0^{+}||1-R|$；在 $z=-\dfrac{n\pi}{\beta_1}=-\dfrac{n\lambda_1}{2}$(即 $2\beta_1 z=-2n\pi,n=0,1,2,3,\cdots$)处有最小值，即 $|E_0^{+}||1+R|$。

在工程上，常用驻波系数(或者驻波比)S 来描述合成波的特性。驻波系数定义为合成

波电场强度的最大值与最小值之比，即

$$S=\frac{|E|_{\max}}{|E|_{\min}}=\frac{1+|R|}{1-|R|} \tag{7-29}$$

S 的单位是分贝，其分贝数为 $20\lg S$。由上式可见，S 越大，驻波分量越大，行波分量越小。$S=1$ 是行波，$S=\infty$是纯驻波。

根据式(7-29)，反射系数还可以用驻波系数表示为

$$|R|=\frac{S-1}{S+1} \tag{7-30}$$

同理，在区域 1 中的合成磁场强度也为行驻波，即

$$\boldsymbol{H}_1=\boldsymbol{e}_y\frac{E_0^+}{\eta_1}[(1+R)\mathrm{e}^{-\mathrm{j}\beta_1 z}-2R\cos\beta_1 z]$$

区域 2 中的折射波的电场强度和磁场强度为行波，即

$$\boldsymbol{E}^{\mathrm{T}}=\boldsymbol{e}_x TE_0^+\mathrm{e}^{-\mathrm{j}\beta_2 z},\quad \boldsymbol{H}^{\mathrm{T}}=\boldsymbol{e}_y\frac{T}{\eta_2}E_0^+\mathrm{e}^{-\mathrm{j}\beta_2 z}$$

最后，利用式(7-16)～式(7-19)可分别计算出入射波、反射波和折射波的平均坡印亭矢量，即

$$\boldsymbol{S}_{\mathrm{av}}^+=\boldsymbol{e}_z S_{\mathrm{av}}^+=\frac{1}{2}\mathrm{Re}(\boldsymbol{E}^+\times(\boldsymbol{H}^+)^*)=\boldsymbol{e}_z\frac{1}{2}E_0^+H_0^+\Rightarrow S_{\mathrm{av}}^+=\frac{1}{2}E_0^+H_0^+$$

$$\boldsymbol{S}_{\mathrm{av}}^-=(-\boldsymbol{e}_z)S_{\mathrm{av}}^-=\frac{1}{2}\mathrm{Re}(\boldsymbol{E}^-\times(\boldsymbol{H}^-)^*)=\boldsymbol{e}_z\frac{1}{2}E_0^-H_0^-\Rightarrow S_{\mathrm{av}}^-=-\frac{1}{2}E_0^-H_0^-$$

$$\boldsymbol{S}_{\mathrm{av}}^{\mathrm{T}}=\boldsymbol{e}_z S_{\mathrm{av}}^{\mathrm{T}}=\frac{1}{2}\mathrm{Re}(\boldsymbol{E}^{\mathrm{T}}\times(\boldsymbol{H}^{\mathrm{T}})^*)=\boldsymbol{e}_z\frac{1}{2}E_0^{\mathrm{T}}H_0^{\mathrm{T}}\Rightarrow S_{\mathrm{av}}^{\mathrm{T}}=\frac{1}{2}E_0^{\mathrm{T}}H_0^{\mathrm{T}}$$

利用电场反射系数、磁场反射系数，以及电场折射系数和磁场折射系数，可将上式重写为

$$S_{\mathrm{av}}^-=-\frac{1}{2}RE_0^+R_H H_0^+=\frac{1}{2}R^2E_0^+H_0^+=R^2S_{\mathrm{av}}^+ \tag{7-31}$$

$$S_{\mathrm{av}}^{\mathrm{T}}=\frac{1}{2}TE_0^+T_H H_0^+=\frac{1}{2}\frac{\eta_1}{\eta_2}T^2E_0^+H_0^+=\frac{\eta_1}{\eta_2}T^2S_{\mathrm{av}}^+ \tag{7-32}$$

结合式(7-21)及式(7-25)，由以上两式可得

$$S_{\mathrm{av}}^-+S_{\mathrm{av}}^{\mathrm{T}}=R^2S_{\mathrm{av}}^++\frac{\eta_1}{\eta_2}T^2S_{\mathrm{av}}^+=S_{\mathrm{av}}^+ \tag{7-33}$$

显然，入射波的平均功率密度等于反射波和折射波的平均功率密度之和，这与能量守恒定律完全吻合。

例题 7-2　电场强度为 $\boldsymbol{E}^+=\boldsymbol{e}_x E_0\sin\omega\left(t-\frac{z}{c}\right)$ 的均匀平面波由空气垂直入射到与玻璃介质板的交界面上($z=0$)。其中，c 为光速，玻璃介质板的电磁参数为 $\mu_{\mathrm{r}}=1$，$\varepsilon_{\mathrm{r}}=4$。试求反射波和折射波的电场强度表达式。

解　题设中的玻璃板的波阻抗为

$$\eta_2=\sqrt{\frac{\mu}{\varepsilon}}=\sqrt{\frac{\mu_{\mathrm{r}}}{\varepsilon_{\mathrm{r}}}\frac{\mu_0}{\varepsilon_0}}=\frac{1}{2}\sqrt{\frac{\mu_0}{\varepsilon_0}}=\frac{1}{2}\eta_0$$

当均匀平面波从空气垂直入射到该玻璃板时，其电场反射系数和折射系数分别为

$$R=\frac{\eta_2-\eta_1}{\eta_2+\eta_1}=\frac{\frac{1}{2}\eta_0-\eta_0}{\frac{1}{2}\eta_0+\eta_0}=-\frac{1}{3}$$

$$T=1+R=\frac{2}{3}$$

显然,对分界面处的反射波电场而言,其幅度是该处入射波电场幅度的$\frac{1}{3}$,而相位则相差 π;对其折射波而言,其幅度是入射波电场幅度的$\frac{2}{3}$,相位不变。

另外,在空气中入射波沿 z 轴方向传播,其相速度等于光速 c;而反射波沿 $-z$ 轴方向,其相速度也为 c,因此反射波电场强度可以写成

$$\boldsymbol{E}^{-}=\boldsymbol{e}_x\left(-\frac{1}{3}\right)E_0\sin\omega\left(t+\frac{z}{c}\right)$$

同理,折射波的传播方向仍然沿正 z 轴方向,但相速度会有所不同,即

$$v=\sqrt{\frac{1}{\mu_2\varepsilon_2}}=\sqrt{\frac{1}{\mu_r\varepsilon_r}\frac{1}{\mu_0\varepsilon_0}}=\frac{1}{2}c$$

因此,折射波电场的表达式如下:

$$\boldsymbol{E}^{\mathrm{T}}=\boldsymbol{e}_x\frac{2}{3}E_0\sin\omega\left(t-2\frac{z}{c}\right)$$

例题 7-3 TEM 波由空气垂直入射到非磁性电介质(ε_r)的分界面上并导致 20%的功率被反射。试确定该介质的相对介电常数。

解 题设中非磁性电介质的波阻抗为

$$\eta_2=\sqrt{\frac{\mu}{\varepsilon}}=\sqrt{\frac{1}{\varepsilon_r}\frac{\mu_0}{\varepsilon_0}}=\frac{1}{\sqrt{\varepsilon_r}}\sqrt{\frac{\mu_0}{\varepsilon_0}}=\frac{1}{\sqrt{\varepsilon_r}}\eta_0$$

因此,其电场反射系数为

$$R=\frac{\eta_2-\eta_1}{\eta_2+\eta_1}=\frac{\frac{1}{\sqrt{\varepsilon_r}}\eta_0-\eta_0}{\frac{1}{\sqrt{\varepsilon_r}}\eta_0+\eta_0}=\frac{1-\sqrt{\varepsilon_r}}{1+\sqrt{\varepsilon_r}}$$

因为反射波与入射波功率密度之比等于电场反射系数的平方,因此

$$R^2=\left(\frac{1-\sqrt{\varepsilon_r}}{1+\sqrt{\varepsilon_r}}\right)^2=20\%$$

求解上式得

$$\varepsilon_r=6.85$$

注意:上式另一个有关相对介电常数的解 $\varepsilon_r=0.146$,因小于 1 而被舍弃。

微课视频

7.3 平面波斜入射到理想导体表面

前面分析了平面波垂直入射到分界面的情况,其中的各场矢量都与分界面平行,属于切向分量;当均匀平面波斜入射到不同媒质构成的分界面时,入射波的各场量将会出现切向

分量和法向分量。因此，在分析斜入射情况下的反射波和折射波之前，首先需要对入射波进行分类，从而确定哪些场量在边界上会出现法向分量。

由入射波传播方向 $\boldsymbol{e}^+$ 和分界面法向 $\boldsymbol{e}_n$ 所构成的平面通常称为入射面，如图 7-3 所示。如果入射波的电场强度平行于入射面，则该入射波称为平行极化波；而垂直极化波，其电场强度与入射面垂直。典型的平行极化波和垂直极化波如图 7-4 所示。接下来，本节将对均匀平面波斜入射到理想导体表面的情况展开具体的讨论。

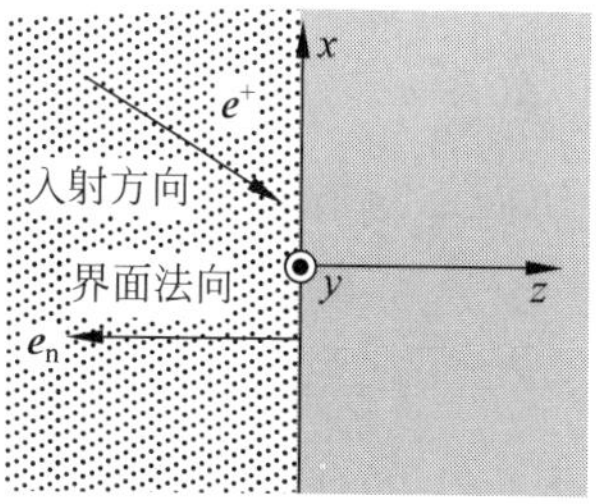

图 7-3　斜入射情况下的入射面

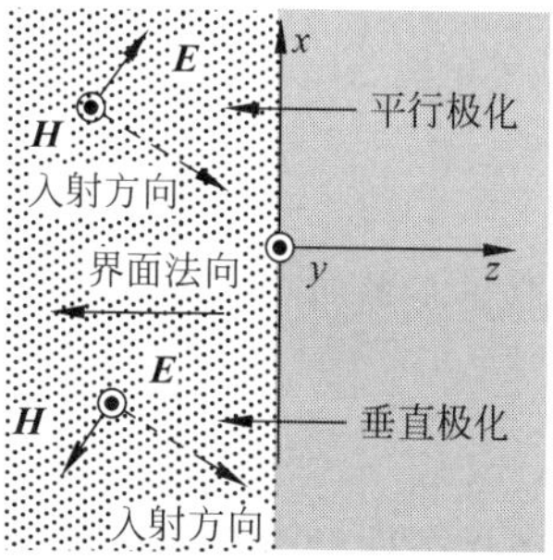

图 7-4　平行极化与垂直极化

7.3.1　垂直极化波斜入射

如图 7-5 所示，理想介质(μ_0,ε)中的垂直极化波斜入射到分界面为 $z=0$ 的理想导体表面，入射角为 θ_i。由于 $\boldsymbol{r}=\boldsymbol{e}_x x+\boldsymbol{e}_y y+\boldsymbol{e}_z z$，设入射波电场的参考方向为 $\boldsymbol{e}_y$，则入射波的波矢量及其电场强度的表达式分别为

$$\boldsymbol{k}^+=\beta\boldsymbol{e}^+=\boldsymbol{e}_x\beta\sin\theta_i+\boldsymbol{e}_z\beta\cos\theta_i \tag{7-34}$$

$$\boldsymbol{E}^+=\boldsymbol{e}_y E_y^+=\boldsymbol{e}_y E_0^+\mathrm{e}^{-\mathrm{j}\boldsymbol{k}^+\cdot\boldsymbol{r}}=\boldsymbol{e}_y E_0^+\mathrm{e}^{-\mathrm{j}(\beta x\sin\theta_i+\beta z\cos\theta_i)} \tag{7-35}$$

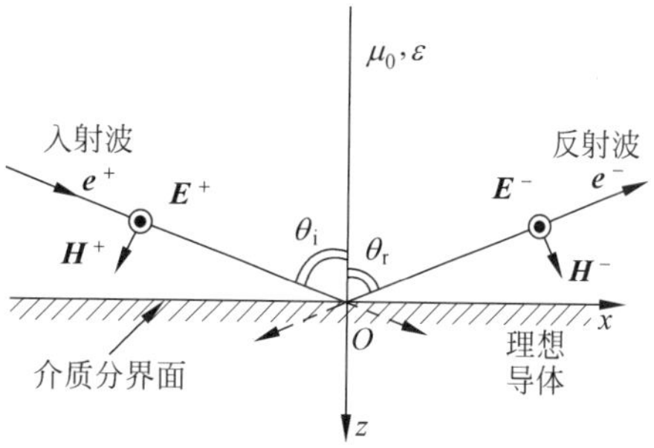

图 7-5　垂直极化波斜入射到理想导体表面

其中，E_0^+ 为入射波在分界面处的电场强度的复振幅，$\boldsymbol{e}^+$ 代表的是入射波传播方向的单位矢量。根据式(7-34)、式(7-35)以及理想介质中均匀平面波的波阻抗 $\eta=\sqrt{\dfrac{\mu_0}{\varepsilon}}$，可得其磁场强度的表达式如下

$$\boldsymbol{H}^+=\frac{1}{\eta}\boldsymbol{e}^+\times\boldsymbol{E}^+=\frac{1}{\eta}(\boldsymbol{e}_z\sin\theta_i-\boldsymbol{e}_x\cos\theta_i)E_0^+\mathrm{e}^{-\mathrm{j}(\beta x\sin\theta_i+\beta z\cos\theta_i)} \tag{7-36}$$

同理，假设反射波电场的参考方向仍然沿 $\boldsymbol{e}_y$ 方向，反射角为 θ_r，则反射波的波矢量及其电场强度的表达式如下

$$\boldsymbol{k}^-=\beta\boldsymbol{e}^-=\boldsymbol{e}_x\beta\sin\theta_r-\boldsymbol{e}_z\beta\cos\theta_r \tag{7-37}$$

$$\boldsymbol{E}^-=\boldsymbol{e}_y E_y^-=\boldsymbol{e}_y E_0^-\mathrm{e}^{-\mathrm{j}\boldsymbol{k}^-\cdot\boldsymbol{r}}=\boldsymbol{e}_y E_0^-\mathrm{e}^{-\mathrm{j}(\beta x\sin\theta_r-\beta z\cos\theta_r)} \tag{7-38}$$

其中，E_0^- 为反射波在分界面处的电场强度的复振幅，$\boldsymbol{e}^-$ 代表的是反射波传播方向的单位矢量。据此可得反射波磁场强度的表达式为

$$\boldsymbol{H}^{-}=\frac{1}{\eta}\boldsymbol{e}^{-}\times\boldsymbol{E}^{-}=\frac{1}{\eta}(\boldsymbol{e}_z\sin\theta_r+\boldsymbol{e}_x\cos\theta_r)E_0^{-}e^{-j(\beta x\sin\theta_r-\beta z\cos\theta_r)} \tag{7-39}$$

对理想介质区域而言,其内部既有入射波也有反射波存在,因此其电磁场分布应该是两者的叠加,即合成电场和合成磁场的表达式为

$$\boldsymbol{E}=\boldsymbol{E}^{+}+\boldsymbol{E}^{-}=\boldsymbol{e}_y[E_0^{+}e^{-j(\beta x\sin\theta_i+\beta z\cos\theta_i)}+E_0^{-}e^{-j(\beta x\sin\theta_r-\beta z\cos\theta_r)}] \tag{7-40}$$

$$\begin{aligned}\boldsymbol{H}&=\boldsymbol{H}^{+}+\boldsymbol{H}^{-}\\&=\frac{1}{\eta}\{\boldsymbol{e}_z[\sin\theta_i E_0^{+}e^{-j(\beta x\sin\theta_i+\beta z\cos\theta_i)}+\sin\theta_r E_0^{-}e^{-j(\beta x\sin\theta_r-\beta z\cos\theta_r)}]+\\&\quad\boldsymbol{e}_x[-\cos\theta_i E_0^{+}e^{-j(\beta x\sin\theta_i+\beta z\cos\theta_i)}+\cos\theta_r E_0^{-}e^{-j(\beta x\sin\theta_r-\beta z\cos\theta_r)}]\}\end{aligned} \tag{7-41}$$

根据理想导体表面场量的边界条件,导体表面的切向电场强度必须等于0。因此,由式(7-40)得

$$\boldsymbol{E}\Big|_{z=0}=\boldsymbol{e}_y(E_0^{+}e^{-j\beta x\sin\theta_i}+E_0^{-}e^{-j\beta x\sin\theta_r})=0 \tag{7-42}$$

考虑到边界条件对于入射波以任何角度入射到边界面上的任何位置都必须满足,因此上述等式的成立应该与 θ_i、θ_r、x 无关。据此可得

$$\theta_i=\theta_r=\theta \tag{7-43}$$

$$E_0^{+}=-E_0^{-} \tag{7-44}$$

显然,对从理想介质斜入射到理想导体表面的垂直极化波而言,其入射角等于反射角(反射定律),反射波的切向电场在理想导体表面仅发生180°的相位变化,大小维持不变。结合7.1节对电场反射系数的定义可知,垂直极化波斜入射到理想导体表面的电场反射系数为

$$R_N=\frac{E_0^{-}}{E_0^{+}}=-1 \tag{7-45}$$

将式(7-43)、式(7-44)代入合成电场和磁场的表达式,即式(7-40)和式(7-41),可得

$$\boldsymbol{E}=\boldsymbol{e}_y(-j2)E_0^{+}\sin(\beta z\cos\theta)e^{-j\beta x\sin\theta} \tag{7-46}$$

$$\boldsymbol{H}=-\frac{2E_0^{+}}{\eta}[\boldsymbol{e}_z j\sin\theta\sin(\beta z\cos\theta)+\boldsymbol{e}_x\cos\theta\cos(\beta z\cos\theta)]e^{-j\beta x\sin\theta} \tag{7-47}$$

显然,不论是从电场强度还是从磁场强度来看,合成波沿 x 方向仍然为行波状态,由式(6-19)得其相速度为$\frac{\omega}{\beta\sin\theta}=\frac{v_p}{\sin\theta}$;而沿 z 轴方向则呈现出驻波分布,该合成波为非均匀平面波。注意,由于 $v_g\cdot v_p=C^2$,此时并不违背光速最大定律。另外,从平均功率密度的角度来看,由于上述电场与磁场的 x 轴分量间有90°的相位差,而与磁场的 z 轴分量没有相位差,因此合成波沿 z 轴方向的平均坡印亭矢量必然为0。该结论与上述行波、驻波的结论也完全吻合。

7.3.2 平行极化波斜入射

如图7-6所示,理想介质(μ_0,ε)中的某平行极化波斜入射到分界面为 $z=0$ 的理想导体表面,入射角为 θ_i。设入射波磁场的参考方向取为 $\boldsymbol{e}_y$,则其波矢量、电场强度和磁场强度的表达式如下所示

$$\boldsymbol{k}^{+}=\beta\boldsymbol{e}^{+}=\boldsymbol{e}_x\beta\sin\theta_{\mathrm{i}}+\boldsymbol{e}_z\beta\cos\theta_{\mathrm{i}} \tag{7-48}$$

$$\begin{aligned}\boldsymbol{E}^{+}&=(\boldsymbol{e}_x\cos\theta_{\mathrm{i}}-\boldsymbol{e}_z\sin\theta_{\mathrm{i}})\cdot E_0^{+}\mathrm{e}^{-\mathrm{j}\boldsymbol{k}^{+}\cdot\boldsymbol{r}}\\&=(\boldsymbol{e}_x\cos\theta_{\mathrm{i}}-\boldsymbol{e}_z\sin\theta_{\mathrm{i}})\cdot E_0^{+}\mathrm{e}^{-\mathrm{j}(\beta x\sin\theta_{\mathrm{i}}+\beta z\cos\theta_{\mathrm{i}})}\end{aligned} \tag{7-49}$$

$$\boldsymbol{H}^{+}=\frac{1}{\eta}\boldsymbol{e}^{+}\times\boldsymbol{E}^{+}=\boldsymbol{e}_y\frac{E_0^{+}}{\eta}\mathrm{e}^{-\mathrm{j}(\beta x\sin\theta_{\mathrm{i}}+\beta z\cos\theta_{\mathrm{i}})} \tag{7-50}$$

其中，$\eta=\sqrt{\dfrac{\mu_0}{\varepsilon}}$为波阻抗。

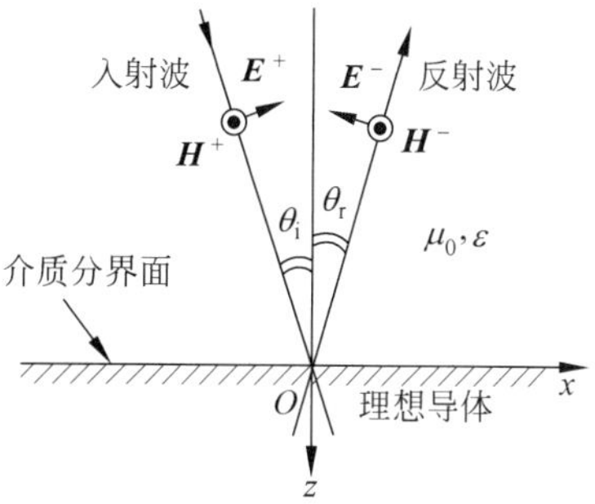

图 7-6　平行极化波斜入射到理想导体表面

同理，如果假设反射波磁场的参考方向仍然沿 $\boldsymbol{e}_y$，反射角为 θ_{r}，则反射波的波矢量、电场强度和磁场强度的表达式如下所示

$$\boldsymbol{k}^{-}=\beta\boldsymbol{e}^{-}=\boldsymbol{e}_x\beta\sin\theta_{\mathrm{r}}-\boldsymbol{e}_z\beta\cos\theta_{\mathrm{r}} \tag{7-51}$$

$$\boldsymbol{E}^{-}=-(\boldsymbol{e}_x\cos\theta_{\mathrm{r}}+\boldsymbol{e}_z\sin\theta_{\mathrm{r}})E_0^{-}\mathrm{e}^{-\mathrm{j}\boldsymbol{k}^{-}\cdot\boldsymbol{r}}=-(\boldsymbol{e}_x\cos\theta_{\mathrm{r}}+\boldsymbol{e}_z\sin\theta_{\mathrm{r}})E_0^{-}\mathrm{e}^{-\mathrm{j}(\beta x\sin\theta_{\mathrm{r}}-\beta z\cos\theta_{\mathrm{r}})} \tag{7-52}$$

$$\boldsymbol{H}^{-}=\frac{1}{\eta}\boldsymbol{e}^{-}\times\boldsymbol{E}^{-}=\boldsymbol{e}_y\frac{E_0^{-}}{\eta}\mathrm{e}^{-\mathrm{j}(\beta x\sin\theta_{\mathrm{r}}-\beta z\cos\theta_{\mathrm{r}})} \tag{7-53}$$

对理想介质区域而言，其内部既有入射波也有反射波存在，因此其合成电场和合成磁场的表达式为

$$\begin{aligned}\boldsymbol{E}=\boldsymbol{E}^{+}+\boldsymbol{E}^{-}=&\boldsymbol{e}_x\{\cos\theta_{\mathrm{i}}E_0^{+}\mathrm{e}^{-\mathrm{j}(\beta x\sin\theta_{\mathrm{i}}+\beta z\cos\theta_{\mathrm{i}})}-\cos\theta_{\mathrm{r}}E_0^{-}\mathrm{e}^{-\mathrm{j}(\beta x\sin\theta_{\mathrm{r}}-\beta z\cos\theta_{\mathrm{r}})}\}-\\&\boldsymbol{e}_z\{\sin\theta_{\mathrm{i}}E_0^{+}\mathrm{e}^{-\mathrm{j}(\beta x\sin\theta_{\mathrm{i}}+\beta z\cos\theta_{\mathrm{i}})}+\sin\theta_{\mathrm{r}}E_0^{-}\mathrm{e}^{-\mathrm{j}(\beta x\sin\theta_{\mathrm{r}}-\beta z\cos\theta_{\mathrm{r}})}\}\end{aligned} \tag{7-54}$$

$$\boldsymbol{H}=\boldsymbol{H}^{+}+\boldsymbol{H}^{-}=\boldsymbol{e}_y\frac{E_0^{+}}{\eta}\mathrm{e}^{-\mathrm{j}(\beta x\sin\theta_{\mathrm{i}}+\beta z\cos\theta_{\mathrm{i}})}+\boldsymbol{e}_y\frac{E_0^{-}}{\eta}\mathrm{e}^{-\mathrm{j}(\beta x\sin\theta_{\mathrm{r}}-\beta z\cos\theta_{\mathrm{r}})} \tag{7-55}$$

根据场量的边界条件可知，理想导体表面的切向电场强度必须等于 0。因此，由式(7-54)得

$$(\boldsymbol{E}\cdot\boldsymbol{e}_x)\Big|_{z=0}=\boldsymbol{e}_x[\cos\theta_{\mathrm{i}}E_0^{+}\mathrm{e}^{-\mathrm{j}\beta x\sin\theta_{\mathrm{i}}}-\cos\theta_{\mathrm{r}}E_0^{-}\mathrm{e}^{-\mathrm{j}\beta x\sin\theta_{\mathrm{r}}}]=0 \tag{7-56}$$

考虑到边界条件在入射波以任何角度入射到边界面上的任何位置时都必须满足，因此上述等式的成立应该与 θ_{i}、θ_{r}、x 无关。显然，据此可得

$$\theta_{\mathrm{i}}=\theta_{\mathrm{r}}=\theta \tag{7-57}$$

$$E_0^{+}=E_0^{-} \tag{7-58}$$

显然，对从理想介质斜入射到理想导体表面的平行极化波而言，其入射角等于反射角，即反射定律。另外，结合图 7-6 及式(7-58)，根据电场反射系数的定义，平行极化波斜入射到理想导体表面时切向电场反射系数为

$$R_{\tau}=\frac{-E_0^{-}\cos\theta_{\mathrm{r}}}{E_0^{+}\cos\theta_{\mathrm{i}}}=\frac{-E_0^{+}\cos\theta}{E_0^{+}\cos\theta}=-1 \tag{7-59}$$

将式(7-57)、式(7-58)代入合成电场和合成磁场的表达式，即式(7-54)和式(7-55)，可得

$$\boldsymbol{E}=\boldsymbol{e}_x(-2\mathrm{j})E_0^{+}\cos\theta\sin(\beta z\cos\theta)\mathrm{e}^{-\mathrm{j}\beta x\sin\theta}-\boldsymbol{e}_z2E_0^{+}\sin\theta\cos(\beta z\cos\theta)\mathrm{e}^{-\mathrm{j}\beta x\sin\theta} \tag{7-60}$$

$$\boldsymbol{H}=\boldsymbol{e}_y2\frac{E_0^{+}}{\eta}\cos(\beta z\cos\theta)\mathrm{e}^{-\mathrm{j}\beta x\sin\theta} \tag{7-61}$$

显然,不论是从电场强度还是从磁场强度来看,合成电磁波沿 x 方向仍然为行波状态,由式(6-19)得其相速度为 $\frac{\omega}{\beta\sin\theta}=\frac{v_p}{\sin\theta}$;而沿 z 轴方向则呈现出驻波分布,该合成波为非均匀平面波。另外,磁场与电场的 x 轴分量间有 90° 的相位差,而与电场的 z 轴分量间有 180° 的相位差。因此,根据平均坡印亭矢量的计算公式不难得到,合成波沿 z 轴方向的平均功率密度为零。该结论与上述行波、驻波的结论也完全吻合。

例题 7-4 简谐变化的均匀平面波由空气入射到 $z=0$ 处的理想导体平面上。已知入射波电场的表达式为 $\boldsymbol{E}^{+}=\boldsymbol{e}_y 10\mathrm{e}^{-\mathrm{j}(6x+8z)}$ V/m。求:

(1) 入射角 θ_i;

(2) 频率 f 及波长 λ;

(3) 反射波电场的复数形式;

(4) 合成波电场的表示式。

解 (1) 根据题意,易知其入射波波矢量为

$$\boldsymbol{k}^{+}=\boldsymbol{e}_x 6+\boldsymbol{e}_z 8$$

则其入射角为

$$\theta=\arctan\frac{6}{8}=36.87^\circ$$

(2) 入射波波矢量的大小等于入射波在空气中传播的相位常数,因此

$$|\boldsymbol{k}^{+}|=|\boldsymbol{e}_x 6+\boldsymbol{e}_z 8|=10=\beta=\omega\sqrt{\mu_0\varepsilon_0}$$

因此,其波长和频率分别为

$$\lambda=\frac{2\pi}{\beta}=0.2\pi\ \mathrm{m}$$

$$f=\frac{\beta}{2\pi\sqrt{\mu_0\varepsilon_0}}=477.7\ \mathrm{MHz}$$

(3) 根据反射定律可得反射波的波矢量如下

$$\boldsymbol{k}^{-}=\boldsymbol{e}_x 6-\boldsymbol{e}_z 8$$

对于垂直极化波,电场反射系数为-1,故反射波电场表达式如下

$$\boldsymbol{E}^{-}=\boldsymbol{e}_y(-10)\mathrm{e}^{-\mathrm{j}(6x-8z)}\ \mathrm{V/m}$$

(4) 据上述分析易知其合成电场表达式如下

$$\boldsymbol{E}=\boldsymbol{E}^{-}+\boldsymbol{E}^{+}=\boldsymbol{e}_y(-10)\mathrm{e}^{-\mathrm{j}(6x-8z)}+\boldsymbol{e}_y 10\mathrm{e}^{-\mathrm{j}(6x+8z)}\ \mathrm{V/m}=\boldsymbol{e}_y(-20\mathrm{j}\sin 8z)\mathrm{e}^{-\mathrm{j}6x}\ \mathrm{V/m}$$

微课视频

7.4 平面波斜入射到理想介质间的分界面

当线极化均匀平面波斜入射到理想介质间的分界面时,波的一部分会被反射回来形成反射波,而另一部分则要透射到第二种介质中形成折射波。接下来,将对均匀平面波斜入射到理想介质间分界面的情况展开讨论。

7.4.1 平行极化波斜入射

如图 7-7(a)所示,理想介质 1(μ_0,ε_1)所在的半无限大区域 1 中,平行极化波以角度 θ_i

入射到与理想介质 2(μ_0,ε_2)所在的区域 2 的界面上($z=0$),反射波和折射波与分界面法线方向所形成的反射角和折射角分别为 θ_r 和 θ_T。如果将入射波和折射波磁场的参考方向取为 $\boldsymbol{e}_y$,将反射波磁场的参考方向取为 $-\boldsymbol{e}_y$,则其入射波、反射波、折射波的波矢量和磁场强度分别如下所示

$$\boldsymbol{H}^+=\boldsymbol{e}_y H_0^+ \mathrm{e}^{-\mathrm{j}(\boldsymbol{k}^+\cdot\boldsymbol{r})}=\boldsymbol{e}_y H_0^+ \mathrm{e}^{-\mathrm{j}(\beta_1\cos\theta_i z+\beta_1\sin\theta_i x)} \tag{7-62}$$

$$\boldsymbol{H}^-=(-\boldsymbol{e}_y) H_0^- \mathrm{e}^{-\mathrm{j}(\boldsymbol{k}^-\cdot\boldsymbol{r})}=(-\boldsymbol{e}_y) H_0^- \mathrm{e}^{\mathrm{j}(\beta_1\cos\theta_r z-\beta_1\sin\theta_r x)} \tag{7-63}$$

$$\boldsymbol{H}^T=\boldsymbol{e}_y H_0^T \mathrm{e}^{-\mathrm{j}(\boldsymbol{k}^T\cdot\boldsymbol{r})}=\boldsymbol{e}_y H_0^T \mathrm{e}^{-\mathrm{j}(\beta_2\cos\theta_T z+\beta_2\sin\theta_T x)} \tag{7-64}$$

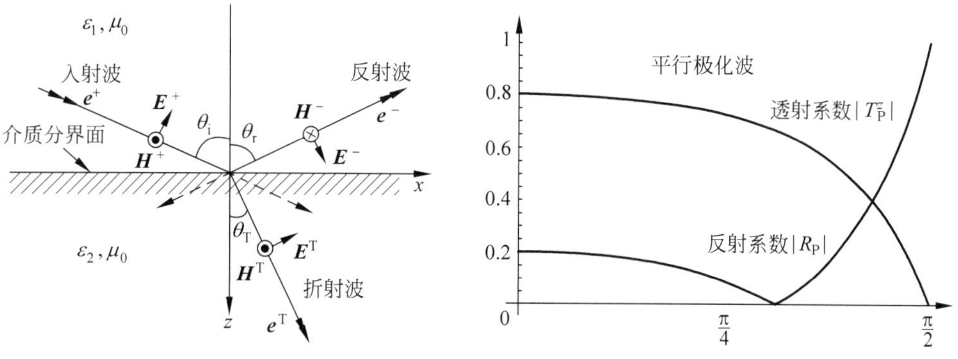

(a) 入射波、反射波与折射波的关系

(b) 反射系数与透射系数

图 7-7 平行极化波斜入射到理想介质分界面

其中,$\boldsymbol{k}^+=\beta_1\boldsymbol{e}^+=\boldsymbol{e}_x\beta_1\sin\theta_i+\boldsymbol{e}_z\beta_1\cos\theta_i$,$\boldsymbol{k}^-=\beta_1\boldsymbol{e}^-=\boldsymbol{e}_x\beta_1\sin\theta_r-\boldsymbol{e}_z\beta_1\cos\theta_r$,$\boldsymbol{k}^T=\beta_2\boldsymbol{e}^T=\boldsymbol{e}_x\beta_2\sin\theta_T+\boldsymbol{e}_z\beta_2\cos\theta_T$。

根据上述波矢量的表达式,并结合两种媒质的波阻抗可得出入射波、反射波、折射波的电场强度与磁场强度的关系式如下

$$\begin{aligned}\boldsymbol{E}^+&=\eta_1\boldsymbol{H}^+\times\boldsymbol{e}^+=\eta_1 H_0^+[-\boldsymbol{e}_z\sin\theta_i+\boldsymbol{e}_x\cos\theta_i]\mathrm{e}^{-\mathrm{j}(\beta_1\cos\theta_i z+\beta_1\sin\theta_i x)}\\&=E_0^+[-\boldsymbol{e}_z\sin\theta_i+\boldsymbol{e}_x\cos\theta_i]\mathrm{e}^{-\mathrm{j}(\beta_1\cos\theta_i z+\beta_1\sin\theta_i x)}\end{aligned} \tag{7-65}$$

$$\begin{aligned}\boldsymbol{E}^-&=\eta_1\boldsymbol{H}^-\times\boldsymbol{e}^-=\eta_1 H_0^-[\boldsymbol{e}_z\sin\theta_r+\boldsymbol{e}_x\cos\theta_r]\mathrm{e}^{\mathrm{j}(\beta_1\cos\theta_r z-\beta_1\sin\theta_r x)}\\&=E_0^-[\boldsymbol{e}_z\sin\theta_r+\boldsymbol{e}_x\cos\theta_r]\mathrm{e}^{\mathrm{j}(\beta_1\cos\theta_r z-\beta_1\sin\theta_r x)}\end{aligned} \tag{7-66}$$

$$\begin{aligned}\boldsymbol{E}^\mathbf{T}&=\eta_2\boldsymbol{H}^T\times\boldsymbol{e}^T=\eta_2 H_0^T[-\boldsymbol{e}_z\sin\theta_T+\boldsymbol{e}_x\cos\theta_T]\mathrm{e}^{-\mathrm{j}(\beta_2\cos\theta_T z+\beta_2\sin\theta_T x)}\\&=E_0^T[-\boldsymbol{e}_z\sin\theta_T+\boldsymbol{e}_x\cos\theta_T]\mathrm{e}^{-\mathrm{j}(\beta_2\cos\theta_T z+\beta_2\sin\theta_T x)}\end{aligned} \tag{7-67}$$

其中,$E_0^+=\eta_1 H_0^+$,$E_0^-=\eta_1 H_0^-$,$E_0^T=\eta_2 H_0^T$。

根据理想介质间交界面上的切向磁场和切向电场的边界条件可知,两侧电场强度的切向分量必须连续,两侧磁场强度的切向分量也必须连续,因此

$$\boldsymbol{H}^+\Big|_{z=0}+\boldsymbol{H}^-\Big|_{z=0}=\boldsymbol{H}^T\Big|_{z=0}$$

$$(\boldsymbol{e}_x\cdot\boldsymbol{E}^+)\Big|_{z=0}+(\boldsymbol{e}_x\cdot\boldsymbol{E}^-)\Big|_{z=0}=(\boldsymbol{e}_x\cdot\boldsymbol{E}^T)\Big|_{z=0}$$

故有

$$H_0^+\mathrm{e}^{-\mathrm{j}\beta_1\sin\theta_i x}-H_0^-\mathrm{e}^{-\mathrm{j}\beta_1\sin\theta_r x}=H_0^T\mathrm{e}^{-\mathrm{j}\beta_2\sin\theta_T x} \tag{7-68}$$

$$E_0^+\cos\theta_i e^{-j\beta_1\sin\theta_i x}+E_0^-\cos\theta_r e^{-j\beta_1\sin\theta_r x}=E_0^T\cos\theta_T e^{-j\beta_2\sin\theta_T x} \tag{7-69}$$

考虑到上述边界条件在入射波以任何角度入射到边界面上的任何位置时都必须满足，即上述等式的成立应该与 θ_i、θ_r、θ_T、x 无关。显然，据此可得 $\beta_1\sin\theta_i=\beta_1\sin\theta_r=\beta_2\sin\theta_T$，即

$$\theta_r=\theta_i=\theta \tag{7-70}$$

$$\frac{\sin\theta_T}{\sin\theta_i}=\frac{\beta_1}{\beta_2}=\frac{\omega\sqrt{\mu_0\varepsilon_1}}{\omega\sqrt{\mu_0\varepsilon_2}}=\frac{\sqrt{\varepsilon_1}}{\sqrt{\varepsilon_2}} \tag{7-71}$$

如式(7-70)所示，反射角等于入射角，即反射定律仍然适用；而式(7-71)又可以表示为

$$n_1\sin\theta_i=n_2\sin\theta_T$$

上式或者式(7-71)即用来描述折射角和入射角关系的折射定律。其中，$n_1=\sqrt{\varepsilon_{r1}}$ 为非磁性介质 1 的折射率，$n_2=\sqrt{\varepsilon_{r2}}$ 为非磁性介质 2 的折射率。

将上述反射和折射定律代入式(7-68)和式(7-69)可得

$$H_0^+-H_0^-=H_0^T \tag{7-72}$$

$$E_0^+\cos\theta_i+E_0^-\cos\theta_i=E_0^T\cos\theta_T \tag{7-73}$$

将平面波中电场与磁场的关系式代入式(7-72)可得

$$E_0^+-E_0^-=\frac{\eta_1}{\eta_2}E_0^T \tag{7-74}$$

联立式(7-73)和式(7-74)，并利用反射定律和折射定律可得切向电场反射系数，即平行极化波斜入射到理想介质表面时的反射波与入射波切向电场的复振幅之比

$$R_P=\frac{E_0^-\cos\theta_r}{E_0^+\cos\theta_i}=\frac{-\dfrac{\eta_1}{\eta_2}\cdot\dfrac{\beta_2}{\beta_1}\cos\theta_i+\sqrt{\left(\dfrac{\beta_2}{\beta_1}\right)^2-\sin^2\theta_i}}{\dfrac{\eta_1}{\eta_2}\cdot\dfrac{\beta_2}{\beta_1}\cos\theta_i+\sqrt{\left(\dfrac{\beta_2}{\beta_1}\right)^2-\sin^2\theta_i}} \tag{7-75}$$

如果将相位常数 $\beta_1=\omega\sqrt{\mu_0\varepsilon_1}$、$\beta_2=\omega\sqrt{\mu_0\varepsilon_2}$ 和波阻抗 $\eta_1=\sqrt{\dfrac{\mu_0}{\varepsilon_1}}$、$\eta_2=\sqrt{\dfrac{\mu_0}{\varepsilon_2}}$ 代入上式，可得

$$R_P=\frac{-\left(\dfrac{\varepsilon_2}{\varepsilon_1}\right)\cos\theta_i+\sqrt{\left(\dfrac{\varepsilon_2}{\varepsilon_1}\right)-\sin^2\theta_i}}{\left(\dfrac{\varepsilon_2}{\varepsilon_1}\right)\cos\theta_i+\sqrt{\left(\dfrac{\varepsilon_2}{\varepsilon_1}\right)-\sin^2\theta_i}} \tag{7-76}$$

同理，对切向电场传输(透射)系数而言，其表达式如下

$$T_P=\frac{E_0^T\cos\theta_T}{E_0^+\cos\theta_i}=1+R_P=\frac{2\sqrt{\left(\dfrac{\varepsilon_2}{\varepsilon_1}\right)-\sin^2\theta_i}}{\left(\dfrac{\varepsilon_2}{\varepsilon_1}\right)\cos\theta_i+\sqrt{\left(\dfrac{\varepsilon_2}{\varepsilon_1}\right)-\sin^2\theta_i}} \tag{7-77-1}$$

如果定义折射波与入射波电场的复振幅(而非切向电场幅度)之比为总电场传输(透射)系数 T_P^z，则

$$T_{\mathrm{P}}^{z}=\frac{E_{0}^{\mathrm{T}}}{E_{0}^{+}}=\frac{2\sqrt{\left(\frac{\varepsilon_{2}}{\varepsilon_{1}}\right)}\cos\theta_{\mathrm{i}}}{\left(\frac{\varepsilon_{2}}{\varepsilon_{1}}\right)\cos\theta_{\mathrm{i}}+\sqrt{\left(\frac{\varepsilon_{2}}{\varepsilon_{1}}\right)-\sin^{2}\theta_{\mathrm{i}}}} \tag{7-77-2}$$

因为 $\theta_{\mathrm{r}}=\theta_{\mathrm{i}}$，因此式(7-75)及(7-76)表示的切向电场反射系数也即总电场反射系数。

由于电磁波的能量与电场振幅的平方成正比，因此，在平行极化波斜入射到理想介质分界面时，为了观察反射波、折射(透射)波能量和入射波能量的比值随入射角的变化，总电场反射系数(切向场反射系数)R_{P} 和总电场传输(折射、透射)系数 T_{P}^{z} 的绝对值随入射角的变化如图 7-7(b)所示，其中$\sqrt{\varepsilon_1/\varepsilon_2}=1/1.5$。

7.4.2 垂直极化波斜入射

如图 7-8 所示，理想介质 1(μ_0，ε_1)所在的半无限大区域 1 中，垂直极化波以角度 θ_{i} 入射到与理想介质 2(μ_0，ε_2)所在的区域 2 的界面上($z=0$)，反射波和折射波与分界面法线方向所形成的反射角和折射角分别为 θ_{r} 和 θ_{T}。如果将入射波、反射波和折射波电场的参考方向取为$-\boldsymbol{e}_y$，则其入射波、反射波、折射波的电场强度如下

$$\boldsymbol{E}^{+}=(-\boldsymbol{e}_{y})E_{0}^{+}\cdot \mathrm{e}^{-\mathrm{j}(\beta_{1}x\sin\theta_{\mathrm{i}}+\beta_{1}z\cos\theta_{\mathrm{i}})} \tag{7-78}$$

$$\boldsymbol{E}^{-}=(-\boldsymbol{e}_{y})E_{0}^{-}\cdot \mathrm{e}^{-\mathrm{j}(\beta_{1}x\sin\theta_{\mathrm{r}}-\beta_{1}z\cos\theta_{\mathrm{r}})} \tag{7-79}$$

$$\boldsymbol{E}^{\mathrm{T}}=(-\boldsymbol{e}_{y})E_{0}^{\mathrm{T}}\cdot \mathrm{e}^{-\mathrm{j}(\beta_{2}x\sin\theta_{\mathrm{T}}+\beta_{2}z\cos\theta_{\mathrm{T}})} \tag{7-80}$$

而其入射波、反射波、折射波磁场强度的切向分量则分别如下

$$\boldsymbol{e}_{x}\cdot\boldsymbol{H}^{+}=H_{0}^{+}\cos\theta_{\mathrm{i}}\cdot \mathrm{e}^{-\mathrm{j}(\beta_{1}x\sin\theta_{\mathrm{i}}+\beta_{1}z\cos\theta_{\mathrm{i}})} \tag{7-81}$$

$$\boldsymbol{e}_{x}\cdot\boldsymbol{H}^{-}=-H_{0}^{-}\cos\theta_{\mathrm{r}}\cdot \mathrm{e}^{-\mathrm{j}(\beta_{1}x\sin\theta_{\mathrm{r}}-\beta_{1}z\cos\theta_{\mathrm{r}})} \tag{7-82}$$

$$\boldsymbol{e}_{x}\cdot\boldsymbol{H}^{\mathrm{T}}=H_{0}^{\mathrm{T}}\cos\theta_{\mathrm{T}}\cdot \mathrm{e}^{-\mathrm{j}(\beta_{2}\cos\theta_{\mathrm{T}}z+\beta_{2}\sin\theta_{\mathrm{T}}x)} \tag{7-83}$$

根据理想介质间交界面上的切向磁场强度和切向电场强度连续的边界条件，仍然可以得到如式(7-70)、式(7-71)所示的反射定律和折射定律。另外，垂直极化波斜入射到理想介质表面时的反射波与入射波切向电场的复振幅之比，即电场反射系数为

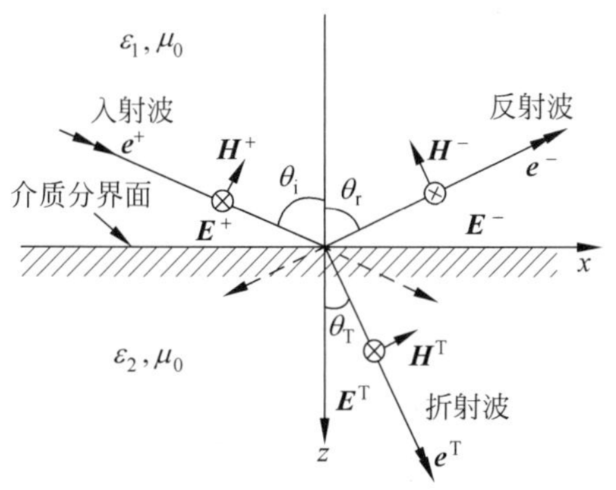

(a) 入射波、反射波与折射波的关系

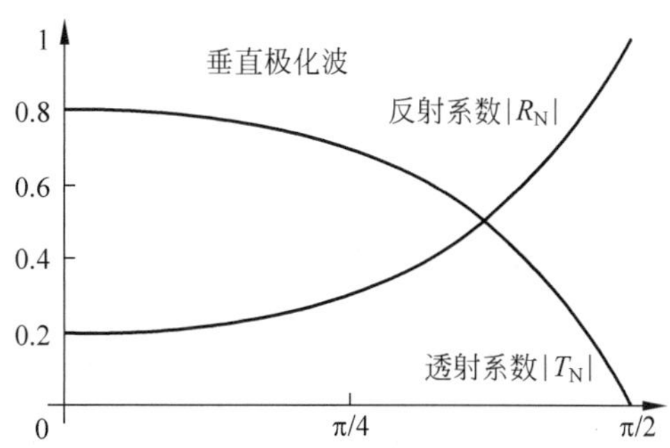

(b) 反射系数与透射系数

图 7-8 垂直极化波斜入射到理想介质分界面

$$R_N=\frac{\frac{\eta_2}{\eta_1}\cdot\frac{\beta_2}{\beta_1}\cos\theta_i-\sqrt{\left(\frac{\beta_2}{\beta_1}\right)^2-\sin^2\theta_i}}{\frac{\eta_2}{\eta_1}\cdot\frac{\beta_2}{\beta_1}\cos\theta_i+\sqrt{\left(\frac{\beta_2}{\beta_1}\right)^2-\sin^2\theta_i}}=\frac{\cos\theta_i-\sqrt{\left(\frac{\varepsilon_2}{\varepsilon_1}\right)-\sin^2\theta_i}}{\cos\theta_i+\sqrt{\left(\frac{\varepsilon_2}{\varepsilon_1}\right)-\sin^2\theta_i}} \tag{7-84}$$

同理,根据垂直极化波斜入射到理想介质表面时折射波与入射波的切向电场复振幅之比,可得电场的传输系数为

$$T_N=1+R_N=\frac{2\cos\theta_i}{\cos\theta_i+\sqrt{\left(\frac{\varepsilon_2}{\varepsilon_1}\right)-\sin^2\theta_i}} \tag{7-85}$$

式(7-76)、式(7-77)、式(7-84)、式(7-85)又称为菲涅耳公式。

垂直极化波斜入射到理想介质分界面时的反射系数和传输(透射、折射)系数的绝对值如图 7-8(b)所示。

7.4.3 全折射、全反射与表面波

如前所述,对线极化波斜入射到理想介质分界面的情况,通常采用反射系数和折射系数来进行表征。当反射系数为 0 时意味着没有反射波存在,这种情况也称为全折射。

对垂直极化波而言,如果令其反射系数,即式(7-84)等于零,则

$$R_N=\frac{\cos\theta_i-\sqrt{\left(\frac{\varepsilon_2}{\varepsilon_1}\right)-\sin^2\theta_i}}{\cos\theta_i+\sqrt{\left(\frac{\varepsilon_2}{\varepsilon_1}\right)-\sin^2\theta_i}}=0$$

可见满足上式的一个条件是$\frac{\varepsilon_2}{\varepsilon_1}=1$。显然,这与两种介质构成的分界面的前提条件不符,即对垂直极化波而言,不可能出现全折射的情况。同理,对平行极化波而言,如果令其反射系数,即式(7-76)等于 0,则

$$R_P=\frac{-\left(\frac{\varepsilon_2}{\varepsilon_1}\right)\cos\theta_i+\sqrt{\left(\frac{\varepsilon_2}{\varepsilon_1}\right)-\sin^2\theta_i}}{\left(\frac{\varepsilon_2}{\varepsilon_1}\right)\cos\theta_i+\sqrt{\left(\frac{\varepsilon_2}{\varepsilon_1}\right)-\sin^2\theta_i}}=0$$

故有

$$\tan\theta_i=\sqrt{\frac{\varepsilon_2}{\varepsilon_1}}$$

此时的入射角也称为布儒斯特角,其表达式为

$$\theta_B=\arctan\sqrt{\frac{\varepsilon_2}{\varepsilon_1}}=\arcsin\sqrt{\frac{\varepsilon_2}{\varepsilon_1+\varepsilon_2}} \tag{7-86}$$

显然,只有平行极化波在入射角等于布儒斯特角时才会出现全折射的现象,如图 7-7(b)所示。

除全折射现象之外,还会出现一种全反射的现象。根据折射定律可知,当平面波从折射率高的介质入射到折射率相对较低的介质($\varepsilon_{r1}>\varepsilon_{r2}$)时,折射角会大于入射角。因此当入射

角大于某个临界值以后，$\theta_T>\pi/2$，这种情况称为全反射，如图 7-7(b)、图 7-8(b)所示。

不论是平行极化入射波还是垂直极化入射波，其满足的折射定律是一致的，因此发生全反射的前提条件也一样，即 $\theta_T>\pi/2$，根据式(7-71)可得

$$\sin\theta_T=\frac{\beta_1}{\beta_2}\sin\theta_i=\frac{\sqrt{\varepsilon_1}}{\sqrt{\varepsilon_2}}\sin\theta_i>1$$

即

$$\sin\theta_i>\frac{\beta_2}{\beta_1}=\sqrt{\frac{\varepsilon_2}{\varepsilon_1}}$$

当 $\theta_T=\pi/2$ 时，上式取等号，此时发生全反射现象对应的入射角临界值称为临界角，其表达式为

$$\theta_c=\arcsin\frac{\sqrt{\varepsilon_2}}{\sqrt{\varepsilon_1}} \tag{7-87}$$

显然，不论是平行极化波还是垂直极化波，只要入射角大于临界角就会出现全反射的现象。当入射角大于临界角时

$$\sqrt{\varepsilon_2/\varepsilon_1-\sin^2\theta_i}=-\mathrm{j}\sqrt{\sin^2\theta_i-\varepsilon_2/\varepsilon_1}=-\mathrm{j}\alpha$$

为纯虚数，其中 α 为实数。由式(7-76)、式(7-84)可得 $|R_N|=|R_P|=1$，此时发生全反射；但是 T_N 和 T_P 都不为 0，即在介质 2 中会存在透射波。

根据折射定律式(7-71)得

$$\cos\theta_T=\sqrt{1-\sin^2\theta_T}=-\mathrm{j}\sqrt{\frac{\varepsilon_1}{\varepsilon_2}\sin^2\theta_i-1}=-\mathrm{j}\sqrt{N^2-1} \tag{7-88}$$

其中 N 为实数。例如对于垂直极化波，透射系数为复数，由式(7-80)可得

$$\boldsymbol{E}^T=(-\boldsymbol{e}_y)E_0^T\cdot\mathrm{e}^{-\mathrm{j}\beta_2(x\sin\theta_T+z\cos\theta_T)}=(-\boldsymbol{e}_y)\mid T_N\mid E_0^+\mathrm{e}^{-\beta_2\sqrt{N^2-1}z}\mathrm{e}^{-\mathrm{j}(\beta_2Nx-\varphi_T)}$$

由上式可知，透射波虽然在垂直于分界面的方向上会按照指数规律衰减，但是它能够沿分界面传播。由于该透射波主要存在于分界面附近，故称为表面波(衰逝波)。这种表面波的等相位面为“$x=$常数”的平面，而等振幅面是“$z=$常数”的平面，即波的振幅在等相位面上不均匀，因此该透射波为非均匀平面波，如图 7-9 所示。

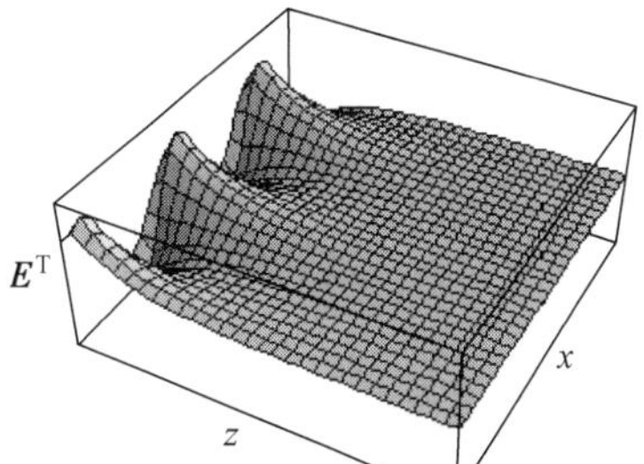

图 7-9　表面波的传播

例题 7-5　某个月球卫星向月球发射无线电波，其布儒斯特角为 60°。试由此确定月球表面的相对介电常数 ε_r。

解　根据式(7-86)可得布儒斯特角与介电常数 ε_r 的关系如下

$$\sqrt{\frac{\varepsilon_2}{\varepsilon_1}}=\tan\theta_B$$

即

$$\sqrt{\varepsilon_r}=\tan60°=\sqrt{3}$$

显然，$\varepsilon_r=3$。

7.5 平面波在导电媒质分界面的反射与折射

如 3.4.2 小节所述，对电导率有限的两种媒质，其中的电流由体电流密度定义，而在媒质分界面处不会出现自由表面电流，故分界面两侧磁场强度的切向分量连续。由于媒质分界面两侧电场强度的切向分量也是连续的，因此，7.4 节中得到的反射定律、折射定律，以及菲涅耳公式仍然可以用于导电媒质分界面的情况。

利用折射定律，在平行极化波和垂直极化波斜入射到媒质分界面时，式(7-76)、式(7-77)，以及式(7-84)、式(7-85)等表示的菲涅耳公式又可以用波阻抗表示为

$$\begin{cases} R_{\mathrm{P}} = \dfrac{-\eta_1\cos\theta_{\mathrm{i}} + \eta_2\cos\theta_{\mathrm{T}}}{\eta_1\cos\theta_{\mathrm{i}} + \eta_2\cos\theta_{\mathrm{T}}} \\ T_{\mathrm{P}} = \dfrac{2\eta_2\cos\theta_{\mathrm{T}}}{\eta_1\cos\theta_{\mathrm{i}} + \eta_2\cos\theta_{\mathrm{T}}} \end{cases} \tag{7-89}$$

$$\begin{cases} R_{\mathrm{N}} = \dfrac{\eta_2\cos\theta_{\mathrm{i}} - \eta_1\cos\theta_{\mathrm{T}}}{\eta_2\cos\theta_{\mathrm{i}} + \eta_1\cos\theta_{\mathrm{T}}} \\ T_{\mathrm{N}} = \dfrac{2\eta_2\cos\theta_{\mathrm{i}}}{\eta_2\cos\theta_{\mathrm{i}} + \eta_1\cos\theta_{\mathrm{T}}} \end{cases} \tag{7-90}$$

其中，R_{P}、T_{P} 和 R_{N}、T_{N} 分别表示平行极化波和垂直极化波在媒质分界面的反射系数及传输系数。

设平面波由媒质 1(理想介质)入射到其与媒质 2(导电媒质)所构成的分界面上。由式(6-37)及式(6-53)可知，媒质 2 的介电常数 $\varepsilon_2^{\mathrm{c}}$ 与波阻抗 η_2 均为复数，即

$$\varepsilon_2^{\mathrm{c}} = \varepsilon_2 - \mathrm{j}\,\frac{\sigma}{\omega}$$

$$\eta_2 = \sqrt{\frac{\mu}{\varepsilon_2^{\mathrm{c}}}} = \sqrt{\frac{\mathrm{j}\omega\mu}{\sigma + \mathrm{j}\omega\varepsilon_2}}$$

当媒质 2 为理想导体时，$\eta_2 \to 0$，因此，由式(7-89)、式(7-90)得 $R_{\mathrm{P}} = R_{\mathrm{N}} = -1$，$T_{\mathrm{P}} = T_{\mathrm{N}} = 0$，这与 7.1 节、7.3 节得到的结论相同。

当媒质 2 为良导体时，$|\varepsilon_2^{\mathrm{c}}| \gg \varepsilon_1$，由折射定律可得

$$\sin\theta_{\mathrm{T}} = \frac{\sqrt{\varepsilon_1}}{\sqrt{\varepsilon_2^{\mathrm{c}}}}\sin\theta_{\mathrm{i}} \approx 0$$

因此，折射角 $\theta_{\mathrm{T}} \approx 0$，即平面波以任意角度入射到良导体表面时，其折射波都是沿着垂直于分界面的方向透射到良导体内部。

另外，当媒质 2 为良导体时，$\eta_1 \gg \eta_2$。因此，由式(7-89)、式(7-90)可得 $R_{\mathrm{P}} \approx -1$，$T_{\mathrm{P}} \ll 1$，$R_{\mathrm{N}} \approx -1$，$T_{\mathrm{N}} \ll 1$。可见，不论是平行极化波还是垂直极化波入射到良导体表面时，都几乎发生全反射，而且反射波的切向电场要反相；折射波则很小，其切向电场不反相。当然，此时折射波的幅度按照指数规律衰减，并且由于传输系数为复数，故相对于入射波而言，沿传播方向会发生相移。

7.6 平面波在多层媒质分界面的垂直入射

设沿 z 轴方向传播的平面电磁波垂直入射到电磁参数依次为 ε_1、μ_1，ε_2、μ_2，ε_3、μ_3 的三种媒质构成的区域，如图 7-10 所示，两个交界面分别位于 $z=0$ 和 $z=d$ 处。

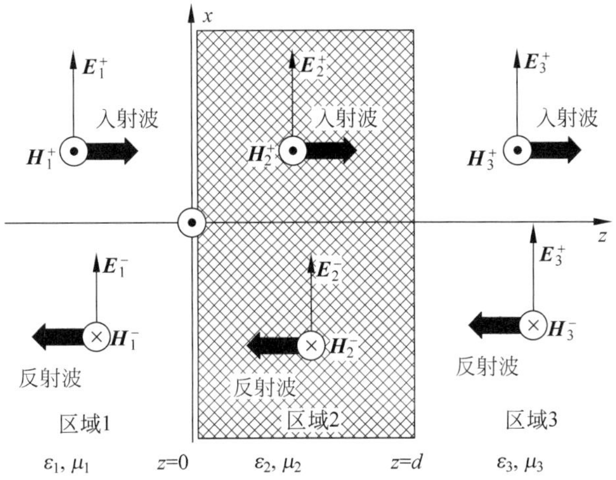

图 7-10　平面波在多层媒质分界面的垂直入射

区域 1 中的入射波为

$$\boldsymbol{E}_1^+=\boldsymbol{e}_x E_{10}^+ \mathrm{e}^{-\mathrm{j}k_1 z},\quad \boldsymbol{H}_1^+=\boldsymbol{e}_y \frac{E_{10}^+}{\eta_1}\mathrm{e}^{-\mathrm{j}k_1 z}$$

区域 1 中的反射波为

$$\boldsymbol{E}_1^-=\boldsymbol{e}_x E_{10}^- \mathrm{e}^{\mathrm{j}k_1 z},\quad \boldsymbol{H}_1^-=-\boldsymbol{e}_y \frac{E_{10}^-}{\eta_1}\mathrm{e}^{\mathrm{j}k_1 z}$$

则区域 1($z\leqslant 0$)中的合成波为

$$\boldsymbol{E}_1=\boldsymbol{e}_x (E_{10}^+ \mathrm{e}^{-\mathrm{j}k_1 z}+E_{10}^- \mathrm{e}^{\mathrm{j}k_1 z}),\quad \boldsymbol{H}_1=\boldsymbol{e}_y \frac{1}{\eta_1}(E_{10}^+ \mathrm{e}^{-\mathrm{j}k_1 z}-E_{10}^- \mathrm{e}^{\mathrm{j}k_1 z})$$

区域 2($0\leqslant z\leqslant d$)中的合成波为

$$\boldsymbol{E}_2=\boldsymbol{e}_x [E_{20}^+ \mathrm{e}^{-\mathrm{j}k_2 (z-d)}+E_{20}^- \mathrm{e}^{\mathrm{j}k_2 (z-d)}],\quad \boldsymbol{H}_2=\boldsymbol{e}_y \frac{1}{\eta_2}[E_{20}^+ \mathrm{e}^{-\mathrm{j}k_2 (z-d)}-E_{20}^- \mathrm{e}^{\mathrm{j}k_2 (z-d)}]$$

区域 3($z\geqslant d$)中的合成波为

$$\boldsymbol{E}_3=\boldsymbol{e}_x E_{30}^+ \mathrm{e}^{-\mathrm{j}k_3 (z-d)},\quad \boldsymbol{H}_3=\boldsymbol{e}_y \frac{1}{\eta_3}E_{30}^+ \mathrm{e}^{-\mathrm{j}k_3 (z-d)}$$

在 $z=0$ 处的分界面上应用电场和磁场的切向分量的连续性边界条件，有

$$\begin{cases} E_{10}^+ + E_{10}^- = E_{20}^+ \mathrm{e}^{\mathrm{j}k_2 d} + E_{20}^- \mathrm{e}^{-\mathrm{j}k_2 d} \\ \dfrac{1}{\eta_1}(E_{10}^+ - E_{10}^-) = \dfrac{1}{\eta_2}(E_{20}^+ \mathrm{e}^{\mathrm{j}k_2 d} - E_{20}^- \mathrm{e}^{-\mathrm{j}k_2 d}) \end{cases} \tag{7-91}$$

在 $z=d$ 处的分界面上应用电场和磁场的切向分量的连续性边界条件，有

$$\begin{cases} E_{20}^{+}+E_{20}^{-}=E_{30}^{+} \\ \dfrac{1}{\eta_2}(E_{20}^{+}-E_{20}^{-})=\dfrac{E_{30}^{+}}{\eta_3} \end{cases} \tag{7-92}$$

由式(7-92)得到 $z=d$ 处的分界面的反射系数和传输系数为

$$R_2=\frac{E_{20}^{-}}{E_{20}^{+}}=\frac{\eta_3-\eta_2}{\eta_3+\eta_2},\quad T_2=\frac{E_{30}^{+}}{E_{20}^{+}}=\frac{2\eta_3}{\eta_2+\eta_3} \tag{7-93}$$

由式(7-91)、式(7-93)得到 $z=0$ 处的分界面的反射系数和传输系数为

$$R_1=\frac{E_{10}^{-}}{E_{10}^{+}}=\frac{\eta_{ef}-\eta_1}{\eta_{ef}+\eta_1},\quad T_1=\frac{E_{20}^{+}}{E_{10}^{+}}=\frac{1+R_1}{e^{jk_2d}+R_2e^{-jk_2d}} \tag{7-94}$$

其中，$\eta_{ef}=\eta_2\dfrac{\eta_3+j\eta_2\tan(k_2d)}{\eta_2+j\eta_3\tan(k_2d)}$为等效波阻抗。

根据上述反射系数和传输系数可以求出各个区域中的合成波。对于媒质层数大于 3 的情况可以做类似的分析。

由式(7-94)可以得出媒质 1 中无反射的条件为

$$\eta_1=\eta_{ef}=\eta_2\frac{\eta_3+j\eta_2\tan(k_2d)}{\eta_2+j\eta_3\tan(k_2d)}=\eta_2\frac{\eta_3\cos(k_2d)+j\eta_2\sin(k_2d)}{\eta_2\cos(k_2d)+j\eta_3\sin(k_2d)}$$

令上式中的实部和虚部相等，有

$$\begin{cases} \eta_1\cos(k_2d)=\eta_3\cos(k_2d) \\ \eta_1\eta_3\sin(k_2d)=\eta_2^2\sin(k_2d) \end{cases} \tag{7-95}$$

(1) 如果 $\eta_1=\eta_3\neq\eta_2$，则由式(7-95)得

$$\sin(k_2d)=0$$

即 $d=n\dfrac{\lambda_2}{2}$，$n=0,1,2,\cdots$。故此时当媒质 2 中介质的厚度等于其中半波长的整数倍时，媒质 1 无反射，其最短厚度为$\dfrac{\lambda_2}{2}$。

(2) 如果 $\eta_1\neq\eta_3$，则由式(7-95)得

$$\cos(k_2d)=0$$

即 $d=(2n+1)\dfrac{\lambda_2}{4}$，$n=0,1,2,\cdots$；$\eta_2=\sqrt{\eta_1\eta_3}$。故此时当媒质 2 的波阻抗等于媒质 1 和媒质 3 中波阻抗的几何平均值，并且媒质 2 介质厚度等于其 1/4 波长的奇数倍时，媒质 1 无反射，其最短厚度为$\dfrac{\lambda_2}{4}$。

7.7 人工电磁材料

人工电磁材料(Metamaterial)，又称电磁超介质材料，是通过在常规的媒质材料中嵌入人工复合结构而形成的复合媒质材料，与自然界中的常规媒质相比，其物理性质迥然不同。

人工电磁材料可以追溯到 1898 年人们进行的螺旋结构微波实验。1914 年，有学者利用小螺旋线构造出了人工手性媒质。1948 年人们通过周期性的球状、圆盘状、带状结构等

加工出了微波透镜。1968年，苏联的科学家提出了介电常数 ε 和磁导率 μ 同时为负的"左手材料"(LHM)的概念，并预测了左手材料的特性。左手材料是人工电磁材料（电磁超材料）的一种，其折射率为负，电磁波在其中传播时相位的传播方向与能量的传播方向相反，此时，可以认为波矢量方向 $\boldsymbol{k}$ 与电场 $\boldsymbol{E}$、磁场 $\boldsymbol{H}$ 之间符合左手规则，如图 7-11(a)所示。这与常规材料中电磁场量遵守的右手规则正好相反，如图 7-11(b)所示。

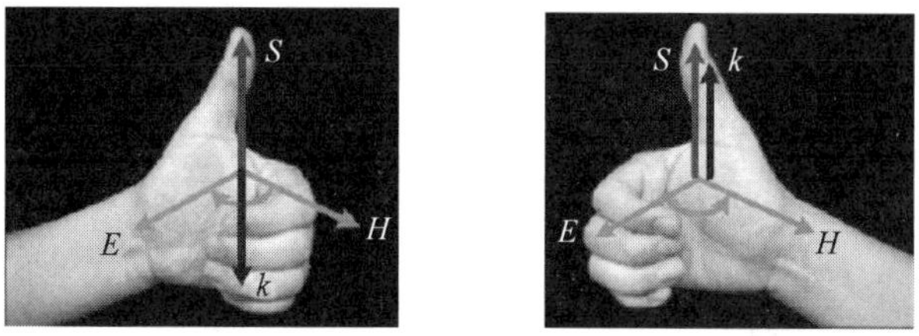

(a) 左手螺旋关系　　(b) 右手螺旋关系

图 7-11　左手材料与常规材料相反的速度方向

左手材料中存在负折射、倏逝波放大、逆多普勒效应、逆切伦科夫辐射、亚波长衍射等奇异的性质。但是，在自然界中并没有发现这种材料且难以合成，直到1996—1999年，英国的科学家才利用周期排列的金属棒和金属谐振环等构造了等效介电常数和磁导率分别为负的人造媒质，并提出了理论模型。在该模型中，利用金属丝的等离子体效应使得某个频段的极化率 $\chi_e<-1$，实现负介电常数；利用开口谐振环的磁谐振使得某个频段的磁化率 $\chi_m<-1$，实现负磁导率。2001年，美国物理学家将金属线和金属开口谐振环置于印制电路板的两侧，制成了世界上第一块 ε 和 μ 同时为负的左手材料，并通过实验进行了证明，同年，他们还成功制作出了X频段的左手材料。随后对左手材料的研究取得重大突破，并被《科学》杂志评为2003年度十大科技进展之一。常用的左手材料结构如图 7-12 所示。其中图 7-12(a)为由金属杆和圆形开口谐振环组成的一维左手材料；图 7-12(b)为由金属条和矩形开口谐振环组成的二维左手材料。

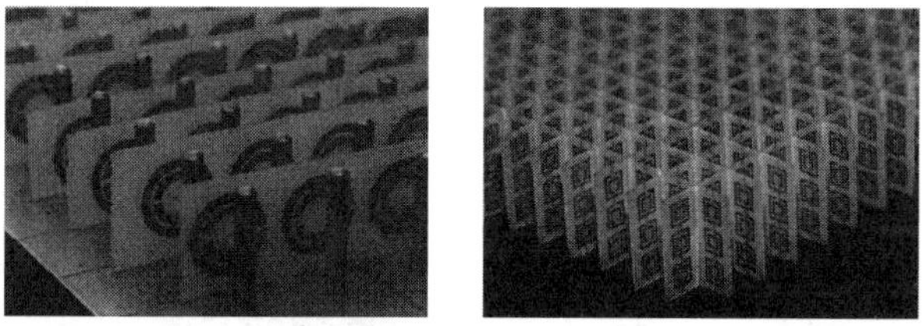

(a) 一维左手材料结构　　(b) 二维左手材料结构

图 7-12　左手材料结构

7.7.1 负折射效应

左手材料的一个重要特性是"负折射效应"，又称为逆菲涅耳定理。左手材料的 ε 和 μ 同时为负，其折射率 n 应取

$$n=-\sqrt{\varepsilon_r\mu_r}<0 \tag{7-96}$$

假设电磁波从常规材料入射到左手材料上，依据折射定理

$$n_1\sin(\theta_i)=n_2\sin(\theta_T)$$

综合以上两式可知 $\theta_T<0$，可见折射波和入射波处于法线 $\boldsymbol{e}_n$ 的同一侧，称为负折射效应。2003 年美国与加拿大的学者在实验中直接观测到了负折射效应，还在试验中观测到了光波段上光子晶体的负折射。利用仿真软件 HFSS 得到的左手材料负折射效应如图 7-13 所示。

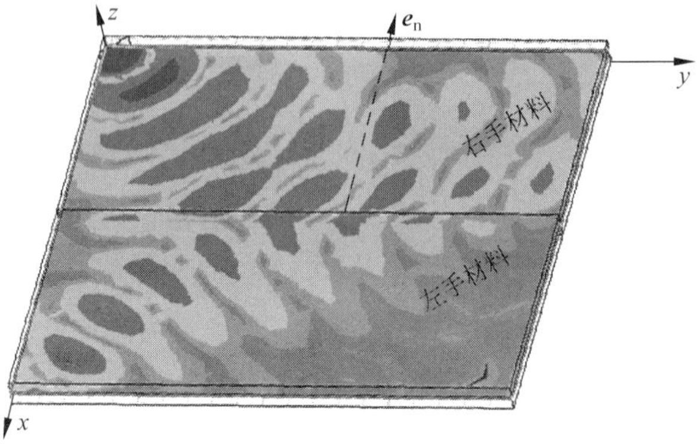

图 7-13 左手材料负折射现象仿真

7.7.2 完美透镜效应

完美/超级透镜效应可以看作是负折射率性质的一种表现形式，但又有其特殊性。理论证明左手材料制成的平面透镜可以实现对倏逝波进行放大成像，从而突破传统透镜由于孔径效应而带来的分辨率限制，甚至可以实现完美成像。左手材料平板成像原理如图 7-14(a)所示，利用 HFSS 软件仿真得到的左手材料完美透镜成像结果如图 7-14(b)所示，其中上半部分为常规材料，下半部分为左手材料。但是在现实中，由于左手材料一定是色散介质，也必然存在损耗，从而大大影响了左手材料的完美透镜效果，往往只能实现亚波长分辨率的超级透镜成像，其分辨率有显著提高，点成像的像斑尺寸大大减小。

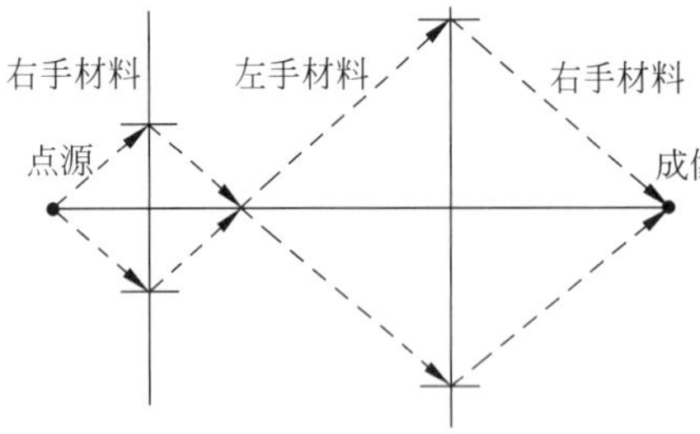

(a) 左手材料平板成像原理示意图

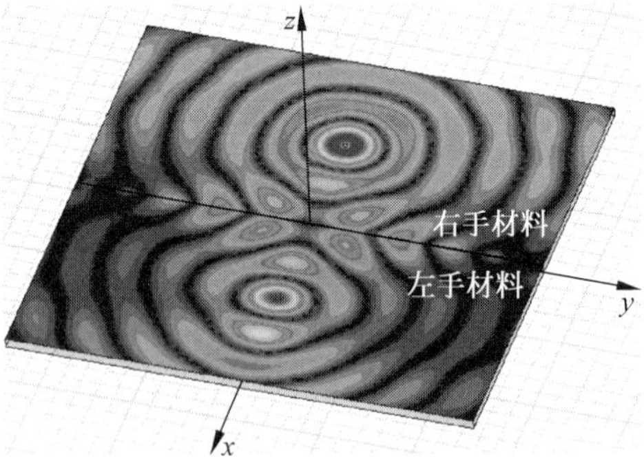

(b) 左手材料透镜成像结果

图 7-14 左手材料完美透镜效应

7.7.3 负相速度

电磁波在常规介质中传播时，其相速度和群速度的方向是一致的(可以存在小夹角)，但是在左手材料中这两个速度的方向却可以相反。电磁波的相速度和群速度的方向分别由波

矢量 $\boldsymbol{k}$ 和坡印亭矢量 $\boldsymbol{S}$ 决定。在左手材料构成的介质中 $\boldsymbol{k}$ 与 $\boldsymbol{S}=\boldsymbol{E}\times\boldsymbol{H}$ 的方向正好相反，从而导致相速度 $\boldsymbol{v}_p$ 和群速度 $\boldsymbol{v}_g$ 的方向相反。电磁波在左手介质中传播时，$\boldsymbol{k}=n\boldsymbol{k}_0$，其中 $\boldsymbol{k}_0$ 为真空中的波矢量。由于左手材料中折射率 n 为负，波矢量将与常规右手材料(RHM)中波矢量的方向相反，由此得到负相速度。利用该效应可以实现慢波结构。图 7-15 为利用 HFSS 得到的负相速度结果。

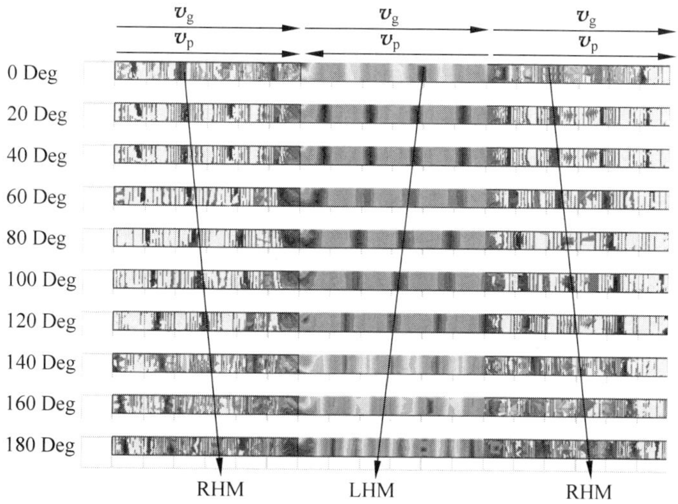

图 7-15 左手材料中负相速度的仿真

7.7.4 逆多普勒频移

逆多普勒频移是左手材料中的又一重要特性，它又可以看作负相速度特性的一种推论，但是由于其特殊的应用价值而通常单独进行讨论。在左手材料中所观察的多普勒频移与常规介质中的刚好相反。在常规介质中，观察者与波源相对靠近的时候观测到的频率升高，相对远离时频率降低，而在左手材料中则刚好相反。多普勒频移的波前图演示如图 7-16 所示。其中图 7-16(a)是反射界面相对于波源后退时，在常规材料中的多普勒频移，此时反射波频率降低；图 7-16(b)是左手材料中的逆多普勒频移，此时反射波频率升高。逆多普勒频移有着广泛的应用前景，可以用于制造小型化、低成本、能够用于产生千兆赫兹高频电磁脉冲的装置。

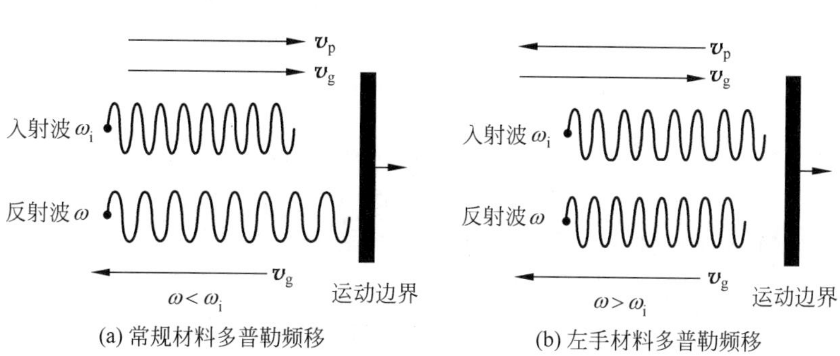

图 7-16 常规材料与左手材料的多普勒频移

7.7.5 逆切伦科夫辐射

逆切伦科夫(Cerenkov)辐射是左手材料的又一重要性质，也是左手材料中相速度和群速度相反的另一个推论。1934 年苏联物理学家切伦科夫通过实验发现并证实，介质中高速的带电粒子激起诱导电流，从而形成很多次波源辐射能量，当粒子的速度高于介质中的光速时，前后辐射出的次波波前将相互干涉而形成锥形辐射。常规材料中，干涉后形成的波前，即等相面是一个锥面。电磁波的能量沿此锥面的法线方向辐射出去，是向前辐射的，形成一个向后的锥角，如图 7-17(a)所示。而在左手材料的介质中，能量的传播方向与相速度相反，因而辐射将背向粒子的运动方向发出，辐射方向形成一个向前的锥角，如图 7-17(b)所示，称为逆切伦科夫辐射。

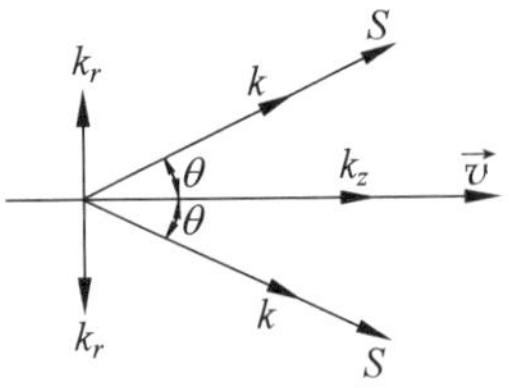

(a) 切伦科夫辐射

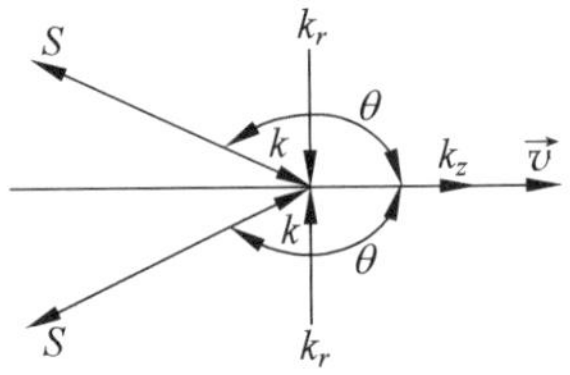

(b) 逆切伦科夫辐射

图 7-17 常规材料与左手材料的切伦科夫辐射

7.7.6 完美吸波材料

研究发现，利用人工电磁材料的高损耗特性可以制作吸波材料，在隐身领域有着潜在的应用价值。2008 年，人们研制出一种完美人工吸波材料，在窄频带内能近 100%吸收入射电磁波。2009 年，有学者发表了关于人工电磁黑洞的研究报道，利用其中心区域电谐振单元的高损耗特性可以几乎全部吸收入射到其中的电磁能量，如图 7-18 所示。

(a) 电磁黑洞实物照片

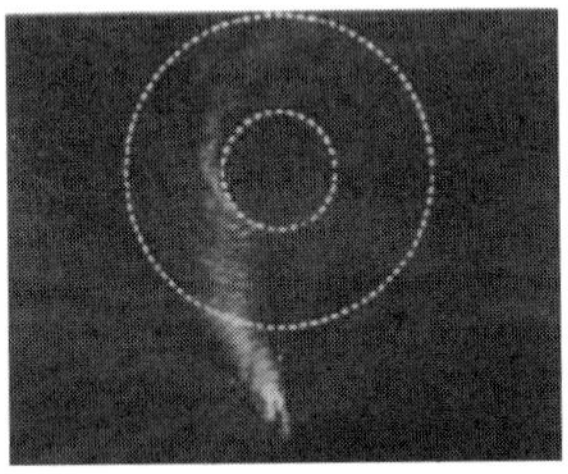
(b) 实验结果

图 7-18 人工电磁材料的吸波特性

利用上述左手材料或者人工电磁材料的奇异特性可以实现平板聚焦、天线波束汇聚、超薄谐振腔、后向波天线、完美透镜、超高分辨率成像、亚波长小型波导及电磁波隐身等。人工电磁材料的应用前景开始引发学术界、产业界尤其是军方的高度关注。目前，太赫兹频段左手材料、非线性左手材料等也引起人们的重视。左手材料的实现和发展为新型人工材料的研究提供了新的热点，对未来通信、雷达、微电子、医学成像等领域将产生重要的影响。

习题

7-1 均匀平面波由空气垂直入射到 $z=0$ 的理想导体表面，已知入射波电场的表达式为 $\boldsymbol{E}=50\cos(\omega t-\beta z)\boldsymbol{e}_x$。试写出：

(1) 入射波磁场的表达式；

(2) 反射波电场的表达式；

(3) 合成波电场的表达式。

7-2 均匀平面波 $\boldsymbol{E}=E_0(\boldsymbol{e}_x-\mathrm{j}\boldsymbol{e}_y)\mathrm{e}^{-\mathrm{j}\beta z}$ 由空气垂直入射到 $z=0$ 位置处的理想导体表面。

(1) 写出反射波和合成波电场的表达式；

(2) 判断入射波和反射波的极化方式；

(3) 计算理想导体表面的电流密度。

7-3 自由空间中 $z=0$ 位置处放置了一个无限大的理想导体板。如果在 $z>0$ 区域中的电场强度为 $\boldsymbol{E}=\boldsymbol{e}_y\sin(4\pi z)\cos(15\pi\times10^8 t-\beta x)\mathrm{V/m}$。试求：

(1) 上述表达式中的相位常数 β；

(2) 反射波电场的表达式。

7-4 角频率为 60M rad/m 的均匀平面波在理想介质($\mu_r=1$、$\varepsilon_r=9$)中沿正 z 轴方向传播，当其传播到 $z=0$ 处时垂直入射到介质与空气的交界面。如果入射波电场的幅度为 1 V/m，试计算空气和介质中的功率密度。

7-5 某均匀平面波从理想介质 1 垂直入射到与理想介质 2 的分界面上。若两种介质的相对磁导率都等于 1，试计算：

(1) 入射波功率的 10%被反射时，两种介质的相对介电常数之比；

(2) 入射波功率的 10%进入介质 2 时，两种介质的相对介电常数之比。

7-6 电场强度为 $\boldsymbol{E}^+=\boldsymbol{e}_xE_0\sin(\omega t-\beta_1 z)$ 的均匀平面波由空气垂直入射到与玻璃($\varepsilon_r=4$，$\mu_r=1$)的交界面上($z=0$ 处)。求：

(1) 反射波电场和磁场的瞬时值表达式；

(2) 折射波电场和磁场的表达式。

7-7 如果将上题中入射波电场的表达式替换为 $\boldsymbol{E}^+=E_0(\boldsymbol{e}_x+\mathrm{j}\boldsymbol{e}_y)\mathrm{e}^{-\mathrm{j}\beta z}$，其他条件不变，试写出：

(1) 反射波和折射波电场的表达式；

(2) 判断入射波、反射波和折射波各自的极化情况。

7-8 平面波由空气垂直入射到某埋想介质($\mu_r=1$)表面，若要求反射系数和折射系数的大小相等。试求：

(1) ε_r；

(2) 若入射波的 $S_{\mathrm{av}}^+=1\ \mathrm{mW/m^2}$，求反射波和折射波的 S_{av}^- 和 S_{av}^T。

7-9 某均匀平面波由空气斜射到理想导体表面($z=0$ 处的平面)。已知入射波电场的表达式为 $\boldsymbol{E}^+=\boldsymbol{e}_yE_0\mathrm{e}^{-\mathrm{j}\pi(3x-4z)}$，试计算：

(1) 工作频率；

(2) 入射角；

(3) 反射波和合成波电场的表达式。

7-10 某均匀平面波从空气斜入射到理想介质($\varepsilon_r=3,\mu_r=1$)表面，入射角为60°。如果入射波电场的幅度为1 V/m，试分别计算垂直极化和平行极化波情况下反射波、折射波的电场振幅。

7-11 均匀平面波从空气斜入射到位于$z=0$的某理想介质($\mu_r=1,\varepsilon_r=2.25$)表面，如果入射波电场的表达式如下

$$\boldsymbol{E}=50\cos(3\times10^8 t-0.766z+0.643y)\boldsymbol{e}_x \text{ V/m}$$

试计算：

(1) 入射角；

(2) 反射波和折射波的相速度；

(3) 反射波和折射波电场强度的表达式；

(4) 入射波、反射波和折射波的平均功率密度。

7-12 如果仅将上题中的理想介质替换为理想导体，而其他条件保持不变，试计算：

(1) 反射波和合成波电场的表达式；

(2) 理想导体表面的电流密度。

7-13 垂直极化波从纯水下以入射角20°投射到与空气的分界面上。已知纯水的电磁参数为$\varepsilon_r=81,\mu_r=1$。试求：

(1) 临界角；

(2) 在空气中传播的波在离开水面一个波长高度后的振幅衰减量为多少分贝？

7-14 线极化波从自由空间斜入射到某介质($\varepsilon_r=4,\mu_r=1$)表面，如果入射波的电场强度与入射面的夹角为45°，试求反射波为垂直极化波时所对应的入射角。

7-15 某均匀平面波从媒质($\varepsilon_r=4,\mu_r=1$)入射到与空气构成的分界面上。求：

(1) 若发生全反射，其入射角应该是多大？

(2) 若入射波是圆极化波，且只希望反射波是单一的线极化波，则入射角应该是多大？

第 8 章 导行电磁波

CHAPTER 8

前面几章讨论了平面波的传播特性，以及平面波在不同媒质分界面上的反射与折射规律，并认识到，导体或者介质在一定条件下可以导引电磁波的传播。同样，利用金属、介质等制成的特种结构也可以导引电磁波的传播。凡是能够导引电磁波定向传输的装置均称为导波系统，被导引定向传输的电磁波称为导行电磁波，简称导波。本章主要讨论平行双导线、微带线、同轴线、矩形波导、圆柱形波导等导波系统中导行电磁波的分析方法、电磁场的分布规律及传播特性；最后，介绍谐振腔的性质及基片集成波导的概念。

8.1 导行电磁波传播模式及其传播特性

微课视频

导波系统又称为传输线。在一个实际的射频、微波系统里，传输线是最基本的构成，它不仅起到连接信号的作用，而且传输线本身也可以构成某些元件，如电容、电感、变压器、谐振电路、滤波器、天线等。在导波系统中，设传输方向沿 z 轴方向，传输的电磁波可以根据电场 $\boldsymbol{E}$ 和磁场 $\boldsymbol{H}$ 的纵向分量 E_z、H_z 的存在与否分为三类：如果 $E_z=0$，$H_z=0$，则 $\boldsymbol{E}$、$\boldsymbol{H}$ 完全在横截面内，这种波称为横电磁波，简记为 TEM 波，该种波型不能用纵向场法求解；如果 $E_z\neq0$，$H_z=0$，则在传播方向只有电场分量，磁场只在横截面内，称为横磁波或电波，简记为 TM 波或 E 波；如果 $E_z=0$，$H_z\neq0$，则在传播方向只有磁场分量，电场只在横截面内，称为横电波或磁波，简记为 TE 波或 H 波。

导波系统可以分为单导体传输线、多导体传输线、介质传输线和周期性导波结构等。一般按其传输电磁波的性质，传输线通常分为三类：如图 8-1(a)所示的 TEM 模传输线(①平行双线、②同轴线、③带状线、④微带线等双导线传输线)，包括准 TEM 模传输线；如图 8-1(b)所示的 TE 模和 TM 模传输线(①矩形波导、②圆波导、③脊波导、④椭圆波导等金属波导传输线)；如图 8-1(c)所示的表面波传输线(①介质波导、②介质镜像线、③单根表面波传输线)等，其传输模式一般为混合模。近年来，随着毫米波波段工程技术的应用和发展，周期性导波结构也迅速成为研究的热点，例如光子晶体波导、表面等离子体波导、基片集成波导等。

导波系统中电磁波的传输问题属于电磁场边值问题。本章仅讨论横截面尺寸、形状、媒质分布、材料及边界条件均不变的均匀导波系统。通常几种导波系统的使用频段如下：两根任意形状的导线适用于短波以下波段；两根平行双导线适用于超短波波段；同轴线常用于微波波段；矩形波导、圆波导等常用于厘米波及波长更短的情况；介质波导主要依靠高介电常数的介质来束缚微波能量并加以传输，广泛应用于毫米波和光波波段。

设导波系统中的时谐电磁波沿 z 轴传播，对于均匀导波系统，传输的电磁场通式为

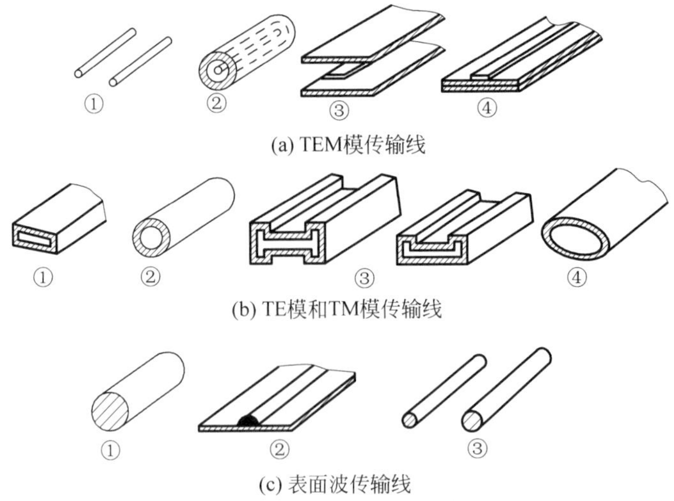

图 8-1 典型导波系统

$$\begin{cases} \boldsymbol{E}(x,y,z)=\boldsymbol{E}_0(x,y)\mathrm{e}^{-\gamma z} \\ \boldsymbol{H}(x,y,z)=\boldsymbol{H}_0(x,y)\mathrm{e}^{-\gamma z} \end{cases} \tag{8-1}$$

式中，$\gamma=\alpha+\mathrm{j}\beta$ 为传播常数，如式(6-51)所示；$\boldsymbol{E}_0(x,y)$、$\boldsymbol{H}_0(x,y)$ 分别为波导系统中的电场和磁场分布(复振幅)。假设研究区域无源，将式(8-1)代入如下形式的麦克斯韦方程组

$$\nabla\times\boldsymbol{H}=\mathrm{j}\omega\varepsilon\boldsymbol{E}$$

$$\nabla\times\boldsymbol{E}=-\mathrm{j}\omega\mu\boldsymbol{H}$$

则可以得到以下关于 x、y、z 三个坐标分量的 6 个标量方程。

$$\begin{cases} \dfrac{\partial E_z}{\partial y}+\gamma E_y=-\mathrm{j}\omega\mu H_x \\ \dfrac{\partial E_z}{\partial x}+\gamma E_x=\mathrm{j}\omega\mu H_y \\ \dfrac{\partial E_y}{\partial x}-\dfrac{\partial E_x}{\partial y}=-\mathrm{j}\omega\mu H_z \end{cases}$$

$$\begin{cases} \dfrac{\partial H_z}{\partial y}+\gamma H_y=\mathrm{j}\omega\varepsilon E_x \\ \dfrac{\partial H_z}{\partial x}+\gamma H_x=-\mathrm{j}\omega\varepsilon E_y \\ \dfrac{\partial H_y}{\partial x}-\dfrac{\partial H_x}{\partial y}=\mathrm{j}\omega\varepsilon E_z \end{cases}$$

经过简单运算，以上 6 个方程中场的横向分量 E_x、E_y、H_x、H_y 可用两个纵向分量 E_z、H_z 来表示，即

$$\begin{cases} H_x=\dfrac{1}{k_c^2}\left(\mathrm{j}\omega\varepsilon\dfrac{\partial E_z}{\partial y}-\gamma\dfrac{\partial H_z}{\partial x}\right) \\ H_y=\dfrac{-1}{k_c^2}\left(\mathrm{j}\omega\varepsilon\dfrac{\partial E_z}{\partial x}+\gamma\dfrac{\partial H_z}{\partial y}\right) \\ E_x=\dfrac{-1}{k_c^2}\left(\mathrm{j}\omega\mu\dfrac{\partial H_z}{\partial y}+\gamma\dfrac{\partial E_z}{\partial x}\right) \\ E_y=\dfrac{1}{k_c^2}\left(\mathrm{j}\omega\mu\dfrac{\partial H_z}{\partial x}-\gamma\dfrac{\partial E_z}{\partial y}\right) \end{cases} \tag{8-2}$$

其中，$k_c^2=\gamma^2+k^2$，$k=\omega\sqrt{\mu\varepsilon}$。

满足麦克斯韦方程的场量必然满足波动方程，而满足波动方程的场量未必一定满足麦克斯韦方程。因此，在求解场波动方程时，通常先求其一个解，再利用麦克斯韦方程求解其他场量，这样可以得到既满足波动方程又满足麦克斯韦方程的解。对于导波的一般分析方法，则可以先求出场的纵向分量，然后再根据麦克斯韦方程由纵向场量导出其余的横向场量。

8.1.1 TEM 波

设传输方向沿 z 轴方向，对于 TEM 波，因为 $E_z=0$，$H_z=0$，所以必须有 $k_c^2=\gamma^2+k^2=0$，否则由式(8-2)会得到全零解。因此，$\gamma=\mathrm{j}k=\mathrm{j}\omega\sqrt{\mu\varepsilon}$，其波阻抗及相速度分别为

$$\begin{cases}Z_{\text{TEM}}=\dfrac{E_x}{H_y}=\dfrac{\gamma}{\mathrm{j}\omega\varepsilon}=\sqrt{\dfrac{\mu}{\varepsilon}}=\eta\\[2ex] v_{\mathrm{p}}=\dfrac{\omega}{k}=\dfrac{1}{\sqrt{\mu\varepsilon}}\end{cases}\tag{8-3}$$

由上式可知，导波系统中 TEM 波的传播特性与无界空间中的均匀平面波的传播特性相同。

另一方面，将式(8-1)中的电场表达式代入波动方程式(6-2)，即$\nabla^2\boldsymbol{E}+k^2\boldsymbol{E}=0$，得

$$\nabla_T{}^2\boldsymbol{E}+\frac{\partial^2\boldsymbol{E}}{\partial z^2}+k^2\boldsymbol{E}=\nabla_T{}^2\boldsymbol{E}+(\gamma^2+k^2)\boldsymbol{E}=\nabla_T{}^2\boldsymbol{E}+k_c^2\boldsymbol{E}=0$$

其中，∇_T表示对横向坐标 x、y 求偏导。由于对于 TEM 波 $k_c^2=0$，因此上式为

$$\nabla_T{}^2\boldsymbol{E}=0$$

同理可得

$$\nabla_T{}^2\boldsymbol{H}=0$$

由以上两式可见，TEM 波在横截面上的电磁场分布满足拉普拉斯方程，因此 TEM 波在横截面上的电磁场特性与静态场一样。所以，其导行波的场可用二维静态场分析法求出，并由此可以推断，TEM 波只能在建立静态场的多导体导波系统中传播，而不能在单导体导波系统中传播。下面用反证法证明。

假设在单导体波导中能够传播 TEM 波，由于磁感线完全在横截面内，而且是闭合线，因此$\oint_C\boldsymbol{H}\cdot\mathrm{d}\boldsymbol{l}\neq 0$。但是，由于在理想介质波导中没有纵向的传导电流和位移电流，故$\iint_S\left(\boldsymbol{J}+\dfrac{\partial\boldsymbol{D}}{\partial t}\right)\cdot\mathrm{d}\boldsymbol{S}=0$。这与麦克斯韦第一方程矛盾，因此，在单导体导波系统中不能传播 TEM 波。

8.1.2 TM 波

设传输方向沿 z 轴方向，对于 TM 波，$E_z\neq 0$，$H_z=0$，由式(8-2)得

$$\begin{cases}H_x=\dfrac{\mathrm{j}\omega\varepsilon}{k_c^2}\dfrac{\partial E_z}{\partial y}\\[2ex] H_y=\dfrac{-\mathrm{j}\omega\varepsilon}{k_c^2}\dfrac{\partial E_z}{\partial x}\\[2ex] E_x=\dfrac{-\gamma}{k_c^2}\dfrac{\partial E_z}{\partial x}\\[2ex] E_y=\dfrac{-\gamma}{k_c^2}\dfrac{\partial E_z}{\partial y}\end{cases}$$

故其波阻抗为

$$Z_{\mathrm{TM}}=\frac{E_x}{H_y}=-\frac{E_y}{H_x}=\frac{\gamma}{\mathrm{j}\omega\varepsilon} \tag{8-4}$$

8.1.3 TE 波

设传输方向沿 z 轴方向，对于 TE 波，$E_z=0$，$H_z\neq0$，由式(8-2)得

$$\begin{cases} H_x=\dfrac{-\gamma}{k_c^2}\dfrac{\partial H_z}{\partial x} \\ H_y=\dfrac{-\gamma}{k_c^2}\dfrac{\partial H_z}{\partial y} \\ E_x=\dfrac{-\mathrm{j}\omega\mu}{k_c^2}\dfrac{\partial H_z}{\partial y} \\ E_y=\dfrac{\mathrm{j}\omega\mu}{k_c^2}\dfrac{\partial H_z}{\partial x} \end{cases}$$

故其波阻抗为

$$Z_{\mathrm{TE}}=\frac{E_x}{H_y}=-\frac{E_y}{H_x}=\frac{\mathrm{j}\omega\mu}{\gamma} \tag{8-5}$$

对于 TM 波和 TE 波而言，$k_c\neq0$，其传播常数为 $\gamma=\sqrt{k_c^2-k^2}$，其中 k_c 为截至波数，由波导的形状、大小及传播模式决定。由式(8-4)、式(8-5)可见，在导波情况下，波阻抗不仅与导波系统填充媒质的参数有关，还与导波频率有关，而且不同的波型，波阻抗也不同。

8.2 双导体传输线

研究传输线电磁波特性的方法有两种。一种是“场”的分析方法，即从麦克斯韦方程出发，求解特定边界条件下的电磁场波动方程，得到电场 $\boldsymbol{E}$ 和磁场 $\boldsymbol{H}$ 随时间和空间的变化规律，并由此分析电磁波的传输特性。另一种是“路”的分析方法，将传输线作为分布参数来处理，得到传输线的等效电路，然后根据基尔霍夫定律导出传输线方程，再求得线上的电压和电流随时间和空间的变化规律，并由此分析电压和电流的传输特性。“路”的分析方法，又称为长线(几何长度大于一个波长)理论。事实上，“场”的理论和“路”的理论既紧密相关，又相互补充。有些传输线宜用“场”的理论去分析，而有些传输线在满足一定的条件下可以归结为“路”的问题来处理，就可借助于成熟的电路理论和方法使原问题大为简化。

8.2.1 平行双线传输系统

平行双线传输系统，或称双线传输线，可以用两根平行导线来表示，如图 8-2(a)所示。一般情况下其单位长度上有四个分布参数：单位长度的分布电阻 R_0、分布电导 G_0、分布电感 L_0 和分布电容 C_0。它们的数值均与传输线的种类、形状、尺寸及导体材料和周围媒质特性有关。

本节先讨论 $R_0=G_0=0$ 的无耗双线传输线的情况，后面再对有耗双线传输线做简要介绍。无耗双线传输线方程可由其等效电路导出，用来研究传输线上电压、电流的变化规律及

其相互关系，如图 8-2(b)所示。

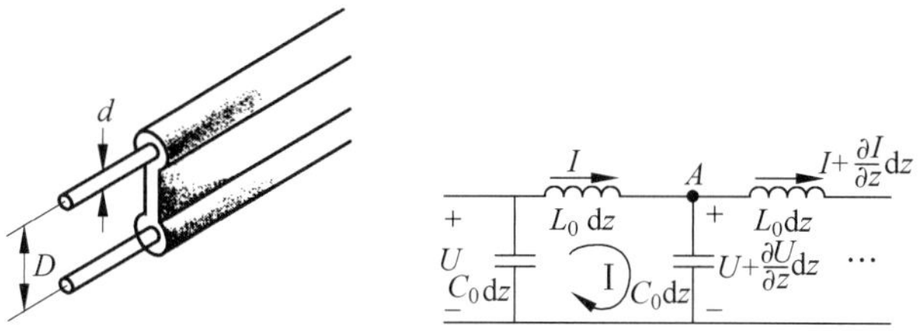

(a) 双线传输线　　(b) 等效电路

图 8-2　双线传输线及其等效电路

在图 8-2(b)中，对回路 I 应用基尔霍夫电压定律得

$$-\frac{\partial U}{\partial z}dz=(L_0 dz)\frac{\partial I}{\partial t}$$

对节点 A 应用基尔霍夫电流定律得

$$-\frac{\partial I}{\partial z}dz=(C_0 dz)\frac{\partial U}{\partial t}$$

由以上两式可以得到均匀传输线方程，即电报方程为

$$-\frac{\partial U}{\partial z}=L_0\frac{\partial I}{\partial t} \tag{8-6}$$

$$-\frac{\partial I}{\partial z}=C_0\frac{\partial U}{\partial t} \tag{8-7}$$

设电压、电流均为时谐量，即 $U=\mathrm{Re}[U_0 e^{j(\omega t-kz)}]$，$I=\mathrm{Re}[I_0 e^{j(\omega t-kz)}]$，代入以上电报方程得

$$\begin{cases}\dfrac{d^2 I}{dz^2}+k^2 I=0\\[2mm] \dfrac{d^2 U}{dz^2}+k^2 U=0\end{cases} \tag{8-8}$$

其中，$k=\omega\sqrt{L_0 C_0}$。式(8-8)称为传输线上的电压和电流波动方程。对于双导体平行线，$L_0\approx\frac{\mu}{\pi}\ln\left(\frac{2D}{d}\right)$，$C_0\approx\frac{\pi\varepsilon}{\ln(2D/d)}$，此时 $k=\omega\sqrt{L_0C_0}=\omega\sqrt{\mu\varepsilon}$，$k$ 与电磁波波动方程中的相移常数相同，其中 d 为导线直径，D 为两线中心之间的距离。可见，双线传输线上的电压和电流以波动的形式传播，其相速度为

$$v_p=\frac{\omega}{k}=\frac{1}{\sqrt{\mu\varepsilon}}=\frac{1}{\sqrt{L_0C_0}}$$

波长为

$$\lambda_p=\frac{v_p}{f}=\frac{1}{f\sqrt{\mu\varepsilon}}$$

1. 双线传输线的特性阻抗

不失一般性，假设双线传输线上的电压和电流均由入射分量和反射分量组成，即

$$\begin{cases}U=U^+ + U^- = U_0^+ e^{j(\omega t-kz)}+U_0^- e^{j(\omega t+kz)}\\[2mm] I=I^+ + I^- = I_0^+ e^{j(\omega t-kz)}+I_0^- e^{j(\omega t+kz)}\end{cases} \tag{8-9}$$

将上式中的电压表达式代入式(8-6)得

$$-\mathrm{j}kU_0^+\mathrm{e}^{\mathrm{j}(\omega t-kz)}+\mathrm{j}kU_0^-\mathrm{e}^{\mathrm{j}(\omega t+kz)}=-\mathrm{j}\omega L_0 I$$

所以

$$I=I^+ + I^- = \frac{k}{\omega L_0}U_0^+\mathrm{e}^{\mathrm{j}(\omega t-kz)}-\frac{k}{\omega L_0}U_0^-\mathrm{e}^{\mathrm{j}(\omega t+kz)} \tag{8-10}$$

其中，$I^+=\frac{k}{\omega L_0}U_0^+$，$I^-=-\frac{k}{\omega L_0}U_0^-$。

定义传输线的特性阻抗 Z_C 为其上的行波电压与行波电流之比。

$$Z_C=\frac{U^+}{I^+}=-\frac{U^-}{I^-}=\frac{\omega L_0}{k}=\sqrt{\frac{L_0}{C_0}}\approx 120\sqrt{\frac{\mu_r}{\varepsilon_r}}\ln\left(\frac{2D}{d}\right) \tag{8-11}$$

因此，式(8-10)还可以表示为

$$I=I^+ + I^- = \frac{U_0^+}{Z_C}\mathrm{e}^{\mathrm{j}(\omega t-kz)}-\frac{U_0^-}{Z_C}\mathrm{e}^{\mathrm{j}(\omega t+kz)} \tag{8-12}$$

以上特性阻抗、相移常数、相速度和波长等均由传输线的尺寸、填充介质及工作频率决定，属于传输线的特性参数；而输入阻抗、反射系数及驻波系数等是反映传输线所接负载不同而变化的量，属于传输线的工作参数。下面针对传输线的工作参数进行讨论。

2. 双线传输线的工作参数及相关应用

终端接负载 Z_L 的双线传输线如图 8-3 所示，设负载位于 $z=0$ 处。

反射系数：双线传输线上某点的反射系数定义为在该点的反射波电压(或者电流)与入射波电压(或者电流)之比。

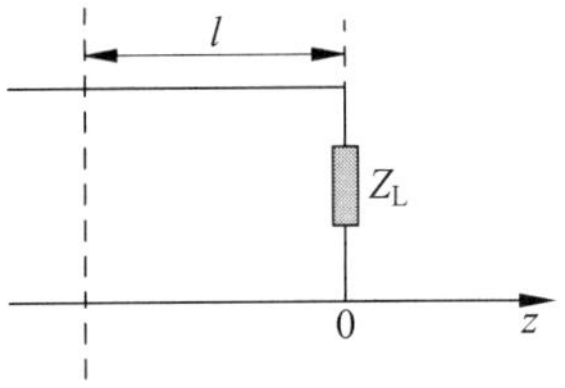

图 8-3 终端接负载的双线传输线

设负载电流为 I_L，两端电压为 U_L，由式(8-12)，并用复数形式表示，得

$$I_L=\frac{U_L}{Z_L}=I^+ + I^- = \frac{U_L^+}{Z_C}-\frac{U_L^-}{Z_C}$$

所以

$$U_L^+ - U_L^- = \frac{Z_C U_L}{Z_L}$$

又根据式(8-9)中的电压表达式，有

$$U_L=U_L^+ + U_L^-$$

求解以上两个方程组成的方程组可得 $z=0$ 处的反射系数为

$$\Gamma_L=\frac{U_L^-}{U_L^+}=\frac{Z_L-Z_C}{Z_L+Z_C} \tag{8-13}$$

反射系数还可由反射电流和入射电流求得，即

$$\Gamma_L=-\frac{I_L^-}{I_L^+}=\frac{Z_L-Z_C}{Z_L+Z_C}$$

反射系数与特性阻抗的关系可由上式给出，即

$$Z_C=Z_L\frac{1-\Gamma_L}{1+\Gamma_L} \tag{8-14}$$

利用反射系数，可以将式(8-9)写成更为简洁的形式，其复数形式为

$$\begin{cases} U = U_0^+ \mathrm{e}^{-\mathrm{j}kl}[1+\Gamma(l)] \\ I = \dfrac{U_0^+}{Z_C}\mathrm{e}^{-\mathrm{j}kl}[1-\Gamma(l)] \end{cases}$$

其中 $\Gamma(l)=\Gamma_L \mathrm{e}^{\mathrm{j}2kl}$ 为 $z=l$ 处的反射系数。通常设定原点位于负载处，故从负载指向波源端 $z=-l$ 处的反射系数为 $\Gamma(-l)=\Gamma_L \mathrm{e}^{-\mathrm{j}2kl}$。由于反射波的存在，传输线沿线电压和电流的振幅是变化的，有最大值和最小值。当电压最大时电流最小，反之电流最大；相邻最大值之间的距离为 $\lambda/2$，相邻最大值与最小值之间的距离为 $\lambda/4$。由以上公式可得电压最大值和电流最小值为

$$\begin{cases} U_{\max} = |U_0^+|[1+|\Gamma(z)|] \\ I_{\min} = \dfrac{|U_0^+|}{Z_C}[1-|\Gamma(z)|] \end{cases}$$

驻波系数：一般情况下，传输线上存在入射波和反射波，它们相互干涉形成行驻波。传输线上的电压最大值与电压最小值之比称为电压驻波系数或者电压驻波比。

$$S=\frac{U_{\max}}{U_{\min}}=\frac{|U^+|+|U^-|}{|U^+|-|U^-|}=\frac{1+|\Gamma(z)|}{1-|\Gamma(z)|} \tag{8-15}$$

输入阻抗：传输线某点的输入阻抗定义为在该点沿向负载方向看去的电压和电流的比值。根据式(8-9)和式(8-12)，在 $z=-l$ 处的输入阻抗为

$$Z_{in}=\frac{U}{I}=\frac{U^+(z)+U^-(z)}{I^+(z)+I^-(z)}\bigg|_{z=-l}=\frac{U_L^+\mathrm{e}^{\mathrm{j}kl}+U_L^-\mathrm{e}^{-\mathrm{j}kl}}{\dfrac{1}{Z_C}(U_L^+\mathrm{e}^{\mathrm{j}kl}-U_L^-\mathrm{e}^{-\mathrm{j}kl})}$$

即

$$Z_{in}=Z_C\frac{\mathrm{e}^{\mathrm{j}kl}+\Gamma_L\mathrm{e}^{-\mathrm{j}kl}}{\mathrm{e}^{\mathrm{j}kl}-\Gamma_L\mathrm{e}^{-\mathrm{j}kl}}=Z_C\frac{Z_L+\mathrm{j}Z_C\tan(kl)}{Z_C+\mathrm{j}Z_L\tan(kl)} \tag{8-16}$$

可见，传输线的输入阻抗与负载阻抗、特性阻抗以及距离终端的位置有关。由于反射波的存在，传输线沿线的输入阻抗也呈周期性变化。在电压最大值处输入阻抗最大并为纯阻性。由式(8-16)，并考虑到上述电压最大值和电流最小值的表达式，得到最大输入阻抗为

$$Z_{in}\Big|_{\max}=Z_C\frac{1+|\Gamma(z)|}{1-|\Gamma(z)|}=Z_C S$$

在电压最小值处输入阻抗最小并为纯阻性，同理可得最小输入阻抗为

$$Z_{in}\Big|_{\min}=Z_C\frac{1-|\Gamma(z)|}{1+|\Gamma(z)|}=Z_C\frac{1}{S}$$

在工程上，可以利用以上公式由驻波系数计算最大输入阻抗或者最小输入阻抗，并进一步根据特性阻抗计算终端负载值。终端负载值可由式(8-16)获得，即

$$Z_L=Z_C\frac{Z_{in}-\mathrm{j}Z_C\tan(kl)}{Z_C-\mathrm{j}Z_{in}\tan(kl)}$$

(1) 当终端负载等于特性阻抗，即 $Z_L=Z_C$ 时，由式(8-16)得输入阻抗为

$$Z_{in}=Z_C \tag{8-17}$$

这说明沿线各点的输入阻抗都等于特性阻抗，与线长无关，这种情况称为传输线匹配。

(2) 当终端短路，即 $Z_L=0$ 时，由式(8-16)可知输入阻抗为

$$Z_{in}=jZ_C\tan(kl)=jZ_C\tan\frac{2\pi}{\lambda}l=jX \tag{8-18}$$

可见，输入阻抗具有纯电抗性质。当 $0<l<\lambda/4$ 时，$0<X<\infty$，输入阻抗呈感性；当 $\lambda/4<l<\lambda/2$ 时，$-\infty<X<0$，输入阻抗呈容性。终端短路时，沿线电压、电流及阻抗的分布如图 8-4 所示。

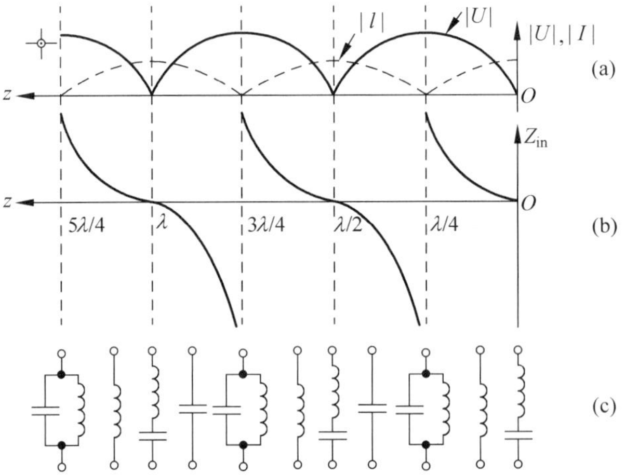

图 8-4 终端短路沿线电压、电流及阻抗的分布

实际应用中，可在终端短路的情况下用长为 $l<\lambda/4$ 的无耗短路线等效替代一个电感(L)。无耗短路线长度与电感的关系为

$$l=\frac{\lambda}{2\pi}\arctan\frac{X}{Z_C}=\frac{\lambda}{2\pi}\arctan\frac{\omega L}{Z_C}$$

由于长度为 $\lambda/4$ 的奇数倍的短路线阻抗为无穷大，因此可作为理想的并联谐振电路；长度为 $\lambda/2$ 整数倍的短路线阻抗为零，可作为理想的串联谐振电路。

(3) 当终端开路，即 $Z_L=\infty$ 时，由式(8-16)可知输入阻抗为

$$Z_{in}=-jZ_C\cot(kl)=-jZ_C\cot\frac{2\pi}{\lambda}l=jX \tag{8-19}$$

可见输入阻抗具有纯电抗性质。当 $0<l<\lambda/4$ 时，$-\infty<X<0$，输入阻抗呈容性；当 $\lambda/4<l<\lambda/2$ 时，$0<X<\infty$，输入阻抗呈感性。

设终端短路及开路时的输入阻抗分别为 Z_{is}、Z_{io}，则由式(8-18)及式(8-19)可知，$Z_{is}\cdot Z_{io}=Z_C^2$，根据这一关系可以采用"短路-开路法"确定 Z_C。

终端开路时，沿线电压、电流及阻抗的分布如图 8-5 所示。

实际应用中，可在终端开路的情况下用长为 $l<\lambda/4$ 的无耗开路线等效替代一个电容(C)。无耗开路线长度与电容的关系为

$$l=\frac{\lambda}{2\pi}\text{arccot}\frac{X}{Z_C}=\frac{\lambda}{2\pi}\text{arccot}\frac{1}{Z_C\omega C}$$

由于长度为 $\lambda/4$ 奇数倍的开路线阻抗为零，因此可作为理想的串联谐振电路；长度为 $\lambda/2$ 整数倍的开路线阻抗为无穷大，可作为理想的并联谐振电路。

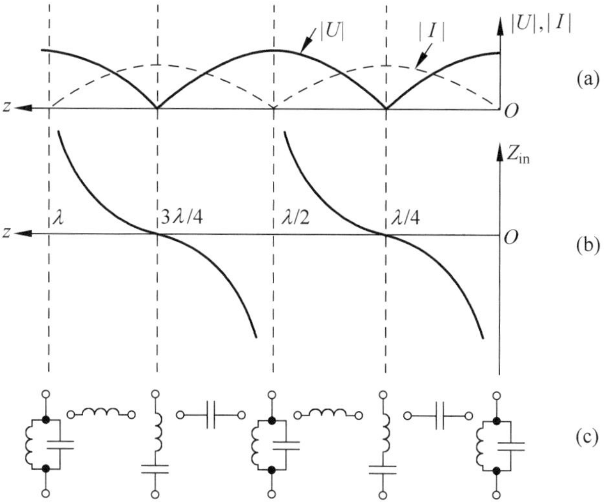

图 8-5 终端开路沿线电压、电流及阻抗的分布

(4) 当 $l=\lambda/4$ 时，由式(8-16)可知输入阻抗为

$$Z_{\mathrm{in}}=\frac{Z_{\mathrm{C}}^2}{Z_{\mathrm{L}}} \tag{8-20}$$

此时，输入阻抗与 Z_{L} 互为倒数关系，称为 $\lambda/4$ 阻抗变换器。

(5) 当 $l=\lambda/2$ 或 $l=n\lambda/2$ 时，由式(8-16)可知输入阻抗为

$$Z_{\mathrm{in}}=Z_{\mathrm{L}} \tag{8-21}$$

此时，负载阻抗经过 $\lambda/2$ 无耗传输线变换到输入端后仍等于其原来的阻抗，说明传输线上的阻抗分布具有 $\lambda/2$ 的周期性，这种性质称为 $\lambda/2$ 阻抗的还原性。

3. 有耗传输线

有损耗传输线的等效电路如图 8-6 所示。与无耗传输线相比，单位长度的串联阻抗由 $\mathrm{j}\omega L_0$ 变为 $R_0+\mathrm{j}\omega L_0$；并联导纳由 $\mathrm{j}\omega C_0$ 变为 $G_0+\mathrm{j}\omega C_0$。类似于无耗传输线的分析方法，可以给出时谐场量下有耗传输线的传输线方程如下

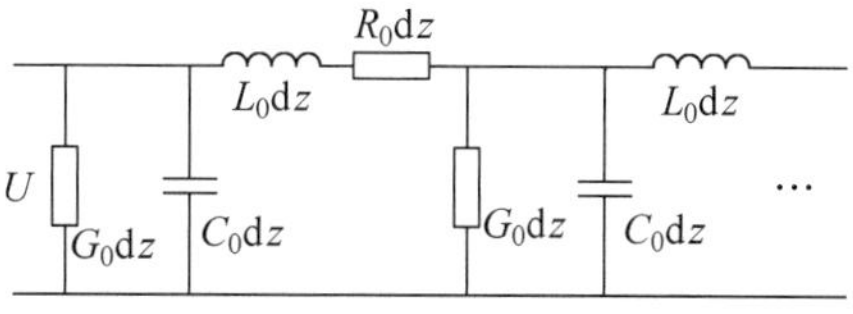

图 8-6 有耗传输线的等效电路

$$\begin{cases}\dfrac{\partial U}{\partial z}=-(R_0+\mathrm{j}\omega L_0)I\\[2mm]\dfrac{\partial I}{\partial z}=-(G_0+\mathrm{j}\omega C_0)U\end{cases} \tag{8-22}$$

相应的电压及电流波动方程为

$$\begin{cases}\dfrac{\mathrm{d}^2 I}{\mathrm{d}z^2}+\gamma^2 I=0\\[2mm]\dfrac{\mathrm{d}^2 U}{\mathrm{d}z^2}+\gamma^2 U=0\end{cases} \tag{8-23}$$

其中 γ 为传播常数，$\gamma=\sqrt{(R_0+\mathrm{j}\omega L_0)(G_0+\mathrm{j}\omega C_0)}$。令 $\gamma=\alpha+\mathrm{j}\beta$，并且在低损耗的情况下，$R_0\ll\omega L_0$，$G_0\ll\omega C_0$；通过小变量近似略去二阶小项，可由 γ 得相移常数 β 及衰减常数 α 分别为

$$\beta \approx \omega\sqrt{L_0 C_0},\quad \alpha \approx \frac{R_0}{2Z_C} + \frac{G_0 Z_C}{2} = \alpha_c + \alpha_d$$

其中，$\alpha_c = \dfrac{R_0}{2Z_C}$表示由导体损耗引起的衰减常数；$\alpha_d = \dfrac{G_0 Z_C}{2}$表示由介质引起的衰减常数。

将式(8-23)中电压和电流的解表示成复数形式，即

$$U = U^+ + U^- = U_0^+ e^{j\omega t - \gamma z} + U_0^- e^{j\omega t + \gamma z}$$

$$I = I^+ + I^- = I_0^+ e^{j\omega t - \gamma z} + I_0^- e^{j\omega t + \gamma z}$$

上述两式中第一项为入射波，第二项为反射波。将其中的电压入射波代入式(8-22)，即可得到

$$U^+ \gamma = I^+ (R_0 + j\omega L_0)$$

因此，特性阻抗为

$$Z_C = \frac{U^+}{I^+} = \frac{R_0 + j\omega L_0}{\gamma} = \sqrt{\frac{R_0 + j\omega L_0}{G_0 + j\omega C_0}} \tag{8-24}$$

将式(8-23)中电压和电流的解表示成双曲函数的形式，则

$$\begin{cases} U = C_1 \mathrm{ch}(\gamma z) + C_1 \mathrm{sh}(\gamma z) \\ I = C_3 \mathrm{ch}(\gamma z) + C_4 \mathrm{sh}(\gamma z) \end{cases} \tag{8-25}$$

其中，$C_1 \sim C_4$ 为待定常数。考虑到终端条件

$z=0$ 时：

$$U = U_L,\quad I = I_L$$

以及 $z=-l$ 时：

$$U = U(l),\quad I = I(l)$$

将终端条件代入式(8-25)，得到解的形式为

$$\begin{cases} U(l) = U_L \mathrm{ch}(\gamma z) + Z_C I_L \mathrm{sh}(\gamma z) \\ I(l) = I_L \mathrm{ch}(\gamma z) + \dfrac{U_L}{Z_C} \mathrm{sh}(\gamma z) \end{cases} \tag{8-26}$$

由此可得有耗传输线的输入阻抗为

$$Z_{in} = \frac{U(l)}{I(l)} = \frac{U_L \mathrm{ch}(\gamma z) + Z_C I_L \mathrm{sh}(\gamma z)}{I_L \mathrm{ch}(\gamma z) + \dfrac{U_L}{Z_C} \mathrm{sh}(\gamma z)} = Z_C \frac{Z_L \mathrm{ch}(yz) + Z_C \mathrm{sh}(\gamma z)}{Z_C \mathrm{ch}(yz) + Z_L \mathrm{sh}(\gamma z)} \tag{8-27}$$

4. 双线传输线的电磁场分布

前面根据电路理论研究了双线传输线电压和电流的传输特性。如果从电磁场理论出发来分析，考虑到它传播的是 TEM 波，仅有场横向分量 E_x、E_y、H_x、H_y，并且满足麦克斯韦方程。于是，由式(5-12)可得在双线之间电场与磁场之间的关系为

$$\frac{\partial H_y}{\partial z} = -\frac{\partial D_x}{\partial t},\quad \frac{\partial H_x}{\partial z} = \frac{\partial D_y}{\partial t}$$

$$\frac{\partial E_y}{\partial z} = \frac{\partial B_x}{\partial t},\quad \frac{\partial E_x}{\partial z} = -\frac{\partial B_y}{\partial t}$$

双线传输线的电压、电流与电场、磁场之间的关系为

$$\begin{cases} I = \oint_l \boldsymbol{H}_T \cdot \mathrm{d}\boldsymbol{l} \\ U = -\int_M^N \boldsymbol{E}_T \cdot \mathrm{d}\boldsymbol{l} \end{cases} \tag{8-28}$$

其中，E_T、H_T 为 TEM 波的横向分量，U 为两导线之间(M 点与 N 点)的电压。双线传输线的电磁场分布如图 8-7 所示。

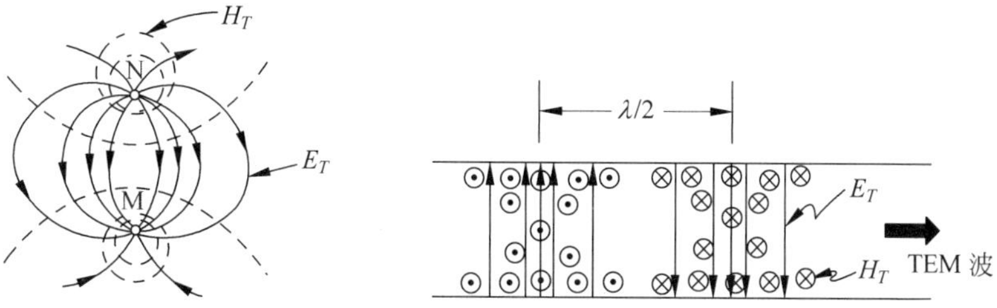

图 8-7 双线传输线的电磁场分布

例题 8-1 如图 8-8 所示，$\overline{AB}$ 和 $\overline{BC}$ 是两段特征参数不同的无耗均匀传输线。已知 $Z_{C1}=50\ \Omega$，$\lambda_1=5$ cm，$l_1=0.625$ cm，$Z_{C2}=100\ \Omega$，$\lambda_2=10$ cm，$l_2=1.25$ cm。在传输线的终端接有负载 $Z_L=50\ \Omega$，连接处的并联导纳为 $Y_P=-\mathrm{j}/100$ S。试求 A 点的等效阻抗。

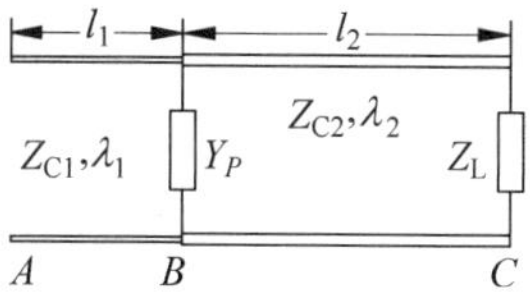

图 8-8 无耗均匀传输线

解 对 $\overline{AB}$ 和 $\overline{BC}$ 段分别求解。设在 B 点并联 Y_P 前的等效阻抗为 Z'_B，则

$$Z'_B = Z_{C2}\frac{Z_L + \mathrm{j}Z_{C2}\tan\frac{2\pi}{\lambda_2}l_2}{Z_{C2}+\mathrm{j}Z_L\tan\frac{2\pi}{\lambda_2}l_2} = 20(4+\mathrm{j}3)\ \Omega$$

当并联 Y_P 后，B 点的等效导纳 Y_B 为

$$Y_B = Y_P + \frac{1}{Z'_B} = \frac{1-\mathrm{j}2}{125}\ \mathrm{S}$$

因此，B 点的等效阻抗 Z_B 为

$$Z_B = \frac{1}{Y_B} = \frac{125}{1-\mathrm{j}2}\ \Omega$$

故 A 点的等效阻抗为

$$Z_A = Z_{C1}\frac{Z_B + \mathrm{j}Z_{C1}\tan\frac{2\pi}{\lambda_1}l_1}{Z_{C1}+\mathrm{j}Z_B\tan\frac{2\pi}{\lambda_1}l_1} = 200-\mathrm{j}50\ \Omega$$

例题 8-2 设均匀传输线的特性阻抗 Z_C 为实数，且传播常数 $\gamma=\alpha+\mathrm{j}\beta$，$\alpha\neq 0$，沿线电压的表达式为 $U=A_1[\mathrm{e}^{\gamma z}+\Gamma_L\mathrm{e}^{-\gamma z}]$，其中 Γ_L 为反射系数。求传输线上任一点 z 处的传输功率及传输效率。

解 由式(8-12)，根据电压与电流的关系式得

$$I = \frac{A_1}{Z_C}[\mathrm{e}^{\gamma z} - \Gamma_L\mathrm{e}^{-\gamma z}]$$

所以,传输线上任一点 z 处的传输功率为

$$P_0=\frac{1}{2}\mathrm{Re}[UI^*]=\frac{|A_1|^2}{2Z_C}\mathrm{e}^{2\alpha z}[1-|\Gamma_L|^2\mathrm{e}^{-4\alpha z}]$$

则在 $z=l$ 处的入射功率为

$$P=\frac{|A_1|^2}{2Z_C}\mathrm{e}^{2\alpha l}[1-|\Gamma_L|^2\mathrm{e}^{-4\alpha l}]$$

在终端 $z=0$ 处,负载的吸收功率为

$$P_L=\frac{|A_1|^2}{2Z_C}[1-|\Gamma_L|^2]$$

故负载的传输效率为

$$\eta=\frac{P_L}{P_0}=\frac{1-|\Gamma_L|^2}{\mathrm{e}^{2\alpha z}-|\Gamma_L|^2\mathrm{e}^{-2\alpha z}}$$

8.2.2 同轴传输线

同轴线是由内外导体构成的双导体导波系统,其形状如图 8-9(a)所示。内导体半径为 a,外导体半径为 b,内外导体之间填充电参数为 ε_r、μ_r 的理想介质。同轴线传播的主模是 TEM 波,也可以传播 TE 波、TM 波。

同轴线还可以演变为带状线,即将同轴线的外导体对半分开后分别向上、下展开,并把内导体做成扁平带线,构成对称微带线,如图 8-9(b)所示。带状线是一种具有双接地板的空气或者介质传输线。本节只讨论同轴线的传输特性。

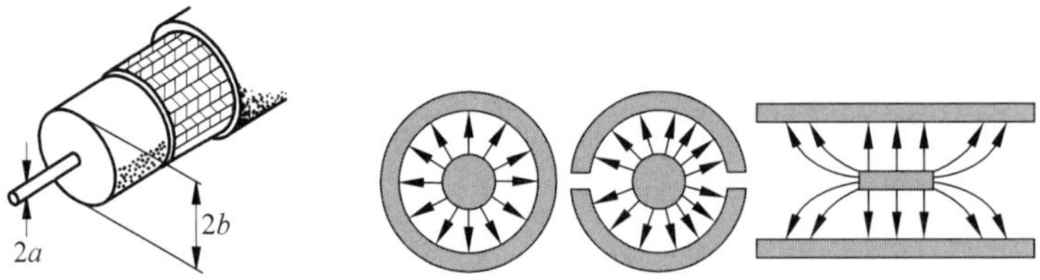

(a) 同轴线　　(b) 带状线及其演变

图 8-9　同轴线与带状线

根据 8.1 节的讨论,设加在同轴线内外导体上的电压为 U_0,在传播 TEM 波的情况下其横截面上的电磁场分布与静态场相同。同轴线中的电磁场分布也可以由麦克斯韦方程导出,或者直接由拉普拉斯方程求得。在圆柱坐标系下,电位的解满足一维拉普拉斯方程,即

$$\frac{1}{r}\frac{\partial}{\partial r}\left(r\frac{\partial\varphi}{\partial r}\right)=0$$

利用边界条件 $r=a$:$\varphi=U_0$;$r=b$:$\varphi=0$,即可求得上式的解为

$$\varphi=\frac{U_0}{\ln\frac{a}{b}}\ln\frac{r}{b}$$

因此,考虑到沿 z 方向的传播因子 $\mathrm{e}^{-\mathrm{j}kz}$,电场和磁场为

$$\begin{cases} \boldsymbol{E}_r = -\nabla\varphi \mathrm{e}^{-\mathrm{j}kz} = \dfrac{U_0}{r\ln\dfrac{b}{a}}\mathrm{e}^{-\mathrm{j}kz}\boldsymbol{e}_r = \dfrac{E_0}{r}\mathrm{e}^{-\mathrm{j}kz}\boldsymbol{e}_r \\ \boldsymbol{H}_\phi = \dfrac{E_0}{\eta r}\mathrm{e}^{-\mathrm{j}kz}\boldsymbol{e}_\phi \end{cases} \tag{8-29}$$

同轴线中的 TEM 波分布如图 8-10 所示。

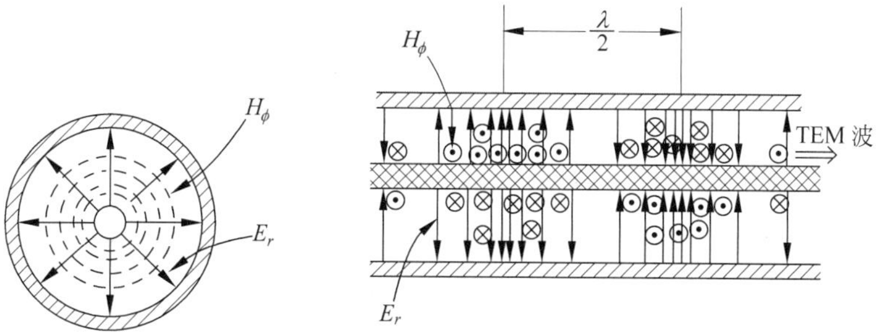

(a) 横截面上场的分布　　(b) 纵向电磁场的分布

图 8-10　同轴线中的 TEM 波

1. 同轴线的传输参数

根据式(8-29)，可以求出同轴线内、外导体之间的电压 $U(z)$ 及内导体上轴向电流 $I(z)$ 的分布。即

$$\begin{cases} U(z) = \displaystyle\int_a^b E_r\,\mathrm{d}r = E_0\ln\frac{b}{a}\mathrm{e}^{-\mathrm{j}kz} \\ I(z) = \displaystyle\oint_l H_\phi\,\mathrm{d}l = \int_0^{2\pi} rH_\phi\,\mathrm{d}\phi = \frac{2\pi E_0}{\eta}\mathrm{e}^{-\mathrm{j}kz} \end{cases} \tag{8-30}$$

由特性阻抗的定义可知其特性阻抗 Z_C 为

$$Z_\mathrm{C} = \frac{U}{I} = \frac{\eta}{2\pi}\ln\frac{b}{a} = \frac{60}{\sqrt{\varepsilon_\mathrm{r}}}\ln\frac{b}{a} \tag{8-31}$$

同轴线的相移常数 β 和相速度 v_p 分别为

$$\beta = k = \omega\sqrt{\mu\varepsilon}$$

$$v_\mathrm{p} = \frac{\omega}{\beta} = \frac{c}{\sqrt{\varepsilon_\mathrm{r}}}$$

其波导波长(相波长)为

$$\lambda_\mathrm{g} = \frac{2\pi}{\beta} = \frac{v_\mathrm{p}}{f} = \frac{\lambda}{\sqrt{\varepsilon_\mathrm{r}}}$$

2. 同轴线的传输功率及衰减

在 $z=0$ 处，根据式(8-29)，可计算同轴线的传输功率为

$$\begin{aligned} P &= \frac{1}{2}\mathrm{Re}\left[\iint_S (\boldsymbol{E}\times\boldsymbol{H}^*)\mathrm{d}S\right] = \frac{1}{2\eta}\int_a^b |E_r|^2 2\pi r\,\mathrm{d}r \\ &= \frac{\pi}{\eta}|E_0|^2\ln\frac{b}{a} = \frac{1}{2}\frac{2\pi}{\eta}\frac{|U_0|^2}{\ln\dfrac{b}{a}} \end{aligned}$$

$$=\frac{1}{2}\frac{|U_0|^2}{Z_C} \tag{8-32}$$

同轴线中传播 TEM 波时,在 $r=a$ 处电场强度最大,其大小为

$$|\boldsymbol{E}_a|=\frac{E_0}{a}$$

设该电场强度等于同轴线中填充介质的击穿场强 E_{br},则 $|E_0|=aE_{br}$,此时,由式(8-32)得到同轴线传输 TEM 模时的功率容量为

$$P_{br}=\frac{\pi}{\eta}a^2E_{br}^2\ln\frac{b}{a} \tag{8-33}$$

同轴线的衰减与双线传输线类似,由导体损耗引起的衰减 α_c 和介质引起的衰减 α_d 两部分构成。进一步的分析表明,其计算公式为

$$\begin{cases}\alpha_c=\dfrac{R_S}{2\eta}\dfrac{\dfrac{1}{a}+\dfrac{1}{b}}{\ln\dfrac{b}{a}}\ \text{Np/m}\\[2ex]\alpha_d=\dfrac{\pi\sqrt{\varepsilon_r}}{\lambda_0}\tan\delta\ \text{Np/m}\end{cases} \tag{8-34}$$

其中,$R_S=(\pi f\mu/\sigma)^{1/2}$ 为导体的表面电阻,$\tan\delta$ 为同轴线填充介质的损耗角正切。

3. 同轴线的高次模及尺寸选择

在实际应用中,同轴线通常以 TEM 模工作。但是,当工作频率高的时候,在同轴线中会出现 TE、TM 等高次模。对于高次模来说,其截至波数满足超越方程,求解很困难,一般采用近似的方法得到其截至波长的近似表达式。对于 TM 模,有

$$\lambda_c(E_{mn})\approx\frac{2}{n}(b-a),\quad n=1,2,\cdots$$

其最低波型为 TM_{01},对应的截止波长 $\lambda_c(E_{01})=2(b-a)$。

当 $m\neq0$、$n=1$ 时,对于 TE 波,其截止波长为

$$\lambda_c(H_{m1})\approx\frac{\pi(a+b)}{m},\quad m=1,2,\cdots$$

此时,TE 波最低波型为 $TE_{11}(H_{11})$模,其截止波长为

$$\lambda_c(H_{11})\approx\pi(a+b)$$

在 $m=0$ 时,TE_{01} 模的截止波长为

$$\lambda_c(H_{01})\approx2(b-a)$$

由以上 TM_{01}、TE_{11}、TE_{01} 模的截至波长可知,TE_{11} 模的截至波长最长。为保证同轴线中 TEM 模的传输,其工作波长必须大于 $\lambda_c(H_{11})$,因此,工作波长与同轴线尺寸的关系为

$$\lambda>\lambda_c(H_{11})\approx\pi(a+b)$$

为保证同轴线具有最大的功率容量,在式(8-33)P_{br} 的表达式中,令 b 保持不变,对 a 求导,并令导数为零可得

$$b/a\approx1.65$$

该尺寸下以空气为介质的同轴线特性阻抗约为 33 Ω。

为保证同轴线传输电磁波时导体损耗最小,可令式(8-34)导体损耗 α_c 中 b 保持不变,对 a 求导,并令导数为零可得

$$b/a \approx 3.59$$

该尺寸下以空气为介质的同轴线特性阻抗约为 77 Ω。

实际使用的同轴线的特性阻抗一般取 50 Ω 和 75 Ω，其中 50 Ω 的同轴线兼顾了耐压、功率容量和衰减的需求，属于通用型；而 75 Ω 的同轴线是衰减最小的同轴线，主要用于远距离传输。几种常见的同轴连接头如图 8-11 所示。

(a) BNC型　(b) TNC型　(c) SMA型　(d) N型

图 8-11　同轴连接头

8.2.3 微带线

微带线是广泛应用于微波集成电路中的一种平面型单接地板介质传输线。设传输方向沿 z 轴方向，微带线的结构如图 8-12(a)所示。它是在厚度为 h 的介质基片上一面制作宽度为 w、厚度为 t 的中心导体(导带)，另一面制作接地板所构成。常用介质基片材料为氧化铝陶瓷($\varepsilon_r=9.5\sim10$，$\tan\delta=0.0002$)、聚四氟乙烯($\varepsilon_r=2.1$，$\tan\delta=0.0004$)等，当工作频率高于 12 GHz 时，可以采用石英。微带线可以看作是由双导体传输线演变而来，即将无限薄的理想导体板垂直插入双导体中间，并将一侧的导线移去，再把留下的导体变为带状，并在它与金属板之间加入基片材料构成，如图 8-12(b)所示。带状线和微带线是微带传输线的两种基本结构形式。由于微带线结构是敞开的，因此它与邻近电路之间的隔离性很差，在使用时应注意这点，否则会引起严重的电磁兼容性问题。

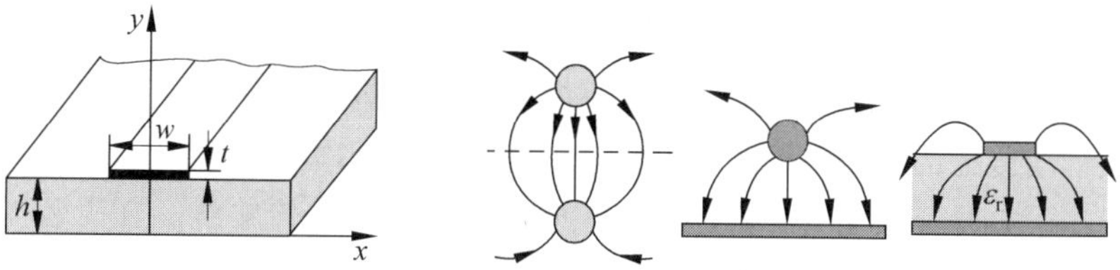

(a) 微带线结构　(b) 微带线的演变

图 8-12　微带线结构及其演变

对于空气介质的微带线可以存在无色散的 TEM 模。但实际上，微带线制作在介质基片上，由于存在空气和介质的分界面，可以看作是部分填充介质的双导体传输线，不可能存在单纯的 TEM 模，而只能存在 TE 模和 TM 模的混合模。

微带线分界面两侧的场分量如图 8-13 所示，在微波低频段可采用静态分析法。由于在介质—空气分界面上没有自由电荷及传导电流，根据边界条件有

$$\begin{cases} E'_y=\varepsilon_r E_y, & H'_y=H_y \\ E'_x=E_x, & H'_x=H_x \end{cases}$$

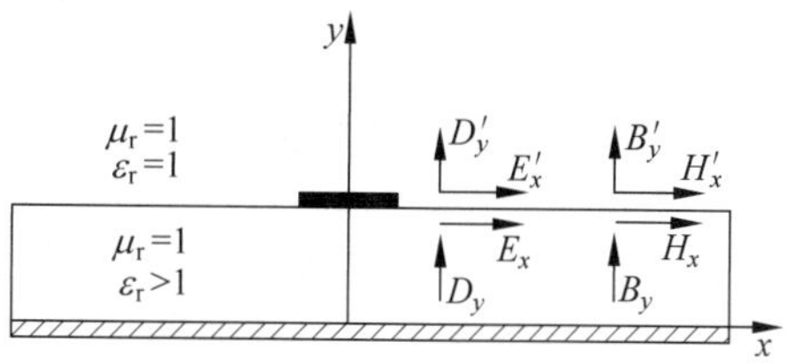

图 8-13　微带线边界两侧的场分量

根据麦克斯韦第一方程$\nabla\times\boldsymbol{H}=\mathrm{j}\omega\varepsilon\boldsymbol{E}$，介质一侧及空气一侧电场的 x 方向分量分别为

$$\frac{\partial H_z}{\partial y}-\frac{\partial H_y}{\partial z}=\mathrm{j}\omega\varepsilon_0\varepsilon_r E_x$$

$$\frac{\partial H'_z}{\partial y}-\frac{\partial H'_y}{\partial z}=\mathrm{j}\omega\varepsilon_0 E_x$$

将边界条件代入以上两式，并比较得

$$\frac{\partial H_z}{\partial y}-\frac{\partial H_y}{\partial z}=\varepsilon_r\left(\frac{\partial H'_z}{\partial y}-\frac{\partial H'_y}{\partial z}\right)$$

考虑到场的相位因子的形式为 $\mathrm{e}^{\mathrm{j}(\omega t-kz)}$，因此

$$\frac{\partial H_y}{\partial z}=-\mathrm{j}kH_y,\quad \frac{\partial H'_y}{\partial z}=-\mathrm{j}kH'_y=-\mathrm{j}kH_y$$

于是可得

$$\frac{\partial H_z}{\partial y}-\varepsilon_r\frac{\partial H'_z}{\partial y}=-\mathrm{j}k(1-\varepsilon_r)H_y$$

在介质中 $\varepsilon_r>1$，因此上式右端不为零，故存在纵向磁场分量。

同理可以证明存在纵向电场分量。但是，在微波低频段，当微带线基片的厚度远小于波长时，其纵向场分量很小，电磁波能量大部分集中在导带下面的介质基片内，这种传输模式为准TEM模，如图8-14所示。

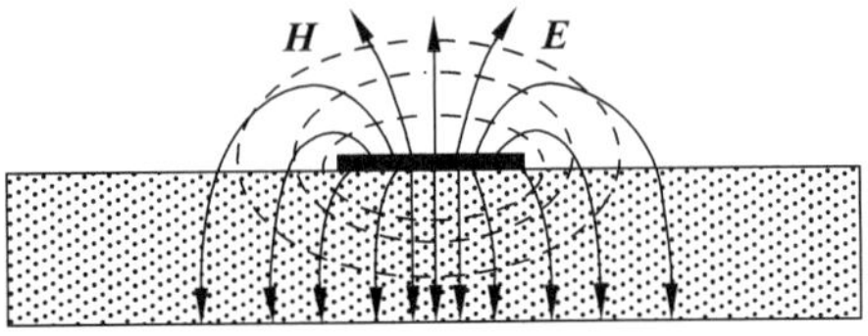

图 8-14 微带线中的电磁场分布

对于空气填充的微带线，如果忽略损耗，其特性阻抗及相速度分别为

$$Z_C=\sqrt{\frac{L_0}{C_0}},\quad v_p=\frac{1}{\sqrt{L_0C_0}}$$

其中，L_0、C_0 分别为微带线上单位长度的分布电感和电容。实际上，当微带线的基片被去除时，空气微带线传播的TEM模的速度等于光速 c。然而，微带线导带周围不是一种媒质，其上方是空气，下方是介质基片，属于部分填充介质的双导体传输线。在工程上，微带线特性阻抗的计算常采用简单的哈梅斯特泰算法得到。

$$Z_C=\begin{cases}\dfrac{60}{\sqrt{\varepsilon_{re}}}\ln\left(\dfrac{8h}{w_e}+\dfrac{w_e}{4h}\right), & w_e\leqslant h\\ \dfrac{120\pi}{\sqrt{\varepsilon_{re}}}\dfrac{1}{\left[\dfrac{w_e}{h}+1.393+0.667\ln\left(\dfrac{w_e}{h}+1.444\right)\right]}, & w_e>h\end{cases}\tag{8-35}$$

其中，w_e 称为导带的有效宽度，ε_{re} 为介质的等效相对介电常数，其计算公式如下

$$\begin{cases}\dfrac{w_e}{h}=\dfrac{w}{h}+\dfrac{1.25t}{\pi h}\left(1+\ln\dfrac{2h}{t}\right), & \dfrac{w}{h}\geqslant\dfrac{1}{2\pi}\\ \dfrac{w_e}{h}=\dfrac{w}{h}+\dfrac{1.25t}{\pi h}\left(1+\ln\dfrac{4\pi w}{t}\right), & \dfrac{w}{h}<\dfrac{1}{2\pi}\end{cases}$$

$$\begin{cases} \varepsilon_{re} = \dfrac{\varepsilon_r + 1}{2} + \dfrac{\varepsilon_r - 1}{2}\left[\left(1 + \dfrac{12h}{w_e}\right)^{-\frac{1}{2}} + 0.041\left(1 - \dfrac{w_e}{h}\right)^2\right], & w_e \leqslant h \\ \varepsilon_{re} = \dfrac{\varepsilon_r + 1}{2} + \dfrac{\varepsilon_r - 1}{2}\left(1 + \dfrac{12h}{w_e}\right)^{-\frac{1}{2}}, & w_e > h \end{cases}$$

当频率较高时，微带内会出现高次模，并与 TEM 模发生耦合；并且特性阻抗及相速度会随着频率变化，具有色散特性。微带线的相速度表示为

$$v_p = c/\sqrt{\varepsilon_{re}}$$

TE 模的最低模式是 TE_{10} 模，它沿导带宽带为半个驻波，两边为波腹，中心为波节，其截至波长为

$$\lambda_c(H_{01}) = 2w\sqrt{\varepsilon_r} \tag{8-36}$$

考虑到导带两边的边缘效应，上式修正为

$$\lambda_c(H_{01}) = (2w + 0.8h)\sqrt{\varepsilon_r} \tag{8-37}$$

因此，为了抑制 TE 模，导带宽带应选择如下

$$w < \lambda_{min}/(2\sqrt{\varepsilon_r}), \quad w < \lambda_{min}/(2\sqrt{\varepsilon_r}) - 0.4h$$

其中，λ_{min} 为最小波长。

TM 模的最低模式是 TM_{01} 模，它沿宽带 w 方向保持不变，在厚度 h 之间为半个驻波，在 h 两边为波腹，中心为波节，其截至波长为

$$\lambda_c(E_{10}) = 2h\sqrt{\varepsilon_r}$$

所以，为了抑制 TM 模，介质基片厚度应选择如下

$$h < \lambda_{min}/(2\sqrt{\varepsilon_r})$$

导体表面的介质层，能够束缚电磁波沿导体表面传播，称为表面波。表面波的 TE 模和 TM 模的截至波长分别为

$$\lambda_c(H_1) = 4h\sqrt{\varepsilon_r - 1}, \quad \lambda_c(E_0) = \infty$$

可见，TM 波对于所有的工作波长都存在；为了抑制表面波的 TE 模，介质基片厚度应满足

$$h < \lambda_{min}/(4\sqrt{\varepsilon_r - 1})$$

8.3 矩形波导

微课视频

波导是采用金属管传输电磁波的重要导波装置，其管壁通常为铜、铝或者其他金属材料，其特点是结构简单、机械强度大。波导内没有内导体，损耗低、功率容量大，电磁能量在波导管内部空间被导引传播，可以防止对外的电磁波泄漏。本节介绍 TM 波和 TE 波在矩形波导中的传播特性。

矩形波导如图 8-15 所示，设传输方向沿 z 轴方向，其内壁的宽边和窄边尺寸分别为 a、b，内部填充介质参数为 ε 和 μ 的理想介质，并设其管壁为理想导体。

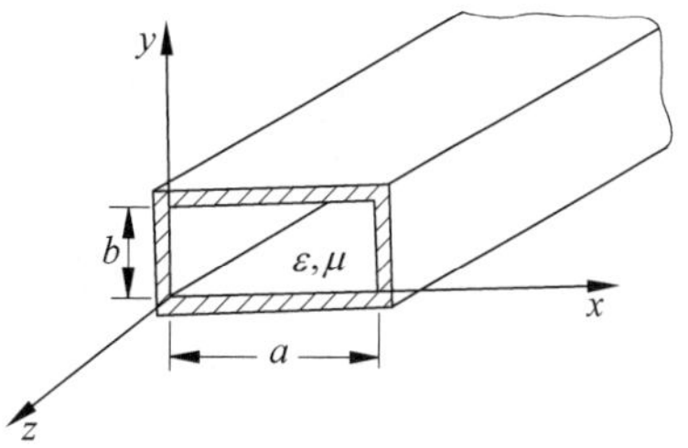

图 8-15 矩形波导

8.3.1 矩形波导中的 TM 波

对于 TM 波，$H_z=0$，因此只需考虑纵向电场的亥姆霍兹方程，即

$$\nabla^2 E_z + k^2 E_z = 0$$

在均匀波导系统中，设 $E_z(x,y,z)=E_z(x,y)e^{-\gamma z}$，代入上式得

$$\frac{\partial^2}{\partial x^2}E_z(x,y)+\frac{\partial^2}{\partial y^2}E_z(x,y)+k_c^2E_z(x,y)=0 \tag{8-38}$$

式中 $k_c^2=\gamma^2+k^2$。在由上式求解出纵向电场以后，可根据式(8-2)求出其他横向场量。矩形波导在传输 TM 波时的边界条件为

$$E_z\big|_{x=0}=0,\quad E_z\big|_{x=a}=0$$

$$E_z\big|_{y=0}=0,\quad E_z\big|_{y=b}=0$$

可以利用分离变量法求解偏微分方程式(8-38)。设 E_z 具有分离变量的形式，即

$$E_z(x,y,z)=X(x)Y(y)e^{-\gamma z}$$

将上式代入式(8-38)得

$$Y\frac{d^2X}{dx^2}+X\frac{d^2Y}{dy^2}+k_c^2XY=0$$

上式两边除以 XY，并整理得

$$\frac{\frac{d^2X}{dx^2}}{X}+\frac{\frac{d^2Y}{dy^2}}{Y}=-k_c^2$$

由于 X 和 Y 是互不相关的独立变量，并且对任意 x 和 y 值都成立，因此上式左边的两项应分别等于常数，即

$$\frac{1}{X}\frac{d^2X}{dx^2}=-k_x^2$$

$$\frac{1}{Y}\frac{d^2Y}{dy^2}=-k_y^2$$

其中，$k_c^2=k_x^2+k_y^2$ 称为截至波数。考虑到波导在 x 和 y 方向有界，因此，X 和 Y 解的形式为

$$X=c_1\cos k_x x+c_2\sin k_x x$$

$$Y=c_3\cos k_y y+c_4\sin k_y y$$

于是，E_z 的通解为

$$E_z=(c_1\cos k_x x+c_2\sin k_x x)(c_3\cos k_y y+c_4\sin k_y y)e^{-\gamma z}$$

其中，$c_1\sim c_4$ 为待定常数。下面利用场的边界条件求解待定常数。

(1) 当 $x=0$ 时，$E_z=0$。

欲使 E_z 的通解对所有 x 值都成立，则 c_1 应等于零。故有

$$E_z=c_2\sin k_x x(c_3\cos k_y y+c_4\sin k_y y)e^{-\gamma z}$$

(2) 当 $y=0$ 时，$E_z=0$。

欲使 E_z 对所有 y 值都成立，只能取 c_3 等于零。因此

$$E_z=c_2c_4\sin k_x x\sin k_y y=E_0\sin k_x x\sin k_y y e^{-\gamma z}$$

其中，$E_0=C_2C_4$。

(3) 当 $x=a$ 时，$E_z=0$，故

$$k_x=\frac{m\pi}{a},\quad m=1,2,3,\cdots$$

(4) 当 $y=b$ 时，$E_z=0$，所以

$$k_y=\frac{n\pi}{b},\quad n=1,2,3,\cdots$$

因此得到

$$E_z(x,y,z)=E_0\sin\left(\frac{m\pi}{a}x\right)\sin\left(\frac{n\pi}{b}y\right)\mathrm{e}^{-\gamma z} \tag{8-39}$$

其中，E_0 为由激励源决定的电场复振幅，$k_c^2=k^2+\gamma^2=k_x^2+k_y^2=\left(\frac{m\pi}{a}\right)^2+\left(\frac{n\pi}{b}\right)^2$。

考虑到纵向磁场 $H_z(x,y,z)=0$，并将式(8-39)代入式(8-2)，得

$$\begin{cases} E_x=\dfrac{-\gamma}{k_c^2}\dfrac{\partial E_z}{\partial x}=-\dfrac{\gamma}{k_c^2}\left(\dfrac{m\pi}{a}\right)E_0\cos\left(\dfrac{m\pi}{a}x\right)\sin\left(\dfrac{n\pi}{b}y\right)\mathrm{e}^{-\gamma z} \\ E_y=\dfrac{-\gamma}{k_c^2}\dfrac{\partial E_z}{\partial y}=-\dfrac{\gamma}{k_c^2}\left(\dfrac{n\pi}{b}\right)E_0\sin\left(\dfrac{m\pi}{a}x\right)\cos\left(\dfrac{n\pi}{b}y\right)\mathrm{e}^{-\gamma z} \\ H_x=\dfrac{\mathrm{j}\omega\varepsilon}{k_c^2}\dfrac{\partial E_z}{\partial y}=\dfrac{\mathrm{j}\omega\varepsilon}{k_c^2}\left(\dfrac{n\pi}{b}\right)E_0\sin\left(\dfrac{m\pi}{a}x\right)\cos\left(\dfrac{n\pi}{b}y\right)\mathrm{e}^{-\gamma z} \\ H_y=\dfrac{-\mathrm{j}\omega\varepsilon}{k_c^2}\dfrac{\partial E_z}{\partial x}=\dfrac{-\mathrm{j}\omega\varepsilon}{k_c^2}\left(\dfrac{m\pi}{a}\right)E_0\cos\left(\dfrac{m\pi}{a}x\right)\sin\left(\dfrac{n\pi}{b}y\right)\mathrm{e}^{-\gamma z} \end{cases} \tag{8-40}$$

式中，$m=1,2,3,\cdots,n=1,2,3,\cdots$。$m$ 和 n 都不能为零，否则所有场量均为零。

由式(8-39)和式(8-40)导波场强的表示式可知，波导中的导波在横截面(x,y)上的分布呈驻波状态，m,n 值分别代表沿 x 方向，y 方向的半驻波(半周期)个数。每种场分布，即 m,n 的每一种组合，代表一个电磁场的模式，称为 TM_{mn} 模。显然，TM_{mn} 模的最低模式为 TM_{11} 模，即其对应的截止波长最长、截止频率最低。

若 $\gamma=\mathrm{j}\beta$(β 为实数)，则 TM_{mn} 模在 z 方向上为行波分布。此时 $\gamma^2=k_c^2-k^2=-\beta^2<0$，即 $k>k_c$ 时波导中电磁波的 TM_{mn} 模能够沿纵向传播。

若 $\gamma=\alpha$(α 为实数)，则 TM_{mn} 模在 z 方向上为衰减模，被波导截止。此时 $\gamma^2=k_c{}^2-k^2=\alpha^2>0$，即 $k<k_c$ 时 TM_{mn} 模不能传播。

当 $k=k_c$，即 $\gamma=0$ 时为临界情况，波导中也不能传播该种模式的波。因此，称 k_c 为截止波数。

根据以上分析可知，矩形波导的截止波数为

$$k_c=\sqrt{\left(\frac{m\pi}{a}\right)^2+\left(\frac{n\pi}{b}\right)^2}$$

相应的截止频率及截止波长为

$$f_c=\frac{k_c}{2\pi\sqrt{\mu\varepsilon}}=\frac{1}{2\pi\sqrt{\mu\varepsilon}}\sqrt{\left(\frac{m\pi}{a}\right)^2+\left(\frac{n\pi}{b}\right)^2}$$

$$\lambda_c=\frac{2\pi}{k_c}=\frac{2\pi}{\sqrt{\left(\frac{m\pi}{a}\right)^2+\left(\frac{n\pi}{b}\right)^2}}$$

注意,f_c 不但与矩形波导尺寸和模式参数有关,而且与介质参数也有关;而 λ_c 只与矩形波导尺寸和模式参数有关,与介质参数无关。

截止波长、截止频率和截止波数都与电磁波的工作频率 f 无关,它们反映了波导本身的特性。一个具体的电磁波在波导中的传播特性,取决于该电磁波的工作频率、波导的截止频率等波导结构参数。当矩形波导中电磁波的工作频率大于某一模式的截止频率 f_c 时,满足条件的电磁波模式才可以在波导中传播,这个结论也适合于其他结构的金属波导。

TM_{11} 模的电磁场分布如图 8-16 所示。各场量沿宽边 a 和窄边 b 都为半个波长分布,其中磁感线是位于横截面内的闭合曲线,而电场线是空间曲线,并且与波导的四壁垂直。

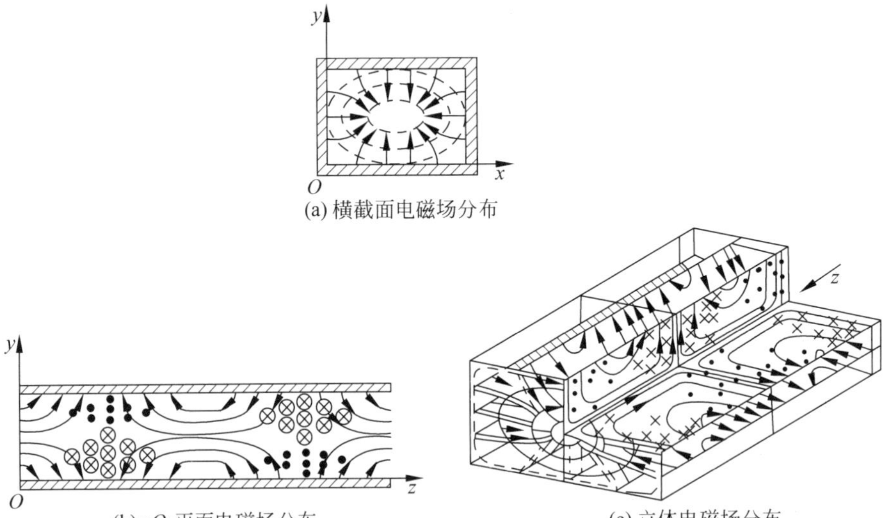

图 8-16 TM_{11} 模电磁场分布

8.3.2 矩形波导中的 TE 波

对于 TE 波,$E_z=0$,因此只需考虑纵向磁场的亥姆霍兹方程,即

$$\nabla^2 H_z+k^2H_z=0$$

在均匀波导系统中,同样设 $H_z(x,y,z)=H_z(x,y)\mathrm{e}^{-\gamma z}$,代入上式得

$$\frac{\partial^2}{\partial x^2}H_z(x,y)+\frac{\partial^2}{\partial y^2}H_z(x,y)+k_c^2H_z(x,y)=0 \tag{8-41}$$

其中,$k_c^2=\gamma^2+k^2$。根据第 7 章中平面电磁波在理想导体表面的反射特性可知,在金属表面电场出现波节,而磁场出现波腹,因此,在波导管的内壁,磁场为波腹并呈现极值点,进而得到矩形波导中传输 TE 波时的边界条件为

$$\left.\frac{\partial H_z}{\partial x}\right|_{x=0}=0,\quad \left.\frac{\partial H_z}{\partial x}\right|_{x=a}=0$$

$$\left.\frac{\partial H_z}{\partial y}\right|_{y=0}=0,\quad \left.\frac{\partial H_z}{\partial y}\right|_{y=b}=0$$

与 TM 波的分析类似，设 H_z 具有分离变量的形式，即 $H_z(x,y,z)=X(x)Y(y)\mathrm{e}^{-\gamma z}$，将其代入式(8-41)，利用分离变量法并考虑到以上边界条件及波导结构在 x、y 方向上的有界性，得到纵向磁场的解为

$$H_z(x,y,z)=H_0\cos\left(\frac{m\pi}{a}x\right)\cos\left(\frac{n\pi}{b}y\right)\mathrm{e}^{-\gamma z} \tag{8-42}$$

将上式及 $E_z=0$ 代入式(8-2)，得到电磁场的横向分量为

$$\begin{cases} E_x=\dfrac{\mathrm{j}\omega\mu}{k_c^2}\left(\dfrac{n\pi}{b}\right)H_0\cos\left(\dfrac{m\pi}{a}x\right)\sin\left(\dfrac{n\pi}{b}y\right)\mathrm{e}^{-\gamma z} \\ E_y=-\dfrac{\mathrm{j}\omega\mu}{k_c^2}\left(\dfrac{m\pi}{a}\right)H_0\sin\left(\dfrac{m\pi}{a}x\right)\cos\left(\dfrac{n\pi}{b}y\right)\mathrm{e}^{-\gamma z} \\ H_x=\dfrac{\gamma}{k_c^2}\left(\dfrac{m\pi}{a}\right)H_0\sin\left(\dfrac{m\pi}{a}x\right)\cos\left(\dfrac{n\pi}{b}y\right)\mathrm{e}^{-\gamma z} \\ H_y=\dfrac{\gamma}{k_c^2}\left(\dfrac{n\pi}{b}\right)H_0\cos\left(\dfrac{m\pi}{a}x\right)\sin\left(\dfrac{n\pi}{b}y\right)\mathrm{e}^{-\gamma z} \end{cases} \tag{8-43}$$

其中，H_0 为由激励源决定的磁场复振幅，$k_c=\sqrt{\left(\frac{m\pi}{a}\right)^2+\left(\frac{n\pi}{b}\right)^2}$ 为截止波数，$m=0,1,2,3,\cdots$，$n=0,1,2,3,\cdots$，但是 m、n 不能同时为零。TE_{mn} 模的截止频率及截止波长为

$$f_c=\frac{k_c}{2\pi\sqrt{\mu\varepsilon}}=\frac{1}{2\pi\sqrt{\mu\varepsilon}}\sqrt{\left(\frac{m\pi}{a}\right)^2+\left(\frac{n\pi}{b}\right)^2}$$

$$\lambda_c=\frac{2\pi}{k_c}=\frac{2\pi}{\sqrt{\left(\frac{m\pi}{a}\right)^2+\left(\frac{n\pi}{b}\right)^2}}$$

由于 $a>b$，显然，TE_{10} 模为最低模式，即对应的截止波长最长、截止频率最低。$k>k_c$ 时波导中的 TE_{mn} 模才能够传播，$k\leqslant k_c$ 时 TE_{mn} 模不能传播，TE_{mn} 模在 x、y 方向上呈驻波分布。TE_{mn} 模的截止参数也只与波导的结构参数有关。TE_{mn} 模与 TM_{mn} 模有相同的截止参数表达式，只不过是 m、n 的起始取值不同。

TE_{10} 模的电磁场分布如图 8-17 所示，图中 λ_g 为工作波长或者波导波长。图 8-17(a)为电场分布，结合式(8-43)可知，TE_{10} 模的电场只有 E_y 一个分量，并沿 x 方向呈正弦分布，表现为半个驻波，在 $x=0$ 及 $x=a$ 处为零，在 $x=a/2$ 处最大；沿 y 方向无变化；沿 z 方向为行波周期变化。

图 8-17(b)为磁场分布，TE_{10} 模的磁场有 H_x 和 H_z 两个分量，H_x 沿 x 方向呈正弦分布，在 $x=0$ 及 $x=a$ 处为零，在 $x=a/2$ 处最大；H_z 沿 x 方向呈余弦分布，在 $x=0$ 及 $x=a$ 处最大，在 $x=a/2$ 处为零；H_x 和 H_z 沿 y 方向均无变化；H_x 和 H_z 沿 z 方向为行波周期变化，其相位差为 90°。图 8-17(c)为 TE_{10} 模的空间电磁场分布。

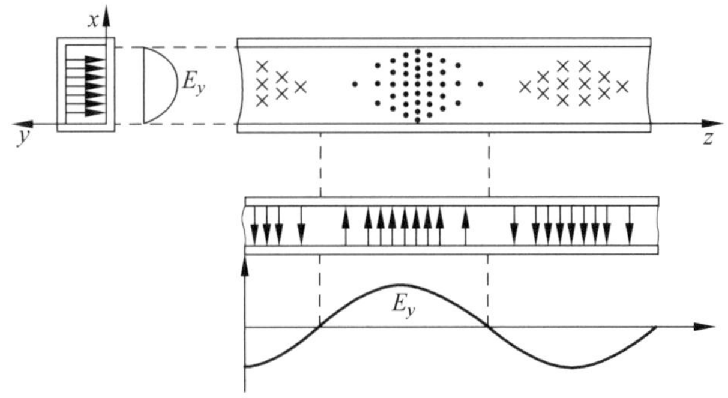

(a) 电场分布

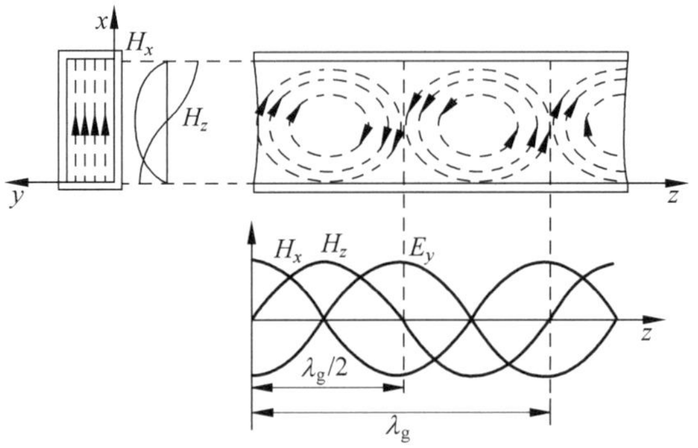

(b) 磁场分布

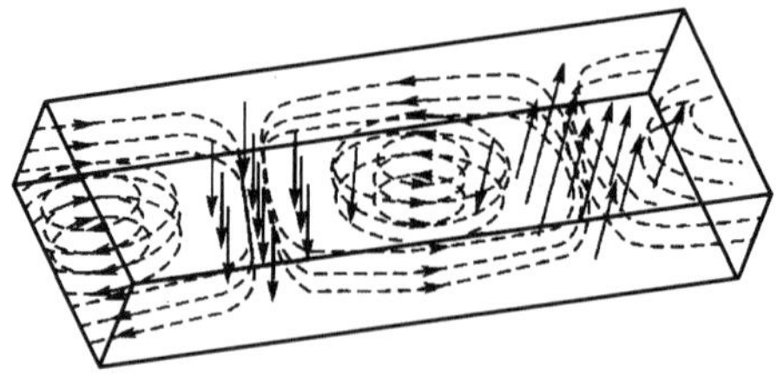

(c) 空间电磁场分布

图 8-17　TE_{10} 模的电磁场分布

在 TE_{mn} 模中，沿宽边 a 有 m 个半驻波分布（“小巢”），沿窄边 b 有 n 个半驻波分布。对于 TE_{10} 模，由于 $m=1$、$n=0$，因此其各场量沿宽边呈半个驻波分布，沿窄边为均匀分布。TE_{01} 模的电磁场分布如图 8-18(a)所示，场量沿宽边 a 均匀分布，沿窄边 b 呈半个驻波分布。

TE_{mn} 模的电磁场分布曲线，表现出沿宽边 a 有 m 个 TE_{10} 模场的“小巢”（单元），而沿窄边 b 有 n 个 TE_{01} 模场的“小巢”。TE_{20} 模的电磁场分布如图 8-18(b)所示，场量沿宽边 a 有 2 个 TE_{10} 模场的“小巢”，沿窄边为均匀分布。TE_{11} 模的电磁场分布如图 8-18(c)所示，沿宽边 a 和窄边 b 各有半个驻波分布，电场线是位于横截面内的曲线，并且与波导的四壁垂直，而磁感线是闭合的空间曲线并且与电场线垂直。只要掌握了 TE_{10} 模和 TE_{01} 模的场分布，就掌握了 TE_{mn} 模场的结构图。

同理，TM_{mn} 模的电磁场分布曲线，表现出沿宽边 a 有 m 个 TM_{11} 模场的“小巢”，而沿窄边 b 有 n 个 TM_{11} 模场的“小巢”。只要掌握了 TM_{11} 模的场分布，就掌握了 TM_{mn} 模场的结构图。

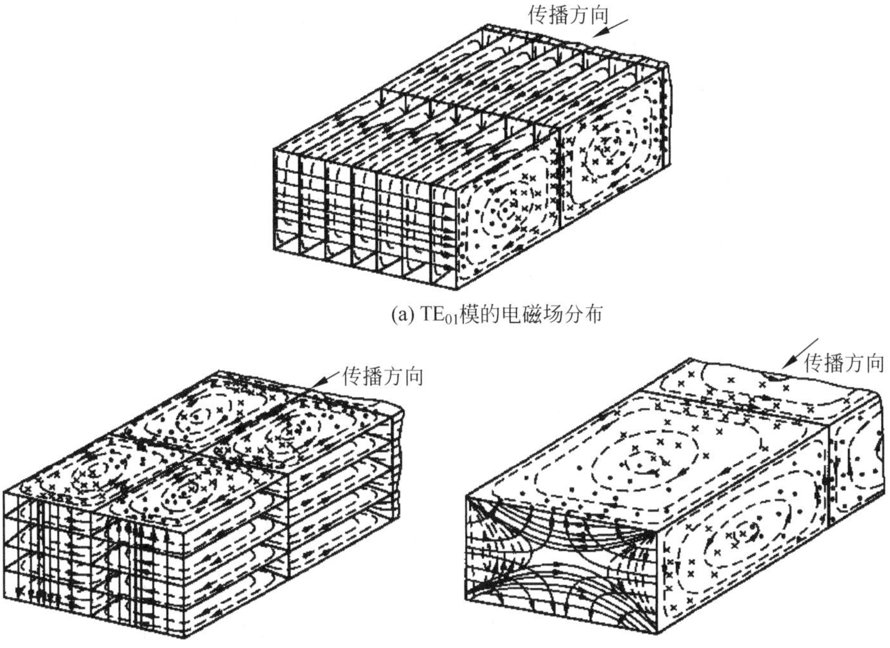

(a) TE_{01}模的电磁场分布

(b) TE_{20}模的电磁场分布

(c) TE_{11}模的电磁场分布

图 8-18 TE_{01} 模、TE_{20} 模及 TE_{11} 模的电磁场分布

波导在传输电磁波时，内部只有位移电流，但是在其内壁上会产生感应电流，即波导的传导电流。根据理想导体的边界条件，可以求出分布于波导壁上的电流密度为

$$\boldsymbol{J}_{\mathrm{S}}=\boldsymbol{e}_{\mathrm{n}}\times\boldsymbol{H}$$

式中 $\boldsymbol{e}_{\mathrm{n}}$ 为管壁外法线方向单位矢量，$\boldsymbol{H}$ 为管壁内侧的磁场强度。对于 TE_{10} 模，其对应的管壁电流分布为

$$\boldsymbol{J}_{\mathrm{S}}\big|_{x=0}=\boldsymbol{e}_x\times\boldsymbol{H}=-\boldsymbol{e}_yH_z\big|_{x=0}=-\boldsymbol{e}_yH_0\cos\beta z$$

$$\boldsymbol{J}_{\mathrm{S}}\big|_{x=a}=-\boldsymbol{e}_x\times\boldsymbol{H}=\boldsymbol{e}_yH_z\big|_{x=a}=-\boldsymbol{e}_yH_0\cos\beta z$$

$$\boldsymbol{J}_{\mathrm{S}}\big|_{y=0}=\boldsymbol{e}_y\times\boldsymbol{H}=\boldsymbol{e}_xH_z-\boldsymbol{e}_zH_x\big|_{y=0}=\boldsymbol{e}_xH_0\cos\frac{\pi x}{a}\cos\beta z-\boldsymbol{e}_z\frac{a\beta}{\pi}H_0\sin\frac{\pi x}{a}\sin\beta z$$

$$\boldsymbol{J}_{\mathrm{S}}\big|_{y=b}=-\boldsymbol{e}_y\times\boldsymbol{H}=-\boldsymbol{e}_xH_z+\boldsymbol{e}_zH_x\big|_{y=b}=-\boldsymbol{e}_xH_0\cos\frac{\pi x}{a}\cos\beta z+\boldsymbol{e}_z\frac{a\beta}{\pi}H_0\sin\frac{\pi x}{a}\sin\beta z$$

由此可见，左右两壁沿窄边的电流分布方向相同，形状相同；上下两壁沿宽边的电流分布方向相反，形状相同。TE_{10} 波的电流分布如图 8-19 所示，由于位移电流的存在，在宽边上出现管壁电流中断的现象，但是全电流是连续的。

在信号测量及波导连接中，往往需要在波导壁上开槽，而又不影响原来波导内的场分布，也不希望能量向外辐射。在矩形波导中传播 TE_{10} 模时，根据以上波导管壁电流的分布可知，可以在波导宽边壁中央处开槽，这样不会切断管壁电流，如图 8-20(a)所示。相反，如果需要在矩形波导管壁上开槽做成天线时，必须在切割管壁电流的位置开槽，如图 8-20(b)所示。

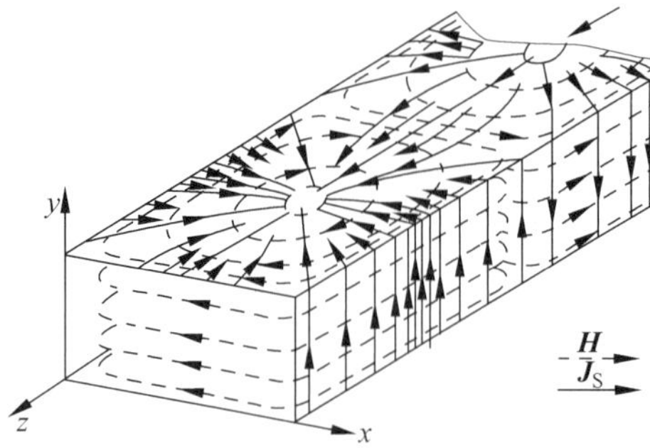

图 8-19　矩形波导 TE_{10} 模管壁电流分布

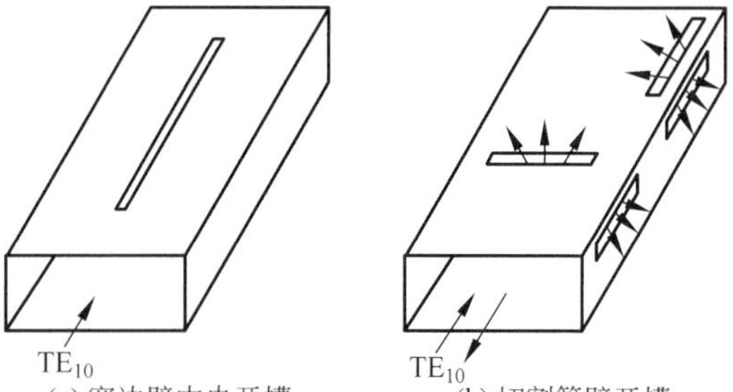

(a) 宽边壁中央开槽　(b) 切割管壁开槽

图 8-20　矩形波导 TE_{10} 模管壁开槽

在实际波导里，导波有什么模式存在，不仅取决于波导本身，也取决于波导激励或耦合的情况，例如波导—同轴转换等。

8.3.3　简并模、主模及单模传输

通过以上对波导的传播模式的分析可知，矩形波导中可以出现各种 TM_{mn} 模和 TE_{mn} 模，以及它们的线性组合。当工作波长小于各种模式的截至波长，或者工作频率大于各种模式的截止频率时，这些模式都是传输模，因而波导中可以形成多模传输。TM_{mn} 模和 TE_{mn} 模的截止波长具有相同的表示式

$$\lambda_{cmn}=\frac{2\pi}{\sqrt{\left(\frac{m\pi}{a}\right)^2+\left(\frac{n\pi}{b}\right)^2}} \tag{8-44}$$

这种截止波长相同的模称为简并模。例如，TM_{11} 模和 TE_{11} 模，当 $a=2b$ 时 TE_{20} 模和 TE_{01} 模均为简并模。需要注意的是，虽然简并模的截止波长、相速度等传播特性完全一样，但是两者的场分布不一样。在工程上一般要避免这种现象发生，通常采用的方法是在结构上进行抑制。

由式(8-44)可知

$$\lambda_{c10}=2a,\quad \lambda_{c01}=2b,\quad \lambda_{c20}=a,\cdots$$

在波导中，截止波长最长或者截止频率最低的模称为主模，其他波型称为高次模。由于矩形波导中通常 $a>b$，故矩形波导的主模是 TE_{10} 模。

对于给定尺寸 a 和 b 的波导，设 $a>2b$，若取不同 m、n 的不同组合，可由式(8-44)得到各种模式的波长之值，当 $a<\lambda<2a$，即 $\frac{\lambda}{2}<a<\lambda$ 时，矩形波导满足单模传输的条件。当 $0<\lambda<a$ 时可以多模传输，为多模区；当 $\lambda\geqslant 2a$ 时为截止区。

按截止波长从长到短的顺序，把所有模从低到高堆积起来形成模式分布图，如图 8-21 所示，其中简并模用一个矩形条表示。

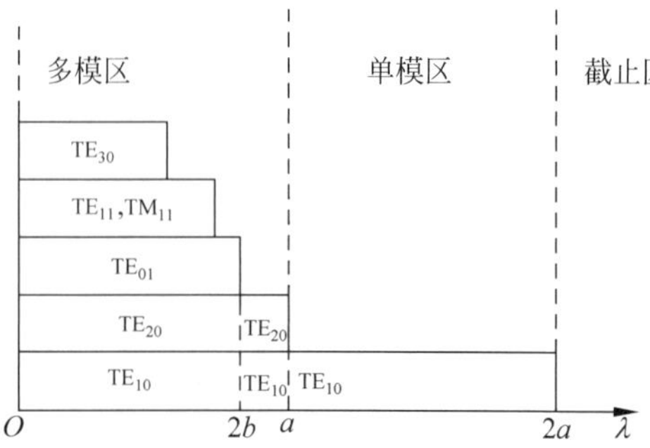

图 8-21　矩形波导模式分布图

8.3.4 矩形波导的传播特性参数及传输功率

根据以上分析，截止波长或者截止频率代表了电磁波能否在波导中传播的条件。要使电磁波能够在波导中传播，则必须 $f>f_c$，或者 $\lambda<\lambda_c$，由此可以得到波导中传输各种模式电磁波的传播特性参数。

传播常数为

$$\gamma=\sqrt{\left(\frac{m\pi}{a}\right)^2+\left(\frac{n\pi}{b}\right)^2-\omega^2\mu\varepsilon}=\mathrm{j}k\sqrt{1-\left(\frac{f_c}{f}\right)^2} \tag{8-45}$$

相移常数为

$$\beta=\frac{\gamma}{\mathrm{j}}=k\sqrt{1-\left(\frac{f_c}{f}\right)^2}=k\sqrt{1-\left(\frac{\lambda}{\lambda_c}\right)^2} \tag{8-46}$$

波导波长为

$$\lambda_g=\frac{2\pi}{\beta}=\frac{\lambda}{\sqrt{1-\left(\frac{f_c}{f}\right)^2}}=\frac{\lambda}{\sqrt{1-\left(\frac{\lambda}{\lambda_c}\right)^2}} \tag{8-47}$$

波导波长是指在波导内，沿传播方向某个模式的电磁波相位相差 2π 的两点间的距离。

相速度为

$$v_p=\frac{\omega}{\beta}=\frac{v}{\sqrt{1-\left(\frac{f_c}{f}\right)^2}}=\frac{v}{\sqrt{1-\left(\frac{\lambda}{\lambda_c}\right)^2}} \tag{8-48}$$

可见，TM 波和 TE 波的传播速度随频率变化，表现出色散特性。

TM 模和 TE 模的波阻抗 Z_{TM}、Z_{TE} 分别为

$$\begin{cases} Z_{TM}=\dfrac{E_x}{H_y}=-\dfrac{E_y}{H_x}=\dfrac{\gamma}{\mathrm{j}\omega\varepsilon}=\eta\sqrt{1-\left(\dfrac{f_c}{f}\right)^2}=\eta\sqrt{1-\left(\dfrac{\lambda}{\lambda_c}\right)^2} \\ Z_{TE}=\dfrac{E_x}{H_y}=-\dfrac{E_y}{H_x}=\dfrac{\mathrm{j}\omega\mu}{\gamma}=\dfrac{\eta}{\sqrt{1-\left(\dfrac{f_c}{f}\right)^2}}=\dfrac{\eta}{\sqrt{1-\left(\dfrac{\lambda}{\lambda_c}\right)^2}} \end{cases} \tag{8-49}$$

由式(8-49)可知，当 $f<f_c$ 时，Z_{TM} 和 Z_{TE} 均为纯虚数，此时电磁波在矩形波导中被衰减而不能传播。但是，由于波阻抗呈现为电抗性质，故这种衰减与欧姆损耗不同，它是电磁波在波导之间来回反射的结果，能量并没有损耗。

在行波状态下，波导传输的平均功率可由波导横截面上的坡印亭矢量的积分求得，即

$$\begin{aligned} P&=\frac{1}{2}\mathrm{Re}\iint_S(\boldsymbol{E}_t\times\boldsymbol{H}_t^*)\cdot\mathrm{d}\boldsymbol{S}=\frac{1}{2Z}\iint_S|\boldsymbol{E}_t|^2\mathrm{d}\boldsymbol{S}=\frac{Z}{2}\iint_S|\boldsymbol{H}_t|^2\mathrm{d}\boldsymbol{S} \\ &=\frac{1}{2}\int_0^a\int_0^b(E_xH_y-E_yH_x)\mathrm{d}x\mathrm{d}y \end{aligned} \tag{8-50}$$

其中，Z 为波阻抗。由上式可得矩形波导在传输主模 TE_{10} 模时的平均功率为

$$P=\frac{1}{2}\mathrm{Re}\left[\int_0^a\int_0^b E_yH_x^*\,\mathrm{d}x\mathrm{d}y\right]=\frac{1}{2Z_{TE}}\int_0^a\int_0^b E_{10}^2\sin^2\frac{\pi x}{a}\mathrm{d}x\mathrm{d}y=\frac{ab}{4Z_{TE}}E_{10}^2$$

因此，传输主模 TE_{10} 模时的功率容量为

$$P_{\mathrm{br}}=\frac{ab}{4Z_{\mathrm{TE}}}E_{\mathrm{br}}^{2} \tag{8-51}$$

其中,E_{br} 为击穿电场幅值。波导尺寸越大,频率越高,则容量越大。工程上一般取容许功率为

$$P=\left(\frac{1}{3}\sim\frac{1}{5}\right)P_{\mathrm{br}} \tag{8-52}$$

若为空气填充波导,因为空气的击穿场强为 30 kV/cm,此时矩形波导的功率容量为

$$P_{\mathrm{br}}=0.6ab\sqrt{1-\left(\frac{\lambda}{2a}\right)^{2}}\ \mathrm{MW}$$

由上式可见,波导 TE_{10} 模的最大传输功率正比于波导横截面面积,而且越接近截止状态,最大传输功率就越小。在环境潮湿的情况下也会减小 E_{br},从而减小最大传输功率;并且驻波越大,最大传输功率越小。最大传输功率还与波导内部表面平整度有关,表面越粗糙,最大传输功率越小。因此,一般实际波导最大传输功率只有理论值的 30%~50%。在厘米波段,大约有几百千瓦。

在以上分析中假设波导管壁是理想导体,而实际的金属管壁总是有损耗的,因此,波导中的传输功率可以写成

$$P=P_{0}\mathrm{e}^{-2\alpha z} \tag{8-53}$$

式中 P_{0} 为 $z=0$ 处的功率。则单位长度的功率损耗为

$$P_{\mathrm{L}}=\frac{\mathrm{d}P}{\mathrm{d}z}=2\alpha P$$

所以衰减常数 α 为

$$\alpha=\frac{P_{\mathrm{L}}}{2P} \tag{8-54}$$

考虑到上、下及左、右四个波导管壁,矩形波导单位长度的功率损耗 P_{L} 还可以表示成

$$P_{\mathrm{L}}=2\left[\int_{0}^{a}\frac{1}{2}\mid J_{1}\mid^{2}R_{\mathrm{s}}\mathrm{d}x\right]+2\left[\int_{0}^{b}\frac{1}{2}\mid J_{2}\mid^{2}R_{\mathrm{s}}\mathrm{d}y\right] \tag{8-55}$$

其中,J_{1}、J_{2} 分别表示波导上、下宽边及左、右窄边上的电流密度,$R_{\mathrm{s}}=\sqrt{\frac{\pi f\mu}{\sigma}}$ 为表面电阻。由式(8-50)、式(8-55)及式(8-54)可以求出衰减常数 α。在矩形波导传输 TE_{10} 模时,其衰减常数为

$$\alpha=\frac{R_{\mathrm{s}}}{\eta b\sqrt{1-\left(\frac{\lambda}{2a}\right)^{2}}}\left[1+2\frac{b}{a}\left(\frac{\lambda}{2a}\right)^{2}\right] \tag{8-56}$$

在矩形波导设计时,通常要保证在工作频带内只传输一种模式,而且损耗尽可能小,功率容量尽可能大,尺寸尽可能小,制作尽可能简单。

考虑到传输功率的要求,窄边应尽可能大,一般取

$$a=0.7\lambda,\quad b=(0.4\sim0.5)a$$

考虑到损耗因素,波导的工作波长范围为

$$1.05(\lambda_{\mathrm{c}})_{\mathrm{TE}_{20}}\leqslant\lambda\leqslant0.8(\lambda_{\mathrm{c}})_{\mathrm{TE}_{10}}$$

即

$$1.05a < \lambda < 1.6a$$

在波导中存在多模式传输的情况下，如果模式之间相互正交，则它们之间没有能量交换，各个模式的衰减常数可单独计算。如果模式不正交，相互之间有能量耦合，就不能单独直接计算。对每个模式而言，除了导体、介质损耗外，还有模式转换损耗。总之，影响导波衰减的因素有：波导材料的电导率、工作频率、波导内壁的光滑度、波导的尺寸、填充媒质的损耗、工作模式等。

例题 8-3　波导管壁由黄铜制成，其尺寸为 $a=1.5$ cm，$b=0.6$ cm，电导率 $\sigma=1.57\times10^7$ S/m，填充介电常数 $\varepsilon_r=2.25$，磁导率 $\mu_r=1.0$ 的聚乙烯介质。设频率为 10 GHz 的 TE_{10} 模在矩形波导中传播，试求 TE_{10} 模的如下参数：

(1) 波导波长；

(2) 相速度；

(3) 相移常数；

(4) 波阻抗；

(5) 波导壁的衰减常数。

解　聚乙烯介质中 TEM 波的波长为

$$\lambda=\frac{c}{\sqrt{\varepsilon_r}f}=\frac{3\times10^8}{\sqrt{2.25}\times10^{10}}=0.02\ \text{m}$$

TE_{10} 模在矩形波导中的截止波长为

$$\lambda_c=\frac{2\pi}{\sqrt{(\pi/a)^2}}=2a$$

(1) 波导波长为

$$\lambda_g=\frac{\lambda}{\sqrt{1-(\lambda/2a)^2}}=\frac{0.02}{\sqrt{1-(0.02/0.03)^2}}=0.0268\ \text{m}$$

(2) 相速度为

$$v_p=\frac{v}{\sqrt{1-\left(\dfrac{\lambda}{\lambda_c}\right)^2}}=\frac{c}{\sqrt{\varepsilon_r}\sqrt{1-\left(\dfrac{\lambda}{\lambda_c}\right)^2}}=2.68\times10^8\ \text{m/s}$$

或者

$$v_p=f\lambda_g=2.68\times10^8\ \text{m/s}$$

(3) 相移常数为

$$\beta=k\sqrt{1-\left(\frac{\lambda}{\lambda_c}\right)^2}=\frac{2\pi}{\lambda_g}=234\ \text{rad/m}$$

(4) 波阻抗为

$$Z_{TE}=\frac{\eta}{\sqrt{1-\left(\dfrac{\lambda}{\lambda_c}\right)^2}}=\frac{\eta_0}{\sqrt{\varepsilon_r}\sqrt{1-\left(\dfrac{\lambda}{\lambda_c}\right)^2}}=337.36\ \Omega$$

(5) 波导壁的衰减常数 α 由式(8-50)、式(8-54)及式(8-55)可以求出为

$$\alpha=\frac{R_s}{\eta b\sqrt{1-\left(\dfrac{\lambda}{2a}\right)^2}}\left[1+2\frac{b}{a}\left(\frac{\lambda}{2a}\right)^2\right]$$

其中，$R_s=\sqrt{\dfrac{\pi f\mu}{\sigma}}=0.0501\ \Omega$，所以

$$\alpha=0.0526\ \text{Np/m}=0.4657\ \text{dB/m}$$

例题 8-4 有一空气填充、截面尺寸为 $a\times b(b<a<2b)$ 的矩形波导，其主模工作在 3 GHz。如果要求工作频率至少高于主模截止频率 20%，并至少低于次高模截止频率的 20%。

(1) 给出设计尺寸；

(2) 设主模的电场最大值为 100 V/m，根据设计的尺寸计算波导传输主模的功率。

解 矩形波导的主模为 TE_{10} 模，其相应的截至波长为 $\lambda_{c10}=2a$。当波导尺寸 $a<2b$ 时，其次高模为 TE_{01} 模，相应的截至波长为 $\lambda_{c01}=2b$。

$$f_{c10}=\frac{1}{2a\sqrt{\mu\varepsilon}},\quad f_{c01}=\frac{1}{2b\sqrt{\mu\varepsilon}}$$

(1) 由题意可知

$$\frac{3\times10^9-f_{c10}}{f_{c10}}\geqslant 20\%,\quad \frac{f_{c01}-3\times10^9}{f_{c01}}\geqslant 20\%$$

解得

$$a\geqslant 0.06\ \text{m},b\leqslant 0.04\ \text{m},\text{且 } b<a<2b$$

(2) 若取 $a=0.07$ m，$b=0.04$ m，此时

$$f_c=\frac{1}{2a\sqrt{\mu\varepsilon}}=2.14\ \text{GHz}$$

$$Z_{TE_{10}}=\frac{\eta_0}{\sqrt{1-\left(\dfrac{f_c}{f}\right)^2}}=\frac{377}{0.7}\ \Omega=538.6\ \Omega$$

故波导传输主模的功率为

$$P=\frac{1}{2}\text{Re}\left[\int_0^a\int_0^b E_yH_x^*\,\mathrm{d}x\,\mathrm{d}y\right]=\frac{1}{2Z_{TE}}\int_0^a\int_0^b E_{10}^2\sin^2\frac{\pi x}{a}\mathrm{d}x\,\mathrm{d}y=\frac{ab}{4Z_{TE}}E_{10}^2$$

$$=\frac{0.07\times0.04}{4\times538.6}\times100^2\ \text{W}=0.013\ \text{W}$$

例题 8-5 无限长矩形波导的截面尺寸为 $a\times b$，其中的 $z>0$ 段为空气，$z\leqslant0$ 段为 $\varepsilon_r=4.0$，$\mu_r=1.0$ 的理想介质。频率为 f 的电磁波沿 z 方向单模传输，求仅考虑主模时 $z\leqslant0$ 区域的驻波比。

解 矩形波导的主模为 TE_{10} 模，波阻抗为

$$Z_{TE_{10}}=\frac{\eta}{\sqrt{1-\left(\dfrac{\lambda}{2a}\right)^2}}$$

在空气中，有

$$\lambda=\lambda_0=\frac{c}{f},\quad \eta=\eta_0=\sqrt{\frac{\mu_0}{\varepsilon_0}}$$

在介质中，有

$$\lambda_1=\frac{v}{f}=\frac{\lambda_0}{\sqrt{\varepsilon_r}}=\frac{\lambda_0}{2},\quad \eta_1=\sqrt{\frac{\mu_0}{\varepsilon}}=\frac{\eta_0}{2}$$

对于 $z>0$ 段波导的波阻抗为

$$Z_2=\frac{\eta_0}{\sqrt{1-\left(\frac{\lambda_0}{2a}\right)^2}}$$

对于 $z\leqslant 0$ 段波导的波阻抗为

$$Z_1=\frac{\eta_1}{\sqrt{1-\left(\frac{\lambda}{2a}\right)^2}}=\frac{\eta_0}{\sqrt{4-\left(\frac{\lambda_0}{2a}\right)^2}}$$

因此，$z=0$ 界面的反射系数为

$$\Gamma=\frac{Z_2-Z_1}{Z_2+Z_1}=\frac{\sqrt{4-\left(\frac{\lambda_0}{2a}\right)^2}-\sqrt{1-\left(\frac{\lambda_0}{2a}\right)^2}}{\sqrt{4-\left(\frac{\lambda_0}{2a}\right)^2}+\sqrt{1-\left(\frac{\lambda_0}{2a}\right)^2}}$$

故 $z\leqslant 0$ 段波导的驻波比为

$$S=\frac{1+|\Gamma|}{1-|\Gamma|}=\sqrt{\frac{4-\left(\frac{\lambda_0}{2a}\right)^2}{1-\left(\frac{\lambda_0}{2a}\right)^2}}$$

8.4　圆波导

波导截面为圆形的波导称为圆波导。它具有损耗较小和双极化的特性，常用于天线馈线中，也可作较远距离的传输线，并广泛用作微波谐振腔。

圆波导的分析方法与矩形波导相似。首先求解纵向场分量 E_z（或 H_z）的波动方程，求出纵向场的通解，并根据边界条件求出它的特解；然后利用横向场与纵向场的关系式，求得所有场分量的表达式；最后根据表达式讨论它的截止特性、传输特性和场结构。

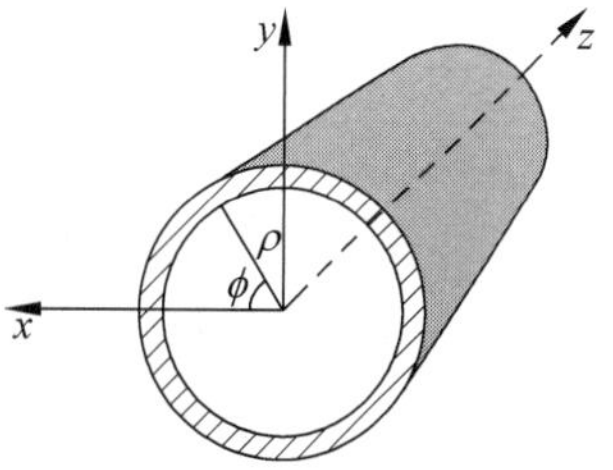

图 8-22　圆波导

由于波导横截面为圆形，故采用圆柱坐标系来分析比较方便。如图 8-22 所示，设波导半径为 a、其内填充电参数为 ε 和 μ 的理想介质。电磁波沿 $+z$ 轴传播，其复数形式为

$$\begin{cases}\boldsymbol{E}(\rho,\phi,z)=\boldsymbol{E}(\rho,\phi)\mathrm{e}^{-\gamma z}\\ \boldsymbol{H}(\rho,\phi,z)=\boldsymbol{H}(\rho,\phi)\mathrm{e}^{-\gamma z}\end{cases}$$

将麦克斯韦方程组式(5-23)的两个旋度方程在圆柱坐标系中展开，得

$$\frac{1}{\rho}\frac{\partial H_z}{\partial \phi}-\frac{\partial H_\phi}{\partial z}=\mathrm{j}\omega\varepsilon E_\rho$$

$$\frac{\partial H_\rho}{\partial z}-\frac{\partial H_z}{\partial \rho}=\mathrm{j}\omega\varepsilon E_\phi$$

$$\frac{1}{\rho}\frac{\partial}{\partial \rho}(\rho H_\phi)-\frac{1}{\rho}\frac{\partial H_\rho}{\partial \phi}=\mathrm{j}\omega\varepsilon E_z$$

$$\frac{1}{\rho}\frac{\partial E_z}{\partial \phi}-\frac{\partial E_\phi}{\partial z}=-\mathrm{j}\omega\mu H_\rho$$

$$\frac{\partial E_\rho}{\partial z}-\frac{\partial E_z}{\partial \rho}=-\mathrm{j}\omega\mu H_\phi$$

$$\frac{1}{\rho}\frac{\partial}{\partial \rho}(\rho E_\phi)-\frac{1}{\rho}\frac{\partial E_\rho}{\partial \phi}=-\mathrm{j}\omega\mu H_z$$

可以利用上述公式导出圆波导内场的横向分量与纵向分量的关系式为

$$\begin{aligned}
E_\rho&=\frac{-\gamma}{k_\mathrm{c}^2}\left(\frac{\partial E_z}{\partial \rho}+\mathrm{j}\frac{\omega\mu}{\gamma\rho}\frac{\partial H_z}{\partial \phi}\right)\\
E_\varphi&=\frac{\gamma}{k_\mathrm{c}^2}\left(-\frac{1}{\rho}\frac{\partial E_z}{\partial \phi}+\mathrm{j}\frac{\omega\mu}{\gamma}\frac{\partial H_z}{\partial \rho}\right)\\
H_\rho&=\frac{\gamma}{k_\mathrm{c}^2}\left(\mathrm{j}\frac{\omega\varepsilon}{\gamma\rho}\frac{\partial E_z}{\partial \phi}-\frac{\partial H_z}{\partial \rho}\right)\\
H_\varphi&=-\frac{-\gamma}{k_\mathrm{c}^2}\left(\mathrm{j}\frac{\omega\varepsilon}{\gamma}\frac{\partial E_z}{\partial \rho}+\frac{1}{\rho}\frac{\partial H_z}{\partial \phi}\right)
\end{aligned}\tag{8-57}$$

其中，$k_\mathrm{c}^2=k^2+\gamma^2$。

8.4.1 圆波导中的 TM 波

在圆柱坐标系下，TM 波纵向场量 E_z 满足的亥姆霍兹方程及边界条件如下

$$\begin{cases}\dfrac{\partial^2 E_z}{\partial \rho^2}+\dfrac{1}{\rho}\dfrac{\partial E_z}{\partial \rho}+\dfrac{1}{\rho^2}\dfrac{\partial^2 E_z}{\partial \phi^2}+\dfrac{\partial^2 E_z}{\partial z^2}+k^2E_z=0\\ E_z\big|_{\rho=a}=0\end{cases}$$

将 $\boldsymbol{E}(\rho,\phi,z)=\boldsymbol{E}(\rho,\phi)\mathrm{e}^{-\gamma z}$ 代入上式得

$$\frac{\partial^2 E_z}{\partial \rho^2}+\frac{1}{\rho}\frac{\partial E_z}{\partial \rho}+\frac{1}{\rho^2}\frac{\partial^2 E_z}{\partial \phi^2}+k_\mathrm{c}^2E_z=0$$

利用分离变量法，令 $E_z(\rho,\phi)=R(\rho)\Phi(\phi)$，代入上式求解，并考虑边界条件得到本征值，即截至波数为 $k_{cmn}=\dfrac{u_{mn}}{a}$，$m=0,1,2,\cdots,n=1,2,\cdots$，其中 u_{mn} 为 m 阶贝塞尔函数 $J_m(k_\mathrm{c}a)$的第 n 个根。进一步得到 E_z 的解为

$$E_z(r,\phi,z)=\sum_{m=0}^{\infty}\sum_{n=1}^{\infty}E_{mn}J_m\left(\frac{u_{mn}}{a}\rho\right)\begin{cases}\cos m\phi\\ \sin m\phi\end{cases}\mathrm{e}^{-\gamma z}\tag{8-58}$$

故由式(8-57)得到 TM 波的其他场分量为

$$
\begin{cases}
E_\rho = \sum\limits_{m=0}^{\infty}\sum\limits_{n=1}^{\infty} \dfrac{-\gamma a}{u_{mn}} E_{mn} J'_m\left(\dfrac{u_{mn}}{a}\rho\right) \begin{Bmatrix} \cos m\phi \\ \sin m\phi \end{Bmatrix} \mathrm{e}^{-\gamma z} \\
E_\phi = \pm \sum\limits_{m=0}^{\infty}\sum\limits_{n=1}^{\infty} \dfrac{\gamma m a^2}{u_{mn}^2 \rho} E_{mn} J_m\left(\dfrac{u_{mn}}{a}\rho\right) \begin{Bmatrix} \sin m\phi \\ \cos m\phi \end{Bmatrix} \mathrm{e}^{-\gamma z} \\
H_\rho = \pm \sum\limits_{m=0}^{\infty}\sum\limits_{n=1}^{\infty} \dfrac{\mathrm{j}\omega\varepsilon m a^2}{u_{mn}^2 \rho} E_{mn} J_m\left(\dfrac{u_{mn}}{a}\rho\right) \begin{Bmatrix} \sin m\phi \\ \cos m\phi \end{Bmatrix} \mathrm{e}^{-\gamma z} \\
H_\phi = \sum\limits_{m=0}^{\infty}\sum\limits_{n=1}^{\infty} \dfrac{-\mathrm{j}\omega\varepsilon a}{u_{mn}} E_{mn} J'_m\left(\dfrac{u_{mn}}{a}\rho\right) \begin{Bmatrix} \cos m\phi \\ \sin m\phi \end{Bmatrix} \mathrm{e}^{-\gamma z} \\
H_z = 0
\end{cases}
\tag{8-59}
$$

其中 J'_m 为 m 阶第一类贝塞尔函数的导数。

8.4.2 圆波导中的 TE 波

对于 TE 波，$E_z=0$，$\boldsymbol{H}(\rho,\phi,z)=\boldsymbol{H}(\rho,\phi)\mathrm{e}^{-\gamma z}$ 满足的亥姆霍兹方程及边界条件如下

$$
\begin{cases}
\dfrac{\partial^2 H_z}{\partial \rho^2} + \dfrac{1}{\rho}\dfrac{\partial H_z}{\partial \rho} + \dfrac{1}{\rho^2}\dfrac{\partial^2 H_z}{\partial \phi^2} + k_c^2 H_z = 0 \\
\left.\dfrac{\partial H_z}{\partial \rho}\right|_{\rho=a} = 0
\end{cases}
$$

求解上式，并根据式(8-57)得到 TE 波的其他诸场分量如下

$$
\begin{cases}
E_\rho = \pm \sum\limits_{m=0}^{\infty}\sum\limits_{n=1}^{\infty} \dfrac{\mathrm{j}\omega\mu m a^2}{u'^2_{mn} \rho} H_{mn} J_m\left(\dfrac{u'_{mn}}{a}\rho\right) \begin{Bmatrix} \sin m\phi \\ \cos m\phi \end{Bmatrix} \mathrm{e}^{-\gamma z} \\
E_\phi = \sum\limits_{m=0}^{\infty}\sum\limits_{n=1}^{\infty} \dfrac{\mathrm{j}\omega\mu a}{u'_{mn}} H_{mn} J'_m\left(\dfrac{u'_{mn}}{a}\rho\right) \begin{Bmatrix} \cos m\phi \\ \sin m\phi \end{Bmatrix} \mathrm{e}^{-\gamma z} \\
E_z = 0 \\
H_\rho = \sum\limits_{m=0}^{\infty}\sum\limits_{n=1}^{\infty} \dfrac{-\gamma a}{u'_{mn}} H_{mn} J'_m\left(\dfrac{u'_{mn}}{a}\rho\right) \begin{Bmatrix} \cos m\phi \\ \sin m\phi \end{Bmatrix} \mathrm{e}^{-\gamma z} \\
H_\phi = \pm \sum\limits_{m=0}^{\infty}\sum\limits_{n=1}^{\infty} \dfrac{\gamma m a^2}{u'^2_{mn} \rho} H_{mn} J_m\left(\dfrac{u'_{mn}}{a}\rho\right) \begin{Bmatrix} \sin m\phi \\ \cos m\phi \end{Bmatrix} \mathrm{e}^{-\gamma z} \\
H_z = \sum\limits_{m=0}^{\infty}\sum\limits_{n=1}^{\infty} H_{mn} J_m\left(\dfrac{u'_{mn}}{a}\rho\right) \begin{Bmatrix} \cos m\phi \\ \sin m\phi \end{Bmatrix} \mathrm{e}^{-\gamma z}
\end{cases}
\tag{8-60}
$$

其中，$k_{cmn}=\dfrac{u'_{mn}}{a}$，$m=0,1,2,\cdots$，$n=1,2,\cdots$，为 TE 模截至波数，$u'_{mn}$ 为 m 阶贝塞尔函数一阶导数 $J'_m(k_c a)$ 的第 n 个根。

8.4.3 圆波导的传播特性

设圆波导 TM_{mn} 模和 TE_{mn} 模的截止波数为 k_{cmn}，则对 TM_{mn} 模 $k_{cmn}=\dfrac{u_{mn}}{a}$，$m=0,1,$

2,…,$n=1,2,\cdots$；对 TE_{mn} 模 $k_{cmn}=\frac{u'_{mn}}{a}$，$m=0,1,2,\cdots,n=1,2,\cdots$。其截至波长为 $\lambda_c=\frac{2\pi}{k_c}$，相应的相移常数、相速度、波导波长分别为

$$\beta=k\sqrt{1-\left(\frac{f_c}{f}\right)^2},\quad v_p=\frac{\omega}{\beta}=v\left[1-\left(\frac{f_c}{f}\right)^2\right]^{-1/2},\quad \lambda_g=\frac{v_p}{f}=\lambda\left[1-\left(\frac{f_c}{f}\right)^2\right]^{-1/2}$$

TM 模和 TE 模的波阻抗 Z_{TM}、Z_{TE} 分别为

$$Z_{TM}=\eta\sqrt{1-\left(\frac{f_c}{f}\right)^2},\quad Z_{TE}=\eta\left[1-\left(\frac{f_c}{f}\right)^2\right]^{-1/2}$$

圆波导各模式截至波长分布图如图 8-23 所示，当波导半径 a 一定时，各模式的排列顺序不变。圆波导存在多种传播模式，主模是 TE_{11} 模，其单模工作区为 $2.6127a<\lambda<3.4126a$，故一般波导半径取 $a=\lambda/3$。

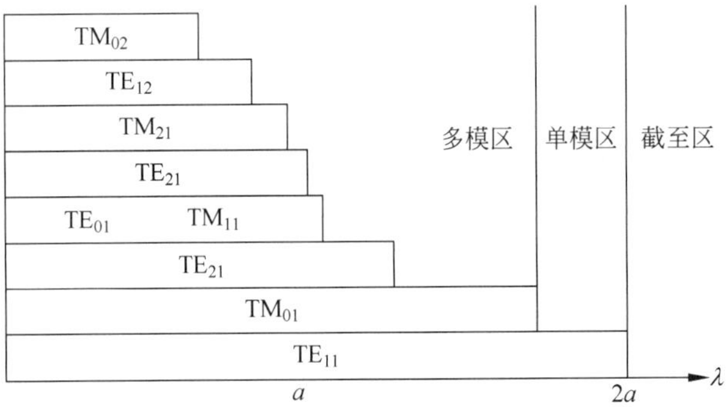

图 8-23　圆波导各模式截至波长分布图

圆波导有两种简并模，一种是 E-H 简并，另一种是极化简并。E-H 简并就是截止波长相同的 E 波和 H 波的简并，例如 $(\lambda_c)_{TE_{0n}}=(\lambda_c)_{TM_{1n}}$ 时，则 TE_{0n} 模与 TM_{1n} 模存在简并。对于同一 TM_{mn} 模和 TE_{mn} 模，在 $m\neq0$ 时都有两个场结构，它们与 $\sin m\phi$ 和 $\cos m\phi$ 对应，并且相互独立，称为极化简并。极化简并是圆波导中特有的现象，可用于制作极化分离器、极化衰减器等。

8.4.4 圆波导的几种主要波形

圆波导中应用较多的是 TE_{11} 模、TE_{01} 模、TM_{01} 模，它们的截止波长分别为：$(\lambda_c)_{TE_{11}}=3.4126a$，$(\lambda_c)_{TE_{01}}=1.6398a$，$(\lambda_c)_{TM_{01}}=2.6127a$。

主模 TE_{11} 的电磁场分布如图 8-24(a)所示，与矩形波导的 TE_{10} 模相似，故可利用矩形波导的 TE_{10} 模通过方圆波导接头变换而成。但是圆波导的 TE_{11} 模带宽较窄，一般不用于中、远距离传输。另外，由于存在极化简并，圆波导的 TE_{11} 模难以实现单模传输，故该模式较少用。

TE_{01} 模为高次模，其电磁场分布如图 8-24(b)所示，场结构为轴对称，无极化简并，但与 TM_{11} 模有模式简并。由于波导内壁上只有 H_z 分量，故内壁电流只有 ϕ 分量而无纵向分量，因此在传输功率一定的情况下其管壁热损耗小，适合在毫米波段用作大容量、长距离传输，还适于高 Q 值谐振腔的工作模式。这种模式又称为低损耗模。

TM_{01} 模虽为高次模，但是它是 TM 模中最低的模式，称为圆对称模。TM_{01} 模的电磁场分布如图 8-24(c)所示，场结构呈轴对称，无极化简并，也没有模式简并。TM_{01} 模常用于旋转连接机构中，但因为不是主模，故在使用中无法抑制 TE_{11} 模。

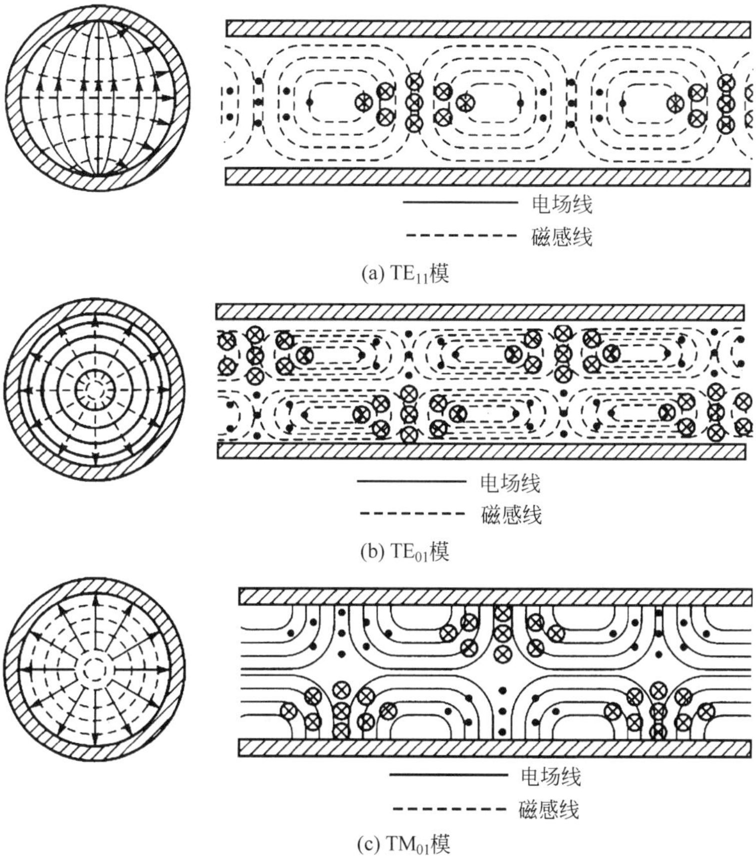

图 8-24　圆波导中的常用模式

例题 8-6　空气填充的圆波导，其内半径为 2 cm，传输模式为 TE_{01} 模，试求其截止频率；若在波导中填充介电常数为 $\varepsilon_r=2.1$ 的介质，并保持截止频率不变，问波导的半径应如何选择。

解　圆波导中 TE_{01} 模的截止波长为 $\lambda_c=1.6398a$，当波导内填充空气时，截止频率为

$$f_{c1}=\frac{c}{\lambda_c}=\frac{3\times10^8}{1.6398\times0.02}=9.147\times10^9\ \text{Hz}$$

当圆波导中填充 $\varepsilon_r=2.1$ 的介质时，其截止频率为

$$f_{c2}=\frac{c}{\lambda_c\sqrt{\varepsilon_r}}=\frac{c}{1.6398a\sqrt{\varepsilon_r}}$$

因此，当 $f_{c2}=f_{c1}=f_c$ 时

$$a=\frac{c}{1.6398f_c\sqrt{\varepsilon_r}}=\frac{3\times10^8}{1.6398\times9.147\times10^9\times\sqrt{2.1}}\ \text{cm}=1.38\ \text{cm}$$

8.5 谐振腔

在高频技术中常用谐振腔来产生一定频率的电磁振荡，例如信号源、音箱等。谐振腔是中空的金属腔，由两端短路的波导管封闭而成。电磁波在腔内以某些特定频率振荡，并具有很高的品质因数值。这类有界空间中的电磁波传播问题属于边值问题，其中导体表面边界条件起着重要作用。常见的谐振腔有矩形谐振腔、圆柱形谐振腔、同轴谐振腔等，如图 8-25 所示。在工程中，为了激励（耦合）出所希望的电磁场模式，谐振腔常用的耦合方式有环耦合、探针耦合、孔耦合等。

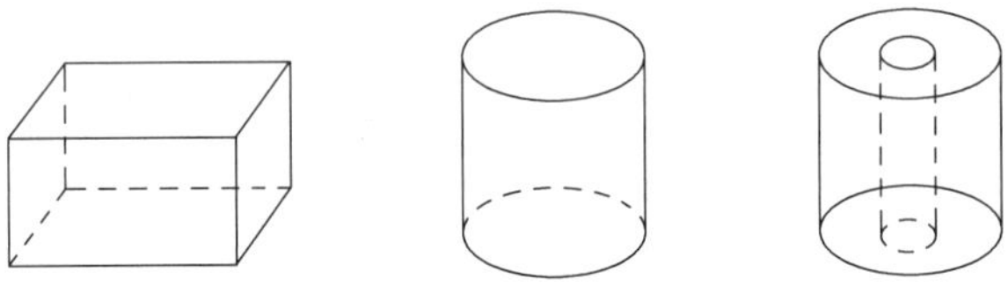

(a) 矩形谐振腔　　(b) 圆柱谐振腔　　(c) 同轴谐振腔

图 8-25　谐振腔

8.5.1 谐振腔的基本参数

谐振频率 f_0、品质因数 Q_0 是谐振腔的主要基本参数。谐振频率的计算属于本征值问题，即没有激励源，一般用数值方法求解，也可以借助 EDA 等计算电磁学软件求解。矩形谐振腔等规则形状的谐振腔可以利用解析方法求解。为了满足金属波导两边短路的边界条件，腔体长度 l 和波导波长 λ_g 的关系为

$$l = p\frac{\lambda_g}{2}, \quad p = 1, 2, \cdots \tag{8-61}$$

$$\beta = \frac{2\pi}{\lambda_g} = 2\pi\frac{p}{2l} = \frac{p\pi}{l} \tag{8-62}$$

由于 $\gamma^2 + k^2 = k_c^2$，在电磁波模式能够传输的情况下 $\gamma = \mathrm{j}\beta$，即 $k^2 = k_c^2 + \beta^2$，故有

$$\omega^2\mu\varepsilon = \left(\frac{2\pi}{\lambda_c}\right)^2 + \left(\frac{2\pi}{\lambda_g}\right)^2$$

因此，谐振频率为

$$f_0 = \frac{1}{2\pi\sqrt{\mu\varepsilon}}\left[\left(\frac{p\pi}{l}\right)^2 + \left(\frac{2\pi}{\lambda_c}\right)^2\right]^{1/2} \tag{8-63}$$

由上式可见，不同的模式对应的谐振频率不同，谐振频率与振荡模式、腔体尺寸及腔体填充介质有关。

品质因数 Q_0 定义为

$$Q_0 = 2\pi\frac{W}{W_T} = 2\pi\frac{W}{TP_1} = \omega_0\frac{W}{P_1} \tag{8-64}$$

其中，W 为系统中谐振腔存储的总电磁能量，即电场储能或者磁场储能的最大值，W_T 为一个周期内谐振腔损耗的能量，P_1 为损耗功率，T 为周期。品质因数 Q_0 表示谐振腔中电磁

波谐振可以持续的次数，是衡量谐振腔的频率选择性及能量损耗程度的重要参数。由于

$$W=W_{\mathrm{e}}+W_{\mathrm{m}}=\frac{1}{2}\iiint_V \mu\,|H|^2\mathrm{d}V=\frac{1}{2}\iiint_V \varepsilon\,|E|^2\mathrm{d}V$$

$$P=\frac{1}{2}\oiint_S R_{\mathrm{S}}\,|J_{\mathrm{S}}|^2\mathrm{d}S=\frac{1}{2}R_{\mathrm{S}}\oiint_S |H_\tau|^2\mathrm{d}S$$

其中 R_{S} 为导体的表面电阻，S 为腔体内壁的面积。因此

$$Q_0=\frac{\mu\omega_0}{R_{\mathrm{S}}}\frac{\iiint_V |H|^2\mathrm{d}V}{\oiint_S |H_\tau|^2\mathrm{d}S}=\frac{2}{\delta}\frac{\iiint_V |H|^2\mathrm{d}V}{\oiint_S |H_\tau|^2\mathrm{d}S} \tag{8-65}$$

其中，δ 为导体内壁的趋肤深度。不同的模值 Q_0 也不相同。

谐振腔的特点：

（1）多模性，一般有无数个谐振模式及谐振频率；

（2）Q_0 值大，可达几千到几万，远高于低频集中参数谐振电路。

8.5.2　矩形谐振腔

设矩形谐振腔长度为 l，截面尺寸为 $a\times b$。在主模（TE_{101} 模）振荡模式下，考虑到行波与反射波的叠加，由式(8-42)得到谐振腔的纵向场量为

$$H_z(x,y,z)=H_{mn}\cos\left(\frac{m\pi}{a}x\right)\cos\left(\frac{n\pi}{b}y\right)\mathrm{e}^{-\gamma z}+H'_{mn}\cos\left(\frac{m\pi}{a}x\right)\cos\left(\frac{n\pi}{b}y\right)\mathrm{e}^{\gamma z}$$

利用边界条件 $H_z|_{z=0}=0$，得到 $H'_{mn}=-H_{mn}$，考虑到 $\gamma=\mathrm{j}\beta$，因此

$$H_z(x,y,z)=-\mathrm{j}2H_{mn}\cos\left(\frac{m\pi}{a}x\right)\cos\left(\frac{n\pi}{b}y\right)\sin\beta z$$

再利用边界条件 $H_z|_{z=l}=0$，得 $\beta=\dfrac{p\pi}{l}$，$p=1,2,\cdots$，因此

$$H_z(x,y,z)=-\mathrm{j}2H_{mn}\cos\left(\frac{m\pi}{a}x\right)\cos\left(\frac{n\pi}{b}y\right)\sin\left(\frac{p\pi}{l}z\right)$$

再由式(8-43)并利用边界条件（注意磁场在 $z=0,l$ 处为波腹），可以得到其他场分量。

TE_{101} 模（$m=1,n=0,p=1$）的诸场分量为

$$H_z(x,y,z)=-\mathrm{j}2H_{10}\cos\left(\frac{\pi}{a}x\right)\sin\left(\frac{\pi}{l}z\right)$$

$$H_x=\mathrm{j}\frac{2a}{l}H_{10}\sin\left(\frac{\pi}{a}x\right)\cos\left(\frac{\pi}{l}z\right)$$

$$H_y=0$$

$$E_x=E_z=0$$

$$E_y=-\frac{2\omega\mu a}{\pi}H_{10}\sin\left(\frac{\pi}{a}x\right)\sin\left(\frac{\pi}{l}z\right)$$

由于 $\lambda_{\mathrm{c}}=2a$，因此，由式(8-63)得到 TE_{101} 模的振荡频率为

$$f_0=\frac{c\sqrt{a^2+l^2}}{2al}$$

谐振波长为

$$\lambda_0=\frac{2al}{\sqrt{a^2+l^2}}$$

谐振腔储能为

$$\begin{aligned}\iiint_V |H|^2\mathrm{d}V&=\iiint_V(|H_x|^2+|H_z|^2)\mathrm{d}V\\&=\int_0^a\int_0^b\int_0^l 4H_{10}^2\left[\frac{a^2}{l^2}\sin^2\left(\frac{\pi}{a}x\right)\cos^2\left(\frac{\pi}{l}z\right)+\cos^2\left(\frac{\pi}{a}x\right)\sin^2\left(\frac{\pi}{l}z\right)\right]\mathrm{d}x\,\mathrm{d}y\,\mathrm{d}z\\&=H_{10}^2(a^2+l^2)\frac{ab}{l}\end{aligned}$$

考虑到六个内壁两两对称,则腔壁的损耗为

$$\begin{aligned}\oiint_S |H_\tau|^2\mathrm{d}S&=2\left[\int_0^a\int_0^b |H_x|_{z=0}|^2\mathrm{d}x\,\mathrm{d}y+\int_0^l\int_0^b |H_z|_{x=0}|^2\mathrm{d}z\,\mathrm{d}y+\right.\\&\qquad\left.\int_0^a\int_0^l(|H_x|_{y=0}|^2+|H_z|_{y=0}|^2)\mathrm{d}x\,\mathrm{d}z\right]\\&=\frac{2H_{10}^2}{l^2}[2b(a^3+l^3)+al(a^2+l^2)]\end{aligned}$$

因此,由式(8-65)得到品质因数为

$$Q_0=\frac{abl}{\delta}\frac{a^2+l^2}{2b(a^3+l^3)+al(a^2+l^2)}$$

8.5.3 圆谐振腔

圆谐振腔诸场量的分析方法与矩形谐振腔类似,读者可自行推导,这里不再赘述。对于TE振荡模式,圆谐振腔的截至波长 $\lambda_c=\dfrac{2\pi a}{u'_{mn}}$,代入式(8-63)得到谐振频率为

$$f_0=\frac{1}{2\pi\sqrt{\mu\varepsilon}}\left[\left(\frac{p\pi}{l}\right)^2+\left(\frac{u'_{mn}}{a}\right)^2\right]^{1/2}$$

其中,当 $l>2.1a$ 时,TE_{111} 模的振荡频率及品质因数分别为

$$f_0=\frac{c}{2\pi}\sqrt{\left(\frac{1.841}{a}\right)^2+\left(\frac{\pi}{l}\right)^2},\quad Q_0=\frac{\lambda_0}{\delta}\frac{1.03[0.343-(a/l)^2]}{1+5.82(a/l)^2+0.86(a/l)^2(1-a/l)}$$

TE_{011} 模的振荡频率及品质因数分别为

$$f_0=\frac{c}{2\pi}\sqrt{\left(\frac{3.832}{a}\right)^2+\left(\frac{\pi}{l}\right)^2},\quad Q_0=\frac{\lambda_0}{\delta}\frac{0.336[1.49+(a/l)^2]^{3/2}}{1+1.34(a/l)^3}$$

TE_{011} 振荡模的无载品质因数很高,是 TE_{111} 模 Q 值的 2~3 倍,因此波长计一般采用 TE_{011} 振荡模。

对于TM振荡模式,圆谐振腔的截至波长 $\lambda_c=\dfrac{2\pi a}{u_{mn}}$,代入式(8-63)得到谐振频率为

$$f_0=\frac{1}{2\pi\sqrt{\mu\varepsilon}}\left[\left(\frac{p\pi}{l}\right)^2+\left(\frac{u_{mn}}{a}\right)^2\right]^{1/2}$$

其中,当 $l<2.1a$ 时,TM_{010} 模的振荡频率及品质因数分别为

$$f_0=\frac{2.405c}{2\pi a},\quad Q_0=\frac{\lambda_0}{\delta}\frac{2.405c}{2\pi(1+a/l)}$$

8.6　基片集成波导

矩形波导作为一种经典的传输系统已广泛应用于微波和毫米波波段，其优点是低损耗、高功率容量、高品质因数等。但缺点有体积大、质量大、不易弯曲，很难与平面电路集成，并且加工精度要求较高，这些都限制了它在微波毫米波集成电路中的应用。微带线虽然具有体积小、质量轻、便于集成、易于加工等许多优点。但是它存在承受功率低、工作频带窄等缺点，尤其是在毫米波波段损耗变大，同时不断变窄的上表面导带也对加工精度提出了更高的要求。这些缺点大大限制了微带线在毫米波及更高频段的推广应用。自 20 世纪 90 年代开始，人们就探索将矩形波导和微带线的特点进行有机结合，并针对不同的加工工艺提出了各种新型的平面微波传输线结构。2000 年，加拿大的吴柯等提出了一种新型的平面导波系统——基片集成波导(SIW)。基片集成波导具有平面电路易加工、体积小、质量轻、集成度高等优点，并在结构和传输特性上与矩形波导相似。目前，SIW 已被用于微波和毫米波集成电路的设计中。

基片集成波导由矩形波导演化而来，如图 8-26 所示。图 8-26(a)为 SIW 的基本结构图，矩形波导(尺寸为 $a\times b$)的上、下两宽壁作为它的上、下平行导电平板，但矩形波导的两窄壁被周期排列的金属过孔所取代。两平行导电平板的间距 b 很小($b\ll a$)，其间填充相对介电常数为 ε_r 的介质。基片集成波导两侧的周期排列的过孔很密集，不会影响沿 y 方向的电流，因此 SIW 中的工作主模与矩形波导中的 TE_{10} 模相似，从而可采用矩形波导中 TE_{10} 模的场分布来分析基片集成波导的主模的传输特性。

虽然基片集成波导有诸多优点，但是其宽度过宽，因此人们又提出了如图 8-26(b)所示的折叠式基片集成波导(FSIW)。折叠后的基片集成波导在水平方向上仅是原波导尺寸的一半，具有更加紧凑的结构。2005 年以来，半膜基片集成波导、脊基片集成波导等也迅速成为研究的热点。限于篇幅，关于基片集成波导的传输特性及其应用本书不再叙述。

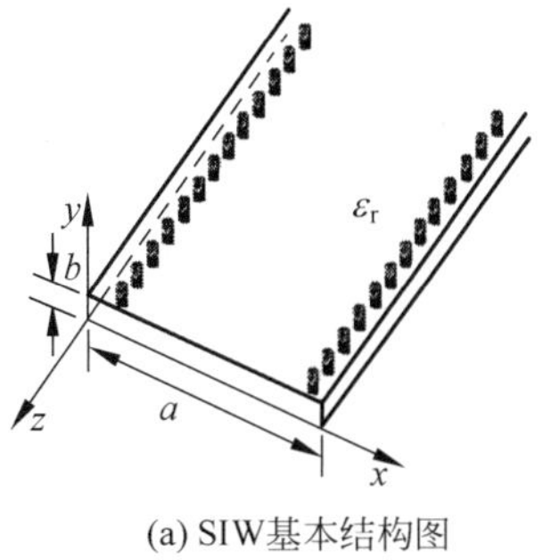

(a) SIW基本结构图

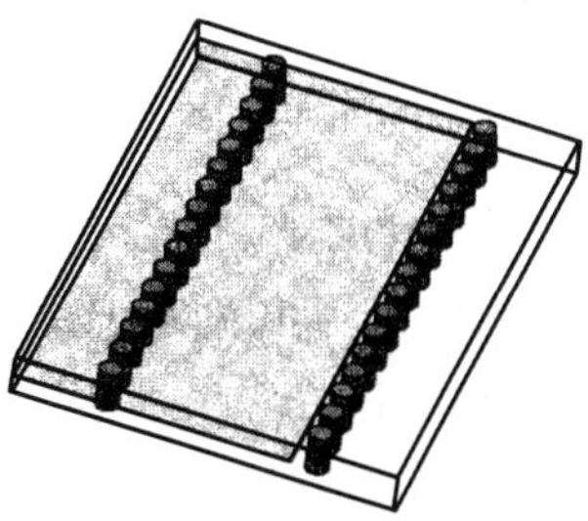
(b) 折叠式基片集成波导

图 8-26　基片集成波导

习题

8-1　设双线传输线的填充介质为聚丙烯($\varepsilon_r=2.25$)，若忽略传输损耗，问：

(1) 对于特性阻抗为 300 Ω 的双线传输线，当导体半径为 $d=0.6$ mm 时，线间距离应为多少？

(2) 对于特性阻抗为 50 Ω 的同轴线，若内导体半径为 0.6 mm，则其外导体半径为多少？

8-2 设无耗传输线的特性阻抗为 100 Ω，负载阻抗为 50－j50 Ω，试求其终端反射系数、驻波比及距离负载 0.15λ 处的输入阻抗。

8-3 一特性阻抗为 50 Ω、长为 2 m 的无耗传输线，工作频率为 200 MHz，终端阻抗为 40＋j30Ω，求其输入阻抗。

8-4 长度为 15 cm(小于 λ/4)的低损耗传输线，在开路时测得其输入阻抗为－j54.6 Ω，短路时输入阻抗为－j103 Ω，求传输线的特性阻抗及传播常数。

8-5 设双线传输线的半径为 a，线间距为 D，双线间为空气介质，证明其特性阻抗为 $120\ln\left(\frac{2D}{d}\right)$。

8-6 在特性阻抗为 200 Ω 的无耗传输线上，测得负载处为电压驻波最小点，$|V|_{\min}=8$ V，距离负载 λ/4 处为电压驻波最大点，$|V|_{\max}=10$ V，试求负载的特性阻抗及负载吸收的功率。

8-7 无耗传输线的特性阻抗为 125 Ω，第一个电压最大点距离负载 15 cm，驻波比为 5，工作波长为 80 cm，求其负载阻抗。

8-8 设无耗传输线的特性阻抗为 500 Ω，当终端负载短路时测得某一短路参考位置为 d_0；当端接负载 Z_L 时测得电压驻波比为 2.4，此时电压驻波最小点位于距 d_0(电源端) 0.208λ 处，试求该负载阻抗。

8-9 利用特性阻抗为 50 Ω 的终端短路线来实现 300 Ω 的感抗，传输线的长度为多少？若要获得 300 Ω 的容抗，则该传输线又应为多长？

8-10 设理想传输线的负载阻抗为 40－j30 Ω，如果使得线上的驻波比最小，则特性阻抗应选择为多少？并求出此时的最小驻波比及电压反射系数。

8-11 有一段特性阻抗为 500 Ω 的无耗传输线，当终端短路时测得始端的输入阻抗为 j250 Ω 的感抗。

(1) 求该传输线的最小长度；

(2) 如果该传输线的终端开路，输入阻抗仍为 j250 Ω，则其长度又为多少？

8-12 已知在频率为 1 GHz 时传输线的分布参数为 $R_0=10.4\ \Omega/\text{m}$，$C_0=8.35\times10^{-12}$ F/m，$L_0=1.33\times10^{-6}$ H/m，$G_0=0.8\times10^{-6}$ S/m，求传输线的特性阻抗、衰减常数、相移常数、传输线上的波长及相速度。

8-13 一无耗均匀传输线在分别接有不同负载时，线上均为驻波分布。试说明当第一个电压波节点分别位于如下位置时，各负载的特点。

(1) 负载端；

(2) 离负载端 λ/4 处；

(3) 负载和 λ/4 距离之间；

(4) λ/4 和 λ/2 之间。

8-14 一个 200 MHz 的信号源通过一根 300 Ω 的双线传输线对输入阻抗为 73 Ω 的偶极子天线馈电。设计一根四分之一波长的双传输线(线间距为 2 cm，周围为空气)，以使得天线与 300 Ω 的传输线匹配。

8-15 一特性阻抗为 $Z_{C1}=50$ Ω 的无耗均匀传输线，其中填充介质的电参数为 ε_r，$\mu_r=1$，其终

端接有特性阻抗为 Z_{C2} 的半无限长无耗均匀传输线，工作频率为 f，测得驻波比为 3.0，波速为 10^8 m/s，且相邻的电压最小值分别位于离连接处 15 cm 和 25 cm 处。求：

(1) 介质的 ε_r；

(2) 工作频率；

(3) 半无限长线的特性阻抗。

8-16 有一空气填充的同轴线，其内、外导体半径分别为 3.5 mm 和 8 mm。设空气的击穿场强为 30 kV/cm，同轴线传输 TEM 波，问其能够传输的最大功率是多少。

8-17 同轴线的内、外导体半径分别为 5 mm 和 15 mm，其内部填充介质的介电常数为 $\varepsilon_r=1.5$，磁导率为 $\mu_r=1.0$。求其特性阻抗。

8-18 矩形波导尺寸为 50 mm×25 mm，中间为空气，当 $f=5$ GHz 的电磁波在其中传播时，求传导的模式有哪些，并给出其对应的波长。如果填充 $\varepsilon_r=4$，$\mu_r=1$ 的介质，又有哪些传导模式？

8-19 矩形波导尺寸为 30 mm×15 mm，中间为空气，求单模传输的频率范围。

8-20 频率为 30 GHz 的电磁波在空气填充的矩形波导中单模传播，当终端短路时，波导中形成驻波，相邻电场波节点的距离为 7.15 mm，求波导的宽边尺寸。

8-21 频率为 $f_1=3997$ MHz，$f_2=4003$ MHz 的电磁波在空气填充的矩形波导 58.2 mm×7 mm 中单模传输，设传播了 1000 m，求两种信号的群延时差是多少。

8-22 设计一矩形波导，使频率在(30±0.5) GHz 的电磁波能单模传输，并至少在两边留有10%的保护带。

8-23 矩形波导的截面尺寸为 $a\times b$，传输 TE_{01} 模式。已知其电场强度为 $E_x=E_0\sin(\pi y/b)e^{j(\omega t-\beta z)}$。求：

(1) H_y；

(2) $\boldsymbol{e}_z$ 方向的功率密度；

(3) TE_{01} 模的传输功率。

8-24 已知在 2 cm×2 cm 的方形中空波导管中传播频率为 10 GHz 的 TE_{10} 模。

(1) 求传播矢量；

(2) 写出各电磁场分量的表达式；

(3) 求波导波长；

(4) 求电磁波的相速度。

8-25 证明矩形波导中 TE_{10} 模的衰减常数为 $\alpha=\dfrac{R_s}{\eta b\sqrt{1-\left(\dfrac{\lambda}{2a}\right)^2}}\left[1+2\dfrac{b}{a}\left(\dfrac{\lambda}{2a}\right)^2\right]$。

8-26 求半径为 a 的圆柱形金属波导中 TE_{0n} 模的传输功率。

8-27 用尺寸为 40 mm×20 mm 的矩形波导制作的一个谐振腔，使其谐振于 TE_{101} 模，谐振频率为 5 GHz，求谐振腔的长度。

8-28 理想电导体制作的谐振腔，腔内填充低损耗的介质，介质参数为 μ、ε、σ，求谐振腔的 Q 值。

8-29 试绘图说明当矩形波导中传输 TE_{10} 波时，在哪些地方开槽才不会影响电磁波的传输。

8-30 空气同轴线的内、外导体半径分别为 10 mm 和 40 mm。试求：

(1) TE_{11}、TM_{01} 两种高次模的截至波长；

(2) 若工作波长为 10 cm，求 TEM 模和 TE_{11} 模的相速度。

第 9 章 电磁辐射

CHAPTER 9

在前面的章节讨论了电磁波的传播特性,但是并没有考虑到激发电磁波的源。电磁波的激励源是随时间变化的电荷和电流,电磁波脱离波源在空间传播而不再返回波源的现象称为电磁辐射。天线是产生电磁波有效辐射的能量转换设备。本章首先讨论电磁辐射的原理;然后分析电偶极子和磁偶极子辐射场的特性,包括辐射场的场强及空间分布、辐射功率及方向图等,并介绍电磁场的对偶原理;最后介绍基本对称阵子天线的辐射特性及天线的基本参数。

微课视频

9.1 滞后位

为了在指定的方向上有效地辐射电磁能量,电荷和电流必须以特定的方式分布。天线就是为了以特定的方式有效地辐射电磁能量而设计的能量转换结构,没有有效的天线,电磁能量将无法实现远距离的无线传输。天线可能是直导线、电流环、波导口径,或由这些元件合理编列的复杂阵列。天线的重要辐射特性参数有场分布、方向性、辐射功率、阻抗和带宽等。

天线辐射的电磁波是由天线上的时变电荷和电流产生的,可以通过求解麦克斯韦方程组在满足天线的边界条件下得到。但是,天线上的电流与其激发的电磁场相互作用、相互影响,通过解析法求解空间场往往比较困难。一般采用近似的方法得到天线上的场源分布,然后根据场源分布来求解天线的外场。本节讨论用矢量磁位 $\boldsymbol{A}$ 和标量电位 φ 计算空间场的方法。

在洛伦兹规范条件下,矢量磁位 $\boldsymbol{A}$ 和标量电位 φ 所满足的方程具有相同的形式,即

$$\nabla^2\varphi-\mu\varepsilon\frac{\partial^2\varphi}{\partial t^2}=-\frac{\rho}{\varepsilon}\tag{9-1}$$

$$\nabla^2\boldsymbol{A}-\mu\varepsilon\frac{\partial^2\boldsymbol{A}}{\partial t^2}=-\mu\boldsymbol{J}\tag{9-2}$$

首先求标量电位 φ 所满足的方程(9-1)。该式为线性偏微分方程,其解满足叠加原理。设标量电位 φ 是由一个位于坐标原点的时变点电荷 $q(t)$ 产生的,由于原点之外不存在电荷,则由式(9-1)可以得到原点之外 φ 满足的方程为

$$\nabla^2\varphi-\mu\varepsilon\frac{\partial^2\varphi}{\partial t^2}=0\tag{9-3}$$

此时,时变点电荷 $q(t)$ 产生的场具有球对称性,φ 仅与 r、t 有关,与 θ 和 ϕ 无关,故在球坐标下,上式可简化为

$$\frac{1}{r^2}\frac{\partial}{\partial r}\left(r^2\frac{\partial\varphi}{\partial r}\right)-\mu\varepsilon\frac{\partial^2\varphi}{\partial t^2}=0$$

设其解的形式为 $\varphi(r,t)=\dfrac{U(r,t)}{r}$，代入上式可得

$$\frac{\partial^2 U}{\partial r^2}-\frac{1}{v^2}\frac{\partial^2 U}{\partial t^2}=0 \tag{9-4}$$

其中 $v=\dfrac{1}{\sqrt{\mu\varepsilon}}$。上式的通解为

$$U(r,t)=f_1\left(t-\frac{r}{v}\right)+f_2\left(t+\frac{r}{v}\right)$$

上式中的 $f_1\left(t-\dfrac{r}{v}\right)$和 $f_2\left(t+\dfrac{r}{v}\right)$分别表示以$\left(t-\dfrac{r}{v}\right)$和$\left(t+\dfrac{r}{v}\right)$为变量的任意函数。所以式(9-3)中标量电位的解为

$$\varphi(r,t)=\frac{1}{r}f_1\left(t-\frac{r}{v}\right)+\frac{1}{r}f_2\left(t+\frac{r}{v}\right)$$

上式中第一项代表向外辐射出去的波，第二项代表向内汇聚的波。在讨论天线的电磁波辐射问题时，第二项没有实际意义，因此 $f_2=0$，而 f_1 的具体函数形式需由定解条件来确定。故此时标量电位的解为

$$\varphi(r,t)=\frac{1}{r}f_1\left(t-\frac{r}{v}\right) \tag{9-5}$$

为得到 $f_1\left(t-\dfrac{r}{v}\right)$的具体形式，将式(9-5)与同样位于原点的准静态点电荷 q 产生的标量电位 $\varphi(r)=\dfrac{q}{4\pi\varepsilon r}$作比较。由于静态场是时变场的特例，因此式(9-5)，即时变点电荷 $q(t)$ 产生的标量电位 φ 应为

$$\varphi(r,t)=\frac{q\left(t-\dfrac{r}{v}\right)}{4\pi\varepsilon r} \tag{9-6}$$

因此，对于分布在有限体积 V' 中具有体电荷密度 $\rho(r',t)$ 的电荷而言，可以将位于 $\boldsymbol{r}'$ 处的电荷元 $\rho(r',t)\mathrm{d}V'$ 视为点电荷，则该点电荷在场点 $\boldsymbol{r}$ 处产生的标量电位为

$$\mathrm{d}\varphi(\boldsymbol{r},t)=\frac{1}{4\pi\varepsilon}\frac{\rho\left(\boldsymbol{r}',t-\dfrac{|\boldsymbol{r}-\boldsymbol{r}'|}{v}\right)}{|\boldsymbol{r}-\boldsymbol{r}'|}\mathrm{d}V' \tag{9-7}$$

根据叠加原理，对上式积分可以得到体积 V' 内分布的电荷所产生的标量电位为

$$\varphi(\boldsymbol{r},t)=\frac{1}{4\pi\varepsilon}\iiint_{V'}\frac{\rho\left(\boldsymbol{r}',t-\dfrac{|\boldsymbol{r}-\boldsymbol{r}'|}{v}\right)}{|\boldsymbol{r}-\boldsymbol{r}'|}\mathrm{d}V' \tag{9-8}$$

上式表明，在时刻 t 场点 $\boldsymbol{r}$ 处的标量电位，不是决定于同一时刻的电荷分布，而是决定于较早时刻 $t'=t-\dfrac{|\boldsymbol{r}-\boldsymbol{r}'|}{v}$的电荷分布，即在场点 $\boldsymbol{r}$ 处 t 时刻的标量电位是由 t' 时刻的源所产生的。换句话说，观察点的位场变化滞后于源的变化，所推迟的时间$\dfrac{|\boldsymbol{r}-\boldsymbol{r}'|}{v}$恰好是源的变动以速度大小 $v=\dfrac{1}{\sqrt{\mu\varepsilon}}$传播到观察点所需要的时间，这种现象称为滞后现象，故将

式(9-8)所表示的标量电位 $\varphi(\boldsymbol{r},t)$ 称为滞后位(推迟位)。

电磁场不仅能够以波的形式传播,并且场源一旦激发了电磁波,即使去掉场源,它原来所激发的电磁波仍以有限速度(在真空中为光速)向远处传播,而不再返回波源,这种现象称为电磁辐射。例如,日光就是一种电磁波,在某处某时刻见到的日光并不是该时刻太阳所发出的,而是在大约 8 分 20 秒前太阳发出的(8 分 20 秒内光传播的距离正好是太阳到地球的平均距离)。

比较式(9-1)和式(9-2)可知,矢量磁位 $\boldsymbol{A}$ 所满足的方程在形式上与标量电位 φ 所满足的方程相同。可将矢量磁位 $\boldsymbol{A}(\boldsymbol{r},t)$ 分解为三个分量,因而每个分量都应具有与式(9-8)相似的解。故推迟矢量磁位可由下式表示

$$\boldsymbol{A}(\boldsymbol{r},t)=\frac{\mu}{4\pi}\iiint_{V'}\frac{\boldsymbol{J}\left(\boldsymbol{r}',t-\dfrac{|\boldsymbol{r}-\boldsymbol{r}'|}{v}\right)}{|\boldsymbol{r}-\boldsymbol{r}'|}\mathrm{d}V' \tag{9-9}$$

对于时谐场,由于 $\rho\left(\boldsymbol{r}',t-\dfrac{|\boldsymbol{r}-\boldsymbol{r}'|}{v}\right)=\mathrm{Re}[\rho(\boldsymbol{r}')\mathrm{e}^{-\mathrm{j}k|\boldsymbol{r}-\boldsymbol{r}'|}\mathrm{e}^{\mathrm{j}\omega t}]$,则式(9-8)的复数形式为

$$\varphi(\boldsymbol{r})=\frac{1}{4\pi\varepsilon}\iiint_{V'}\frac{\rho(\boldsymbol{r}')\mathrm{e}^{-\mathrm{j}k|\boldsymbol{r}-\boldsymbol{r}'|}}{|\boldsymbol{r}-\boldsymbol{r}'|}\mathrm{d}V' \tag{9-10}$$

式中 $k=\omega\sqrt{\mu\varepsilon}=\dfrac{2\pi}{\lambda}$ 为波数。同理,式(9-9)的复数形式为

$$\boldsymbol{A}(\boldsymbol{r})=\frac{\mu}{4\pi}\iiint_{V'}\frac{\boldsymbol{J}(\boldsymbol{r}')\mathrm{e}^{-\mathrm{j}k|\boldsymbol{r}-\boldsymbol{r}'|}}{|\boldsymbol{r}-\boldsymbol{r}'|}\mathrm{d}V' \tag{9-11}$$

由此可以看出,根据天线上的电流分布来计算由其产生的电磁场,可以通过式(9-11),先由给定的 $\boldsymbol{J}$ 求出 $\boldsymbol{A}$,再根据 $\boldsymbol{B}=\nabla\times\boldsymbol{A}$ 求得磁场,最后由 $\nabla\times\boldsymbol{H}=\mathrm{j}\omega\varepsilon\boldsymbol{E}$ 求得电场。

微课视频

9.2 电偶极子的辐射

几何长度远小于波长($\Delta l<\lambda/16$)的线元两端有等值异性的电荷,一端为 $+q$,另一端为 $-q$,线元上载有等幅同相的电流,这就是电偶极子(电流元)。可以认为天线是由大量的电流元组合而成,关于电偶极子产生的电磁场的分析与计算是天线工程的基础。下面首先分析关于电偶极子电磁场的激发与辐射过程,然后基于式(9-11)中的推迟矢量磁位来计算电偶极子的辐射场。

9.2.1 电偶极子电磁场的激发与辐射

在真空中,假设线元的电流均匀分布,电荷和电流随时间作正弦变化。由于电流在线元的两端为零,两端必须存储电荷。如图 9-1 所示,电荷和电流之间满足关系

$$i(t)=\frac{\mathrm{d}q}{\mathrm{d}t} \tag{9-12}$$

即有

$$\begin{cases}q(t)=q\sin\omega t\\ i(t)=q\omega\cos\omega t=I\cos\omega t=\mathrm{Re}[I\mathrm{e}^{\mathrm{j}\omega t}]\end{cases}$$

其中，$I=q\omega$ 为电流振幅。设 T 为周期，为了说明电流元电磁场辐射的情况，将图 9-1 分成四个时间段。

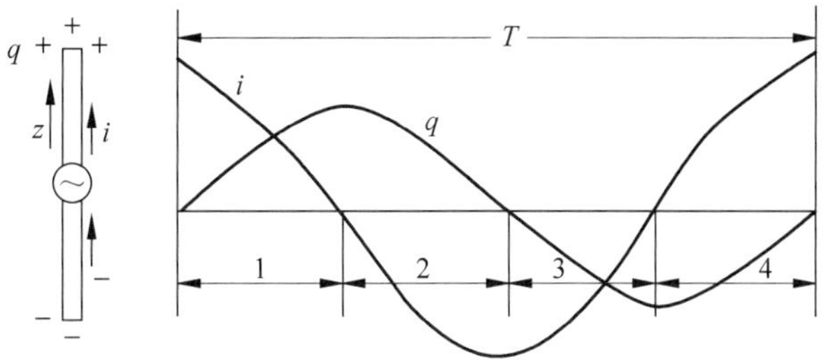

图 9-1 电流元上的电荷和电流

(1) 在 $0\sim T/4$ 时间内。

该段时间内电流元电流逐渐减小，两端累计的电荷量逐渐增加。电流沿 z 方向(图中方向向上)，它产生的磁场符合安培定则。两端电荷激发的电场由上向下，同时随着电荷增加而逐渐加强的电场外推并产生一个磁场。根据麦克斯韦第一方程式(广义安培环路定律)，该磁场的磁感线方向与变化的电场符合右手螺旋定则，显然它与正在减小的电流激发的磁场方向相同，如图 9-2(b)、图 9-2(c)所示。正是由于这个磁场的存在，在 $t=T/4$ 时刻，虽然电流为零，但是磁场依然存在，即产生了脱离电流而存在的磁场。

(2) 在 $T/4\sim T/2$ 时间内。

该段时间内电流元两端累计的电荷量逐渐减小，与之相联系的电场也逐渐减弱，同时电流改变方向(沿 $-z$ 方向)并逐渐加强(图中方向向下)。而该电流产生的磁场与 $0\sim T/4$ 时间内的磁场方向相反，并逐渐增强，它在外推的过程中产生一个电场，根据麦克斯韦第二方程式(法拉第电磁感应定律)，该电场的电场线方向与变化的磁场符合左手螺旋定则，即这个电场和原电场方向相反并存在空间位移。此时原来的电场和磁场已经向外移动了一定距离。由于这个由变化的磁场激发的电场与原电场方向相反，因此在电磁场的外推过程中和原电场交割并形成闭合的电场线环路，于是形成了脱离电荷而存在的电场，并继续外推，如图 9-2(d)、图 9-2(e)所示。

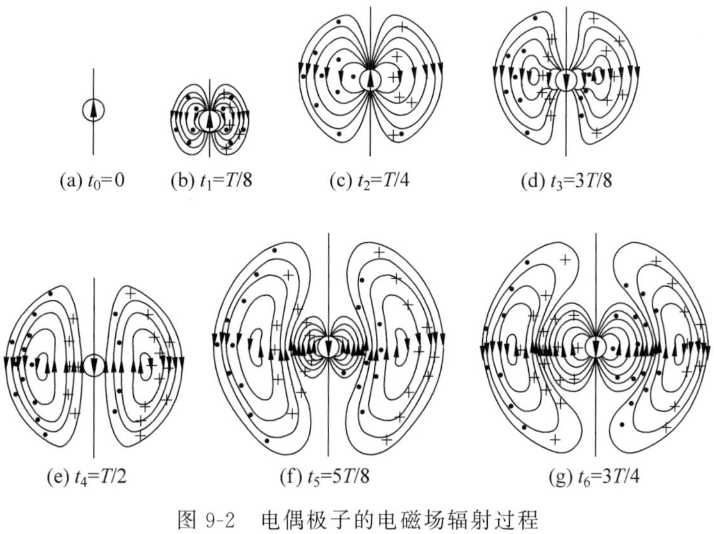

图 9-2 电偶极子的电磁场辐射过程

(3) 在 $T/2\sim T$ 时间内。

随着时间的推移,该时间段内电磁场的辐射与前半个周期的情况相同,只是电磁场的方向相反而已,如图 9-2(f)、图 9-2(g)所示。

9.2.2 电偶极子的辐射场

将式(9-12)通过复数形式表示为

$$I=\mathrm{j}\omega q \tag{9-13}$$

或

$$q=\frac{I}{\mathrm{j}\omega} \tag{9-14}$$

设电流方向沿 z 轴方向,如图 9-3 所示,上端电荷为正($+q$),下端电荷为负($-q$),两电荷相距为 l,所形成的电偶极子的电偶极矩为

$$\boldsymbol{p}_{\mathrm{e}}=\boldsymbol{e}_z ql \tag{9-15}$$

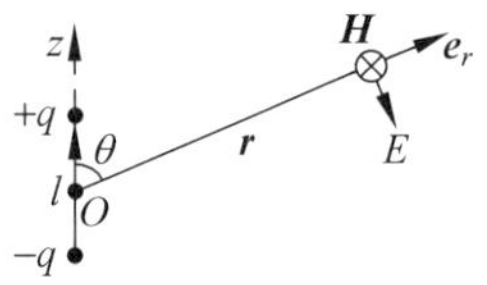

图 9-3 电偶极子

此时,导线上的电流随时间做正弦变化,电偶极子两端电荷的电量也随时间作正弦变化。由式(9-11),电偶极子(电流元)的推迟矢量磁位的复数表示为

$$\boldsymbol{A}=\boldsymbol{e}_z\frac{\mu_0 Il}{4\pi}\left(\frac{\mathrm{e}^{-\mathrm{j}kr}}{r}\right) \tag{9-16}$$

根据上式,在球坐标系中滞后矢量磁位的三个坐标分量为

$$\begin{cases}A_r=A_z\cos\theta=\dfrac{\mu_0 Il}{4\pi}\left(\dfrac{\mathrm{e}^{-\mathrm{j}kr}}{r}\right)\cos\theta\\ A_\theta=-A_z\sin\theta=-\dfrac{\mu_0 Il}{4\pi}\left(\dfrac{\mathrm{e}^{-\mathrm{j}kr}}{r}\right)\sin\theta\\ A_\phi=0\end{cases} \tag{9-17}$$

从图 9-3 电偶极子的几何形状也可以看出其结构呈柱面对称,因此 $\boldsymbol{A}$ 与坐标 ϕ 无关。根据式(9-17),有

$$\boldsymbol{H}=\frac{1}{\mu_0}\nabla\times\boldsymbol{A}=\boldsymbol{e}_\phi\frac{1}{\mu_0 r}\left[\frac{\partial}{\partial r}(rA_\theta)-\frac{\partial A_r}{\partial\theta}\right]=\boldsymbol{e}_\phi\frac{Ilk^2}{4\pi}\left[\frac{\mathrm{j}}{kr}+\frac{1}{(kr)^2}\right]\sin\theta\cdot\mathrm{e}^{-\mathrm{j}kr} \tag{9-18}$$

因此

$$\begin{cases}H_r=0\\ H_\theta=0\\ H_\phi=\dfrac{Ilk^2}{4\pi}\left[\dfrac{\mathrm{j}}{kr}+\dfrac{1}{(kr)^2}\right]\sin\theta\mathrm{e}^{-\mathrm{j}kr}\end{cases} \tag{9-19}$$

电场强度为

$$\boldsymbol{E}=\frac{1}{\mathrm{j}\omega\varepsilon_0}\nabla\times\boldsymbol{H}=\frac{\mathrm{e}^{-\mathrm{j}kr}}{\mathrm{j}\omega\varepsilon_0}\left[\boldsymbol{e}_r\frac{1}{r\sin\theta}\frac{\partial}{\partial\theta}(H_\phi\sin\theta)-\boldsymbol{e}_\theta\frac{1}{r}\frac{\partial}{\partial r}(rH_\phi)\right] \tag{9-20}$$

因此

$$\begin{cases} E_r = \dfrac{2Ilk^3\cos\theta}{4\pi\omega\varepsilon_0}\left[\dfrac{1}{(kr)^2} - \dfrac{\mathrm{j}}{(kr)^3}\right]\mathrm{e}^{-\mathrm{j}kr} \\ E_\theta = \dfrac{Ilk^3\sin\theta}{4\pi\omega\varepsilon_0}\left[\dfrac{\mathrm{j}}{kr} + \dfrac{1}{(kr)^2} - \dfrac{\mathrm{j}}{(kr)^3}\right]\mathrm{e}^{-\mathrm{j}kr} \\ E_\phi = 0 \end{cases} \tag{9-21}$$

需要注意，以上推导中仅用了电偶极子的矢量磁位 $\boldsymbol{A}$，并没有用电偶极子两端的电荷进行推导，针对电荷通过标量电位推导也可以得到相同的结果。

从式(9-19)和式(9-21)可看出，电偶极子产生的电磁场，磁场强度只有 H_ϕ 分量，而电场强度有 E_r 和 E_θ 两个分量。每个分量都包含若干项，且与距离 r 有复杂的关系，因此可以分别在近区和远区讨论并简化其电磁场的表示。

1. 电偶极子的近区场

在 $r \ll \lambda$，即 $kr \ll 1$ 的区域为电偶极子的邻近区（近区），在此区域中

$$\frac{1}{kr} \ll \frac{1}{(kr)^2} \ll \frac{1}{(kr)^3}，\text{且 } \mathrm{e}^{-\mathrm{j}kr} \approx 1 \tag{9-22}$$

因此在式(9-19)和式(9-21)中，主要是$\dfrac{1}{kr}$的高次幂项起作用，其余各项皆可忽略，故得

$$E_r = -\mathrm{j}\frac{Il\cos\theta}{2\pi\omega\varepsilon_0 r^3} \tag{9-23}$$

$$E_\theta = -\mathrm{j}\frac{Il\sin\theta}{4\pi\omega\varepsilon_0 r^3} \tag{9-24}$$

$$H_\phi = \frac{Il\sin\theta}{4\pi r^2} \tag{9-25}$$

考虑到电偶极子两端电荷与电流的关系，如式(9-13)，电场的表达式可以表示为

$$E_r = \frac{ql\cos\theta}{2\pi\varepsilon_0 r^3} = \frac{p_e\cos\theta}{2\pi\varepsilon_0 r^3} \tag{9-26}$$

$$E_\theta = \frac{ql\sin\theta}{4\pi\varepsilon_0 r^3} = \frac{p_e\sin\theta}{4\pi\varepsilon_0 r^3} \tag{9-27}$$

式中 $p_e = ql$ 是电偶极矩的振幅。

从以上结果可以看出，电偶极子在近区的电场表示式与静电偶极子的电场表示式相同；而磁场表示式与静磁场中毕奥-萨伐尔定理计算出的恒定电流元的磁场表示式相同。因此，将电偶极子的近区场称为准静态场或似稳场。

由式(9-23)、式(9-24)和式(9-25)可计算出近区场的平均功率（能量流）密度

$$\boldsymbol{S}_{\mathrm{av}} = \frac{1}{2}\mathrm{Re}[\boldsymbol{E} \times \boldsymbol{H}^*] = 0 \tag{9-28}$$

此结果表明电偶极子的近区场没有电磁功率向外输出，近区场也称感应场。应该指出，这是忽略了场表达式中的次要因素所导致的结果，而并非近区场真的没有净功率向外输出。

2. 电偶极子的远区场

在 $r \gg \lambda$，即 $kr \gg 1$ 的区域为电偶极子的远区，在此区域中

$$\frac{1}{kr} \gg \frac{1}{(kr)^2} \gg \frac{1}{(kr)^3} \tag{9-29}$$

因此在式(9-19)和式(9-21)中,主要是含$\frac{1}{kr}$的项起作用,其余各项皆可忽略,故得

$$E_\theta = \mathrm{j}\frac{Ilk^2\sin\theta}{4\pi\omega\varepsilon_0 r}\cdot \mathrm{e}^{-\mathrm{j}kr} = \mathrm{j}\frac{Il\eta_0\sin\theta}{2\lambda r}\cdot \mathrm{e}^{-\mathrm{j}kr} \tag{9-30}$$

$$H_\phi = \mathrm{j}\frac{Ilk\sin\theta}{4\pi r}\cdot \mathrm{e}^{-\mathrm{j}kr} = \mathrm{j}\frac{Il\sin\theta}{2\lambda r}\cdot \mathrm{e}^{-\mathrm{j}kr} \tag{9-31}$$

其中,$\eta_0=120\pi$ 为真空中的波阻抗。从远区场公式中,可以看到几个重要的性质:

(1) 远区场是横电磁波(TEM 波)。

E_θ 和 H_ϕ 在空间上正交,且在时间上同相。E_θ 和 H_ϕ 的比值是等于介质本征阻抗的常数(此处为自由空间的波阻抗 η_0),因此远区场有和平面波相同的特性。在距离电偶极子非常远的区域,球面波阵面近似于平面波阵面,并且

$$\frac{E_\theta}{H_\phi} = \eta_0 = 120\pi\ \Omega \tag{9-32}$$

(2) 远区场的幅度与源的距离 r 成反比。

这是由于电偶极子由源点向外辐射,其能量逐渐扩散引起的。

(3) 远区场是辐射场,电磁波沿径向辐射。

远区的平均坡印亭矢量为

$$\boldsymbol{S}_{\mathrm{av}} = \frac{1}{2}\mathrm{Re}[\boldsymbol{E}\times\boldsymbol{H}^*] = \frac{1}{2}\mathrm{Re}[\boldsymbol{e}_\theta E_\theta \times \boldsymbol{e}_\phi H_\phi^*] = \boldsymbol{e}_r\frac{1}{2}\mathrm{Re}[E_\theta H_\phi^*] = \boldsymbol{e}_r\frac{E_\theta^2}{2\eta} \tag{9-33}$$

(4) 远区场是非均匀球面波。

相位因子 $\mathrm{e}^{-\mathrm{j}kr}$ 表明波的等相位面是"$r=$常数"的球面,在该等相位面上,电场(或磁场)的振幅并不处处相等(是 θ 的函数),故为非均匀球面波。

(5) 远区场分布有方向性。

方向性因子 $\sin\theta$ 表明在"$r=$常数"的球面上,θ 取不同的数值时,场的振幅是不相等的,通常用方向性函数绘制出的方向图来形象地描述这种方向性。

方向性函数(或称方向性因子)为

$$F(\theta,\phi) = \frac{|E(\theta,\phi)|}{E_{\max}} \tag{9-34}$$

其中,$E_{\max}$ 是 $E(\theta,\phi)$的最大值。对于电偶极子的辐射场,由式(9-30)得

$$F(\theta,\phi) = F(\theta) = |\sin\theta| \tag{9-35}$$

图 9-4 中给出了 **E** 面(电场所在的平面,包含最大辐射方向,又称子午面)和 **H** 面(磁场所在的平面,包含最大辐射方向,又称赤道面)的位置,可以根据方向性函数在其上绘制出 **E** 和 **H** 的方向图。如图 9-5(a)所示,从 **E** 面方向图可以看到,在电偶极子的轴线方向上($\theta=0°$)场强为零;在垂直于电偶极子轴线的方向上($\theta=90°$)场强最大。从 **H** 面方向图 9-5(b)可以看到,由于电偶极子的轴对称性,在这个平面上各个方向的场强都等于最大值。可以根据 $|F(\theta)|$绘制立体方向图,如图 9-6 所示。显然,**E** 面方向图和 **H** 面方向图就是立体方向图分别沿 **E** 面和 **H** 面这两个主平面的剖面图。

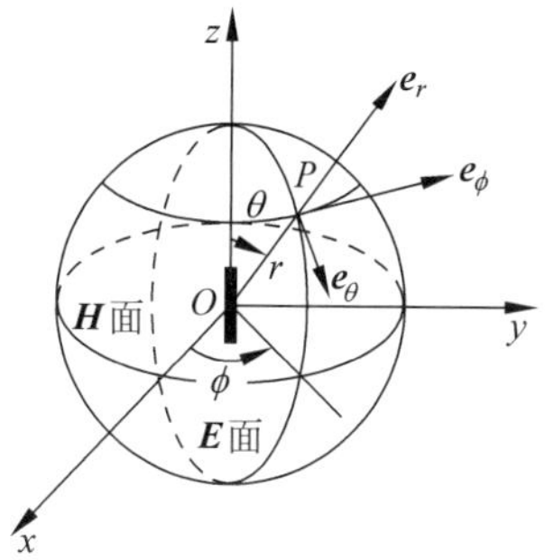

图 9-4　电偶极子的 E 面和 H 面

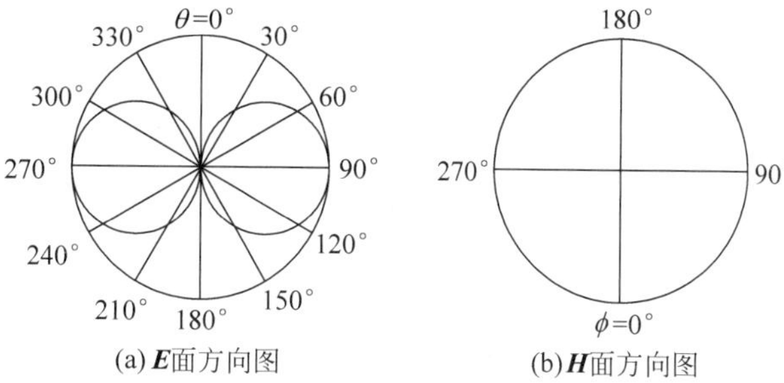

图 9-5　电偶极子的方向图

为表征方向图波瓣的宽窄，定义波瓣（主瓣）两侧半功率点处的夹角，即 $F(\theta)=1/\sqrt{2}$ 处与最大辐射方向夹角 $\theta_{0.5}$ 的 2 倍为半功率波瓣宽度 W_{HP}，例如某天线的半功率波瓣宽度如图 9-7 所示，即

$$W_{HP}=2\theta_{0.5} \tag{9-36}$$

根据上式及式(9-35)，电偶极子的半功率波瓣宽度为

$$W_{HP}=2\theta_{0.5}=2\times45^\circ=90^\circ$$

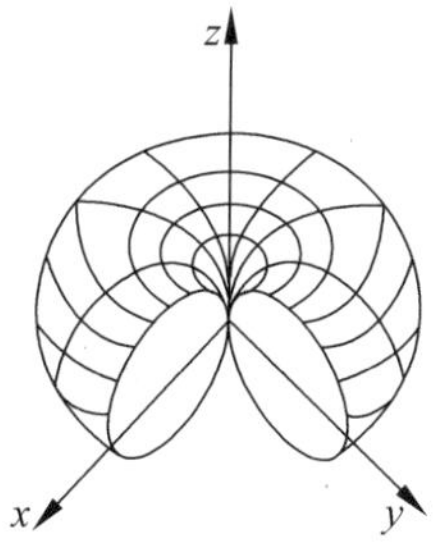

图 9-6　电偶极子的立体方向图

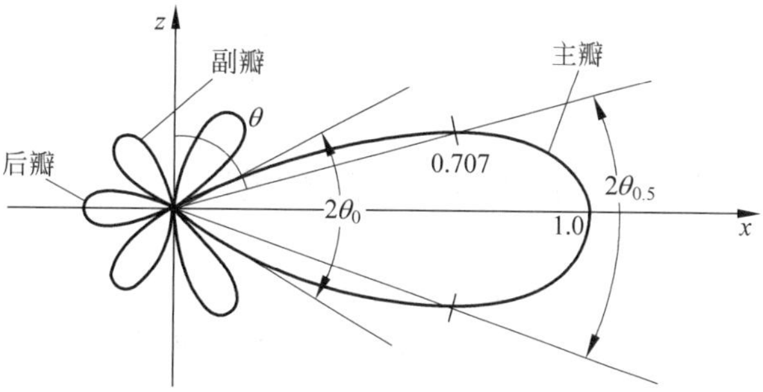

图 9-7　天线方向图的波瓣

电偶极子的辐射功率，等于平均坡印亭矢量在包围电偶极子的任意球面上的积分，即

$$\begin{aligned}P_r&=\oint\!\!\oint_S \boldsymbol{S}_{av}\cdot d\boldsymbol{S}=\oint\!\!\oint_S \boldsymbol{e}_r\frac{1}{2}\mathrm{Re}[E_\theta H_\phi^*]\cdot d\boldsymbol{S}=\int_0^{2\pi}\!\!\int_0^{\pi}\boldsymbol{e}_r\frac{1}{2}\eta_0\left(\frac{Il}{2\lambda r}\sin\theta\right)^2\cdot\boldsymbol{e}_r r^2\sin\theta d\theta d\phi\\&=\int_0^{2\pi}d\phi\int_0^{\pi}\frac{15\pi(Il)^2}{\lambda^2}\sin^3\theta d\theta=40\pi^2I^2\left(\frac{l}{\lambda}\right)^2\end{aligned} \tag{9-37}$$

可见，电偶极子的辐射功率与电长度$\dfrac{l}{\lambda}$有关。

辐射功率必须由与电偶极子相连接的源供给，为了分析方便，可以将辐射出去的功率通过在一个电阻上消耗的功率来模拟，此电阻称为辐射电阻。辐射电阻上消耗的功率为

$$P_r=\frac{1}{2}I^2R_r \tag{9-38}$$

将上式与式(9-37)比较，即得电偶极子的辐射电阻为

$$R_r=80\pi^2\left(\frac{l}{\lambda}\right)^2 \tag{9-39}$$

辐射电阻的大小可以用来衡量天线的辐射能力，是天线的基本电参数之一。

例题 9-1 频率为 10 MHz 的功率源馈送给电偶极子，其电流为 25 A。设电偶极子的长度为 50 cm，试计算：

(1) 赤道平面上离原点 10 km 处的电场和磁场；

(2) 赤道平面上 $r=10$ km 处的平均功率密度；

(3) 辐射电阻。

解 (1) 在自由空间中，$k=\frac{2\pi}{\lambda}=\frac{2\pi}{c}f=\frac{2\pi}{30}$ rad/m，由于 $kr=\frac{2\pi}{30}\times 10\times 10^3=\frac{2\pi}{3}\times 10^3\gg 1$，故观察点为远区场。因此赤道平面上 10 km 处的电场和磁场分别为

$$E_\theta=\mathrm{j}\frac{Ilk^2\sin\theta}{4\pi\varepsilon\omega r}\mathrm{e}^{-\mathrm{j}kr}=\mathrm{j}7.854\times 10^{-3}\mathrm{e}^{-\mathrm{j}2.1\times 10^3}\ \mathrm{V/m}$$

$$H_\varphi=\mathrm{j}\frac{Ilk\sin\theta}{4\pi r}\mathrm{e}^{-\mathrm{j}kr}=\mathrm{j}20.83\times 10^{-6}\mathrm{e}^{-\mathrm{j}2.1\times 10^3}\ \mathrm{A/m}$$

(2) 赤道平面上 $r=10$ km 处的平均功率密度为

$$\boldsymbol{S}_{\mathrm{av}}=\frac{1}{2}\mathrm{Re}[\boldsymbol{E}\times\boldsymbol{H}^*]=\frac{1}{2}\mathrm{Re}[\boldsymbol{e}_\theta E_\theta\times\boldsymbol{e}_\varphi H_\varphi^*]=\boldsymbol{e}_r\frac{\eta_0}{2}\left|\frac{Il\sin\theta}{2\lambda r}\right|^2=\boldsymbol{e}_r 81.8\times 10^{-9}\ \mathrm{W/m^2}$$

(3) 辐射电阻为

$$R_{\mathrm{r}}=\frac{2P_{\mathrm{r}}}{I^2}=80\pi^2\left(\frac{l}{\lambda}\right)^2=0.22\ \Omega$$

9.3 磁偶极子的辐射

磁偶极子又称磁流源，其模型是一个半径为 a 的小细电流圆环，如图 9-8 所示。设在真空中的磁偶极子，其圆环的周长远小于波长，且圆环上载有时谐电流，并处处等幅同相，表示为

$$i(t)=I\cos(\omega t+\phi)=\mathrm{Re}[I\mathrm{e}^{\mathrm{j}(\omega t+\phi)}] \tag{9-40}$$

定义磁偶极子的磁矩 $\boldsymbol{m}$ 与小圆环上电流 i 的关系为

$$\boldsymbol{m}=\mu_0\boldsymbol{S}i \tag{9-41}$$

式中 $\boldsymbol{S}=\boldsymbol{e}_{\mathrm{n}}\pi a^2$ 是小圆环的面积矢量，单位矢量 $\boldsymbol{e}_{\mathrm{n}}$ 的方向与电流 i 成右手螺旋关系。

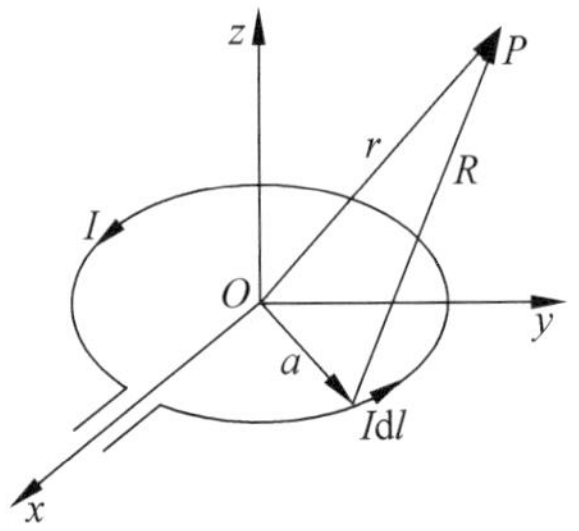

图 9-8 磁偶极子

为了确定磁偶极子的电磁场，首先要确定矢量磁位。在球坐标系下，磁偶极子的推迟矢量磁位 $\mathbf{A}$ 的表达式，可根据式(9-11)通过下式表示

$$\mathbf{A}=\frac{\mu_0 I}{4\pi}\oint\frac{\mathrm{e}^{-\mathrm{j}kR}}{R}\mathrm{d}\boldsymbol{l} \tag{9-42}$$

其中，R 为观察点到磁偶极子上积分元的距离。准确地计算式(9-42)的积分相对困难，因为 R 随着环 d$\boldsymbol{l}$ 的位置变化。考虑到 $k(R-r)\ll 1$，对于一个小的环，其指数因子的分子可以写成

$$\mathrm{e}^{-\mathrm{j}kR}=\mathrm{e}^{-\mathrm{j}kr}\mathrm{e}^{-\mathrm{j}k(R-r)}\approx\mathrm{e}^{-\mathrm{j}kr}[1-\mathrm{j}k(R-r)] \tag{9-43}$$

将式(9-43)代入式(9-42)得其近似值为

$$\boldsymbol{A}=\frac{\mu_0 I}{4\pi}\mathrm{e}^{-\mathrm{j}kr}\left[(1+\mathrm{j}kr)\oint\frac{\mathrm{d}\boldsymbol{l}}{R}-\mathrm{j}k\oint\mathrm{d}\boldsymbol{l}\right] \tag{9-44}$$

由于$\oint\mathrm{d}\boldsymbol{l}=\int_0^{2\pi}\boldsymbol{e}_\phi a\,\mathrm{d}\phi=\int_0^{2\pi}a(-\boldsymbol{e}_x\sin\phi+\boldsymbol{e}_y\cos\phi)\mathrm{d}\phi=0$，而式(9-44)方括号中的第一项与“静”磁偶极子(恒定电流环)的矢量表达式相似，因此有

$$\boldsymbol{A}=\boldsymbol{e}_\phi\frac{\mu_0 IS}{4\pi r^2}(1+\mathrm{j}kr)\sin\theta\mathrm{e}^{-\mathrm{j}kr} \tag{9-45}$$

类似于电偶极子，可以根据$\boldsymbol{A}$进一步求出磁偶极子在空间产生的电场强度和磁场强度，分别是

$$E_\phi=-\mathrm{j}\frac{ISk^3}{4\pi}\eta_0\sin\theta\left[\frac{\mathrm{j}}{kr}+\frac{1}{(kr)^2}\right]\mathrm{e}^{-\mathrm{j}kr} \tag{9-46}$$

$$H_r=\frac{ISk^2}{2\pi r}\cos\theta\left[\frac{\mathrm{j}}{kr}+\frac{1}{(kr)^2}\right]\mathrm{e}^{-\mathrm{j}kr} \tag{9-47}$$

$$H_\theta=\frac{ISk^2}{4\pi r}\sin\theta\left[-1+\frac{\mathrm{j}}{kr}+\frac{1}{(kr)^2}\right]\mathrm{e}^{-\mathrm{j}kr} \tag{9-48}$$

并且$E_r=E_\theta=0, H_\phi=0$。比较式(9-46)、式(9-47)、式(9-48)和式(9-19)、式(9-21)可以发现电偶极子和磁偶极子产生的电磁场具有对称性。

特别地，磁偶极子的远区场($kr\gg1$)为

$$E_\phi=\frac{ISk^2}{4\pi r}\eta_0\sin\theta\mathrm{e}^{-\mathrm{j}kr}=\frac{\pi IS}{\lambda^2 r}\eta_0\sin\theta\cdot\mathrm{e}^{-\mathrm{j}kr} \tag{9-49}$$

$$H_\theta=-\frac{SIk^2}{4\pi r}\sin\theta\mathrm{e}^{-\mathrm{j}kr}=-\frac{\pi IS}{\lambda^2 r}\sin\theta\cdot\mathrm{e}^{-\mathrm{j}kr} \tag{9-50}$$

并且，$E_r=E_\theta=0, H_r=H_\phi=0$。可以看到远区场与$r$成反比。同时对比电偶极子，发现磁偶极子的远区辐射场也是非均匀球面波，波阻抗也为$\eta_0=120\pi$。

磁偶极子的辐射也有方向性。将式(9-49)中磁偶极子的电场E_ϕ，对比式(9-30)中电偶极子的电场E_θ，显示二者有相同的方向函数$|\sin\theta|$。磁偶极子的E面方向图与电偶极子的H面方向图相同，而H面方向图与电偶极子的E面方向图相同。

磁偶极子的辐射功率为

$$P_r=\oiint_S \boldsymbol{S}_{\mathrm{av}}\cdot\mathrm{d}\boldsymbol{S}=\oiint_S\boldsymbol{e}_r\frac{1}{2}\mathrm{Re}[E_\phi H_\theta^*]\cdot\mathrm{d}\boldsymbol{S}=160\pi^4 I^2\left(\frac{S}{\lambda^2}\right)^2 \tag{9-51}$$

根据式(9-38)，空气中磁偶极子的辐射电阻为

$$R_r=20\pi^2 a^4\left(\frac{2\pi}{\lambda}\right)^4=320\pi^6\left(\frac{a}{\lambda}\right)^4 \tag{9-52}$$

例题 9-2 计算长度为0.1λ的基本电振子和周长为0.1λ的细导线圆环(基本磁振子)的辐射电阻。

解 由式(9-39)得基本电振子的辐射电阻为

$$R_r=80\pi^2\left(\frac{l}{\lambda}\right)^2=80\pi^2\times0.01\ \Omega=7.8957\ \Omega$$

由式(9-52)得基本磁振子的辐射电阻为

$$R_r=320\pi^6\left(\frac{a}{\lambda}\right)^4=320\pi^6\cdot\left(\frac{0.1}{2\pi}\right)^4\ \Omega=1.9769\times10^{-2}\ \Omega$$

可见,相同电长度的基本电振子的辐射电阻远大于基本磁振子的辐射电阻,即基本电振子的辐射能力强。

例题 9-3 沿 z 轴放置大小为 $I_1 l_1$ 的基本电振子,并在 xOy 平面上放置大小为 $I_2 S_2$ 的基本磁振子。它们的取向和载流频率均相同,中心位于坐标原点,求远区场的辐射强度。

解 由式(9-30)和式(9-49)得空间任一点的合成辐射电场强度为

$$\boldsymbol{E}=\boldsymbol{E}_\theta+\boldsymbol{E}_\phi=\boldsymbol{e}_\theta E_\theta+\boldsymbol{e}_\phi E_\phi=\left(\boldsymbol{e}_\theta \mathrm{j}\frac{I_1 l_1}{2\lambda}+\boldsymbol{e}_\phi\frac{\pi I_2 S_2}{\lambda^2}\right)\eta_0\sin\theta\,\frac{\mathrm{e}^{-\mathrm{j}kr}}{r}$$

微课视频

9.4 电与磁的对偶原理

由于迄今为止在自然界中尚未发现与电荷、电流相对应的真实的磁荷、磁流,因而麦克斯韦方程组是不对称的。但是,如果引入磁荷和磁流的概念,将一部分原来由电荷和电流产生的电磁场用能够产生同样电磁场的等效磁荷和等效磁流来取代,即将“电源”换成等效“磁源”,有时可以大大简化问题的分析和计算,例如,在计算电磁学中的“近场-远场”转换就用到了等效磁流。

引入磁荷和磁流的概念后,麦克斯韦方程组就以对称的形式出现,即

$$\nabla\times\boldsymbol{H}=\varepsilon\frac{\partial\boldsymbol{E}}{\partial t}+\boldsymbol{J}_\mathrm{e} \tag{9-53-1}$$

$$\nabla\times\boldsymbol{E}=-\boldsymbol{J}_\mathrm{m}-\frac{\partial\boldsymbol{B}}{\partial t} \tag{9-53-2}$$

$$\nabla\cdot\boldsymbol{B}=\rho_\mathrm{m} \tag{9-53-3}$$

$$\nabla\cdot\boldsymbol{D}=\rho_\mathrm{e} \tag{9-53-4}$$

式中下标 m 表示“磁量”,下标 e 表示“电量”。$\boldsymbol{J}_\mathrm{m}$ 为磁流密度,其量纲为 $\mathrm{V/m^2}$;ρ_m 为磁荷密度,其量纲为 $\mathrm{Wb/m^3}$。

式(9-53-1)等式右边用正号,表示电流与磁场之间是右手螺旋关系;式(9-53-2)等式右边用负号,表示磁流与电场之间是左手螺旋关系。

根据线性媒质中的电磁场叠加原理,电流、电荷和磁流、磁荷共同产生的场 $\boldsymbol{E}$ 和 $\boldsymbol{H}$,为电流、电荷单独存在时产生的场 $\boldsymbol{E}_\mathrm{e}$、$\boldsymbol{H}_\mathrm{e}$,和磁流及磁荷单独存在时产生的场 $\boldsymbol{E}_\mathrm{m}$、$\boldsymbol{H}_\mathrm{m}$ 的叠加,即

$$\boldsymbol{E}=\boldsymbol{E}_\mathrm{e}+\boldsymbol{E}_\mathrm{m},\boldsymbol{H}=\boldsymbol{H}_\mathrm{e}+\boldsymbol{H}_\mathrm{m} \tag{9-54}$$

当 $\rho_\mathrm{m}=0,\boldsymbol{J}_\mathrm{m}=0$ 和 $\rho_\mathrm{e}\neq0,\boldsymbol{J}_\mathrm{e}\neq0$ 时,空间场为 $\boldsymbol{E}_\mathrm{e}$、$\boldsymbol{H}_\mathrm{e}$,其满足的方程式(9-53)各式变为

$$\nabla\times\boldsymbol{H}_\mathrm{e}=\varepsilon\frac{\partial\boldsymbol{E}_\mathrm{e}}{\partial t}+\boldsymbol{J}_\mathrm{e} \tag{9-55-1}$$

$$\nabla\times\boldsymbol{E}_\mathrm{e}=-\mu\frac{\partial\boldsymbol{H}_\mathrm{e}}{\partial t} \tag{9-55-2}$$

$$\nabla\cdot\boldsymbol{H}_\mathrm{e}=0 \tag{9-55-3}$$

$$\nabla\cdot\boldsymbol{E}_\mathrm{e}=\frac{\rho_\mathrm{e}}{\varepsilon} \tag{9-55-4}$$

当 $\rho_\mathrm{e}=0,\boldsymbol{J}_\mathrm{e}=0$ 和 $\rho_\mathrm{m}\neq0,\boldsymbol{J}_\mathrm{m}\neq0$ 时,空间场为 $\boldsymbol{E}_\mathrm{m}$、$\boldsymbol{H}_\mathrm{m}$,其满足的方程式(9-53)各式变为

$$\nabla\times\boldsymbol{H}_\mathrm{m}=\varepsilon\frac{\partial\boldsymbol{E}_\mathrm{m}}{\partial t} \tag{9-56-1}$$

$$\nabla\times \boldsymbol{E}_{\mathrm{m}}=-\mu\frac{\partial \boldsymbol{H}_{\mathrm{m}}}{\partial t}-\boldsymbol{J}_{\mathrm{m}} \tag{9-56-2}$$

$$\nabla\cdot \boldsymbol{H}_{\mathrm{m}}=\frac{\rho_{\mathrm{m}}}{\mu} \tag{9-56-3}$$

$$\nabla\cdot \boldsymbol{E}_{\mathrm{m}}=0 \tag{9-56-4}$$

这样，空间场可以认为是电流、电荷和磁流、磁荷共同产生的，通过对上面两组方程的求解，可以得到电流、电荷单独存在时产生的场 $\boldsymbol{E}_{\mathrm{e}}$、$\boldsymbol{H}_{\mathrm{e}}$ 和磁流、磁荷单独存在时产生的场 $\boldsymbol{E}_{\mathrm{m}}$、$\boldsymbol{H}_{\mathrm{m}}$，再应用式(9-54)即可求得空间的总场 $\boldsymbol{E}$ 和 $\boldsymbol{H}$。

电流和电荷产生的场 $\boldsymbol{E}_{\mathrm{e}}$、$\boldsymbol{H}_{\mathrm{e}}$ 可以通过矢量磁位求解，而且对于很多经典的问题已经进行了大量的研究。磁流和磁荷产生的场 $\boldsymbol{E}_{\mathrm{m}}$、$\boldsymbol{H}_{\mathrm{m}}$ 的求解也可以采用类似的方法，但这样求解很复杂。然而，通过式(9-55)与式(9-56)的对偶关系，可以直接从式(9-55)各式的解求得式(9-56)的解。

如果描述不同现象的方程属于同样的数学形式，那么它们的解也将取得相同的形式，这就是对偶性原理。显然，式(9-55)与式(9-56)满足对偶关系。在对偶方程中占据同样位置的量称为对偶量，式(9-55)与式(9-56)中的对偶量为 $\boldsymbol{E}_{\mathrm{e}}\to\boldsymbol{H}_{\mathrm{m}}$，$\boldsymbol{H}_{\mathrm{e}}\to-\boldsymbol{E}_{\mathrm{m}}$，$\boldsymbol{J}_{\mathrm{e}}\to\boldsymbol{J}_{\mathrm{m}}$，$\rho_{\mathrm{e}}\to\rho_{\mathrm{m}}$，$\mu\to\varepsilon$，$\varepsilon\to\mu$。因此可以利用对偶关系经过对偶量的替换，由式(9-55)的解求得式(9-56)的解。

根据对偶原理，可由电流、电荷的边界条件得到磁流、磁荷的边界条件。电流、电荷的边界条件为

$$\begin{cases}\boldsymbol{e}_{\mathrm{n}}\times(\boldsymbol{E}_{1\mathrm{e}}-\boldsymbol{E}_{2\mathrm{e}})=0\\ \boldsymbol{e}_{\mathrm{n}}\times(\boldsymbol{H}_{1\mathrm{e}}-\boldsymbol{H}_{2\mathrm{e}})=\boldsymbol{J}_{\mathrm{s}}\\ \boldsymbol{e}_{\mathrm{n}}\cdot(\boldsymbol{D}_{1\mathrm{e}}-\boldsymbol{D}_{2\mathrm{e}})=\rho_{\mathrm{s}}\\ \boldsymbol{e}_{\mathrm{n}}\cdot(\boldsymbol{B}_{1\mathrm{e}}-\boldsymbol{B}_{2\mathrm{e}})=0\end{cases} \tag{9-57}$$

式中 $\boldsymbol{e}_{\mathrm{n}}$ 为单位矢量。那么磁荷、磁流的边界条件为

$$\begin{cases}\boldsymbol{e}_{\mathrm{n}}\times(\boldsymbol{H}_{1\mathrm{m}}-\boldsymbol{H}_{2\mathrm{m}})=0\\ \boldsymbol{e}_{\mathrm{n}}\times(\boldsymbol{E}_{1\mathrm{m}}-\boldsymbol{E}_{2\mathrm{m}})=-\boldsymbol{J}_{\mathrm{ms}}\\ \boldsymbol{e}_{\mathrm{n}}\cdot(\boldsymbol{B}_{1\mathrm{m}}-\boldsymbol{B}_{2\mathrm{m}})=\rho_{\mathrm{ms}}\\ \boldsymbol{e}_{\mathrm{n}}\cdot(\boldsymbol{D}_{1\mathrm{m}}-\boldsymbol{D}_{2\mathrm{m}})=0\end{cases} \tag{9-58}$$

在对偶原理的基础上，经过对偶量的替换，可由电偶极子在空间产生的场，通过对偶性可得到磁流为 I_{m}，长为 l 的磁偶极子在空间产生的场。

例题 9-4 应用对偶原理，求真空中磁偶极子的远区辐射场。

解 设表示磁偶极子的小电流环可以等效为相距 l，两端磁荷分别为 $+q_{\mathrm{m}}$、$-q_{\mathrm{m}}$ 的磁偶极子结构模型。其磁偶极矩为

$$\boldsymbol{p}_{\mathrm{m}}=q_{\mathrm{m}}\boldsymbol{l}=\boldsymbol{e}_z q_{\mathrm{m}}l=\boldsymbol{e}_z\mu_0 Si$$

因此，磁偶极子的磁流为

$$i_{\mathrm{m}}=\frac{\mathrm{d}q_{\mathrm{m}}}{\mathrm{d}t}=\frac{\mu_0 S}{l}\frac{\mathrm{d}i}{\mathrm{d}t}=\frac{\mu_0 S}{l}\frac{\mathrm{d}}{\mathrm{d}t}[I\cos(\omega t+\phi)]$$

上式对应的磁流的复数形式为

$$I_m = j\omega \frac{\mu_0 S}{l} I$$

则磁偶极子对应的磁流元为 $I_m l$,其与电流环的关系为

$$I_m l = j\omega\mu_0 SI = jk\eta_0 SI = j\frac{2\pi}{\lambda}\eta_0 SI$$

即

$$SI = -j\frac{\lambda l}{2\pi\eta_0} I_m$$

将上式代入式(9-49)、式(9-50)得磁偶极子的远区辐射场为

$$E_\phi = -j\frac{I_m l}{2\lambda r}\sin\theta e^{-jkr}$$

$$H_\theta = j\frac{I_m l}{2\lambda r\eta_0}\sin\theta e^{-jkr}$$

也可以利用对偶原理,由式(9-30)及式(9-31)得到上述结果。利用关系式 $I_m l = j\omega\mu_0 SI$,以上两式可以得到式(9-49)及式(9-50)的结果。

9.5 对称振子天线

电偶极子的电长度非常小,其上的电流可以视为均匀分布,因此对其辐射场的分析比较简单。但是,电偶极子的辐射能力很弱,方向性也不强。为了提高天线的辐射能力、改善方向性等参数,实际工程中常采用对称振子天线作为基本的辐射单元,对称振子天线可以单独使用,也可以作为天线阵的组成单元。

由直导线或者金属管作为两臂可以构成对称振子天线,如图 9-9 所示,设天线两臂长为 l,它的两个内端点为电源馈点。对称振子天线可以看作是由终端开路的双线传输线变形而来。

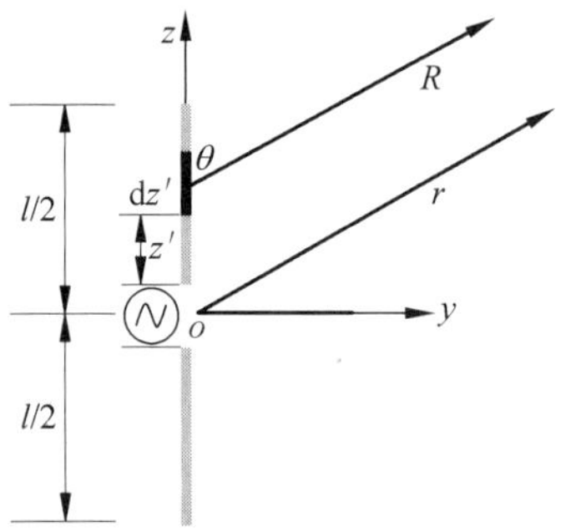

图 9-9 对称振子天线

9.5.1 对称振子天线上的电流分布

对于细导线构成的对称振子天线,其上的电流分布可用终端开路的双线传输线上的电流分布来近似,即

$$I(z) = I_0 \sin\left[k\left(\frac{l}{2} - |z'|\right)\right] = \begin{cases} I_0 \sin\left[k\left(\frac{l}{2} - z'\right)\right], & 0 < z' < \frac{l}{2} \\ I_0 \sin\left[k\left(\frac{l}{2} + z'\right)\right], & -\frac{l}{2} < z' < 0 \end{cases} \tag{9-59}$$

其中,$k = \frac{2\pi}{\lambda}$为相位常数,图 9-10 给出了几种不同长度的对称阵子天线上的电流分布,箭头表示电流方向。

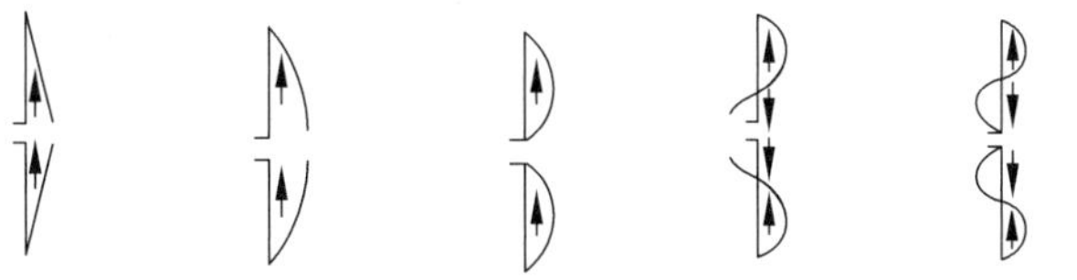

(a) $l<<\lambda$ (b) $l=\lambda/2$ (c) $l=\lambda$ (d) $l=3\lambda/2$ (e) $l=2\lambda$

图 9-10 对称阵子天线上的电流分布

9.5.2 对称振子天线的远区场

将对称振子天线看作是由许多电流元 $I(z')\mathrm{d}z'$组成，而每个电流元可以视为一个电偶极子。根据叠加原理，则对称振子天线的远区场可视为由多个电偶极子辐射场的叠加而成。根据式(9-30)得

$$\mathrm{d}E_\theta=\mathrm{j}\eta_0\frac{I(z')\mathrm{d}z'\sin\theta}{2\lambda R}\cdot \mathrm{e}^{-\mathrm{j}kR}$$

根据图 9-9 可知，$R\approx r-z'\cos\theta$，因此上式的积分为

$$\begin{aligned}E_\theta&=\int_{-l/2}^{l/2}\mathrm{j}\eta_0\frac{I(z')\mathrm{d}z'\sin\theta}{2\lambda R}\cdot \mathrm{e}^{-\mathrm{j}kR}=\mathrm{j}\frac{60\pi I_0}{\lambda r}\mathrm{e}^{-\mathrm{j}kr}\sin\theta\int_{-l/2}^{l/2}\sin\left[k\left(\frac{l}{2}-|z'|\right)\right]\mathrm{e}^{\mathrm{j}kz'\cos\theta}\mathrm{d}z'\\&=\mathrm{j}\frac{60I_0}{r}\mathrm{e}^{-\mathrm{j}kr}\left[\frac{\cos\left(k\frac{l}{2}\cdot\cos\theta\right)-\cos\left(k\frac{l}{2}\right)}{\sin\theta}\right]\end{aligned}\tag{9-60}$$

在上述积分中，利用了欧拉公式 $\mathrm{e}^{\mathrm{j}kz'\cos\theta}=\cos(kz'\cos\theta)+\mathrm{j}\sin(kz'\cos\theta)$。

远区磁场为

$$H_\varphi=E_\theta/\eta_0\tag{9-61}$$

根据式(9-60)，对称振子天线的方向性函数为

$$F(\theta,\phi)=\frac{\cos\left(k\frac{l}{2}\cdot\cos\theta\right)-\cos\left(k\frac{l}{2}\right)}{\sin\theta}\tag{9-62}$$

图 9-11 给出了几种不同长度对称振子天线的 E 面方向图。结合图 9-5(a)及图 9-11 可以看出，在对称振子的总长度 $l\leqslant\lambda$ 时，随着 l/λ 的增大，方向性逐渐增强，主瓣的方向与对称振子的轴线垂直，并且没有副瓣。当对称振子的总长度 $l>\lambda$ 时，对称振子上将出现反向电流，由于不同相位及幅度的波在空间相互干涉叠加的结果，在方向图上出现了副瓣，如图 9-11(c)所示。而当 $l=2\lambda$ 时，对称振子的上下臂的电流对称，因此出现了大小相等的 4 个波瓣，此时没有主副瓣之分，如图 9-11(d)所示。

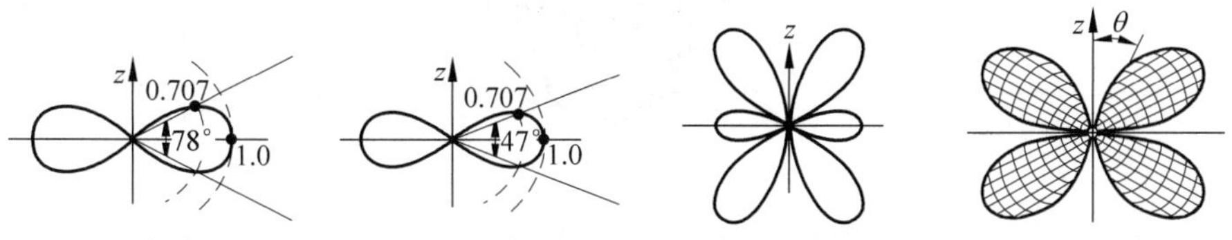

(a) $l=\lambda/2$ (b) $l=\lambda$ (c) $l=3\lambda/2$ (d) $l=2\lambda$

图 9-11 对称振子天线的 E 面方向图

对称振子的辐射功率可以由式(9-60)及式(9-61)求得。对称振子的辐射功率为

$$
\begin{aligned}
P_{\mathrm{r}} &= \oiint_S \boldsymbol{S}_{\mathrm{av}} \cdot \mathrm{d}\boldsymbol{S} = \frac{1}{2}\oint_S \mathrm{Re}[E_\theta H_\phi^*] \cdot \mathrm{d}S \\
&= 30 I_0^2 \int_0^\pi \frac{\left[\cos\left(k\,\dfrac{l}{2}\cdot\cos\theta\right) - \cos\left(k\,\dfrac{l}{2}\right)\right]^2}{\sin\theta}\mathrm{d}\theta
\end{aligned}
\tag{9-63}
$$

根据上式及式(9-38)可以求出对称振子的辐射电阻,即

$$
R_{\mathrm{r}} = 60\int_0^\pi \frac{\left[\cos\left(k\,\dfrac{l}{2}\cdot\cos\theta\right) - \cos\left(k\,\dfrac{l}{2}\right)\right]^2}{\sin\theta}\mathrm{d}\theta \tag{9-64}
$$

微课视频

9.6 天线的基本参数

在无线通信中,天线将高频电流能量转换成电磁波能量辐射出去。表征天线性能的主要参数有方向图、输入阻抗、驻波比、极化方式、增益、效率、前后比及带宽等。

9.6.1 方向性函数、方向图与方向性系数

天线的方向性函数表征了天线的辐射特性与空间坐标之间的关系,如式(9-34)所示。可以根据方向性函数绘制出天线的方向图。图9-5(a)、图9-11等分别给出了电偶极子、半波振子、全波振子、3λ/2及2λ对称振子天线的方向图。实际工程应用中的方向图比较复杂,往往会出现多个副瓣,其中主瓣正后方的波瓣称为后瓣,如图9-12所示为工程中一般定向天线的方向图。

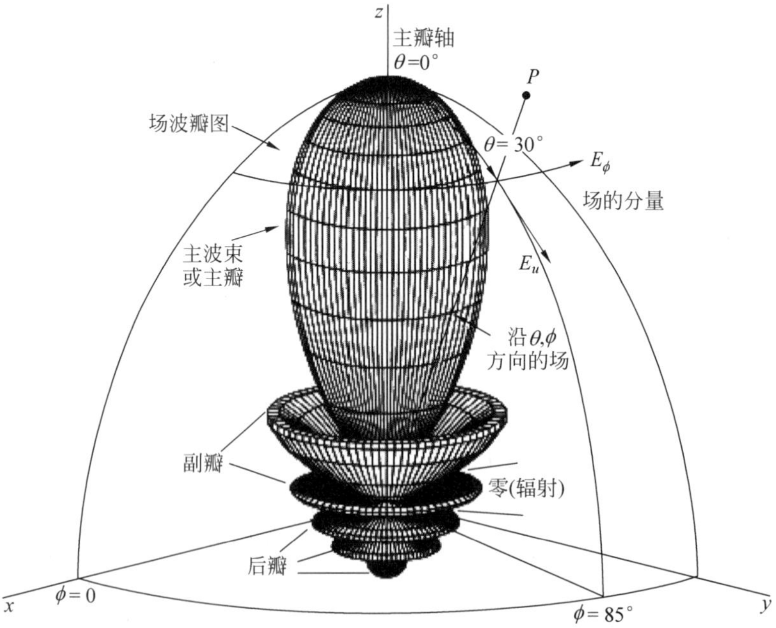

图9-12 定向天线三维辐射方向图

在相等辐射功率的情况下,受试天线在其最大辐射方向上某点的功率密度与理想无方向性天线在同一点的功率密度之比值,定义为受试天线的方向性系数,即

$$D=\left.\frac{S_{\max}}{S_0}\right|_{P_r,r} \tag{9-65-1}$$

又可以表示为受试天线在其最大辐射方向上某点场强的平方与理想无方向性天线在同一点场强的平方之比值

$$D=\left.\frac{|\boldsymbol{E}_{\max}|^2}{|\boldsymbol{E}_0|^2}\right|_{P_r,r} \tag{9-65-2}$$

也可以表示为在受试天线最大辐射方向上,某点电场强度相等的条件下,理想的无方向性天线的辐射功率与受试天线的辐射功率之比,即

$$D=\left.\frac{P_{r0}}{P_r}\right|_{E_r,r} \tag{9-65-3}$$

经过推导,天线方向性系数的计算公式为

$$D=\frac{4\pi}{\int_0^{2\pi}\int_0^{\pi}F^2(\theta,\phi)\sin\theta\,\mathrm{d}\theta\,\mathrm{d}\phi} \tag{9-66}$$

其中 F 为方向性函数。

9.6.2 输入阻抗与驻波比

天线的输入阻抗是天线馈电端输入电压与输入电流的比值。天线与馈线的连接,最佳情形是天线输入阻抗是纯电阻且等于馈线的特性阻抗,这时馈线终端没有反射波,馈线上没有驻波,天线的输入阻抗随频率的变化比较平缓。

天线的匹配工作就是消除天线输入阻抗中的电抗分量,使电阻分量尽可能地接近馈线的特性阻抗。匹配的优劣一般用四个参数来衡量,即反射系数、行波系数、驻波比和回波损耗,四个参数之间有固定的数值关系。在工程中,用的较多的是驻波比和回波损耗。一般移动通信天线的输入阻抗为 50 Ω。

驻波比(VSWR):它是行波系数的倒数,如式(7-29)所示。其值在 1 到无穷大。驻波比为 1,表示完全匹配;驻波比为无穷大表示全反射,完全失配。在移动通信系统中,一般要求驻波比小于 1.5,但实际应用中驻波比应小于 1.2。过大的驻波比会减小基站的覆盖并造成系统内干扰加大,影响基站的服务性能。

回波损耗:它是反射系数绝对值的倒数,以分贝值表示。回波损耗的值在 0 dB 到无穷大,回波损耗越小表示匹配越差,回波损耗越大表示匹配越好。零表示全反射,无穷大表示完全匹配。在移动通信系统中,一般要求回波损耗大于 14 dB。

9.6.3 极化

所谓天线的极化,就是指天线在其最大辐射方向上电场强度矢量随时间变化的规律。当电场强度方向垂直于地面时,此电磁波就称为垂直极化波;当电场强度方向平行于地面时,此电磁波就称为水平极化波。由于水平极化的电磁波在贴近地面传播时会在大地表面产生极化电流,极化电流因受大地阻抗的影响产生热能而使信号迅速衰减,而垂直极化方式则不易产生极化电流,从而避免了能量的大幅衰减,保证了信号的有效传播。因此,在移动

通信系统中,一般均采用垂直极化的传播方式。

另外,随着新技术的发展,又出现了一种双极化天线。就其设计思路而言,一般分为垂直与水平极化和±45°极化两种方式,性能上一般后者优于前者,因此目前大部分采用的是±45°极化方式。双极化天线组合了+45°和−45°两副极化方向相互正交的天线,并同时工作在收发双工模式下,大大节省了每个小区的天线数量。同时由于±45°为正交极化,有效地保证了分集接收的良好效果(其极化分集增益约为5 dB,比单极化天线提高约2 dB)。

9.6.4 效率

天线的效率定义为天线的辐射功率 P_r 与输入功率 P_{in} 的比值。即

$$\eta_A=\frac{P_r}{P_{in}}=\frac{P_r}{P_r+P_L}=\frac{R_r}{R_r+R_L} \tag{9-67}$$

其中,P_L 为天线的总损耗功率,R_r、R_L 为辐射电阻和损耗电阻。显然,为了提高天线的效率,应尽可能地增大辐射电阻和降低损耗电阻。

9.6.5 增益

天线的增益定义为在相同输入功率的情况下,受试天线在其最大辐射方向上某点的功率密度与理想无方向天线在同一点产生的功率密度之比值。它用来衡量天线朝一个特定方向收发信号的能力,一般来说,增益的提高主要依靠减小垂直面上辐射的波瓣宽度,而在水平面上保持全向的辐射性能。天线增益对移动通信系统的运行质量极为重要,因为它决定了蜂窝小区边缘的信号电平。增加增益就可以在某确定方向上增大网络的覆盖范围。任何蜂窝系统都是一个双向过程,增加天线的增益能同时减少双向系统增益的预算余量。相同的条件下,增益越高,电磁波传播的距离越远。一般地,GSM 定向基站的天线增益为18 dBi,全向的为11 dBi。

增益与方向性系数、效率的关系为 $G=D\eta_A$。

9.6.6 波瓣宽度

天线的方向图是度量天线在各个方向收发信号能力的一个指标,通常以图形方式表示为功率强度与夹角的关系。波瓣宽度是指天线的方向图中低于峰值3 dB处所成夹角的大小,如式(9-36)所示,主要涉及垂直平面波瓣宽度和水平平面波瓣宽度。

天线在垂直平面的半功率角(例如48°,33°,15°,8°等)定义了天线垂直平面的波束宽度,即垂直平面波瓣宽度。垂直平面的半功率角越小,偏离主波束方向时信号衰减越快,就越容易通过调整天线倾角准确地控制覆盖范围。天线的垂直平面波瓣宽度一般与该天线所对应方向上的覆盖半径有关。因此,在一定范围内通过对天线垂直度(倾角)的调节,可以达到改善小区覆盖质量的目的,这也是网络优化中经常采用的一种手段。

天线在水平平面的半功率角(例如45°,60°,90°等)定义了天线水平平面的波束宽度,即水平平面波瓣宽度。水平平面波瓣宽度越大,在扇区交界处的覆盖越好,但当提高天线倾角时,也越容易发生波束畸变,形成越区覆盖。水平平面波瓣宽度越小,在扇区交界处覆盖越差。提高天线倾角可以在一定程度上改善扇区交界处的覆盖。在市中心的基站由于站距小,天线倾角大,应当采用水平平面的半功率角小的天线,而在郊区应选用水平平面的半功

率角大的天线。

9.6.7 前后比和副瓣电平

天线的主瓣功率密度和后瓣功率密度之比的对数值称为前后比。天线的前后比表明了天线对后瓣抑制的好坏。在移动通信中，选用前后比低的天线，天线的后瓣有可能产生越区覆盖，导致切换关系混乱，产生掉话。一般选择前后比为 25～30 dB 的天线，应优先选用前后比为 30 dB 以上的天线。

最大副瓣的功率密度与主瓣功率密度之比的对数值称为副瓣电平。

9.6.8 有效长度与频带宽度

在保持实际天线最大辐射方向上场强不变的条件下，假设天线上的电流为均匀分布，电流的大小等于输入端的电流，则此设想天线的长度称为实际天线的有效长度。

当频率改变时，天线的电参数能够保持在规定的技术要求范围内，对应的频率变化范围就称为该天线的频带宽度，简称带宽。

例题 9-5 设馈电电流为 I_0，计算半波对称振子的辐射功率、辐射电阻和方向性系数。

解 半波对称振子的长度为 $l=\lambda/2$，由式(9-60)得其远区电场为

$$E_\theta = \mathrm{j}\,\frac{60I_0}{r}\mathrm{e}^{-\mathrm{j}kr}\left[\frac{\cos(\pi/2\cdot\cos\theta)}{\sin\theta}\right]$$

因此，辐射功率为

$$\begin{aligned}P_{\mathrm{r}} &= \oiint_S \boldsymbol{e}_r\,\frac{1}{2}\mathrm{Re}[E_\theta H_\phi^*]\cdot \mathrm{d}\boldsymbol{S} = \frac{1}{2}\int_0^{2\pi}\int_0^{\pi}\frac{|E_\theta|^2}{\eta_0}\cdot r^2\sin\theta\,\mathrm{d}\theta\,\mathrm{d}\phi \\ &= \int_0^{2\pi}\mathrm{d}\phi\int_0^{\pi}\frac{15I_0^2\cos^2(\pi/2\cdot\cos\theta)}{\pi\sin\theta}\mathrm{d}\theta = 36.564I_0^2\ \mathrm{W}\end{aligned}$$

辐射电阻为

$$R_{\mathrm{r}} = \frac{2P_{\mathrm{r}}}{I_0^2} = 73.128\ \Omega$$

比较例题 9-2 可知，半波对称振子的辐射能力远大于基本电(磁)振子的辐射能力。

根据式(9-62)，对称振子天线的方向性函数为

$$F(\theta,\phi) = \frac{\cos(\pi/2\cdot\cos\theta)}{\sin\theta}$$

故由式(9-65)得到其方向性系数为

$$D = \frac{4\pi}{\int_0^{2\pi}\int_0^{\pi}F^2(\theta,\phi)\sin\theta\,\mathrm{d}\theta\,\mathrm{d}\phi} = \frac{4\pi}{\int_0^{2\pi}\int_0^{\pi}\frac{\cos^2(\pi/2\cdot\cos\theta)}{\sin^2\theta}\sin\theta\,\mathrm{d}\theta\,\mathrm{d}\phi} = 1.641$$

习题

9-1 已知电偶极矩的矢量磁位为 $\boldsymbol{A} = \mathrm{j}\,\frac{\omega\mu_0\boldsymbol{P}}{4\pi r}\mathrm{e}^{-\mathrm{j}kr}$，其中 $\boldsymbol{P}$ 为常矢量，求其所产生的磁场的表达式。

9-2 设电偶极子天线的轴线沿东西方向放置，在远处正南方有一移动接收机能够收到最大电场强度。当接收机以电偶极子天线为中心在地面做圆周移动时，电场逐渐减小。问当电场强度减小到最大值的 $1/\sqrt{2}$ 时，接收机偏离正南多少度？

9-3 假设在上题中接收机不动。

(1) 如果电偶极子天线在原地水平面内绕中心旋转，试讨论结果如何；

(2) 如果接收机天线也是电偶极子天线，试讨论收、发两天线的相对方向对测量结果的影响。

9-4 如习题 9-4 图所示，半波天线上的电流分布为 $I(z')=I_0\cos(kz')$，$-l/2<z'<l/2$。

(1) 试证明，当 $r\gg l$ 时，$A_z=\dfrac{\mu_0 I_0}{2\pi kr}\mathrm{e}^{-\mathrm{j}kr}\ \dfrac{\cos(\pi/2\cdot\cos\theta)}{\sin^2\theta}$；

(2) 试求远区的电场和磁场；

(3) 方向性函数；

(4) 求远区的平均坡印亭矢量；

(5) 已知 $\displaystyle\int_0^{\pi/2}\frac{\cos(\pi/2\cdot\cos\theta)}{\sin^2\theta}\mathrm{d}\theta=0.609$，求辐射电阻；

(6) 试求方向性系数。

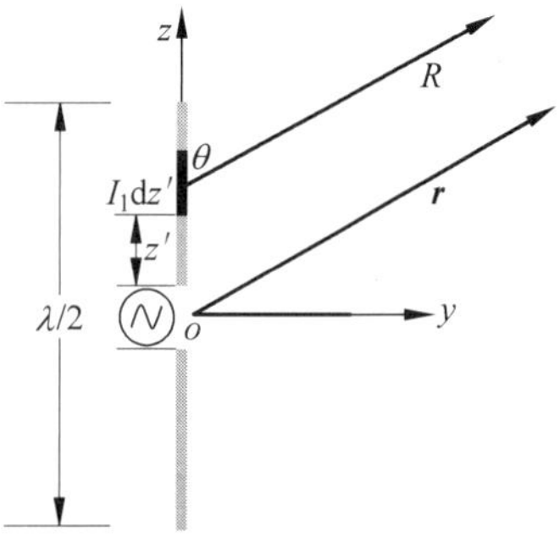

习题 9-4 图

9-5 半波天线的电流振幅为 1 A，试求离开天线 1 km 处的最大电场强度。

9-6 求半波天线的主瓣宽度。

9-7 已知某天线的辐射功率为 100 W，方向性系数为 3。

(1) 试求 $r=10$ km 处，最大辐射方向上的电场强度大小；

(2) 若保持辐射功率不变，要使 $r_2=20$ km 处的场强等于 $r_1=10$ km 处的场强，应选用方向性系数 D 等于多大的天线？

9-8 已知波源的频率为 1 MHz，求线长为 1 m 的导线的辐射电阻。

(1) 设导线为直线段；

(2) 设导线弯成环形。

9-9 为了在垂直于电偶极子轴线的方向上，距离其 100 km 处得到电场强度的有效值大小为 100 μV/m，则电偶极子的辐射功率至少为多少？

9-10 一个比波长甚短的短天线，中心馈电，且中心为电流的最大值 I_0，到两端线性减小，到端点为零，如习题 9-10 图所示。若有另一个相同尺寸的天线，其上电流为均匀分布，并且等于 I_0。试证明前者天线的辐射功率和辐射电阻仅为后者的四分之一。

9-11 一个电偶极子和一个小电流圆环同时放置在坐标原点，如果满足条件 $I_1 l=kI_2\pi a^2$，其中 l 为电偶极子的长度、a 为小电流圆环的半径，$k=\omega\sqrt{\mu_0\varepsilon_0}$。

(1) 证明在远区任一点的电磁场是圆极化波。

(2) 该极化波是左旋还是右旋？

9-12 电偶极子 Il 的一端与地面无限靠近。当电偶极子与地

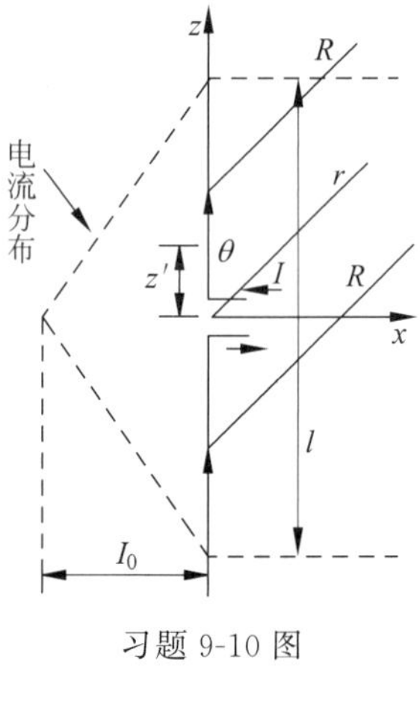

习题 9-10 图

面的夹角为 30°时，测得天线的发射功率为 100 mW。如果天线与地面垂直放置，求天线的发射功率。

9-13 高度为 $2h$ 的短对称线上的电流分布为 $I(z)=I_0\left(1-\frac{|z|}{h}\right)$，且同相。

（1）求其辐射场；

（2）给出其方向性函数。

9-14 利用对偶原理，求在无限大理想导体平面上方垂直放置的磁流元的镜像。

9-15 证明在无限大理想导体平面上平行放置的电流元与其具有相反相位的镜像电流元，在对称面上的总辐射场的切向分量为零。

附录 A 矢量基本运算公式

APPENDIX A

附录 A.1 常用的基本矢量运算公式

$$\boldsymbol{A}\times\boldsymbol{B}=-\boldsymbol{B}\times\boldsymbol{A}$$

$$\boldsymbol{A}\cdot\boldsymbol{A}=|\boldsymbol{A}|^2$$

$$(\boldsymbol{A}+\boldsymbol{B})\cdot\boldsymbol{C}=\boldsymbol{A}\cdot\boldsymbol{C}+\boldsymbol{B}\cdot\boldsymbol{C}$$

$$(\boldsymbol{A}+\boldsymbol{B})\times\boldsymbol{C}=\boldsymbol{A}\times\boldsymbol{C}+\boldsymbol{B}\times\boldsymbol{C}$$

$$\boldsymbol{A}\cdot(\boldsymbol{B}\times\boldsymbol{C})=\boldsymbol{B}\cdot(\boldsymbol{C}\times\boldsymbol{A})=\boldsymbol{C}\cdot(\boldsymbol{A}\times\boldsymbol{B})$$

$$\boldsymbol{A}\times(\boldsymbol{B}\times\boldsymbol{C})=\boldsymbol{B}(\boldsymbol{A}\cdot\boldsymbol{C})-\boldsymbol{C}(\boldsymbol{A}\cdot\boldsymbol{B})$$

附录 A.2 梯度运算的基本公式

$$\nabla C=0 \quad C\text{ 为常量}$$

$$\nabla(Cu)=C\nabla u$$

$$\nabla(u\pm v)=\nabla u\pm\nabla v$$

$$\nabla(uv)=u\nabla v+v\nabla u$$

$$\nabla\left(\frac{u}{v}\right)=\frac{1}{v^2}(v\nabla u-u\nabla v)$$

$$\nabla f(u)=f'(u)\nabla u$$

附录 A.3 散度运算的基本公式

$$\nabla\cdot\boldsymbol{C}=0 \quad \boldsymbol{C}\text{ 为常矢量}$$

$$\nabla\cdot(k\boldsymbol{F})=k\nabla\cdot\boldsymbol{F} \quad k\text{ 为常量}$$

$$\nabla\cdot(\boldsymbol{C}\varphi)=\boldsymbol{C}\cdot\nabla\varphi$$

$$\nabla\cdot(\varphi\boldsymbol{F})=\varphi\nabla\cdot\boldsymbol{F}+\boldsymbol{F}\cdot\nabla\varphi$$

$$\nabla\cdot(\boldsymbol{F}\pm\boldsymbol{G})=\nabla\cdot\boldsymbol{F}\pm\nabla\cdot\boldsymbol{G}$$

附录 A.4 旋度运算的基本公式

$$\nabla\times\boldsymbol{C}=0$$

$$\nabla\times(\boldsymbol{C}\varphi)=\nabla\varphi\times\boldsymbol{C}$$

$$\nabla\times(\varphi\boldsymbol{F})=\varphi\nabla\times\boldsymbol{F}+\nabla\varphi\times\boldsymbol{F}$$

$$\nabla\times(\boldsymbol{F}\pm\boldsymbol{G})=\nabla\times\boldsymbol{F}\pm\nabla\times\boldsymbol{G}$$

$$\nabla\cdot(\boldsymbol{F}\times\boldsymbol{G})=\boldsymbol{G}\cdot\nabla\times\boldsymbol{F}-\boldsymbol{F}\cdot\nabla\times\boldsymbol{G}$$

$$\nabla\cdot(\nabla\times\boldsymbol{F})\equiv 0$$

$$\nabla\times(\nabla u)\equiv 0$$

$$\nabla\times\nabla\times\boldsymbol{A}=\nabla(\nabla\cdot\boldsymbol{A})-\nabla^2\boldsymbol{A}$$

$$\nabla\times(\boldsymbol{A}\times\boldsymbol{B})=\boldsymbol{A}(\nabla\cdot\boldsymbol{B})-\boldsymbol{B}(\nabla\cdot\boldsymbol{A})+(\boldsymbol{B}\cdot\nabla)\boldsymbol{A}-(\boldsymbol{A}\cdot\nabla)\boldsymbol{B}$$

$$\nabla(\boldsymbol{A}\cdot\boldsymbol{B})=(\boldsymbol{A}\cdot\nabla)\boldsymbol{B}+(\boldsymbol{B}\cdot\nabla)\boldsymbol{A}+\boldsymbol{A}\times(\nabla\times\boldsymbol{B})+\boldsymbol{B}\times(\nabla\times\boldsymbol{A})$$

附录B 洛伦兹规范

APPENDIX B

在静态场中标量电位 φ、矢量磁位 $\boldsymbol{A}$ 相互独立。但是，在时变场的情况下由于交变电荷与电流之间通过电流连续性方程联系在一起，φ 和 $\boldsymbol{A}$ 两者之间会存在一定的联系。这种联系就是洛伦兹规范。

对于时谐场，矢量磁位 $\boldsymbol{A}$ 的波动方程为

$$\nabla^2\boldsymbol{A}+k^2\boldsymbol{A}=-\mu\boldsymbol{J} \tag{1}$$

其解为

$$\boldsymbol{A}=\frac{\mu}{4\pi}\iiint_{V'}\frac{\boldsymbol{J}\,\mathrm{e}^{-\mathrm{j}kr}}{r}\mathrm{d}V' \tag{2}$$

其中 $\boldsymbol{J}=\boldsymbol{J}(x',y',z')$，现在证明式(2)自动满足洛伦兹规范。

为分析方便起见，省略式(2)中的指数项。对式(2)取散度得

$$\begin{aligned}\nabla\cdot\boldsymbol{A}&=\frac{\mu}{4\pi}\nabla\cdot\iiint_{V'}\frac{\boldsymbol{J}}{r}\mathrm{d}V'=\frac{\mu}{4\pi}\iiint_{V'}\nabla\cdot\frac{\boldsymbol{J}}{r}\mathrm{d}V'\\&=\frac{\mu}{4\pi}\iiint_{V'}\left[\frac{1}{r}\nabla\cdot\boldsymbol{J}+\boldsymbol{J}\cdot\nabla\frac{1}{r}\right]\mathrm{d}V'=\frac{\mu}{4\pi}\iiint_{V'}\left[\boldsymbol{J}\cdot\nabla\frac{1}{r}\right]\mathrm{d}V'\\&=-\frac{\mu}{4\pi}\iiint_{V'}\left[\boldsymbol{J}\cdot\nabla'\frac{1}{r}\right]\mathrm{d}V'=\frac{\mu}{4\pi}\iiint_{V'}\left[\frac{1}{r}\nabla'\cdot\boldsymbol{J}-\nabla'\cdot\left(\frac{\boldsymbol{J}}{r}\right)\right]\mathrm{d}V'\end{aligned}$$

因为 $\frac{\mu}{4\pi}\iiint_{V'}\nabla'\cdot\left(\frac{\boldsymbol{J}}{r}\right)\mathrm{d}V'=\oiint_{S}\frac{\boldsymbol{J}}{r}\cdot\mathrm{d}\boldsymbol{S}'$，但是对于闭合曲面的积分，电流或者与积分面相切，或者为零，因此

$$\frac{\mu}{4\pi}\iiint_{V'}\nabla'\cdot\left(\frac{\boldsymbol{J}}{r}\right)\mathrm{d}V'=\oiint_{S}\frac{\boldsymbol{J}}{r}\cdot\mathrm{d}\boldsymbol{S}'=0$$

故有

$$\begin{aligned}\nabla\cdot\boldsymbol{A}&=\frac{\mu}{4\pi}\iiint_{V'}\frac{1}{r}\nabla'\cdot\boldsymbol{J}\,\mathrm{d}V'=\frac{\mu}{4\pi}\iiint_{V'}\frac{1}{r}\left(-\frac{\partial\rho}{\partial t}\right)\mathrm{d}V'\\&=-\mu\varepsilon\frac{\partial}{\partial t}\iiint_{V'}\frac{\rho}{4\pi\varepsilon r}\mathrm{d}V'=-\mu\varepsilon\frac{\partial}{\partial t}\varphi\end{aligned}$$

至此，洛伦兹规范得证。

显然，对于静态场有 $\nabla\cdot\boldsymbol{A}=0$，此即库仑规范。

附录 C APPENDIX C

无线电频段划分

波段名称	波长范围/m	频率范围/kHz
超长波	$10^5 \sim 10^4$	$3 \sim 30$
长波	$10^4 \sim 10^3$	$30 \sim 300$
中波	$10^3 \sim 10^2$	$300 \sim 3\times10^3$
短波	$10^2 \sim 10$	$3\times10^3 \sim 3\times10^4$
米波	$10 \sim 1$	$3\times10^4 \sim 3\times10^5$
分米波	$1 \sim 10^{-1}$	$3\times10^5 \sim 3\times10^6$
厘米波	$10^{-1} \sim 10^{-2}$	$3\times10^6 \sim 3\times10^7$
毫米波	$10^{-2} \sim 10^{-3}$	$3\times10^7 \sim 3\times10^8$
亚毫米波	$10^{-3} \sim 10^{-4}$	$3\times10^8 \sim 3\times10^9$
远红外线	$10^{-4} \sim 10^{-5}$	$3\times10^9 \sim 3\times10^{10}$

附录 D 常用导体材料的参数

APPENDIX D

材料	电导率 σ(S/m)	磁导率 μ(H/m)	趋肤深度 δ/m
银	6.17×10^{7}	$4\pi\times10^{-7}$	$0.0641/\sqrt{f}$
紫铜	5.80×10^{7}	$4\pi\times10^{-7}$	$0.0661/\sqrt{f}$
金	4.10×10^{7}	$4\pi\times10^{-7}$	$0.0786/\sqrt{f}$
铝	3.82×10^{7}	$4\pi\times10^{-7}$	$0.0814/\sqrt{f}$
黄铜	1.50×10^{7}	$4\pi\times10^{-7}$	$0.1270/\sqrt{f}$
焊锡	0.706×10^{7}	$4\pi\times10^{-7}$	$0.1890/\sqrt{f}$

附录 E 常用介质材料的参数

APPENDIX E

材　　料	相对介电常数 ε_r(10 GHz)	损耗角正切 $\tan\delta_e \times 10^{-4}$(10 GHz)
空气	1.0005	≈0
聚四氟乙烯	2.1	4
聚乙烯	2.3	5
聚苯乙烯	2.6	7
有机玻璃	2.72	15
氧化铍	6.4	2
石英	3.3	1
氧化铝(99.5%)	9.5～10	1
氧化铝(96%)	8.9	6
氧化铝(85%)	8.0	15
蓝宝石	9.3～11.7	1
硅	11.9	40
砷化镓	13	60
石榴石铁氧体	13～16	2
二氧化钛	85	40
金红石	100	4

附录 F

APPENDIX F

常用物理常数

物　理　量	符号	量　　值
电子电荷	e	$(1.6021772\pm 0.0000046)\times 10^{-19}$ C
电子质量	m	$(9.109534\pm 0.000047)\times 10^{-31}$ kg
真空介电常数	ε_0	$(8.854187818\pm 0.000000071)\times 10^{-12}$ F/m，$\frac{1}{36\pi}\times 10^{-9}$ F/m
真空磁导率	μ_0	$4\pi\times 10^{-7}$ H/m
真空光速	c	$(2.997924574\pm 0.000000011)\times 10^{8}$ m/s

附录 G 一维吸收边界条件 UPML 的实现

APPENDIX G

```
    for (t = 0;t < 1000;t++)      循环步数 1000
    {
先计算磁场,再计算电场,m = 9 是 PML 层数,mm = 4 为指数
        for(j = m + 1;j < ny - m;j++)   计算中心区域的差分
        {
            Hxi[j] = Hxi[j] - dt/(m0 * mr) * ((Ezi[j + 1] - Ezi[j])/dy);
            Ezi[j] = (2.0 * e0 * er - dt * sigma)/(2.0 * e0 * er + dt * sigma) * Ezi[j]
                 - 2.0 * dt/(2.0 * e0 * er + dt * sigma) * ((Hxi[j] - Hxi[j - 1])/dy);
        }
PML 计算
for(j = 0;j < = m;j++)
    {
          sigma_f = sigma_max * pow(((m - j) * dy),mm)/pow((m * dy),mm);
    Hxi[j] = ((2.0 * e0 - dt * sigma_f)/(2.0 * e0 + dt * sigma_f)) * Hxi[j] - (2.0 * dt * e0)/((m0
* mr) * (2.0 * e0 + dt * sigma_f))  * ((Ezi[j + 1] - Ezi[j])/dy);
          }
        for(j = ny - m;j < ny;j++)
        {
          sigma_f = sigma_max * pow(((j - ny + m) * dy),mm)/pow((m * dy),mm);
    Hxi[j] = ((2.0 * e0 - dt * sigma_f)/(2.0 * e0 + dt * sigma_f)) * Hxi[j] - (2.0 * dt * e0)/((m0
* mr) * (2.0 * e0 + dt * sigma_f)) * ((Ezi[j + 1] - Ezi[j])/dy);
          }
        for( j = 1;j < = m;j++)
        {
            sigma_f = sigma_max * pow(((m - j) * dx),mm)/pow((m * dx),mm);

    Ezi[j] = (2.0 * e0 - dt * sigma_f)/(2.0 * e0 + dt * sigma_f) * Ezi[j] - 2.0 * dt/(er * (2.0 *
e0 + dt * sigma_f))
          * (Hxi[j] - Hxi[j - 1])/dy;
        }
        for( j = ny - m;j < ny;j++)
        {
            sigma_f = sigma_max * pow(((j - ny + m) * dy),mm)/pow((m * dy),mm);

    Ezi[j] = (2.0 * e0 - dt * sigma_f)/(2.0 * e0 + dt * sigma_f) * Ezi[j] - 2.0 * dt/(er * (2.0 *
e0 + dt * sigma_f))
          * (Hxi[j] - Hxi[j - 1])/dy;
        }
   设置入射源
    pulse = cos(2 * PI * f * (t * dt - t0)) * exp( - (t * dt - t0) * (t * dt - t0)/(tp * tp));
        Ezi[13] = pulse;
        fprintf(fp," % e ",Ezi[40]);
    }
```

附录 H 梯度、散度和旋度的计算公式

APPENDIX H

在直角坐标系、圆柱坐标系、球坐标系及正交坐标系下，标量场 u 的梯度表示式分别如下：

$$\nabla u = \boldsymbol{e}_x \frac{\partial u}{\partial x} + \boldsymbol{e}_y \frac{\partial u}{\partial y} + \boldsymbol{e}_z \frac{\partial u}{\partial z} \tag{1}$$

$$\nabla u = \boldsymbol{e}_\rho \frac{\partial u}{\partial \rho} + \boldsymbol{e}_\phi \frac{\partial u}{\rho \partial \phi} + \boldsymbol{e}_z \frac{\partial u}{\partial z} \tag{2}$$

$$\nabla u = \boldsymbol{e}_r \frac{\partial u}{\partial r} + \boldsymbol{e}_\theta \frac{1}{r} \frac{\partial u}{\partial \theta} + \boldsymbol{e}_\phi \frac{1}{r\sin\theta} \frac{\partial u}{\partial \phi} \tag{3}$$

$$\nabla u = \boldsymbol{e}_{u_1} \frac{\partial u}{h_1 \partial u_1} + \boldsymbol{e}_{u_2} \frac{\partial u}{h_2 \partial u_2} + \boldsymbol{e}_{u_3} \frac{\partial u}{h_3 \partial u_3} \tag{4}$$

在直角坐标系、圆柱坐标系、球坐标系及正交坐标系中，矢量场 $\boldsymbol{F}$ 的散度表达式分别为

$$\nabla \cdot \boldsymbol{F} = \frac{\partial F_x}{\partial x} + \frac{\partial F_y}{\partial y} + \frac{\partial F_z}{\partial z} \tag{5}$$

$$\nabla \cdot \boldsymbol{F} = \frac{1}{\rho} \frac{\partial}{\partial \rho}(\rho F_\rho) + \frac{1}{\rho} \frac{\partial F_\phi}{\partial \phi} + \frac{\partial F_z}{\partial z} \tag{6}$$

$$\nabla \cdot \boldsymbol{F} = \frac{1}{r^2} \frac{\partial}{\partial r}(r^2 F_r) + \frac{1}{r\sin\theta} \frac{\partial}{\partial \theta}(\sin\theta F_\theta) + \frac{1}{r\sin\theta} \frac{\partial F_\phi}{\partial \phi} \tag{7}$$

$$\nabla \cdot \boldsymbol{F} = \frac{1}{h_1 h_2 h_3} \left[\frac{\partial}{\partial u_1}(h_2 h_3 F_1) + \frac{\partial}{\partial u_2}(h_3 h_1 F_2) + \frac{\partial}{\partial u_3}(h_1 h_2 F_3)\right] \tag{8}$$

在直角坐标系、圆柱坐标系、球坐标系中和正交坐标系中，矢量场 $\boldsymbol{F}$ 旋度的表达式为

$$\nabla \times \boldsymbol{F} = \mathrm{rot}\ \boldsymbol{F} = \begin{vmatrix} \boldsymbol{e}_x & \boldsymbol{e}_y & \boldsymbol{e}_z \\ \dfrac{\partial}{\partial x} & \dfrac{\partial}{\partial y} & \dfrac{\partial}{\partial z} \\ F_x & F_y & F_z \end{vmatrix} \tag{9}$$

$$\nabla \times \boldsymbol{F} = \frac{1}{\rho} \begin{vmatrix} \boldsymbol{e}_\rho & \rho \boldsymbol{e}_\phi & \boldsymbol{e}_z \\ \dfrac{\partial}{\partial \rho} & \dfrac{\partial}{\partial \phi} & \dfrac{\partial}{\partial z} \\ F_\rho & \rho F_\phi & F_z \end{vmatrix} \tag{10}$$

$$\nabla\times\boldsymbol{F}=\frac{1}{r^2\sin\theta}\begin{vmatrix}\boldsymbol{e}_r & r\boldsymbol{e}_\theta & r\sin\theta\boldsymbol{e}_\phi\\ \dfrac{\partial}{\partial r} & \dfrac{\partial}{\partial\theta} & \dfrac{\partial}{\partial\phi}\\ F_r & rF_\theta & r\sin\theta F_\phi\end{vmatrix}\tag{11}$$

$$\nabla\times\boldsymbol{F}=\frac{1}{h_1h_2h_3}\begin{vmatrix}h_1\boldsymbol{e}_{u_1} & h_2\boldsymbol{e}_{u_2} & h_3\boldsymbol{e}_{u_3}\\ \dfrac{\partial}{\partial u_1} & \dfrac{\partial}{\partial u_2} & \dfrac{\partial}{\partial u_3}\\ h_1F_1 & h_2F_2 & h_3F_3\end{vmatrix}\tag{12}$$

附录Ⅰ 习题参考答案

APPENDIX Ⅰ

第1章

1-1 (1) $\boldsymbol{e}=\boldsymbol{e}_x\dfrac{1}{\sqrt{14}}+\boldsymbol{e}_y\dfrac{2}{\sqrt{14}}-\boldsymbol{e}_z\dfrac{3}{\sqrt{14}}$；(2) $|\boldsymbol{A}-\boldsymbol{B}|=\sqrt{53}$；(3) $\boldsymbol{A}\cdot\boldsymbol{B}=-11$；

(4) $\theta_{AB}=135.5^\circ$；(5) $A_B=-\dfrac{11}{\sqrt{17}}$；(6) $\boldsymbol{A}\times\boldsymbol{C}=-\boldsymbol{e}_x4-\boldsymbol{e}_y13-\boldsymbol{e}_z10$；

(7) $\boldsymbol{A}\cdot(\boldsymbol{B}\times\boldsymbol{C})=-42$ 和 $(\boldsymbol{A}\times\boldsymbol{B})\cdot\boldsymbol{C}=-42$；

(8) $(\boldsymbol{A}\times\boldsymbol{B})\times\boldsymbol{C}=\boldsymbol{e}_x2-\boldsymbol{e}_y40+\boldsymbol{e}_z5$，$\boldsymbol{A}\times(\boldsymbol{B}\times\boldsymbol{C})=\boldsymbol{e}_x55-\boldsymbol{e}_y44-\boldsymbol{e}_z11$

1-2 $\boldsymbol{R}=\boldsymbol{e}_x5-\boldsymbol{e}_y3-\boldsymbol{e}_z$；$\boldsymbol{e}_R=\boldsymbol{e}_x\cos32.31^\circ+\boldsymbol{e}_y\cos120.47^\circ+\boldsymbol{e}_z\cos99.73^\circ$

1-4 (2) $\boldsymbol{B}_{\parallel}=-\boldsymbol{e}_x2+\boldsymbol{e}_y4-\boldsymbol{e}_z2$；$\boldsymbol{B}_{\perp}=\boldsymbol{e}_x5+\boldsymbol{e}_y-\boldsymbol{e}_z3$

1-7 (1) $(-2,2\sqrt{3},3)$；(2) $(5,53.1^\circ,120^\circ)$

1-8 (1) $|\boldsymbol{E}|=\dfrac{1}{2}$，$E_x=-\dfrac{3}{10\sqrt{2}}=0.212$；(2) $\theta_{EB}=\arccos-\dfrac{19}{15\sqrt{2}}$

1-10 (1) $\nabla f=\boldsymbol{e}_x(az+3bx^2y)+\boldsymbol{e}_ybx^3+\boldsymbol{e}_zax$；

(2) $\nabla f=\boldsymbol{e}_\rho\left(-\dfrac{a}{\rho^2}\sin\phi+bz^2\cos3\phi\right)+\boldsymbol{e}_\phi\dfrac{1}{\rho}\left(\dfrac{a}{\rho}\cos\phi-3b\rho z^2\sin3\phi\right)+\boldsymbol{e}_z(2b\rho z\cos3\phi)$；

(3) $\nabla f=\boldsymbol{e}_r\left(a\cos\theta-\dfrac{2b}{r^3}\sin\phi\right)-\boldsymbol{e}_\theta a\sin\theta+\boldsymbol{e}_\phi\dfrac{b}{r^3\sin\theta}\cos\phi$

1-11 $\nabla u=\boldsymbol{e}_x2xyz+\boldsymbol{e}_yx^2z+\boldsymbol{e}_zx^2y$

$\dfrac{\partial u}{\partial l}=\dfrac{6xyz}{\sqrt{50}}+\dfrac{4x^2z}{\sqrt{50}}+\dfrac{5x^2y}{\sqrt{50}}$，$\left.\dfrac{\partial u}{\partial l}\right|_{(2,3,1)}=\dfrac{112}{\sqrt{50}}$

1-12 (1) $\nabla u=\boldsymbol{e}_x(2x+3)+\boldsymbol{e}_y(4y-2)+\boldsymbol{e}_z(6z-6)$；

(2) $x=-3/2, y=1/2, z=1$

1-13 $\boldsymbol{e}_n=\dfrac{\nabla u}{|\nabla u|}=\left(\boldsymbol{e}_x\dfrac{x}{a^2}+\boldsymbol{e}_y\dfrac{y}{b^2}+\boldsymbol{e}_z\dfrac{z}{c^2}\right)\Big/\sqrt{\left(\dfrac{x}{a^2}\right)^2+\left(\dfrac{y}{b^2}\right)^2+\left(\dfrac{z}{c^2}\right)^2}$

1-14 $75\pi^2$

1-15 (1) 3；(2) $yz^2(yz+2xz+3xy)$；(3) $2\cos\phi+\dfrac{\sin\phi}{r}$；

(4) $4r\sin\theta\cos\phi+2r\cos\theta\cos\phi-r\sin\phi$

1-16 (1) $(x-y^2)\boldsymbol{e}_x-y\boldsymbol{e}_y-x^2\boldsymbol{e}_z$; (2) $-\boldsymbol{e}_r\sin\phi+\boldsymbol{e}_\phi\left(\frac{\sin\phi}{r}-\cos\phi\right)-\boldsymbol{e}_z\frac{z}{r^2}\cos\phi$;

(3) $-\boldsymbol{e}_r\frac{\cos\phi}{r^3\tan\theta}-\boldsymbol{e}_\theta\sin\phi-\boldsymbol{e}_\phi\left(\frac{2\cos\theta\sin\phi}{r^3}+\cos\theta\cos\phi\right)$

1-17 (1) $\nabla\cdot\boldsymbol{A}=2x+2x^2y+72x^2y^2z^2$; (2) $\frac{1}{24}$

1-18 8

1-20 对于圆柱坐标系，$\nabla\cdot\boldsymbol{e}_\rho=\frac{1}{r}$，$\nabla\cdot\boldsymbol{e}_\phi=0$，$\nabla\cdot\boldsymbol{e}_z=0$，$\nabla\times\boldsymbol{e}_\rho=0$，$\nabla\times\boldsymbol{e}_\phi=\frac{1}{\rho}\boldsymbol{e}_z$，$\nabla\times\boldsymbol{e}_z=0$；对于球坐标系，$\nabla\cdot\boldsymbol{e}_r=\frac{2}{r}$，$\nabla\cdot\boldsymbol{e}_\theta=\frac{1}{r\tan\theta}$，$\nabla\cdot\boldsymbol{e}_\phi=0$，$\nabla\times\boldsymbol{e}_r=0$，$\nabla\times\boldsymbol{e}_\theta=\frac{1}{r}\boldsymbol{e}_\phi$，$\nabla\times\boldsymbol{e}_\phi=\frac{1}{r\tan\theta}\boldsymbol{e}_r-\frac{1}{r}\boldsymbol{e}_\theta$

1-21 $\frac{\pi a^4}{4}$

1-23 (1) 14；(2) 积分与路径无关，是保守场

第2章

2-1 $\frac{q}{100\pi\varepsilon_0}\left(\boldsymbol{e}_x+\frac{1}{2}\boldsymbol{e}_y\right)$

2-2 $-\frac{1}{4\varepsilon_0(1+z^2)^{\frac{3}{2}}}\boldsymbol{e}_x$

2-3 $\boldsymbol{E}=\begin{cases}0, & r<a\\ \frac{\rho}{3\varepsilon_0}\frac{r^3-a^3}{r^2}\boldsymbol{e}_r, & a<r<b\\ \frac{\rho}{3\varepsilon_0}\frac{b^3-a^3}{r^2}, & b<r\end{cases}$

2-4 2.4 $\mathrm{nC/m^2}$

2-5 $\frac{\rho}{3\varepsilon_0}\boldsymbol{C}$（$\boldsymbol{C}$ 代表从大球球心指向小球球心的距离矢量）

2-6 有可能；$\rho=28.5\varepsilon_0 e^{4x}e^{-5y}e^{-4z}\ \mathrm{C/m^3}$；$\varphi=-\frac{1}{2}e^{4x}e^{-5y}e^{-4z}+C\ \mathrm{V}$，其中 C 为任意常数。

2-7 $\rho=450r^2\varepsilon_0\ \mathrm{C/m^3}$，$\boldsymbol{E}=\frac{90a^5}{r^2}\boldsymbol{e}_r\ \mathrm{V/m}$

2-8 (1) 可以；(2) 不可以；(3) 不可以

2-9 (1) $\rho_\mathrm{p}=-3$；(2) $\rho_\mathrm{ps}=\frac{L}{2}$

2-10 (1) 球内的电场 $\boldsymbol{E}=\frac{qr}{4\pi\varepsilon a^3}\boldsymbol{e}_r$，球外的电场 $\boldsymbol{E}=\frac{q}{4\pi\varepsilon_0 r^2}\boldsymbol{e}_r$，

球内的束缚体电荷密度 $\rho_{\mathrm{p}}=-\dfrac{3q}{4\pi a^3}\left(1-\dfrac{1}{\varepsilon_{\mathrm{r}}}\right)$，球外的束缚体电荷密度为 0，

球面的束缚电荷面密度 $\rho_{\mathrm{ps}}=\dfrac{q}{4\pi a^2}\left(1-\dfrac{1}{\varepsilon_{\mathrm{r}}}\right)$；

（2）球内的电场为 0，球外的电场 $\boldsymbol{E}=\dfrac{q}{4\pi\varepsilon_0 r^2}\boldsymbol{e}_r$，

球内、球外的束缚体电荷密度为 0，

球面的束缚电荷面密度都等于 0；

（3）球内的电场 $\boldsymbol{E}=\dfrac{q}{4\pi\varepsilon r^2}\boldsymbol{e}_r$，球外的电场 $\boldsymbol{E}=\dfrac{q}{4\pi\varepsilon_0 r^2}\boldsymbol{e}_r$，

球内、球外的束缚体电荷密度为 0，

球面的束缚电荷面密度 $\rho_{\mathrm{ps}}=\dfrac{q}{4\pi a^2}\left(1-\dfrac{1}{\varepsilon_{\mathrm{r}}}\right)$，

球心处的束缚电荷 $q_{\mathrm{p}}=-q\left(1-\dfrac{1}{\varepsilon_{\mathrm{r}}}\right)$。

2-11 $\boldsymbol{E}=\dfrac{U}{r^2}\dfrac{ab}{b-a}\boldsymbol{e}_r$；$\boldsymbol{D}=\varepsilon_0\dfrac{U}{r}\dfrac{b}{b-a}\boldsymbol{e}_r$；$\varphi=U\dfrac{ab}{b-a}\left(\dfrac{1}{r}-\dfrac{1}{b}\right)$

2-12 $\boldsymbol{E}=\dfrac{2U}{r^3}\dfrac{a^2b^2}{b^2-a^2}\boldsymbol{e}_r$；$\boldsymbol{D}=\varepsilon_0\dfrac{2U}{r^2}\dfrac{ab^2}{b^2-a^2}\boldsymbol{e}_r$；$\varphi=U\dfrac{a^2b^2}{b^2-a^2}\left(\dfrac{1}{r^2}-\dfrac{1}{b^2}\right)$

2-13 $\varphi=-\dfrac{\rho_0}{6\varepsilon}x^3+\left(\dfrac{\varphi}{d}+\dfrac{\rho_0}{6\varepsilon}d^2\right)x$；$\boldsymbol{E}=\boldsymbol{e}_x\left(\dfrac{\rho_0}{2\varepsilon}x^2-\dfrac{\varphi}{d}-\dfrac{\rho_0}{6\varepsilon}d^2\right)$

2-14 （1）$\boldsymbol{E}=\begin{cases}0, & r<a \\ \dfrac{q}{2\pi r^2(\varepsilon_1+\varepsilon_2)}\boldsymbol{e}_r, & a<r\end{cases}$；

（2）上半球 $\rho_s=\dfrac{q}{2\pi a^2}\dfrac{\varepsilon_1}{\varepsilon_1+\varepsilon_2}$，下半球 $\rho_s=\dfrac{q}{2\pi a^2}\dfrac{\varepsilon_2}{\varepsilon_1+\varepsilon_2}$；

（3）$C=2\pi a(\varepsilon_1+\varepsilon_2)$；

（4）$W=\dfrac{q^2}{4\pi a(\varepsilon_1+\varepsilon_2)}$

2-15 $\dfrac{\tan\theta_1}{\tan\theta_2}=\dfrac{\varepsilon_1}{\varepsilon_2}$

2-17 $C=\dfrac{S}{d}\dfrac{\varepsilon_2-\varepsilon_1}{\ln\dfrac{\varepsilon_2}{\varepsilon_1}}$

2-18 $C=\dfrac{\pi(\varepsilon_1+\varepsilon_2)}{\ln\dfrac{b}{a}}$

2-20 $\boldsymbol{F}=\dfrac{U^2\pi}{\ln\dfrac{b}{a}}(\varepsilon-\varepsilon_0)\boldsymbol{e}_x$

2-21 $I=12.67\ \mathrm{A}$；沿 $-\boldsymbol{e}_y$ 方向

2-22 $R=\dfrac{\ln\dfrac{b(a+1)}{a(b+1)}}{4\pi\sigma_0}$

2-23 (1) $R=\dfrac{2d}{\sigma\alpha(r_2^2-r_1^2)}$；(2) $R=\dfrac{\ln\dfrac{r_2}{r_1}}{\sigma d\alpha}$；(3) $R=\dfrac{\alpha}{\sigma d\ln\dfrac{r_2}{r_1}}$

2-24 $R=\dfrac{1}{4\pi\sigma a}+\dfrac{1}{4\pi\sigma b}-\dfrac{1}{2\pi\sigma d}$

2-25 (1) $\boldsymbol{J}=\dfrac{U_0}{\dfrac{1}{\sigma_1}\left(\dfrac{1}{a}-\dfrac{1}{c}\right)+\dfrac{1}{\sigma_2}\left(\dfrac{1}{c}-\dfrac{1}{b}\right)}\dfrac{1}{r^2}\boldsymbol{e}_r$；

(2) $\rho_s=\begin{cases}\dfrac{U_0}{\dfrac{1}{\sigma_1}\left(\dfrac{1}{a}-\dfrac{1}{c}\right)+\dfrac{1}{\sigma_2}\left(\dfrac{1}{c}-\dfrac{1}{b}\right)}\dfrac{\varepsilon_1}{\sigma_1}\dfrac{1}{a^2}, & r=a\\ \dfrac{U_0}{\dfrac{1}{\sigma_1}\left(\dfrac{1}{a}-\dfrac{1}{c}\right)+\dfrac{1}{\sigma_2}\left(\dfrac{1}{c}-\dfrac{1}{b}\right)}\left(\dfrac{\varepsilon_2}{\sigma_2}-\dfrac{\varepsilon_1}{\sigma_1}\right)\dfrac{1}{c^2}, & r=c\\ -\dfrac{U_0}{\dfrac{1}{\sigma_1}\left(\dfrac{1}{a}-\dfrac{1}{c}\right)+\dfrac{1}{\sigma_2}\left(\dfrac{1}{c}-\dfrac{1}{b}\right)}\dfrac{\varepsilon_2}{\sigma_2}\dfrac{1}{b^2}, & r=b\end{cases}$；

(3) $R=\dfrac{\dfrac{1}{\sigma_1}\left(\dfrac{1}{a}-\dfrac{1}{c}\right)+\dfrac{1}{\sigma_2}\left(\dfrac{1}{c}-\dfrac{1}{b}\right)}{4\pi}$；

(4) $C=\dfrac{4\pi}{\dfrac{1}{\varepsilon_1}\left(\dfrac{1}{a}-\dfrac{1}{c}\right)+\dfrac{1}{\varepsilon_2}\left(\dfrac{1}{c}-\dfrac{1}{b}\right)}$

2-26 $\dfrac{2\pi U_0^2}{\dfrac{1}{\sigma_1}\ln\dfrac{c}{a}+\dfrac{1}{\sigma_2}\ln\dfrac{b}{c}}$

第3章

3-2 $\dfrac{\mu_0 J_0}{4\pi}\left\{\boldsymbol{e}_z\ln\dfrac{(x-W/2)^2+z^2}{(x+W/2)^2+z^2}+\boldsymbol{e}_x 2\left(\arctan\dfrac{x+W/2}{z}-\arctan\dfrac{x-W/2}{z}\right)\right\}$

3-3 $B_\phi=\begin{cases}0, & 0<\rho<a\\ \dfrac{\mu_0(\rho^3-a^3)}{3b\rho}, & a<\rho<b\\ \mu_0\left(\dfrac{b^3-a^3}{3b}+bJ_0\right)/\rho, & \rho>b\end{cases}$

3-4 $\boldsymbol{e}_z\dfrac{\mu_0\omega q}{6\pi a}$

3-5 $\frac{\mu_0 J_0}{2}\boldsymbol{e}_z\times\boldsymbol{c}$，$\boldsymbol{c}$ 为从圆柱中心轴指向圆柱空腔中心轴的矢量。

3-6 $-\boldsymbol{e}_\rho\frac{\mu_0 I_1 I_2}{2\pi a}$

3-7 (1) $\frac{\mu_0 k r^3}{4}\boldsymbol{e}_\phi$

3-8 $\begin{cases}\mu_0\left(\frac{r^3}{4}+\frac{4r^2}{3}\right)\boldsymbol{e}_\phi, & r\leqslant a\\ \frac{\mu_0}{r}\left(\frac{a^4}{4}+\frac{4a^3}{3}\right)\boldsymbol{e}_\phi, & r\geqslant a\end{cases}$

3-9 (1) $r<R_0$：$\boldsymbol{B}_1=0,\boldsymbol{H}_1=0$；

(2) $R_0\leqslant r<R_0+d$：$\boldsymbol{H}_2=\boldsymbol{e}_\phi\frac{I(r^2-R_0^{\ 2})}{2\pi r[(R_0+d)^2-R_0^{\ 2}]},\boldsymbol{B}_2=\mu_0\boldsymbol{H}_2$；

(3) $r\geqslant R_0+d$：$\boldsymbol{H}_3=\boldsymbol{e}_\phi\frac{I}{2\pi r},\boldsymbol{B}_3=\mu_0 H_3$

3-10 $z>0$：$\boldsymbol{B}_1=\mu_1\boldsymbol{H}_1=\boldsymbol{e}_\phi\frac{\mu_1 I}{2\pi r}$；$z<0$：$\boldsymbol{B}_2=\mu_2\boldsymbol{H}_2=\boldsymbol{e}_\phi\frac{\mu_2 I}{2\pi r}$

3-11 两板之间 $H_x=J_S$；两板外 $H=0$

3-12 $H_\phi=\begin{cases}\frac{\mu_0 I}{\pi(\mu_0+\mu)r}, & x<0\\ \frac{\mu I}{\pi(\mu_0+\mu)r}, & x>0\end{cases}$

3-13 (1) $0<r<a$：$\boldsymbol{J}=0$；

(2) $a<r<b$：$\boldsymbol{J}=\boldsymbol{e}_z\frac{I}{\pi(b^2-a^2)}$；

(3) $r>b$：$\boldsymbol{J}=0$

3-15 (1) $0<r<a$：$\boldsymbol{B}_1=\boldsymbol{e}_\phi\frac{\mu_0 r\sigma_1 I}{2\pi[a^2\sigma_1+(b^2-a^2)\sigma_2]}$；

(2) $a<r<b$：$\boldsymbol{B}_2=\boldsymbol{e}_\phi\frac{\mu_0 I[a^2(\sigma_1-\sigma_2)+r^2\sigma_2]}{2\pi r[a^2\sigma_1+(b^2-a^2)\sigma_2]}$；

(3) $r>b$：$\boldsymbol{B}_3=\frac{\mu_0 I}{2\pi r}$

3-16 圆铁杆：$\boldsymbol{H}=\boldsymbol{H}_0=\frac{\boldsymbol{B}_0}{\mu_0},\boldsymbol{B}=\frac{\mu\boldsymbol{B}_0}{\mu_0},\boldsymbol{M}=\frac{\boldsymbol{B}_0}{\mu_0}\left(\frac{\mu}{\mu_0}-1\right)$；

圆铁盘：$\boldsymbol{B}=\boldsymbol{B}_0,\boldsymbol{H}=\frac{\boldsymbol{B}_0}{\mu},\boldsymbol{M}=\boldsymbol{B}_0\left(\frac{1}{\mu_0}-\frac{1}{\mu}\right)$

3-17 $\frac{\mu_0 l}{4\pi}+\frac{\mu_0 l}{\pi}\ln\frac{D-a}{a}$

3-18 $M=\frac{\mu_0\pi a_1^2 a_2^2}{2[d^2+a_2^2]^{3/2}}$

3-19 $\frac{\mu_0}{8\pi}+\frac{\mu_0}{2\pi}\ln\frac{b}{a}$

3-20 最大值 0.1667 T，最小值 0.125 T，7.2×10^{-4} Wb

3-21 $L_1=\frac{\mu a^2 m^2}{2\pi R}, L_2=\frac{\mu a^2 n^2}{2\pi R}, M=\frac{\mu a^2 mn}{2\pi R}$

3-23 $\frac{\mu_0\pi a^2 b^2}{2(b^2+d^2)^{3/2}}$

3-24 $\frac{\mu_0 a^2}{2d}$

3-26 $\frac{\mu_0 abI_1 I_2}{2\pi D(b+D)}$ N

第4章

4-1 $\varphi=\frac{U_0}{\ln\frac{a}{b}}\ln\frac{r}{b}, \boldsymbol{E}=\frac{-U_0}{r\ln\frac{a}{b}}$

4-2 $\frac{4U_0}{\pi}\sum_{n=1,3,5,\cdots}^{\infty}\frac{1}{n}e^{-\frac{n\pi y}{a}}\sin\left(\frac{n\pi x}{a}\right)$

4-3 （1）$\frac{2U_0}{\pi}\sum_{n=1}^{\infty}\frac{(-1)^n}{n}e^{-\frac{n\pi y}{d}}\sin\left(\frac{n\pi x}{d}\right)+\frac{U_0}{d}x$；

（2）左侧板：$-\varepsilon_0\frac{2U_0}{d}\sum_{n=1}^{\infty}(-1)^n e^{-\frac{n\pi y}{d}}+\frac{U_0}{d}$；右侧板：$\varepsilon_0\frac{2U_0}{d}\sum_{n=1}^{\infty}e^{-\frac{n\pi y}{d}}+\frac{U_0}{d}$；

底板：$\varepsilon_0\frac{2U_0}{d}\sum_{n=1}^{\infty}(-1)^n\sin\left(\frac{n\pi}{d}x\right)$

4-4 $\frac{U_0}{\mathrm{sh}\frac{b\pi}{a}}\sin\frac{\pi x}{a}\mathrm{sh}\frac{\pi y}{a}$

4-5 $\varphi_1=\frac{\rho_l}{\varepsilon_0\pi}\sum_{n=1}^{\infty}\frac{1}{n}e^{-\frac{n\pi}{a}x}\sin\frac{n\pi d}{a}\sin\frac{n\pi}{a}y,\quad 0<x<\infty$

$\varphi_2=\frac{\rho_l}{\varepsilon_0\pi}\sum_{n=1}^{\infty}\frac{1}{n}e^{\frac{n\pi}{a}x}\sin\frac{n\pi d}{a}\sin\frac{n\pi}{a}y,\quad -\infty<x<0$

4-7 $\sum_{n=1,3,5,\cdots}^{\infty}\frac{4U_0}{n\pi}\left[\frac{r^n+(a^2/r)^n}{b^n+(a^2/b)^n}\right]\sin n\phi$

4-8 $-\sum_{n=1,3,5,\cdots}^{\infty}\frac{4U_0}{n\pi}(r/a)^n\sin n\phi$

4-9 电位：$(a^2/r-r)E_0\cos\phi$；电荷密度：$2\varepsilon_0 E_0\cos\phi$

4-10 $\frac{1-a/r}{b-a}bU_2-\frac{a^2U_1(r-b^3/r^2)}{b^3-a^3}\cos\theta$

4-11 $\begin{cases}\varphi_{m1}=-\left[1-\frac{\mu_r-1}{\mu_r+2}(a/r)^3\right]H_0 r\cos\theta, & r\geqslant a\\ \varphi_{m2}=-\left(\frac{3}{\mu_r+2}\right)H_0 r\cos\theta, & r\leqslant a\end{cases}$

$$\begin{cases} \boldsymbol{H}_1 = \boldsymbol{e}_z H_0 + (\boldsymbol{e}_r 2\cos\theta + \boldsymbol{e}_\theta \sin\theta)\dfrac{\mu_r - 1}{\mu_r + 2}(a/r)^3, & r > a \\ \boldsymbol{H}_2 = \boldsymbol{e}_z \dfrac{3}{\mu_r + 2} H_0, & r < a \end{cases}$$

4-13 $\dfrac{q^2}{16\pi\varepsilon_0 h}$

4-14 (1) 有 5 个镜像电荷,位置及大小从略;(2) $\varphi \approx 2.88 \times 10^9 q$ V

4-15 $F_1 = \dfrac{q_1^2(\varepsilon_1 - \varepsilon_2)}{16\pi h_1^2(\varepsilon_1 + \varepsilon_2)\varepsilon_1}\boldsymbol{e}_z + \dfrac{q_1 q_2}{2\pi(h_1 + h_2)^2(\varepsilon_1 + \varepsilon_2)}\boldsymbol{e}_z$

$F_2 = \dfrac{q_2^2(\varepsilon_1 - \varepsilon_2)}{16\pi h_2^2(\varepsilon_1 + \varepsilon_2)\varepsilon_2}\boldsymbol{e}_z - \dfrac{q_1 q_2}{2\pi(h_1 + h_2)^2(\varepsilon_1 + \varepsilon_2)}\boldsymbol{e}_z$

4-16 $\dfrac{q}{4\pi\varepsilon_0}\left[\dfrac{1}{[(x-h)^2 + y^2 + z^2]^{1/2}} - \dfrac{1}{[(x+h)^2 + y^2 + z^2]^{1/2}}\right], -\dfrac{q}{2\pi h^2}$

4-17 (1) $\dfrac{q}{4\pi\varepsilon_0}\left[\dfrac{Q + (R/D)q}{D^2} - \dfrac{Rq}{D(D - R^2/D)^2}\right]$

4-18 $4\pi\varepsilon_0 a\left[1 + \dfrac{a}{2h} + \dfrac{\left(\dfrac{a}{2h}\right)^2}{1 - \left(\dfrac{a}{2h}\right)^2}\right]$

4-19 $\dfrac{\tau}{2\varepsilon_0}$

4-20 $\dfrac{3q}{4\pi\varepsilon_0}[(9r^2 + a^2 - 6ar\cos\theta)^{-1/2} - (9r^2 + a^2 + 6ar\cos\theta)^{-1/2}$

$- (r^2 + 9a^2 - 6ar\cos\theta)^{-1/2} + (r^2 + 9a^2 + 6ar\cos\theta)^{-1/2}]$

其中 r 为球壳内一点到球心的距离,θ 为极角

4-21 $\dfrac{\pi\varepsilon_0}{\ln\dfrac{2hd}{a\sqrt{a^2 + 4h^2}}}$

4-22 $\dfrac{1}{2\pi\sigma h}\ln\dfrac{4h}{d}$

4-23 $\dfrac{2\pi\varepsilon_0}{\ln(2bc) - \ln a\sqrt{b^2 + c^2}}$

第 5 章

5-3 $k = \sqrt{300}\,\pi \approx 54.41$ rad/m,

$$\boldsymbol{H} = -\frac{1}{\mathrm{j}\omega\mu_0}[\boldsymbol{e}_x \mathrm{j}0.1k\sin(10\pi x) + \boldsymbol{e}_z 0.1 \times 10\pi\cos(10\pi x)]\mathrm{e}^{-\mathrm{j}kz}$$

$$\approx -\boldsymbol{e}_x 2.3 \times 10^{-4}\sin(10\pi x)\cos(6\pi \times 10^9 t - 54.41z) -$$

$$\boldsymbol{e}_z 1.3 \times 10^{-4}\cos(10\pi x)\sin(6\pi \times 10^9 t - 54.41z)$$

5-4 $\boldsymbol{J}_{\mathrm{d}}=\boldsymbol{e}_r \dfrac{\varepsilon\omega U_m \cos\omega t}{r\ln(b/a)}, I_{\mathrm{d}}=\dfrac{2\pi l\varepsilon\omega U_m \cos\omega t}{\ln(b/a)}$

5-6 1.04×10^8, 0.089

5-8 $$\boldsymbol{E}_2=\boldsymbol{e}_x \frac{1}{\dfrac{\cos\alpha}{\sin\alpha}+\dfrac{\sin\alpha}{\cos\alpha}}\left[\left(\frac{\varepsilon_1}{\varepsilon_2}\frac{\cos\alpha}{\sin\alpha}+\frac{\sin\alpha}{\cos\alpha}\right)E_{x1}+\left(\frac{\varepsilon_1}{\varepsilon_2}-1\right)E_{y1}\right]$$
$$+\boldsymbol{e}_y \frac{1}{\dfrac{\cos\alpha}{\sin\alpha}+\dfrac{\sin\alpha}{\cos\alpha}}\left[\left(\frac{\varepsilon_1}{\varepsilon_2}-1\right)E_{x1}+\left(\frac{\varepsilon_1}{\varepsilon_2}\frac{\sin\alpha}{\cos\alpha}+\frac{\cos\alpha}{\sin\alpha}\right)E_{y1}\right]+E_{z1}\boldsymbol{e}_z$$

5-9 $\boldsymbol{H}_t=-\boldsymbol{e}_x J_{y0}\cos\omega t-\boldsymbol{e}_y J_{x0}\sin\omega t$

5-10 $\boldsymbol{H}(z,t)=-\boldsymbol{e}_y \dfrac{k}{\omega\mu}E_{x0}\cos(\omega t+kz)-\boldsymbol{e}_x \dfrac{k}{\omega\mu}E_{y0}\sin(\omega t+kz)$,

$\boldsymbol{E}(z,t)=\boldsymbol{e}_x E_{x0}\cos(\omega t+kz)-\boldsymbol{e}_y E_{y0}\sin(\omega t+kz)$,

$\bar{w}=\dfrac{1}{4}\varepsilon_0(E_{x0}^2+E_{y0}^2)+\dfrac{1}{4}\dfrac{k^2}{\omega^2\mu_0}(E_{x0}^2+E_{y0}^2)$,

$\boldsymbol{S}_{\mathrm{av}}=-\boldsymbol{e}_z \dfrac{k}{2\omega\mu_0}(E_{x0}^2+E_{y0}^2)$

5-11 I^2R

5-12 (2) $-\boldsymbol{e}_x \dfrac{k}{\omega\mu_0}E_0\sin(\omega t-kz)$;

(3) $\boldsymbol{e}_z \dfrac{1}{2}\dfrac{k}{\omega\mu_0}E_0^2$

5-13 $\boldsymbol{E}=\dfrac{U_0}{d}\boldsymbol{e}_z, \boldsymbol{H}=\dfrac{\sigma U_0 r}{2d}\boldsymbol{e}_\varphi, \boldsymbol{S}=-\dfrac{\sigma U_0^2 r}{2d^2}\boldsymbol{e}_r$

5-15 (1) $\boldsymbol{S}=-\boldsymbol{e}_x \dfrac{5\mathrm{j}}{24\pi}\sin(2\pi x)+\boldsymbol{e}_z \dfrac{5}{12\pi}\sin^2(\pi x)\ \mathrm{W/m^2}$;

(2) $\boldsymbol{S}_{\mathrm{av}}=\boldsymbol{e}_z \dfrac{5}{12\pi}\sin^2(\pi x)\ \mathrm{W/m^2}, \bar{w}_{\mathrm{e}}=25\varepsilon_0\sin^2(\pi x)\ \mathrm{J/m^3}, \bar{w}_{\mathrm{m}}=\dfrac{\mu_0}{(24\pi)^2}\ \mathrm{J/m^3}$

5-16 $\boldsymbol{S}=\dfrac{H_{\mathrm{m}}^2}{r^3\omega\varepsilon_0}[-\boldsymbol{e}_\theta\sin\theta\cos\theta\sin2(\omega t-kr)+\boldsymbol{e}_r rk\sin^2\theta\cos^2(\omega t-kr)]$,

$\boldsymbol{S}_{\mathrm{av}}=\boldsymbol{e}_r \dfrac{H_{\mathrm{m}}^2 k\sin^2\theta}{2r^2\omega\varepsilon_0}$

5-17 $\boldsymbol{S}(t)=\boldsymbol{e}_r \dfrac{120\pi}{r^2}\sin^2\theta\cos^2(\omega t-kr)$, 789 W

5-18 (1) $\boldsymbol{e}_y \dfrac{kE_{\mathrm{m}}}{\omega\mu_0}\cos(\omega t-kz)$;

(2) $\rho_s|_{x=0}=\varepsilon_0 E_{\mathrm{m}}\cos(\omega t-kz), \rho_s|_{x=d}=-\varepsilon_0 E_{\mathrm{m}}\cos(\omega t-kz)$,

$J_s|_{x=0}=\boldsymbol{e}_z \dfrac{kE_{\mathrm{m}}}{\omega\mu_0}\cos(\omega t-kz), J_s|_{x=d}=-\boldsymbol{e}_z \dfrac{kE_{\mathrm{m}}}{\omega\mu_0}\cos(\omega t-kz)$

5-19 (1) $\boldsymbol{H}=E_{\mathrm{m}}\left[\boldsymbol{e}_x \dfrac{\mathrm{j}\beta}{\omega\mu}\sin\dfrac{m\pi x}{a}+\boldsymbol{e}_z \dfrac{m\pi}{a\omega\mu}\cos\dfrac{m\pi x}{a}\right]\mathrm{e}^{-\mathrm{j}\beta z}$;

(2) $\boldsymbol{S}_{\text{av}}=\boldsymbol{e}_z\dfrac{E_{\text{m}}^2\beta}{2\omega\mu_0}\sin^2\dfrac{m\pi x}{a}$,

$$\boldsymbol{S}(r,t)=\boldsymbol{e}_z\frac{E_{\text{m}}^2\beta}{\omega\mu_0}\sin^2\frac{m\pi x}{a}\sin^2(\omega t-\beta z)+\boldsymbol{e}_x\frac{E_{\text{m}}^2 m\pi}{2\omega\mu_0 a}\sin\frac{m\pi x}{a}\cos\frac{m\pi x}{a}\sin2(\omega t-\beta z);$$

(3) $\dfrac{E_{\text{m}}^2\beta}{4\omega\mu_0}ab$

5-20 (1) 标量电位是与时间和空间无关的常数 C;

(2) $\boldsymbol{e}_z\omega\cos kx\sin\omega t$;

(3) $\boldsymbol{e}_y\dfrac{k}{\mu}\sin kx\cos\omega t$

5-21 $\boldsymbol{H}=\boldsymbol{e}_\varphi\dfrac{A_0\sin\theta}{\mu r}\left(\text{j}k+\dfrac{1}{r}\right)\text{e}^{-\text{j}kr}$,

$$\boldsymbol{E}=\frac{A_0\omega}{r}\text{e}^{-\text{j}kr}\left[\boldsymbol{e}_r2\cos\theta\left(\frac{1}{kr}-\frac{\text{j}}{kr^2}\right)+\boldsymbol{e}_\theta\sin\theta\left(\text{j}+\frac{1}{kr}-\frac{\text{j}}{k^2r^2}\right)\right]$$

第 6 章

6-1 传播方向上的单位矢量：$\boldsymbol{e}=-\dfrac{2}{3}\boldsymbol{e}_x+\dfrac{2}{3}\boldsymbol{e}_y+\dfrac{1}{3}\boldsymbol{e}_z$；属于均匀平面波

6-2 $f=3\times10^9$ Hz; $\beta=60\pi$ rad/m; $\lambda=\dfrac{1}{30}$ m; $v=10^8$ m/s; $\eta=40\pi\ \Omega$

6-3 55.5 W

6-4 $P=0.265\sin^2(\omega t-ky)$ W; $P_{\text{av}}=0.133$ W

6-5 $f=2.5\times10^9$ Hz; $\mu_{\text{r}}=1.99$; $\varepsilon_{\text{r}}=1.13$

6-6 $\mu_{\text{r}}=2$; $\varepsilon_{\text{r}}=8$

6-7 $\lambda=2$ m; $f=1.5\times10^8$ Hz; $v=3\times10^8$ m/s; $\eta=120\pi\ \Omega$;

$\boldsymbol{E}=-\boldsymbol{e}_z1.2\pi\times10^{-3}\cos(\omega t+\pi y)$ V/m; $\boldsymbol{S}_{\text{av}}=-\boldsymbol{e}_y60\pi\times10^{-10}$ W/m^2

6-8 (1) $f=\dfrac{5}{\pi}\times10^9$ Hz; (2) $\beta=50$ rad/m; (3) $\boldsymbol{H}=\boldsymbol{e}_y\dfrac{1}{80\pi}\cos(10^{10}t-50z)$ A/m;

(4) $\boldsymbol{S}=\boldsymbol{e}_z\dfrac{1}{80\pi}\cos^2(10^{10}t-50z)$ W/m^2

6-9 (1) $\beta=2\pi$ rad/m, $f=2\times10^8$ Hz, $v=2\times10^8$ m/s, $\lambda=1$ m; (2) $\varepsilon_{\text{r}}=2.25$;

(3) $\boldsymbol{H}=\dfrac{1}{80\pi}(-\boldsymbol{e}_x+\boldsymbol{e}_y)\cos(4\pi\times10^8t-2\pi z)$ A/m; (4) $\boldsymbol{S}_{\text{av}}=\dfrac{1}{80\pi}\boldsymbol{e}_z$ W/m^2

6-10 $\beta=1.5\pi$ rad/m; $\lambda=1.33$ m; $f=2.25\times10^8$ Hz; $v=3\times10^8$ m/s; $\eta=120\pi\ \Omega$;

$$\boldsymbol{H}=\frac{1}{120\pi}\left(\frac{1}{3}\boldsymbol{e}_x+\frac{7}{6}\boldsymbol{e}_y-\frac{5}{3}\boldsymbol{e}_z\right)\cos\left[4.5\pi\times10^8t+\pi\left(x-y-\frac{z}{2}\right)\right]\ \text{A/m};$$

$$\boldsymbol{S}_{\text{av}}=5.64\times10^{-3}\left(-\frac{2}{3}\boldsymbol{e}_x+\frac{2}{3}\boldsymbol{e}_y+\frac{1}{3}\boldsymbol{e}_z\right)\ \text{W/m}^2$$

6-11 (1) $\boldsymbol{e}=-0.375\boldsymbol{e}_x+0.273\boldsymbol{e}_y+0.886\boldsymbol{e}_z$;

(2) $\boldsymbol{S}_{\text{av}}=(-16.5\boldsymbol{e}_x+12\boldsymbol{e}_y+39\boldsymbol{e}_z)$ kW/m^2;

(3) $\varepsilon_r=2.5$

6-12 (1) $f=7.5\times10^8$ Hz, $\beta=5\pi$ rad/m, $\lambda=0.4$ m, $v=3\times10^8$ m/s,

$\eta=120\pi\ \Omega$, $\boldsymbol{e}_z=-0.6\boldsymbol{e}_y+0.8\boldsymbol{e}_z$;

(2) $\boldsymbol{E}=\boldsymbol{e}_x\cos[\omega t+\pi(3y-4z)]$ V/m,

$$\boldsymbol{H}=\frac{1}{120\pi}(0.8\boldsymbol{e}_y+0.6\boldsymbol{e}_z)\cos[\omega t+\pi(3y-4z)]\ \text{A/m};$$

(3) $\boldsymbol{S}_{av}=\frac{1}{240\pi}(-0.6\boldsymbol{e}_y+0.8\boldsymbol{e}_z)\ \text{W/m}^2$

6-13 (1) 左旋椭圆极化；(2) 左旋圆极化；(3) 右旋椭圆极化；(4) 右旋椭圆极化；(5) 线极化

6-14 (1) $\boldsymbol{e}_z$, $f=3\times10^9$ Hz；(2) 左旋圆极化；

(3) $\boldsymbol{H}=2.65\times10^{-7}\left[\boldsymbol{e}_y e^{-j20\pi z}-\boldsymbol{e}_x e^{-j\left(20\pi z-\frac{\pi}{2}\right)}\right]$；(4) 2.65×10^{-11} W

6-15 $\varepsilon_r=81$；$\sigma=4$；$\boldsymbol{E}=\boldsymbol{e}_z 36.2e^{-77.485y}\cos(2\pi\times10^9 t-203.8y+20.8°)$ V/m；$\boldsymbol{S}_{av}=\boldsymbol{e}_y 16.9e^{-154.97y}\ \text{W/m}^2$

6-16 (1) $\gamma=0.22+j0.61$；(2) $\delta=4.5$ m, $\eta=2.4\times10^2 e^{j20°}\ \Omega$

6-17 (1) $\varepsilon_r=2$；(2) $f=33.1$ MHz；(3) $\alpha=0.693$ Np/m；(4) $\delta=1.44$ m

6-18 (1) $\beta=5.33$ rad/m, $\lambda=1.18$ m, $v_p=2.12\times10^6$ m/s；

(2) $\alpha=5.33$ Np/m, $\delta=0.188$ m；

(3) $\eta=3.01e^{j45°}\ \Omega$

(4) $\boldsymbol{H}=0.033e^{-5.33z}\cos(2\pi\times1.8\times10^6 t-5.33z-45°)\ \boldsymbol{e}_y$ A/m

(5) $\boldsymbol{S}_{av}=1.17\times10^{-3}e^{-10.66z}\boldsymbol{e}_z\ \text{W/m}^2$

6-19 (1) $\gamma=0.9+j4.3$, $\alpha=0.9$ Np/m, $\beta=4.3$ rad/m；

(2) $v_p=7.35\times10^7$ m/s, $\delta=1.1$ m, $\eta=90e^{j12.1°}\Omega$；

(3) $S_{av}=78.22\ \text{W/m}^2$；

(4) 5.26 m

6-20 (1) 4.6 m；(2) $\eta=238.3e^{j0.0016\pi}\ \Omega$, $\lambda=0.063$ m, $v_p=1.89\times10^8$ m/s；

(3) $\boldsymbol{E}=\boldsymbol{e}_y 50e^{-0.5x}\sin\left(60\pi\times10^8 t-31.6\pi x+\frac{\pi}{3}\right)$ V/m,

$$\boldsymbol{H}=\boldsymbol{e}_z 0.21e^{-0.5x}\sin\left(60\pi\times10^8 t-31.6\pi x+\frac{\pi}{3}-0.0016\pi\right)\ \text{A/m};$$

(4) $\boldsymbol{S}_{av}=5.24e^{-x}\boldsymbol{e}_x\ \text{W/m}^2$

6-21 (1) $\sigma=0.57$ S/m；

(2) $\boldsymbol{E}=\boldsymbol{e}_x 37.2e^{-15z}\cos(2\pi\times10^8 t-15z+45°)$；

(3) 11.4 W/m^2

6-22 (1) $\beta=\frac{\pi}{2}\times10^5$ rad/m, $v_p=1.2\times10^5$ m/s；

(2) $\sigma=2.08\times10^6$ S/m, $\alpha=\frac{\pi}{2}\times10^5$ Np/m

6-23 $R_s=2\pi\times10^{-3}\ \Omega$；$R_{ac}=0.5\ \Omega$；$R_{dc}=\frac{1}{40\pi}\ \Omega$

6-24 $f=10^9$ Hz；$\sigma=1.1\times10^5$ S/m

6-25 (1) $\gamma=8.9+\mathrm{j}8.9$；(2) $\boldsymbol{E}=\boldsymbol{e}_x \mathrm{e}^{8.9(1-z)}\cos(2\pi\times5\times10^6 t-8.9z+8.9)$ V/m，

$\boldsymbol{H}=\boldsymbol{e}_y \dfrac{1}{\pi}\mathrm{e}^{8.9(1-z)}\cos(2\pi\times5\times10^6 t-8.9z+8.1)$ A/m

第7章

7-1 (1) $\boldsymbol{H}^+=\boldsymbol{e}_y \dfrac{50}{120\pi}\cos(\omega t-\beta z)$；(2) $\boldsymbol{E}^-=-50\cos(\omega t+\beta z)\boldsymbol{e}_x$；

(3) $\boldsymbol{E}_{合成}=\boldsymbol{e}_x 100\sin\omega t\sin\beta z$

7-2 (1) $\boldsymbol{E}^-=-E_0(\boldsymbol{e}_x-\mathrm{j}\boldsymbol{e}_y)\mathrm{e}^{\mathrm{j}\beta z}$，$\boldsymbol{E}_{合成}=-2E_0(\mathrm{j}\boldsymbol{e}_x+\boldsymbol{e}_y)\sin\beta z$；

(2) 入射波右旋圆极化，反射波左旋圆极化；

(3) $\boldsymbol{J}=\dfrac{E_0}{60\pi}(\boldsymbol{e}_x-\mathrm{j}\boldsymbol{e}_y)$ A/m

7-3 (1) $\beta=\pm3\pi$ rad/m；(2) $\boldsymbol{E}=-\dfrac{1}{2}\boldsymbol{e}_y\sin(15\pi\times10^8 t-\beta x-4\pi z)$ V/m

7-4 介质中入射波的功率流密度为 $\boldsymbol{S}_{\mathrm{av}}^+=\dfrac{1}{80\pi}\boldsymbol{e}_z$ W/m²，反射波的功率流密度为 $\boldsymbol{S}_{\mathrm{av}}^-=-\dfrac{1}{4}\dfrac{1}{80\pi}\boldsymbol{e}_z$ W/m²，空气中的折射波功率流密度为 $\boldsymbol{S}_{\mathrm{av}}^T=\dfrac{3}{4}\dfrac{1}{80\pi}\boldsymbol{e}_z$ W/m²

7-5 (1) $\dfrac{\varepsilon_{r1}}{\varepsilon_{r2}}=3.7$ 或者 0.27；(2) $\dfrac{\varepsilon_{r1}}{\varepsilon_{r2}}=1442$ 或者 6.935×10^{-4}

7-6 (1) $\boldsymbol{E}^-=\boldsymbol{e}_x\left(-\dfrac{1}{3}\right)E_0\sin(\omega t+\beta_1 z)$，$\boldsymbol{H}^-=\boldsymbol{e}_y \dfrac{1}{360\pi}E_0\sin(\omega t+\beta_1 z)$；

(2) $\boldsymbol{E}^T=\boldsymbol{e}_x\left(\dfrac{2}{3}E_0\right)\sin(\omega t-2\beta_1 z)$，$\boldsymbol{H}^T=\boldsymbol{e}_y \dfrac{1}{90\pi}E_0\sin(\omega t-2\beta_1 z)$

7-7 (1) $\boldsymbol{E}^-=\left(-\dfrac{1}{3}\right)E_0(\boldsymbol{e}_x+\mathrm{j}\boldsymbol{e}_y)\mathrm{e}^{\mathrm{j}\beta z}$；$\boldsymbol{E}^T=\dfrac{2}{3}E_0(\boldsymbol{e}_x+\mathrm{j}\boldsymbol{e}_y)\mathrm{e}^{-\mathrm{j}2\beta z}$

(2) 入射波左旋圆极化，反射波右旋圆极化，折射波左旋圆极化

7-8 (1) $\varepsilon_r=9$；(2) $S_{\mathrm{av}}^-=\dfrac{1}{4}$ W/m²，$S_{\mathrm{av}}^T=\dfrac{3}{4}$ W/m²

7-9 (1) $f=7.5\times10^8$ Hz；(2) $\theta=36.9°$；(3) $\boldsymbol{E}^-=\boldsymbol{e}_y(-E_0)\mathrm{e}^{-\mathrm{j}\pi(3x+4z)}$；

$\boldsymbol{E}_{合成}=\boldsymbol{e}_y(\mathrm{j}2E_0\sin4\pi z)\mathrm{e}^{-\mathrm{j}3\pi x}$

7-10 (1) 垂直极化反射波振幅 0.5 V/m，垂直极化折射波振幅 0.5 V/m；

(2) 平行极化反射波振幅为 0，平行极化折射波振幅 $\dfrac{\sqrt{3}}{3}$ V/m

7-11 (1) 40°；

(2) $v_p^-=3\times10^8$ m/s，$v_p^T=2\times10^8$ m/s；

(3) $\boldsymbol{E}^-=-13.9\cos(3\times10^8 t+0.766z+0.643y)\boldsymbol{e}_x$ V/m，

$\boldsymbol{E}^T=36.1\cos(3\times10^8 t-1.355z+0.643y)\boldsymbol{e}_x$ V/m；

(4) $\boldsymbol{S}_{\mathrm{av}}^+=2.54\boldsymbol{e}_z-2.13\boldsymbol{e}_y$ W/m²，$\boldsymbol{S}_{\mathrm{av}}^-=-0.19\boldsymbol{e}_z-0.17\boldsymbol{e}_y$ W/m²，

$\boldsymbol{S}_{av}^{T}=2.35\boldsymbol{e}_z-1.12\boldsymbol{e}_y\ \mathrm{W/m^2}$

7-12 (1) $\boldsymbol{E}^-=-50\cos(3\times10^8t+0.766z+0.643y)\boldsymbol{e}_x$ V/m，

$\boldsymbol{E}_{合成}=100\sin(0.766z)\sin(3\times10^8t+0.643y)\boldsymbol{e}_x$ V/m；

(2) $\boldsymbol{J}=0.2032\cos(3\times10^8t+0.643y)\boldsymbol{e}_x$ A/m

7-13 (1) $\theta_c=6.38°$；(2) 158.8 dB

7-14 63.4°

7-15 (1) 30°；(2) 26.6°

第8章

8-1 (1) 25.5 mm；(2) 2.09 mm

8-2 $\Gamma_L=-\dfrac{1+j2}{5}$，$S=2.618$，43.55+j34.16

8-3 26.32−j9.87 Ω

8-4 74.99 Ω，j6.28 rad/m

8-6 160 Ω，0.2 W

8-7 29.0897+j49.3668 Ω

8-8 906.32−j452.75 Ω

8-9 0.2237λ，0.2763λ

8-10 50 Ω，2，1/3

8-11 (1) 0.07379λ；(2) 0.3238λ

8-12 399.1 Ω，0.0132 Np/m，20.944 rad/m，0.3 m，3×10^8 m/s

8-13 (1) 短路；(2) 开路；(3) 容性；(4) 感性

8-14 线径 1.165 cm，长度 0.375 m

8-15 (1) 9；(2) 500 MHz；(3) 150 Ω

8-16 759.5 kW

8-17 54Ω

8-18 TE_{10}，100 mm，TE_{10}，TE_{20}，TE_{01}，TE_{11}，TM_{11}，TM_{21}，TE_{21}，TE_{30}

8-19 (5～10) GHz

8-20 7 mm

8-21 0.0507×10^{-6} s

8-22 $5.593<a<8.852$，可选 $a=7$ mm，$b=3$ mm

8-23 (1) $H_y=\dfrac{\beta}{\mu\omega}E_0\sin(\pi y/b)\mathrm{e}^{\mathrm{j}(\omega t-\beta z)}$；(2) $\boldsymbol{e}_z\ \dfrac{1}{2}\dfrac{\beta}{\mu\omega}E_0^2\ \sin^2(\pi y/b)$；(3) $\dfrac{ab}{4}\dfrac{\beta}{\mu\omega}E_0^2$

8-24 (1) $k_x=50\pi$ rad/s，$k_y=0$，$k_z=44\pi$ rad/s；

(2) $E_x=E_z=0$，$E_y=E_0\sin(k_xx)\mathrm{e}^{\mathrm{j}(\omega t-k_zz)}$，$H_x=-\dfrac{k_z}{\mu_0\omega}E_0\sin(k_xx)\mathrm{e}^{\mathrm{j}(\omega t-k_zz)}$，

$H_y=0$，$H_z=\dfrac{\mathrm{j}k_x}{\mu_0\omega}E_0\cos(k_xx)\mathrm{e}^{\mathrm{j}(\omega t-k_zz)}$；

(3) 0.045 m；

(4) 4.5×10^{8} m/s

8-26 $\dfrac{\pi a^{2}}{2Z_{\mathrm{TE}}}E_{\phi m}^{2}J_{0}^{2}(k_{c}a)$

8-27 45.36 mm

8-28 $\dfrac{\omega\varepsilon}{\sigma}$

8-30 (1) 100 mm,60 mm;(2) 3×10^{8} m/s,不能传输 TE_{11} 模

第9章

9-1 $\dfrac{\omega\mu_0 k^{2}}{4\pi}e^{-jkr}\left[\dfrac{1}{kr}-\dfrac{j}{(kr)^{2}}\right]e^{-jkr}(\boldsymbol{e}_r\times\boldsymbol{P})$

9-2 45°

9-3 (1)当天线转到正南方时接收的电场强度最大,随着天线旋转,接收电场强度逐渐减小,在沿南北方向时电场为零,接收的电场强度随着天线的旋转周而复始地变化;(2)当两天线的轴线平行时接收到的电场强度最大,而垂直时电场强度为零,其他位置的电场强度介于最大值和零

9-4 (2) $H_\phi=j\dfrac{I_0}{2\pi r}e^{-jkr}\cdot\dfrac{\cos(\pi/2\cdot\cos\theta)}{\sin\theta},H_r=H_\theta=0,$

$E_\theta=j\dfrac{\eta_0 I_0}{2\pi r}e^{-jkr}\cdot\dfrac{\cos(\pi/2\cdot\cos\theta)}{\sin\theta},E_r=E_\phi=0;$

(3) $\dfrac{\cos(\pi/2\cdot\cos\theta)}{\sin\theta}$;(4) $\dfrac{\eta_0 I_0^{2}}{8\pi^{2}r^{2}}\dfrac{\cos^{2}(\pi/2\cdot\cos\theta)}{\sin^{2}\theta}$;(5) 73 Ω;(6) 1.64

9-5 60×10^{-3} V/m

9-6 78°

9-7 (1) 13.42×10^{-3} V/m;(2) 12

9-8 (1) 8.8×10^{-3} Ω;(2) 2.44×10^{-8} Ω

9-9 2.22 W

9-11 (2) 右旋圆极化波

9-12 400 mW

9-13 (1) $E_\theta=j\dfrac{\eta_0 I_0 h}{2\lambda r}e^{-jkr}\sin\theta\left[\dfrac{1-\cos(kh\cos\theta)}{(kh\cos\theta)^{2}}\right]$;(2) $\sin\theta\left[\dfrac{1-\cos(kh\cos\theta)}{(kh\cos\theta)^{2}}\right]$

9-14 $E_\phi=-j\dfrac{I^{m}l\sin\theta}{2\lambda r}e^{-jkr}$

附录 J

APPENDIX J

专业名词解释

矢量分析　vector analysis

物理量　physical quantity

场量　field quantity

标量　scalar

矢量　vector

矢量代数　vector algebra

矢量的加法和减法　addition and subtraction of vectors

矢量与标量的乘法　multiplication of a vector by a scalar

矢量的标量积(点积)　the scalar(dot) product of two vectors

矢量的矢量积(叉积)　the vector(cross) product of two vectors

右手定则　right-hand rule

正交坐标系　orthogonal coordinate systems

直角坐标系　cartesian coordinate system

圆柱坐标系　cylindrical coordinate system

球坐标系　spherical coordinate system

位置矢量　position vector

标量场的梯度　gradient of a scalar field

方向导数　directional derivative

矢量场的散度　divergence of a vector field

通量　flux

散度(高斯)定理　divergence theorem (Gauss's theorem)

矢量场的旋度　curl of a vector field

环(流)量　circulation

斯托克斯定理　Stokes's theorem

无散场　solenoidal field

无旋(保守)场　irrotational(conservative) field

拉普拉斯算符　Laplacian operator

格林定理　Green's theorem

亥姆霍兹定理　Helmholtz's theorem
冲击函数　delta function

静电场与恒定电场　electrostatics/static electric fields and steady electric current fields

库仑定律　Coulomb's Law
电场强度　Electric field intensity
介电常数　permittivity
叠加原理　principle of superposition
电位　electric potential
电偶极子　electric dipole
等位面　equipotential surface
电场线　electric filed lines
导体　conductors
电导率　conductivity
自由空间　free space
介质　dielectrics
极化　polarization
电偶极矩　electric dipole moment
极化介质　polarized dielectrics
极化(强度)矢量　polarization vector
束缚电荷　bound charges
极化电荷密度　polarization charge density
电位移(电通密度)矢量　electric displacement(electric flux density) vector
相对介电常数　relative permittivity(dielectric constant)
泊松方程　Poisson's equation
拉普拉斯方程　Laplace's equation
边界条件　boundary conditions
电容量与电容　capacitance and capacitors
静电场的能量(密度)　electrostatic energy(density)
静电力　electrostatic force
电流密度　current density
欧姆定律　Ohm's law
电阻/电导　resistance/conductance
电动势　electromotive force/electromotance
基尔霍夫电压定律　Kirchhoff's voltage law
基尔霍夫电流定律　Kirchhoff's current law
电荷守恒定律　principle of conservation of charges
(电流)连续性方程　equation of(currents)continuity

损耗功率　power dissipation

焦耳定律　Joule's law

比拟法　analogy

恒定磁场　static magnetic fields/magnetostatics

安培力定律　Ampere's force law

毕奥-萨伐尔定律　Biot-Savart law

磁通密度矢量　magnetic flux density

洛伦兹力　Lorentz's law

安培环路定律　Ampere's circuital law

磁通连续性定律　law of conservation of magnetic flux

矢量磁位　vector magnetic potential

标量磁位　scalar magnetic potential

矢量泊松方程　vector Poisson's equation

库仑规范(定则)　Coulomb condition(gauge)

磁偶极子　magnetic dipole

磁偶极矩　magnetic dipole moment

磁化　magnetization

磁化介质　magnetized dielectrics

磁化(强度)矢量　magnetization vector

磁化电流密度　magnetization current density

磁场强度　magnetic field intensity

相对介电常数　relative permeability(dielectric constant)

抗磁性　diamagnetic

顺磁性　paramagnetic

铁磁性　ferromagnetic

电感值与电感　inductance and inductors

互感　mutual inductance

磁通　magnetic flux

磁链　magnetic flux linkage

自感　self-inductance

内自感　internal self-inductance

外自感　external self-inductance

磁场能量　magnetic energy

磁场力　magnetic force

边值问题　boundary-value problem

唯一性定理　uniqueness theorem

镜像法　method of images

分离变量法　method of separation of variables
狄里赫利问题(第一类边值问题)　Dirichlet problems
聂曼问题(第二类边值问题)　Neumann problems
混合问题(第三类边值问题)　mixed boundary-value problems
贝塞尔函数　Bessel functions
勒让德方程　Legendre's equation
勒让德函数(多项式)　Legendre function(polynomials)
有限差分法　finite difference method,FDM

时变电磁场　time-varying fields

麦克斯韦方程组　Maxwell's equations
法拉第电磁感应定律　Faraday's law of electromagnetic induction
位移电流密度　displacement current density
传导电流密度　conduction current density
全电流密度　total current density
修正(广义)安培环路定律　modification of Ampere's law
本构方程　constitutive equations
复数形式　phasor form
时谐场　time-harmonic field
坡印亭定理　Poynting's theorem
坡印亭矢量　Poynting vector
平均坡印亭矢量　average Poynting vector
复数坡印亭矢量　complex Poynting vector
波动方程　wave equation
亥姆霍兹方程　Helmholtz equation
洛伦兹规范(定则)　Lorentz condition(gauge)

均匀平面波　uniform plane wave

横电磁波　transverse electromagnetic wave,TEM
电磁波　electromagnetic wave
波数　wave number
传播常数　propagation constant
衰减常数　attenuation constant
相位常数　phase constant
相速度　phase velocity
波长　wavelength
频率　frequency
周期　period
角频率　angular frequency

波矢量 wave vector
极化 polarization
线极化 linear polarization
椭圆极化 elliptical polarization
圆极化 circular polarization
右/左手极化 right/left hand circularly polarization
导电媒质 lossy media
色散 dispersion
群速度 group velocity
良导体 good conductor
损耗角 loss angle
损耗正切 loss tangent
低损耗介质 low-loss dielectrics
趋肤深度 skin depth
趋肤效应 skin effect
理想介质 perfect dielectric
理想导体 perfect conductor
表面阻抗 surface impedance
表面(交流)电阻 surface (AC) resistance
表面(交流)电阻率 surface (AC) resistivity
损耗功率 power dissipation
时域有限差分法 finite difference time domain method,FDTD
矩量法 method of moments, MoM
有限元法 finite element method,FEM

反射与折射 reflection and refraction

反射系数 reflection coefficient
透射系数 transmission coefficient
入射波 incidence wave
反射波 reflected wave
透射波 transmitted wave
垂直入射 normal incidence
斜入射 oblique incidence
行波 propagating wave
驻波 standing wave
反射定律 law of reflection
折射定律 law of refraction
全反射 total reflection
临界角 critical angle

垂直极化　perpendicular polarization
平行极化　parallel polarization
表面波　surface wave
衰逝波　evanescent wave
全折射　total refraction
布儒斯特角　Brewster angle
人工电磁材料　metamaterials

导行电磁波　guided waves

主模　dominant mode
传输线　transmission lines
模式　mode
横电磁波　transverse electromagnetic(TEM)wave
横电波　transverse electric(TE)wave
横磁波　transverse magnetic(TM)wave
双线传输线　two-wire transmission line
同轴传输线　coaxial transmission line
分布参数　distributed parameters
传输线(电报)方程　transmission-line(telegrapher's) equations
特性阻抗　characteristic impedance
电压反射系数　voltage reflection coefficient
驻波比　standing-wave ratio,SWR
波导　waveguide
截止频率　cutoff frequency
谐振腔　cavity resonator
能速度　energy-transport velocity
矩形波导　rectangular waveguide
圆波导　circular waveguide
简并模　degenerate modes
单模传输　Single Mode transmission

电磁辐射　electromagnetic radiation

滞后位　retarded potential
本质阻抗/波阻抗　intrinsic/wave impedance
电基本振子(电偶极子)　elemental electric dipole
近场　near field
准静态场　quasi-static field
远场　far field
磁基本振子(磁偶极子)　elemental magnetic dipole

对偶原理　duality principle
方向图　pattern
方向因子　pattern function
主瓣　main beam
旁瓣　sidelobes
辐射电阻　radiation resistance
辐射功率　radiation power
波瓣宽度　width of beam(beamwidth)
方向性系数　directivity

参考文献

[1] 焦其祥.电磁场与电磁波[M].2版.北京：科学出版社，2010.

[2] 谢处方，饶克谨.电磁场与电磁波[M].4版.北京：高等教育出版社，2006.

[3] 沈熙宁.电磁场与电磁波[M].北京：科学出版社，2007.

[4] 冯恩信.电磁场与电磁波[M].2版.西安：西安交通大学出版社，2005.

[5] 沈俐娜.电磁场与电磁波[M].武汉：华中科技大学出版社，2009.

[6] 曹伟，徐立勤.电磁场与电磁波理论[M].2版.北京：科学出版社，2010.

[7] 谢处方，饶克谨.电磁场与电磁波[M].3版.北京：高等教育出版社，2002.

[8] 王家礼，朱满座，路宏敏.电磁场与电磁波[M].3版.西安：西安电子科技大学出版社，2005.

[9] 马海武，王丽黎，赵仙红.电磁场理论[M].北京：北京邮电大学出版社，2004.

[10] 郭辉萍，刘学观.电磁场与电磁波[M].2版.西安：西安电子科技大学出版社，2007.

[11] 黄玉兰.电磁场与微波技术[M].北京：人民邮电出版社，2007.

[12] 吕善伟.微波工程基础[M].北京：北京航空航天大学出版社，1995.

[13] GURU B S. Electromagnetic Field Theory Fundamentals(影印版).北京：北京机械出版社，2005.

[14] CHENG D K. Field and Wave Electromagnetics[M]. New York：Addison Wesley，2007.

[15] 王长清.现代计算电磁学基础[M].北京：北京大学出版社，2005.

[16] 吕英华.计算电磁学的数值方法[M].北京：清华大学出版社，2006.

[17] 张洪欣，吕英华，黄永明.PML-FDTD及总场-散射场区连接边界条件在三维柱坐标系下的实现及应用[J].微波学报，2004，20(3)：19-25.

[18] 张洪欣，吕英华，黄永明.三维柱坐标系下近场-远场转换及其验证[J].系统工程与电子技术，2003，25(11)：1327-1332.

[19] GEDNEY S D. An Anisotropic Perfectly Matched Layer-Absorbing Medium for the Truncation of FDTD Lattices[J]. IEEE trans. Antennas and Propagation，vol. 44，(12)，1996：1630-1639.

[20] ZHANG H X，LU Y H. The Application of PML-FDTD and Boundary Consistency Conditions of Total-Scattered Fields in Three Dimension Cylindrical Coordinates [A]. The 6# international symposium on antennas，propagation and EM theory[C]，Beijing：Oct，2003.

[21] 张洪欣.计算机视频电磁辐射信息安全的研究[D].北京：北京邮电大学，2004.

[22] 张洪欣，高宁，车树良.物理光学[M].北京：清华大学出版社，2010.

[23] ZHANG H X，LU Y H，CHEN T M，et al. Design and analysis of doped left-handed materials[J]. Chinese Physics，2008，17(5)：1645-1651.

[24] ZHANG H X，ZHAO L，LU Y H. Study On A Sort Of Controllable Nonlinear Left-Handed Materials[J]. Journal of Nonlinear Optical Physics & Materials，2009，18(3)：441-456.

[25] 张洪欣，李姗，张金玲，等.基于蘑菇型结构的双入射超宽带复合媒质材料设计与分析[J].物理学报，2012，61(5)：054101-6.

[26] 周希朗.电磁场理论与微波技术基础[M].南京：东南大学出版社，2010.

[27] DESLANDES D，WU K. Integrated Microstrip and Rectangular Waveguide in Planar Form[J]. IEEE Microwave and Wireless Components Letters，2001，11(2)：68-70.

[28] SHELBY R A，SMITH D R，SCHULTZ S. Experimental verification of a negative index of refraction [J]. Science. 2001，292(5514)：77-79.

[29] VESELAGO V G. The Electromagnetics of Substances with Simultaneously Negative Values of ε

and μ[J]. Sov. Phys. Usp. 1968,10：509-514.

[30] CHENG Q ,CUI T J . An Electromagnetic Black Hole Made of Metamaterials[J]. New Journal of Physics. 2010,12(6)：063006.

[31] 焦其祥. 电磁场与电磁波习题精解[M]. 北京：科学出版社,2004.

[32] 冯恩信,张安学. 电磁场与电磁波学习辅导[M]. 西安：西安交通大学出版社,2007.

[33] 邹澎. 电磁场与电磁波教学指导——习题解答与实验[M]. 北京：清华大学出版社,2009.

[34] 马冰然. 电磁场与电磁波学习指导与习题详解[M]. 广州：华南理工大学出版社,2010.

[35] 杨显清,王园. 电磁场与电磁波教学指导书[M]. 北京：高等教育出版社,2006.

[36] 胡冰,崔正勤. 电磁场理论基础——概念、题解与自测[M]. 北京：北京理工大学出版社,2010.

[37] 海欣. 电磁场与电磁波学习及考研指导[M]. 北京：国防工业出版社,2008.

[38] KRAUS J D,MARHEFKA R J . 天线[M]. 章文勋,译. 3 版. 北京：电子工业出版社,2011.

[39] 张洪欣,沈远茂,韩宇南. 电磁场与电磁波[M]. 2 版. 北京：清华大学出版社,2016.

[40] 张洪欣,沈远茂,张鑫. 电磁场与电磁波教学、学习与考研指导[M]. 2 版. 北京：清华大学出版社,2019.

[41] 张洪欣. 关于电磁场边界条件认识规律的教学研究[J]. 教育现代化,2018,5(9)：222-224.

[42] 张洪欣,用于平面电磁波极化旋向判断的追赶法[J],电气电子教学学报,2016,38(2)：99-101.

[43] 张洪欣,电磁辐射过程认识规律的教学探讨[J],高教学刊,2016,26(3)：55-56.

[44] 张洪欣. 波导模式分布的不等式法. 教育现代化[J],2018,5(48)：235-236.

图书资源支持

感谢您一直以来对清华大学出版社图书的支持和爱护。为了配合本书的使用，本书提供配套的资源，有需求的读者请扫描下方的“书圈”微信公众号二维码，在图书专区下载，也可以拨打电话或发送电子邮件咨询。

如果您在使用本书的过程中遇到了什么问题，或者有相关图书出版计划，也请您发邮件告诉我们，以便我们更好地为您服务。

我们的联系方式：

地　　址：北京市海淀区双清路学研大厦 A 座 714

邮　　编：100084

电　　话：010-83470236　010-83470237

资源下载：http://www.tup.com.cn

客服邮箱：tupjsj@vip.163.com

QQ：2301891038（请写明您的单位和姓名）

教学资源·教学样书·新书信息

人工智能科学与技术
人工智能|电子通信|自动控制

资料下载·样书申请

书圈

用微信扫一扫右边的二维码，即可关注清华大学出版社公众号。